复合包装基础知识
与常见问题的分析处理

赵世亮
编著

图书在版编目（CIP）数据

复合包装基础知识与常见问题的分析处理 / 赵世亮编著．— 北京 ：文化发展出版社有限公司，2019.1（2023.4重印）
ISBN 978-7-5142-2493-1

Ⅰ．①复… Ⅱ．①赵… Ⅲ．①包装材料－复合材料－基本知识 Ⅳ．①TB484

中国版本图书馆CIP数据核字(2018)第284070号

复合包装基础知识与常见问题的分析处理

编　　著：赵世亮

策划编辑：张宇华
责任编辑：李　毅　　　　责任校对：岳智勇
责任印制：邓辉明　　　　责任设计：侯　铮
出版发行：文化发展出版社（北京市翠微路2号 邮编：100036）
网　　址：www.wenhuafazhan.com
经　　销：各地新华书店
印　　刷：北京印匠彩色印刷有限公司

开　　本：787mm × 1092mm　1/16
字　　数：550千字
印　　张：30
印　　次：2019年4月第1版　2023年4月第2次印刷
定　　价：218.00元
ISBN：978-7-5142-2493-1

序

有一天，世亮兄忽然找我，说让我给他的新书写一个序。他的这本书我是知道的，四五年前，他就在为这本书做准备，后来没有再听到消息，以为他放弃了，没想到真的完成了，恭喜世亮兄！

世亮兄是我们行业的前辈，来高盟前就在行业的另一家知名企业——北京商三——做了十几年的技术老总，30 多年来亲身经历了我国软包装行业的整个发展历程，对我国软包装行业的技术进步、行业问题的认识了如指掌，尤其这些年在高盟任客服总监以后，他更是对全中国、东南亚、中东等的大多数企业有了更深入更深刻的了解，我想这也是这本书会有与众不同的一个背景的原因吧。

软包装是一门全新的实践科学，尤其是近 30 年来全世界范围内都处于一个技术、工艺、材料等迅速进步的时期，世亮兄这本书的电子手稿，我用了近一个月的时间细细拜读了，心里有几点体会，借此机会与大家分享一下。

首先，这是一本非常严谨的书。我想这点与世亮兄的性格有关，印象中世亮兄有过不止一次因为坚持技术观点而让客户难堪的场面。更为可贵的是书中所采用的大量的数据，很多是世亮兄在一线 30 多年来积累的实践数据，这对于企业的技术人员来讲，极具实战性，是一本拿来就可以解决企业实际技术问题的书。

其次，这本书内容全面，几乎涵盖了软包装企业技术问题的所有方面，在每一个具体的点上又给予了非常细致的实践数据的支撑。

再次，非常羡慕我们现在行业的年轻技术人员，你们能有这样一本优秀的、极具实践性的指导书可以读，我甚至认为如果你能把这本书细细地读透了，不用再看其他相关的书，你已经是具备相当水平的解决技术问题的专家了。

最后，感谢世亮兄为行业技术进步实践所做的总结，并祝世亮兄身体健康。

邓煜东

2018 年 10 月

前 言

复合软包装材料（俗称软包装）的加工行业在中国已有40多年的发展历史了。作为该行业的龙头企业——塑料印刷复合加工企业（俗称彩印厂）——在行业发展的早期，在全国范围内只有屈指可数的几个！如今，国内已有数千家彩印厂，加上与之相关的制版、油墨、薄膜、铝箔、机械、电子、化工等配套企业，总数已超过万家。

目前，在世界范围内，塑料薄膜的印刷加工方式仍是凹印和柔印占据主导地位，平印（干胶印）和喷墨印刷则呈现了强劲的增长势头。

在中国市场上，溶剂型干法复合加工技术占据了主导地位，而近年来，无溶剂型干法复合加工技术（俗称无溶剂复合）则获得了快速的发展。

在复合材料（包括塑/塑、铝/塑和纸/塑）的加工和应用过程中，总会出现一些问题或瑕疵。多年来，行业内的从业人员以及相关的大专院校在理论与实践方面进行了大量的研究与探索，出版了许多专著，在网络上也有大量的报道。

我于1982年进入复合软包装行业，从事复合软包装材料的加工近20年；2003年加盟北京高盟化工有限公司（现名为北京高盟新材料股份有限公司），专业从事胶黏剂的应用技术指导，以及处理与胶黏剂相关的质量投诉。在此过程中，积累了许多行业经验与教训。

借此机会，对本人30多年的从业经验加以整理，汇编成此书，希望对行业的发展能有所贡献。同时，也是抛砖引玉，希望能帮助相关的技术、质量管理人员开拓思路，少走弯路。

本书内容主要分为基础知识篇、常见问题篇、关键质量控制指标三部分。

“基础知识篇”分成机（设备篇）、料（原辅材料篇）、法（应用与分析方法篇）、环（环境因素篇）四章，分别就相关的知识进行描述，主要目的是说明与各类常见质量问题相关的基础知识。其中的“法（应用与分析方法篇）”又分为“应用篇”与“分析篇”，重点是阐述处理常见质量问题时应当具备的思路或思维方式。

“常见问题篇”未涉及印刷加工过程中的问题，主要是以复合加工及熟化处理为中心点，分成了应用前的问题、应用中的问题、应用后的问题三大类，分别描述了复合包装材料在加工前的准备、加工过程中及后期应用过程中经常出现的问题的现象，分析其产生的原因及相应的对策。

“关键质量控制指标及小词典”主要对相关技术指标、相关专业词语中英文及含义进行汇编。

由于本人的知识及能力所限，书中的描述难免挂一漏万，也难免有纰缪之处，希望得到高人的指点。

同时，向本书成书过程中提供过各种帮助的朋友表示深深的谢意！

赵世亮

2018 年 10 月

目 录

第一篇　基础知识篇

第二篇 常见问题篇

第三篇 关键质量控制指标及小词典

1

「第一篇」 基础知识篇

第一章　机（设备篇）

一、常用的复合加工方式与基本工艺

在复合软包装材料加工行业，常用的复合加工方式有：挤出复合；湿法复合；溶剂型干法复合（俗称干法复合）；无溶剂型干法复合（俗称无溶剂复合）。

图 1-1 ～图 1-8 是几种复合加工设备的示意和基本工艺流程。

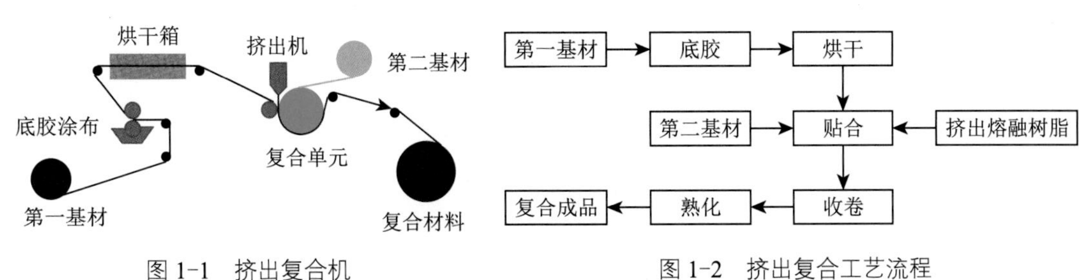

图 1-1　挤出复合机　　　　图 1-2　挤出复合工艺流程

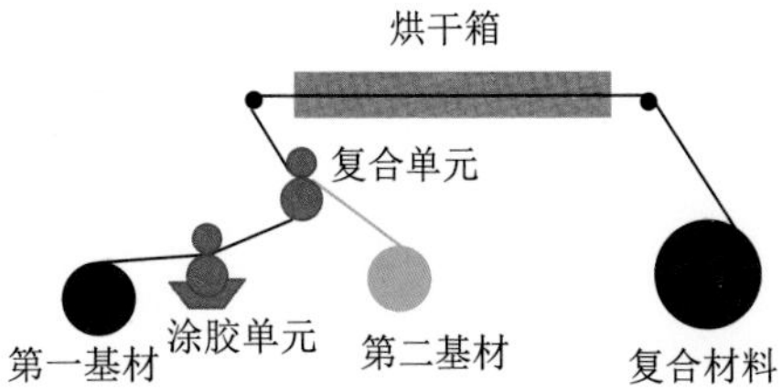

图 1-3　湿法复合机

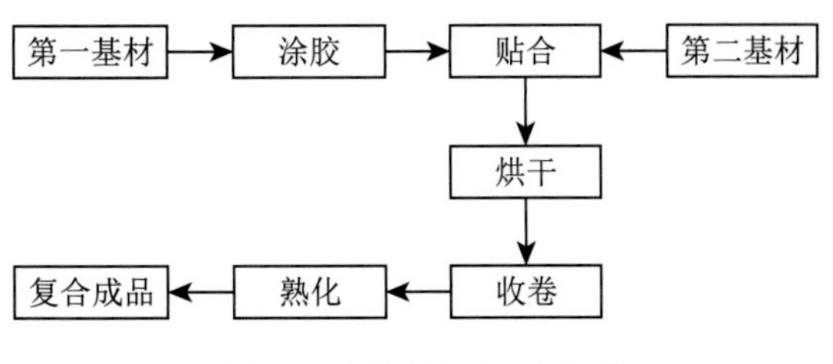

图 1-4　湿法复合工艺流程

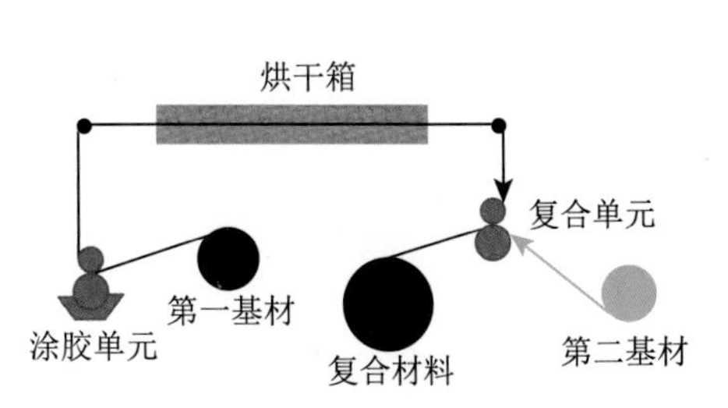

图 1-5　溶剂型干法复合机

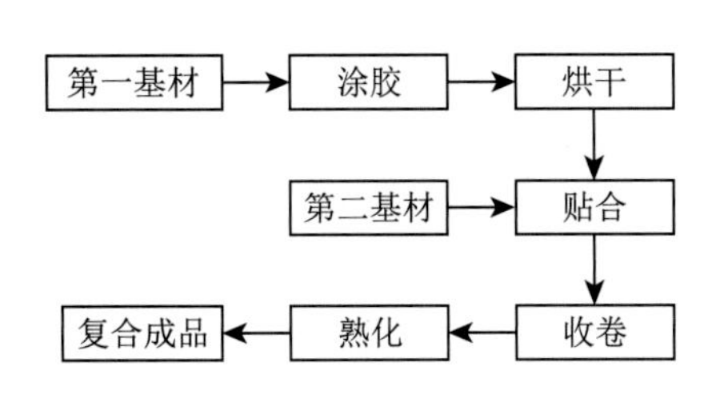

图 1-6　溶剂型干法复合工艺流程

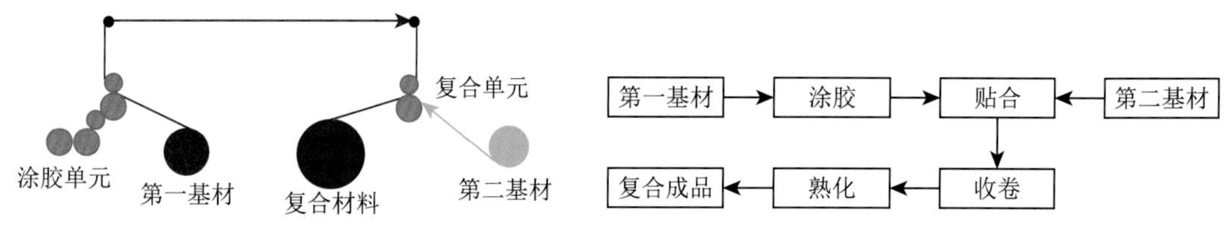

图 1-7　无溶剂型干法复合机　　　　图 1-8　无溶剂型干法复合工艺流程

挤出复合工艺是将熔融态的树脂（聚乙烯、聚丙烯、EVA、离子树脂等）用作胶黏剂或热合层。使用底胶是为了提高熔融态的树脂与第一基材间的剥离力。在过程中如果使用了第二基材则称为挤出复合，如果未使用第二基材则称为挤出涂布。

湿法复合工艺使用了水溶性胶，其特点是先复合、后干燥，在两个基材贴合到一起的瞬间，涂覆在载胶基材上的胶层中仍含有相当数量的溶剂（水分）。因此，复合加工中所使用两个基材之一必须具有透气性良好的特点，以使胶层中的水分能够在通过烘干箱时透过该基材挥发出去。符合这一要求的基材通常是厚度不大的纸张。所以，湿法复合工艺通常被用于纸张与其他基材间的复合加工，例如广泛用于烟草包装、糖果的纸 / 铝两层复合制品。

溶剂型干法复合工艺与无溶剂型干法复合工艺（英文名称分别为 Solvent Base Dry Lamination，Solventless Dry Lamination 或 Solvent Free Dry Lamination）的共同特点是：在两个基材贴合到一起的瞬间，涂覆在载胶基材上的胶层中已没有溶剂或稀释剂，因此这两种工艺被统称为干法复合工艺。

溶剂型干法复合工艺与无溶剂型干法复合工艺的区别在于：前者所使用的胶黏剂或俗称的胶水是含有溶剂（有机的或无机的）的，后者所使用的胶黏剂或胶水不含溶剂。所以，在溶剂型干法复合机上，烘干箱是一个必需的组成部分，而在无溶剂型干法复合机上没有烘干箱。

由于习惯的原因，溶剂型干法复合工艺被称为干法复合，为了以示区别，无溶剂型干法复合工艺被称为无溶剂复合。

二、复合机的构成

本书主要讨论与溶剂型干法复合工艺和无溶剂型干法复合工艺相关的事宜，因此，从此节开始，仅针对这两种复合工艺展开相关的讨论。

关于复合机的构成，从图 1-5 溶剂型干法复合机中可以发现，其主要的组成部分为第一放卷机（第一基材）、涂胶单元、烘干箱、第二放卷机（第二基材）、复合单元和收卷机（复合材料）6 个部分。

从图 1-7 的无溶剂型干法复合机中可以发现，其主要的组成部分为第一放卷机（第一基材）、涂胶单元、第二放卷机（第二基材）、复合单元和收卷机（复合材料）5 个部分。

显而易见的差异是前者配有烘干箱，后者没有配备烘干箱。

图 1-5 ～图 1-8 中没有表现出来的差异是：在无溶剂型干法复合机上（图 1-7）有一个必备的硬件设施——自动混胶机，而在溶剂型干法复合机上（图 1-5）则没有这样的设施。

三、涂胶方式

在基材的表面处理和复合加工中，涂料或胶黏剂的涂布方法有很多种，如图 1-9 所示。

图 1-9 摘自《软包装的涂布工艺》（*Coating Technology for Flexible Packaging*；Lee A. Ostness，Product Manager，Coating & Drying Systems，Davis Standard）。

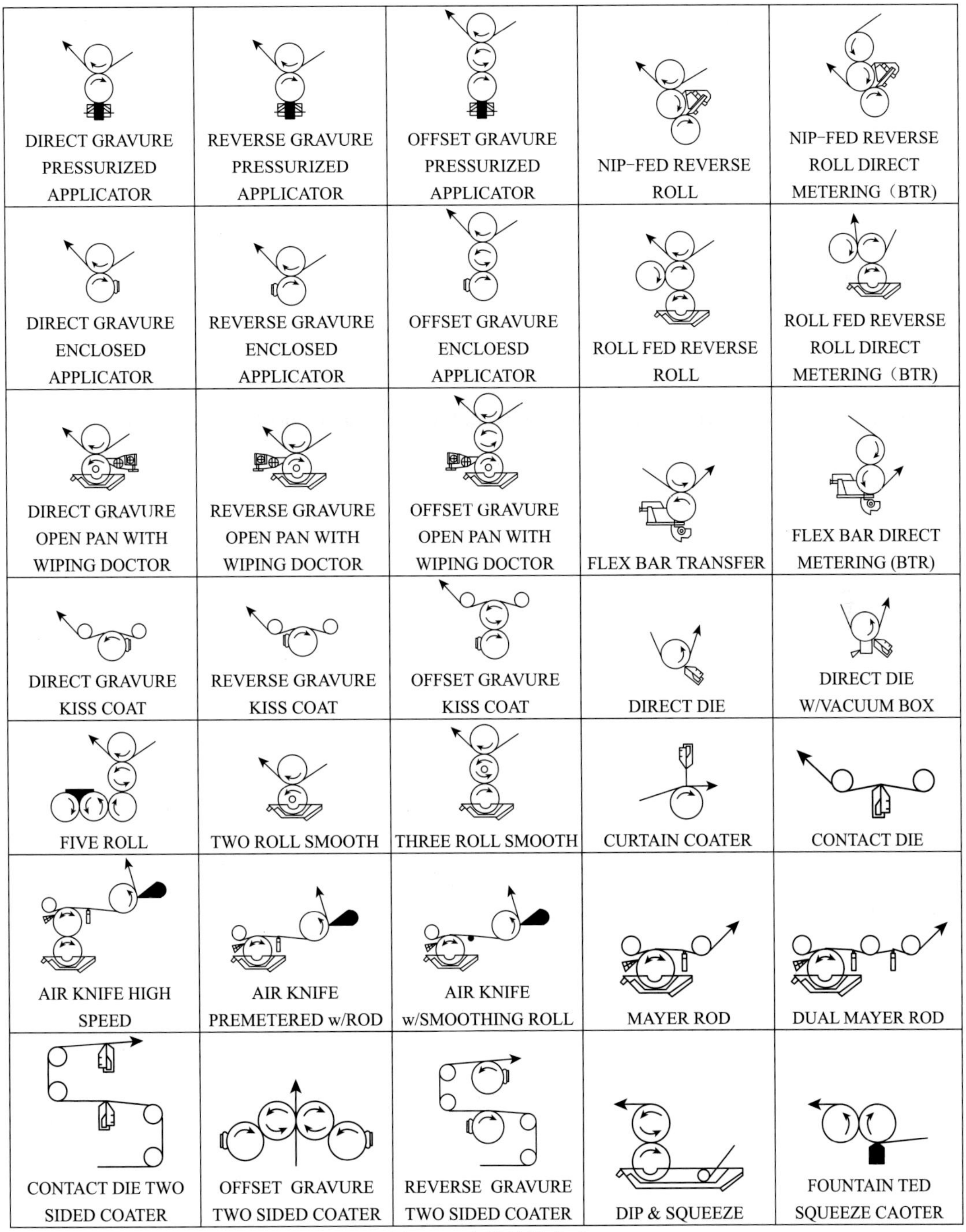

DIRECT GRAVURE PRESSURIZED APPLICATOR	REVERSE GRAVURE PRESSURIZED APPLICATOR	OFFSET GRAVURE PRESSURIZED APPLICATOR	NIP-FED REVERSE ROLL	NIP-FED REVERSE ROLL DIRECT METERING（BTR）
DIRECT GRAVURE ENCLOSED APPLICATOR	REVERSE GRAVURE ENCLOSED APPLICATOR	OFFSET GRAVURE ENCLOESD APPLICATOR	ROLL FED REVERSE ROLL	ROLL FED REVERSE ROLL DIRECT METERING（BTR）
DIRECT GRAVURE OPEN PAN WITH WIPING DOCTOR	REVERSE GRAVURE OPEN PAN WITH WIPING DOCTOR	OFFSET GRAVURE OPEN PAN WITH WIPING DOCTOR	FLEX BAR TRANSFER	FLEX BAR DIRECT METERING (BTR)
DIRECT GRAVURE KISS COAT	REVERSE GRAVURE KISS COAT	OFFSET GRAVURE KISS COAT	DIRECT DIE	DIRECT DIE W/VACUUM BOX
FIVE ROLL	TWO ROLL SMOOTH	THREE ROLL SMOOTH	CURTAIN COATER	CONTACT DIE
AIR KNIFE HIGH SPEED	AIR KNIFE PREMETERED w/ROD	AIR KNIFE w/SMOOTHING ROLL	MAYER ROD	DUAL MAYER ROD
CONTACT DIE TWO SIDED COATER	OFFSET GRAVURE TWO SIDED COATER	REVERSE GRAVURE TWO SIDED COATER	DIP & SQUEEZE	FOUNTAIN TED SQUEEZE CAOTER

图 1-9 各种涂胶方式

在我国的复合软包装行业中，目前得到应用的涂胶方式有以下几种：

①五辊涂布方式（如图 1-10），是目前在无溶剂型干法复合机上普遍应用的涂胶方式；

②开放式胶盘与刮刀 / 正向凹版涂布方式（如图 1-11），是国内绝大多数溶剂型干法复合机所采用的涂胶方式；

③封闭式胶盒 / 正向凹版涂布方式（如图 1-12），是目前一些新安装的 200 ～ 300 米 / 分机速的溶剂型干法复合机所采用的涂胶方式；

图 1-10　五辊涂布

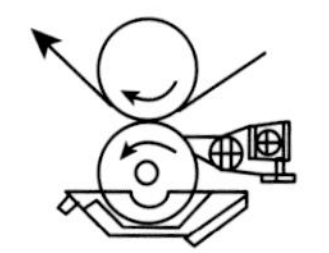

图 1-11　开放式胶盘与刮刀 / 正向凹版涂布

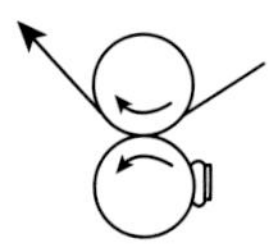

图 1-12　封闭式胶盒 / 正向凹版涂布

④三辊式光辊涂布方式（如图 1-13），是以前的一些运行速度在 100 米 / 分以下的溶剂型干法复合机采用的涂胶方式；

⑤两辊式光辊涂布方式（如图 1-14），常见于挤出复合机上使用醇 / 水溶性胶做底胶的场合；

⑥反向凹版吻涂方式（如图 1-15），仅见于某些特殊应用的设备上。

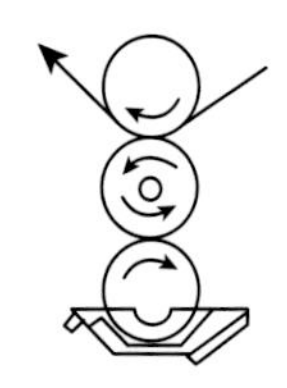

图 1-13　三辊式光辊涂布

图 1-14　两辊式光辊涂布

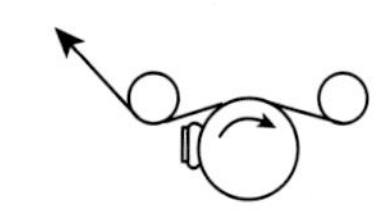

图 1-15　反向凹版吻涂

需要强调的是：目前的无溶剂型干法复合机所使用的五辊涂布系统都是如图 1-23 所示的样式，其与图 1-10 的差异在于递胶辊的位置有所调整。

四、复合压力及其评价

复合压力是复合加工工艺中的一项非常重要的工艺参数。

所谓复合压力，是指在复合机的复合单元中的复合钢辊与复合胶辊间的压力或者施加在两层基材上的、使之贴合在一起的作用力。

通常情况下，人们会用给复合单元施加外力的汽缸上的气压表的示值（kgf/cm^2 或 MPa 或 BAR）作为工艺参数及比较的基准。

对于同一台或同一型号的复合机而言，利用气压表的示值作为复合压力的工艺参数和比较的数值是可行的和正确的。但对于不同型号的复合机而言，此种方法是不正确的！

复合压力的另外两种表示方法分别是压强和线压力。

所谓压强，是指在复合钢辊和复合胶辊间单位面积上的压力，其单位通常是 kgf/cm^2。这就涉及需要确切地知道在指定的汽缸压力条件下，复合胶辊的变形程度或复合胶辊与复合钢辊间的接触面的宽度。由于不同牌号的复合机的复合胶辊的硬度（邵氏，Shore）是不一样的，在相同的汽缸压力条件下，复合胶辊的变形程度无法准确地测量。因此，就难以得到准确的压强数据。

所谓线压力，是指在复合钢辊和复合胶辊间的单位长度上的压力，其单位是 kgf/m。使用线压力作为复合压力的比较基准可以使问题简化，对任何牌号、形式的复合机的复合压力值都可以用线压力的数据进行比较与评价。

1. 复合单元的施压方式

复合单元的施压方式有四种：无杠杆传动机构直压式；无杠杆传动机构斜压式；有杠杆传动机构直压式 A 型；有杠杆传动机构直压式 B 型。

所谓“直压式”，是指汽缸施加作用力的矢量线与复合钢辊和复合胶辊的圆心的两点的连线在一条直线上的施压方式（图 1-16）。

所谓“斜压式”，是指汽缸施加作用力的矢量线与复合钢辊和复合胶辊的圆心的两点的连线不在一条直线上的施压方式（图 1-17）。

（1）无杠杆传动机构的复合线压力

在无杠杆传动机构直压方式中，复合线压力的计算公式为：

$$P_L = 2 \times Pa \times S/L \qquad (1-1)$$

式中　P_L——线压力，kgf/m；

2——有两个汽缸；

Pa——汽压表上的示值，kgf/cm^2；

S——汽缸中的活塞承受气压的有效面积，cm^2；

L——复合胶辊的有效长度，m。

在无杠杆传动机构斜压方式中，复合线压力的计算公式为：

$$P_L = 2 \times k_1 \times Pa \times S/L \qquad (1-2)$$

在图 1-18 中，F_a 表示汽缸施加给复合胶辊的作用力的方向，F_b 表示汽缸施加的作用力的大小及方向，F_c 表示复合胶辊施加给复合钢辊的作用力的大小及方向，θ 表示 F_b 和 F_c 间的夹角。k_1 表示斜压系统常数。

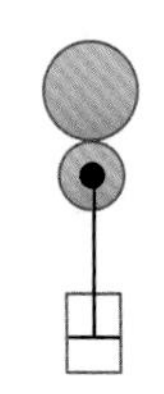

图 1-16　无杠杆的直压方式

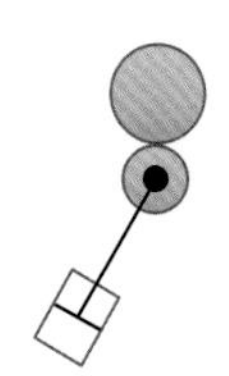

图 1-17　无杠杆的斜压方式

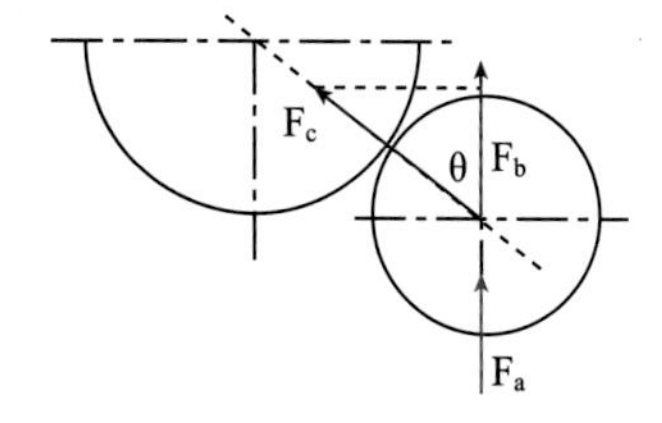

图 1-18　斜压方式中力的分析

于是，$F_c = F_b / \cos(\theta)$。因为 $\cos(\theta) < 1$，所以 $1/\cos(\theta) > 1$。

令 $1/\cos(\theta) = k_1$。

因此，在斜压方式下：

$$P_L = 2 \times Pa \times S/L \times \cos(\theta) \tag{1-3}$$

从上面的分析可以发现，在汽缸输出或施加给复合胶辊同样大小的作用力的前提下，在斜压方式中，复合胶辊施加给复合钢辊的作用力要大于直压方式中的作用力！

(2) 有杠杆传动机构的直压方式的复合线压力计算

如图 1-19 和图 1-20 所示，在复合单元中使用的杠杆传动机构有 A 型和 B 型两种形式。

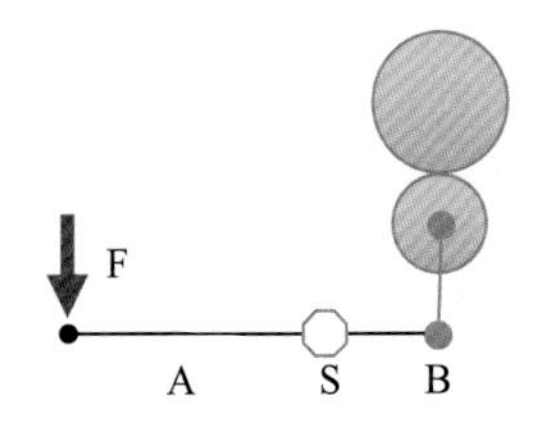

图 1-19　A 型杠杆的直压方式

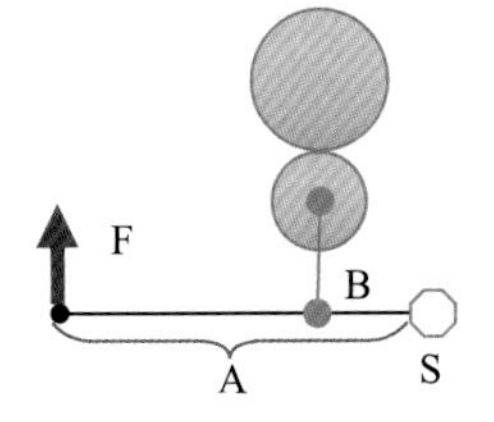

图 1-20　B 型杠杆的直压方式

在图 1-19 和图 1-20 中，S 点表示杠杆机构的支点，A 表示动力臂，B 表示阻力臂，F 表示由汽缸输出的作用力的大小及方向。

根据杠杆定律，动力 × 动力臂 = 阻力 × 阻力臂，其中的“动力”即为汽缸所输出的作用力，“动力臂”为线段 A 的长度，“阻力臂”为线段 B 的长度，“阻力”为作用在复合胶辊上的作用力。

因此，有杠杆传动机构直压方式下的复合线压力计算式为：

$$P_L = 2 \times k_2 \times Pa \times S/L \tag{1-4}$$

式中　k_2-k_2 = A/B（＞1）。

对于任一有杠杆传动机构的复合单元而言，汽缸的摆放位置或施压方式都会有如图 1-21 和图 1-22 所示的两种形式。

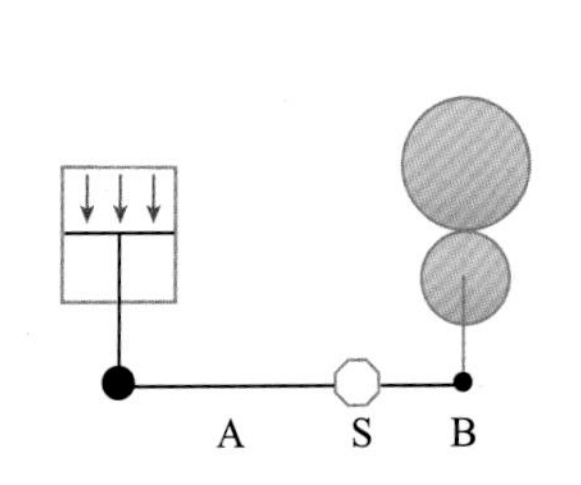

图 1-21　汽缸的施压方式 A

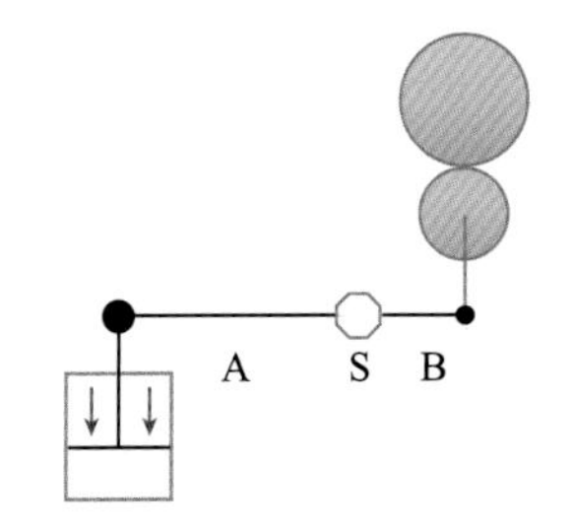

图 1-22　汽缸的施压方式 B

在施压方式 A 的状态下，压缩空气是作用在活塞的整个面积上的，所以上述公式中的活塞有效面积 $S = \pi r^2$，r 是活塞的半径。

在施压方式 B 的状态下，压缩空气是作用在活塞的部分面积上的，其中活塞杆占据了一部分的面积，所以上述公式中的活塞有效面积 $S = \pi r_1^2 - \pi r_2^2$，$r_1$ 是活塞的半径，r_2 是活塞杆的半径。

因此，对于有杠杆传动机构的复合单元，在计算复合线压力时，活塞有效面积 S 的取值要根据实际条件下汽缸的摆放位置来确定。

综合地讲，复合单元的复合线压力的计算公式为：

$$P_L = 2 \times k_1 \times k_2 \times Pa \times S/L \quad (1\text{-}5)$$

式中 P_L——复合线压力，kgf/m；

2——有两个汽缸；

k_1——斜压系统常数，无量纲，$k_1 = 1/\cos(\theta)$；

k_2——动力臂 / 阻力臂的比值，无量纲；

Pa——输入的压缩空气的压强值，kgf/cm^2；

S——汽缸中的活塞承受气压的有效面积，cm^2；

L——复合辊的有效长度，m。

在不同牌号的复合机的复合单元中，有些设备的复合胶辊的长度与复合钢辊是一样的，有些设备的复合胶辊的长度略小于或略大于复合钢辊。在计算复合单元的线压力时，都需要取其中的最小值。

2. 复合线压力的评价值

根据经验，复合单元的复合线压力值应当不小于 1000kgf/m！

从目前的状况来看，某些复合设备的复合线压力值可以达到 2000kgf/m 的水平，而某些复合设备的复合线压力值明显低于 1000kgf/m 的水平。

目前在国内市场上正在运行的复合设备中，复合单元所配备的汽缸的直径有以下几种规格（mm）：$\Phi60$、$\Phi80$、$\Phi100$、$\Phi125$、$\Phi150$、$\Phi200$。

根据前面的复合线压力计算公式，复合线压力与汽缸的半径的平方成正比。由此可以看出，在不同的复合设备上复合线压力数值存在巨大差异。

根据公式 $P_L = 2 \times k_1 \times k_2 \times Pa \times S/L$，假定 L= 1m，$k_1 = 1$，$k_2 = 2$，Pa = 1，来计算一下使用不同直径的汽缸可获得的复合线压力值（表 1-1）。

表1-1 使用不同直径的汽缸可获得的复合线压力值

Φ(mm)	60	80	100	125	150	200
S(cm^2)	28.27	50.26	78.54	122.72	176.72	314.16
P_L(kgf/m)	113	201	314	490	707	1256

从表 1-1 的计算结果来看，汽缸直径的变化对可输出的复合线压力的影响是非常显著的。

五、一递胶辊的压力及其评价

一递胶辊是无溶剂干法复合机涂布系统中的重要组成部分。

在如图 1-23 所示的无溶剂干法复合机中常用的五辊涂布系统中，五支涂胶辊的名称分别为：

辊 A：承胶辊、（固定的）计量辊、刮刀辊、固定辊；

辊 B：承胶辊、（旋转的）计量辊、转移钢辊；

辊 C：递胶辊、传胶辊、匀胶辊、转移辊、转移胶辊；

辊 D：涂胶辊、上胶辊、涂布辊、涂布钢辊；

辊 E：压印辊、涂布胶辊、涂布压辊。

在该涂布系统中，辊 A、B、D、E 的长度是固定不变的，辊 C 的胶面有效长度需要根据所复合产品的第一基材的宽度而相应地变化。通常，辊 C 的胶面有效长度需要比第一基材（载胶膜）的宽度小 5 ～ 10mm。

在该涂布系统的运行过程中，辊 A（承胶辊）为固定辊（即不旋转），辊 B、C、D 的运行方向如图 1-24 所示，而且，辊 B、C、D 之间是差速运行的，其中，辊 B 旋转得最慢，辊 D 旋转得最快，辊 E 与辊 D 以相同的线速度旋转。

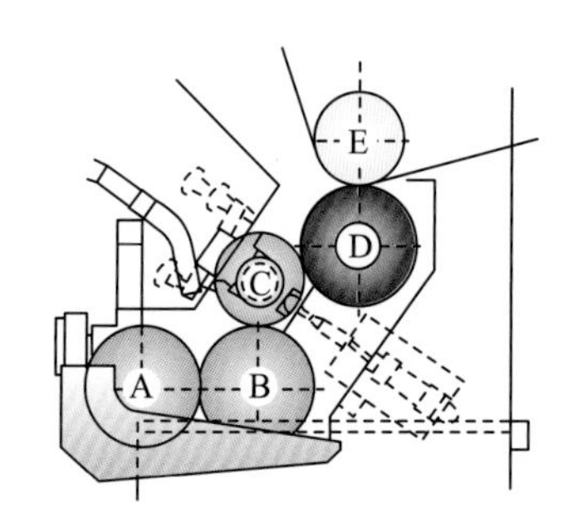

图 1-23 五辊涂布系统示意

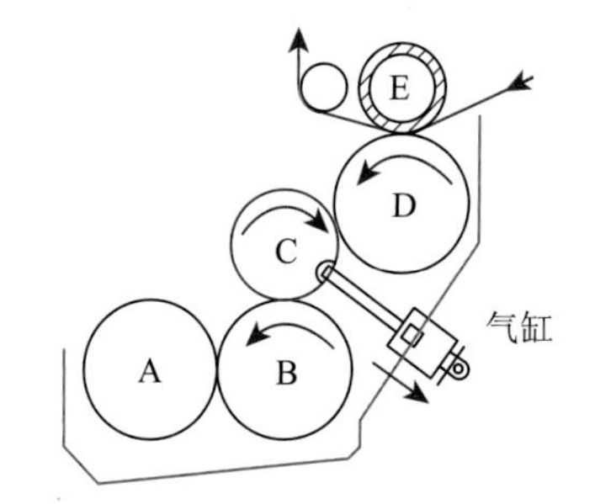

图 1-24 五辊涂布系统运行示意

辊 A 与辊 B 之间通常需要保持不小于 0.08mm 的间隙。辊 C 则是借助两个汽缸的拉力与辊 B、辊 D 之间保持某种程度的“亲密接触”。

在目前见到的正在运行中的无溶剂型干法复合机上，上述的控制递胶辊的两个汽缸的直径大部分采用的是 Φ50mm 的。另有部分设备采用的是 Φ32mm 和 Φ63mm 的汽缸。

对于该汽缸在运行中的气压数据，设备制造厂一般只给出一个应用范围，例如 1 ～ 4 bar（1bar = 1.02kgf/cm^2 = 0.1MPa）。

那么，随之而来的问题是：递胶辊 C 的汽缸压力究竟控制在什么范围内才是合适的？

假定递胶辊 C 的长度是 1.3 米（与计量辊 B 相同），输入的气压为 2bar，即可利用前面的线压力计算公式计算出汽缸施加给递胶辊的线压力值：

$$P_L = 2 \times Pa \times S/L = 2 \times Pa \times \pi (r_1^2 - r_2^2)/L = 2 \times 2.04 \times \pi (2.5^2 - 1^2)/1.3 = 61.5 (kgf/m)$$

在上述公式中，r_2 是活塞杆的半径。

此线压力并不是递胶辊 C 与计量辊 B 和涂胶辊 D 之间的线压力。因为该线压力是两个汽缸施加给递胶辊的，而这个力会通过递胶辊 C 传递给计量辊 B 和涂胶辊 D，所以，递胶辊 C 与计量辊 B 和涂胶辊 D 间的线压力会小于上述的计算值。

从上述计算结果来看，在输入的气压为 2bar 的条件下，施加在递胶辊上的线压力值（< 100kgf/m）远小于正常的复合单元的线压力值（> 1000kgf/m）。

从现有的五辊涂布系统的设计来看，设计者是有意识地使这三个辊之间保持了一种很小的接触压力。

从图 1–25 的胶水传递过程来看，在这三个辊之间，胶水的传递主要依靠的是辊子之间的速度差，而不是辊子之间的压力。

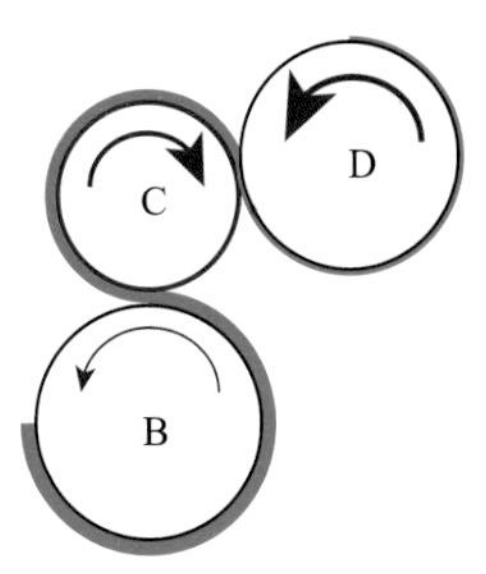

图 1–25　胶水传递过程

在这种涂布系统中，如果增加施加在辊 C 上的线压力，则辊 C 与辊 B 和辊 D 之间的间距会相应减小，辊 C 与辊 B、D 之间的摩擦力会相应增大，驱动递胶辊 C 运转的电机的负荷就会明显上升！其结果将是辊 C 的旋转速率相应地降低以及在单位时间内的胶水转移量相应减少！

从另一个角度说，影响递胶辊 C 驱动电机负荷的因素有三个：一是复合机的运行速度；二是胶水的黏度（关联影响因素是胶水的温度及胶水的本体黏度）；三是施加给递胶辊的线压力（关联因素是递胶辊控制汽缸的输出压力和递胶辊胶面的有效长度）。

以现在常见的宽度为 1300mm 的无溶剂型干法复合机为例。该种复合机可加工的基材的有效宽度一般为 600mm 到 1250mm，因此，在生产过程中，递胶辊 C 的胶面长度就需要随着基材的宽度而变化。

假如在生产过程中，递胶辊 C 的胶面长度从 1250mm 更换到 600mm，而控制递胶辊 C 的汽缸的输出压力保持不变，那么辊 C 与辊 B、辊 D 之间的线压力就会增加 1 倍多。在其他条件不变的情况下，单位面积的上胶量会相应地减少。

因此，在生产过程中，应当保持施加给递胶辊的线压力的稳定，这对于保持涂胶量的稳定和复合制品的质量有着重要的意义。

也就是说，施加在递胶辊控制汽缸上的气压应当随着递胶辊胶面长度的减少而相应地降低！

相关的专家亦建议在全宽状态下的递胶辊上的压力不要超过 0.2MPa（或 2bar），且表压应随着递胶辊宽度的减少而相应地下调，但应以不出现局部缺胶现象为限。

根据公式 $P_L=2\times Pa\times\pi(r_1^2-r_2^2)/L$ 可以推导出：

$$Pa=P_L\times L/2\pi(r_1^2-r_2^2)=P_L\times L\times K,\ K=1/2\pi(r_1^2-r_2^2) \quad (1\text{–}6)$$

式中　Pa——随递胶辊有效长度而变化的气压输出值，kgf/cm^2；

P_L——计划使用的递胶辊 C 的线压力，kgf/m；

L——拟更换的递胶辊 C 的胶面有效长度，m；

K——系统的常数，$1/cm^2$；

R_1——汽缸活塞的半径，cm；

R_2——汽缸顶杆的半径，cm。

使用该公式，就可以计算出在使用不同长度的递胶辊时应当使用的汽缸输出压力。也可以利用公式计算出的数据，事先画出递胶辊长度 - 汽缸输出压力速查曲线。

建议将 60kgf/m 规定为“计划使用的递胶辊线压力 P_L 值”。

1. 合适的“递胶辊线压力值”的评价指标

①在无溶剂干法复合机的运行速度变化范围内不会出现局部缺胶现象；

②在无溶剂干法复合机的运行速度变化范围内不会出现在基材运行方向上的单位面积上的涂胶量明显变化的现象。

2. 与递胶辊压力关联的故障

①涂胶不均匀（线压力过小）；

②涂胶量降低（线压力过大）；

③驱动电机电流过大（线压力过大，胶水黏度偏大）。

六、凹版涂胶辊的分类

在复合软包装行业中所使用的凹版涂胶辊的加工方式中，比较成熟且应用比较广泛的方法共有 4 种：机械压花法、电子雕刻法、激光腐蚀法、激光雕刻法。

机械压花法（又称滚花）是采用滚花机和滚花刀对钢质的辊坯直接进行加工处理的方法。电子雕刻法是采用电子雕刻机与电子雕刻刀对钢基 / 铜面的辊坯进行加工处理的方法。激光腐蚀法是在钢基 / 铜面的辊坯上涂布感光胶、用激光器对感光胶层进行曝光 / 蚀刻、用电解液或其他化学溶液对辊坯的铜面进行腐蚀加工处理的方法。激光雕刻法是采用激光束对钢基 / 金属面或陶瓷面的辊坯进行激光腐蚀处理的加工方法。激光雕刻法加工的陶瓷辊和部分机械压花法加工的涂胶辊可以直接用于涂胶加工。

为了延长涂胶辊的使用寿命，绝大部分采用机械压花法和全部采用电子雕刻法、激光腐蚀法加工的涂胶辊的表面都要进行镀铬 / 抛光处理。

若要区分上述涂胶辊的加工方法，可采用“宏观观察法”和“微观观察法”。

“宏观观察法”是对涂胶辊的一些宏观特征进行对比检查的方法。“微观观察法”是对涂胶辊的一些微观特征进行对比检查的方法。

在宏观上，在采用机械压花法加工的涂胶辊上，所谓的网纹（滚花的结果）通常会布满整个版面，即在涂胶辊的整个弧形表面上（不包括辊子的两个环形的端面）百分之百地覆盖有滚花的花纹。而在采用电子雕刻法、激光腐蚀法、激光雕刻法加工的涂胶辊上，在弧形表面的两端通常都会留有 20 ～ 40mm 宽的未加工区域。采用激光雕刻法加工的陶瓷辊因其表面未做镀铬处理，故其表面没有镀铬层的金属光泽，而且颜色偏黑。

在微观上，采用不同的加工方法加工出来的网纹或网穴的形状如图 1-26 ～图 1-35 所示。

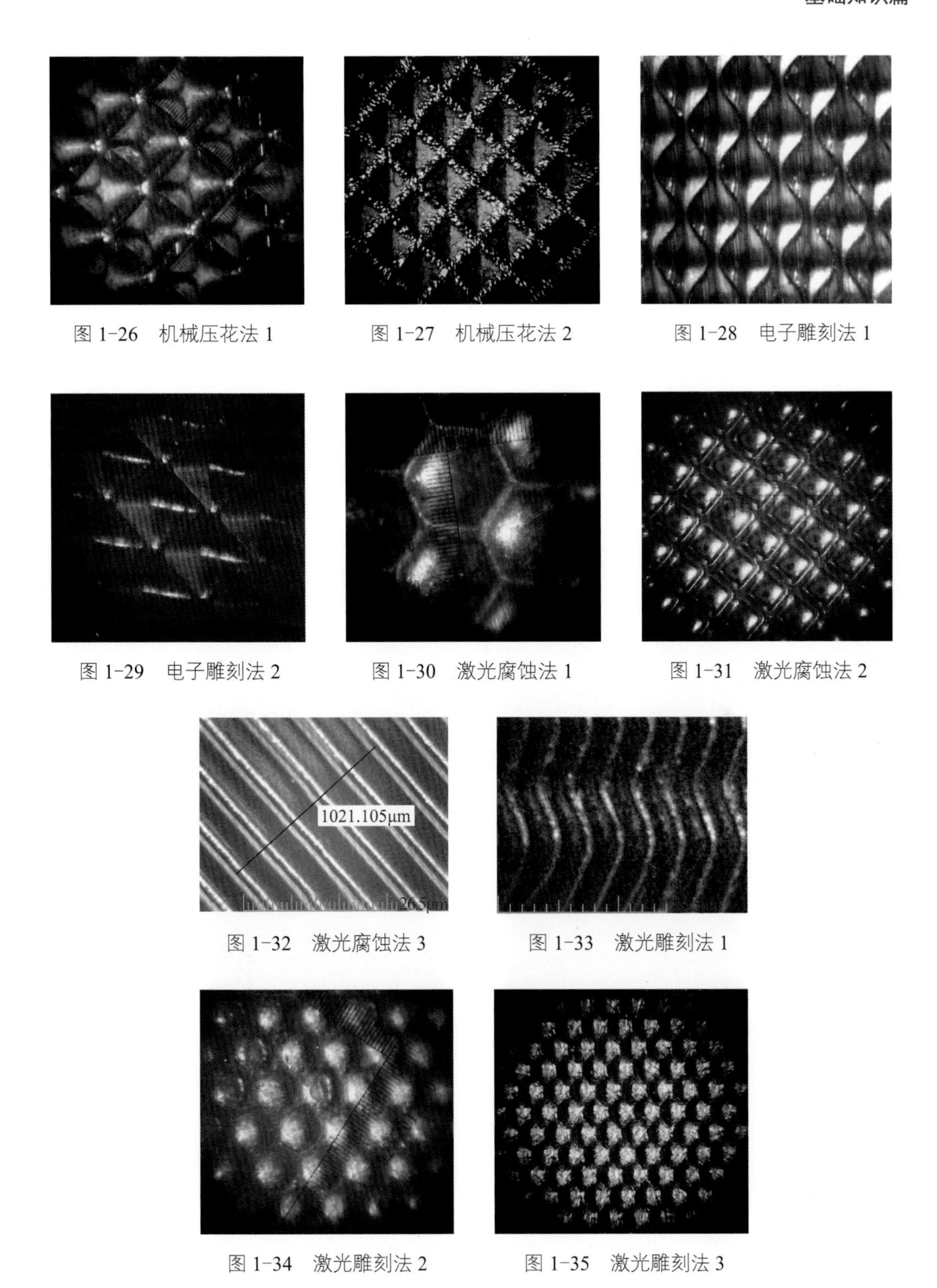

图 1-26　机械压花法 1

图 1-27　机械压花法 2

图 1-28　电子雕刻法 1

图 1-29　电子雕刻法 2

图 1-30　激光腐蚀法 1

图 1-31　激光腐蚀法 2

图 1-32　激光腐蚀法 3

图 1-33　激光雕刻法 1

图 1-34　激光雕刻法 2

图 1-35　激光雕刻法 3

七、版容积与胶水的转移率

在复合加工工艺中，涂胶量是一个重要的工艺参数。

在溶剂型干法复合加工工艺中，涂胶量有“涂胶湿量”与“涂胶干量”两种计量方法。

涂胶湿量是指在特定的工艺条件下，经过涂胶辊转移到载胶膜（又称第一基材）上的“含有溶剂的胶水溶液”的以重量为计量单位的数量，通常表示为 g/m^2（湿）。涂胶干量是指在特定的工艺条件下，经过涂胶辊转移到载胶膜上的“不含有溶剂的胶水”的以重量为计量单位的数量，通常表示为 g/m^2（干）。

涂胶干量的计算公式为：

$$W_g = CVdP \tag{1-7}$$

式中　W_g——涂胶干量，g/m^2（干）；

C——所使用的胶水工作液的浓度，%；

V——所使用的涂胶辊的版容积，cm^3/m^2；

d——所使用的胶水溶液的密度，g/cm^3；

P——胶水溶液的转移率，或转移到载胶膜上的胶水溶液占相应的涂胶辊的版容积的比例，%。

在生产实践中，W_g 是大家所关心的数据，C 是操作工调配的结果，V、d 和 P 是大家希望知晓又难以获得的数据，故通常会用经验系数予以代替。

1. 凹版网穴容积的计算方法

在单位面积的凹版涂胶辊上，单个网穴的容积的集合就是所谓的版容积。版容积 V 数据是可以计算的。要计算版容积 V，就需要事先知道或通过技术手段测得相应的网穴或网纹的相关参数，从而计算出单个网穴或网纹的容积（或体积），同时计算出单个网穴所占有的平面面积，并求出在 $1m^2$ 的面积上的网穴数量，再用单个网穴的容积和单位面积上的网穴数量两个数据相乘，即可求得版容积 V 的数据。

现在市场上应用的复合机上所使用的涂胶辊的长短粗细有很大的差异。因此，不能用单支涂胶辊的版容积 cm^3/ 支作为评价单位，而使用 cm^3/m^2 作为版容积的评价单位，才更有普遍性。

2. 凹版网穴形状

从资料上以及客户所使用的涂胶辊上可以看到，常用的凹版网穴形状有以下几种（图 1-36）。

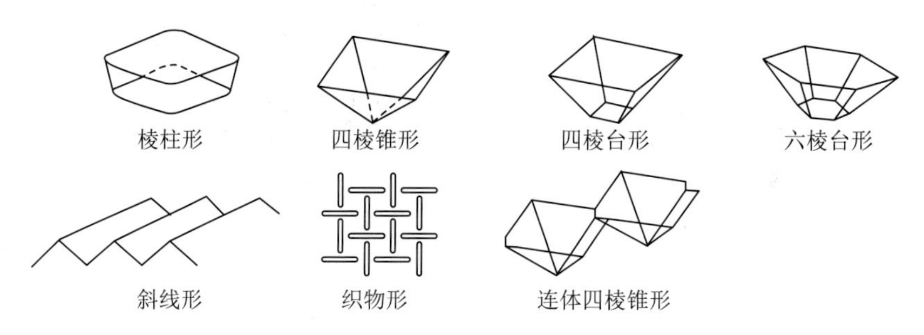

图 1-36　常用的凹版网穴形状

目前在市场上，以四棱锥形、连体四棱锥形、四棱台形网穴的使用者最多。连体四棱锥形的网穴一定是采用电子雕刻法加工出来的。四棱锥形网穴的加工方式可以是机械压花法和电子雕刻法。四棱台形网穴的加工方式可以是机械压花法和激光腐蚀法。

3. 网线数单位

与版容积相关的另一个重要参数是网线数。

所谓网线数，是指在单位长度上所包含的网穴的数量。

网线数的常用计量单位是线 / 英寸（英制，lpi）和线 / 厘米（公制，lpc）。这两个计量单位的换算关系是：1 英寸 = 2.54 厘米。

目前，某些制版厂常用“目数”代表“线 / 英寸”，用“线数”代表“线 / 厘米”。

在印刷厂或软包装材料加工企业中，可见到的凹版印刷辊（俗称印版）和涂胶辊（又称网纹辊）的网线数为 60 ～ 300lpi（24 ～ 120lpc），其中又以 100 ～ 175lpi（40 ～ 70lpc）的为最常用。

用同一浓度的胶水工作液和不同网线数的涂胶辊可得到不同的涂胶干量；用不同浓度的胶水工作液和不同网线数的涂胶辊也可以得到相同的涂胶干量。涂胶干量与涂胶辊的网线数和网穴形状有关，与胶水工作液的浓度、黏度、密度有关，也与实际生产条件有关。

4. 网穴容积的计算方法

(1) 四棱锥形网穴的容积

四棱锥形网穴的视图如图 1-37 所示。四棱锥形网穴的网穴容积 V 的计算公式为：

V = 网点面积 S × 网点深度 h / 3，网穴面积 S = ab/2，网穴深度 h = a×tg(90−θ/ 2)/2，所以，当四棱锥形网穴的 $a \neq b$ 时，网穴容积为：

$$V = Sh/3 = (ab/2)\,h/3 = a^2b \times tg(90-\theta/2)/12 \qquad (1\text{-}8)$$

当四棱锥形网穴的 a = b 时，式 1-8 又可以表达成：

$$V = a^2h/3 = a^3 \times tg(90-\theta/2)/12 \qquad (1\text{-}9)$$

因为 a = h×tg(θ/2)/2，所以，式 1-9 又可以表达成：

$$V = 2h^3 \times tg^2(\theta/2)/3 \qquad (1\text{-}10)$$

式中 a——网穴轴向宽度，又称网点值；

b——网穴纵向长度；

θ——网穴周向底角角度；

h——网穴深度。

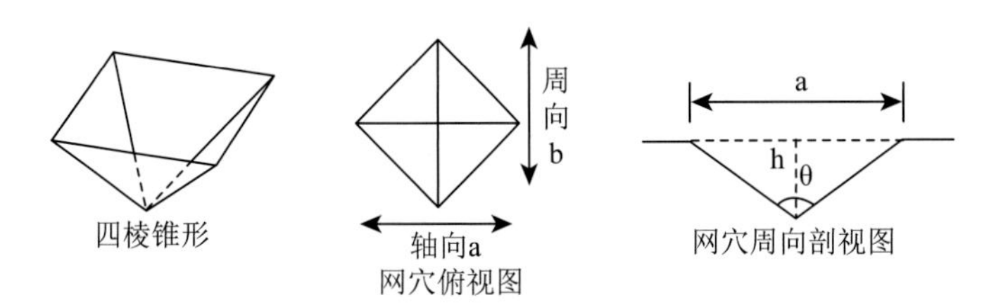

图 1-37 四棱锥形网穴的视图

(2) 连体四棱锥形的网穴容积

连体四棱锥形网穴的视图如图 1-38 所示。连体四棱锥形网穴的网穴容积计算公式为：

$$V=2\left(S_1+S_2+\sqrt{S_1S_2}\right)b/3 \tag{1-11}$$

式中 S_1——网穴最宽处的截面积（与网穴轴向宽度 a 相对应），$S_1=ah/2=a^2\times tg(90°-\theta/2)/4$；

S_2——网穴最窄处的截面积（与网穴的通沟宽度 c 相对应），$S_2=ch_1/2=c^2\times tg(90°-\theta/2)/4$。

因此，可得到：

$$V=(a^2+c^2+ac)b\times tg(90°-\theta/2)/6 \tag{1-12}$$

经过演变，公式（1-12）也可以变成

$$V=(h^2+h_1^{\ 2}+hh_1)b\times tg(\theta/2)/6 \tag{1-13}$$

式中 a——网穴轴向宽度，又称网点值；

b——网穴纵向长度；

c——通沟宽度，又称通道宽度；

θ——网穴角度（雕刻刀角度）；

h——网穴深度；

h_1——通沟深度。

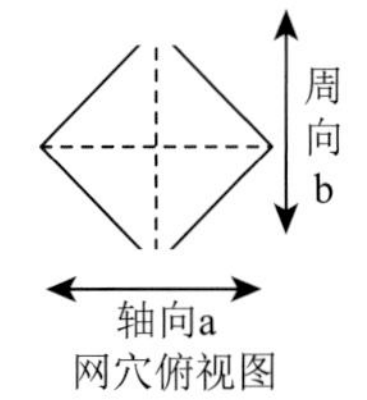

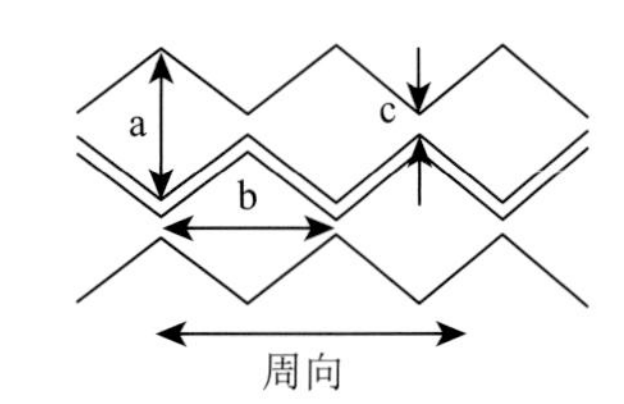

图 1-38　连体四棱锥形网穴的视图

(3) 激光腐蚀辊的网穴容积

激光腐蚀辊的网穴分解图如图 1-39 所示。激光腐蚀辊的网穴容积计算公式为：

$$V_R=b^2d-[0.86R^3(b+d)-0.67R^3] \tag{1-14}$$

式中 V_R——网穴的四个角为圆弧形状时的网穴容积；

b——网穴的边长；

d——网穴的深度；

R——网穴圆弧角的半径。

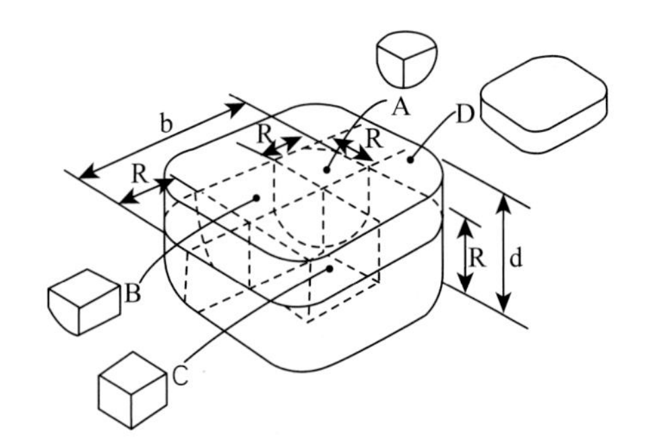

图 1-39　激光腐蚀辊的网穴分解图

(4) 四棱台形的网穴容积

四棱台形网穴的视图如图 1-40 所示。四棱台形的网穴容积计算公式为：

$$V=\left(S_1+S_2+\sqrt{S_1S_2}\right)h/3$$

式中 S_1——网穴上底的面积，$S_1=a^2/2$；

S_2——网穴下底的面积，$S_2=b^2/2$。

$$V=\left(a^2/2+b^2/2+\sqrt{a^2b^2/4}\right)h/3$$
$$=(a^2+b^2+ab)h/6 \tag{1-15}$$

式中 a——网穴的轴向长度或对角线长度；

b——网穴底面的轴向长度或对角线长度；

h——网穴的深度。

如果知道角度∮的值，则 $b=a-2h/tg∮$

$$V=\left(a^2+(a-2h/tg∮)^2+a(a-2h/tg∮)\right)h/6$$
$$=(a^2+a^2-2ah/tg∮-4h^2/tg^2∮+a^2-2ah/tg∮)h/6$$
$$=(3a^2-4h^2/tg^2∮-4ah/tg∮)h/6 \tag{1-16}$$

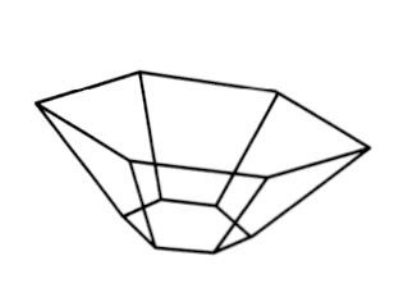
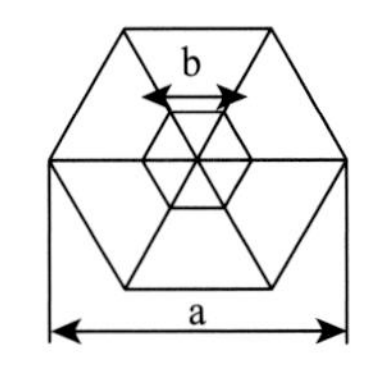

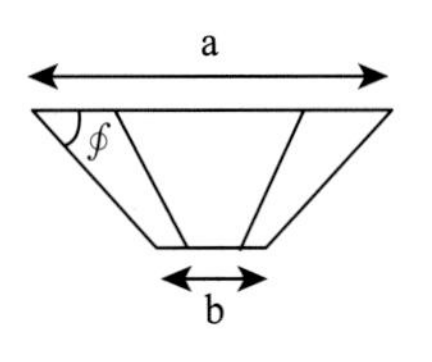

图 1-40　四棱台形网穴的视图

(5) 六棱台形的网穴容积

六棱台形网穴的视图如图 1-41 所示。六棱台形的网穴容积计算公式为：

$$V=(S_1+S_2+\sqrt{S_1S_2})h/3$$

式中　S_1——网穴上底的面积，$S_1=\frac{3}{4}\sqrt{3}a^2$；

S_2——网穴下底的面积，$S_2=\frac{3}{4}\sqrt{3}b^2$。

$$V=\left(\frac{3}{4}\sqrt{3}a^2+\frac{3}{4}\sqrt{3}b^2+\sqrt{(\frac{3}{4}\sqrt{3}a^2)(\frac{3}{4}\sqrt{3}b^2)}\right)h/3$$

$$=\frac{3}{4}\sqrt{3}\ (a^2+b^2+ab)h/3$$

$$=\frac{\sqrt{3}}{4}\ (a^2+b^2+ab)h \tag{1-17}$$

如果知道角度 ∮的值，则 $b=a-2h/tg∮$

$$V=\frac{\sqrt{3}}{4}h\ (a^2+(a-2h/tg∮)^2+a(a-2h/tg∮))$$

$$=\frac{\sqrt{3}}{4}h\ (a^2+a^2-2ah/tg∮-4h^2/tg^2∮+a^2-2ah/tg∮)$$

$$=\frac{\sqrt{3}}{4}h\ (3a^2-4h^2/tg^2∮-4ah/tg∮) \tag{1-18}$$

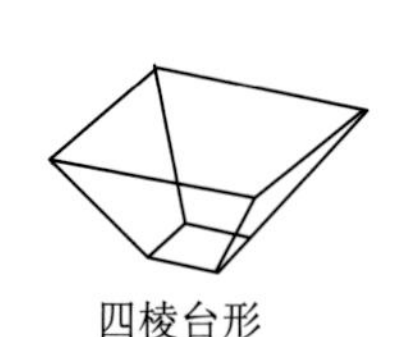

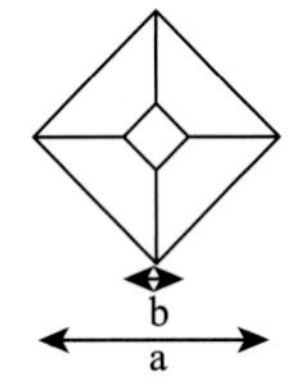

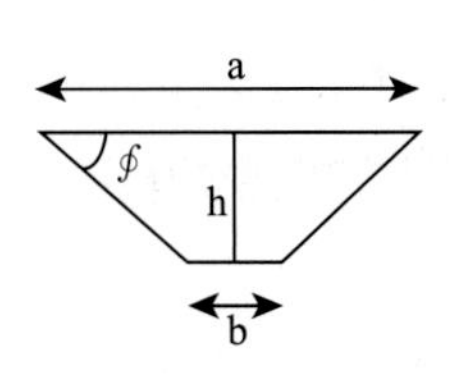

图 1-41　六棱台形网穴的视图

综上所述，不同形状的网穴具有相同的轴向长度、周向长度（即 $a=b$，六棱台形例外）和深度，则上述网穴的容积分别为：

四棱锥形网穴：$V=a^2h/3$　　（1-19）

四棱台形网穴：$V=a^3h/2$　　（1-20）

连体四棱锥形网穴：$V=(a^2h+ach_1+\sqrt{ahch_1})/3$　　（1-21）

六棱台形网穴：$V=\frac{3\sqrt{3}}{4}a^2h$ （1-22）

激光腐蚀辊的网穴：$V_R=b^2d-[0.86R^3(b+d)-0.67R^3]$ （1-23）

5. 胶水的转移率

根据对 W · F 油墨转移方程的研究结果，使用凹版直接涂胶方式在各种塑料薄膜及铝箔上涂胶时，网穴中的胶黏剂会沿着网穴开口的平面与网穴四个底面（或侧壁、底面）间的中心面发生分离并转移到塑料薄膜或铝箔上。如图 1-42 ～图 1-44 所示。

需要注意的是：在图 1-42 ～图 1-44 中，蓝色块在三种网穴形状示意图中的轮廓线与其相邻的两条线的距离是相等的。

图 1-42 柱形网穴中移出胶黏剂形状示意

图 1-43 台形网穴中移出胶黏剂形状示意

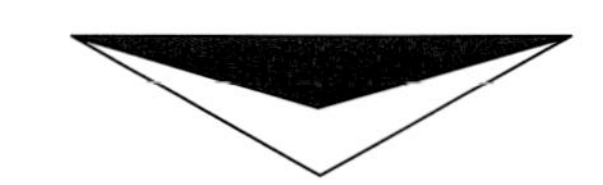

图 1-44 锥形网穴中移出胶黏剂形状示意

根据这一结论，凹版网穴中的胶黏剂的转移率就可以利用特定的公式计算出来了。

为了便于计算，本文只针对四棱锥形、四棱柱形网穴中的胶黏剂转移率进行探讨。

（1）四棱锥形网穴中胶黏剂的转移率

图 1-45 是从四棱锥形网穴中转移出来的胶黏剂的示意图。

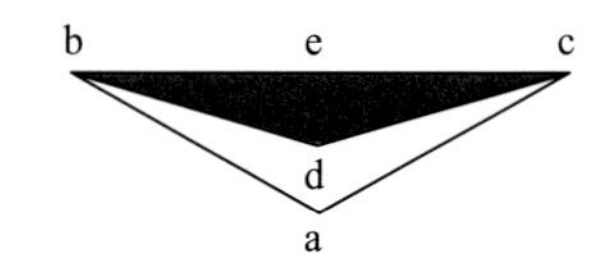

图 1-45 锥形网穴中移出胶黏剂形状示意

在图 1-45 中，△abc 表示四棱锥形网穴的剖面，△bcd 表示从该网穴中可转移出来的胶黏剂形状的剖面。根据前述的结论：“使用凹版直接涂胶方式在各种塑料薄膜及铝箔上涂胶时，网穴中的胶黏剂会沿着网穴开口的平面与网穴四个底面（或侧壁、底面）间的中心面发生分离并转移到塑料薄膜及铝箔上。”那么，在图 1-45 中，∠dbe 应当是∠abe 的 1/2，即∠abd= ∠dbe。

已知，四棱锥形的体积公式为：V=SH/3

式中 V——四棱锥形网穴的容积，μm^3；

S——四棱锥形网穴的底面积，μm^2；

H——四棱锥形网穴的深度，μm。

令∠ abe 为 θ，则∠ dbe 为 θ/2。线段 ae 为网穴深度 H，线段 de 为转移胶体高度 h。则胶体的转移率为：

$$f'=V'/V=(S'h/3)/(SH/3)$$ （1-24）

式中 V′——从网穴中转移出来的胶黏剂的体积；

V——网穴本身的容积；

S——网穴的开口的面积和转移出来的胶黏剂底面积；

H——网穴的深度；

h——转移出来的外形为四棱锥形的胶黏剂“微粒”的高度。

因为刚转移出来的胶体的底面积与网穴的底面积是相同的，所以，$S' = S$，对于四棱锥网穴而言，其胶体转移率的计算实际上就归结为对其网穴深度与胶体转移高度的推算。

此处规定图 1-45 中的线段 be 为 L，则网穴深度 $H = L \times tg\theta$，$h = L \times tg(\theta/2)$。于是有：

$$f' = V'/V = (S'h/3)/(SH/3) = h/H = L \times tg(\theta/2)/(L \times tg\theta) = tg(\theta/2)/tg\theta \quad (1\text{-}25)$$

根据三角函数公式：$tg(\theta/2) = \sin\theta/(1+\cos\theta)$，$tg\theta = \sin\theta/\cos\theta$，于是有：

$$f' = tg(\theta/2)/tg\theta = (\sin\theta/(1+\cos\theta))/(\sin\theta/\cos\theta) = \cos\theta/(1+\cos\theta) \quad (1\text{-}26)$$

已知，采用电子雕刻法制作四棱锥形网穴时，常用的雕刻刀角度为 120° 和 130°，而采用机械压花法制作四棱锥形网穴时，压花刀的常用角度为 120°、110°、100°。因此，可以利用公式计算出相应的转移率数据。

表1-2　雕刻刀角度与胶水转移率

雕刻刀角度	100°	110°	120°	130°
对应的θ值	40°	35°	30°	25°
cosθ值	0.7660	0.8192	0.8660	0.9063
转移率（%）	43.38	45.03	46.41	47.54

(2) 四棱柱形网穴中胶黏剂的转移率

图 1-46 是从四棱柱形网穴中转移出来的胶黏剂形状示意。

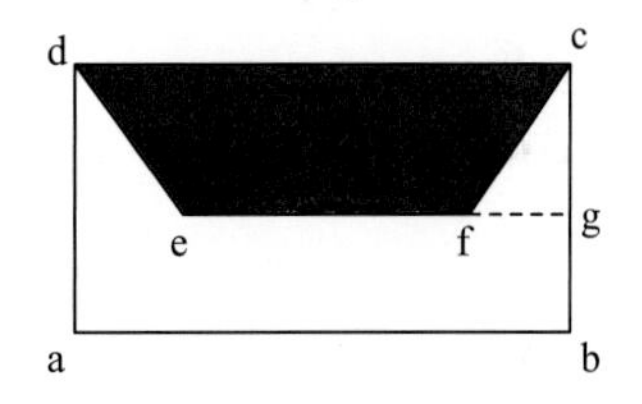

图 1-46　四棱柱形网穴中移出胶黏剂形状示意

在图 1-46 中，□abcd 表示四棱柱形网穴的剖面图，这是一个长方形；□cdef 表示从四棱柱形网穴中可能转移出来的胶体的剖面图，其形状为梯形。线段 bc 为网穴的深度 H，线段 cg 为可能转移出来的胶体的高度 h，线段 dc 为网穴的一个边长 L，线段 ef 为梯形下底长度 m。

∠adc 为 90°，根据前述结论，∠ade 应为 45°，h 应为 H/2。

四棱柱形网穴的体积为 $V = L^2 \times H$，四棱台形的体积公式为 $V' = [S+S_1+(SS_1)^{1/2} \times h]/3$，故四棱柱形网穴中胶黏剂的转移率公式应为：

$$\begin{aligned} f' &= V'/V \\ &= \{[L^2+m^2+(m^2L^2)^{1/2}] \times h/3\}/L^2 \times H \\ &= (L^2+m^2+mL) \times h/3 \times L^2 \times H \\ &= (L^2+m^2+mL)/6 \times L^2 \end{aligned} \quad (1\text{-}27)$$

因为，$m = L-2h \times tg45 = L-2h$，所以：

$$\begin{aligned} f' &= \{L^2+[(L-2h)^2+(L-2h)L)]/6L^2 \\ &= [L^2+(L^2-4hL+4h^2)+(L^2-2hL)]/6L^2 \\ &= (3L^2-6hL+4h^2)/6L^2 \\ &= 0.5-h/L+2(h/L)^2/3 \end{aligned} \quad (1\text{-}28)$$

因为，h=H/2

所以，$f'=0.5-H/2L+(H/L)^2/6$ （1-29）

因为，网穴的两个平行边的间距与设定的网线数及相应的网墙宽度有关，即：

$$L=(10000/n)-a \quad （1-30）$$

式中 n——每厘米的线数，lpc；

a——所规定的网墙宽度，μm。

将式（1-30）代入式（1-29），得

$$\begin{aligned} f' &= 0.5-H/2L+(H/L)^2/6 \\ &= 0.5-H/2(10000/n)-a)+\{H/[(10000/n)-a]\}^2/6 \end{aligned} \quad （1-31）$$

从公式（1-31）可以发现，胶黏剂的转移率是网穴深度 H、网线数 n 和网墙宽度 a 的函数。

在目前的软包装行业中，网线数的变化范围一般在 80 ～ 250 线 / 英寸（lpi）之间，即 31 ～ 100 线 / 厘米（lpc），网穴深度会随着网线数在 20 ～ 100μm 之间变化，网墙宽度的变化范围一般在 10 ～ 50μm 调整。

假定某四棱柱形网穴的涂胶辊的网线数为 40lpc（100lpi），网穴深度为 80μm，网墙宽度为 30μm，则该网穴（涂胶辊）的胶体转移率为：

$$\begin{aligned} f' &= 0.5-H/2((10000/n)-a)+(H/(10000/n)-a))^2/6 \\ &= 0.5-80/2((10000/40)-30+(80/(10000/40)-30))^2/6 \\ &= 0.5-0.1818+0.1818^2/6 \\ &= 0.5-0.1818+0.0055 \\ &= 0.3237 \end{aligned}$$

假定某四棱柱形网穴的涂胶辊的网线数为 80lpc（200lpi），网穴深度为 50μm，网墙宽度为 15μm，则该网穴（涂胶辊）的胶体转移率为：

$$\begin{aligned} f' &= 0.5-H/2((10000/n)-a)+(H/(10000/n)-a))^2/6 \\ &= 0.5-50/2(10000/80-15)+(50/(10000/80-15))^2/6 \\ &= 0.5-0.2273+0.2273^2/6 \\ &= 0.5-0.2273+0.0086 \\ &= 0.2813 \end{aligned}$$

图 1-47 为四棱柱形网穴的深度 - 宽度 - 转移率曲线。图中 X 轴为网穴深度，Y 轴为网线数，Z 轴为胶体的转移率。在计算前，已将网墙宽度规定为 20μm。

从图中可以发现：网线数越少、网穴越浅，其转移率值越大。

6. 结论

综合前面的论述，对于四棱锥（金字塔）形的凹版网穴的涂胶辊而言，在特定条件下，在生产过程中，胶黏剂的转移率是雕刻刀角度的函数，转移率的数值在 43% ～ 48%；而对于四棱柱形（也可推广到四棱台形、六棱台形）的网穴，胶黏剂的转移率是网穴深度 H、网线数 n 和网墙宽度 a 的函数，但是都没有超过 50%！

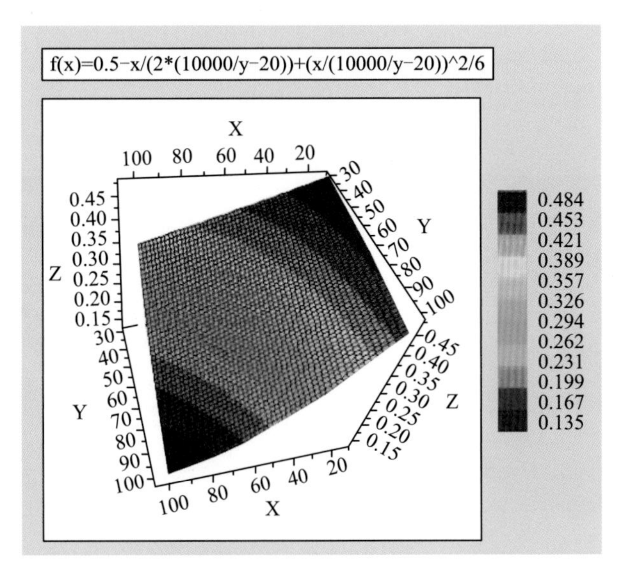

图 1-47　四棱柱形网穴的深度 - 宽度 - 转移率曲线

需要强调的是，转移率与转移量不是同一个概念。转移率低并不意味着转移量低。

八、涂胶辊的耐用性事宜

常用的涂胶辊的表面层材质有铁、铬、陶瓷 3 种。3 种材料的硬度依次为陶瓷最高，铬次之，铁最小。在配合使用相同硬度的刮刀的前提下，应当是陶瓷辊的使用寿命最长，镀铬辊次之，铁辊最短。

但在现实中，许多使用者反映铁辊（压花辊）的使用寿命要比镀铬辊（电雕辊）的长。这其实是一种误解。

合理的涂胶辊使用寿命的评价指标应当是有效的涂胶量降低到某一数值时的时间或可加工成品的延长米数。

以电雕辊为例，电雕辊表面的镀铬层的厚度一般为 6 ～ 12μm。当网墙上的镀铬层被磨掉后，就会露出基底的铜层（如图 1-48 所示），从外观上看，电雕辊的颜色就由银白色（铬）转变为红色（铜），同时，该涂胶辊的有效涂胶量也会明显下降。涂胶状态也会相应变差。此时，人们就会认为该涂胶辊的使用寿命已经结束了，就会对该涂胶辊进行退镀铬处理。

此时使用寿命的评价指标是表面颜色的变化，而不是有效涂胶量的降低！

而对于部分铁基的压花辊，由于其表面未做镀铬处理，不管实际的磨损有多严重，其表面的颜色都不会发生变化。因此，人们才会认为压花辊的使用寿命比较长。只有当有效涂胶量的下降已经造成了批量性的产品质量损失时，才会想到去重新制作涂胶辊。

如图 1-49 所示，该涂胶辊是用机械压花法加工的，其网墙顶部已被磨得比较平整了，网墙宽度已接近或超过了 50μm（正常情况下，机械压花法加工的涂胶辊的网墙宽度为 20 ～ 30μm）。尽管其实际的上胶量已被大幅地减少了，但从照片上看，其网形是规整的，似乎仍可继续正常使用。

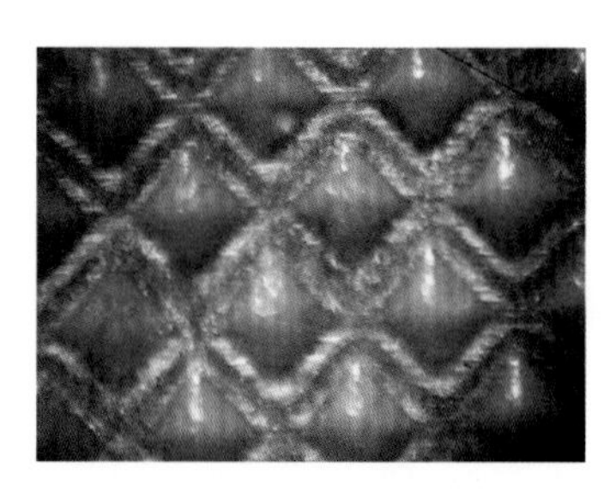

图 1-48　已经“露铜”的电雕辊

图 1-49　磨损较严重的网穴

根据式（1-19）和式（1-21），可以计算出当涂胶辊的表面被磨掉 8μm 后（相当于电雕辊的镀铬层被磨掉了），四棱锥形和连体四棱锥形网穴容积减少的比例。计算结果如表 1-3 所示。

表 1-4 是以 120lpi（48lpc）的连体四棱锥形网穴的涂胶辊为例，计算由于涂胶辊的逐步磨损对其版容积的影响。

表1-3　网穴深度减少8μm时，不同形式网穴的版容积减少的比例　　%

网线数（lpi）	正四棱锥形		连体四棱锥形
	机械滚花法	电子雕刻法	
100	26.25	25.13	28.15
120	32.18	30.52	34.69
150	41.63	38.92	45.14
170	48.23	44.66	52.34

表1-4　电雕辊网穴磨损与版容积的减少率

磨损值（μm）	磨损后的网穴深度（μm）	通沟深度的变化（μm）	版容积的减少率（%）
0	57.7	7.0	0.0
1	56.7	6.0	5.05
2	55.7	5.0	9.95
3	54.7	4.0	14.68
4	53.7	3.0	19.26
5	52.7	2.0	23.68
6	51.7	1.0	27.94

续表

磨损值（μm）	磨损后的网穴深度（μm）	通沟深度的变化（μm）	版容积的减少率（%）
7	50.7	0.0	32.04
8	49.7	0.0	34.69

从以上的叙述中可以得出以下的结论。

①棱锥形及棱台形网穴涂胶辊的使用寿命都是有限的；其寿命与使用频次及使用条件有很大关系。

②对同一支涂胶辊而言，其网穴深度每减少 1μm，版容积的减少率是递减的。

③对同一网线数、不同网穴深度的涂胶辊而言，网穴深度越深，相同的磨损量对版容积减少率的影响越小；对不同网线数的涂胶辊而言，网线数越大（如 200lpi），相同的磨损量对版容积减少率的影响越大；对于棱锥形、棱台形网穴的涂胶辊而言，版容量的减少即意味着上胶量的减少。

对于棱柱形的网穴而言，如果网穴拥有足够的深度（网穴深度明显大于胶水可转移深度），则在可预测的磨损程度内，版容量会有明显的变化，但实际的涂胶量不会有明显的变化。

与涂胶辊关联的故障

①表面光洁度不良（涂胶量过大、实刀线、涂胶不均匀等）。

②网穴堵塞（涂胶不均匀、涂胶量偏小等）。

③网墙磨损（涂胶量逐步下降）。

九、平滑辊

平滑辊是溶剂型干法复合机上的一个非常有用的装置。但并不是所有的溶剂型干法复合机都配备有平滑辊。图 1-50 中的箭头所指的就是平滑辊（也有称为均胶辊、抹平辊的）。

平滑辊的直径一般是 20mm（也有更粗的），其表面经过镀铬、抛光处理，表面光滑度接近于镜面。一般置于涂胶辊和烘干箱之间，与第一基材平行，且应尽量靠近涂胶辊。

平滑辊应能够前后摆动。离开第一基材时，距离应不小于 100mm，以便于清洗；压向第一基材时，应至少能够将第一基材向后推 60mm，以便调节平滑辊与第一基材间的接触角和压力。

平滑辊由一台微型可调速电机控制其转速与转向。从机械设计角度讲，相对于第一基材的运行方向，平滑辊可以同向旋转，也可以逆向旋转。根据经验，要想得到良好的涂胶效果，应采用逆向旋转的方式。

目前，在溶剂型干法复合机上普遍使用的是正向凹版涂布方法（参见图 1-11、图 1-12）。

在涂胶过程中，在压印胶辊的作用下，第一基材与涂胶辊上的网穴中的胶水亲密接触，胶水润湿了第一基材，并在第一基材离开涂胶辊的瞬间，依靠胶水与第一基材间的吸附力，使网穴中的胶水部分地转移到第一基材上。由于胶水的转移率不足 50%，且由于涂胶辊上网穴之间网墙的客观存在，所以，在此瞬间，转移到第一基材上的胶水（此处暂称其为“胶粒”）的形状应当是与网穴形状相仿的、没有尖的四棱台形（参见图 1-51）。

图 1-50 涂胶单元与平滑辊

图 1-51 涂胶后的状态

在第一基材从涂胶辊移动到烘干箱入口处的过程中，“胶粒”依靠自身的低黏度和惯性趋于流平（使载胶膜原来的与网墙对应部分被胶水所覆盖）；在烘干箱的第一段内，在风压的作用下，“胶粒”的平整度再一次得到改善。随着“胶粒”中溶剂的挥发，“胶粒”的黏度迅速增加，体积迅速缩小，其形状就被初步固定下来了。在完成收卷之后，在膜卷的层间压力作用下，“胶粒”还会进行“二次流平”，以达到最佳的流平状态。

如果胶水的流平结果较好，熟化后的复合薄膜的透明度和外观就会较好；如果胶水的流平结果不好，熟化后的复合薄膜的外观就会显得不平整，透明度也较差。

平滑辊的作用是在“胶粒”尚处在黏度较低、流动性较好的阶段时，通过外力（与载胶膜间的摩擦力）使棱台形的“胶粒”被“铲平”或“抹平”。

在实践中可以发现：涂了胶的第一基材，在通过平滑辊前，就像一片磨砂玻璃（参见图 1-51），处于半透明状态；通过平滑辊之后，涂了胶的基材的透明度就会明显提高。载胶膜及复合膜的透明度直接地与胶水“被抹平”的结果相关联。

在使用平滑辊的过程中，要注意平滑辊的旋转方向、转速以及平滑辊与第一基材的包角（压力）。

转速和包角这两个参数没有可以借鉴的数据，只能由各个生产企业在生产实践中摸索。平滑辊作用的结果与胶水的黏度、涂胶量、包角、复合机运行速度、第一基材的烘干箱张力等参数有关。

如果胶水的黏度较高（胶水工作液的流平性相对较差），平滑辊的作用也难以充分发挥；如果胶水的初始黏度很低（胶水工作液的流平性相对较好），平滑辊的作用就会不明显。

如果平滑辊的控制参数调整不当，轻则平滑效果不佳，重则会将油墨“刮下”，最严重的会将第一基材缠在平滑辊上，导致断料停机。

1. 平滑辊的旋转方向

图 1-52、图 1-53 是在图 1-51 的基础上，调整平滑辊的旋转方向后所得到的结果。

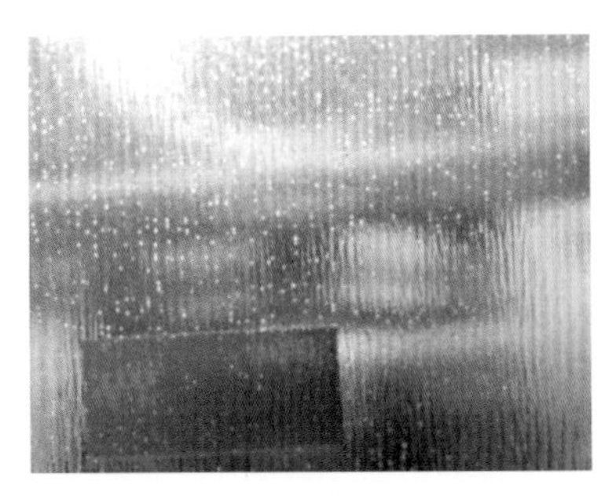

图 1-52　平滑辊与第一基材同向旋转的结果

图 1-53　平滑辊与第一基材逆向旋转的结果

如果使平滑辊旋转方向与第一基材的运行方向相一致时，就会得到如图 1-52 所示的结果。与图 1-51 相比较，图中的“白点”（“胶粒”）有所减少。如果使平滑辊旋转方向与第一基材的运行方向相反时，就会得到如图 1-53 所示的结果。与图 1-51 相比较，图中的“白点”（“胶粒”）已全部消失。

上述实验结果表明：如果要想得到较好的复合材料的透明度，应当使用平滑辊，而且应当采用与第一基材逆向旋转的方式。

2. 平滑辊的包角

包角 θ 是指载胶膜（基材）与平滑辊的接触弧线（图 1-54 中的红色部分）所对应的圆心角 θ。包角越大，接触弧线越长，接触面间所产生的摩擦力的总和也就越大（在同样的基材张力条件下），胶水被“抹平”的效果就会越好。

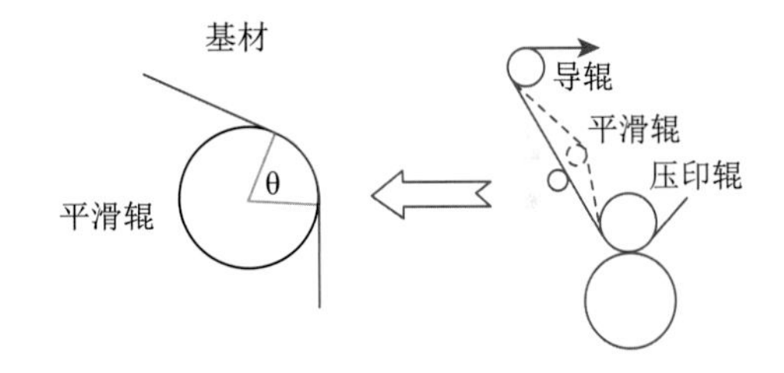

图 1-54　平滑辊的包角

3. 平滑辊的旋转速度

在物理学中，速度是表征动点在某瞬时运动快慢和方向的矢量。在复合机上，平滑辊的旋转速度表征着平滑辊的旋转方向和以转 / 分（r/min）或米 / 分（m/min）为单位的运动速率。

前面已经提到“如果要想得到较好的复合材料的透明度，应当使用平滑辊，而且应当采用与第一基材逆向旋转的方式”。

关于平滑辊的旋转速率，由于绝大部分的平滑辊驱动电机的控制旋钮都是以 0 ～ 10 作为刻度单位，所以，此处也无法给出准确的以 r/min 或 m/min 为单位的运动速率数据。

在实践中，合理的调整方法为：先将复合机开动起来，然后将平滑辊以与第一基材逆向旋转的方式靠上载胶膜，调整好包角，用肉眼观察载胶膜透明部位（如载胶膜的边缘处）的透明度变化的同时，手动调节平滑辊的旋转速率。当发现载胶膜的透明度有了明显的改善时，就是找到了合适的平滑辊转速。

4. 平滑辊与胶水的黏度

在工作液胶水的黏度不大于 15s（3# 察恩杯，ZAHN CUP）、网墙宽度不大于 20μm、复合机运行速度不大于 150m/min 的条件下，不使用平滑辊也能获得较好的胶水流平结果，即能够获得较好的复合制品的透明度。

超越了上述的限度——即使是其中的任意一个条件超越了限度，都难以获得较好的胶水流平结果。在这种条件下，要想获得较好的胶水流平结果，就必须正确地使用平滑辊！

使用平滑辊，除了能够明显提高产品的外观质量，还能为企业降低生产成本。使用平滑辊，就可以使用较高线数的网纹辊和较大工作浓度的胶水，并在保持涂胶量不变的前提下，减少乙酸乙酯的用量，从而降低生产成本。

以 PET/ 油墨 /VMPET/CPE 这种产品结构为例，笔者曾用北京高盟的 YH501S 镀铝专用胶水在许多企业进行过实验。在不使用平滑辊时，为了求得透明度和没有“白点”的平衡，一般用 120lpi（48lpc）的网纹辊和 30% 浓度的胶水（上胶干量在 $3g/m^2$ 以上）；在使用了平滑辊时，就可以用 200lpi（80lpc）的网纹辊和 45% 浓度的胶水（上胶干量在 $2g/m^2$ 左右）达到基本相同的结果。

5. 与平滑辊关联的故障

①复合膜透明度差；

②油墨层被刮掉；

③薄膜缠辊 / 断料。

十、两种刮刀系统

刮刀是凹版涂布系统中的一个重要的组成部分。

通常所说的“刮刀”是刮刀、刮刀托、刮刀支架的组合体。刮刀的组合体可分为“开放式刮刀”和“封闭式刮刀”两类。

在图 1-55 所示的开放式刮刀系统中，所使用的刮刀片均为钢质。图 1-56 为封闭式刮刀的式样与命名。

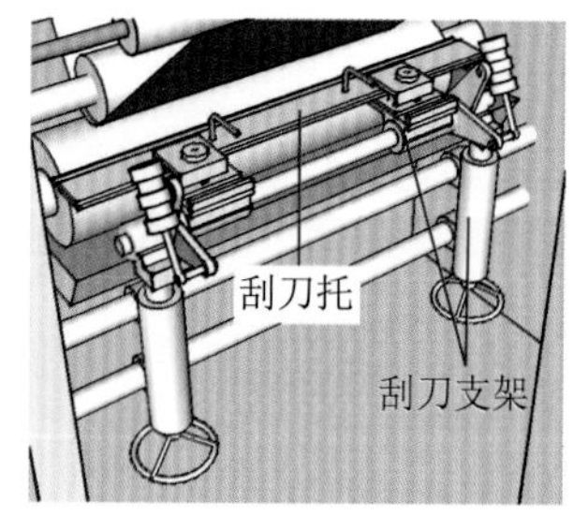

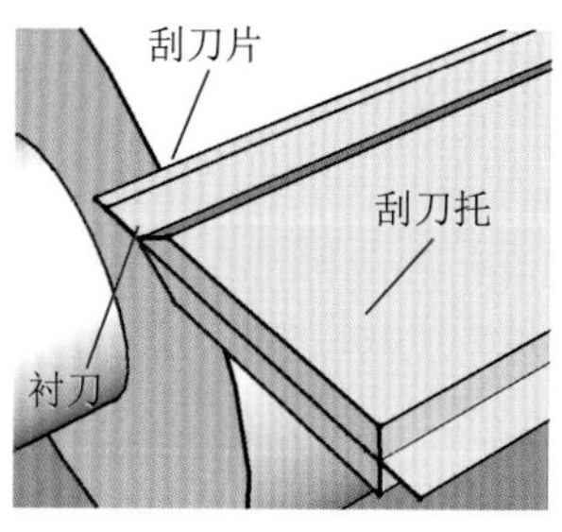

图 1-55　开放式刮刀的式样与命名

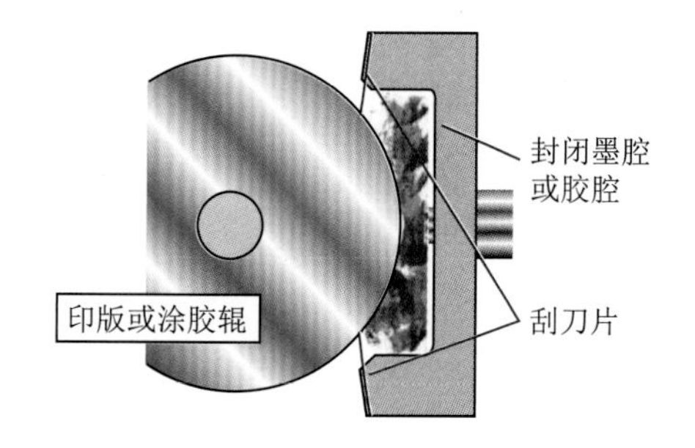

图 1-56　封闭式刮刀的式样与命名

按刮刀片的基体材料进行分类，有碳钢的和不锈钢的；按刮刀片的表面涂层状态分类，有陶瓷涂层与没有陶瓷涂层的。在封闭式刮刀系统中，所使用的刮刀片既有钢质的，也有塑料质（聚酯、超高分子量聚乙烯）的。

按照刀口的形状，如图 1-57 所示，刮刀片的刃口可分无刃口、斜刃口和薄刃口三类。市面上常见的钢质刮刀片的宽度规格为 8 ～ 80mm，厚度规格为 0.065 ～ 0.203mm，硬度规格为 520 ～ 610HV（维氏硬度）。“薄刃口”类的钢质刮刀片的刀刃长度为 1.3mm，刀刃厚度为 0.075mm。塑料质刮刀片的宽度规格为 15 ～ 70mm，厚度规格为 0.40 ～ 2.03mm。

开放式刮刀系统是传统的，封闭式刮刀系统则是从柔性版印刷的刮刀系统演变而来的。

封闭式刮刀系统的优点是操作简便，胶水系统中溶剂挥发量及胶水的黏度可控，消除了胶盘气泡的隐患，广泛适用于中低速及高速复合机。

1. 刮刀片的安装

图 1-58 是开放式刮刀的安装方式。

X = 3mm 时，属于硬性装刀，能有效地解决油墨刮不干净现象。

X = 4mm 时，属于中性装刀，又可称为标准装刀。

X = 5mm 时，属于软性装刀，有利于网点的转移及较粗颗粒油墨的印刷（如白墨）。

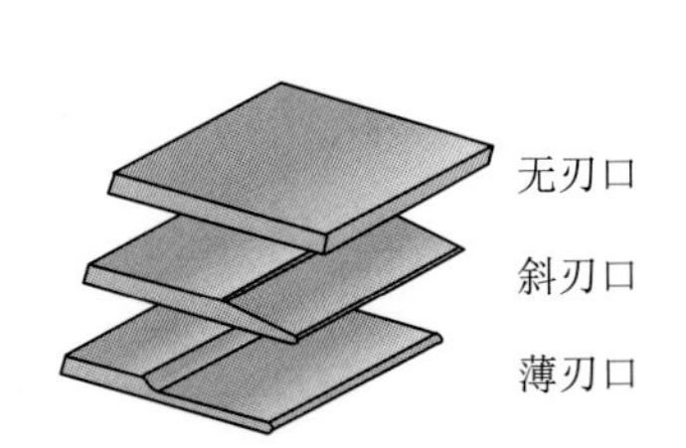

图 1-57　按刃口分类的刮刀

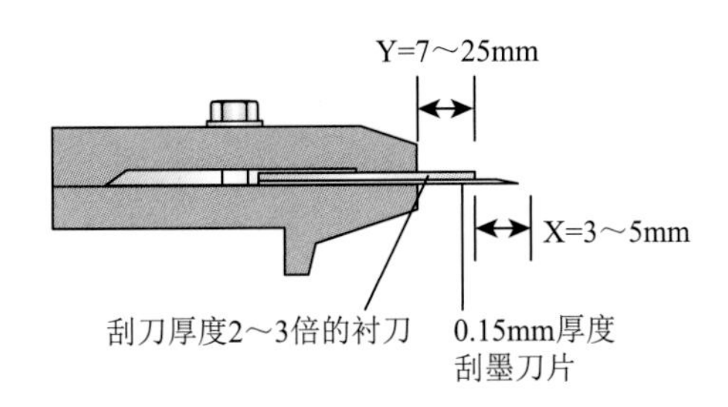

图 1-58　开放式刮刀的安装方式

2. 组合式刮刀的应用

图 1-59 和图 1-60 是两种组合式刮刀，铆钉式组合刮刀和焊接式组合利刀。组合式刮刀由 8 ～ 10mm 宽的刮刀片和铆钉式（或焊接式）刀铁两部分组成。

将组合式刮刀插入开放式刮刀的刮刀托中，其形状如图 1-61 所示，就可以正常使用了。

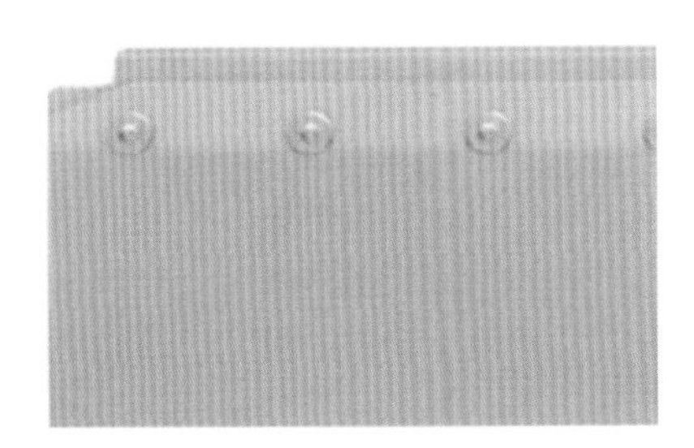

图 1-59　铆钉式组合刮刀

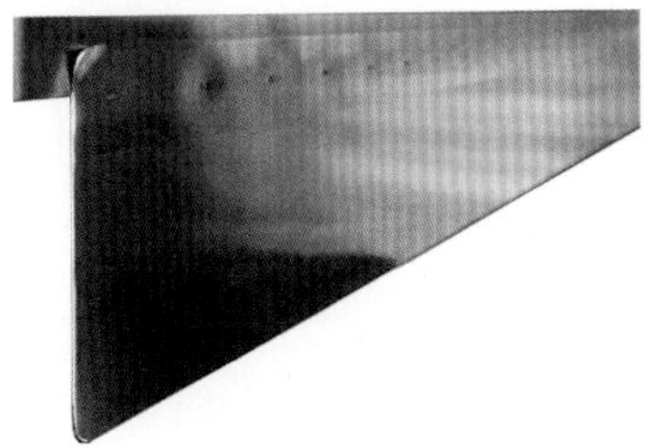

图 1-60　焊接式组合刮刀

图 1-61　组合式刮刀 + 刮刀托装配图

当感觉刮刀片需要更换时，只需将其中的刮刀片取下，换上一条新的刮刀片即可。

焊接式组合刮刀的三种应用方式：无刀衬 / 无衬片［图 1-62（a）］、无刀衬 / 有衬片［图 1-62（b）］、有刀衬 / 无衬片［图 1-62（c）］。铆钉式刮刀的两种应用方式：无衬片［图 1-63

（a）]，有衬片 [图 1-63（b）]。

组合式刮刀系统仅适用于开放式刮刀系统。

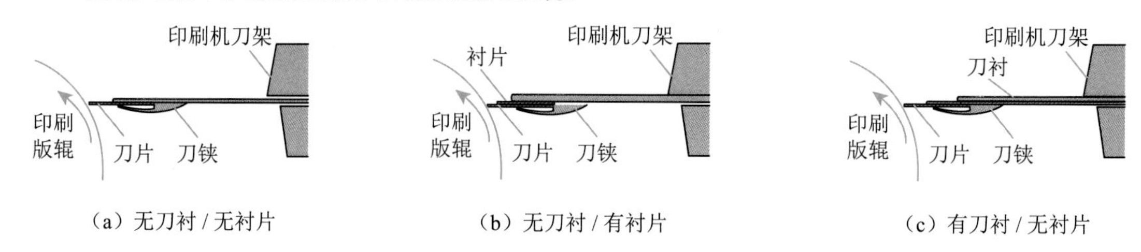

图 1-62　焊接式刮刀的三种应用方式

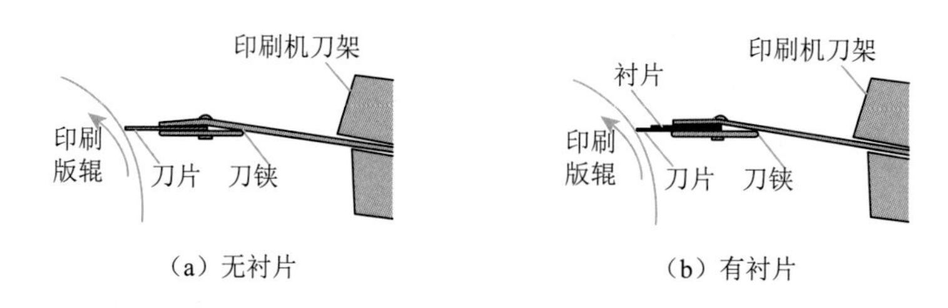

图 1-63　铆钉式刮刀的两种应用方式

3. 刮刀的角度

刮刀的中心线和刮刀与印版或涂胶辊的接触点的切线间的夹角被称为刮刀的角度，如图 1-64 所示。建议的刮刀角度应在 55°～65°，可有效地减少刮刀的磨损，同时可延长印版或涂胶辊的使用寿命。

施加在刮刀上的压力会显著地影响实际的刮刀角度。当刮刀压力较小时，如图 1-65 左图所示，刮刀的角度接近初始设定的角度。当刮刀压力较大时，如图 1-65 右图所示，刮刀的角度就会与初始设定的角度产生较明显的偏差。

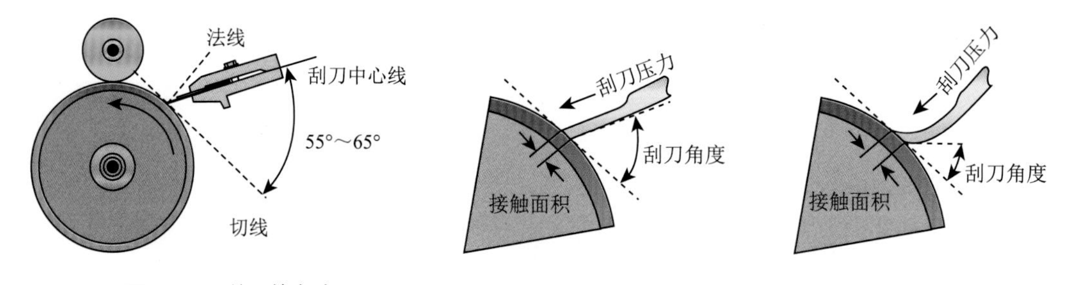

图 1-64　刮刀的角度　　图 1-65　刮刀的压力与实际的刮刀角度

在此过程中，装刀的硬度（即刮刀片伸出的长度）也会影响刮刀的角度。在同样的压力下，装刀的硬度越软，刮刀角度的变化幅度就会越大。

4. 刮刀角度的检测方法（量角器法）

图 1-66 所示的工具为通用型的专用刮刀角度测量工具。具体的应用方法可参考相关的说明书。也可以自制量角器。方法如下：

①在纸上画一段圆弧，其直径与待测量的印版或涂胶辊的直径相同；

②在圆弧的任一点上画出切线，并从切点处画出与切线呈 55°～65°的斜线；

③在斜线与切线的钝角边画出一个多边形（图 1-67）；

④将该多边形剪下，即成为一个与特定直径的印版相适应的量角器的母板。

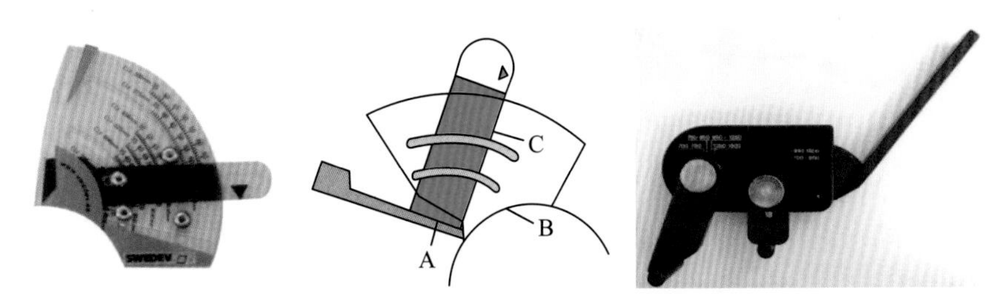

图 1-66 刮刀角度的测量工具与测量方法

刮刀量角器仅适用于开放式刮刀系统。

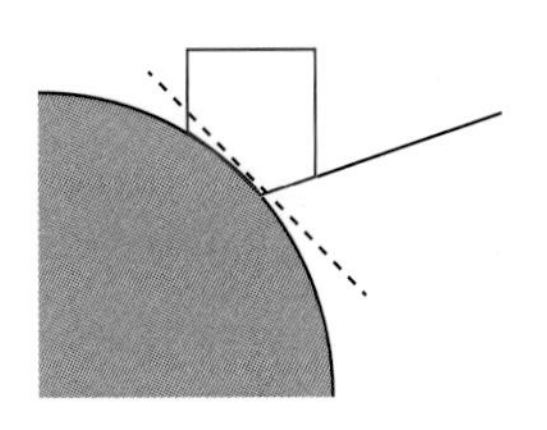

图 1-67 自制量角器

5. 与刮刀关联的故障

①涂胶不均匀；

②刀线；

③涂胶辊磨损。

十一、胶黏剂的补充方式

在干法复合加工工艺中（溶剂型 / 无溶剂型），胶黏剂（胶水）是消耗品，而胶盘的容积又是有限的，所以需要不断地向胶盘中补充胶水。

1. 溶剂型干法复合加工工艺补充胶水的方法

(1) 手工方式

手工方式，指由操作工手执舀子从储胶桶向胶盘补充胶水的方式。在这种方式下，何时补充胶水、每次补充多少胶水，完全由操作工根据个人的感觉来决定。

(2) 半机械方式

半机械方式，又可称为“高位胶桶”方式，即在高于胶盘的水平位置上放置一个储胶桶，储胶桶与胶盘之间以配有截止阀的管道相连，并事先在储胶桶中装入一定数量的配制好的胶水。当需要向胶盘中补充胶水时，由操作工打开截止阀，胶水自动流入胶盘；当胶盘中的液位达到某种程度时，由操作工关闭截止阀，补充过程结束。

还有另一种应用方法：即操作工根据胶盘中胶水的消耗速率，使截止阀保持一定的开启度，使向胶盘中补充胶水的速率与胶盘中的胶水被消耗的速率保持相近，从而保持胶盘中的液面高度的相对稳定。

(3) 机械方式

机械方式，就是借助各种类型的胶泵来实现向胶盘中补充胶水的目的。所使用的胶泵有电动和气动两类。泵的形式有齿轮泵、隔膜泵和柱塞泵几种（图 1-68）。

（a）齿轮泵

（b）隔膜泵

（c）柱塞泵

图 1-68　几种形式的胶泵

（4）手动机械补胶

手动机械补胶，指在复合机的胶盘与储胶桶之间配备了上述类型的胶泵，但胶泵不是连续运转的，而是在操作工认为需要向胶盘补充胶水时才被短时间开动起来。

（5）机械循环

机械循环，指在上述的条件下，使图 1-68 所示的胶泵处于持续的运转状态，胶水在胶盘与储胶桶之间形成连续的循环状态。其目的是使胶盘中的胶水的黏度保持相对稳定，进而保证上胶量和涂胶状态的稳定。

（6）自动黏度控制

自动黏度控制是指在胶盘与储胶桶之间配备了如图 1-69 所示的自动黏度控制器。该设备由循环泵、黏度检测器、溶剂桶、黏度控制器、循环管线等几部分组成，可在使胶水持续循环的同时对胶水的黏度进行连续的检测与控制。

2. 无溶剂干法复合机的混胶机

在无溶剂干法复合加工工艺中，如图 1-70 所示的混胶机是必不可少的组件之一。

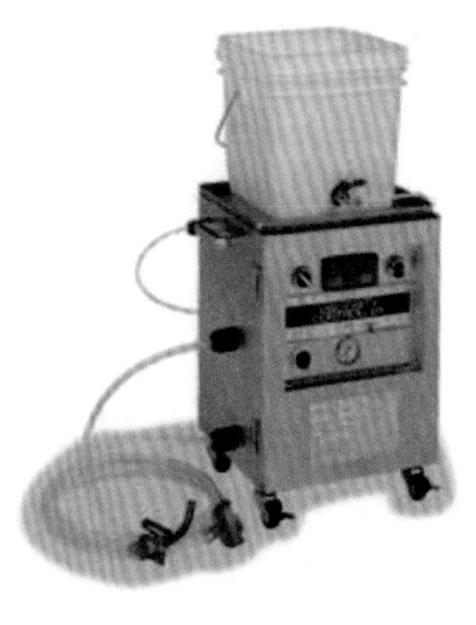

图 1-69　自动黏度控制器

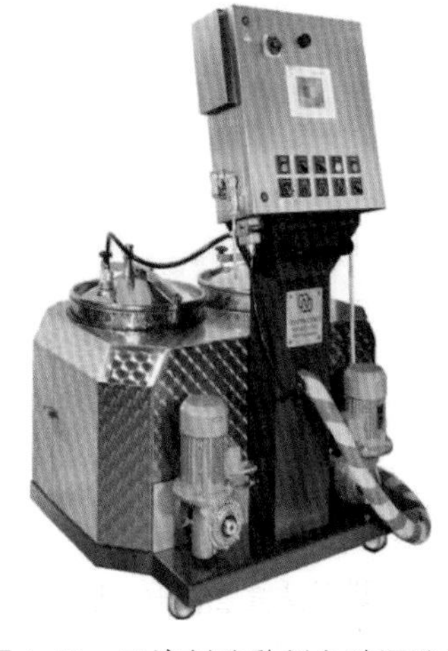

图 1-70　无溶剂胶黏剂自动混胶机

混胶机由储胶桶、温度控制系统、胶泵控制系统、液位或称量系统、混胶头支架、混胶头等几个部分组成。

根据相关说明书的介绍，该系统（图 1-71）仅对接近储罐出料口的胶水进行加热，而不是对储罐里面的全部胶水进行加热。这样有利于在从储罐顶部加料时减少胶水的温降。

两个储罐的出料温度可以单独控制，目的是使胶水的两个组分的黏度更为接近，以便使两个组分可以在静态混胶器中充分混合。

在储罐的顶部配备了专用的空气除湿装置，目的是防止 A 组分受环境空气湿度的影响发生湿气固化现象，进而防止固化了的 A 组分堵塞输胶管线、造成胶水配比失衡、胶水不能固化等质量问题。

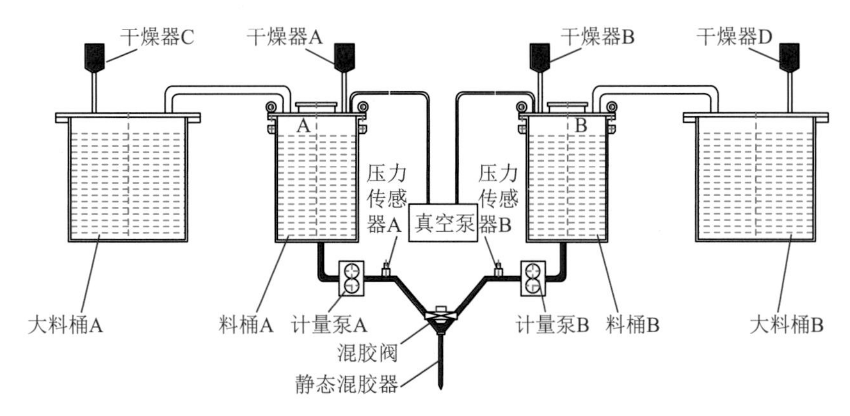

图 1-71　双组分自动混胶机原理

图 1-72 所示的是一个桶壁上已有大量固化物的 A 组分胶桶。此种状态显示该客户未对 A 胶桶进行良好的除湿处理，致使环境中的湿气源源不断地进入 A 胶桶（事实上，该客户未对 A 胶桶加盖），并与 A 组分发生湿气固化反应。另外，也未对 A 胶桶进行及时的清理，才使固化的 A 组分可以累积到如图 1-72 所示的程度。

如果在设备运行过程中，不时地有"胶块"从桶壁上掉落并进入输胶管线，就会导致程度不等的胶水配比失衡、胶水不能固化（胶水不干）以及"刀线"等质量问题。

图 1-72　有固化物的 A 胶桶

十二、烘干箱的设计及调整

1. 风嘴形式与配置方式

在溶剂型干法复合机的烘干箱的设计中，风嘴的基本形式有如图 1-73 所示的狭缝式（a）和多孔板式（b）两种。

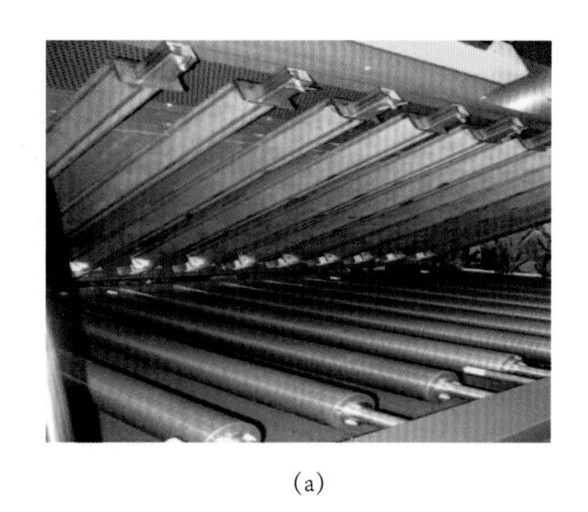
(a)

(b)

图 1-73 烘干箱风嘴的基本形式

风嘴和导辊的组合方式有如图 1-74 所示的 3 种。

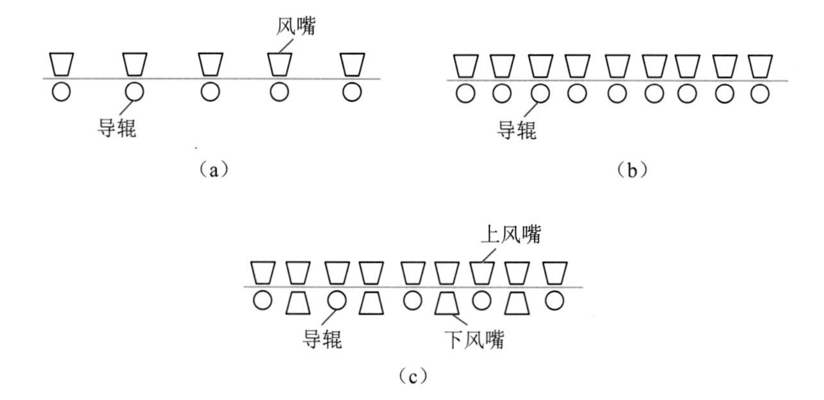

图 1-74 风嘴和导辊的三种组合方式

图 1-74（a）模式是国内大部分老旧设备所采用的。

图 1-74（b）模式是国内部分新设备及高速复合机所采用的。

图 1-74（c）模式是部分新近的设备所采用的。

图 1-74（b）模式与图 1-74（a）模式相比，风嘴的数量明显增多了。风嘴数量的增加意味着单个烘箱中的进 / 排风总量的增加，也就代表了烘干能力的增加，表示复合设备运行速度的上限提高了。

图 1-74（c）模式与图 1-74（b）模式相比，导辊的数量减少了，风嘴的数量增加了，很显然，单个烘干箱的干燥能力又有所提高。

2. 风量的平衡

烘干箱中的风量平衡是一个值得重视的事情。烘干箱的风量平衡示意如图 1-75 所示。部分资料上介绍，烘干箱的排风机的排风量应当是给风机的给风量的 105%～110%，简单地说，排风量要大于给风量。但在实践中，这个“度”不太容易把握。

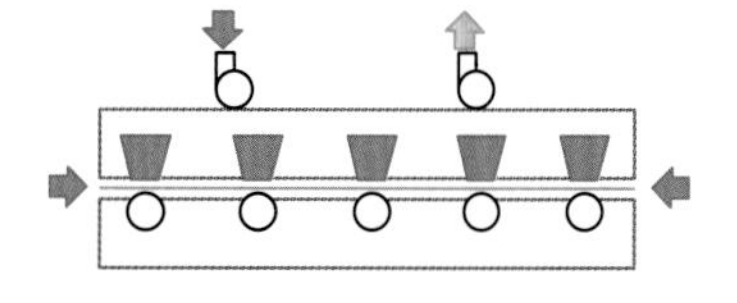

图 1-75 烘干箱的风量平衡示意

比较直观的检查 / 判定方法是：烘干箱的进膜口与出膜口需要保持“轻微的负压状态”。

所谓“负压”状态是说在给 / 排风机同时运转的条件下，在烘干箱的进膜口与出膜口处应当有环境中的冷空气被吸入烘干箱内，而不应是烘干箱内的热空气被吹出来！

所谓的“轻微”是说在烘干箱的进 / 出膜口处，被吸入烘干箱的冷空气的风速应在 0.3 ～ 1m/s 的范围内。

在检查烘干箱的负压状态前，应确保给风机的进风口与烘干箱内的风嘴都没有被堵塞，且进风的风量应符合相应的机械设计要求（风道内的挡板应处在尽可能大的开启状态、变频电机的频率应符合最大给风量的要求）。

3. 风温与温度传感器的设置

从烘干箱的风嘴吹出的热风的温度（简称风温）是衡量烘干箱干燥能力的重要参数。

烘干箱中的温度传感器的设置方式通常有两种：一种是将温度传感器放置在烘干箱的热风进风管中；另一种是将温度传感器放置在烘干箱内的排风口附近。

当温度传感器放置在排风口附近时，温度传感器所感受到的温度是从给风机流出的热风与从烘干箱的进膜口及出膜口被吸入的冷空气的混合体的温度。在此种状态下，烘干箱的负压越小（即排风中的冷空气所占比例越小），则传感器感受到的温度与从给风机流出的热风的真实温度越接近；烘干箱的负压越大，则从给风机流出的热风的温度就会明显高于传感器所感受到的温度！

所以，在采购复合机时，应选择温度传感器被置于烘干箱进风管内的设备！

在实践中发现：在用红外温度仪检查同一个烘干箱中的风温时，几个风嘴的风温都是不一样的！这种差异可能与烘箱的设计、风嘴的缝隙大小以及烘箱的负压状态有关。

4. 干燥能力的评价方法

烘干箱的作用是将载胶膜上的胶水中或油墨中的可挥发成分“驱除”出去。

对于使用溶剂型胶黏剂所加工的复合制品，通常会使用“残留溶剂”这一指标对烘干箱的干燥能力或结果进行评价；对于使用水溶性胶黏剂所加工的复合制品，由于目前常用的使用氢焰检测器的气相色谱仪不能检测复合制品中的水分含量，所以，即使检测了复合制品的残留溶剂，也只是反映了印刷品部分的有机溶剂的残留量。

残留溶剂的检测数值是设备（印刷机、复合机）干燥能力 / 结果的综合体现，与烘干箱的风量、风量的平衡、风温、印刷 / 复合加工的速率、涂胶湿量的大小、胶水的浓度、载胶膜对溶剂的吸收能力等多种因素有关。

由于用仪器测量残留溶剂所耗费的时间比较长，所以，可以考虑用另一个指标来评价溶剂型干法复合机的烘干箱的干燥能力，这个指标就是“烘箱出膜口处的载胶膜的表面温度”。

测量方法：在烘干箱出膜口旁的第一支导辊附近、载胶膜的“向下转弯”处，用红外温度仪测量其表面温度。

目标值：所测得的温度值应不低于 50℃。

载胶膜的表面温度越高，则相应的残留溶剂检测值就会越低！

5. 设定烘箱温度的原则

在一些胶黏剂供应商的说明书中，通常会推荐三段烘箱的温度设定值为 50 ～ 60℃、60 ～ 70℃、70 ～ 80℃。但一些溶剂型干法复合机的设备说明书中通常会注明烘干箱的最高使用温度设定值为 120℃。这就表明在生产实践中，烘干箱的温度不是一成不变的，而是服务于复合制品的残留溶剂值这一最高目标。即应根据刚下机的或熟化后的复合制品的残留溶剂值及其外观状态来调整烘干箱的温度设定值。

在实践当中，也确实看到过某些用户使用了 110℃的烘箱设定温度（但未测量实际温度）。

6. 应用中的注意事项

在烘干箱的应用过程中，容易出现以下一些问题：

①风嘴堵塞，又分局部堵塞和整体堵塞两类（对一个风嘴而言）；

②给风机进风口堵塞；

③排风管道堵塞（载胶膜的碎片）；

④排风量相对过大或过小；

⑤载胶膜“蛇行”或“跑偏”；

⑥风嘴处风温实测值高于或低于仪表温度示值；

⑦烘干箱内导辊脏污；

⑧烘干箱内张力偏大或偏小。

与之对应的是，在复合材料的加工过程中，载胶膜或复合制品上出现的以下一些问题：

①载胶膜抖动；

②载胶膜纵向皱褶；

③载胶膜斜向皱褶；

④下机时的横向隧道；

⑤残留溶剂偏高；

⑥铝箔复合膜上的凹坑；

⑦载胶膜纵向形变过大；

⑧复合膜透明度不良。

十三、熟化室（箱）的设计与评价

熟化室（箱）是复合软包装材料加工工序中不可或缺的组成部分。

无论是使用双组分或单组分的溶剂型还是无溶剂型胶黏剂，都需要使胶黏剂在一定的条件下由黏弹态转变为固态。此处所谓的“一定的条件”就是使复合后的膜卷处在某种温度的氛围中并保持一定的时间。这个过程被称为“熟化”。

关于熟化条件，各个胶黏剂厂家有不同的说法。

①本胶黏剂复合加工后并不立即具有其应有的黏合物性，需在 50 ～ 60℃的固化室中经过 24 ～ 48 小时的固化才能达到其最高复合强度。

②复合材料可于贴合后 72 小时进行复绕及分条，置放于 40℃下经 5 ～ 7 天后可完成熟化。

③复合材料可于贴合后 2 ～ 3 小时进行复绕及分条，置放于 40℃下一天后即可完成熟化。

④熟化时间： 20℃下，5 ～ 10 天；分切 / 复卷时间： 20℃下， 24 ～ 48 小时。下机时初黏强度很好，48 小时后可以分切或复卷，最大耐热、耐介质性能需在 5 ～ 10 后才能达到。

⑤首次复合几个小时后就可进行复卷或三层复合膜的制作。1 ～ 2 天后可进行分切。完全固化后，即在室温下储存 6 ～ 8 天后，可进行制袋。

⑥在（50±5）℃的条件下熟化 24 小时后可进行分切加工。如熟化后进行制袋加工则应适当延长熟化时间。另外，收卷卷径大小会对熟化的时间长短造成影响。

1. 熟化室（箱）的评价指标

熟化室（箱）的设计、加工质量，可采用以下指标进行评价：

①室（箱）内温度的均匀性；

②室（箱）内温度的准确性或与温控仪示值的一致性；

③室（箱）内同一膜卷上下两个端（表）面的温度极差；

④室（箱）内不同位置的任意两个膜卷的相同位置的表面的温度极差。

指标的解释

①室（箱）内温度的均匀性。

a. 测量方法：检测人站在熟化室（箱）的中心位置，背对着入口，用红外温度仪分别测量熟化室（箱）内以检测人为中心的前、后、左、右、上、下 6 个位置的温度值。

b. 评价指标：6 个温度测量数据中，最高值与最低值的极差以不超过 2℃为宜。

②室（箱）内温度的准确性或与温控仪示值的一致性。

评价指标：室（箱）内温度测量值的平均值与室（箱）外温控仪的示值的偏差在 ±2℃以内为宜。

③室（箱）内同一膜卷上下两个端（表）面的温度极差。

a. 测量方法：对于横置的膜卷，用红外温度仪分别贴在膜卷的上下两个表面上进行测量；对于竖置的膜卷，用红外温度仪分别贴在膜卷的上下两个端面的侧边进行测量。

b. 评价指标：两个数据的极差以不大于 1℃为宜。且上表面的温度应高于下表面的温度。

④室（箱）内不同位置的任意两个膜卷的相同位置的表面温度的极差。

a. 测量方法：在熟化室（箱）内选择多个膜卷，用红外温度仪分别测量其上端（表）面的温度值。

b. 评价指标：测量值的极差以不大于 2℃为宜。

2. 加热方式的选择

熟化室（箱）的加热热源通常有电、蒸汽、热水（燃煤、电热、太阳能）等几种。

散热方式有内置暖气（散热）片、内置电加热器、内置高功率电灯、外置电加热器、外置换热器等。

建议采用外置电加热器或外置换热器 + 外置（循环）鼓风机的方式。

需要强调的是：外置鼓风机的热风出口温度应当就是该熟化室（箱）设定的温度！即熟化室（箱）的设定温度为 50℃的话，那么，鼓风机的热风出口温度也应是 50℃，这样才有利于使熟化室（箱）内的温度均匀且稳定。

3. 热风供给方式

建议采用外置鼓风机、连续运转的方式进行供热（不建议采用间断供热方式）。

测温的热电偶应安置在鼓风机的出口处。鼓风机的出口应安置在熟化室（箱）的顶部。鼓风机的进口应与熟化室（箱）的回风管道相连。熟化室（箱）的回风管道的入口应置于熟化室（箱）的靠近地面（底板）的部位，以便将室（箱）内下部的温度较低的凉空气排出，同时将上部的温度较高的热空气“向下拉”。

鼓风机的风量应当能够使熟化室（箱）内的空气循环 10 ～ 20 次 / 时。例如，熟化箱的容积为 $2.5 \times 2.5 \times 6 = 37.5m^3$，如需要循环空气 10 次 / 时，就应选择流量不小于 $37.5 \times 10 = 375m^3/h$ 的鼓风机；如需要循环 20 次 / 时，就应选择流量不小于 $750m^3/h$ 的鼓风机。

在鼓风机的回风管的室外部分上应安装一个带阀门的支管，以便在需要的时候可以向熟化室（箱）内补充新风。通过上述的方法可使室（箱）内保持轻微的正压状态，使室（箱）内温度的均匀性得到保证。

熟化室（箱）的基本形式如图 1-76 所示。在熟化室（箱）的底部应配备一个排风口和排风机，定期或不定期地将聚集在室（箱）内底部的含有较多有机溶剂蒸汽的空气排出，以减少复合膜卷受到“二次污染”的可能性。

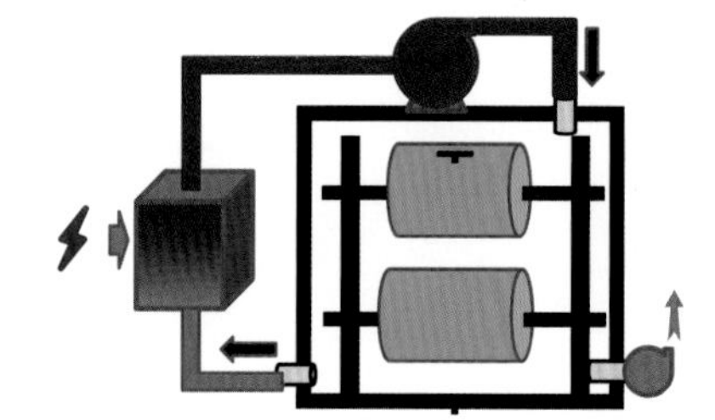

图 1-76　熟化室的基本形式

4. 温度的准确性

在熟化室（箱）内温度均匀性良好的前提条件下，熟化室（箱）内温度的准确性就变得很重要了。通过用红外温度仪或其他温度计（水银、酒精）对比检测的方法，如果发现测得的温度不同于温控仪测得的数值，就应对温控仪进行重新校正，使之显示数值与用红外温度仪或其他温度计测得的数据相同或相近。

5. 温度的均匀性

如果熟化室（箱）内温度的均匀性、熟化室（箱）内同一膜卷上下两个端（表）面的温度极差、熟化室（箱）内不同位置的任意两个膜卷的相同位置的表面温度的极差三个指标中的任意一个超出了前面所述的评价指标，都意味着熟化室（箱）内的热源及风管设计 / 施工有缺陷，需要进行调整。

熟化室（箱）内上部的温度略高于下部属于正常现象。在个别的熟化室（箱）内曾发现上部的温度低于下部的现象，这就属于不正常的状态，需要进行调整。

6. 与熟化室相关的故障

①温度分布不均匀（复合膜卷局部或部分存在胶水不干现象、复合膜卷窜卷、无规则地卷曲等）；

②通风不良（熟化后的残留溶剂检测值高于熟化前）。

十四、电晕处理机

1. 电晕处理机的发展历史

电晕处理机电极的构造有多种形式。其中最早期的一种是一根被张紧的电线与底辊相平行配置的形式，底辊上覆盖着绝缘物，例如聚酯。这种线形电极（参见图 1-77）能够实现电晕处理的目的，但是它所提供的电火花过于狭窄，以至于处理时间——被处理的基材在电火花中停留的时间非常短暂。另外，由于线形电极的截面容量较小，驱散在电晕处理过程中所产生的热量的能力较差，所以，该种电极所能输出的功率是非常有限的。而且，必须将充斥在生产环境中的臭氧不断地排除出去（这些臭氧是在线形电极与底辊间的气隙间的电火花中不断生成的）。

另一个早期的电极形式是螺线杆，它能够提供较长的处理时间，但是，由于该电极的表面是不光滑的，所以，它有可能在基材的横截面上造成不均匀的处理效果。由于电火花往往集中在电极的尖端处（参见图 1-78），因此，会在螺线杆与基材更接近的部位产生较高的处理水平（程度）。

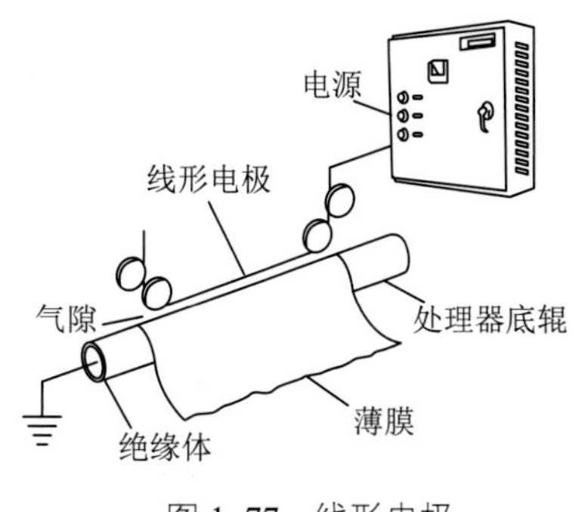

图 1-77　线形电极

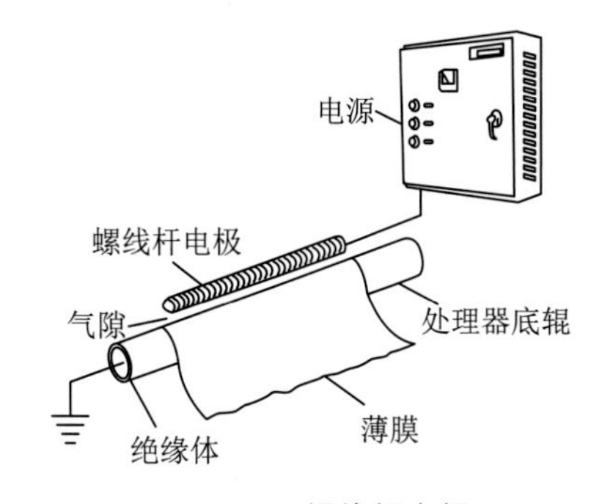

图 1-78　螺线杆电极

直线形金属棒电极也被使用过，而且今天仍然在应用中。该电极能够在基材的横断面上产生均匀的处理效果，但是，当基材的宽度发生变化时，就需要更换一根新的与基材宽度相匹配的电极棒。这对于操作者来说是不方便的，而且还需要事先储备不同长度的多根电极棒（参见图 1-79）。为了解决这一问题，直线形的金属棒电极被切割成许多小段，然后安装在一根金属杆上，这样一来，当基材的宽度发生变化时，其中的一些电极可以被从底辊表面移除，从而使电极的宽度与基材宽度相匹配（参见图 1-80）。这种电极今天仍在被广泛使用。这种形式的电极有其优点，也有一些缺点。

分段电级的一个优点是当这种分段电极安装在底辊上后，如果基材上有大于气隙的皱褶或接头通过底辊时，分段电极就会摆离底辊，而当皱褶或接头已经通过底辊后，分段电极会返回其原始位置。另一个优点是可以将中间的电极升起，以便进行带状处理。在早期的分段电极中，过厚的接头有可能造成电极的损坏。相应的缺点是，在电火花中产生的臭氧会生成氧化铝并沉积在分段电极间，导致分段电极不能返回其初始位置。这个问题可通过对分段电极进行表面硬化处理或阳极化处理得到某种程度的缓解。进一步的解决方法是使用不锈钢作为电极的加工材料。该方法事实上消除了分段电极间的粘连或电极的热变形问题。这种电极最大的缺点是在基材的横断面上的处理程度的不均匀。已经过电晕处理，但在横断面上处理程度不均匀的基材可能会在印刷、挤出涂布、表面涂层处理和复合加工中导致附着力、粘接强度和热封问题。通过对分段电极进行斜切处理以防止电极间的带状处理，该问题已得到极大的缓解。

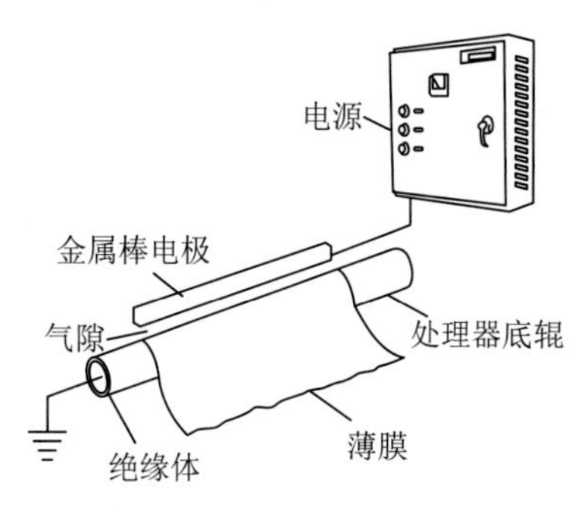

图 1-79　直线形金属棒电极

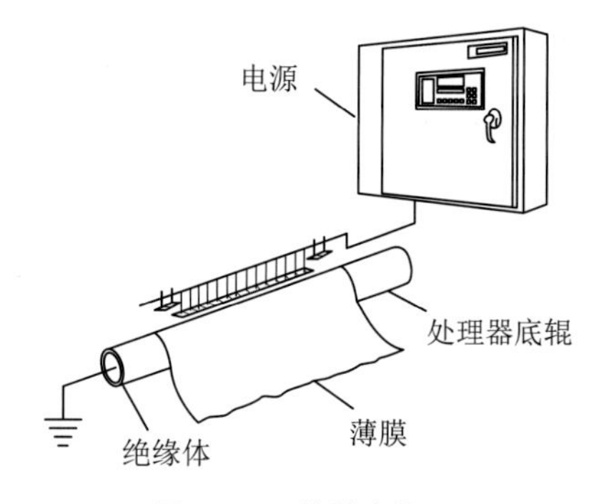

图 1-80　分段电极

包覆辊系统（绝缘体包覆的底辊，不管配备的是棒状电极还是分段电极）都存在着尺寸问题。为了适当地处理给定宽度的基材，并驱散在处理过程中产生的热量，随着施加的能量的提高，包覆辊的直径必须增大。在包覆辊上的热量具有很大的破坏性，只能通过增加包覆辊的直径使之在周期性的处理过程中有一个冷却阶段才能得以缓解。另外，为了操作者的安全和移除臭氧，伴随着底辊直径的增加，电晕处理机的整体尺寸也需要增加。图 1-81 表示了包覆辊直径（英寸）与电力需求量（kW）的关系。

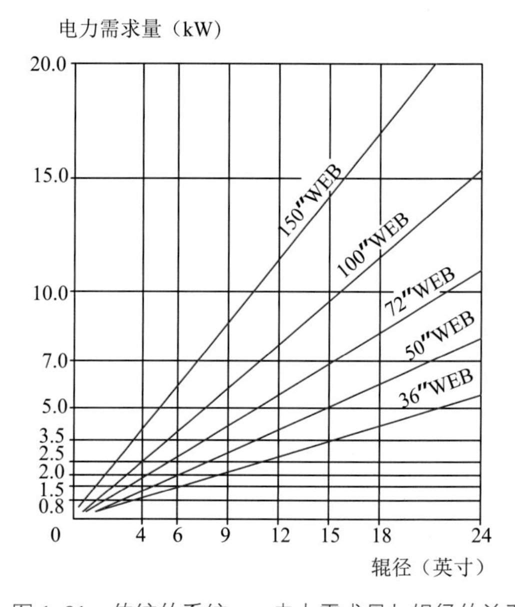

图 1-81　传统的系统——电力需求量与辊径的关系

另一个曾经被应用过但不太成功的方法是使用交错排列的多套分段电极（参见图 1-82）。这一方案的可靠性没有得到证实。近期的试验显示依然存在着值得注意的处理不均匀的问题。

两个较早的不成功的电极系统，包括一个插入了金属棒的玻璃管和一个充填了钢丝棉的玻璃管（参见图 1-83）。这在当时是一个全新的概念，因为它第一次从底辊上取消了绝缘覆盖物，并直接包覆在了电极上。这一较早的光辊系统显示了许多优点，但很快就被放弃了，因为随着温度的升高，金属棒膨胀，玻璃管就被胀破了！尽管曾将该玻璃电极旋转以分散电火花，但既不能防止过热也不能阻止玻璃管的破裂。

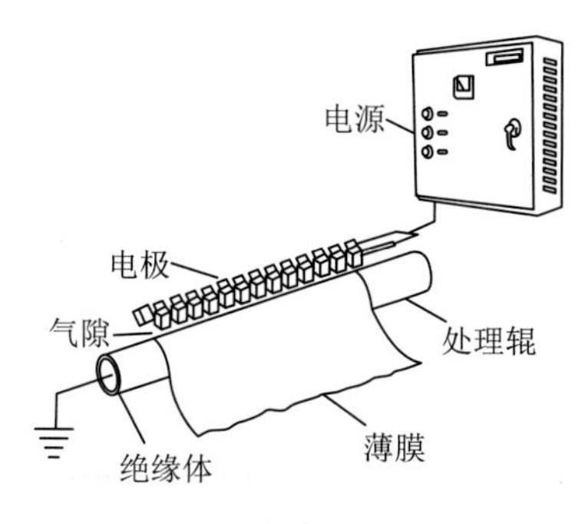

图 1-82　多套分段电极

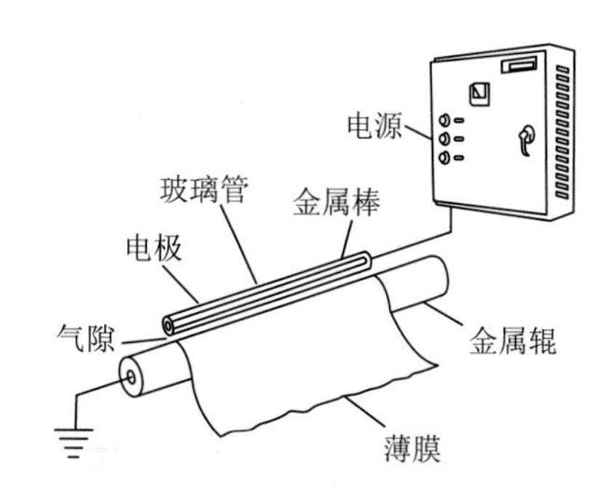

图 1-83　玻璃管 / 金属棒电极

这里应该强调一下另一个重要的方法。当需要处理导电性的基材，例如铝箔或镀铝薄膜时，没有一个金属电极包覆辊系统是可用的。此时，需要一个非常复杂的电极形式（参见图 1-84）。这种早期的光辊系统由一个金属底辊和一组可主动旋转的绝缘体覆盖电极辊所组成。这是一个非常昂贵、非常复杂的处理导电性基材的方法，但在当时又是唯一可行的方法。

1980 年，一种新的能够在光辊上操作的电极——陶瓷电极 / 光辊系统诞生了，它解决了在此之前所遇到的众多基础问题。这种电极达到了下列操作目标（参见图 1-85、图 1-86）。

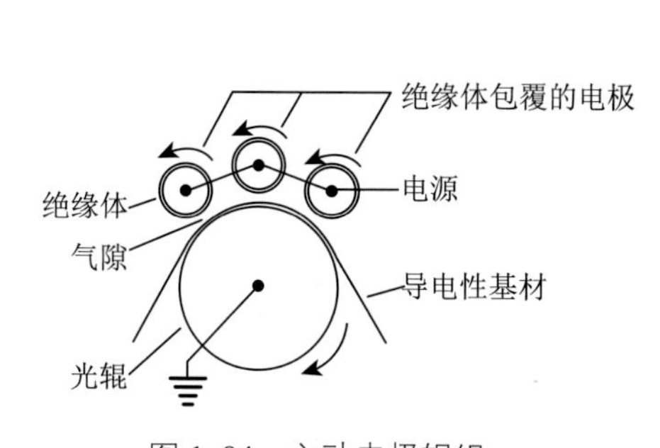

图 1-84　主动电极辊组

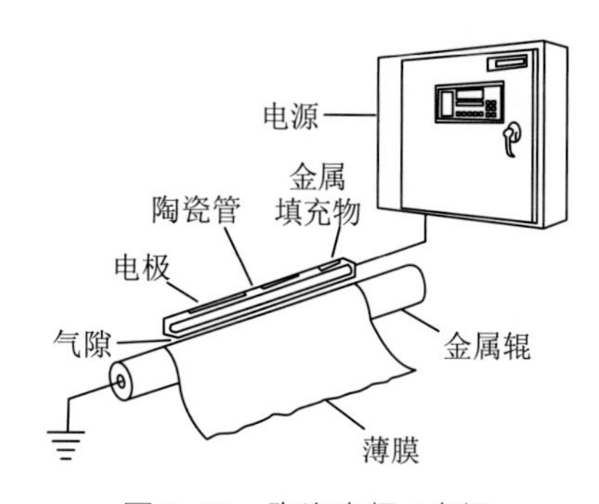

图 1-85　陶瓷电极 / 光辊

①在基材的横断面上的均匀的电晕处理效果；

②去除了调整电极长度以适应基材宽度的需求；

③取消了绝缘辊包覆物，该包覆物需要不时地更换、需要有备件库存以及在更新过程中难以估量的生产损失；

④可以使用这个没有主动处理辊的简单系统处理导电性基材和绝缘性基材，甚至网孔状的

基材也可以在这种类型的电极上进行处理；

⑤除了达到这些操作目标之外，这种新的电极系统也取消了用以去除臭氧的封闭式机壳。传统的电晕处理系统需要一个封闭式的机壳，不仅是为了去除臭氧，也是为了防止对操作者发生电击，因为操作者有时需要在接近电晕处理机的位置上进行工作。

基材甚至可以被有选择性地进行处理，以在基材上留下特定的未处理区域，就像前面论述过的热封应用中（参见图 1-87）。使得这种电极成为可能的理念是：在方形的陶瓷管中填充形态不规则的铝合金颗粒。当这些铝合金颗粒物被加热后，它们不会使陶瓷管破裂，因为在管内有足够的空间供其膨胀。这种电极在欧美被公认为是最完美的。成百上千的生产线使用了这一系统，它证实了其高水平的处理能力以及长期运行的可靠性。

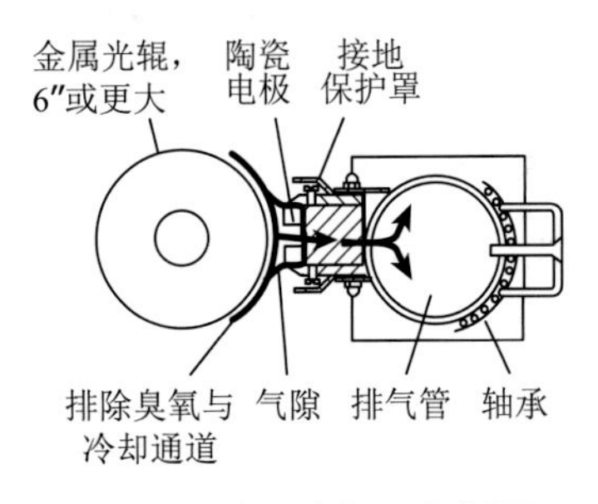

图 1-86 陶瓷电极组件断面

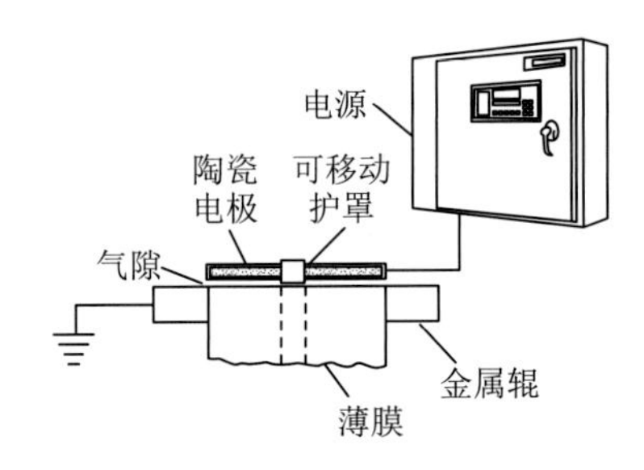

图 1-87 陶瓷电极系统，配有进行带状处理的可移动护罩

为什么选用陶瓷？因为它既有一定的绝缘强度，又有较高的单位面积电功率输出能力，使达到较高的电晕处理水平在技术上成为可能。现在，每支陶瓷电极每平方英寸可以输出的电能是以前的电极材料的两倍。这种陶瓷材料能够达到这样高的处理水平是因为它具有较高的绝缘常数和较低的电阻。这些因素使陶瓷电极能够在给定的电压条件下达到较高的处理水平。与此同时，陶瓷对高的操作温度较不敏感，因此，较高的功率水平才能够被输出，并且保持每支电极常态化的较高的处理水平。

任何一种电极，不管是金属的还是陶瓷的，基于它的总的电极表面积，都会有一个有效输出功率的限值。以前，增加金属电极棒的面积的方法是将电极朝向底辊的面加工成与底辊相同的同心圆（参见图 1-88）。

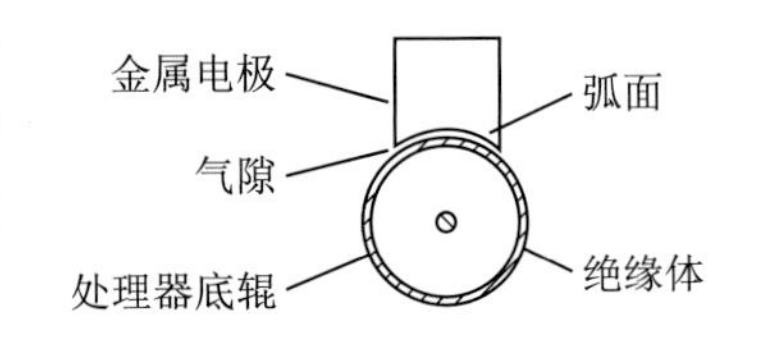

图 1-88 弧面电极侧视

随着给每一支电极施加的电能量的不断增加，就达到了输出功率的极限。因此，随着功率密度需求的增加，电晕处理系统就需要增加电极数量。新的陶瓷电极功率输出能力将电极的数量减少了一半，这样就能生产出体积较小的和较廉价的电晕处理机了（参见图 1-89）。

近期在绝缘辊包覆材料和电源设计方面的进步使得随之而来的综合性电晕处理系统能够极大地强化在难处理基材上的处理水平。

具有严格控制的功率密度和频率的陶瓷电极可以应用在有特殊陶瓷涂层的处理底辊上（参见图 1-90）。其结果是在诸如流涎膜、高爽滑剂含量的聚乙烯膜等难处理基材上实现了较好的处理水平。

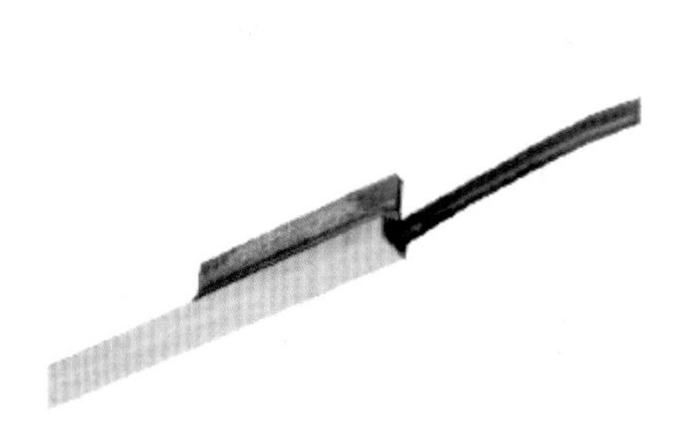

图 1-89　陶瓷电极

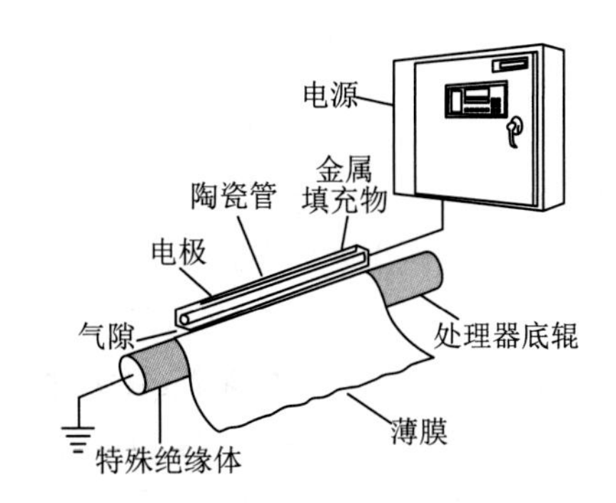

图 1-90　“H”系统：陶瓷电极 / 包覆辊

在光辊和如图 1-90 所示的“H”系统中，陶瓷电极的取出与更换可在 10 分钟内完成。在停机损失或费用以每小时数百或数千美元计算的企业中，时间具有决定性的意义。

电晕处理电极已经走过了漫长的路程，经历了线形电极、分段电极，直到特殊的陶瓷电极。每一次取得进步时，回顾一下什么才是理想的电极是一件很有意义的事情。以下陈述了一些电晕处理电极的特征。

①电晕处理电极必须能够提供可控的在基材横断面上均匀处理的能力；

②电晕处理电极应能够处理导电性和绝缘性的基材；

③电晕处理电极的设计应使接头经过处理机时不会对电极或处理机造成损害；

④电晕处理电极应具有足够的表面积或功率输出能力，以最大限度地减少电极的数量；

⑤电晕处理电极必须具有一定的物理与化学强度以适应工业化的生产环境；

⑥电晕处理电极应当可以方便地取出或更换，以最大限度地缩短停机时间；

⑦电晕处理电极应当给操作者以安全性的保证且不需要封闭的机壳，因为机壳会妨碍操作者穿料的操作；

⑧如果需要有热封面积时，带状处理的方法应当是允许的；

⑨当电晕处理电极必须在有害的环境中运行时，电极应当是可以被清洗的；

⑩电极的气隙应当是由操作者在生产环境下容易地进行维护与调整的。

新的进展在取代老的已经过验证的方法之前必须满足上述的评判标准。陶瓷管电极现在均能满足这些条件，但是在向业界提供可用的最新技术的兴趣的驱使下，对电极配置进行改进的研究工作仍在继续。

2. 常用的电晕处理机

目前常用的电晕处理机可分为以下三类。

一是以图 1-91 为代表的塑膜专用电晕处理机，相当于图 1-79 所示的“直线形金属棒电极”系统。该类电晕处理机的宏观特点是支撑基材的处理辊为包裹了橡胶的钢辊，是一种绝缘体。

该类电晕处理机的用途是处理各种非导电性的基材。

二是以图 1-92 为代表的通用电晕处理机，相当于图 1-85 所示的“陶瓷电极 / 金属光辊”系统。该类电晕处理机的宏观特点是支撑基材的处理辊为钢辊或包覆了陶瓷的钢辊，是一种导体。

该类电晕处理机的用途是处理各种非导电性的和导电性的基材，非导电性的基材包括常用的 PET、PA、PP、PE 等塑料薄膜，导电性的基材则包括铝箔及各种镀铝薄膜，如 VMPET、VMCPP 等。

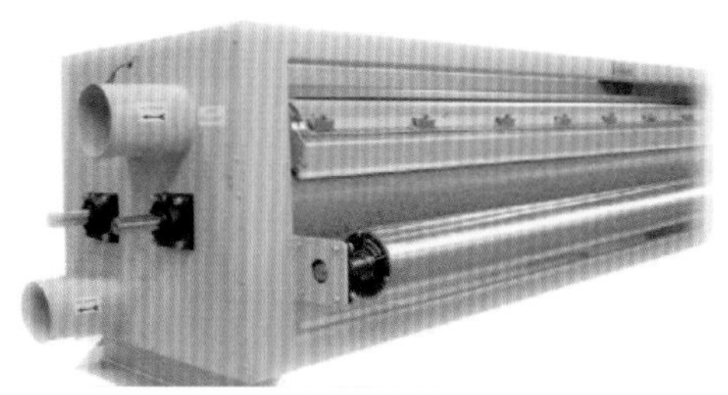

图 1-91 塑膜专用电晕处理机

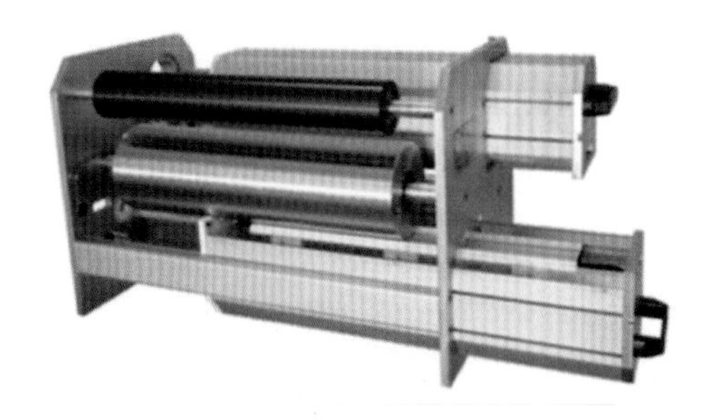

图 1-92 通用电晕处理机

三是以图 1-93 为代表的等离子处理机。该类电晕处理机的宏观特点是没有放电的电极，而是形如刀或笔的喷嘴。

在软包装行业中，是将多个喷嘴排成阵列以便对基材进行处理。该系统适用于各种非导电性及导电性的基材。

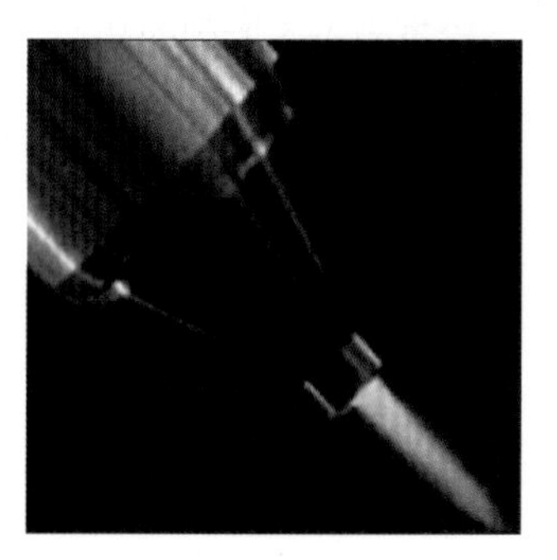

图 1-93 等离子处理机

3. 功率密度

在电晕处理领域，功率密度的定义为：在单位时间内，施加在被处理基材的单位面积上的电功率。

功率密度的表达式为：电晕处理机的输出功率（W）/［薄膜的宽度（m）× 线速度（m/min）］（$W/m^2/min$）。

表 1-5 给出了同一种预先处理过的基材应用在不同的加工过程中，再次进行在线电晕处理时所需的功率密度值。表 1-6 给出了从某个张力值提升到另一个水平的张力值所需要的功率密度。

表1-5 印刷、涂布、复合的典型功率密度值 $W/feet^2/min$

基材	溶剂型印刷、复合	水性印刷、涂布	UV印刷	无溶剂、复合
处理过的LDPE	1.5～2.0	2.0～2.5	2.0～2.5	1.0～1.3
处理过的LLDPE	1.5～2.0	2.0～2.5	2.0～2.5	1.0～1.3
处理过的PET	1.0～1.5	1.0～1.5	1.0～1.5	1.0～1.3
处理过的BOPP	2.0～2.5	2.5～3.0	2.5～3.0	1.0～1.3

注：①数值会随着树脂牌号、添加剂及加工工艺而有所变化。

②以上数据引自 ENERCON 公司 TOM GIBERTSON 的网络文章“USING WATT DENSITY TO PREDICT DYNE LEVELS”。

表1-6　典型的表面张力值与功率密度

基材	来料的水平（mN/m）	需要的水平（mN/m）	功率密度（W/feet²/min）
处理过的BOPP	34～36	40～42	2.5～3.5
处理过的PET	40～42	54～56	0.9～1.5
处理过的PE，高爽滑剂含量	34～36	40～42	2.5～3.5
CPP，无爽滑剂	38～40	40～42	1.5～2.5
未处理的LDPE，低爽滑剂含量	30～31	需要试验	需要试验

注：表中的数值会随着树脂牌号、添加剂及加工工艺而有所变化。

根据表 1-5 所列的功率密度数据，对于常见的复合用基材进行在线电晕处理的功率密度为 0.9 ～ 3.5W/feet²/min，相当于 2.95 ～ 11.48W/m²/min。

如果取其中的功率密度最大值 11.48W/m²/min，假定复合机的宽度为 1350mm，最高运行速度为 450m/min，则所需要的电晕处理机的输出功率为 11.48×1.35×450=6974W。

根据上述计算结果，一台宽度为 1.35m、最高运行速度为 450m/min 的复合机配备一台 6000W 的电晕处理机即可满足基本的需求。

根据相关的电晕处理机的使用说明书，在进行电晕处理机的初始设置时，有四个必需的参数：

①电晕处理机启动时的复合机最低运行速率 S_1（m/min）；

②电晕处理机的输出功率达到最大值时的运行速率 S_2（m/min）；

③电晕处理机启动时的最低输出功率 P_1（%）；

④电晕处理机输出的最大功率 P_2（%）。

其中，S_1 不得小于额定功率的 20%。

图 1-94 和图 1-95 是在 S_1=30m/min、S_2=400m/min、P_1=20%、P_2=100%（额定输出功率为 6000W）的条件下得到的“功率输出曲线”和“功率密度曲线”。

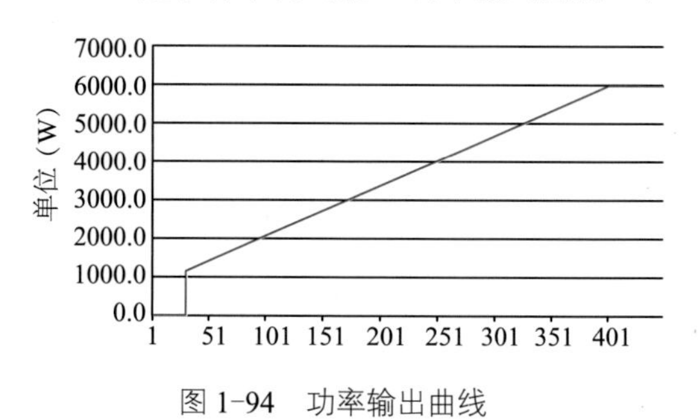

图 1-94　功率输出曲线

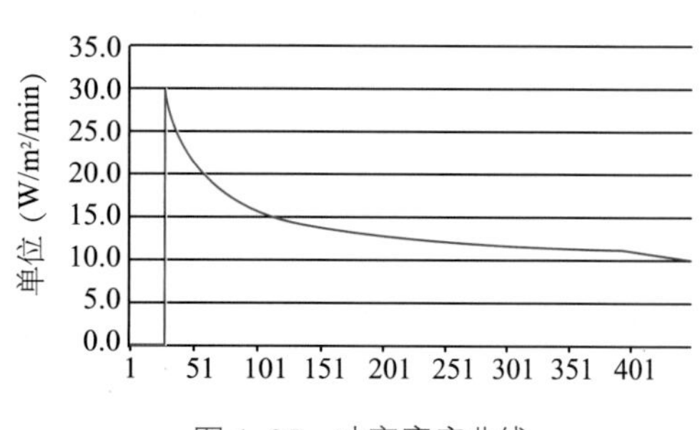

图 1-95　功率密度曲线

在图 1-94 的“功率输出曲线”中，电晕处理机输出的功率在 30 ～ 400m/min 的速率区间内是在线性增长，而在对应的图 1-95“功率密度曲线”中，实际输出的功率密度则呈现“先高后低”的弧线形。其中，初始阶段的功率密度接近了 $30W/m^2/min$，远大于设定的 $10W/m^2/min$。

图 1-96 和图 1-97 是在 S_1=30m/min、S_2=450m/min、P_1=20%、P_2=30% 的条件下得到的“功率输出曲线”和“功率密度曲线”，并且满足了在最高运行速率下功率密度不低于 $3W/m^2/min$ 的要求。但在不同的运行速率下，输出的功率密度是不一样的。

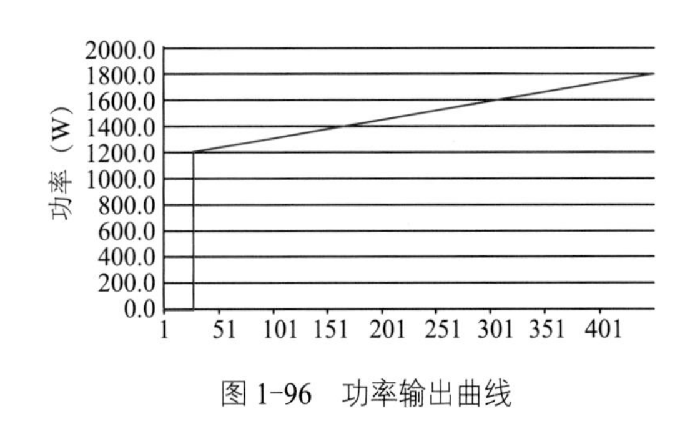

图 1-96　功率输出曲线

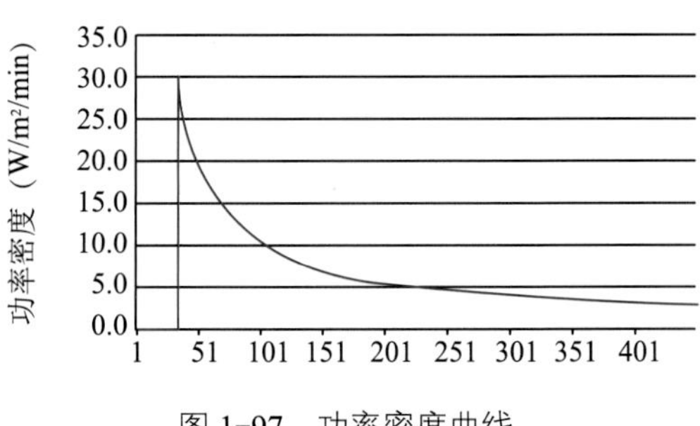

图 1-97　功率密度曲线

需要注意的是：根据某些电晕处理机供应商的说明书，P_1 值（电晕处理机启动时的最低输出功率）的最低值是 20%，即电晕处理机所配套的功率发生器启动时所输出的最小功率是额定功率的 20%。

对于使用了单收单放复合机的企业而言，就会出现这样的情况：在一个膜卷的卷芯和卷外的数米或几十米的复合膜是未经受过在线电晕处理的，其剥离力可能会比较低；而与之相邻的数十米或上百米的基材则经受过高的功率密度的电晕处理，其余的基材才是经受了计划要求的功率密度的电晕处理，也就是说，复合膜卷表面的复合膜的外观与剥离力的状态并不能代表同一膜卷中其他的 90% 部分的真实状态！

而对于使用了双收双放复合机的企业，如果没有频繁地停机，则不会出现上述的情况。

从图 1-95 可以看出，如果是一台最高运行速度为 200m/min 或 250m/min 的复合机，那么，4000W 额定功率的电晕处理机就已经能够满足所有的对功率密度的要求了。而对于最高运行速度为 150m/min 的设备，3000W 的额定功率已经足够了。

目前某些国外的加工电晕处理机的企业已经能够提供新型的功率发生器，其特点是“启动时的最低输出功率 P_1（%）”已可以做到低于 3%！这样，功率输出曲线、施加在基材上的功率密度曲线就会如图 1-98、图 1-99 所示为一条直线，尤其对于单收单放的复合机而言，这将有力地保证从始至终的电晕处理效果！

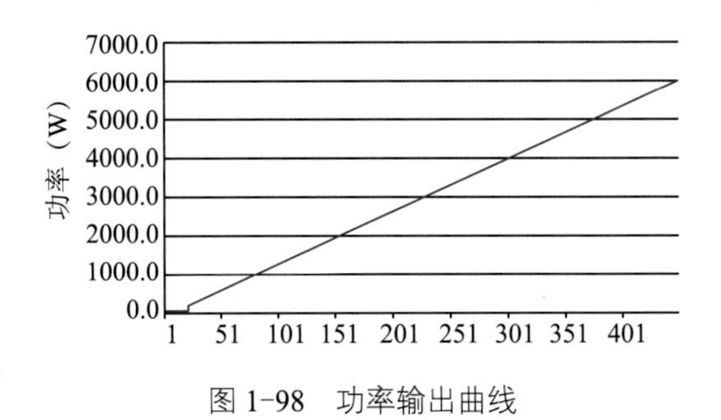

图 1-98　功率输出曲线

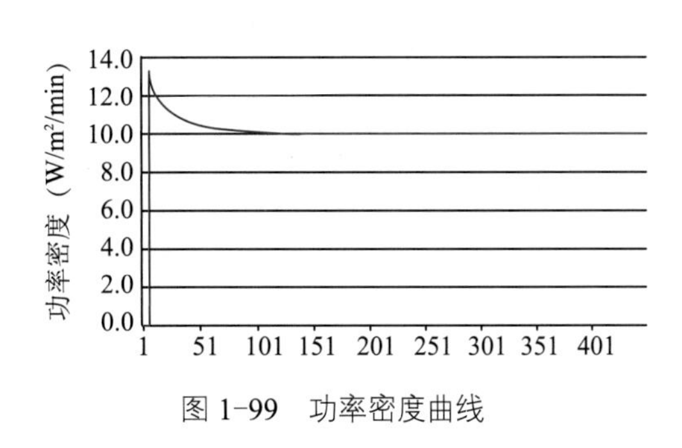

图 1-99　功率密度曲线

参考文献：

[1] 冯瑞乾 . 印刷原理与工艺 . 北京：印刷工业出版社，2005.

[2] 电晕处理综述 . *Corona Treatment: An Overview*. David A. Markgraf, Senior Vice President, Enercon Industries Corporation.

第二章　料（原辅材料篇）

一、常用的复合基材

在复合软包装材料加工领域（不限于食品包装），常用的复合基材有以下几类：纸张；玻璃纸；塑料薄膜、片；金属箔、片。

纸张的种类很多，按用途可分为：包装用纸、印刷用纸、工业用纸、办公用纸、文化用纸、生活用纸和特种纸。

其中，包装用纸又有：白板纸，白卡纸，牛卡纸，牛皮纸，瓦楞纸，箱板纸，茶板纸，羊皮纸，鸡皮纸，卷烟用纸，硅油纸，纸杯（袋）原纸，淋膜纸，玻璃纸，防油防潮纸，透明纸，铝箔纸，商标、标签纸，果袋纸，黑卡纸，色卡纸，双灰纸，灰板纸等多种。

目前在复合软包装领域应用得比较多的是牛皮纸和铜版纸 。

玻璃纸又称“再生纤维素薄膜”，是一种以木浆、棉浆等天然纤维素为原料，经碱化、磺化、成型等化学处理后而制得的一种薄膜。它和一般的纸不同，不仅柔韧性好，而且是透明的，就像玻璃一样，故人们将其称为“玻璃纸”。

玻璃纸有普通玻璃纸和防潮玻璃纸两类，又有白色与彩色、平板与卷筒纸之分。

为了方便地表示玻璃纸的品种和性能，规定了各种代号，通过代号可知玻璃纸的特性。如PT为普通玻璃纸，MST为双面防潮有热封性玻璃纸、MT为两面防潮无热封性玻璃纸、MOT为单面防潮玻璃纸。

关于塑料薄膜，目前常用的有聚丙烯薄膜（又分双向拉伸的聚丙烯薄膜BOPP和未拉伸的聚丙烯薄膜CPP）、聚乙烯薄膜（可分为未拉伸的聚乙烯薄膜和单向拉伸的聚乙烯薄膜）、聚酯薄膜（双向拉伸的聚对苯二甲酸乙二醇酯薄膜BOPET）、聚酰胺薄膜（双向拉伸的聚己内酰胺薄膜BOPA）、聚氯乙烯薄膜PVC等。

在基材加工领域，常用的改性技术有镀铝、镀氧化硅/氧化铝、涂层、共挤、共混。因此，上述的基材又可衍生出众多的改性产品。

在镀铝加工的基础上，出现了镀铝纸、转移镀铝纸、镀铝聚酯薄膜VMPET、镀铝聚丙烯薄膜（VMBOPP、VMCPP）、镀铝聚乙烯薄膜VMCPE等。镀氧化硅/氧化铝技术主要用于加工镀氧化硅PET膜和镀氧化铝PET膜，这两种基材主要用于加工高阻隔性的透明蒸煮袋。目前广泛应用的涂层技术是PVDC（聚偏二氯乙烯）乳液的涂布技术，又称K涂层。常见的衍生品有KOP（PVDC涂布的BOPP）、KPA（PVDC涂布的BOPA）、KPET（PVDC涂布的

BOPET）。其中根据K涂层的不同厚度及PVDC乳液的不同牌号又可分出很多规格。共混和共挤技术是比较传统的技术。所谓共混技术是将两种或两种以上的树脂材料均匀地混在一起，然后通过一台挤出机挤出成型的技术。对于薄膜类基材而言，用单挤出机加工出来的基材薄膜其断面上的各处在厚度和方向上是均质的，即材料的构成及其理化指标是一样的。用多个挤出机及同一个模头加工出来的薄膜其断面上的各处在厚度和方向上不是均质的，即材料的构成及其理化指标是不一样的。

目前在市场上应用的各类薄膜类基材中的绝大部分是用多层共挤技术加工的，包括各种拉伸类的基材薄膜（BOPP、BOPA、BOPET等）和未拉伸的基材薄膜（CPP、CPE）。在这些基材类薄膜中，最复杂的莫过于CPE薄膜。CPE薄膜这个名称就已经不是一个正确/准确的名称！CPE原本是Cast Poly-Ethylene的缩写，直译是“流涎聚乙烯”薄膜，又被称为“未拉伸聚乙烯”薄膜，是采用如图2-1所示的流涎膜机组（一个或多个挤出机、平模头挤出、镜面水冷辊冷却）加工而成的。而在目前的中国市场上以及世界范围内，相当一部分的“未拉伸聚乙烯”薄膜是采用如图2-2所示的吹膜机组加工出来的。在英文中，“吹塑”或“吹膜”用Inflation表示，因此，用吹膜机加工的未拉伸聚乙烯薄膜应称为IPE薄膜。

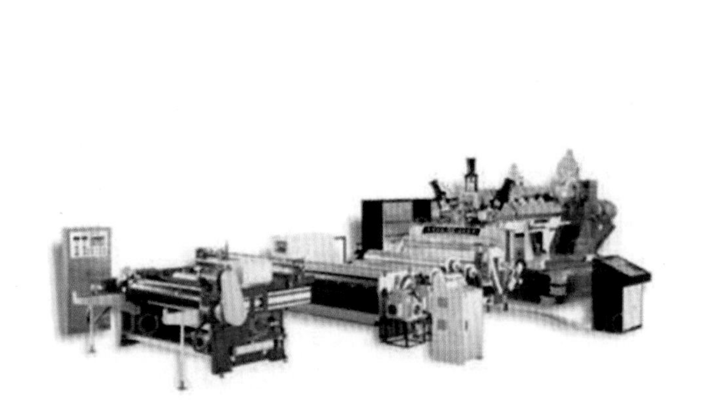
图2-1　CPE/CPP流涎膜机组

图2-2　IPE吹膜机组

随着共挤技术的逐渐普及，目前常用的CPE、IPE（为了简便，以下仍采用CPE这个名称）共挤薄膜已有3层、5层、7层、9层等多种，因而就有了聚酰胺（尼龙）共挤CPE膜、EVOH共挤CPE膜等具有较高阻隔性的CPE膜。

由于聚乙烯本身就是一个大家族，其中有高密度聚乙烯HDPE、中密度聚乙烯MDPE、低密度聚乙烯LDPE、线性低密度聚乙烯LLDPE、茂金属聚乙烯MPE、乙烯与其他单体的共聚物（如乙烯－醋酸乙烯共聚物EVA）等，因此，在共挤膜的不同层次采用不同的单体粒料或多种粒料的混合物，再加上基材总厚度的差异，就能制造出在力学性能、热力学性能、阻隔性能等方面有极大差异的CPE薄膜。

从CPE薄膜使用者的角度来说，通常不会关心基材的构成，而关心的是基材的用途或适用性。

从CPE薄膜的生产者或供应商的角度，通常会将CPE薄膜分为洗衣粉用内膜、洗发水用内膜、奶粉包装用内膜、油包用内膜、充氮包装用内膜、药品包装用内膜、抗静电膜、自立袋/插边袋专用内膜、耐水煮包装用内膜、耐蒸煮包装用内膜、抽真空包装用内膜、耐冷冻包装用内膜等。

二、基材与复合膜的常规力学指标

在与复合用基材相关的国家标准中，通常会对以下的物理机械性能指标做出相应的规定：

①拉伸断裂应力，纵横向，单位为 MPa；

②断裂标称应变，纵横向，单位为 %；

③热收缩率，纵横向，单位为 %；

④雾度，单位为 %；

⑤光泽度，单位为 %；

⑥摩擦系数，无单位，分为静摩擦系数和动摩擦系数；

⑦表面润湿张力，单位为 mN/m；

⑧氧气透过量，单位为 $cm^3/(m^2 \cdot 24h \cdot 0.1MPa)$（压差法），$cm^3/(m^2 \cdot 24h)$（等压法）；

⑨水蒸气透过量，单位为 $g/m^2 \cdot 24h$（杯式法）；

⑩耐撕裂力，纵横向，单位为 mN。

需要注意的是，在国标中，没有对 CPP 和 CPE 薄膜规定热收缩率的指标，且只对 PA 膜有耐撕裂力的指标。

在 GB/T 28118—2011《食品包装用塑料与铝箔复合膜、袋》中规定的必须进行检测的物理机械性能指标为拉伸断裂应力、剥离力、热合强度、氧气透过量、水蒸气透过量、袋的耐压性能、袋的跌落性能七项。

> 但以笔者的观点来看，为了更好地分析复合包装材料在加工、应用阶段所出现的各种不良现象或问题，需要关注的物理机械性能指标应为：拉伸断裂应力、拉伸弹性模量、断裂标称应变、热收缩率（干热、湿热条件）、热合曲线（不是热合强度）、表面润湿张力、卷曲性、基材的微观平整度、摩擦系数等项。

三、拉伸断裂应力

拉伸断裂应力，旧称拉伸强度，其定义为：在拉伸试验中，试样断裂时的拉伸应力。

在软包装行业，常用的拉伸断裂应力的单位有两种：一是 N/15mm，另一个是 MPa。

前一个单位是对特定的样品（不考虑其厚度）的实测数据，后一个单位是将样品的截面积折合到 $1m^2$ 后的数据。常用复合基材的拉伸断裂应力标准值与调查值如表 2-1 所示。该项指标对于基材及复合膜都是十分有意义的。

表2-1　常用复合基材的拉伸断裂应力标准值与调查值汇总

基材	标准值（MPa）		调查值（MPa）	
BOPET	≥170纵横		110～278	
BOPA	≥180纵横		107～347	
BOPP	≥120纵	≥200横	60～150	96～257
CPP	≥35纵	≥25横	39～67	22～31
CPE	≥12纵	≥10横	13～26	12～23

复合膜的拉伸断裂应力（N/15mm）基本上等同于复合膜中各个基材的拉伸断裂应力（N/15mm）之和。

测量基材或复合膜在热处理（水煮、蒸煮）前后的拉伸断裂应力数据并进行对比后，可以对所使用的基材或复合膜的质量状况及其热衰减的状况做出大致的判断。

四、拉伸弹性模量与正割模量

“拉伸弹性模量”（旧称弹性模量）是描述物质弹性的一个物理量，是物体弹性变形难易程度的表征，在复合软包装材料加工行业，也是复合用基材是否“吃张力”的另一种表达方式。

材料在弹性变形阶段，其应力和应变成正比（即符合胡克定律），其比例系数称为拉伸弹性模量。拉伸弹性模量的单位是 MPa。

根据 GB/T 1040.1—2006《塑料拉伸性能的测定　第一部分：总则》的相关规定，拉伸弹性模量 E_t 是应力 σ_2 与 σ_1 的差值与对应的应变 ε_2 与 ε_1 的差值（$\varepsilon_2-\varepsilon_1$，$\varepsilon_2= 0.0025$，$\varepsilon_1= 0.0005$）的比值，以 MPa 为单位。

在复合软包装材料加工行业中所使用的塑料薄膜，如 PET、PA、PP（OPP、CPP）、PE、PVC 等，在一定的范围内都属于有弹性的材料。无论在网络上还是教科书中都能找到相应的拉伸弹性模量数据。

正割模量是由应力 - 应变曲线上的指定点向原点引一条直线，该直线的斜率。正割模量就是该点的相应的应力 - 应变之比，又称正割弹性系数。

对于某些高分子材料（如 LDPE），因其应力 - 应变曲线的非线性特点，为了对某应变下的模量值进行相对比较，往往使用 1% 正割模量，即应变值为 1% 时正割弹性系数。

图 2-3 是某个 15 微米厚的 PA 薄膜样品的实际的应力 - 应变曲线。

图中的 OA 段表示薄膜的弹性变形段。在此段中，薄膜的变形（伸长）量是与外力的增加量成正比的。当外力撤销时，薄膜还能够恢复至其初始的长度状态。图中的 AB 段表示薄膜的塑性变形段。其中 σ_{t_2} 为该薄膜的拉伸屈服应力（也是薄膜的弹性变形的终止点）。从 A 点开始，薄膜的变形（伸长）量与外力的增加量不成正比。当外力撤销时，薄膜也不能恢复至其初始的长度状态，即发生了永久性变形。图中的 σ_{t_1} 为薄膜的拉伸断裂应力。ε_{t_1} 是与拉伸断裂应力对应的应变量，即薄膜长度的增加量，ε_{t_1} 与拉伸用样条的初始长度的比值即为薄膜的断裂标称应变，旧称断裂伸长率。

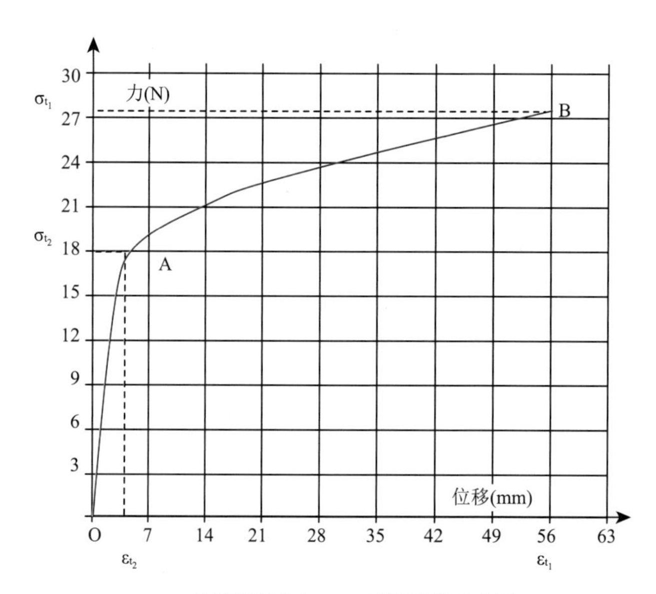

σ_{t_1}：拉伸断裂应力；ε_{t_1}：断裂拉伸应变量；

σ_{t_2}：拉伸屈服应力；ε_{t_2}：屈服拉伸应变

图 2-3　薄膜的典型应力 - 应变曲线

与该薄膜样条所对应的拉伸弹性模量的计算公式为：$E=\sigma/\varepsilon$，其中的应力 $\sigma= F/S$，即该薄膜的拉伸屈服应力 σ_{t_2} 与拉伸用塑料样条的截面积之比，单位为 MPa；应变为 $\varepsilon = \Delta L/L$（单位为常数 1），即该薄膜的屈服拉伸应变 σ_{t_2} 与拉伸用样条初始长度 L 的比值 σ_{t_2}/L；因此，拉伸弹性模量的单位仍为 MPa。

从图 2-3 中可以读出并计算出前面所讨论过的数据：

拉伸断裂应力 $F =\sigma_{t_1}= 27.4$（N/15mm）；

断裂时的拉伸应变量 $\varepsilon_{t_1}= 56$（mm）；

拉伸屈服应力 $\sigma_{t_2}= 18$（N/15mm）；

屈服拉伸应变 $\varepsilon_{t_2}= 5$（mm）。

假定进行上述拉伸实验时，PA 样条的长度为 100mm，那么，该 PA 薄膜的拉伸断裂应力就是 27.4（N/15mm），断裂标称应变就是 56÷100×100% = 56%，拉伸弹性模量就是 $E=\sigma/\varepsilon=(18\div(15\times15\times10^{-3}))/(5\div100)= 1600$（MPa），屈服拉伸应变（弹性变形）率为 5%。

上述数据的物理意义在于：在印刷或复合加工过程中，如果设备（印刷机或复合机）施加在薄膜上的张力不大于该材料（此处为 PA 薄膜）的屈服张力。那么，在印刷或复合加工结束后，薄膜还能够恢复到其初始的长度（宽度）状态。

对于前面的应力 - 应变曲线所对应的 PA 薄膜，如果假定印刷 / 复合时其初始宽度为 1000mm，那么，当施加在该 PA 薄膜上的张力等于 18×1000÷15=1200N/m（120kgf/m，18N 为从图 2-3 可读出的拉伸屈服应力值）时，则在印刷 / 复合加工结束后，该薄膜还能够恢复到其初始的宽度的状态，但会看到印刷品上图案的纵向尺寸会比设计值小了 5%。

一般的大、中型软包装材料加工企业会对印刷后的半成品尺寸有要求，通常是允许印刷半成品的纵向重复单元尺寸比设计尺寸小 2‰～ 3‰。因为在薄膜的弹性变形范围内，薄膜的变形（应变）量是与施加在薄膜上的张力（应力）成正比的，所以，2‰～ 3‰的应变量所对应的张力值就是（0.2 ～ 0.3）÷5×1200 = 48 ～ 72（N/m）。

细心的读者可能会发现：为什么计算出来的张力值是 48 ～ 72（N/m）？笔者印刷时通常的放卷张力值是在 100 ～ 130（N/m）！

这是因为前面的应力 – 应变曲线的数据是从一张拉伸断裂应力不合格的 PA 膜上测出的数据。

按照相关的国家标准，PA 薄膜的拉伸断裂应力应当是不小于 180MPa，换算成 15μm 厚、15mm 宽的面积上拉伸断裂应力值应当是不小于 40.5N/15mm，比上面读到的数据 27.4N/15mm 多了 47.8%！拉伸弹性模量是否同比增加目前尚不清楚，但相信至少会增加一些！

在通常的印刷加工过程中，印刷基材的变形量一般都会被控制在其弹性变形范围内。因此，我们会看到印刷半成品中的图案的纵向（薄膜运行方向）的尺寸往往小于印版的设计尺寸，而印刷基材的宽度保持不变，但印刷图案的横向尺寸会有所增加的情况。

而在复合加工过程中，如果工艺条件控制得不好，往往会看到印刷品的纵向版面尺寸等于甚至大于设计尺寸，同时印刷基材的宽度略小于其原始尺寸的情况。这就说明，在此加工过程中，薄膜承受了过大的张力，并已进入其塑性变形的阶段。

拉伸弹性模量也是评价复合材料的指标之一。

经过蒸煮处理或耐压实验后，如果复合材料发生了形变（塑性变形），就说明该复合材料在上述处理或实验中曾经承受了超过其拉伸屈服应力但小于其拉伸断裂应力的外力！

图 2–4 表示的是一个 52μm 厚 LDPE 膜的应力 – 应变曲线。该图与图 2–3 的主要区别在于其应力 – 应变曲线中没有如图 2–3 所示的 OA 线段，即该 LDPE 膜不存在弹性变形段。

图 2–4 中虚线表示的是样品的 1% 应变值，蓝色直线为红线 / 黑线的交点与原点间的连接线，又称为割线。

该割线的斜率即表示了该样品的正割模量。又由于该割线是从样品的应力 – 应变曲线与 1% 应变线的交点处引出的，所以该正割模量被称为 1% 正割模量。

由于双向拉伸的 BOPP、BOPET、BOPA 膜的弹性变形区间都不大于 3%，因此，适用于 CPP、CPE 膜的 1% 正割模量可以近似地与拉伸薄膜的拉伸弹性模量进行比较。

需要注意的是：所有的塑料薄膜都有受热后收缩的特性！其收缩率与前期将粒料转变成薄膜时的加工条件和后期的热处理的条件有关联！塑料薄膜在收缩的过程中将会向外释放出一定的力，这个释放出来的力的大小与该薄膜的弹性模量 / 正割模量会有一定的比例关系！

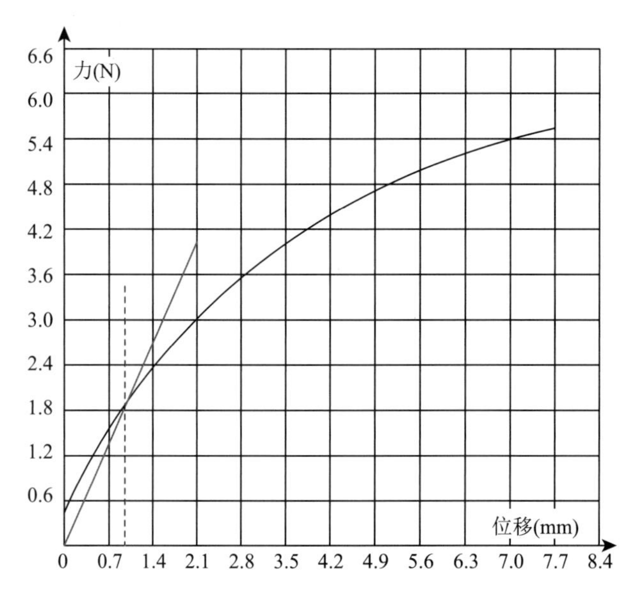

图 2-4　52μm LDPE 膜的应力－应变曲线

在复合薄膜的加工与应用过程中经常会遇到的复合薄膜卷曲、表面皱褶、层间分离（脱层）、剥离力衰减等不良现象都与基材薄膜的弹性 / 正割模量及热收缩有关！

与弹性模量 / 正割模量相关联的“质量问题”有以下三点：

（1）复合膜的手感偏软或偏硬；

（2）水煮时封口处的局部分层或皱褶；

（3）蒸煮后，袋体表面变得不平整。

常用复合基材的拉伸弹性模量的标准值与调查值如表 2-2 所示。

表2-2　常用复合基材的拉伸弹性模量的标准值与调查值

基材	标准值（MPa）	调查值（MPa）
BOPET	—	1800～6717
BOPA	—	1190～4100
BOPP	—	1090～3864
CPP	—	380～1078
CPE	—	90～390

五、断裂标称应变

断裂标称应变（旧称断裂伸长率）是试样被拉断时的夹头位移值与初始的夹头间距的比值。以百分比表示（%）。

在图 2-3 中，就是 ε_{t_1} 值与测试拉伸时两个夹头的间距的以百分数表示的比值。

根据相关标准，BOPET 的指标是≤ 200%（纵横向），BOPA 的指标是≤ 180%（纵横向），BOPP 的指标是≤ 180%（纵向）、≤ 65%（横向），双零 6 铝箔的指标是≥ 0.5%，CPE 的指标是≥ 200%（纵向）、≥ 300%（横向），CPP 的指标是≥ 350%（纵向）、≥ 450%（横向）。

在将上述的基材分别组合并加工成复合材料后，复合材料的断裂标称应变通常接近于其中断裂标称应变数值较小的基材！

不过，铝箔复合材料是个特例。以 PET/Al/CPE 结构为例，其断裂标称应变不会在 0.5%

的范围内，而是会接近于 PET 的断裂标称应变。

在可见到的与复合材料制品相关的国家标准，GB/T 10004—2008《包装用塑料复合膜、袋　干法复合、挤出复合》中，对 BOPP/LDPE 结构制品的断裂标称应变的要求是：纵向为 50% ～ 180%，横向为 15% ～ 90%，对 PA/CPP、PET/CPP 结构制品的要求断裂标称应变是：≥ 35%（纵横向）；QB 2197—1996《榨菜包装用复合膜、袋》中的要求是：断裂标称应变（纵横向）≥ 15%；GB/T 28118—2011《食品包装用塑料与铝箔复合膜、袋》、YBB 00132002《药品包装用复合膜、袋通则》、GB 19741—2005《液体食品包装用塑料复合膜、袋》中没有列出断裂标称应变的指标（即对该项指标不做要求）。

断裂标称应变并不是一个无关紧要的指标，关于其重要性将在下文中详述。

与断裂标称应变事宜相关的“质量问题”有：

①抗跌落性差；

②耐压性能差。

常用基材的断裂标称应变标准值与调查值如表 2-3 所示。

表2-3　常用基材的断裂标称应变标准值与调查值

基材	标准值（%）	调查值（%）
BOPET	≤200	纵向9.6～120，横向21～105
BOPA	≤180	纵向22～210，横向21～135
BOPP	纵向≤180，横向≤65	纵向13～174，横向8～52
CPP	纵向≥350，横向≥450	纵向400～511，横向482～694
CPE	纵向≥200，横向≥300	纵向212～888，横向351～1484

六、表面润湿张力

胶黏剂与被黏物连续接触的过程叫润湿。润湿过程的自动进行必须满足液体与固体接触后总体系的自由能降低的热力学条件。

胶黏剂若要能够润湿固体表面，其表面张力应小于被润湿固体的临界表面张力。如图 2-5 所示。

液体对固体的润湿有 4 种情况：（a）完全润湿状态 - 扩展润湿；（b）润湿状态 - 浸没润湿；（c）不完全润湿状态 - 接触润湿；（d）完全不润湿状态。

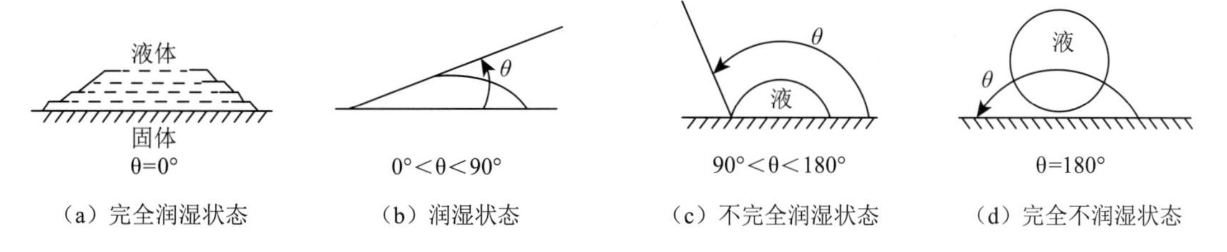

（a）完全润湿状态　（b）润湿状态　（c）不完全润湿状态　（d）完全不润湿状态

图 2-5　不同的润湿状态

也可以用下面的公式表示：

$$\gamma_{Sa}=\gamma_L\cos\theta+\gamma_{SL}$$

式中　γ_{Sa}——固体在润湿液体饱和了的空气中的表面张力；

γ_L——液体表面张力；

γ_{SL}——固液界面张力；

θ——液、固界面接触角。

接触角 θ 是描写液、固、气三相交界处性质的一个重要的物理量。

当 $\theta=0$ 时，$\cos\theta=1$，$\gamma_{Sa}=\gamma_L+\gamma_{SL}$，液体在固体表面呈完全润湿状态；

当 $0<\theta<90°$ 时，$\cos\theta>0$，$\gamma_{Sa}<\gamma_L+\gamma_{SL}$，液体在固体表面呈润湿状态；

当 $90<\theta<180°$ 时，$\cos\theta<0$，$\gamma_{Sa}>\gamma_L+\gamma_{SL}$，液体在固体表面呈不润湿状态；

当 $\theta=180°$ 时，$\cos\theta=-1$，$\gamma_{Sa}=-\gamma_L+\gamma_{SL}$，液体在固体表面呈完全不润湿状态。

胶黏剂只有对固体表面具有良好的润湿，才能够形成良好的粘接。获得良好润湿的条件是胶黏剂的表面张力比被粘物的表面润湿张力低。

在实践中，由于液体的表面张力比较容易测量，因此，人们用一组不同表面张力值的液体依次涂抹在固体的薄膜表面，并根据已知表面张力值的液体在固体表面的润湿状态来推断固体的表面张力，并将用此法得到的薄膜（固体）表面的表面张力的推断值称为该薄膜的表面润湿张力，通常简称为表面张力。

按照英制的度量衡单位制，表面润湿张力的单位为 dyn/cm，中文的表述为达因 / 厘米，俗称为达因；按照公制的度量衡单位制，表面润湿张力的单位为 mN/m，中文的表述为毫牛 / 米。

合适的数值

在复合软包装材料加工常用的几种基材中，未经过电晕处理的聚乙烯薄膜（CPE、IPE）的表面润湿张力为 30 ～ 31mN/m，未经过电晕处理的聚丙烯薄膜（BOPP、CPP、IPP）的表面润湿张力为 29 ～ 31mN/m，未经过电晕处理的聚酯薄膜（BOPET）的表面润湿张力为 41 ～ 44mN/m，未经过电晕处理的聚酰胺薄膜（BOPA）的表面润湿张力为 33 ～ 46mN/m。未受过污染的铝箔和镀铝层表面的表面润湿张力应不小于 72mN/m。

为了获得良好的油墨附着力和复合制品的剥离力，建议采购电晕处理面的表面润湿张力值符合以下要求的复合用基材。如基材在上机前经检查未达到以下要求，建议进行在线电晕处理：

聚乙烯薄膜，≥ 38mN/m；聚丙烯薄膜，≥ 40mN/m；聚酯薄膜，≥ 50mN/m；聚酰胺薄膜，≥ 50mN/m；铝箔，≥ 72mN/m；镀铝薄膜的镀铝层表面，≥ 42mN/m。

七、表面润湿张力的衰减曲线

图 2-6 ～图 2-8 摘自网络上的《Enercon 等离子表面处理系统》一文。

图中的 4 条曲线表示使用 4 种不同的电晕处理系统分别对 PET、OPP、PE 3 种薄膜进行电晕处理后，薄膜的处理面的表面润湿张力的经时变化（衰减）曲线（600 小时）。

图 2-6 表示了在 PET 薄膜上分别使用 4 种电晕处理机进行处理后所能达到的表面润湿张力水平，以及在 600 小时的存储期间内表面润湿张力的衰减曲线。图中的红线表示使用所谓的标准的金属电极处理机的处理及衰减结果；图中的淡蓝和蓝色曲线表示采用 Enercon 公司的另外两款电晕处理机进行处理的结果；图中的橙色曲线表示采用 Enercon 公司某款最新电晕处理机进行处理的最佳结果：在试验期间，表面润湿张力未发生衰减！

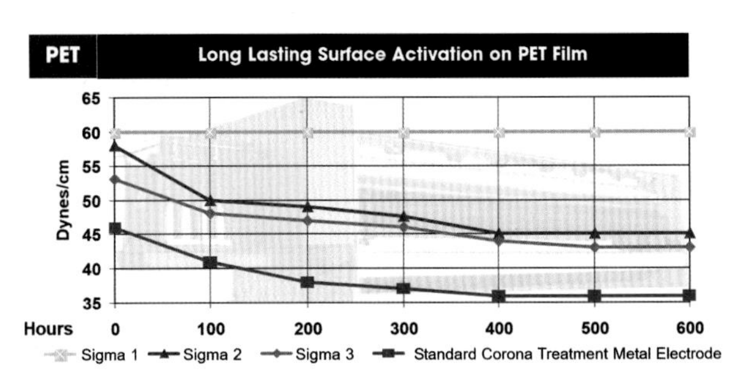

图 2-6　对 PET 薄膜的处理结果及其衰减曲线

图 2-7 和图 2-8 表示分别以 OPP 和 PE 为基材、采用前述 4 种电晕处理机进行电晕处理后的 600 小时表面润湿张力衰减曲线。

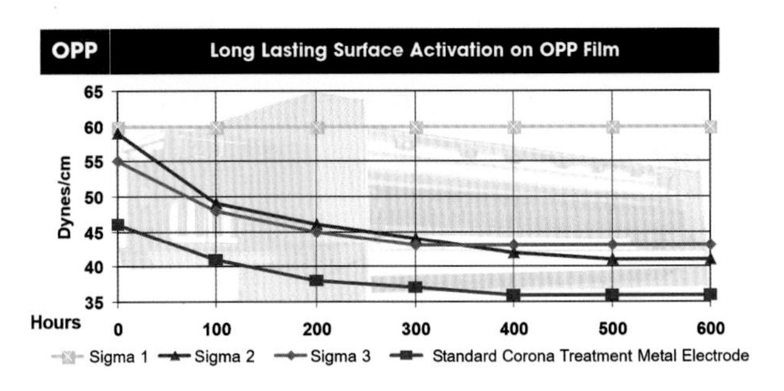

图 2-7　对 OPP 薄膜的处理结果及其衰减曲线

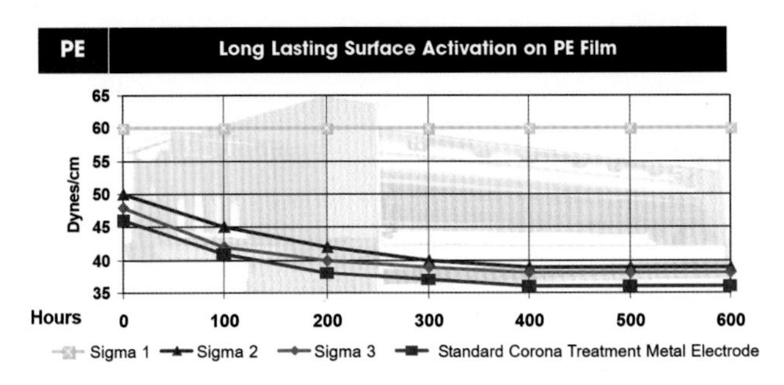

图 2-8　对 PE 薄膜的处理结果及其衰减曲线

需要说明的是：采用 Enercon 公司某款最新电晕处理机进行处理后所得到的基材的表面润湿张力并不一定是不衰减！而可能是在进行电晕处理时所得到的表面润湿张力可能明显大于图中所示的 60mN/m，而且在 600 小时的试验期内，其表面润湿张力值没有衰减到小于 60mN/m

的水平。

图 2-9 “PE 薄膜的表面润湿张力衰减曲线”系笔者根据搜集到的零星的数据绘制而成。图中所示：

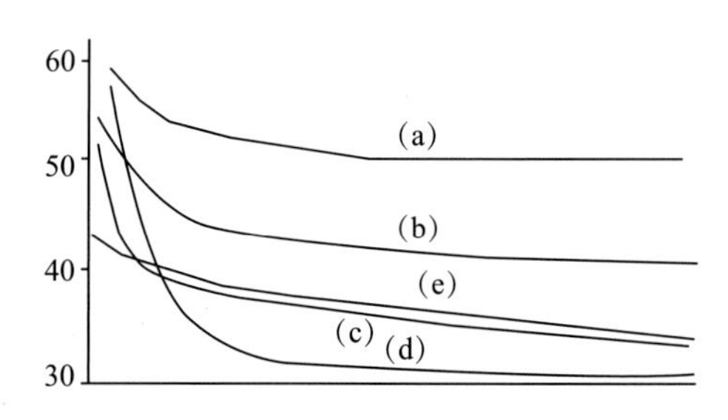

图 2-9 PE 薄膜的表面润湿张力衰减曲线

（a）表示某企业加工的 IPE（吹塑 PE）薄膜，刚下机时的表面润湿张力数值不低于 56mN/m（因笔者手中的达因笔的最高数值为 56mN/m），该企业留存了 6 个月和 12 个月的薄膜样品的表面润湿张力值均不低于 50mN/m；

（b）某企业加工的 IPE 薄膜刚下机时的表面润湿张力数值介于 52mN/m 和 54 mN/m，该企业留存了 10 个月的薄膜样品的表面润湿张力值介于 42mN/m 和 44 mN/m；

（c）某企业加工的 IPE 薄膜，刚下机时的表面润湿张力数值介于 52mN/m 和 54mN/m，第二天测量时，表面润湿张力已降至 44mN/m，第五天测量时，表面润湿张力已降至 38mN/m；

（d）某企业加工的 VMCPP 薄膜，具体存放时间不详，客户方上机时例行检查的结果：镀铝面的表面润湿张力为 32mN/m！（笔者曾在某企业的镀铝膜加工车间抽样检查，发现刚下机的 VMPET 薄膜的镀铝面的表面润湿张力值不低于 56mN/m！）

（e）某企业加工的 IPE 薄膜刚下机时的表面润湿张力数值不大于 42mN/m，其另一款已存储了 7 个月的同类型 IPE 薄膜的表面润湿张力数值为略小于 36mN/m。

由于数据量不足，不能绘制出精确的表面润湿张力衰减曲线，但通过上述数据，也能够对基材刚下机时的表面润湿张力的状态及其衰减趋势做出如图 2-9 所示的大致的判断。

从图 2-6 ～图 2-9 可以得出以下结论：

①在常规条件下，基材的表面润湿张力的衰减是一种普遍的现象；

②如果使用特定的设备及工艺，无论是 PET 还是 PE 薄膜，其表面润湿张力都可以达到不低于 60mN/m 的水平；

③无论是 PET 还是 PE 薄膜，其表面润湿张力都可以达到在试验期内不发生衰减的效果。

表面润湿张力发生衰减的原因

关于基材的表面润湿张力发生衰减的原因，通常被认为与下列因素有关。

①添加剂。在制作薄膜的过程中，为了达到各种目的（如为了使薄膜易于加工）而需要在其原料中加入各种助剂。刚刚经过电晕处理的薄膜，其表面上附着的无机或有机物均被清除掉了，薄膜的表面能被显著地提高了。经过一段时间后，添加剂会迁移到薄膜的表面，降低电晕处理的效果。

②污染。对电晕处理后的薄膜进行各种加工处理或将其暴露于灰尘、碎屑或油污环境中会导致薄膜表面的污染。

③环境。较高的湿度环境会加速表面润湿张力的衰减。

④自然衰减。即便没有添加剂、外部污染或环境因素的影响，表面润湿张力值也会随着时

间的延长而发生衰减。衰减的速率与基材本身的特性和电晕处理的水平有关。在正常情况下，表面润湿张力也会衰减甚至衰减到处理前的水平。

依笔者的理解，基材的表面润湿张力发生衰减的因素归结起来为两点。一是经过电晕处理所产生的极性基团发生了“旋转”（“环境”与“自然衰减”），“转入”基材表面的下方，使得在基材表面上能够被“看到”的极性基团的数量逐渐减少甚至消失。二是基材表面的经电晕处理所产生的极性基团被从基材内部析出的添加剂所覆盖，或被与电晕处理过的基材表面相接触的同一基材的非电晕处理面上析出的添加剂所覆盖，或将其暴露于灰尘、碎屑或油污环境中而导致薄膜电晕处理面的污染（“添加剂”和“污染”）。

图 2-10 中的（a）部分表示“未经处理的表面”，在其表面上都是低表面能的 C—H（碳 - 氢键）。其中的（b）部分表示“经过处理的表面”，其中小字号显示的—OH（羟基）、>C=O（羰基）、—CH（O）CH—（环氧基）、$—CO_2H$（羧基）是采用常规的电晕处理、等离子体处理（PLASMA）等方法进行处理后在基材表面所能产生的极性基团。这些基团的体积相对比较小，在高温高湿环境下，在分子链上可以相对容易地发生“旋转”并进入基材表面的内部，从而使基材的宏观的表面润湿张力值发生“自然衰减”，甚至完全消失。

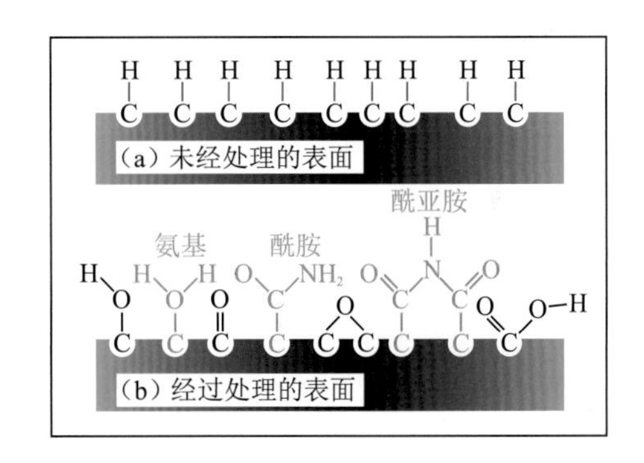

图 2-10 处理后的基材表面可能出现的极性基团

图 2-10 中以大字号显示的$—NH_2$（氨基）、$—CONH_2$（酰胺基）、$—C_2O_2NH$（酰亚胺基）是在受控气氛条件下进行电晕处理而在基材的表面产生的极性基团。这些基团的体积相对比较大，即使在高温高湿环境下，这些基团也不太容易发生“旋转”，因此，基材宏观的表面润湿张力发生“自然衰减”的幅度很小，甚至不衰减。

对于这一类的基材，如果发现其表面润湿张力发生了明显的衰减，就必须考虑“添加剂”和“污染”的因素了。

另外，在实践中，有一个现象值得关注，即某些已发生明显的剥离力衰减的复合薄膜，例如 PA/PE 结构，如果将该复合重新置入熟化室环境或用打火机烤一下，其剥离力值又会迅速上升，这种现象表明是基材中的助剂（如酰胺类或酯类的爽滑剂）大量地析出了基材的复合面而导致剥离力的衰减。这种现象同时表明，在此过程中，基材表面上的经电晕处理所产生的极性基团并未发生向基材表面以下的旋转；也就是说，该复合薄膜的剥离力衰减并不是由于基材表面的极性基团发生向基材表面以下的旋转而引发的表面润湿张力的下降导致的，而是由于大量析出的助剂覆盖了基材表面的极性基团引发的基材复合面的表面润湿张力下降所导致的。换句话说，其实基材的表面润湿张力的衰减或复合膜剥离力的衰减的原因主要是基材中的助剂析出！如果采用硅酮母粒类的爽滑剂 / 开口剂，由于其非迁移性，那么，复合膜上的剥离力衰减这一常见质量问题就能够被有效地得以遏制！

与表面润湿张力相关的“质量问题”有：

①剥离力低；

②剥离力衰减。

八、基材的热收缩率

公开的国家标准及企业标准中，对 PE、PP 类未拉伸薄膜的热收缩率指标未做出规定。相关国家标准对薄膜热收缩率的规定如表 2-4 所示；相关企业标准对薄膜的热收缩率的规定如表 2-5 所示。

表2-4 相关国家标准对薄膜的热收缩率的规定

GB/T 10003—1996	普通型双向拉伸聚丙烯薄膜		A类	B类	
	热收缩率（%）	纵向	≤5.0	≤6.0	
		横向	≤4.0	≤6.0	
GB/T 16958—1997	包装用双向拉伸聚酯薄膜		优等品	一等品	合格品
	热收缩率（%）	纵向	≤2.0	≤2.0	≤3.0
		横向	≤1.5	≤1.5	≤2.0
GB/T 20218—2006	双向拉伸聚酰胺薄膜				
	热收缩率（%）	纵向	≤3.0		
		横向	≤3.0		

表2-5 各相关企业对薄膜类产品热收缩率的规定 %

企业名称	薄膜名称	方向	数值≤
上海紫东	BOPA热收缩率	纵向	1.86
		横向	1.86
	BOPA煮沸收缩率	纵向	3.5
		横向	5.0
		纵向	2.8
山东新东力	BOPA	纵向	1.5
		横向	1.0
河北东鸿	BOPA	纵向	1.5
		横向	0.8
宝硕股份	普通OPP	纵向	4.0
		横向	2.5
	珠光膜	纵向	5.0
		横向	4.0
	消光膜	纵向	4.0
		横向	3.0

续表

企业名称	薄膜名称	方向	数值 ≤
合肥金菱里克	消光OPP	纵向	4.0
		横向	2.0
	PET平膜	纵向	1.5
		横向	0.4
佛山杜邦鸿基	PET平膜LB	纵向	1.8
		横向	0.5
	PET8504双面处理	纵向	1.8
		横向	0.5
	镀铝基膜MA/MA2	纵向	1.8
		横向	0.3
	高亮度基膜 GK/GKD	纵向	1.8
		横向	−0.2
	增强型镀铝基膜121/8904	纵向	1.7
		横向	0.5
	镀/印/复基膜8604/8601	纵向	1.6
		横向	0.6
	亚光膜YG/YG1	纵向	1.5
		横向	0.2

日本 UNITIKA 公司的不同牌号的 PA 薄膜热收缩率的指标值如表 2-6 所示。

表2-6 日本UNITIKA公司的不同牌号的PA薄膜的热收缩率的指标值 %

品名	方向	测定方法	厚度15μm
NC	纵向	干热	1.6
	横向		0.6
	纵向	热水	2.8
	横向		1.7
NX	纵向	干热	1.6
	横向		0.6
	纵向	热水	2.8
	横向		1.7
ON	纵向	干热	1.6
	横向		0.6
	纵向	热水	2.8
	横向		1.7

续表

品名	方向	测定方法	厚度15μm
ONBM	纵向	干热	1.6
	横向		0.6
	纵向	热水	2.8
	横向		1.7
ONUM	纵向	干热	1.0
	横向		1.3
	纵向	热水	1.5
	横向		3.5

注：干热测试条件为160℃、5分钟，热水测试条件为100℃、5分钟。

值得注意的是：只有上海紫东对PA膜的煮沸收缩率做出了规定（见表2-5）。

综合对比以上的数据，可以得出以下的结论。

① 对于PA薄膜的热收缩率，国家标准的规定值均为不大于3%；各企业的纵向干热收缩率指标集中在1.5%～1.86%、横向则在0.8%～1.86%；国家标准及部分国内企业未对热水收缩率指标做出规定，上海紫东的指标是纵向3.5%、横向5%，日本UNITIKA公司的同类指标是纵向2.8%、横向1.7%［其中耐蒸煮级的N1130（热处理条件为160℃、10分钟）的纵向热收缩率为0.6%，横向热收缩率为0.4%］。

② 对于PET薄膜的热收缩率，国家标准的规定值为纵向不大于2%、横向不大于1.5%；各企业的纵向收缩率指标集中在1.5%～1.8%；横向热收缩（膨胀）率指标则在-0.2%～0.6%。

③日本TOYOBO公司的不同牌号CPP薄膜的热收缩率的指标值见表2-7。其中，纵向在0.3%～1.6%，横向在0.3%～1.4%（其中耐高温蒸煮级的P1147的纵、横向热收缩率均为0.3%）。

表2-7 日本TOYOBO公司的不同牌号CPP薄膜的热收缩率的指标值 %

品名	方向	厚度（μm）							
		20	25	30	40	50	60	70	80
P1128	纵向	1.1	1.0	0.8	0.8	—	—	—	—
	横向	1.0	0.9	0.8	0.8	—	—	—	—
P1146	纵向	—	—	—	—	0.7	0.7	0.7	0.8
	横向	—	—	—	—	0.6	0.5	0.5	0.5
P1151	纵向	—	—	—	—	1.0	—	—	—
	横向	—	—	—	—	1.4	—	—	—
P1147	纵向	—	—	—	—	0.3	0.3	0.3	0.3
	横向	—	—	—	—	0.3	0.3	0.3	0.3
P1153	纵向	—	—	—	1.6	1.6	1.5	—	—
	横向	—	—	—	1.0	0.8	0.6	—	—

注：测试条件为120℃、30分钟。

④ 日本 TOYOBO 公司的不同牌号 LLDPE 薄膜的热收缩率指标为纵向在 0.4% ~ 2.0% 之间，横向在 0.3% ~ 0.6%（见表 2-8）。

表2-8 日本TOYOBO公司LLDPE薄膜制品的热收缩率的指标值 %

品名	方向	厚度			
		30μm	40μm	50μm	60μm
L3105	纵向	—	1.8	1.7	—
	横向	—	0.5	0.6	—
L4102（AM）	纵向	1.0	0.5	0.4	—
	横向	0.4	0.5	0.6	—
L5133	纵向	2.0	2.0	—	—
	横向	0.4	0.6	—	—
L6100	纵向	—	—	—	0.7
	横向	—	—	—	0.3

注：测试条件为 90℃、30 分钟。

关于热收缩率的测试方法，GB/T 16958—2008《包装用双向拉伸聚酯薄膜》的规定是 150℃、30 分钟；GB/T 20218—2006《双向拉伸聚酰胺（尼龙）薄膜》的规定为 160℃、5 分钟；UNITIKA 公司对 PA 薄膜的测试条件：干热收缩率测试条件为 160℃、5 分钟，热水收缩率测试条件为 100℃、5 分钟；日本 TOYOBO 公司对 LLDPE 薄膜的热收缩率测试条件为 90℃、30 分钟；对 CPP 薄膜的热收缩率测试条件为 120℃、30 分钟。

笔者曾从一些客户处搜集不同的薄膜样品进行热收缩率的测试，采用的测试方法为 100℃（沸水）、30 分钟；结果如下（数值中，正值表示“收缩”，负值表示“膨胀”）：

OPP 薄膜：纵向 1.6% ~ 3.38%，横向 -0.5% ~ 1.25%；

PET 薄膜：纵向 0.0% ~ 1.55%，横向 -0.25% ~ 0.25%；

PA 薄膜：纵向 2.85% ~ 7.6%，横向 1.5% ~ 4.0%；

CPE 薄膜：纵向 0.8% ~ 7.2%，横向 -1.0% ~ 0.75%；

CPP 薄膜：纵向 0.0% ~ 1.0%，横向 0.0% ~ 2.3%。

图 2-11 表示的是将 100μm 厚的 CPE 薄膜放置在电热箱中，在不同的温度下停留 5 分钟后所发生形变的状态。

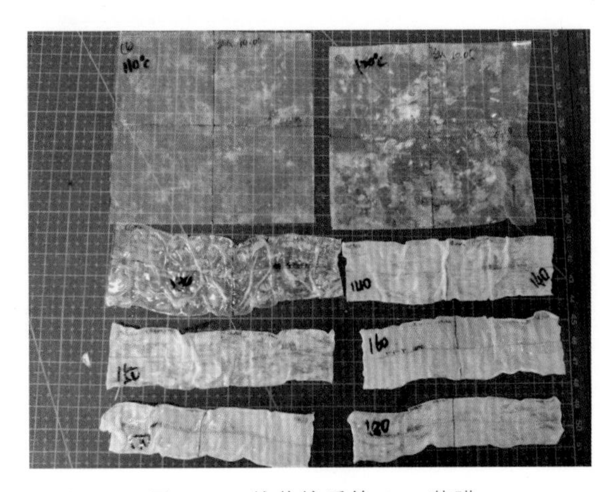

图 2-11 热收缩后的 CPE 薄膜

图 2-12 100μm 厚的 CPE 薄膜的热收缩率数据的曲线图。图 2-13 的数据表示了在 150 ～ 200℃的温度区间内某 PET 薄膜样品的热收缩率值的变化。

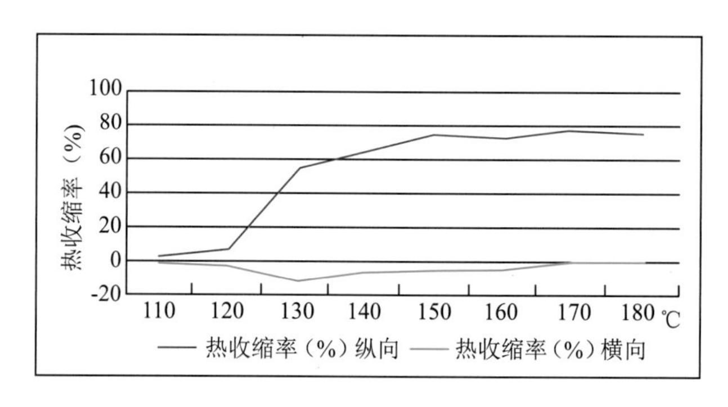

图 2-12　100μm 厚 CPE 薄膜的热收缩率

相关的国家标准中对 PET 薄膜的热收缩率的规定为：纵向不大于 2%、横向不大于 1.5%；该标准所规定的试验条件是 150℃、30 分钟；但对于在更高温度条件下的热收缩率值未做规定。

从图 2-13 中可以看到，在 200℃的条件下，PET 膜的热收缩率可以达到纵向约 7%、横向约 3.5% 的状态。这也就是许多经历了过高的温度处理后的复合膜袋会呈现各种不同的不良外观的一个原因。

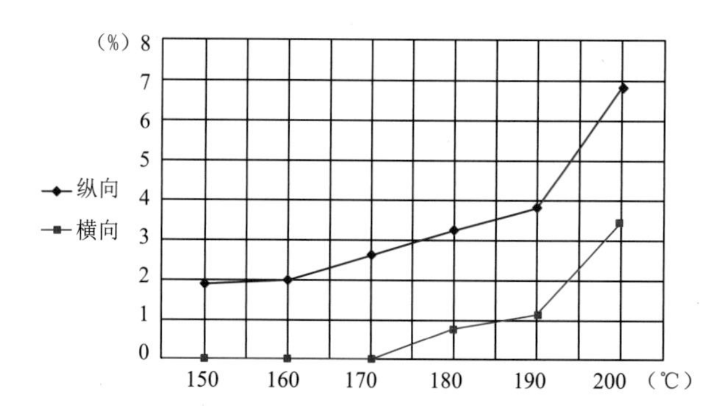

图 2-13　PET 膜的热收缩率

从图 2-12 和图 2-13 的曲线中可以发现：

①基材的纵向热收缩率值与热处理条件相关，即对于同一个基材样品而言，其经受的热处理温度越高，则其纵向热收缩率值也会相应地提高；

②同一个基材样品的纵横向热收缩率的数据是不一样的，这是由基材的加工工艺所决定的；

③大多数情况下，基材受热并冷却后是发生收缩的，个别情况下，则是膨胀的，例如 PET 和 CPE 薄膜。

弓形效应

弓形效应，是指在双向拉伸薄膜的生产过程中，由于设备、工艺等条件的限制，双向拉伸薄膜的不同部位所承受的拉伸变形的方向与比例有所不同，在将该双向拉伸薄膜应用于复合加工及后期的热处理的过程中所显现出来的、沿着该双向拉伸薄膜的两个对角线方向呈现出不同的收缩率（即原本是矩形的薄膜经过加工处理后变成了菱形）的特性（图 2-14）。

弓形效应在所有的双向拉伸薄膜上都会存在，但是在异步拉伸法加工的 PA 薄膜上可能会显现得比较突出。

在实验室中，测试双向拉伸薄膜弓形效应的方法如下（图 2-15）。

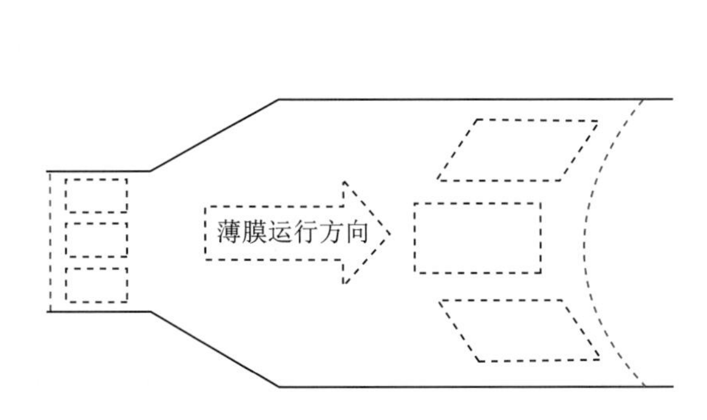

图 2-14　双向拉伸工艺引入的弓形效应

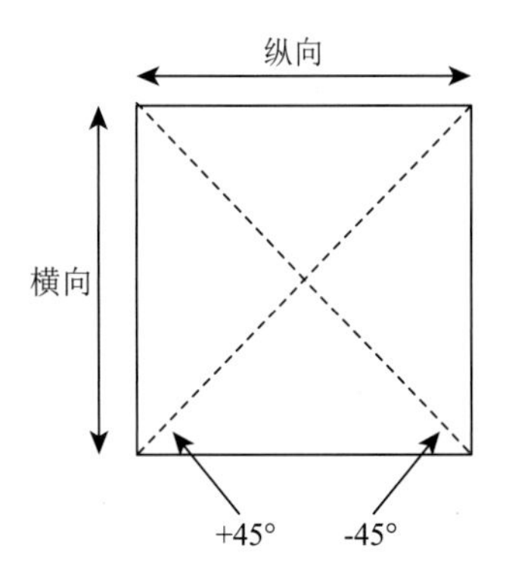

图 2-15　弓形效应的测试样品

①在作为样品的基材薄膜上，沿横向平均地确定几个采样点（奇数）。

②截取一组指定尺寸的正方形薄膜样品，标明纵横方向。

③将两个对角线分别定义为 +45° 线和 -45° 线，测量其实际长度数值（精确到 0.1mm）。

④在水煮、蒸煮或其他指定的温度条件下对样品进行一定时间的热处理。

⑤将样品充分冷却后，沿图示的 +45° 和 -45° 两条对角线，测量其长度（精确到 0.1mm）。

⑥将上述数据列表，计算收缩率。

⑦按取样位置和收缩率数值画图（参见图 2-16）。

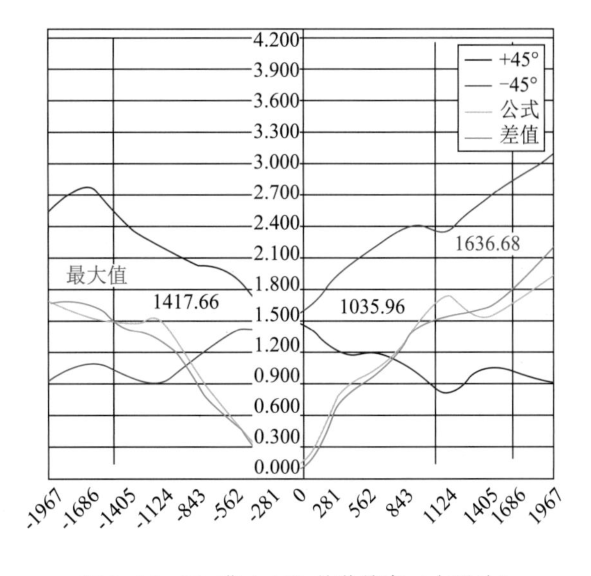

图 2-16　PA 膜 ±45° 热收缩率（水浴法）

在图 2-16 中，深蓝色的线表示在水浴条件下，在 PA 膜的不同位置上，沿 +45° 对角线的热收缩状况；粉红色的线表示在水浴条件下，在 PA 膜的不同位置上，沿 -45° 对角线的热收缩状况；浅蓝色的线表示上述两个热收缩率数据的差值的绝对值。

从图 2-16 中可以发现：

① +45° 对角线方向的热收缩率是从左至右依次降低的；

② -45° 对角线方向的热收缩率是从左至右依次上升的；

③上述两个数据的差值的绝对值构成了如浅蓝色曲线所示的“弓形曲线”。

与“基材的热收缩率”相关的“质量问题”有：

①剥离力衰减；

②纵向剥离力小于横向剥离力；

③制袋后的封口卷曲；

④制袋后的封口翘曲；

⑤制好的袋子表面不平整；

⑥拉链袋的拉链端头处局部分层；

⑦制袋后，袋体表面的皱褶；

⑧水煮、蒸煮后，袋子的开口边卷曲；

⑨水煮、蒸煮后，袋子的局部分层；

⑩水煮、蒸煮后，袋体上出现向上“凸起”或向下“凹陷”的皱褶。

九、基材的阻隔性

关于基材的阻隔性能，通常的评价指标有阻气性、阻湿性、保香性、抗介质性等。

阻气性又叫气体透过性，根据 GB/T 1038—2000《塑料薄膜和薄片气体透过性试验方法　压差法》的相关规定，气体透过性的指标分为气体透过量和气体透过系数两项指标。气体透过量的定义是：在恒定温度和单位压力差下，在稳定透过时，单位时间内透过试样单位面积的气体的体积，以标准温度和压力下的体积值表示，单位是 $cm^3/m^2 \cdot d \cdot Pa$。气体透过系数的定义是：在恒定温度和单位压力差下，在稳定透过时，单位时间内透过试样单位厚度、单位面积的气体的体积。以标准温度和压力下的体积值表示，单位是 $cm^3 \cdot cm/cm^2 \cdot s \cdot Pa$。在实践中，经常被检测的气体是氧气、氮气和二氧化碳气体。

阻湿性的指标根据 GB 1037—88《塑料薄膜和片材透水蒸气性试验方法　杯式法》的相关规定分为水蒸气透过量（WVT）和水蒸气透过系数（P_v）两项。水蒸气透过量（WVT）的定义是：在规定的温度、相对湿度，一定的水蒸气压差和一定厚度的条件下，$1m^2$ 的试样在 24 小时内透过的水蒸气量。指标的单位是 $g/m^2 \cdot 24hr$。水蒸气透过系数（P_v）的定义是：在规定的温度、相对湿度环境中，单位时间内，单位水蒸气压差下，透过单位厚度，单位面积试样的水蒸气量。指标的单位是 $g \cdot cm/cm^2 \cdot s \cdot Pa$。阻气性与阻湿性指标可以使用特定的仪器进行测量。

保香性这一指标没有特定的单位。通常是以包覆在包装物内的内装物的特定的香气在常温条件下，经过一段时间（天）之后可从包装物外嗅到作为对特定的基材或复合薄膜的保香性的评价指标。

抗介质性这一指标与保香性类似也没有特定单位。通常也是以“天”作为单位，以在常温条件下或特定的高温、高湿条件下，内装物对包装物的外观与层间剥离力产生明显的不良影响作为其评价指标。耐油性是属于抗介质性的指标之一。通常也是以“天”作为单位，以在常温条件下内装物中的油脂明显地渗透到包装物的外表面上的天数作为其评价指标。

基材的阻隔性会受到环境温度、湿度的影响。一般情况下，随着环境温度、湿度的增加，基材的阻隔性能会随之下降。

目前常用的所谓“高阻隔性基材”有铝箔、镀铝薄膜、镀硅膜、镀氧化铝膜、PVDC 涂布膜、聚酰胺（尼龙）共挤 PE 膜、EVOH 共挤 PE 膜等多种。

不过，上述的所谓“高阻隔性基材”通常是指对氧气等气体有较高的阻隔性，至于对客户所关心的其他的气体或液体物质的阻隔性，还需要客户自己做充分的试验验证。

与基材的阻隔性相关的“质量问题”有：

①包材表面有“渗油”；

②内装物变色；

③内装物受潮、结块；

④内装物的“香气”逸失；

⑤内层的剥离力衰减；

⑥热合层基材被“溶胀”变形。

十、基材的吸湿性

从表 2-9 的数据可以看到，PA6 薄膜（常用的尼龙薄膜）具有相对较高的饱和吸水率，因此，在日常的存储与加工过程中，务必要保持 PA 膜防潮包装的完好！

另据相关业内人士介绍，在 25℃、62%RH 的环境下，PA6 薄膜的平衡含水率在 2.5% ～ 2.8% 的范围内。如果 PA 原膜的含水率低于这个数值，那么，当 PA 膜暴露在空气中时就会快速地从空气中吸收水分，当吸水量较大时，PA 膜的纵横向尺寸就会表现为某种程度的“膨胀”，宏观上就会表现为“薄膜起皱”。但将含水率为 2.5% ～ 2.8% 的 PA 膜与其他基材进行复合加工后，并不会出现“下机时无、熟化后显现的气泡”，即 PA 膜中此种程度的含水率并不会对复合膜造成不良影响。如果环境的温度、湿度均低于上述的数值，那么，当 PA 膜暴露在空气中时，PA 膜也会向空气中“析湿”。当“析湿”量较大时，PA 膜的纵横向尺寸就会表现为某种程度的收缩，在复合膜上，宏观上就会表现为向 PA 膜一侧的卷曲。

由于铝箔在分切、复卷时需要保持 12% 左右的“空隙率”，因此，如果未使用完的铝箔持续地暴露在潮湿的空气环境中，卷曲状态的铝箔表面也会吸附水分，并导致“胶水不干”的问题。

表 2-10 中数据应为纸张的平衡含水率。因此，当环境湿度较低时，纸张会向环境中释放水分（析湿），本身发生收缩；当环境湿度较高时，纸张会从环境中吸收水分（吸湿），本身发生膨胀。

表2-9　常用塑料基材的吸水率　%

基材	内容	数值
PA6	饱和吸水率，23℃	9.0～11
	平衡吸水率，23℃，50%RH	2.5～3.1
PET	饱和吸水率，23℃	≤0.6
PE	饱和吸水率，23℃	≤0.01
PP	饱和吸水率，23℃	≤0.01

与基材的吸湿性与透湿性相关的“质量问题”有：

①“胶水不干”现象；

②“下机时没有、熟化后出现”的气泡；

③耐水煮包装的“蚀铝”现象；

④纸 / 塑复合制品的卷曲问题。

表2-10　常用纸的含水标准　%

名称	A等	B等	C等
打字纸	4.8～8.0		
铜版纸	5.0～7.0		
书写纸	6.0±2.0		
瓦楞纸	8.0±2.0	8.0±3.0	9.0±3.0
箱纸板	8.0±2.0	9.0±2.0	11.0±2.0
单面涂布白板纸	8.0±2.0		
胶版印刷纸	4.0～9.0		
食品包装纸	60.～8.0		
中性包装纸	8.0±2.0	8.0±2.0	
标准纸板	10.0±2.0		
厚纸板	10.0±2.0		
书皮纸	6.0±2.0		
薄凸版纸	4.0～8.0		
凹版印刷纸	7.0±2.0		
单面白板纸	5.0～9.0	6.0～10.0	
牛皮纸	6.0～10.0		
白卡纸	4.0～7.0		
薄页包装纸	6.0±2.0		
纸巾纸	5.0～8.0	5.0～9.0	
单面书写纸	6.0±2.0		

十一、基材的熔点

熔点是固体物质从固态到液态转变的温度。

表 2-11 显示的是复合软包装材料加工中常用的 PA、PET、OPP、CPP、CPE 薄膜的熔点范围（熔程）。

表2-11　各种基材的熔点范围　℃

基材	熔点
PA6	215～225
PET	225～260
PE	70 ～137
PP	67 ～176

由于 PA、PET、OPP 膜具有较高的熔点值，因此，常被用于复合材料的表层；CPP、CPE 常被用作复合材料的内层，是因为它们具有较低的熔点值。

R-CPP 和 R-CPE 可用作蒸煮袋的内层材料是因为它们具有较高的熔点（大于 121℃）和适度的柔韧性。而用于高速自动包装复合材料内层的通常是一些熔点较低的 CPP 或 CPE 薄膜。

由于某些 PE 材料也具有超过 121℃的熔点，因此，也可以用于加工耐蒸煮的复合薄膜。

PA 和 PET 虽然有着超过 210℃的熔点，但并不意味着包含这两种基材的复合薄膜就可以使用接近 210℃的温度去进行制袋加工或热处理！因为在接近 210℃加工温度下，PA 或 PET 膜都有可能发生意想不到的、强烈的热收缩变形，使复合膜袋的外形发生不希望出现的变化。

目前市售的 CPP、CPE 都是至少三层共挤的薄膜（统称为热封层薄膜，由内到外分别称为热合层、中间层和复合层），其共性是复合层的熔点最高，热合层的熔点最低。

图 2-17 是某 PE 薄膜的 DSC（示差扫描量热）曲线。在该曲线中，在 106、117 和 122℃处有三个波峰，表示该 PE 薄膜至少是由三种不同熔点的 PE 树脂组成的。图中的三条垂直线分别指向 95℃、115℃和 120℃，表示三种树脂开始熔化的温度（熔点）。其中熔点最高的为该 PE 膜的复合层树脂，熔点最低的对应着该 PE 膜的热合层树脂。

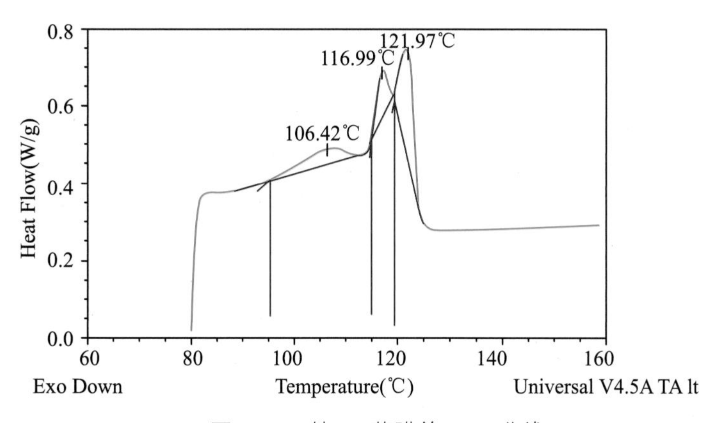

图 2-17　某 PE 薄膜的 DSC 曲线

在制袋加工过程中，最好是控制制袋机的工艺条件，仅使热合层发生熔化，这样才能得到外观最佳的制袋成品。

十二、基材的层间撕裂或分裂

“基材的层间撕裂或分裂”，指经共挤加工而成的基材薄膜及经过涂层处理的基材薄膜（如K涂层薄膜、镀硅膜等）在完成复合加工后的剥离力测试中，所发生的基材自身的层间分离现象。

OPP膜的层间撕裂或分离

图2-18的两张照片是OPP的复合膜在做剥离力测试过程中的常规表现，该现象说明OPP膜的内聚力小于油墨层的附着力或胶层与OPP膜间的粘接力。

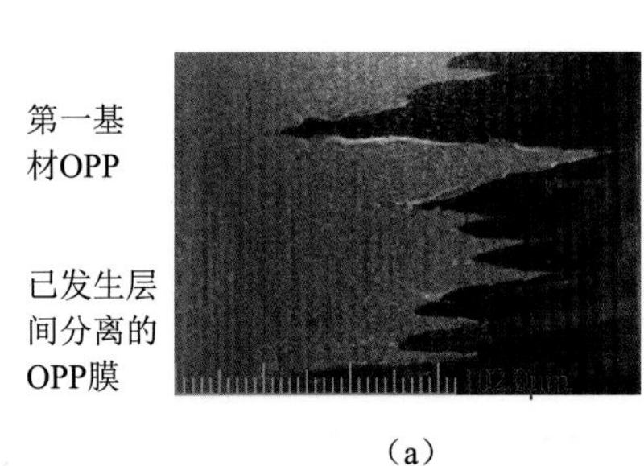

(a)

OPP膜发生层间分离的界面

发生完全
转移的墨层

OPP膜发生
断裂的界面

(b)

图2-18 已发生层间分离现象的OPP膜

有人曾做过以下的对比实验：

①按常规的配比使用胶黏剂，熟化后胶层已完全固化。在做剥离力实验时，OPP膜发生如图2-18所示的撕裂状态，测得的剥离力在0.5 ～ 0.7 N/15mm范围内；

②有意地减少NCO成分的用量，熟化完成后的胶层仍然保持某种程度的黏性。在做剥离力试验时，OPP膜可被完整地剥离下来，测得的剥离力不小于1.5N/ 15mm。

上述的实验结果表明：OPP膜是一种易于发生本体层间分离或撕裂的基材，在胶层完全固化的条件下，所测得的剥离力值并不是胶层与OPP的复合面这一界面间的力值，而是基材本体发生撕裂或分离的力值。当减少胶水中NCO成分的用量或降低涂胶量时，实际上是使胶层与OPP膜间的粘接力比OPP膜本体被撕裂的起始强度低了。

十三、铝箔的除油度

在轧制铝箔的过程中需要使用一定量的轧制油，轧制过程结束后需对铝箔进行退火处理。退火处理的目的是除掉附着在铝箔表面的轧制油，以适应印刷、复合加工对铝箔表面润湿张力的要求。

关于铝箔除油度的检查方法，在GB 3198—1996《工业用纯铝箔》规定了三种方法，分别是“5.3 表面润湿张力试验方法”、“5.5 黏附性试验方法”和“5.7 刷水试验方法”。

“5.3 表面润湿张力试验方法”中，规定的预先配制的试验液是32 ～ 40mN/m的。试验方法同常规的表面润湿张力试验方法。

“5.5 黏附性试验方法”是“通过测定铝箔借自重自然展开所需最小的脱落长度值来评价铝箔层与层间的黏附程度”。

铝箔黏附性试验方法：

将外层铝箔沿卷取相反的方向人为展开，并使展开状态如图 2-19 所示（OA、O_1A_1 为过轴心的两条水平线）。若当下垂长度 L ≤ 2m 时，由于自重作用，外层铝箔能自然向下脱落，则判定其试验结果合格，否则为不合格。

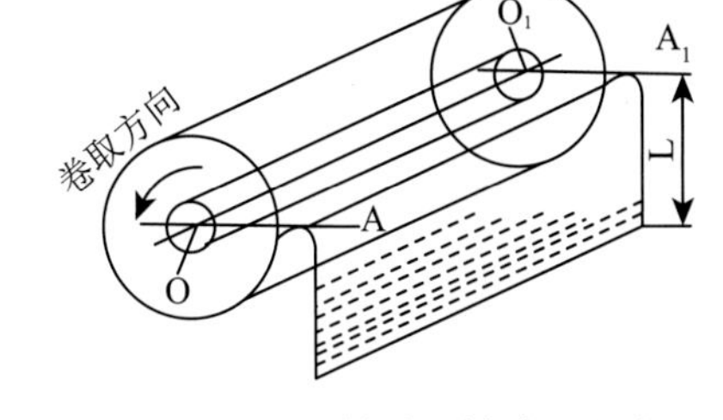

图 2-19　铝箔黏附性试验方法

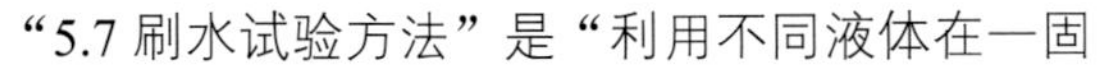

“5.7 刷水试验方法”是“利用不同液体在一固定材料表面的润湿性不同的原理，选择三种不同的试验液刷试铝箔表面，以判定铝箔表面的脱脂等级”。

试验方法：先用棉球蘸取备好的 1 号试验液（即蒸馏水）沿铝箔的宽度方向刷试表面，将铝箔倾斜 30° ～ 50°（与垂直方向）观察铝箔表面的流线形状，如试验液呈流线状且润湿面积基本不收缩时，则表明被检铝箔刷水试验达到该试验液对应等级。如果试验液明显收缩或继续呈小球状时应选 2 号直至 3 号试验液进行刷试。试验液的配方见表 2-12。

表2-12　试验液的配方

试验液	蒸馏水/ml	酒精/ml
1号	100	0
2号	90	10
3号	80	20

“5.5 黏附性试验方法”规定的“最小的脱落长度值”是 2m；在网络上可查到某铝箔加工企业的企业标准是 ≤ 1.5m，同时该企业的最佳试验结果是 0.2m。

关于“5.7 刷水试验方法”中的三种试验液的表面张力值，根据太原理工大学化学化工学院武正簧等人的测定结果，纯水的表面张力值为 73.5mN/m，10% 的酒精－水溶液的表面张力值为 49.699mN/m，20% 的酒精－水溶液的表面张力值为 38.813mN/m（未标明实验温度）。

根据兰州理工大学陈安涛等人的研究，“在硅铝合金中，硅元素的加入能够降低铝液的表面张力。当硅含量超过一定值后铝硅合金表面张力随硅含量的继续增大而变化不大，并都为 830dyn/cm 左右”。这就是说，金属铝的表面张力不会低于 830mN/m。

为此，建议在选购和使用铝箔时，应以能够通过纯水的刷水试验为铝箔除油度的检测指标！

十四、爽滑剂和开口剂

在复合软包装材料加工中所使用的各种塑料薄膜类基材的生产过程中，爽滑剂与开口剂是两种不可或缺的添加剂。爽滑剂多为酰胺类和酯类。例如，硬脂酸酰胺、N、N’- 乙撑双硬脂酰胺、油酸酰胺、芥酸酰胺、山嵛酸酰胺、甘油三羟硬脂酸酯、聚硅氧烷等，目前国内常用的是芥酸酰胺。开口剂大多为无机物，主要有滑石粉、硅藻土、二氧化硅、玻璃微珠、合成硅石等，其中用量最大的是二氧化硅。

如以三层共挤加工的 CPE 膜为例，三个层次分别为热合层、功能层、复合层。材料结构为 A/B/C 型，即三个层次分别使用了不同牌号、不同组分的树脂。

爽滑剂与开口剂通常都是加在热合层中的。均匀地分散在热合层中的爽滑剂，由于其与 PE 树脂的不相容性，在一定的条件下会迁移 / 聚集到热合层的表面，赋予 PE 膜的热合层表面以较低的摩擦系数。在室温条件下，迁移 / 聚集到热合层表面的爽滑剂的数量越多，则 PE 膜的热合层 / 热合层间摩擦副的摩擦系数就会越低。分散在热合层中的开口剂就像河床中的鹅卵石，一多半掩埋在泥土中、一少半突起在河床的表面，呈现出一种“凹凸不平”的状态。当两张 CPE 膜的热合层面对面地“挨”在一起时（如制袋加工后），由于开口剂的作用，使得两个热合面之间夹有一些空气，袋口就很容易被打开（开口性好）。开口剂的另一个作用是使复合基材容易被收卷和开卷，不容易发生粘连。

在基材膜卷和复合材料的膜卷中，其中的爽滑剂可以在基材内部与基材的内外表面之间发生迁移，而开口剂则不会发生迁移。

使用常规的爽滑剂可以使基材的表面摩擦系数（膜 / 膜，常温下）降低到 0.1 以下，而仅使用无机类开口剂的基材的表面摩擦系数（膜 / 膜，常温下）仅能降低到 0.3 左右的水平。

据了解，目前市场上供应的 BOPET、BOPA、BOPP 中都填充了数量不等的开口剂，而爽滑剂则大量地应用在 BOPP、CPP、CPE 基材中。市售的 CPP、CPE（包括 IPE）中，有些供应商会应用一定数量的开口剂，有些供应商则完全不使用开口剂。

基材的表面摩擦系数可以用摩擦系数仪进行检测。如果基材的表面摩擦系数（膜 / 膜，常温下）明显低于 0.3，表明该基材应用了一定数量的爽滑剂。

对于基材中是否应用了开口剂，可以使用以下两种办法进行检查确认。

①将基材的某一个面用纸巾擦拭干净后对折，在手指的压力下旋转、摩擦。如摩擦过的部位的透明度明显地下降了，且呈现与摩擦方向相一致的圆弧形划痕，表明该基材应用了一定数量的开口剂。

②将基材的两个面用纸巾擦拭干净后，将该基材贴 / 挂在窗玻璃或镜子上，用 100 倍或更大倍数的放大镜（显微镜）进行观察。

图 2-20 显示的是分散在普通 VMPET 膜的 PET 基膜中的开口剂的状态。图 2-21 显示的是分散在 RD105 高亮 VMPET 膜的 PET 基膜中的开口剂的状态。

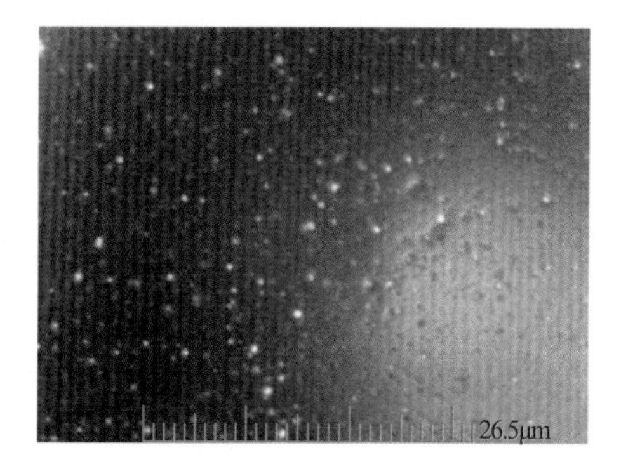

图 2-20　VMPET 膜中的开口剂

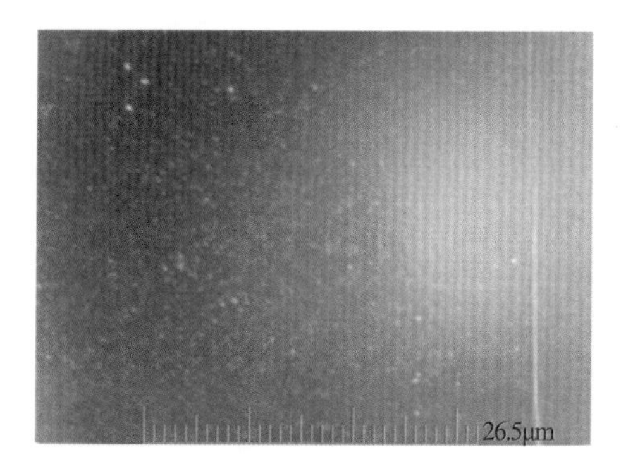

图 2-21　高亮 VMPET 膜中的开口剂

与开口剂相关联的“质量问题”有：

（1）“下机时有、熟化后不可消除”的白点、气泡；

（2）复合膜袋的开口性差。

1. 硅酮母粒

硅酮母粒又称为有机硅母粒，其中的硅酮或有机硅的学名是硅氧烷或聚硅氧烷。图 2-22 为其分子结构图。作为塑料制品的添加剂，市场上目前有硅酮粉和硅酮母粒两类产品。

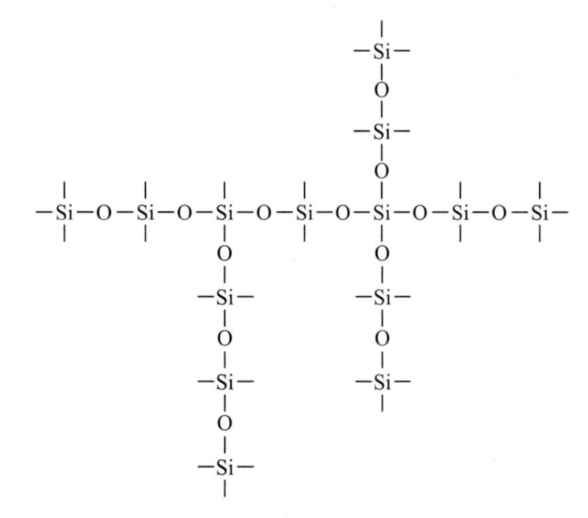

图 2-22　聚硅氧烷的分子结构

硅酮粉一般是用较高分子量的有机硅或超高分子量的有机硅加二氧化硅微粉生产而成，就是把有机硅分散到二氧化硅微粉里，构成“以二氧化硅微粉为核、以有机硅为壳的微球”。硅酮母粒，即将上述的硅酮粉与其他的载体和助剂混配而成，载体一般为聚烯烃。

硅酮粉或硅酮母粒是以有机硅的含量来区别分级的，如果其中有机硅的含量是 40%，即其是由 40% 的有机硅 +60% 的二氧化硅、载体和其他助剂（如偶联剂）等构成的。

由于硅酮粉的外形是“以二氧化硅微粉为核、以超高分子量硅氧烷为壳的微球”，在成型后的 CPP 和 CPE 薄膜中，这些“微球”实际上是“镶嵌”在薄膜的热合面上的，也就是说，硅酮粉或硅酮母粒具备了爽滑剂和开口剂的双重身份！在成型后的 CPP 和 CPE 薄膜中，硅酮粉不会在薄膜的不同表面间迁移、不会在薄膜的不同层次之间迁移、不会从薄膜进入内装物、不会在高温条件下失去效力，也不会影响复合面的表面润湿张力值。

2. 不同爽滑剂的分子量与熔程

表 2-13 为不同爽滑剂的分子式、分子量及熔程。

表2-13　不同爽滑剂的分子式、分子量及熔程

名称	分子式	分子量	熔程（℃）
油酸酰胺	$C_{17}H_{33}CONH_2$	281.48	72～77
硬脂酸酰胺	$C_{17}H_{35}CONH_2$	283	96～102
芥酸酰胺	$C_{21}H_{41}CONH_2$	337.58	78～81
山嵛酸酰胺	$C_{22}H_{45}NO$	339.6	110～113
乙撑双硬脂酸酰胺	$C_{38}H_{76}N_2O_2$	593.02	141～146
甘油三羟硬脂酸酯	$C_{57}H_{110}O_6$	891.48	72～75
聚硅氧烷	$(R_2SiO)_x$	—	—

3. 如何鉴别基材中的爽滑剂类别

如前所述，硅酮母粒中的有效成分是“以二氧化硅微粉为核、以超高分子量硅氧烷为壳的微球”，它兼具了爽滑剂和开口剂的双重作用。而在应用了芥酸酰胺母粒或其他酰胺类或酯类爽滑剂的薄膜中，通常还会加入数量不等的二氧化硅微粉作为开口剂，这些二氧化硅微粉通常都是无规则形状的晶体。

如果把硅酮母粒作为爽滑剂，那么，爽滑剂实际上可分为迁移性和非迁移性两类。应用了芥酸酰胺爽滑剂或其他酰胺类或酯类的迁移性爽滑剂和二氧化硅微粉开口剂的薄膜与应用了非迁移性的硅酮母粒的薄膜可能在以下几个方面存在着区别（见表2-14）。

表2-14 应用了芥酸酰胺爽滑剂或其他爽滑剂和二氧化硅微粉开口剂与应用了硅酮母粒的薄膜的区别

应用了芥酸酰胺爽滑剂或其他爽滑剂和二氧化硅微粉开口剂的薄膜	应用了硅酮母粒的薄膜
以卷绕状态存储的薄膜的复合面的表面润湿张力值会随着时间的延长、从热合面迁移过来的爽滑剂数量的增加而逐渐下降	以卷绕状态存储的薄膜的复合面的表面润湿张力值会由于硅酮母粒的非迁移性而长期保持稳定
热合面的摩擦系数值会随着温度的升高而上升、随着温度的降低而下降	热合面的摩擦系数值不会随着温度的升高而上升，甚至会随着温度的上升而下降
将薄膜的热合面相对折叠并用手指按压着进行摩擦，在摩擦面上会留下与薄膜中存在的开口剂的粒径及数量相应的划痕	将薄膜的热合面相对折叠并用手指按压着进行摩擦时，由于硅酮母粒是“以二氧化硅微粉为核、以超高分子量硅氧烷为壳的微球”，因此，在摩擦面上不会显现出划痕
在复合加工过程中，会在各个导辊上析出数量不等的白色粉状物	在复合加工过程中，不会在各个导辊上析出白色粉状物
在已经剥开的复合膜的CPE一侧会有可被擦除的白色粉状物存在	在已经剥开的复合膜的CPE一侧不会有可被擦除的白色粉状物存在
对于已经剥开的且剥离力较低的复合膜的尚未剥离开的部分用火焰烧烤后再继续剥离，其剥离力值会明显上升	对于已经剥开的且剥离力较低的复合膜的尚未剥离开的部分用火焰烧烤后再继续剥离，其剥离力值不会明显上升
在制袋产品上容易出现所谓“开口性差”的问题	在制袋产品上不会出现所谓“开口性差”的问题
多数情况下，热合面的膜/膜间的摩擦系数小于膜/钢间的摩擦系数	热合面的膜/膜间的摩擦系数大于膜/钢间的摩擦系数
复合膜的外层薄膜或印刷基材的外表面的摩擦系数值会明显低于其被加工前的数值	复合膜的外层薄膜或印刷基材的外表面的摩擦系数值不会发生明显的变化

因此，可以通过搜集上述几个方面的信息而对所使用的CPP或CPE膜中的爽滑剂的属性进行判断。

另外，可以尝试下述的简易方法：用打火机烧灼CPP或CPE膜的热合面（以不发生明显的变形为限），然后检查烧灼前后热合面间的爽滑性以及被烧灼部位的复合膜的手感剥离力。如果烧灼后的部位的爽滑性明显变差，且手感剥离力明显上升，则该热合性基材应当添加的是芥酸酰胺类的爽滑剂。如果烧灼后的部位的爽滑性没有明显变化，且手感剥离力也没有明显上升，则该热合性基材应当添加的是硅酮类母粒！硅酮母粒诞生于20世纪末，但目前在中国的复合软包装行业尚未被广泛采用，其原因很可能是其成本相对较高。

显而易见的是，如果硅酮母粒能够在CPP、CPE膜的加工中替代芥酸酰胺母粒等迁移性的爽滑剂，在复合软包装行业至少能够减少或消除以下几种常见的质量问题：

①熟化处理后的热合面摩擦系数大幅上升；

②剥离力的衰减；

③制袋产品的开口性差；

④伴随着助剂在导辊上析出而在复合膜上显现的“下机时可见的白点”；

⑤复合膜在自动包装机上“走不动”。

随着行业内质量意识的提高，相信硅酮母粒这一产品会获得广泛的应用。

十五、助剂的析出 / 迁移与基材的表面摩擦系数

无机类的开口剂是“镶嵌”在基材表面上的，所以，在基材的存储 / 应用过程中，开口剂不会发生“析出 / 迁移”。有机类的爽滑剂（不包括硅酮粉类）是均匀地分散在多层共挤的基材的某一层中的，由于其与基材树脂的不相容性，在特定的环境条件下，爽滑剂一定会从基材内部析出到基材的表面上来。且只有析出到基材的表面上之后，所添加的爽滑剂才能发挥其降低基材表面摩擦系数的功效。爽滑剂的析出是没有方向性的，它除了会析出到CPP、CPE薄膜的热合层表面上，也会透过CPP或CPE膜的功能层和复合层而析出到复合层的表面上。

> 在卷膜状态下的CPP、CPE薄膜中，已经析出到热合层表面的爽滑剂还会直接迁移到复合层的表面上。

对于CPP、CPE薄膜而言，析出到热合层表面的爽滑剂会使热合层表面的摩擦系数（膜/膜，常温下）降低（这是需要的结果）；析出与迁移到复合层表面的爽滑剂会使复合面的摩擦系数（膜 / 膜，常温下）降低，同时，更重要地降低了复合面的表面润湿张力值（这是不希望发生的结果），其最终结果是逐渐降低了其间的剥离力！

对于复合加工好的膜卷，例如PET/CPP的复合膜，已经析出到热合层（CPP）表面的爽滑剂还会迁移到印刷基材（PET）的非印刷面上。热合层中的爽滑剂也会透过CPP膜的功能层、复合层析出到复合层的表面、与之相邻的胶层中甚至胶层与PET或油墨层的界面之间。

在复合膜受热的条件下，CPP膜与PET膜对爽滑剂的相容性提高了，已经析出到复合膜的表面与CPP膜和胶层界面间的爽滑剂会“被吸收”进CPP及PET膜内部，使复合膜表面与CPP膜和胶层界面间的爽滑剂的绝对数量减少，相应地，就表现为复合膜外表面的摩擦系数的上升，以及层间剥离力的上升。随着复合膜的温度逐渐降低，处于膜内的爽滑剂又会逐步向外析出 / 迁移，使得复合膜外表面（热合层的热合面及印刷膜的外表面）的摩擦系数又逐渐地下降。上述现象即是国外某些公司所称的“容器效应”。

膜卷的卷绕压力也会对爽滑剂的析出产生影响。所谓卷绕压力是指在收卷张力及接触辊压力的双重作用下，卷绕后的膜卷的薄膜（基材膜或复合膜）间的压力。其在宏观上的表现为膜卷的硬度。卷绕压力越大，意味着膜间的距离越小，相互贴合得越紧密，则析出的爽滑剂会更大程度地向另一个膜（层）内（复合层内或印刷膜内）迁移，或被限制向表面迁移，而不是在其表面聚集。

综合以上的分析，可以得出以下的结论。

①对于 CPP、CPE 单膜而言，析出 / 迁移到 CPP、CPE 薄膜表面的非聚硅氧烷系的爽滑剂可使热合面的摩擦系数（膜 / 膜，常温下）显著降低，同时使复合面的表面润湿张力显著降低；

②对复合膜而言，析出 / 迁移到热合层基材表面的非聚硅氧烷系爽滑剂可使热合面的摩擦系数（膜 / 膜，常温下）显著降低；析出 / 迁移到复合层表面的非聚硅氧烷系爽滑剂可使热合基材（CPP、CPE）与另一层基材间的剥离力显著下降或衰减；迁移到印刷基材非印刷面的非聚硅氧烷系爽滑剂可使印刷基材非印刷面的表面摩擦系数（膜 / 膜，常温下）及表面润湿张力明显降低；

③随着复合膜的温度逐渐升高（熟化过程中），已经析出到复合膜表面和复合层与胶层的界面间的非聚硅氧烷系爽滑剂会向基材内部反析出（迁移），其结果是热合层表面的摩擦系数（膜 / 膜，常温下）显著上升、热合基材与另一基材间的剥离力显著上升（此处的两个现象通常是从业者所关注的）、印刷基材的非印刷面的摩擦系数（膜 / 膜，常温下）明显上升（此现象通常是从业者不太关注的）；

④对于非满版印刷的复合膜卷而言，经过熟化处理后，与墨层厚的部位相对应的复合膜的内、外表面的表面摩擦系数会比墨层薄的部位相对应的复合膜的内、外表面的表面摩擦系数（膜 / 膜，常温下）高一些，原因是较厚的墨层带来的较大膜卷卷绕压力影响了非聚硅氧烷系爽滑剂在复合膜内 / 外表面的聚集；

⑤随着复合膜的温度逐渐降低（冷却 / 存储 / 运输），已经反析出的非聚硅氧烷系爽滑剂还会重新析出到薄膜的表面和复合层与胶层的界面间，其结果是热合面、复合膜外表面的摩擦系数（膜 / 膜，常温下）再度下降、两个基材间的剥离力逐渐衰减。

与非聚硅氧烷系爽滑剂析出相关联的“质量问题”如下：

①热合层表面摩擦系数偏高；

②热合强度低（相同的热合工艺条件下）；

③制好的袋子难以开口；

④制袋时，袋子表面太滑，收料不齐；

⑤剥离力衰减；

⑥包装物难以码垛；

⑦在自动包装机上，卷料被拉断；

⑧喷码不牢（容易被擦掉）。

十六、摩擦系数与爽滑性、开口性

长期以来，业内人士都以 CPP 或 CPE 的热合面 / 热合面这一摩擦副在常温下的摩擦系数作为复合膜、袋的爽滑性、开口性的评价指标。

在这种思想的指引下，下游的包材应用企业（食品厂、药厂等）不断地要求包材加工厂降低以 CPP 或 CPE 的热合面 / 热合面这一摩擦副在常温下的摩擦系数。在制膜行业，油酸酰胺、芥酸酰胺的应用量不断攀升；在复合加工行业，导辊上的白色粉末被熟视无睹，熟化室的温度一降再降，熟化时间一减再减；在复合加工企业及其供应商之间，关于摩擦系数上升、剥离力差、剥离力衰减、封口强度差、耐热性差、胶水固化速度慢、胶水不干、“拉不动”、喷码不牢、无法码垛等“质量投诉”则此起彼伏。

何谓摩擦副？摩擦副就是相互接触的两个物体产生摩擦而组成的一个摩擦体系。对于任意一种应用于复合软包装材料加工的基材而言，例如 CPE 薄膜，其摩擦副至少会有以下三种组合：基材的电晕处理面 / 基材的电晕处理面、基材的电晕处理面 / 基材的非电晕处理面和基材的非电晕处理面 / 基材的非电晕处理面。

何谓爽滑性？在复合软包装行业中，人们对“爽滑性”一词的定义或解释是：复合薄膜可在后加工设备上平滑、顺畅地运行的特性。更准确地说，应当是：复合薄膜可在自动包装机、自动制袋机等具有滑动摩擦阻力的机械设备上平稳地、无阻滞地运行的特性。

何谓开口性？在复合软包装行业中，人们对“开口性”一词的定义或解释是：包装袋的开口边被打开时的难易程度。

“爽滑性”“开口性”，在《辞海》《现代汉语词典》《新华词典》及 GB/T 9851—2008《印刷技术术语》中都找不到相应的解释。可以说“爽滑性”“开口性”都是复合软包装行业的从业人员所创造的词语。

正确的爽滑性评价指标应当是：（复合薄膜中的）热合基材的热合面与不锈钢板这一摩擦副在钢板的温度为 50 ～ 60℃条件下的摩擦系数。正确的开口性评价指标应当是：CPP、CPE 薄膜的热合面之间或复合膜的热合面之间的粘连力。

1. 为何选择热合面 / 不锈钢板摩擦副？

表 2-15 至表 2-17 为从不同渠道获得的关于摩擦副与摩擦系数的数据（表中的数据如未特意标明温度条件的，则表示为常温下的数据）。

表2-15　香烟包装膜的摩擦系数

薄膜用途	摩擦副	静态摩擦系数	动态摩擦系数
香烟膜	外面/外面	0.26	0.24
	内面/内面	0.34	0.32
	外面/不锈钢（50℃）	0.52	0.35

资料来源：食品产业网，2009 年 9 月 9 日《自动包装中包装材料摩擦系数的探讨》。

表2-16　CPE薄膜中的爽滑剂用量与摩擦系数

摩擦副 \ 助剂用量	0	0.03%	0.06%	0.10%	0.14%	0.19%	0.24%	0.30%
内面/内面	0.577	0.577	0.467	0.332	0.255	0.261	0.242	0.253
内面/不锈钢	0.311	0.296	0.312	0.309	0.331	0.330	0.320	0.311

资料来源：申凯包装网站。

表2-17　不同内层材料（PET/Al/PE）间的动摩擦系数与温度的关系

摩擦副 \ 温度	25℃	35℃	40℃	45℃	50℃	55℃	60℃	65℃	70℃
①A厂	0.074	0.115	0.137	0.215	0.467	2.930	—	—	—
②B厂	0.085	0.102	0.124	0.147	0.293	0.737	2.830	—	—
③C厂	0.112	0.110	0.121	0.148	0.210	0.294	0.483	1.970	—
④淋膜	0.553	0.565	0.578	0.580	0.592	0.612	0.630	0.675	1.184
⑤特种热合材料	0.623	0.602	0.558	0.493	0.424	0.364	0.293	0.289	0.243

注：“A厂”表示A厂的PET/Al/PE复合材料的热合层PE/PE的摩擦副。

资料来源：江苏台正仪器有限公司网站。

从表2-15和表2-16的数据可以发现：薄膜间摩擦副的摩擦系数数据并不能直接表征薄膜/不锈钢摩擦副间的摩擦系数。

表2-16的数据表明：CPE薄膜中的爽滑剂用量对薄膜/不锈钢摩擦副间的摩擦系数的影响并不显著。

表2-17的数据表明：薄膜间摩擦副的摩擦系数在不同的试验温度条件下，数据变化非常显著。不同的企业加工的同一结构的复合薄膜，由于其热合层材料的种类、配方的差异，故试验温度对摩擦系数试验结果的影响程度也有所不同。

由于在实际应用（软包装厂的制袋加工、食品厂/药厂使用复合膜卷进行自动包装）过程中，复合薄膜必须通过自动包装机上的不锈钢制的成型器才能成型，因此，对复合薄膜的应用效果影响最大的是复合薄膜的热合面/不锈钢板这一摩擦副间的摩擦系数。

复合薄膜在连续的成型/灌装/封口过程中会不间断地与不锈钢成型器发生摩擦，而摩擦就会生热，其结果就是成型器的表面温度会不断升高；当成型器的表面温度达到一定程度时（如50～60℃时），已经迁移到成型器表面的酰胺类和/或酯类爽滑剂以及与成型器相接触的复合薄膜的热合面上的酰胺类和/或酯类爽滑剂就会逐步受热软化，继而发生相互粘连，宏观上导致复合薄膜热合面/不锈钢摩擦副的摩擦系数急剧上升，继而导致复合薄膜难以被拉动，甚至被拉断（如表2-17中第一、第二行数据所示）。

所以，应当使用复合薄膜中的热合基材的热合面与不锈钢板这一摩擦副在钢板的温度为50～60℃条件下的静摩擦系数作为复合薄膜爽滑性的评价指标！！！

2. 为何选择粘连力

在百度翻译中，“开口剂”被译成“opening agent”和“anti-blocking agent”；在谷歌翻译中，“anti-blocking agent”被翻译成“防粘连剂”。

在1982年出版的《英汉化学化工词汇》（第三版）中，对“anti-blocking agent”的释义是“防粘剂”。

国家标准GB/T 16276—1996《塑料薄膜粘连性试验方法》在其“4 意义和应用”中已经指出：

塑料薄膜在温度和压力的作用下可能产生粘连，在加工、使用或储藏过程中也可能产生粘连。几乎所有粘连都是由下述两种情况引起的。

4.1 极端光滑的薄膜表面，紧密接触而且几乎完全隔绝空气。

4.2 压力或温度（或两者）引起薄膜接触表面黏融。

上面的表述已经将产生粘连的原因清楚地表达出来了。而这种粘连现象在所谓“开口性差”的包装袋上则有着突出的表现。

在百度翻译中，“爽滑剂”被翻译成“slipping agent”和“slip agent”；同样在百度翻译中，“slipping agent”被翻译成“[词典] 增滑剂，润滑剂；爽滑剂；[网络] 增滑剂；平滑剂”。很明显，爽滑剂的作用是在光滑的塑料薄膜的表面再“铺”上一层润滑油，使其表面在常温条件下的摩擦系数下降到需要的程度或数值。同时，它将本来已经光滑的薄膜表面变得更加光滑，从而为薄膜间产生粘连打下了基础。

在制袋加工过程中，温度和压力是两个必不可少的工艺条件。温度和压力，再加上在爽滑剂的参与下形成的“极端光滑的薄膜表面”，制袋成品的“开口性差”的现象就是一个必然的结果。

由此可见，利用爽滑剂降低热合层薄膜间摩擦副在常温条件下的摩擦系数只会给改善制袋成品的开口性的努力带来不利的影响。因此，利用热合层薄膜间摩擦副的摩擦系数来预测未来制袋成品的开口性显然是一个错误的选择。

所以，应当采用国家标准GB/T 16276—1996《塑料薄膜粘连性试验方法》来对制袋成品的开口性进行检查与评价。

3. 改善爽滑性、开口性的方法

如前所述，产生粘连的条件有三个：压力、温度和“极端光滑的薄膜表面”。由于压力和温度是制袋加工中必不可少的工艺条件，因此，改善开口性的最佳的途径就是消除“极端光滑的薄膜表面”。而消除“极端光滑的薄膜表面”的最简单、有效的方法就是：在热合层基材的热合面上掺入适量的无机类的开口剂，例如二氧化硅微粉（当然，开口剂还有其他的品种），使之在微观上变得“凹凸不平”，或称为“提高微观不平整度”。另一个行之有效的方法是在复合薄膜的表面喷洒玉米淀粉。

掺入开口剂的方法对改善复合薄膜在自动包装机上的爽滑性同样有效！因为复合薄膜的热合面的“微观不平整度”提高以后，复合薄膜的热合面与自动包装机的成型器间的接触面积就会大幅减少，相应的摩擦力也会大幅减小。

采用掺入开口剂的方法后，热合面 / 不锈钢摩擦副的摩擦系数可能会在 0.3 左右，热合面 / 热合面摩擦副的摩擦系数可能会更高（目前许多客户的要求是热合面 / 热合面摩擦副的摩擦系数在 0.1 左右），但复合薄膜在自动包装机上运行时的爽滑性会显著地改善。

如果采用兼具爽滑剂、开口剂特性的硅酮母粒代替酰胺类、酯类爽滑剂和二氧化硅微粉，则热合面 / 不锈钢摩擦副的摩擦系数有可能会降到低于 0.1 的水平，且不受摩擦生热的影响！

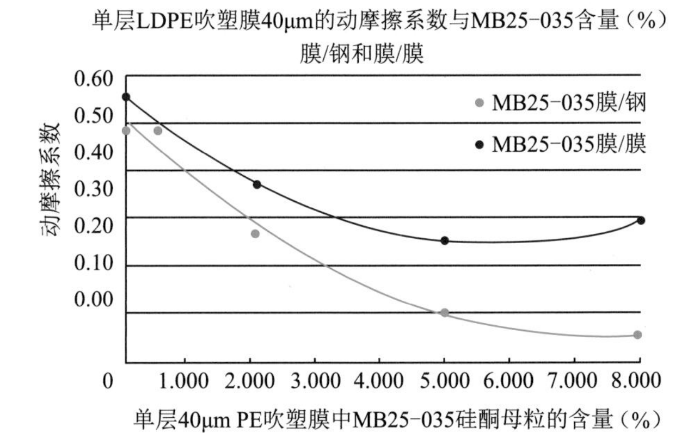

图 2-23 单层 40μm PE 吹塑膜的动摩擦系数与道 - 康宁 MB25-035 硅酮母粒的含量

图 2-23 是道 - 康宁公司提供的关于“单层 40μm PE 吹塑膜的动摩擦系数与道 - 康宁 MB25-035 硅酮母粒的含量”的实验数据。

图 2-24 是道 - 康宁公司提供的关于“经过热处理（120h/60℃）的分别含有道 - 康宁 MB25-035 硅酮母粒和芥酸酰胺的 40μm 单层吹塑 LDPE 膜的膜 / 钢间动摩擦系数增长率比较”的实验数据。

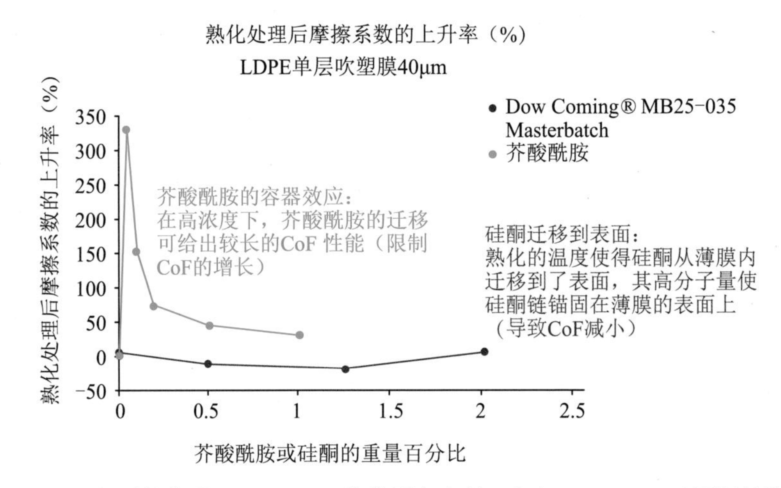

图 2-24 经过热处理 (120h/60℃) 的分别含有道 - 康宁 MB25-035 硅酮母粒和芥酸酰胺的 40μm 单层吹塑 LDPE 膜的膜 / 钢间动摩擦系数增长率比较

图中数据显示：当芥酸酰胺的浓度在 0.1% ～ 0.2% 的范围内时，仅使用了芥酸酰胺爽滑剂的单层 40μm 的 LDPE 吹塑膜的表面摩擦系数在经历了 120h/60℃的热（熟化）处理前后，其表面摩擦系数的增长率可达到 150% ～ 330% 的程度。当芥酸酰胺的浓度在 0.5% 时，相同条件下，其表面摩擦系数的增长率仍可达到 50% 的程度。而使用了 0.5% 硅酮母粒的单层 40μm 的 LDPE 吹塑膜在相同条件下的表面摩擦系数的增长率却为负值！

4. 复合薄膜粘连性试验的样品制备方法

GB/T 16276—1996《塑料薄膜粘连性试验方法》国家标准系参照采用了美国试验与材料协会标准 ASTM D 1893—67（1985）《塑料薄膜粘连性标准试验方法》。

根据“7 试样制备”的说明，该标准的测试对象为卷筒状塑料薄膜或复合薄膜，厚度在 0.025 ～ 0.10mm，测试的项目为相邻的塑料薄膜或复合薄膜的内、外表面间存在的粘连力。

对于已完成的制袋成品的开口性评价；已完成熟化处理的复合薄膜用于制袋加工后的开口性评价和新购入的热合层薄膜（CPP、CPE）将来用于复合 / 制袋加工后的开口性评价则应当采用以下的方法进行试样制备。

(1) 对于已完成的制袋成品

选取至少四个三边封的制袋成品，将袋子的三个热合边裁切掉，即成为试样。裁切热合边时，要注意裁切后的试样宽度须尽可能一致。也可以将四个袋子摞在一起进行裁切。

(2) 对于已完成熟化处理的复合薄膜和新购入的热合层薄膜（CPP、CPE）

对于新购入的热合层薄膜与已完成熟化处理的复合薄膜，可截取数块面积不小于 400mm×400mm 的样膜，将每两块样膜的非电晕处理面或热合面相对，用手抚平（驱除层间的空气），做好编号与方向标记，然后将样膜置入 50 ～ 60℃的电热箱中加热 5 ～ 10 分钟，从电热箱中取出样膜，放置在干净、平滑的台（桌）面上，趁热用一根胶辊在样膜上碾压，目的是完全驱除样膜层间的空气；或者按照 ASTM D 3354-2004《用平行板法测量塑料薄膜的黏附负荷的标准试验方法》的相关规定，将上述薄膜放置在特定温度（40℃或 60℃）与温和压力（6.9kPa）的环境中 24 小时。

根据“7 试样制备”的要求将经过上述方法处理后的样膜裁成所需的尺寸后进行试验。

十七、对耐水煮、耐蒸煮基材的特定要求

常规的耐蒸煮包装的结构有 PET/Al/PA/RCPP、PET/Al/RPP、PET/RCPP、PA/RCPP、PET/RCPE、PA/RCPE 等。其中一个重要的基础性基材是 RCPP。

RCPP 通常采用 PP、PE 嵌段共聚的树脂，通过多层共挤流涎的方式加工成 RCPP 薄膜。此类 RCPP 的一个显著特点是在蒸煮处理条件下的热收缩率比较小，一般在 1.5% 以下。

因此，用于加工耐蒸煮包装用的 PET、PA 基材薄膜在蒸煮条件下的热收缩率也应处在与 RCPP 相同或相近的水平上。这样才能使耐蒸煮用的包材在经过蒸煮处理后仍然保持平整的外观的要求得到基本的保证。

目前有些软包装企业使用均聚级的 CPP 膜作为 RCPP，因其售价较低而有着应用范围越来越大的趋势。这一类 RCPP 膜的特点是透明度比嵌段共聚的 RCPP 膜要好，但柔软性不如嵌段共聚的 RCPP 膜，另外，在蒸煮处理条件下的热收缩率值较大，对内装物的阻隔性不如嵌段共聚的 RCPP 膜。

常规的耐水煮包装的结构有 PET/Al/PA/PE、PET/Al/PE、PET/CPP、PET/PE、PA/CPP、

PA/PE、OPP/VMPET/PE 等。耐水煮包装对基材的基本要求是各基材在水煮条件下的热收缩率应当相同或相近。三项比较关键的指标是：复合薄膜的拉伸弹性模量和拉伸断裂应力应尽可能小，断裂标称应变应尽可能大。

由于拉伸弹性模量和拉伸断裂应力受复合膜的总厚度的影响比较大，难以给出明确的数据，不过，复合薄膜的断裂标称应变指标应以不小于 100% 为宜。

对于耐水煮包装，建议增加“折叠试验”的检测项目（参见“法—分析篇—折叠试验”）。

如果在折叠试验中，复合薄膜没有在被折叠处呈现明显的局部分层现象，那么，该复合薄膜在水煮处理过程中一般不会出现封口处局部分层的问题。

十八、胶水的流平性

1.“气泡”问题与“胶水的流平性”

在复合材料的加工过程中，“白点”“气泡”“透明度差”是常见的产品外观质量问题。在多数情况下，复合材料的加工者会将上述问题的原因归结为“胶水的流平性差”！

2. 此“胶水”非彼“胶水”

复合材料的加工者会基于“胶水的流平性差”这一判断，或者将库中尚未启封 / 使用的原桶胶水退回给供应商，或者向供应商提出投诉或索赔。

需要注意的是：被认为存在“胶水流平性差”的“胶水”是经过客户调配 / 稀释后的、黏度为某一特定数值的“胶水工作液”，被退回的是尚未启封的“原桶胶水”。这两种“胶水”是完全不同的概念和物品！

3.“胶水流平性”的评价指标

评价“胶水的流平性”这一特性的技术指标应是胶水工作液的黏度和表面润湿张力，或者说“胶水的流平性”是“胶水的流动性”和“胶水的润湿性”的组合。

在常温条件下，乙酸乙酯的表面张力约为 26mN/m。

在复合材料加工领域所使用的溶剂型聚氨酯胶黏剂（俗称胶水）主剂的原桶浓度（固含量）一般是在 50% ～ 80%。在实施复合加工前，上述胶水都需要被稀释到 20% ～ 45% 的“工作浓度”。

市售的原桶胶水如果未经稀释，都难以用常规的察恩 3# 杯或涂 -4 杯测量出以秒为单位的黏度值，而必须用旋转黏度计去测量以厘泊为单位的黏度值。这两个黏度单位是不能直接进行换算的。

不管是 50% 还是 80% 原桶浓度的胶黏剂，只要掺入足够数量的乙酸乙酯稀释剂，都可以配成，例如以察恩 3# 杯进行测量时，黏度为 11 ～ 20 秒的“胶水工作液”。

由于在稀释后的胶水工作液中的主体成分是乙酸乙酯，所以稀释后的胶水工作液的表面张力会更接近于乙酸乙酯自身的表面张力。因此，只要所使用的复合基材的表面润湿张力符合复合加工的基本要求，“胶水（工作液）的润湿性”都会是比较好的！

“胶水（工作液）的流动性”的另一个评价指标是黏度。在复合加工领域，对于溶剂型干法复合胶水，所谓的黏度（即工作黏度）是指使用特定型号的黏度杯所测得的以秒为单位的、胶水工作液从黏度杯中流空时所经历的时间。

> 可以认为，用不同牌号的原桶胶水配得的胶水工作液只要是具有相同的“工作黏度”，其“工作液”就具有相同的“胶水流动性”！

在其他条件不变的情况下，用同一款胶水所配得的“工作液”的“工作黏度”越低，则其“胶水流动性”就越好！更具体地说，对于几种不同牌号的胶黏剂，如果稀释后的工作液的黏度值都是15秒（察恩3#杯），那么，这几种牌号的胶水所配制成的胶水工作液就具有相同的“胶水流平性”。

4.“胶水的流平性”是胶水工作液的一种特性

某些醇溶胶在刚开桶的状态下，其胶体不是黏稠的流体，而是“果冻”状的弹性体，不具有流动性，需要用适量的有机溶剂将其溶解、稀释成所需浓度和黏度的“胶水”。

在某些行业，所使用的胶在刚进厂时是固体状态，在使用前必须用合适的溶剂将其溶化、稀释到合适的工作黏度或浓度后才可以上机应用。

显而易见，“胶水的流平性”是对已配成特定“工作浓度”的“胶水工作液”的一种评价，而不是对未经稀释的原桶胶水的评价。因此，将“胶水的流平性差”这一不良特性归结为某一个牌号的原桶胶水的共有特性的说法是有失偏颇的！

5.影响“胶水的流平性”的因素

对于已经经过稀释的胶水工作液而言，其“胶水的流平性”确实存在着差异！

前面已经提到，评价胶水工作液的流平性的指标主要是表面张力和工作黏度。其中，表面张力的指标在常规的工作浓度范围内不会有大的变化，因此，所谓“胶水流平性差”的实质是：在应用过程中，胶水工作液的黏度由于某些因素的影响而异常升高，从而导致其流动性变差了！

在胶水的应用过程中，哪些因素会导致胶水（工作液）的黏度发生变化呢？

可导致胶水黏度发生变化的有两大因素，一是胶水的温度，二是胶水的浓度。

在常规情况下，流体的黏度会随着温度的上升而降低。

在不同胶黏剂企业所提供的使用说明书上，通常会标示出在20℃或25℃的液温（即胶水溶液本身的温度）下，用旋转黏度计或黏度杯测得的胶水溶液（稀释前及稀释后）的黏度值（厘泊或秒）。

在客户端，如果原桶胶水及稀释剂（乙酸乙酯）的存储温度高于或低于20℃或25℃，那么刚刚调配出来的胶水（工作液）的温度也就会高于或低于20℃或25℃，自然地，调配好的胶水（工作液）的实测黏度值（以秒为单位）也就会低于或高于相应的说明书上所标示的黏度值（此处暂时认为不同的企业所使用的黏度杯是一样的）。

在冬季，刚调配好的胶水的温度可能会低于 5℃；在夏季，刚调配好的胶水的温度可能会高于 30℃。

需要注意的是：乙酸乙酯是一种极易挥发的有机溶剂，在乙酸乙酯的挥发过程中，乙酸乙酯会从胶水溶液中以及周围的空气中吸收大量的热量。

根据《兰氏化学手册》的相关数据，每 1mol（88g）的乙酸乙酯挥发到空气中的过程，要从周围的胶水溶液或空气中吸收 8.63kcal 的热量。所吸收的这个热量，可使 1kg 的水降低 8.63℃，或者使 8.63kg 的水降低 1℃！

目前，大多数的溶剂型干法复合机的涂胶单元是开放式的，而且，还会配有局部排风装置，因此，在设备运转过程中会有大量的溶剂从胶盘和胶桶中挥发掉。据观察，运行一段时间后，胶盘中的胶水工作液的温度有时会比周围的环境温度低 10℃以上！随着胶水温度的逐渐降低，胶水的黏度就会逐渐上升！同时，伴随着溶剂的不断挥发，胶水的浓度也在不断地上升！随着工作液浓度的不断上升，胶水的黏度也会逐渐地上升！

所以，溶剂型干法复合胶水（工作液）的流动性实际上是随着设备运行时间的延长（溶剂挥发量的增长）而逐渐变差的！换句话说，如果想保持溶剂型胶水（工作液）的流动性的稳定，就应借助黏度控制器或其他类似的手段使胶水（工作液）在应用过程中始终保持黏度（及温度）的稳定！

应用中的无溶剂型干法复合胶黏剂的黏度则受本体温度（加热并混合后）与停留在承胶辊 / 计量辊期间的化学反应完成的程度的影响。一般来讲，本体温度越高，则胶水的黏度越低；停留时间越长，则胶水黏度越高！

因此，如果想保持无溶剂型胶水（工作液）的流动性的稳定，就应尽可能地提高胶水的温度，并尽量地减少胶水在承胶辊 / 计量辊中的停留时间（尽量降低打胶的液面高度）。

6.“胶水的流平结果”的评价指标

“胶水的流平结果”的评价指标应是复合制品的透明度！而不是是否存在“白点”“气泡”现象！

“胶水的流平性”与“胶水的流平结果”是两回事！不应混为一谈！

“胶水的流平性”是指胶水制品在特定的阶段（配制成一定浓度的工作液后）所具有的一种特性；而“胶水的流平结果”是指胶水（工作液）被应用后所得到的一种结果。就好比汽车的“设计最高时速”是产品的一种特性，而在特定条件下的道路上车辆的实际行驶速度则是一种结果。

良好的“胶水流平性”（即较低的黏度和表面润湿张力）是获得良好的“胶水流平结果”

的基础条件。但是“胶水的流平性好”并不意味着一定能够获得良好的“胶水流平结果”；同时，即使“胶水的流平性”较差（即黏度较高），在特定的情况下也能获得良好的“胶水流平结果”。

7.“胶水流平结果”与“白点”“气泡”现象的关联性

“白点”“气泡”“透明度差”是复合制品上人们不愿看到的几种结果，造成上述问题的原因有很多种，“胶水流平的结果不良”只是其中的原因之一，但导致“胶水流平结果不良”的原因不单单是“胶水的流平性差”！

“胶水的流平结果”不好并不一定会导致“白点”或“气泡”问题，但会影响复合膜的“透明度”。

如果复合基材的微观平整度不良，即使“胶水的流平结果”很好，也仍然有可能出现“白点”“气泡”问题！复合材料的透明度与胶水的流平结果有关，但在更大的程度上与复合用基材本身的透明度相关。

8. 导致“胶水流平结果”不好的其他因素

除了温度与黏度的变化会影响胶水（工作液）的流动性，进而影响胶水（工作液）的流平结果之外，影响胶水（工作液）流平结果的还有其他一些因素。

涂胶辊上网穴的加工状态和堵塞状态、平滑辊的应用状态、烘干箱的正负压状态、复合机的运行速度、复合膜的收卷状态和“基材的微观表面平整度”是影响“胶水流平结果”的其他一些因素。

(1) 网穴加工状态对“胶水流平结果”的影响

在图 2-25 的三张图片中，（a）图是压花法加工的涂胶辊，（b）、（c）两张图片是电雕法加工的涂胶辊。其中，（b）图中的一支辊已发生严重的磨损，（c）图中的辊是新加工的。

（a）

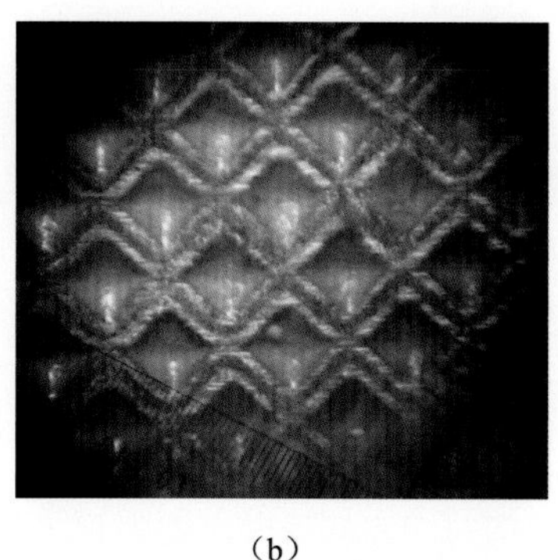
（b）

（c）

图 2-25　加工方法与网穴外观

借助图片中的刻度可以得知：（a）图的压花辊的网墙宽度约为 120μm，（b）图的电雕辊的网墙宽度约为 50μm，（c）图的电雕辊的网墙宽度约为 15μm。

正常情况下，涂胶单元的刮刀会将涂胶辊上的网墙以上部分的胶水刮除掉，仅让网穴中的胶水部分地转移到载胶膜上。因此，在载胶膜上，与涂胶辊的网墙相对应的部分在胶水转移到载胶膜上的瞬间是没有胶水的！该部分需要靠胶水自身的流动性或“外力”（如平滑辊）以使胶水“覆盖”之。

如果网墙较窄［如图 2-25（c）］，则胶水相对容易流动并覆盖与网墙相对应的载胶膜；如果网墙较宽［如图 2-25 的（a）、（b）］，靠胶水自身的流动性就难以全面地覆盖与网墙相对应的载胶膜。

采用降低刮刀压力的方式以使网墙的顶部保留部分胶水，可以部分地改善胶水的流平结果，但会对上胶量的稳定性造成不良影响。

(2) 网穴堵塞状态对“胶水流平结果”的影响

图 2-26 是一组已严重堵塞的网穴。网穴发生堵塞之后，网穴的容积变小，从网穴转移到载胶膜上的与网穴形状相对应的“胶点”的大小及其高度就会发生相应的变化。从宏观角度讲，相当于网墙变宽了，即增加了胶水“自动地”流动并覆盖载胶膜整体的难度。

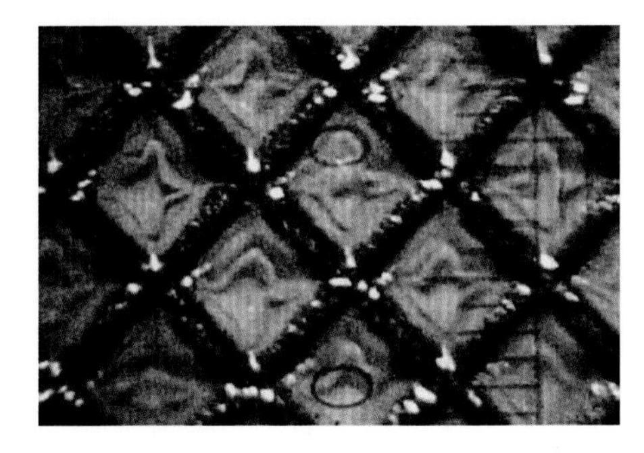

图 2-26　严重堵塞的网穴

在这种情况下，要想获得良好的复合制品的外观，就必须使用平滑辊，强制地使胶水“移动”并覆盖载胶膜的整个面积。

(3) 平滑辊的应用与“胶水流平结果”

正确的平滑辊应用方法是：

①平滑辊与载胶膜之间保持一个较大的“包角”，参见“机－平滑辊－平滑辊的包角”；

②使平滑辊相对于载胶膜的运行方向呈“逆向旋转”的状态，参见“机－平滑辊－平滑辊的旋转方向”；

③调整平滑辊的转速以使载胶膜呈现较好的透明度。参见“机－平滑辊－平滑辊的旋转速度”。

由于每一台复合机的设计参数不同，因此无法对上述的“包角”与转速给出具体的参数，这些都需要由操作工自己进行摸索。

某些客户反映：使用平滑辊后会造成印刷品的“划伤”。这与平滑辊的设计及使用条件有关。通常条件下，是平滑辊表面脏污或转速过慢所导致的。

图 2-27 的三张图片中的（a）图是载胶膜通过了涂胶辊、尚未通过平滑辊时的涂胶状态或“胶水流平结果”；（b）图是已通过了平滑辊但平滑辊是“正向旋转”的“胶水流平结果”；（c）图是已通过了平滑辊但平滑辊是“逆向旋转”的“胶水流平结果”。

从图 2-27 来看，在改善“胶水的流平结果”方面，平滑辊具有非常显著的作用。

(4) 复合机的运行速度对“胶水流平结果”的影响

从复合机涂胶单元的“压印点”到烘干箱的入口处会有一段距离，对于不同厂家设计、制造的复合机而言，这段距离是不一样的。其总长度在 2 ～ 3m。对于涂在载胶膜上的胶水而言，这段距离可以称为“胶水的自主流平段”。

在该“自主流平段”，已经涂在载胶膜上的胶水会依靠自身的流动性和重力向下流动，尽可能多地覆盖与涂胶辊的网墙相对应的部分，并使胶水层达到最大可能的厚度均匀性。

上述的流平结果与复合机的运行速度有着密切的关系。

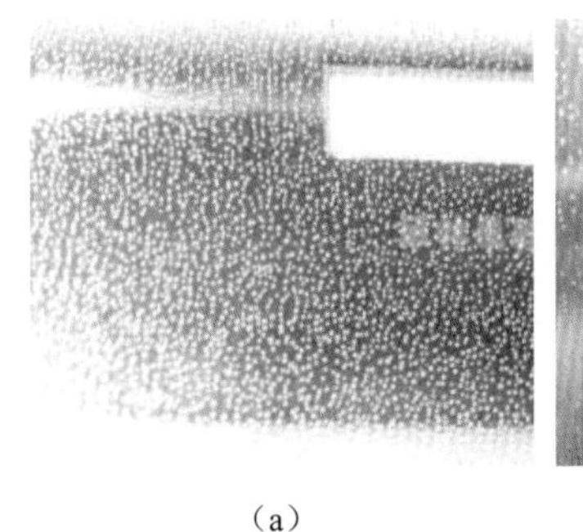
（a）

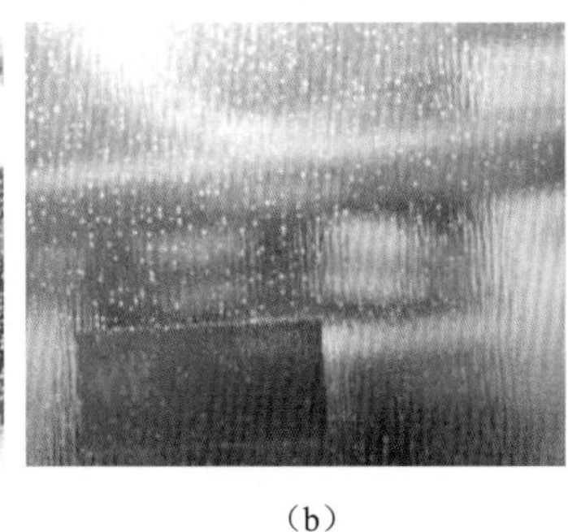
（b）

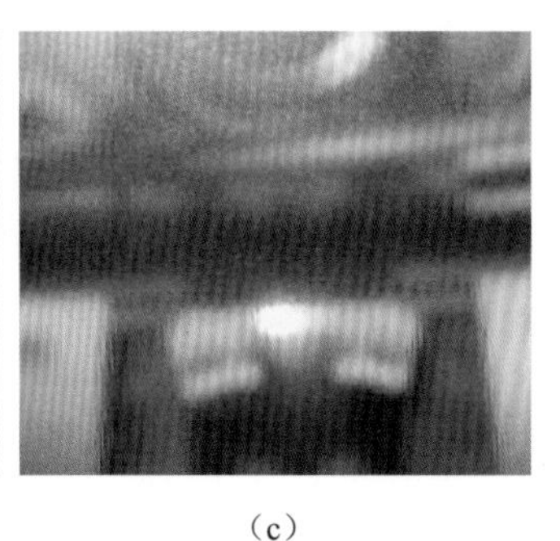
（c）

图 2-27　涂胶状态与平滑辊应用效果

因为“自主流平段”的长度是相对固定的（对于每一台具体的设备而言），所以，在不使用平滑辊的条件下，复合机的运行速度越慢，则涂在载胶膜某一点上的胶水在“自主流平段”停留的时间就会越长，胶水的流平结果就会越好。反之，复合机的运行速度越快，则涂在载胶膜某一点上的胶水在“自主流平段”停留的时间就会越短，胶水的流平结果就会越差！

图 2-28 是从某复合机的复合单元处拍摄到的，该图显示了已通过烘干箱的载胶膜上相对较差的胶水的流平结果（该复合机未使用平滑辊）。

(5) 烘干箱的正负压状态对“胶水流平结果”的影响

在“胶水的自主流平段”的路径上，也就是从涂胶辊到烘干箱的入口间通常会有一个如图 2-29 所示的箱体，箱体的上方会配有一个排风管道。在某些复合机上，该箱体与烘干箱是连为一体的，在某些复合机上，该箱体与烘干箱是相互分离的。该箱体的作用是减少可散发到车间环境中的有机溶剂的数量。

图 2-28　复合单元前的载胶膜外观

图 2-29　涂胶单元与烘箱间的预干燥箱

通过该箱体的空气的流量或流速会受到其顶部排风管道上的阀门的开启度和烘干箱负压状态的双重影响。在常规状态下，该箱体内应呈现负压状态，即环境中的温度较低的空气通过该箱体从排风管道或烘干箱被排出室外。在特殊情况下，该箱体会呈现正压状态，即烘干箱中的热空气通过该箱体从上向下吹出。

无论该箱体是呈现正压还是负压状态，都会加速涂在载胶膜上的胶水中的溶剂的挥发，使胶水的流动性变差！尤其是在呈现为正压状态时，从烘干箱中流出的50℃以上的热空气会显著地加速载胶膜上的胶水中的溶剂的挥发速度，使胶水的流动性迅速下降，同时会将从载胶膜上挥发出来的溶剂吹送到生产车间的环境中，并加速胶盘中胶水的溶剂挥发速度，使胶盘中的胶水工作液的浓度及黏度上升，流动性变差。

因此，在不使用平滑辊的条件下，为了维护胶水在“自主流平段”的流平性，务必使该箱体呈现负压状态，并且使通过该箱体的风速维持在0.1～0.2m/s的范围内。

在使用了平滑辊的条件下，对该箱体中的风速则没有限制，而较大的风速有利于降低溶剂残留量。

(6) 复合单元的工艺条件对“胶水流平结果”的影响

在不使用平滑辊的条件下，无论胶水的流动性有多好（即使黏度很低）都难以达到正确地使用了平滑辊后的胶水流平效果。即已经被除去了溶剂的胶层在微观上仍会呈现某种“凹凸不平”的状态。

设置复合单元的主要目的首先是借助复合辊间的压力和复合胶辊的弹性变形以排除可能存在于两层基材间的空气，使胶层与基材“亲密无间”，其次是部分地改善胶水的“二次流平结果”。在这一过程中，合适的复合钢辊的温度与复合辊间的线压力值发挥着重要的作用。

(7) 复合膜的收卷状态对“胶水流平结果”的影响

行业内经常提到“二次流平”的概念。认为刚涂在载胶膜上的、已经过干燥的胶水层中的主剂和固化剂之间尚未完成其交联固化反应，故胶层仍保持着某种程度的“蠕动性”，在合适的复合膜收卷压力的作用下，“凸起”部分的胶层会被“压扁”，而“凹陷”部位的胶层会被“填平”（二次流平），从而使经过充分熟化的复合膜呈现出较好的外观和透明度，在消除“白点”方面发挥明显的作用。

但从大量的复合样品的外观来看，包括图2-28所示的“已经通过烘干箱的载胶膜的胶水流平状态”，经过熟化处理后的复合膜上，胶水的所谓“二次流平”状态其实难以有根本性的变化！或者说，“下机时有、熟化后可消除”的白点或气泡消失的原因，并不是由于胶层发生了预期的“二次流平”，而是由于在合适的熟化温度及合适的收卷压力（膜卷硬度）的共同作用下，使复合膜中各个基材发生了“塑性变形”，变形后的基材将残存在复合膜层间的空气挤走，同时填补了由墨层、胶层所形成的凸凹不平的基材表面的凹陷处。

如果基材本身的厚薄偏差较大，或者印刷图案的设计使墨层分布不够均衡，例如半幅印刷基材上有墨层分布，而另外半幅印刷基材上没有墨层分布，则收卷后，有墨层分布的半幅复合膜卷的层间压力就会比较大，“二次流平的结果”就会比较好，而另外半幅没有墨层分布的复合膜卷的层间压力就比较小，“二次流平的结果”就会比较差，甚至会出现比刚下机时外观状态更差（更多更大的白点、气泡）的结果。

图2-30显示的是某客户用无溶剂型干法复合工艺所加工的PA/PE结构的复合膜。客户的

问题点在于复合制品上存在着大量的“下机时无、熟化后出现”的气泡，而且，分布状态是沿着复合基材的横向、一端的气泡较大，而逐渐向另一端过渡到没有气泡（注：没有气泡的一端的收卷硬度比较大）。

图 2-30　有气泡的复合膜

另据客户反映，如果使用较大的收卷张力，可以消除上述的不良现象，但复合成品的尺寸会有明显的不规则变化，无法进行制袋加工。

因此，合理的印刷图案设计和良好的基材厚薄偏差值是保证合适的卷压以及较好的复合制品外观的前提条件。

在上述的前提条件下，合适的纸芯尺寸、收卷张力和接触辊压力将会使复合膜卷的压力（硬度）保持在一个合理的水平上，并使其中的胶层获得良好的“二次流平”结果。

(8)“基材的微观表面平整度”对复合制品外观的影响

良好的胶水流平结果是获得良好的复合制品外观的前提条件，但并不是说“胶水的流平结果不好”就一定不能得到“相对较好”的复合制品外观，更不是说“胶水的流平结果良好”就一定能够获得良好的复合制品外观。

影响复合制品外观的因素除了“胶水流平结果”之外，还有复合工艺条件、印刷基材的溶剂残留水平、基材与墨层含水量的水平、基材的微观平整度等因素。其中，基材微观平整度是一个不曾被业内人士所关注的因素。

仅用肉眼观察，复合加工时所用的各种基材都是“平平展展”的，但是用放大镜或显微镜去观察时，就会发现基材的表面实际是“山峦起伏”的，部分印刷基材的表面更是“沟壑纵横”的！

在特定的涂胶干量条件下，即使胶水的流平结果很好，如果所用的复合基材的微观平整度较差，且胶层的厚度不足以覆盖“山峦”、填平“沟壑”，也难以获得良好的复合制品外观。

图 2-31 中的（a）、（b）两图分别为两种 CPP 镀铝膜的微观表面状态。其中的白色颗粒

物为所添加的开口剂。

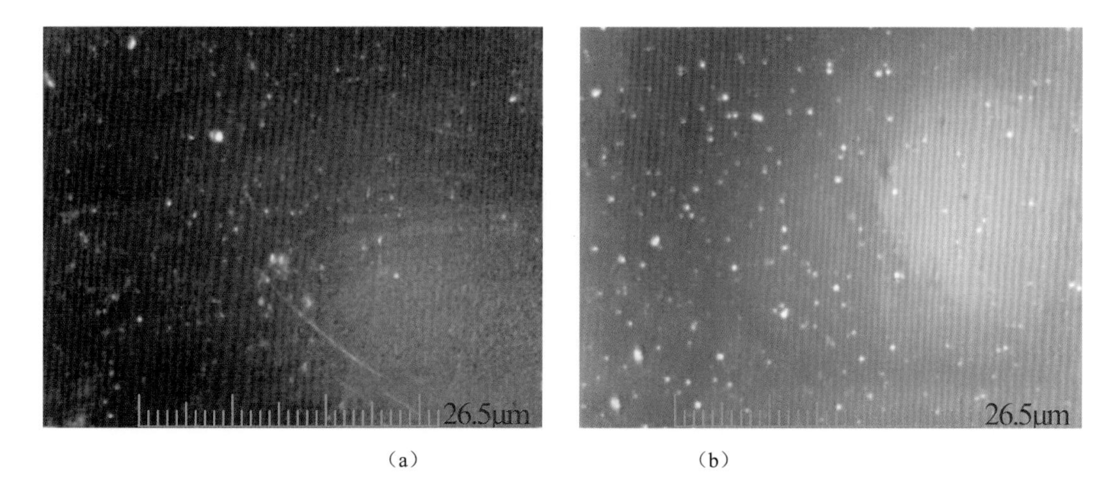

（a） （b）

图 2-31　两种 CPP 镀铝膜的微观表面状态

图 2-32 中，（a）、（b）两图为两种镀铝 PET 膜的微观表面状态，（c）图为 PET 光膜的微观表面状态。

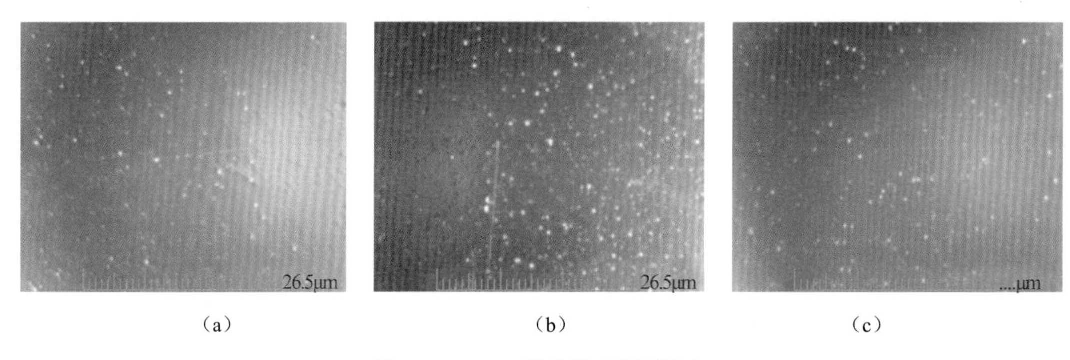

（a） （b） （c）

图 2-32　PET 膜的微观表面状态

图 2-33 中的四张图片分别为从不同的印刷品的背面所摄得的油墨面的微观表面状态。其中的白色“凸起物”为添加在油墨中的抗粘连剂类物质。

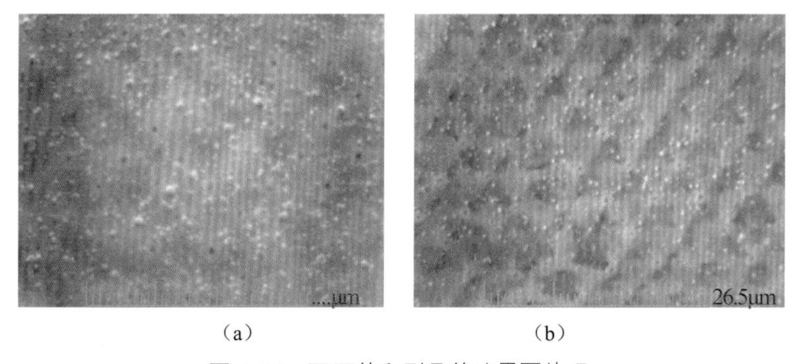

（a） （b）

图 2-33　不同的印刷品的油墨面外观

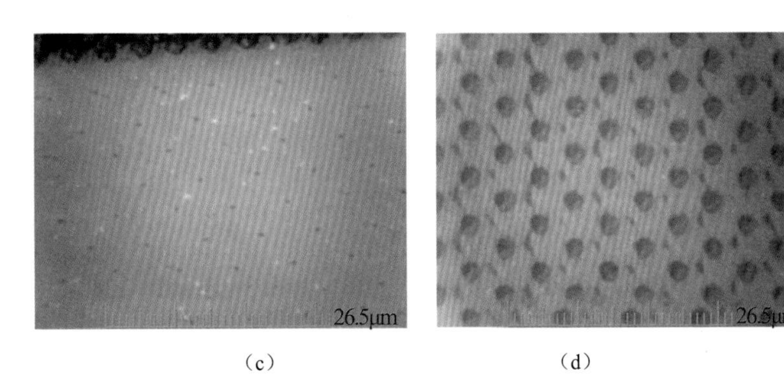

（c）　　　　（d）

图 2-33　不同的印刷品的油墨面外观（续）

9. 结论

①“胶水流平性差”是对已经稀释过的胶水工作液的一种评价；

②“胶水流平性差”不能成为对某一牌号或批次的原桶胶水的评价；

③“胶水（工作液）流平性”的评价指标应是“胶水的润湿性”和“胶水的流动性”，具体的就是“胶水的表面张力”和“胶水的黏度”；

④“胶水流平结果”的评价指标应是复合制品的透明度；

⑤“胶水的流平性”与“胶水的流平结果”没有直接的关系；

⑥“胶水的流平结果”与“白点”“气泡”问题没有直接关系；

⑦导致“胶水流平结果”不良的原因还有多种其他因素。

十九、胶水的初粘力

“胶水的初粘力”是指刚下机的复合膜的层间剥离力。绝大多数的无溶剂胶复合制品的初粘力在 0.2 ～ 0.4N/ 15mm 的范围内。大多数的原桶固含量在 75% 的溶剂型胶水的复合制品的初粘力在 0.5 ～ 1.5N/ 15mm 的范围内。大多数的原桶固含量在 50% 的溶剂型胶的复合制品的初粘力在 1.5N/ 15mm 以上。

一般来讲，复合制品的初粘力与原桶胶水的分子量大小有关。原桶胶水的分子量越大，则复合制品的初粘力越高。通常来讲，原桶胶水的固含量越低，则其分子量越大。

复合制品的初粘力除了与胶水的本性有关以外，复合加工工艺也会对其产生一定程度的影响。

如前所述，原桶胶水的分子量对初粘力有直接的影响，那么，在复合加工过程中，任何可以促进混合后的胶水中的主剂与固化剂间扩链反应的举措都有助于提高复合制品的初粘力！

这些举措包括：

①将配制好的溶剂型干法复合胶水静置一段时间；

②提高烘干箱的温度（提高刚出烘干箱的载胶膜的表面温度）；

③提高复合单元的温度；

④降低复合加工速率（作用相当于提高烘干箱温度和复合单元的温度）；

⑤提高承胶辊 / 计量辊的温度（无溶剂干法复合工艺）。

二十、胶水的副反应

聚氨酯胶黏剂是指在分子链中含有氨酯键（—NHCOO—）和异氰酸酯基（—NCO）的胶黏剂，由含活泼氢的多元醇和多异氰酸酯经过加成聚合反应得到。

目前在复合软包装材料加工中大量使用的是溶剂型的和无溶剂型的双组分聚氨酯胶黏剂。

在溶剂型的双组分聚氨酯胶黏剂中，由多元醇和多异氰酸酯反应得到的含有端羟基（—OH）的预聚体，一般称为A组分或主剂；如果得到含有端异氰酸酯基（—NCO）的预聚体，一般称为B组分或固化剂。

在无溶剂型的双组分聚氨酯胶黏剂中，由多元醇和多异氰酸酯反应得到的含有端羟基的预聚体，一般称为B组分或固化剂；如果得到含有端异氰酸酯基的预聚体，一般称为A组分或主剂。

通常将主剂为含有端异氰酸酯基的预聚体、固化剂为含有端羟基的预聚体的胶黏剂称为“反相体系”。当主剂与固化剂混合后，会发生交联反应而形成网状结构。聚氨酯胶黏剂的主要化学反应为：

$$\mathrm{OCN\sim NCO + HO\sim OH \longrightarrow OCH\sim \overset{\displaystyle H}{\overset{|}{N}}-\overset{\displaystyle O}{\overset{\|}{C}}-O\sim OH}$$

$$\mathrm{OCH\sim \overset{\displaystyle H}{\overset{|}{N}}-\overset{\displaystyle O}{\overset{\|}{C}}-O\sim OH + OCN\sim NCO \longrightarrow OCH\sim \overset{\displaystyle H}{\overset{|}{N}}-\overset{\displaystyle O}{\overset{\|}{C}}-O\sim O-\overset{\displaystyle O}{\overset{\|}{C}}-\overset{\displaystyle H}{\overset{|}{N}}\sim NCO}$$

聚氨酯胶黏剂中的异氰酸酯基团（—NCO）的反应活性很高，能和许多类含有活泼氢的化合物，例如，含羟基（—OH）的醇类、水（H_2O）、羧基（—COOH）、氨基（—NH_2）、酰胺基（—$CONH_2$）、脲（—NHCONH—）、氨基甲酸酯（—NHCOO—）等发生化学反应。在所有含有活泼氢的化合物中，水对复合膜用双组分聚氨酯胶黏剂的影响最大。其化学反应式为：

$$\mathrm{OCN\sim NCO + HO-OH \xrightarrow{慢} OCH\sim \overset{\displaystyle H}{\overset{|}{N}}-\overset{\displaystyle O}{\overset{\|}{C}}-O-H \xrightarrow{快} OCH\sim \overset{\displaystyle H}{\overset{|}{N}}-H + CO_2\uparrow}$$

$$\mathrm{OCH\sim \overset{\displaystyle H}{\overset{|}{N}}-H + OCN\sim NCO \longrightarrow OCH\sim \overset{\displaystyle H}{\overset{|}{N}}-\overset{\displaystyle O}{\overset{\|}{C}}-\overset{\displaystyle H}{\overset{|}{N}}\sim NCO}$$

水的影响主要表现在以下几方面：消耗胶黏剂中的—NCO成分（溶剂型胶黏剂中的固化剂，无溶剂型胶黏剂中的主剂），使胶黏剂的配比失调，严重时胶黏剂不能充分固化（胶层发黏，俗称胶水不干）；由于二氧化碳气体的产生，使复合制品出现气泡、白点、斑点。

醇类和异氰酸酯基团反应生成氨基甲酸酯而消耗固化剂，其化学反应式为：

$$\mathrm{OCN\sim NCO + R-OH \longrightarrow OCH\sim \overset{\displaystyle H}{\overset{|}{N}}-\overset{\displaystyle O}{\overset{\|}{C}}-O-R}$$

羧酸和异氰酸酯基团反应生成氨基甲酸酯和二氧化碳气体而消耗胶黏剂中—NCO成分，其化学反应式为：

$$OCN\sim NCO + R-\overset{\displaystyle O}{\overset{\|}{C}}-OH \longrightarrow OCH\sim \overset{\displaystyle H}{\overset{|}{N}}-\overset{\displaystyle O}{\overset{\|}{C}}-O-\overset{\displaystyle O}{\overset{\|}{C}}-R \longrightarrow OCH\sim \overset{\displaystyle H}{\overset{|}{N}}-\overset{\displaystyle O}{\overset{\|}{C}}-O-R + CO_2\uparrow$$

氨基和异氰酸酯基团间的化学反应如以下所示，其结果也是消耗胶黏剂中—NCO 成分。

$$R\sim \overset{\displaystyle H}{\overset{|}{N}}-H + OCN\sim NCO \longrightarrow R\sim \overset{\displaystyle H}{\overset{|}{N}}-\overset{\displaystyle O}{\overset{\|}{C}}-\overset{\displaystyle H}{\overset{|}{N}}\sim NCO$$

需要注意的是：水会大量消耗胶黏剂中的—NCO 成分，造成胶黏剂的配比失调，但不会终止胶黏剂的主剂、固化剂间的扩链反应。而醇、胺、羧酸除了消耗胶黏剂中的—NCO 成分之外，还会在一个方向上终止扩链反应。

在常用的稀释剂乙酸乙酯中会有一定含量的水、乙醇和乙酸存在。在胶黏剂溶液的应用过程中，如果管理不当，会有相当数量的水分从空气中凝结下来。在印刷过程中，除了要使用大量的醇类溶剂之外，如果管理不当，也会有相当数量的水分从空气中凝结下来。

在印刷油墨当中，其中的连接料和成膜的助剂中，含有数量不等的氨基（$—NH_2$）、羟基（—OH）、羧基（—COOH）；在各种塑料基材的加工中，所添加的助剂中也含有数量不等的酰胺基（$—CONH_2$）。某些基材，例如 PA 薄膜，具有较强的吸湿性能，可在开放的环境条件下从空气中吸收大量的水分。

上述所有的活泼氢的成分都会在复合加工过程中与胶黏剂溶液中的—NCO 成分发生化学反应，消耗—NCO 成分，导致程度不等的“胶水不干”现象和 / 或复合制品中的“气泡”“白点”现象。

二十一、力学指标的热衰减

GB/T 10004—2008《包装用塑料复合膜、袋——干法复合、挤出复合》的 5.4.10 项规定了复合材料的“耐高温介质性”，其中要求：“使用温度为 80℃以上的产品经耐高温介质性试验后，应无分层、破损，袋内、外无明显变形，剥离力、拉断力、断裂标称应变和热合强度下降率应≤ 30%。”

实验表明：在加工复合软包装材料中所使用的全部薄膜类材料，经过热处理，尤其是湿热处理后（水煮、蒸煮），其拉伸断裂应力、断裂标称应变（断裂伸长率）都会发生某种程度的变化或衰减，个别样品的下降率超过了 30%。这种变化的直接结果就是广义的“热合强度”的下降，甚至会造成包材的“脆化”现象。换句话说，不同的供应商所提供的同一种基材，例如 PET 薄膜的力学指标热衰减率并不都是一样的！

复合材料的力学指标的热衰减是复合用基材的力学指标的热衰减的集合表现。如果复合用基材的力学指标热衰减率符合要求，则复合材料的力学指标热衰减率自然能够符合要求。因此，对拟采购的基材提出质量要求，并进行相关的进厂检测就是十分重要和必要的。

二十二、复合薄膜的卷曲性

复合薄膜制品的卷曲性是对复合薄膜制品的加工工艺以及复合加工用基材本身质量的一种综合性评价指标。

复合制品的卷曲是一种现象，这种现象可以出现在复合加工刚刚结束时、熟化过程结束时、制袋加工结束后、水煮处理后、蒸煮处理后、冷冻储存期间等各个阶段。

复合制品的卷曲有多种表现形式：沿复合薄膜加工时的运行方向向外（通常是表层印刷薄膜一侧）卷曲和向内卷曲（通常是复合薄膜的热封基材一侧）、沿复合基材横向的向外卷曲和向内卷曲、复合膜袋的封口沿某一方向的卷曲。

复合膜或袋上存在的卷曲现象说明在复合膜的层间存在着剪切应力！

导致复合膜的层间存在或出现剪切应力的基本原因有两个：一是复合加工时，两个复合基材间的张力不匹配、使得两个基材在外力作用下的伸长率不一致，复合加工后（外力已取消），两层基材在其弹性变形范围内的回弹率不一致而出现的剪切应力（参见“料—拉伸弹性模量与正割模量”项）；二是在包括熟化过程在内的各种后期热处理(冷冻也可以看作一种热处理)期间，复合膜中的各个基材发生了不同程度的收缩而产生的剪切应力(参见“料—基材的热收缩率”项)。

对于如图 2-34 所示的刚下机时卷曲现象可通过调整复合机上的各段张力来对后续加工的膜卷的同类现象进行调整、控制。

对于如图 2-35 所示的经过热处理后出现的卷曲现象只能是在下次采购基材时对拟采购的基材的热收缩率指标提出要求，并在基材进厂时进行抽样检测以确认其是否符合企业自身的要求。

图 2-34　刚下机复合膜的卷曲性

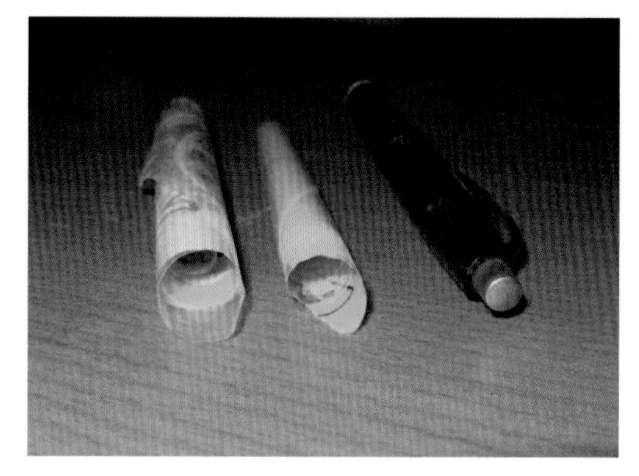

图 2-35　热处理后复合膜的卷曲性

图 2-36 显示出 VMPET 薄膜经过热处理后也会出现某种程度、沿某个方向的卷曲现象。

一般来讲，对于刚下机时没有卷曲现象的复合薄膜，如果构成复合膜的各层基材在某种热处理（熟化、制袋、水煮、蒸煮）条件下的热收缩率是相同或相近的（“热收缩率差异”较小），经过热处理加工之后，该复合膜的几何尺寸会缩小，但不会产生卷曲现象，或虽然会有卷曲现象，但卷曲的幅度会较小。

图 2-36　热处理后的 VMPET 膜

从另一个角度讲，如果事先知道两个基材间的“热收缩率差异”较大，例如 PET/PE 结构，可通过在复合加工时有意地增大施加给 PET 薄膜的张力（烘箱张力或桥张力）以使刚下机的复合膜呈现沿基材运行方向向 PET 膜一侧卷曲，并在熟化过程中利用 PE 膜的较大的热收缩率以使经过熟化后的复合膜最终呈现平整的状态。

参考文献：

[1] “*Improve Print Quality & Productivity by Controlling Substrate Surface Energy*”, ENERCON 公司网站 .

[2] Jincomai. 分卷过程对成品双零铝箔材质量的影响 . 企博网职业博客 .

[3] 陈安涛等 . 铝硅合金组织及表面张力的研究 . 兰州理工大学，2013 年 .

第三章　法（应用与分析方法篇）

第一部分　应用

一、达因水的管理与应用

1. 表面张力测试液的数值变化趋势

使用甲酰胺和乙二醇乙醚等溶剂配制的表面张力测试液及相应的“达因笔”是复合软包装行业普遍应用的检测工具。

表面张力或表面润湿张力的国际单位为 mN/m（毫牛 / 米），英制单位为 Dyn/cm（达因 / 厘米）。因为我国在 20 世纪 80 年代引入的复合材料加工设备主要来自普遍采用英制单位制的欧洲、日本，故大家习惯将表面张力测试液称为“达因水”，将装有表面张力测试液的测试笔称为“达因笔”。

在 GB/T 14216—93《塑料薄膜和薄片润湿张力试验方法》中详细规定了表面张力测试液的配制方法。表 3-1 为与一定的表面张力值相对应的溶剂的混合比例。

表3-1　润湿张力与相应的溶剂的混合比例

润湿张力 mN/m	乙二醇乙醚 %(V/V)	甲酰胺 %(V/V)	甲醇 %(V/V)	水 %(V/V)
22.6	—	—	100	0
25.4	—	—	90	10
27.3	—	—	80	20
30	100.0	—	—	—
31	97.5	2.5	—	—
32	89.5	10.5	—	—
33	81.0	19.0	—	—
34	73.5	26.5	—	—
35	65.0	35.0	—	—
36	57.5	42.5	—	—

续表

润湿张力 mN/m	乙二醇乙醚 %(V/V)	甲酰胺 %(V/V)	甲醇 %(V/V)	水 %(V/V)
37	51.5	48.5	—	—
38	46.0	54.0	—	—
39	41.0	59.0	—	—
40	36.5	63.5	—	—
41	32.5	67.5	—	—
42	28.5	71.5	—	—
43	25.3	74.7	—	—
44	22.0	78.0	—	—
45	19.7	80.3	—	—
46	17.0	83.0	—	—
48	13.0	87.0	—	—
50	9.3	90.7	—	—
52	6.3	93.7	—	—
54	3.5	96.5	—	—
56	1.0	99.0	—	—
58	—	100.0	—	—
59	—	95.0	—	5.0
60	—	80.0	—	20.0
61	—	70.0	—	30.0
62	—	64.0	—	36.0
63	—	50.0	—	50.0
64	—	46.0	—	54.0
66	—	30.0	—	70.0
67	—	20.0	—	80.0
70	—	10.0	—	90.0
73	—	—	—	100.0

在该标准中，关于混合液的使用寿命的描述如下："试验混合液应保存在洁净的棕色玻璃点滴瓶中（如保存得好，该混合液随时间变化很小）。经常使用情况下，3个月后应重新配制。"但未说明失效的原因以及失效的标志。

在实践中，笔者曾遇到38mN/m（达因）的测试液在OPP膜的非处理面（正常值为29～31mN/m）上也能"良好润湿"的情况；另外，有的客户反映，他们发觉长期使用达因笔后，其实际的达因值会上升。为此，笔者查阅了相关的资料，并做了一些实验（表3-2）。

表3-2 甲酰胺与乙二醇乙醚的性质

名称	甲酰胺	乙二醇乙醚
分子式	$HCONH_2$	$C_4H_{10}O_2$
分子量	45.041	90.12
熔点（℃）	2.55	-70
沸点（℃）	210.5	135.1
相对密度（20℃）	1.13340	0.92945
蒸汽压（mmHg, 20℃）	0.08	3.82
闪点（℃）	154	43
溶解性	能与水、甲醇、乙醇、丙酮、乙酸、二氧六环、乙二醇和苯酚等混溶，极微溶于乙醚和苯	能与水、乙醇、乙醚、丙酮和液体酯类混合
其他	有吸湿性。在有潮气的情况下，能水解成氨和甲酸。易燃。蒸汽能与空气形成爆炸性混合物，爆炸极限1.2%～6.7%（体积）	稳定；易燃。蒸汽能与空气形成爆炸性混合物，爆炸极限1.8%～14.0%（体积）

从表 3-2 中的数据来看，乙二醇乙醚的熔点、沸点、闪点均低于甲酰胺，其蒸汽压则高于甲酰胺。这些数据表明：在开放的环境下，乙二醇乙醚的挥发性大于甲酰胺。也就是说，如果长期、反复使用同一支“达因笔”或测试液，由于乙二醇乙醚的挥发性大于甲酰胺，所以，“达因笔”/液的达因值会因乙二醇乙醚的逐渐减少而逐渐上升。另外，由于甲酰胺有吸湿性，水分的混入及甲酸的生成也会导致达因笔 / 液实际数值的上升。

为了对上述两种溶剂的挥发性和吸湿性进行验证，笔者进行了以下实验。

将两种溶剂分别倒入玻璃试管中，做好液位标记，不盖盖，将试管放置在实验室的环境下，观察其液位的变化。该实验的开始日期为 2009 年 3 月 17 日。

图 3-1 中（a）图为 2009 年 4 月 7 日拍摄的照片。从图中可以发现：装有乙二醇乙醚的试管中的液位已有所下降，即弧形液面的下方已与黑色标记的下沿相对齐；装有甲酰胺的试管中的液位略有下降。（b）图为 2009 年 4 月 29 日拍摄的照片。从图中可以发现：装有乙二醇乙醚的试管中的液位已明显下降，液面的上沿已与黑色标记的下沿相对齐；装有甲酰胺的试管中的液位却有明显的上升。（c）图为 2009 年 10 月 19 日拍摄的照片。从图中可以发现：装有乙二醇乙醚的试管中的液位的下降更加明显；装有甲酰胺的试管中的液位的上升也非常显著。

上述现象表明：在 2009 年 3 月 17 日至 4 月 7 日的气候相对干燥的季节中，乙二醇乙醚与甲酰胺均表现净挥发。由于乙二醇乙醚的蒸汽压较高，所以，其挥发速度略快于甲酰胺。而在 2009 年 4 月 8 日至 10 月 19 日的气候相对湿润的季节，乙二醇乙醚仍在继续挥发，而甲酰胺的吸湿性开始显现。所以，乙二醇乙醚的液位继续下降，甲酰胺的液位则开始上升。

从上述的数据与现象中，笔者做出以下推论：

①在干燥的季节或地区，由于乙二醇乙醚的挥发速度大于甲酰胺，所以配好的表面张力测试液的实际表面张力数值会因乙二醇乙醚的减少而缓慢上升；

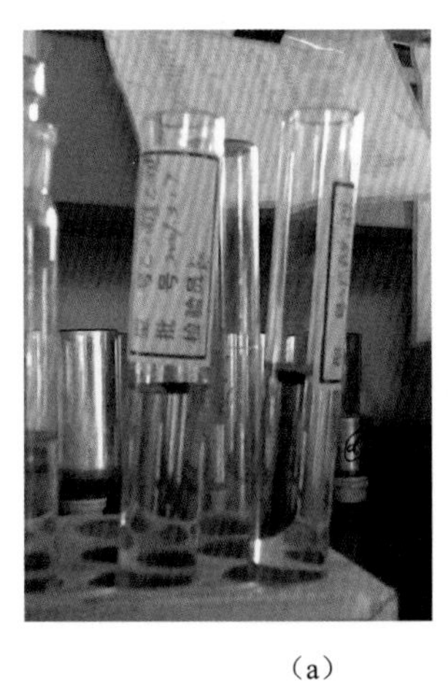

（a）

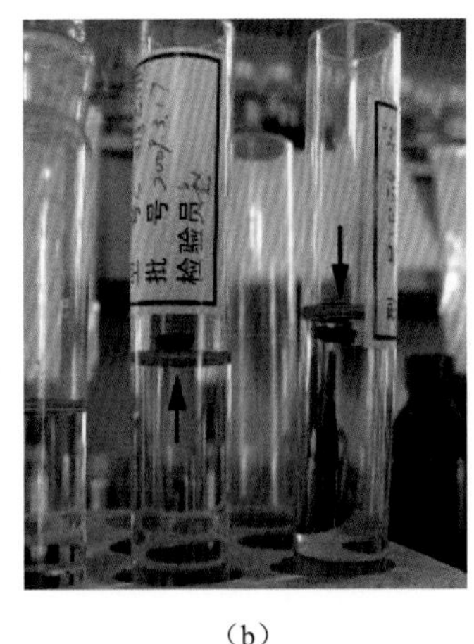

（b）

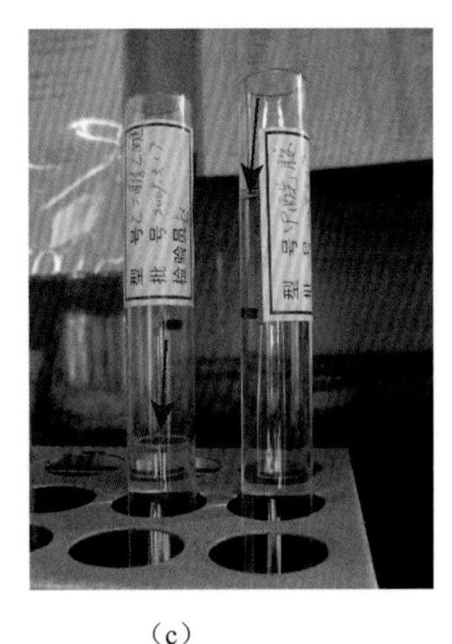

（c）

图 3-1　液面高度的变化过程

②在潮湿的季节或地区，除了乙二醇乙醚的挥发速度大于甲酰胺的因素之外，甲酰胺的吸湿性也会导致实际表面张力值的上升，在此阶段的表面张力值的上升速率会快于在干燥的季节或地区；

③环境的温度条件对溶剂挥发速度会产生直接的影响，温度越高，挥发速度就越快，表面张力值的上升也就会越快。

在 GB/T 14216—93《塑料薄膜和薄片润湿张力试验方法》中，关于润湿张力的判断方法规定："根据涂敷混合液 2s 以上液膜层的状态，来判断润湿张力。如果液膜持续 2s 以上不破裂，用下一较高表面张力的混合液重新涂在一新的试样上，直到液膜在 2s 破裂；如果连续液膜保持不到 2s，用较低表面张力的混合液，直至液膜能持续 2s 为止。使试样表面润湿最接近 2s 的混合液，用这种混合液至少测定 3 次，该混合液的润湿张力即为试样的润湿张力。"

其中隐含的理由是：混合液涂到基材表面之后，即已暴露在大气环境中，混合液就会开始挥发。由于乙二醇乙醚的挥发速率大于甲酰胺，因此混合液中的乙二醇乙醚含量会相对逐步地减少，混合液的表面张力值就会逐步升高。对基材而言，涂在其表面的混合液的液膜随着时间的延长其实际的表面张力值就会快速上升，当其表面的张力值上升到超过基材的表面润湿张力时就会发生收缩（破裂）现象。

如果所使用的混合液的表面张力与基材的表面润湿张力恰好相同，上述的溶剂挥发所导致的表面张力值上升的现象在 2 ～ 3 秒内就会显现出来。如果所使用的混合液的表面张力明显小于基材的表面润湿张力，则涂上的混合液在较长的时间内都不会发生收缩现象。

此外，实践中还发现了另一个现象：过多地加入显色用的染料会显著降低混合液的实际表面张力值！

无论是装在瓶中的还是装在"达因笔"中的表面张力测试液的颜色都会随着时间的延长而褪色。因此，有些供应商在配制表面张力测试液时会有意识地提高染料的比例（国家标准规定是使用维多利亚纯蓝 Victoria Blue，浓度在 0.03%以下），以延长其保持颜色的时间。

事实上，市售的达因笔的墨色不只限于蓝色，而这些不同颜色的染料及添加的比例对表面张力测试液的影响究竟有多大，目前还鲜见这方面的报道。

2. 正确应用表面张力测试液

根据 GB/T 14216—2008《塑料膜和片润湿张力的测定》的相关规定，表面张力润湿液的手工涂覆工具应为“可涂覆 12μm 液膜的线锭，或者是可以提供相同测试结果的棉签”。

由于在该标准中并未具体规定“可涂覆 12μm 液膜的线锭”的加工方法或采购渠道，因此在生产实践中广泛使用的是棉签，另外一种应用方法则是达因笔。在该标准中，没有说明如何应用棉签使液膜涂覆厚度达到 12μm，因此，在生产实践中，棉签应用的随意性很大。棉签应用的随意性带来了检测结果的波动，并导致了相应的纠纷。

从该标准的字面上来理解，只有当液膜的厚度为 12μm 时，液膜的变化与相应的表面润湿张力值才有对应关系。换句话说，当液膜的厚度大于甚至明显大于 12μm 时，液膜的变化与相应的表面润湿张力值会产生偏差甚至是很大的偏差！有客户曾反映其所采购的 CPP 薄膜存在着“电晕处理击穿”的问题，理由是在该薄膜的热封面（或表面）被检查出其表面润湿张力达到了 34 达因 / 厘米，同时复合面（或里面）的表面润湿张力满足不小于 38 达因 / 厘米的基本要求。

在收到了该客户所提供的 CPP 膜样品后，笔者使用自制的达因笔对该样品薄膜的热合面和复合面的表面润湿张力值分别进行了检查。检查结果为：该薄膜样品的热合面的表面润湿张力值明显小于 34 达因 / 厘米（用 34 的达因笔刷过之后，液面迅速缩成了珠状），而其复合面的表面润湿张力值介于 34 ～ 36 达因 / 厘米（用 36 的达因笔刷过后，其液面的边缘在 2s 内发生轻微的收缩，而用 34 的达因笔刷过后，其液面在近 10s 内都未发生收缩）。

根据上述结果，笔者认为该客户检查表面润湿张力时所使用的工具是棉签，且液体的涂覆量应当是很大的！不仅将正常情况下 CPP 的非处理面的 30 达因 / 厘米确认为 34 达因 / 厘米，同时将电晕处理面的 34 ～ 36 达因 / 厘米确认为 38 达因 / 厘米。

表面张力润湿液的涂覆量对表面润湿张力的检查结果是否真的有如此大的影响？为此，笔者做了以下试验进行验证。

测试用薄膜：上述的 CPP 薄膜； 测试用液体：自来水 + 红色染料； 涂覆用工具：棉签。

试验步骤：

①取两小片上述的 CPP 薄膜置于白纸上，一片是非处理面（30 达因 / 厘米，左）向上，一片是处理面（34 ～ 36 达因 / 厘米，右）向上；

②用棉签饱蘸红色的自来水，分别涂在两片薄膜上（参见图 3-2 中的 A）；

③将上述已经涂刷过的棉签在水槽中甩一下，再在两片薄膜上分别涂刷（参见图 3-2 中的 B）；

④将上述已经甩过的棉签在水槽中再甩一下，再在两片薄膜上分别涂刷（参见图 3-2 中的 C）；

⑤将上述已经甩过的棉签在水槽中再甩两下，再在两片薄膜上分别涂抹（参见图 3-2 中的 D）。

从图 3-2 的结果来看，液体的涂覆厚度对液体在薄膜上的分布（润湿）状态确实有很明显的影响！

需要注意的是：上述实验中的溶液是水溶液！水在常温条件下的表面张力是 72 达因 / 厘米（毫牛 / 米，mN/m）！加入的染料虽会使水溶液的表面张力有所降低，但幅度有限。

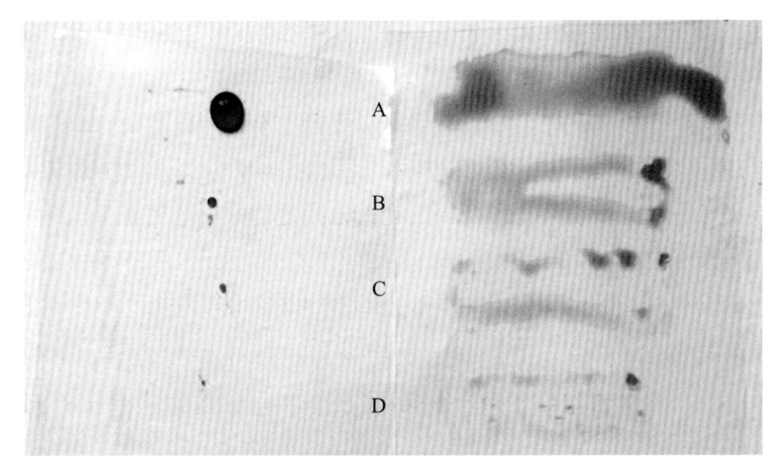

图 3-2　涂覆量与“润湿”状态

结论

在使用棉签检查薄膜的表面润湿张力时，涂覆液的厚度与涂覆液的收缩状态有密切的关联性，涂覆液的厚度直接影响着对薄膜的表面润湿张力的判定结果。

如需继续使用棉签时，建议选用“棉花头”缠绕得较紧的棉签。蘸取溶液时，“棉花头”的浸入深度建议不要超过二分之一，待溶液将“棉花头”全部润湿后，再在薄膜上进行涂抹。（如感觉涂覆液厚度仍然较厚，可将棉签再甩动几下，以减少其中的溶液含量！或者涂抹时的压力小一些！）

二、复合加工的速度与温度、压力

在干法复合加工工艺过程（包括溶剂型干法复合与无溶剂型干法复合）中，烘干箱的温度、复合钢辊的温度、复合单元的压力是非常重要三项工艺指标。

在某些胶黏剂供应商的溶剂型胶黏剂的使用说明书中，关于复合机的烘干箱温度、复合钢辊温度、复合压力这几项工艺指标通常描述如下：

干燥，为使薄膜上的溶剂挥发干净，干燥装置应有足够的风量、风速和温度，干燥系统分三段时，从膜入口到出口的温度控制在 50 ～ 60℃、60 ～ 70℃、70 ～ 80℃；

复合温度，一般控制在 50 ～ 90℃，易受温度影响的薄膜控制在 50 ～ 60℃；

复合压力，在不损坏薄膜的情况下，应尽可能提高复合压力。

1. 复合压力

关于复合压力值的应用及评价，请参阅“机 - 复合压力及其评价”项。

1000kgf/m 的复合线压力并不是必须值，但为了消除下机时肉眼可见的白点、气泡，提高复合线压力是最简单、有效的方法。

2. 复合辊温度

配备可加热的复合钢辊的目的是使宏观上平整的基材薄膜在复合单元的温度和压力作用下发生微小的变形，变形后的基材可“填补”基材表面由于各种原因所形成的“凹陷”或“凸起”，从而达到“没有下机时可见的气泡”的目的！

使基材发生塑性形变需要一定的温度和压力。在压力确定的前提下，温度就是一个可变的参数。在一定的运行速度下，复合薄膜在复合辊间停留的时间是一定的。随着运行速度的提高，复合薄膜在复合辊间停留的时间会相应地缩短，因此，要想使基材发生充分的塑性形变，就应相应地提高复合钢辊的温度。也就是说，在常规条件下，复合钢辊的温度应随着复合加工速度的提高而相应地提高。复合钢辊的温度应以在停机状态下与之相接触的基材不发生明显的拉伸变形及热收缩为宜。

如果复合单元的温度及压力已达到设备的上限而仍不能消除“下机时可见的气泡”时，就应考虑提高“载胶膜出口温度”（参见“机—烘干箱的设计及调整—干燥能力的评价方法”项）与上胶干量了。

3. 烘干箱温度

关于烘干箱的温度，上述的“干燥系统分三段时，从膜入口到出口的温度控制在50 ～ 60℃、60 ～ 70℃、70 ～ 80℃”是行业中一种普遍的或习惯性的提法。此种提法源于20世纪80年代中期中国大规模引进复合软包装设备期间所引进的复合机的使用说明书中关于复合工艺参数的相关描述。当时所引进的溶剂型干法复合机的最高运行速度大部分在120m/min的水平上，而目前在行业中较有代表性的复合机的最高运行速度主要是在150 ～ 250m/min，max 450m/min的设备也已经安装。事实上，包括早期引进的120m/min的和现在运行的450m/min的溶剂型干法复合机的烘干箱在设计上可达到的最高烘干温度都是120℃！

评价烘干箱的干燥能力的指标应该很明确：残留溶剂量。

很明显的事实是：在同样的运行速度下，使用不同的工作浓度和不同线数的涂胶辊，使用同样的50 ～ 60℃、60 ～ 70℃、70 ～ 80℃的烘干箱温度是不可能达到相同的残留溶剂水平的。也就是说，烘干箱的温度（在风量固定的前提下）必须根据载胶膜单位面积上需要挥发的溶剂量及残留溶剂量的要求进行调整！

如果在已经使用了最高的120℃的烘干箱温度而残留溶剂量仍不能达到要求的数值时，就必须降低复合机的运行速度。

根据经验，无论溶剂型干法复合机的运行速度、烘干箱温度、涂胶辊线数、工作浓度等工艺参数是如何搭配的，如果载胶膜的表面温度在烘干箱的出口处不低于50℃，通常都能获得较好的残留溶剂量数值！在实践中，某些客户的“载胶膜出口温度”甚至高于60℃！

三、电晕处理机的合理应用

电晕处理机是复合材料加工行业的一个不可或缺的工具。

在复合用基材的加工行业中，确定一个合理的表面润湿张力的目标值并进行实时检查确认是最基础的合理应用（参见“料—表面润湿张力”项）。

在复合包装材料的加工行业中，在印刷机、复合机上安装电晕处理机，根据实际情况对待处理的印刷 / 复合基材进行在线电晕处理是另一类的合理应用。

复合用基材的表面润湿张力的衰减是一个常见的话题（参见“料—表面润湿张力的衰减曲线”），解决这个问题的最佳方案就是进行在线电晕处理。

在加工以下几类复合制品时，建议进行在线电晕处理。

(1) 含铝箔的复合制品

如果检查出铝箔的表面润湿张力小于 72mN/m（不能通过刷水实验时），应考虑对铝箔进行在线电晕处理。

(2) VMPET 的复合制品

绝大多数的 VMPET 膜的非镀铝面是没有经过电晕处理的。如果与 CPE 或 CPP 进行复合加工、同时又想获得较高的剥离力时，应考虑对 VMPET 的非镀铝面进行在线电晕处理。

对 VMPET 膜的非镀铝面进行在线电晕处理的另一个目的是消除 PET 基材中低分子物析出可能带来的不良影响！

(3) VMCPP 的复合制品

绝大多数的 VMCPP 膜的镀铝面的表面润湿张力都低于 40mN/m，其原因是在 VMCPP 膜的存储过程中，已经析出到 VMCPP 膜的热合面的爽滑剂迁移到了镀铝面上。

(4) 在特定情况下，加工四层的复合材料

某些客户在加工四层的复合材料时，习惯将前两层基材和后两层基材分别先复合到一起，然后将两个子复合材料进行第三次复合以得到共四层的复合材料。在这个过程中，已经复合在一起的后两层的复合材料中的热封层基材表面的已经析出的爽滑剂会迁移到第三层基材的表面，降低其表面润湿张力，进而影响复合后的四层复合材料中第二层基材与第三层基材间的剥离力。因此，在加工此类复合材料时，应考虑对第三层基材的表面进行在线电晕处理。

(5) 某些客户为了降低成本会使用部分“回收料”

已多次使用过的镀铝转移基材膜（OPP、PET 等），这类薄膜的表面曾涂有低表面润湿张力的转移涂层，会严重影响油墨层的附着力或胶层的粘接力。如果使用的是这类基材，建议在印刷机或复合机上对其进行在线电晕处理。

(6) 厚 PE 膜的复合制品

厚 PE 膜中的酰胺类或酯类爽滑剂的绝对含有量比薄的 PE 膜要高，且其中的爽滑剂会通过内部和外部两种途径迁移到厚 PE 膜的复合面，降低其表面润湿张力，很容易产生剥离力低和剥离力衰减的问题。建议对这类基材进行在线电晕处理。

(7) 表面摩擦系数过低的基材

基材的表面摩擦系数过低的原因是掺入其中的爽滑剂的比例较高。其副作用是复合制品的剥离力低、制袋品难以“闯齐”、充填内装物后的包装袋不易码垛、包装袋表面的喷码易被擦除等。可考虑对此类基材进行在线电晕处理，以消除已经析出到复合层表面的爽滑剂。不建议进行离线电晕处理！

四、收卷压力与复合制品的外观

1.“二次流平”的概念

“二次流平”的概念经常被人与白点、气泡问题相提并论。

提出“二次流平”概念的人的理念是：造成白点、气泡问题的原因之一是胶水的“二次流平性”或“二次流平结果”不好。

在溶剂型干法复合工艺中，由于涂胶时使用的大多是凹版辊，刚刚涂到载胶膜上的胶水在微观上一定是不平整的。在复合加工过程中，胶水可以依靠自身的“流平性”或平滑辊等外力实现某种程度的“一次流平”。如果“一次流平”的结果不能令人满意，还可以通过熟化过程中的“二次流平”过程继续完善。

认为胶水的应用过程中存在“二次流平”的依据是：经过熟化后，部分下机时存在的白点可以消除掉，复合膜的透明度会有所提高！

2.收卷压力与“二次流平”

“胶水的流平性”或“一次流平性”并不是所采购或使用的原桶胶水本身的特性，它是复合加工工艺过程的一种结果（参见“料－胶水的流平性”）。

图 3-3 显示的是在通过烘干箱前后的载胶膜上的涂胶状态，条件是涂胶时未使用平滑辊。

从通过烘干箱后的载胶膜（图 3-3）上可以看出仍有许多“小白点”，这表示涂在该处的溶剂已被烘干后的“胶水”仍处于“孤立的小山丘”的状态，如图 3-4 所示（图 3-4 是图 3-3 右图的红框部分放大后的效果）。从图 3-4 也可以看出，“孤立的胶粒”的尺寸明显大于其旁边的白色油墨的网点尺寸，这是因为常用的涂胶辊线数介于 100 ～ 150 lpi，而白色印版的雕刻线数一般在 150 lpi 以上。这种涂胶状态将会被带到复合膜中。同时，胶层的这种分布状态也是造成“下机时可见”的白点的原因之一。

图 3-3　通过烘干箱前后的涂胶状态

不过，从绝大多数的已经过熟化的且没有白点或气泡的复合膜上有时可清晰地看到很有规律地分布着的“凹凸不平的胶层”。如图 3-5 所示。

胶层的这种分布状态及结果说明：“凹凸不平的胶层”并不是导致“下机时可见”的白点或气泡的“元凶”。所谓的“胶

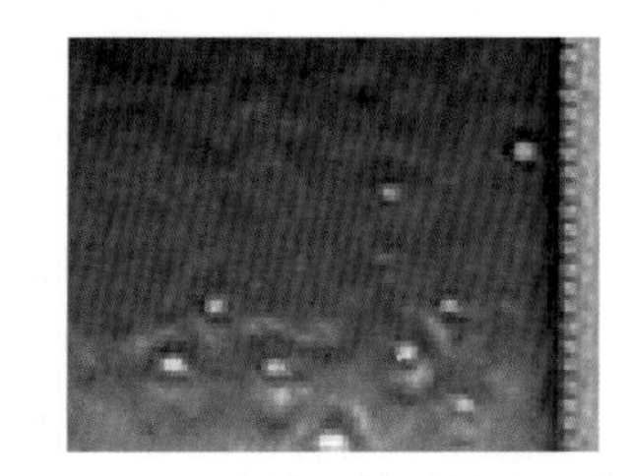

图 3-4　通过烘干箱后的涂胶状态

水的二次流平性”很可能只是人们对某些类别的白点或气泡在“下机时可见、熟化后可消除”现象的原因的一种解释。

形成白点或气泡的真正原因是由于各种因素使得两层复合基材之间夹有微量的空气。

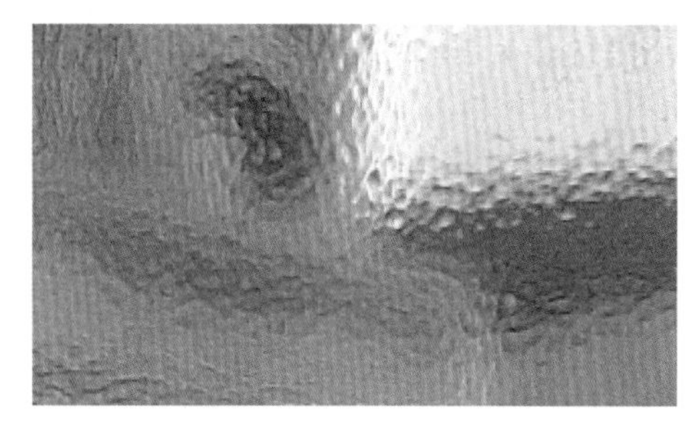

图 3-5　熟化后的复合膜中的涂胶状态

而某些类别的白点或气泡在“下机时可见、熟化后可消除”的原因是在熟化温度 / 时间与膜卷压力（硬度）的作用下，其中微量的空气从复合膜层间被“挤出去”了（所有的复合用基材都具有一定的透气性和发生塑性变形的能力），而不单纯是胶层发生了“二次流平”、挤占了微量空气所占据的空间。

而形成“下机时可见、熟化后不能消除”的白点或气泡的原因之一是收卷压力（硬度）不足、基材及胶层的变形结果不能“挤占”微量空气所占据的空间。

综上所述，在熟化过程中，复合膜中的胶层也许可能存在“二次流平”的状态，但胶层的“二次流平”结果并不会直接导致白点或气泡的消失，促成白点或气泡在熟化过程中消失的真正原因是复合膜的膜卷自身的温度、压力（硬度）以及复合膜的可塑性和透气性！

五、残留溶剂

残留溶剂值是复合包装制品的一项重要的质量指标。根据相关的国家标准，其数值为不大于 $5mg/m^2$。

在复合包装制品的加工过程中，残留溶剂的测试结果会受到基材、油墨层、胶层对溶剂的释放性、复合加工工艺条件（速度、温度、风量、烘干箱的负压状态等）、熟化室条件和取样方法等诸多因素的影响。

需要强调的是：复合制品的残留溶剂量超标并不意味着所使用的油墨和 / 或胶水存在质量问题！尽管不同牌号的胶水在溶剂释放性方面确实存在一定的差别。

一般来讲，残留溶剂指标的检测工作可分三个阶段来进行：第一阶段是检测刚下机的印刷品的残留溶剂量，第二阶段是检测刚下机的复合制品的残留溶剂量，第三阶段是检测已完成熟化处理过程的复合制品的残留溶剂量。

1. 第一阶段的检测结果超标

说明是印刷工序的烘干结果不良。

在此阶段的检测结果中，残留物通常是油墨本身含有的有机溶剂以及印刷过程中添加的稀释剂。例如，乙酸乙酯 EA、异丙醇 IPA、乙酸正丙酯 NPAc 等。

相应的对策是提高印刷机烘干箱的温度、调增烘干箱风量、风压或降低印刷速度等。

2. 第二阶段的检测结果超标

①如果是采用无溶剂型干法复合工艺加工的复合制品，说明仍然是印刷工序的烘干结果不良。

②如果是采用溶剂型干法复合工艺加工的复合制品，就需要对比检查第一阶段的检测结果，根据乙酸乙酯及其他有机溶剂残留量的增量变化来进行分析判断。

（a）如果是乙酸乙酯的数量明显增加，而其他有机溶剂的数量没有明显的减少，说明复合机的干燥能力严重不足；（b）如果是乙酸乙酯的数量不变或有增加，而其他有机溶剂的数量明显地减少了，说明复合机的干燥能力不足或有缺陷。

相应的对策是提高溶剂型干法复合机烘干箱的温度、调增烘干箱风量、风压或降低复合加工速度。

需要说明的是：溶剂型干法复合机可以部分地“驱除”印刷品中过多的残留溶剂量，而无溶剂型干法复合机则不具备这种能力。

3. 第三阶段的检测结果超标

如果第二阶段的检测结果是合格的，说明熟化室的通风状态极差，复合膜卷在熟化过程中受到了“二次污染”；相应的对策是为熟化室配备排风机，定期或不定期地开启以便将熟化室内含有较高浓度有机溶剂（从复合膜卷中释放出来）的空气排出室外。

如果第二阶段的检测结果是超标的，且第三阶段的检测结果的总量低于第二阶段的检测结果，但仍然是超标的，说明可能是熟化室的温度设定值或实际值偏低，或者是熟化室热风循环不良（设备原因或设计原因）。相应的对策是检查、调整温度控制与通风设施。

部分客户为了节省检测费用，仅在熟化过程结束后才做残留溶剂的检测或委托第三方进行检测，这样的检测结果只能对所检测的样品的残留溶剂状态有所了解，而对于查找造成残留溶剂超标的原因不能提供任何帮助。

> 需要强调的是：在将印刷或复合样品送交进行残留溶剂检测时，须使用阻气性较好的薄膜或复合膜对样品进行包装，以减少在转交过程中样品中残留溶剂的“逸失”，防止出现“复合制品有明显的用鼻子可以嗅到的异味，而残留溶剂的检测结果达标”的情况。

六、热合曲线

1. 热合强度曲线与热合曲线

热合强度曲线与热合曲线是两个不同的概念。

热合强度曲线是用拉力试验机测量某特定复合制品的封口（热合）强度时所得到的曲线。图 3-6 是一个典型的热合强度曲线（有根切现象）。热合强度曲线表示的是复合材料的热封口的形变（封口的剥离或材料的延伸）与相应的拉力值的关系曲线。如图 3-6 所示，该热合强度曲线的最高值为 72.44N/15mm，即该样品的热合强度的最高值为 72.44N/15mm。由于在该样品上存在着“根切”现象，故在达到最高值后因复合薄膜开始发生断裂而掉头向下，并在拉伸变形达到一定程度时发生复合薄膜整体断裂的情况。

热合曲线是用拉力试验机对一组在不同热合条件下得到的热合试验样条进行热合强度的测量，并汇集每个样条的最高的或平均的热合强度值后所绘出的热合温度与热合强度的关系曲线。热合曲线表示的是某个复合制品在特定的热合条件下热合温度与热合强度的关系曲线。图 3-7 是一条典型的热合曲线。其特点是前低后高，且在某个温度区间存在着热合强度值的突变。

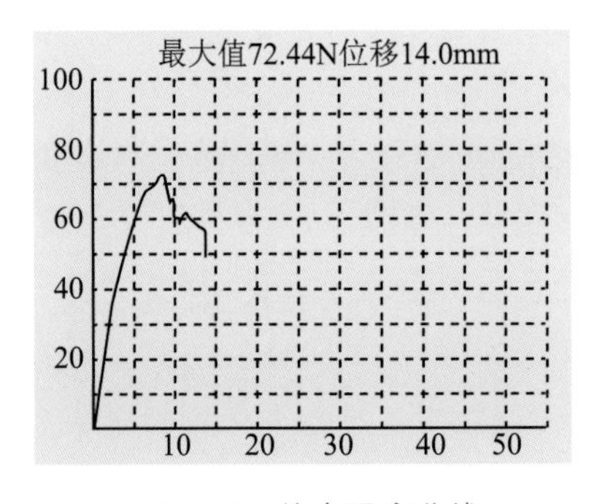

图 3-6　热合强度曲线

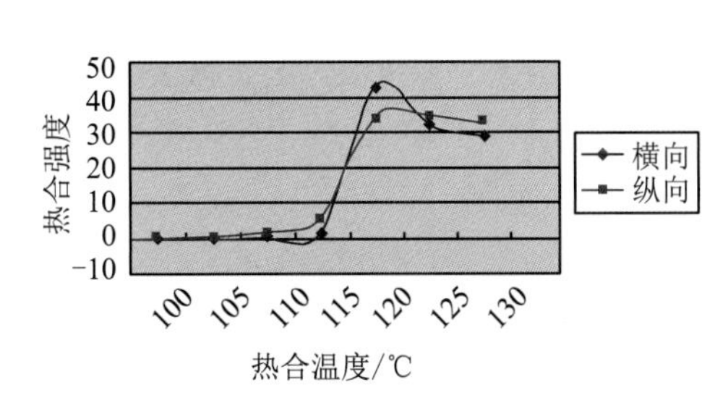

图 3-7　典型的热合曲线

热合强度曲线与热合曲线在形状上有着明显的区别。两者的另一个区别在于：热合强度曲线的试验对象（复合制品）的热合条件可以是未知的，也可以是已知的；而热合曲线的试验对象的热合条件通常都是已知的或预定的。从制袋机的工艺条件中可以得到热合温度和制袋速度两个数据，借助热封比例和制袋速度数据可以推算出热合时间。

在实验室中，热合试验机的热合条件则为三个：热合温度、热合时间和热合压力。从热合试验机上可读取的热合压力数据通常为压力表的示值，其单位可能是 MPa、kgf/cm^2 或其他的压强单位。作为热合工艺条件，则要根据需要施加在热封刀上的压强与热封刀的底面积计算出所需的气压。通常，在热合试验机上，施加在热封刀上的基准的热合压力（压强）为 $2kgf/cm^2$（不是表压）。基准的热合时间为 1s。

在此基础上，设定合理的起始热合温度，例如 100℃。当温度上升到预定数值时，置入复合薄膜进行热合处理，再将热合处理完的样条夹到拉力试验机上测量其热合强度。之后，以 5℃为一个台阶，依次将温度上升到预期的温度，每次处理一个样条，即可得到一组热合温度 / 热合强度数据。

收集完上述数据后，以热合温度为横坐标、热合强度为纵坐标，采用手工或用绘图软件即可绘制出该复合材料的热合曲线（如图 3-7 所示）。

2. 热合曲线的认识与应用

如何利用热合曲线的数据呢？

(1) 热封层与热合层

目前，在复合包装材料加工中所使用的热封性基材，如 CPP、CPE，大都是三层以上的共挤薄膜。在本文中，相对于复合材料整体而言，将 CPP、CPE 这类多层共挤的热封性基材称为热封层，将多层的热封层材料的最内层，即与复合层相对的另一层称为热合层。

(2) 认识热合曲线

图 3-7 的热合曲线可以分为三个区域：区域一，100 ～ 115℃，可称为低温不敏感区，在此区域中，热合强度的上升非常缓慢；区域二，115 ～ 120℃，可称为温度敏感区，在此区域中，热合强度在狭小的温度变化区间内有非常明显的上升；区域三，120℃以上的温度区间，可称为高温不敏感区，在此区域中，热合强度随温度的上升趋势显著缩小，甚至当温度进一步提高时，热合强度还有下降的趋势。

在热合曲线中，当热合强度达到 5N/15mm 时所对应的温度被称为“起（启）封温度”。

目前常见的热封性薄膜(CPE 或 CPP)大多为三层或多层共挤薄膜，从内到外可分为复合层、中间层（功能层）及热合层。热合层树脂的熔点通常比复合层树脂低十多度（参见“料—基材的熔点”）。

在低温不敏感区，由于热合层的温度尚未达到或接近其熔点，故没有热合强度或热合强度很低，其表现为俗称的“没有封口牢度”或“封口牢度差”。在温度敏感区，由于热合层的温度已达到或略高于其熔点，热合层的树脂开始发生表面或整体的熔化，两个相对的复合薄膜的热合层部分地或整体地熔合在一起，因此而表现出热合强度的跳跃性变化。此时如果去做热合强度的检测，封口的分离很可能是发生在两个复合薄膜的热合层的界面上或者是热合层与功能层的界面上。在高温不敏感区的初始阶段，由于热合层已整体完全熔化，但并未被从封口间挤出，故封口强度保持了基本的稳定；随着热合温度的进一步提高，当热封层薄膜中的功能层（中间层）甚至复合层也被部分地或全部地熔化时，在热合压力的作用下，热封层薄膜的树脂被部分地从封口的边缘处挤出（被挤出的树脂的绝对数量与热合温度及热合压力成正比），并在封口边缘处形成不同程度的“凸筋”，此时如果去做热合强度的检测，极有可能发生“根切”现象。

测定待加工复合薄膜的热合曲线的意义在于，可以使加工者事先了解基材或复合材料的热合特性，并合理地运用制袋机的热合温度及压力（在一定的制袋速度条件下），从而得到外观良好（平整）、封口强度适宜的制袋成品。

需要注意的是，通常所说的标准的热合曲线是热合压力为 0.2MPa（刀压而不是表压）、热合时间为 1s，下热合刀的温度为 80℃，并在此条件下设定不同的上热合刀热合温度（如从 80℃到 200℃），然后用拉力机检查在不同热合条件下得到的热封样条的热合强度，从而得到的热合曲线。

(3) 应用热合曲线

由于每一台制袋机的最高加工速度都是不同的（60 ～ 300 个 / 分），且每次开机加工不同规格的制袋制品时的加工速度也有所不同，因此，每次生产时的实际热合时间必然有所不同，所以，热合曲线中的温度 - 强度关系并不能被机械地套用，而需要根据实际的生产速度与制品的相关参数与外观状态做适当的调整。

在实践中，对同一种复合材料可以做出两条热合曲线，一条是以 0.2MPa 的热合压力和 1s 的热合时间为基础条件的热合曲线（或可称为热合标准曲线），另一条是以 0.2MPa 或其他已知的热合压力和与拟定的制袋速度相应的热合时间为基础条件的热合曲线（或可称为热合工艺曲线）。

对于同一复合材料而言，其热合标准曲线和热合工艺曲线的形状及可达到的热合强度的峰值应当是一样的，但与低温不敏感区、温度敏感区和高温不敏感区相对应的温度区间一定是不一样的。

热合标准曲线的作用是对不同的复合材料或相同的结构但采用了不同的供应商所提供的类似材料进行横向比较。热合工艺曲线的作用是对实际的生产工艺条件与结果进行评价。

图 3-8 可以认为是某个 PA/PE 结构的复合膜的热合标准曲线和热合工艺曲线的集合。图中的四条曲线分别对应了 0.2MPa-1s、0.2MPa-0.2s、0.5MPa- 1s、0.5MPa-0.2s 四种工艺条件。

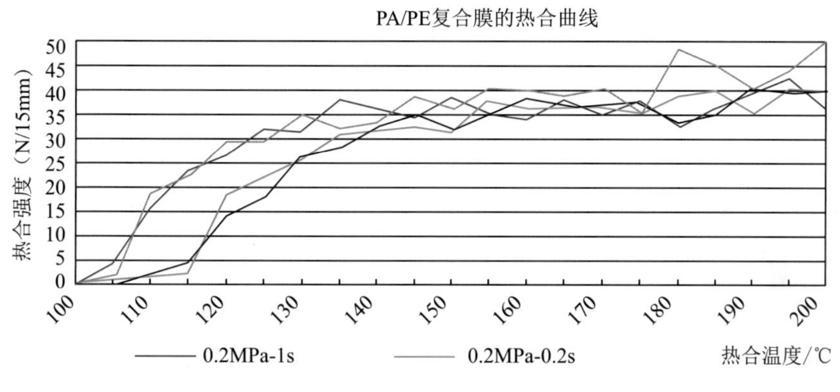

图 3-8　PA/PE 复合膜的热合曲线

上述曲线中，0.2MPa-1s 的红色曲线可被认为是热合标准曲线。在该热合曲线中，该复合膜的起封温度为 105℃，其温度敏感区是在 105 ～ 114℃。当热合压力提高至 0.5MPa 时，起封温度上升为 106℃，温度敏感区缩小到 106 ～ 110℃。当热合时间减少到 0.2s 时，无论热合压力多大，起封温度都上升到了 115℃左右，提高了约 10℃。温度敏感区也相应地“右移”了。在温度敏感区的末端，热合强度大约是在 20N/15mm 的水平，在 155 ～ 170℃的温度区间，四条曲线同时趋近 35 ～ 40N/ 15mm 的热合强度水平。在更高的温度区间，热合强度数值显示出较大幅度的波动。

作为制袋加工时热合温度的选择，建议在相应的曲线的“高温不敏感区”的初始的 30℃的范围内选择，例如，对于上面的 0.2MPa-0.2s 的绿色工艺曲线，工艺温度应在 120 ～ 150℃范围内选择。

在制袋加工过程中，制袋的速度应保持稳定。因为，降速相当于延长了热合时间，加速相当于减少了热合时间，热合时间（速度）的变化对制品的热合强度及外观都会产生明显的影响。

(4) 推算实际的热合时间

制袋机上的实际热合时间。例如，制袋速度为 60 个 / 分，则单次的有效热合时间约为 0.5 秒，即 t=60/2s，其中 s 为制袋速度。若制袋速度为 120 个 / 分，则单次有效的热合时间约为 t=60/2×120=0.25 秒。不过，实际的热合时间会因制袋机参数“热封比例”的不同而有所不同。一台制袋机通常会有二至三把横封刀，也就是说，不管袋子尺寸的大小，袋子的横封次数最多为二或三次。因此，横封刀的实际热合时间就是前面计算出的热合时间乘以 2 或 3。制袋机的纵封刀的长度一般会在 600 ～ 750mm，袋子的纵封次数将是纵封刀的长度与袋子的纵向长度的熵数（极有可能不是整数）。假如袋子的纵向长度是 140mm，那么，750÷140=5.36（次），因此，对于该产品而言，纵封刀的实际热合时间就是前面计算出的热合时间乘以 5。对于同一种复合材料而言，在热合压力固定的前提下，延长热合时间，热合曲线将整体向左移动；减少热合时间，热合曲线将整体地向右移动。

自动包装机上的实际热合时间。在自动包装机上有平刀和滚轮两种热封刀具。平刀的实际热合时间可以参照制袋机的方法进行推算。而使用滚轮时的实际热合时间则需另行推算。两个热封滚轮的相互接触面积或长度大约是 0.5 厘米，包装材料所经受的热合时间大约就是经过这 0.5 厘米长度所需的时间。例如，某自动包装机的运行速率为 40 包 / 分，包装袋的长度为 25 厘米，即复合薄膜的运行速率为 10 米 / 分，或 1000 厘米 / 分，可折算成 16.6 厘米 / 秒，16.6 厘米中包含了约 33 个 0.5 厘米，1÷33.3≈0.03 秒，即复合薄膜实际经受的热合时间大约为 0.03 秒。

(5) 不可忽视的热合压力

在制袋加工中，热合压力是一个会经常变动的参数，例如，将 10mm 宽的热封刀更换成 50mm 宽的热封刀时，如果不调整相应的热合刀压簧的压力，那么，该热合刀施加在复合薄膜上的热合压力将会降低到原来的压力的 1/5。此时，如果加工同样结构的复合材料并想获得与使用 10mm 宽的热封刀时相同的封口强度，就必须显著地提高热合温度。而其结果将是制袋成品的平整度（由于复合膜的局部热收缩）显著变差，并发生不同程度的封口卷曲、封口翘曲、表面皱褶、粘刀等问题。

也就是说，在制袋机的纵封单元同时使用 10mm（两侧）的和 20mm（中间）的纵封刀时，如果想使用相同的热合温度并达到相同的热合强度时，就应先调整 20mm 宽的热合刀的压簧压力，使两种规格的热封刀施加给复合薄膜的压强达到相同或相近的程度。

3. 热合强度的几种表现形式

在实践中，所测得的“热合强度”通常会有以下五种表现形式：

①在测量热合强度的过程中，样条可从封口处的热合面之间慢慢被剥离开；此种形式或称为“封口剥离”或“热合层剥离”，参见图 3-9；

②在测量热合强度的过程中，样条可在封口处的一侧或两侧同时发生基材间的分层，内层的薄膜在封口边的内缘发生断裂；此种形式可称为“薄膜分层 / 内层断裂”，参见图 3-10；

③在测量热合强度的过程中，样条在封口边的内缘发生断裂；此种形式俗称为“根切”，参见图 3-11；

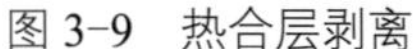
图 3-9　热合层剥离

图 3-10　薄膜分层 / 内层断裂

图 3-11　根切

④在测量热合强度的过程中，样条在远离封口边的地方发生断裂；此种形式可称为“复合薄膜断裂”，参见图 3-12；

⑤在测量热合强度的过程中，样条先是在热封层间发生分离，继而在复合薄膜层间发生撕裂现象。此种形式可称为“先是热封层分离，后是复合膜撕裂”，参见图 3-13。

图 3-12　复合薄膜断裂

图 3-13　先是热封层分离，后是复合膜撕裂

4. 不同的封口分离形态对应的热合强度曲线

图 3-14 为与“封口剥离”状态所对应的热合强度曲线。图中数据显示：应力的最大值为 78.17N/15mm，拉伸过程中夹头位移为 19.6mm。该样品为 PET/Al/PA/ RCPP 结构的蒸煮袋薄膜。曲线数据显示：在力值达到 78.17N/15mm 前，封口并未被分开，而是复合薄膜被拉伸并延长了 7 ～ 8mm；当力值达到了 78.17N/15mm 时，封口开始被剥离；在封口被剥离的过程中，力值呈下降状态，最低值为 65 ～ 66N/ 15mm。

图 3-15 为与“薄膜分层、内层断裂”状态所对应的热合强度曲线。图中数据显示：应力的最大值为 32.06N/15mm，拉伸过程中夹头位移为 20.2mm。该样品为 PA/RCPP 结构的蒸煮袋薄膜。曲线数据显示：在力值达到约 30N/15mm 之前，封口并未被分开，而是复合薄膜被拉伸并延长了约 3mm；当力值略高于 30N/ 15mm 时，从封口的内缘处开始，PA 与 RCPP

之间发生了剥离；在复合薄膜被剥离的过程中，力值呈现先上升后下降的状态，最高达到了32.06N/15mm；在热合强度曲线的第一个“凹点”处，封口处的复合薄膜已被完全分离开，其力值约为24N/ 15mm。其后是RCPP薄膜单独被拉伸的阶段，在此过程中，力值先是上升到约30N/ 15mm，然后就开始下降并直至RCPP膜被拉断。

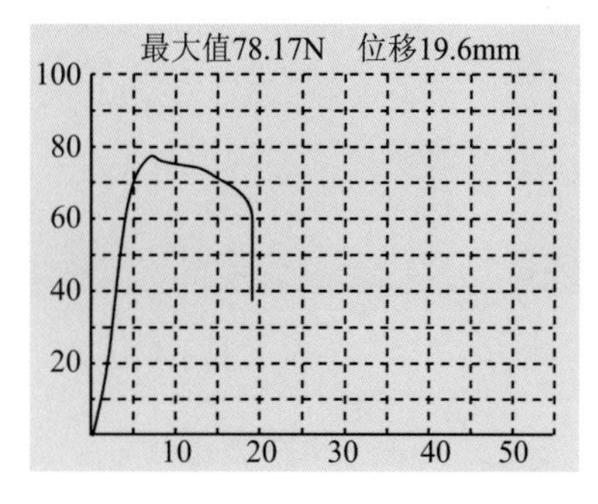

图3-14　封口剥离状态的热合强度曲线

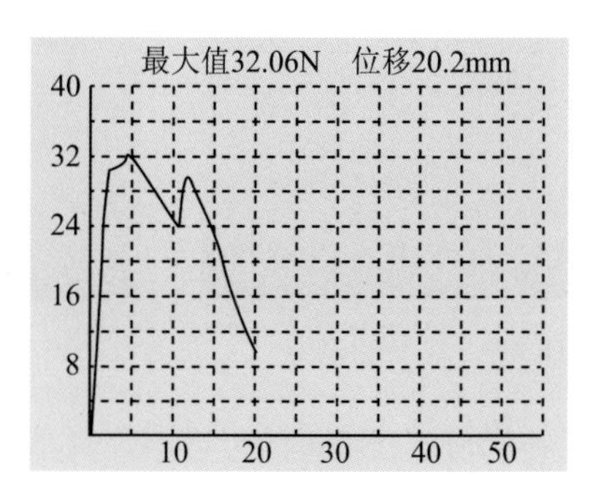

图3-15　薄膜分层、内层断裂状态的热合强度曲线

图3-16为与“根切”状态所对应的热合强度曲线。图中数据显示：力的最大值为72.44N/15mm，拉伸过程中夹头位移为14mm。该样品为OPP/VMPET/PE结构的榨菜包装薄膜。曲线数据显示：在力值在0～40N/15mm是该复合薄膜的弹性变形阶段，力值在40～68N/15mm为该复合薄膜的塑性变形阶段，在这两个阶段中，复合薄膜被拉伸并延长了约9mm，在随后的约1s的时间内（约有5mm的应变量），热合强度曲线先上升后下降，并在应力值降到约57N/15mm时，复合薄膜发生了完全的断裂。

图3-17为与“复合薄膜断裂”状态所对应的热合强度曲线。图中数据显示：力的最大值为52.14N/15mm，拉伸过程中夹头位移为42.6mm。该样品为PA/RCPP结构的蒸煮包装薄膜。曲线数据显示：在力值从0～28N/15mm是该复合薄膜的弹性变形阶段，力值从28～52.14N/15mm为该复合薄膜的塑性变形阶段，在这两个阶段中，复合薄膜被拉伸并延长了约42.6mm。在整个拉伸过程中，封口状态保持完好，断裂发生在距封口内缘约50mm的地方。

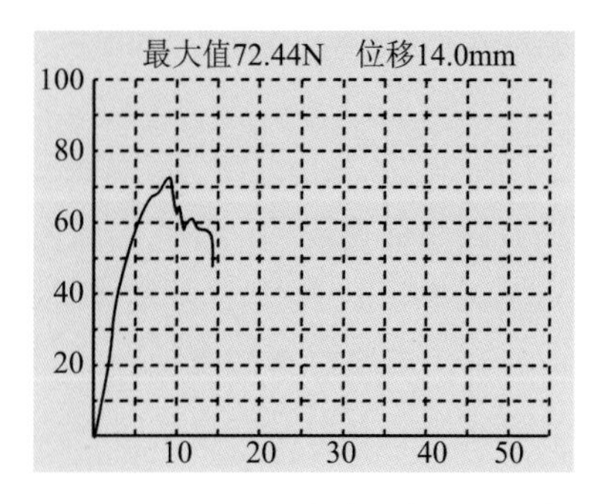

图3-16　根切状态的热合强度曲线

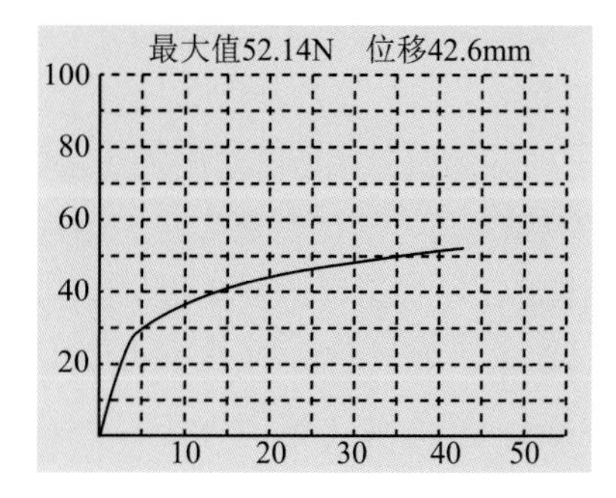

图3-17　复合薄膜断裂状态的热合强度曲线

图3-18为与“先分离后撕裂”状态所对应的热合强度曲线。图中数据显示：力的最大值为23.55N/15mm，拉伸过程中夹头位移为11.1mm。该样品为阴阳镀铝膜三层复合结构的普通包装薄膜。曲线数据显示：力值在0～17N/15mm是该复合薄膜的弹性变形阶段，在此阶段，

复合薄膜被拉伸延长了约 2mm；力值在 17 ～ 23N/15mm 为该复合薄膜的封口处热封层薄膜间的分离阶段，在此阶段，热封层薄膜保持完整的分离状态的长度约为 2mm，同时应力值保持了上升状态；然后从封口的中间部位开始发生了复合薄膜的撕裂状态，随着撕裂状态的逐渐扩展，拉伸应力也逐渐下降。

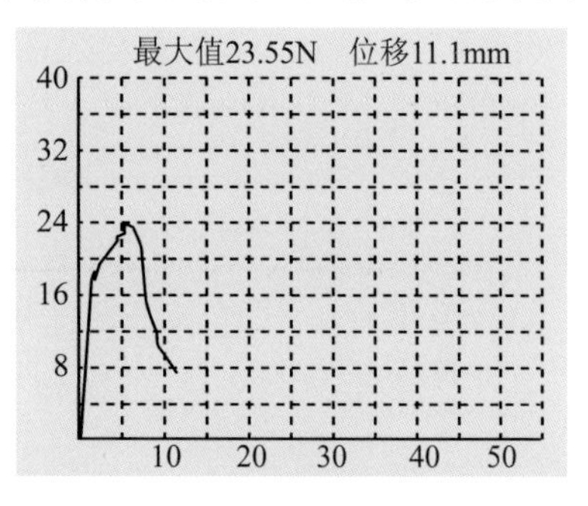

图 3-18 先分离后撕裂状态的热合强度曲线

5. 热合条件与封口分离状态

表 3-3 为 NY15/CPP65 结构的热合曲线测试数据。热合试验的条件为：热合时间 0.3s，热合压力 0.2MPa，下刀定温 80℃；上刀温度变化区间为 100 ～ 200℃，间隔为 5 ～ 10℃。

表3-3 NY15/CPP65结构的热合曲线测试数据

温度（℃）	热封时间0.3s		
	横向（N/15mm）	纵向（N/15mm）	备注
100	0.00	0.00	封口分离
110	0.13	0.09	封口分离
120	0.19	0.19	封口分离
125	0.56	0.40	封口分离
130	2.90	2.51	封口分离
135	14.97	13.42	封口分离
140	23.88	21.77	薄膜分层、内层拉伸
145	39.72	36.59	薄膜分层、内层拉断
150	41.62	49.57	薄膜分层、内层拉断
160	50.98	56.67	薄膜分层、内层拉断
170	56.80	55.94	根切
180	51.27	50.92	根切
190	50.80	44.87	根切
200	49.36	43.99	薄膜分层、内层拉断

从表 3-3 的温度 - 热合强度 - 封口分离状态数据可以发现：在 100 ～ 200℃的热合温度变化区间，热合强度先是上升，后期转为下降；在 125 ～ 135℃的热合温度区间，热合强度有一个突变区间；在不同热合温度下，热合强度数值与封口分离状态间有不同的对应关系。

6. 复合制品的结构与热合强度

从图 3-19 所示的多种结构复合薄膜的热合曲线来看，热合强度值与复合薄膜的总厚度有关，更与热封层基材的厚度有关！或者可以说，热封层越厚，则可能获得的热合强度值越大。

热合强度还与热封性基材的本性有关。从图 3-19 中可以看到：BOPP38/CPP30 结构复合膜的热合强度与 BOPP18/ 乳白 PE51 结构复合膜的热合强度是相当的。

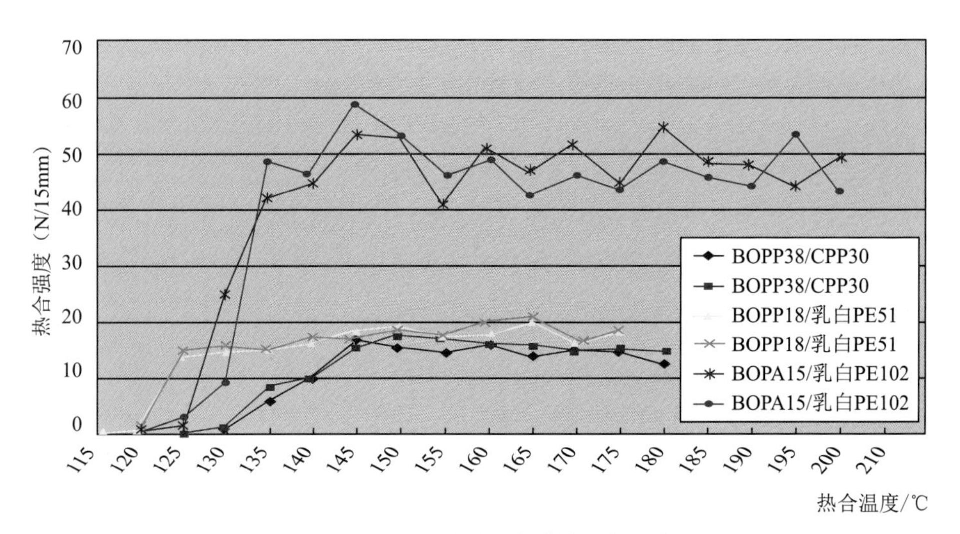

图 3-19　不同结构复合膜的热合曲线

不同结构的复合制品可达到的热合强度的最高值是有限度的。特定结构的复合制品能够测得的热合强度的最高值不会超过其拉伸断裂应力值。同一结构的复合制品（同一企业在不同时间所生产的或不同的企业所生产的）的拉伸断裂应力值也会不同，因为，某一特定结构的复合制品的拉伸断裂应力值是构成该复合制品的各个基材的拉伸断裂应力值的综合体现，而不同的基材生产企业所生产的或同一基材生产企业在不同时期所生产的同类基材的拉伸断裂应力值会有着明显的差异。参见“料 - 拉伸断裂应力”。

需要注意的是：复合膜袋的热合强度并非越大越好。通常来讲，要想得到更高的热合强度，势必需要相应地提高热合条件（提高温度、压力，延长时间），而温度过高、时间过长的结果往往会导致复合膜袋的外观发生各种意想不到的变化。或者可以说，许多复合膜袋的不良外观是由于热合条件过于强烈所导致的。

7. 客户的封口状态与热合条件的评价

图 3-20 是某食品厂采用自动灌装的方式加工的 PA/PE 包装袋。客户的投诉点为：在对该包装袋进行耐压试验时，包装袋的横封口发生了 PA 与 PE 之间局部分层的现象，客户称为“虚封现象”（图中的棕红色液体为后期灌入的示踪用的彩色溶液）。

图 3-20　封口不良的 PA/PE 材料

通过软包装厂向食品厂查询得到的加工该包装袋的自动包装机的横封刀温度为 110 ～ 130℃，加工速度不详。

另外，建议软包装厂对同批的 PA/PE 复合膜进行热合曲线的测试工作，热合时间分别为 0.2s 和 1s，热合压力分别为 0.2MPa 和 0.5MPa。结果得到了如图 3-8 所示的热合曲线。

根据经验，现在常用的自动包装机的运行速度为 30 ～ 60 包 / 分，热合时间在 1 ～ 0.5s。如果食品厂客户使用的热合温度真的是 110℃的话，从图 3-8 PA/PE 复合膜的热合曲线来看，此时尚处于该复合材料的“低温不敏感区”，在此区域内，热合强度会很小。如果在此时做包装袋的耐压实验，封口会从两个热合层之间发生完全分离，而不会发生复合膜的层间分离。而图 3-20 所显示的状态是在封口的内缘处 PA 与 PE 间发生了分离，这是封口处的热封层已变得很薄，不能承受相应的耐压试验的压力表现。

上述现象说明，该食品厂所使用的热合温度实际远高于其所称的 110℃。或者可以说，食品厂的表温是 110℃，而相应的热封刀的实际温度远高于 110℃！

七、消毒与灭菌

1. 无处不在的细菌

微生物是生物的一大类，与动物和植物共同组成生物界。微生物在自然界中的分布极其广泛，无论土壤、水、空气、物体表面还是人与动物的体表及与外界相通的腔道等处，如整个消化道、呼吸道，包括我们呼出的气体，都有微生物存在。据估计，人体内及表皮上的微生物总数约是人体细胞总数的 10 倍。

微生物包括细菌、放线菌、真菌、霉菌、酵母菌、螺旋体、立克次体、支原体、衣原体、病毒、单细胞动物及单细胞藻类等。在人体及动物体内、体表常见的微生物可分为正常微生物群和病原微生物群。

细菌是微生物的主要类群之一，是所有生物中数量最多的一类，据估计，其总数约有 5×10^{30} 个（全世界的人口数是 5×10^{10}）。细菌的个体很小，不同种类的细菌其大小为 0.2 ～ 5μm。目前常用的聚酯薄膜是 12μm，3 ～ 60 个细菌串联在一起才能达到这个长度。

人的肉眼的最小分辨率为 0.2mm（200μm），因此，需要用光学显微镜放大几百倍到上千倍才能看到细菌。

一部分细菌可导致人体发生各种病变，被称作病原菌。病原菌是许多疾病的病原体，如肺结核、淋病、炭疽病、梅毒、鼠疫、沙眼等都是由细菌引发的。然而，人类也经常利用细菌，例如，奶酪及酿酒、部分抗生素的制造、废水的处理等，都与细菌有关。在生物科技领域，细菌也有着广泛的运用。

细菌可分为嗜氧菌和厌氧菌。厌氧菌尚无公认的确切定义，但通常认为这是一类只能在低氧气分压的条件下生长，而不能在空气（18% 氧气）和 / 或 10%浓度二氧化碳的固体培养基表面生长的细菌。按其对氧的耐受程度不同，可分为专性厌氧菌、微需氧厌氧菌和兼性厌氧菌。嗜氧菌则是可在正常的大气环境下生存与繁殖的细菌。

芽孢（图 3-21）是某些细菌生长的一定阶段，在细胞内形成的一个圆形、椭圆形或柱形的休眠体。芽孢对恶劣环境有很强的抵抗能力，尤其耐高温。例如，肉毒梭状芽孢杆菌的芽孢，在沸水中可存活 6 小时，在 180℃的干热条件下，10 分钟后仍可存活。在一定条件下，芽孢可保持活力数年至数十年之久。

图 3-21 细菌的芽孢

大肠杆菌是人和动物肠道中最主要且数量最多的

一种细菌，主要寄生在大肠内。根据菌体抗原的不同，大肠杆菌可分为 150 多型。其中绝大多数的大肠杆菌是非致病性的，只有 16 个血清型为致病性大肠杆菌，常引起流行性婴儿腹泄和成人肋膜炎。

大肠杆菌随粪便排出体外，可污染周围环境和水源，并且很容易对食品造成污染。因此，大肠杆菌是卫生细菌学的主要检查对象。对饮水、食品、饮料进行取样检查时，样品中大肠杆菌越多，表示样品被污染的情况越严重，表明样品中存在肠道致病菌和其他导致食品、饮料变质的细菌的可能性越大，同时表示消毒和灭菌工作进行得不彻底。

2. 细菌的存活条件

在动物的组织、血管内部原本是没有细菌的，是屠宰与分割的过程中将细菌带到了各个切面上；烹调好的肉制品已完成了一次杀菌，而冷却与包装过程又会对其造成二次污染。

对于未经二次杀菌的包装食品，例如用浅盘和自粘膜包装的熟肉制品、切片面包，其保质期的规定是：夏季 2 ～ 3 天，冬季 5 ～ 7 天；其机理是在短期内，食品中存在的细菌不会繁殖到在食品表面出现霉斑及使口感发生明显的变化。

对于食品加工行业而言，人们关注的不仅是其中是否含有致病的病原菌，更重要的是其中是否存在会导致食品腐败的非致病菌。例如，制造米酒（又称酒酿、醪糟）的过程，在适宜的条件下，得到的是香甜的米酒；如温度过高或时间偏长，则会酒味浓郁而甜味不足；如进一步延长发酵时间，则酸气就会扑面而来。因此，为了得到香甜的米酒，就必须选择适当的时机和方法中止酒曲的生物活性（灭菌）。

大部分细菌的适宜生长温度是 37℃，与人的体温相近。因此，低温对细菌的生长有抑制作用，而高温对细菌具有明显的致死作用。所以，低温常用于防腐，高温则常用于消毒和灭菌。得到适宜的低温环境需要一定的技术条件，所以对于大量的需要在常温条件下长时间保存的食品就必须进行包装和消毒、灭菌处理。

绝大部分的包装食品的杀菌与医疗卫生、微生物学研究领域的杀菌有着本质的区别，后者要求绝对无菌，即需要将所有微生物杀死。而包装食品的杀菌并非要求绝对无菌，只要求不允许有上述有害微生物存在，但允许包装物内残存某些微生物或芽孢。这些微生物或芽孢在包装袋内特殊的环境（如真空状态、适宜的酸碱度、低温条件等）下，正处在休眠状态，在通常的商品流通及储藏过程中不会生长繁殖，不会引起食品腐败变质或因致病菌的活动而影响人体健康，达到这种标准的杀菌程度称为“商业无菌”。

包装物内残存的微生物，遇到合适的条件就会生长繁殖，引起包装物腐败变质。如包装物处在低真空状态、有空气存在时，一些耐热性的如气性微生物就能繁殖、产气并引起包装袋胀袋、包装物腐败变质。一些嗜热性微生物在高温下能很好地生长，当包装物贮藏环境温度较高时，这类微生物就会产生酸、二氧化碳和氢气，使包装物胀袋、腐败变质，但是成品若在常温下储藏时，几乎不会产生腐败变质的问题。

多数无芽胞细菌经 55 ～ 60℃作用 30 ～ 60 分后就会死亡。湿热 80℃、5 ～ 10 分可杀死所有细菌繁殖体和真菌。而细菌的芽孢对高温有很强的抵抗力，例如，炭疽芽孢杆菌的芽孢，可耐受 5 ～ 10 分钟的煮沸处理，肉毒梭菌的芽孢则需煮沸 3 ～ 5 小时才会死亡。

需要注意的是，上述温度是指细菌本身所承受的温度而不只是所处环境的温度。因此，针对不同的商品及所需要的保质期，人们发明了各式各样的杀菌方法。

3. 消毒与灭菌

消毒与灭菌是针对细菌等感染源而采取的一种预防措施。在日常生活中，消毒和灭菌这两个术语往往被混用。消毒是杀灭病原微生物的方法。它指杀死、消除或充分抑制部分微生物，使之不再发生危害作用的方法，并不要求清除或杀灭所有微生物（如芽孢等）。常用化学方法来进行。如针对器械、皮肤、空气的消毒。灭菌是指杀灭物体表面和孔隙内所有的微生物（包括病原体、非病原体的繁殖体和芽孢）的方法。

这里所指的菌，包括细菌、真菌、放线菌、藻类及其他微生物。菌的特点是：极小，肉眼看不见，无处不在，无时不有，无孔不入。在自然条件下忍耐力强，生活条件要求简单，繁殖力极强，条件适宜时便可大量滋生。因此，灭菌比消毒的要求高；灭菌所用措施较为强烈（如火烧），只适用于无生命的物体，而不能用于人体。

常用的灭菌方法可分为物理方法和化学方法两类。物理方法如干热（烘烤和灼烧），湿热（常压或高压蒸煮、水煮），射线处理（紫外线、远红外线、超声波、微波、放射线、磁力），超高压，高压脉冲，过滤，清洗和大量无菌水冲洗等措施；化学方法是使用升汞、甲醛、过氧化氢、高锰酸钾、来苏水、漂白粉、次氯酸钠、抗菌素、酒精等化学药品处理。

在非流体类食品包装工业中，化学灭菌方法基本上不被采纳，而主要使用物理方法进行灭菌处理。

4. 常用的物理灭菌方法

常用的物理灭菌方法主要有以下几类。

(1) 热力灭菌技术

用加热杀灭食品中有害微生物的方法既是古老的，也是近现代极其重要的一种灭菌技术。1804 年，法国人阿佩尔（Appert）发明了将食品装瓶后放入沸水中煮一段时间，能较长时间保藏食品的方法。19 世纪 50 年代，法国人巴斯德（Pasteur）阐明了食品的微生物腐败机理，为灭菌技术的发展奠定了理论基础。

食品的热力灭菌可分为低温灭菌法、高温短时灭菌法和超高温瞬时灭菌法三种。

①低温灭菌法又称巴氏消毒法：灭菌条件为 61 ～ 63℃ /30min，或 72 ～ 75℃ /15 ～ 20min。巴氏消毒技术是将食品充填并密封于包装容器后，在一定时间内保持规定的温度，以杀灭包装容器内的细菌。

巴氏消毒法可以杀灭多数致病菌，而对非致病的腐败菌及芽孢的杀灭能力不足。如果将巴氏消毒法与其他储藏手段相结合，如冷藏、冷冻、脱氧、包装，可满足达到一定的保存期的要求。

巴氏消毒技术主要用于柑橘、苹果汁饮料等的灭菌，因为果汁食品的 pH 在 4.5 以下，没有微生物生长，灭菌的对象是酵母、霉菌和乳酸杆菌等。此外，巴氏消毒还用于果酱、糖水水果罐头、啤酒、酸渍蔬菜类罐头、酱菜等的灭菌。巴氏消毒对于密封的酸性食品具有可靠的作用，对于那些不耐高温的低酸性食品，只要不影响消费习惯，常常利用加酸或借助微生物发酵产酸的手段，使食品的pH降至酸性范围，以达到保存食品品质和耐储藏的目的。此法所需时间较长，对热敏性食品不宜采用。

②高温消毒：灭菌条件为85～90℃／20～30min，或95℃／5～15min，主要用于豆制品、果冻、榨菜等的灭菌。主要可杀灭酵母菌、霉菌、乳酸菌等。

以上两种方法俗称“水煮”（消毒），具有灭菌效果稳定、操作简单、设备投资小等特点，其应用历史悠久，如今仍在广泛应用。

③高温蒸煮灭菌（121～150℃）：是目前应用最广的灭菌方法。利用高压蒸汽灭菌锅进行灭菌，对密闭容器采用高压饱和水蒸气进行加热能获得较高的温度，通常在1.05kg/cm^2的压力下，温度达到121.3℃，维持15～30min，可杀死包括细菌芽孢在内的所有微生物。

(2) 过热蒸汽灭菌技术

过热蒸汽灭菌技术也称干热灭菌。是采用高温过热蒸汽来灭菌，即利用温度为130～160℃的过热蒸汽喷射于需灭菌的物品上，数秒钟即可完成灭菌操作。

目前过热蒸汽灭菌技术仅适用于耐热食品包装容器（如金属制品、玻璃制品等）的灭菌。

(3) 辐照灭菌技术

辐照就是利用χ、β、γ射线或加速电子射线（最为常见的是Co^{60}和Cs^{137}的γ射线）对食品的穿透力以达到杀死食品中微生物和虫害的一种冷灭菌消毒方法。同时，食品经辐照处理后还能抑制食品自身的新陈代谢过程，因而可以防止食品的变质与霉烂。

(4) 微波灭菌技术

用于灭菌的微波频率为2450MHz。微波能使物质中的水分子振动、摩擦而发热，使微生物受热致死以起到灭菌作用。研究结果普遍认为，微波对微生物的致死效应有两个方面的因素，即热效应和非热效应。热效应是指物料吸收微波能、使物料温度升高从而达到灭菌的效果。而非热效应是指生物体内的极性分子在微波场内产生强烈的旋转效应，这种强烈的旋转使微生物的营养细胞失去活性或破坏微生物细胞内的酶系统，造成微生物的死亡。

微波灭菌可用于液态、固态物品的灭菌，包装好的物品置于微波场中，在极短时间内即可完成灭菌过程。目前微波灭菌主要用于肉、鱼、豆制品、牛乳、水果及啤酒等的灭菌。

(5) 远红外线灭菌技术

远红外线的热效应可以灭菌，它可以直接照射食品，也可以在食品装入塑料袋后给以远红外线照射灭菌。食品中的很多成分及微生物在3～10μm的远红外区有强烈的吸收。远红外加热灭菌不需要媒介，热直接由物体表面渗透到内部，因此不仅可用于一般的粉状和块状食品的灭菌，而且可用于坚果类食品（如咖啡豆、花生和谷物）的灭菌与灭霉，以及袋装食品的直接灭菌。

(6) 磁力灭菌技术

磁力灭菌是把需要消毒灭菌的食品放置于磁场中，在设定的磁场强度作用下，使食品达到常温下灭菌。由于这种灭菌方式不需加热，具有广谱灭菌作用，经此处理后的食品，其风味和品质不受影响。

这种灭菌方法主要适用于各种饮料、流质食品、调味品及其他各种包装的固体食品。

(7) 高压电场脉冲灭菌技术

高压电场脉冲灭菌是将食品置于两个电极间产生的瞬间高压电场中，由于高压电脉冲能破坏细菌的细胞膜，改变其通透性，从而杀死细胞，以此达到灭菌的目的。这种方法有两个特点：一是由于灭菌时间短，处理过程中的能量消耗远小于热处理法；二是由于在常温、常压下进行，处理后的食品与新鲜食品相比在物理性质、化学性质、营养成分上改变很小，风味、滋味无可感觉出来的差异。而且灭菌效果明显，可达到商业无菌的要求，特别适用于热敏性食品，具有广阔的应用前景。

(8) 脉冲强光灭菌技术

脉冲强光灭菌技术是采用强烈白光闪照的方法进行灭菌，它由一个动力单元和一个惰性气体灯单元组成。动力单元是一个能提供高电压高电流脉冲的部件，它为惰性气体灯提供能量，惰性气体灯能发出由紫外线至近红外区域的光线，其光谱与太阳光十分相近，但强度却强数千倍至数万倍，光脉冲宽度小于 800μs。该技术由于只处理食品的表面，从而对食品的风味和营养成分影响很小，可用于延长以透明材料包装的食品及新鲜食品的货架期。研究表明，脉冲强光对枯草芽孢杆菌、酵母菌都有较强的致死效果，30 余次闪照后，可使这些菌由 105 个减少到 0 个。脉冲强光起灭菌作用的波段可能为紫外线，但其他波段可能也有协同作用。

(9) 超高压灭菌技术

超高压灭菌技术（HHP）是将食品密封于弹性容器或置于无菌压力系统中（常以水或其他流体介质作为传递压力的媒介），在高静压（一般 100MPa 以上）下处理一段时间，以达到加工保存的目的。在高压下，会使蛋白质和酶发生变性，微生物细胞核膜被压成许多小碎片和原生质等一起变成糊状，这种不可逆的变化即可造成微生物死亡。微生物的死亡遵循一级反应动力学。对于大多数非芽孢微生物，在室温、450MPa 压力下的灭菌效果良好。芽孢菌孢子耐压，灭菌时需要更高的压力，而且往往要结合加热等其他处理才更有效。温度、介质等对食品超高压灭菌的模式和效果影响很大。间歇性重复高压处理是杀死耐压芽孢的良好方法。超高压灭菌的最大优越性在于它对食品中的风味物质、维生素 C、色素等没有影响，营养成分损失很少，特别适用于果汁、果酱类、肉类等食品的灭菌，此外，采用 300 ～ 400MPa 的超高压对肉类灭菌时还可使肌纤维断裂而提高肉类食品的嫩度。

(10) 超声波灭菌技术

超声波是频率大于 10kHz 的声波。超声波同普通声波一样属于纵波。超声波与传声媒质相互作用蕴藏着巨大的能量，当遇到物料时就对其产生快速交替的压缩和膨胀作用，这种能量在极短的时间内足以起到杀灭和破坏微生物的作用，而且能够对食品产生，如均质、催陈、裂解大分子物质等多种作用，具有其他物理灭菌方法难以取得的多重效果，从而能够更好地提高食品品质，保证食品安全。

不同的灭菌技术可以联合使用，使灭菌效果更为理想，如加热与加压并用灭菌技术、加热与化学药剂并用灭菌技术、加热与辐照并用灭菌技术、静电灭菌技术等，这些技术也都在不断地研究和完善之中，相信在不久的将来这些技术也会逐渐在食品及其他无菌包装领域中得到广泛的应用。

5. 复合食品包装灭菌设备与工艺

在复合软包装材料加工行业中，蒸煮袋是公认的高端产品。所需的材料价格昂贵，产品加工难度较高，产品应用的风险较大。如果对蒸煮袋的应用过程进行分析，可以发现：给蒸煮袋的应用带来风险的不是材料的选择与复合加工过程，更主要的是蒸煮袋的应用者绝大部分不具备适宜的蒸煮设备以及蒸煮工艺条件控制不良。

目前国际上普遍应用的蒸煮设备有两类：一类是全水循环式杀菌锅，另一类是喷淋式杀菌锅。图 3-22 是全水循环式杀菌锅的外形图，图 3-23 是喷淋式杀菌锅的外形图。

图 3-22 全水循环式杀菌锅

图 3-23 喷淋式杀菌锅

全水循环式杀菌锅已有 30 多年的发展历史，而喷淋式杀菌锅则出现得较晚。全水循环式杀菌锅由杀菌锅（下罐）、热水罐（上罐）、蒸汽源、空压机、冷却塔、循环 - 温控系统等组成。喷淋式杀菌锅由杀菌锅、换热器、蒸汽源、空压机、冷却塔、循环 - 温控系统等组成。

(1) 全水循环式杀菌锅的工作原理

①在热水罐（上罐）中注入杀菌用水，在罐体密闭的情况下通入蒸汽，将水温加热到预定的值。在杀菌锅（下罐）中装入待处理包装食品；

②将热水罐中的水注入杀菌锅中；

③将杀菌锅内的压力（反压）逐步调整到理想的范围内，同时用循环水泵不断循环杀菌锅中的杀菌用水，杀菌用水在循环管路中被蒸汽不断加热，直到设定的温度值和预定的时间；

④杀菌用水被排到热水罐（上罐）中，在保持杀菌锅中有一定压力（反压）的条件下，降温用凉水开始被注入杀菌锅；

⑤降温用凉水淹没所有被处理食品，循环泵启动，循环降温凉水；

⑥排出降温凉水，泄掉压力，取出被处理过的包装食品。

(2) 喷淋式杀菌锅的工作原理

①在杀菌锅中装入待处理包装食品；

②向杀菌锅底部注入适量的杀菌用水；

③启动循环泵将杀菌用水以雾状喷射到被处理包装食品袋表面，循环水在换热器中被蒸汽

加热，最终被控制在需要的温度并保持一段时间。同时将杀菌锅内的压力（反压）逐步调整到理想范围；

④在保持杀菌锅内一定压力的条件下，切断蒸汽源，将凉水通入换热器，直至水温降到所需温度；

⑤排出杀菌锅内的杀菌用水，泄掉杀菌锅中的压力，取出被处理过的包装食品。

上述两种设备的一个共同的特点是够提供“反压”效果。所谓“反压”，是指系统能够给杀菌锅内营造一个高压的环境，该压力大于提供相应杀菌温度的蒸汽压力，同时大于或等于被杀菌的蒸煮袋内容物中的水分及挥发成分受热后汽化、在蒸煮袋内形成的内压。该内压会使蒸煮袋发生膨胀甚至破裂。

例如，设定杀菌温度为 121℃时，所需的蒸汽压力至少为 0.1055MPa；如设定杀菌温度为 135℃时，所需的蒸汽压力至少应为 0.211MPa。

从有关热力学的教科书中可以了解到，在常压下 18g（1mol）水的体积是 18ml，受热并完全汽化时其体积是 22400ml，膨胀了 1200 多倍。

而一个标准的蒸煮袋，其几何尺寸为 120mm×170mm，将其完全吹胀，其容积也不会超过 1000ml。因此，受热汽化的水蒸气一定会使蒸煮袋膨胀得像个气球，其内部的压力也会明显地大于相应温度的蒸汽压力，这就是造成蒸煮袋破袋的根本原因。

所以，事先在杀菌锅内营造一个“反压”环境，抑制或消除蒸煮袋的膨胀，就能够有效地减少或消除破袋现象。

杀菌锅的“反压”在一定范围内是可调的。因此，需要操作人员根据蒸煮袋的尺寸、内部含水量、杀菌温度及破袋的情况随时调整“反压”的大小，以便达到最佳的杀菌效果和生产率。

温度、时间、压力（反压）是高温蒸煮杀菌工艺的三个主要工艺参数。温度和时间不足将直接导致杀菌不完全。杀菌不完全的后果就是存储过程中显现出来的“胀包”。压力（反压）不足和温度过高（整体或局部）是杀菌过程中出现“破包”的主要原因。杀菌后，蒸煮袋未“破包”但表面“起皱”（不平整）的主要原因是反压不足（包装袋曾过度膨胀但未达到破袋的程度）。

对于含有较多骨头的内装物的蒸煮袋，如果反压过大，会在骨头的凸出部位出现“铝箔层被撕裂”的问题。对于含盖材的耐蒸煮包装，如果反压过大，会出现盖材“向下凹陷”的现象，严重的也会出现盖材“局部分层”或破裂的问题。

图 3-24 是蒸气式杀菌锅的外形图。它的外形与喷淋式杀菌锅有些类似，但工作原理完全不同。使用这种设备进行杀菌时，通常是在其中先灌入冷水以浸没包装物，再将蒸气通入杀菌锅内，将其中的水及包装物逐渐加热到所需要的温度。

此种设备因为设计简单，投资小，所以目前被很多中小企业采用对蒸煮袋进行“蒸煮”杀菌。

此类设备的主要问题是不具备控制反压的能力，所以，使用此类蒸煮锅的企业出现“破袋”问题的概率比较高。但也有部分企业对此类设备进行了改良，增设了温度计，并在蒸煮过程中引入了反压控制概念，也能获得较好的杀菌效果。

图 3-25 是微波杀菌机的外形。其工作原理与日常家用微波炉是完全一样的。

图 3-24 蒸汽式杀菌锅

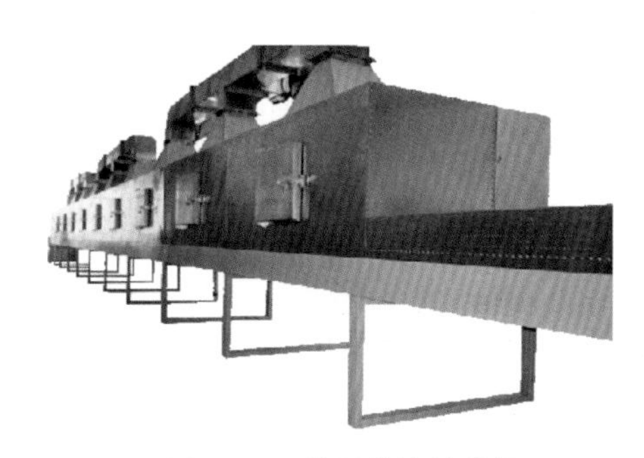
图 3-25 常压微波杀菌机

由于微波不能穿透金属，所以用于微波灭菌的包装袋不能使用铝箔或镀铝膜。严格地讲，用于微波杀菌的包装袋不能称为蒸煮袋，而应称为微波（杀菌）袋。

由于微波杀菌机属于常压高温杀菌方式，完全不具备“反压”控制能力，因此，实际上对微波（杀菌）袋的质量要求比对蒸煮袋还要高许多，主要表现在微波袋应当具有更好的抗张强度（拉伸断裂应力）和封口强度。

因为微波杀菌机不能提供“反压”，所以，包装袋在杀菌过程中必然会膨胀，膨胀的程度受内容物的重量、含水率，杀菌时间的影响很大。虽然微波可以透过包装袋进入内容物的内部，但实际上内容物的表面和内部吸收微波的程度仍然会有一些差别，这种差别会导致内容物表面的温度明显高于内部的温度，在内容物的中心部位尚未达到杀菌所需的温度及时间前，其表面及表层的水分早已被汽化，并使包装袋膨胀起来。

另一类被广泛使用的杀菌设备是水浴式消毒机（图 3-26），与之配套的包装袋俗称为“水煮袋”。

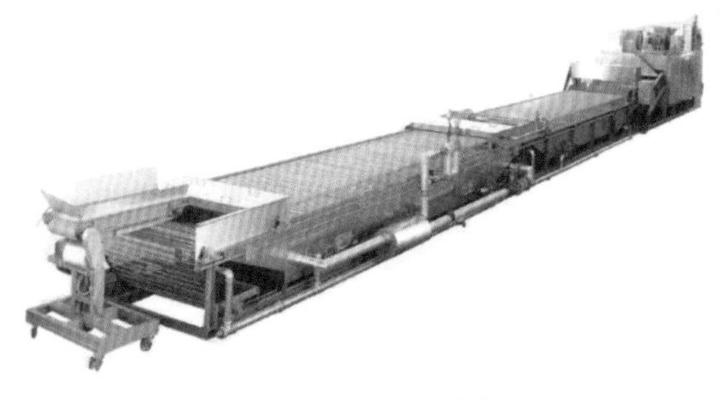
图 3-26 水浴式消毒机

水浴式消毒所用的温度与时间是根据被处理的包装产品的具体情况而定的。一般来讲，内容物的质量和体积越大，所需要的消毒温度就会越高，时间就会越长。有时，操作工也会考虑包装袋的耐性，如耐热性、镀铝层的耐水煮性（发生镀铝层消失现象时的水煮时间），及内容物的风味变化情况来调整灭菌的温度和时间。

6. 水煮消毒设备与工艺

目前，国内有相当一部分包装食品是采用 100℃以下热水浸泡一段时间的方法进行消毒，大家俗称为巴氏消毒或水煮（消毒）。

巴氏消毒法是法国微生物学家巴斯德为葡萄酒的消毒而发明的，并以他的名字来命名的一种消毒方法。系指在规定时间内以不太高的温度处理液体食品的一种加热灭菌方法。巴氏消毒是乳品加工中的一个重要环节，它可以消灭所有的致病菌、酵母、霉菌和绝大部分其他细菌。因其适用的对象范围有限，只适用于杀死无芽孢的肠道细菌，但并不能达到完全灭菌的程度。

此法可以达到消毒目的，又不致损害食品质量。

巴氏消毒法分低温法（60～65℃），灭菌15～30min，高温法（70～80℃），消毒5～15min。有些不耐高温的液体，如牛奶、啤酒和葡萄酒等，不能加热到煮沸的温度(100℃)，可采用较低的温度（70～80℃）杀死部分细菌。

它的主要理论依据是：无芽胞细菌加热到60～65℃，经过15～30min可以死亡；而加热到70～80℃，则只需5～10min即被杀死。牛奶用巴氏消毒法，用70～75℃或用80℃经几秒钟可达到消毒目的。这样可以杀死致病菌，特别是无芽孢的肠道细菌，保证营养成分不被破坏。巴氏灭菌法应用到啤酒加热约65℃经30min，用此法生产的啤酒称为熟啤酒。

目前国内的食品加工企业用户所采用的水煮（消毒）法，温度一般在80～85℃或90～98℃，时间在30～120min，消毒的对象也不是葡萄酒或牛奶等流体物质，而是果冻、榨菜、豆制品等配有独立包装袋的非流体物质。所以，尽管消毒的理论依据是一样的，但此种消毒方法已不是严格意义上的巴氏消毒法，应当称为（热）水浸（泡）消毒法或（开）水煮（沸）消毒法。

从另一个角度讲，由于水煮消毒的方法只能杀死、消除或抑制部分微生物，使其在短期内不发生危害作用，但并不能清除或杀灭所有微生物（如芽孢等），因此，残存在包装内容物中的未被杀灭的微生物（如芽孢等）在适宜的条件下（特别是在夏季）仍然会繁殖，并最终导致包装食品腐败。

所以，采用水煮消毒方法处理过的包装食品，尤其是熟肉制品，必须放置在低温环境下储存、运输、销售，或者只限于秋冬季节生产、销售。否则，经过长时间的储藏后，必然会发生内装物腐败、变质、“胀袋”等问题。

除非在内装物中添加有低沸点物质，在常规条件下，水煮袋在水煮消毒过程中不会出现“破袋”问题。如果某客户称在水煮条件下出现了破袋问题，那么可以认为该客户实际使用的温度一定是高于100℃的！

7. 蒸煮杀菌的温度与压力

蒸煮杀菌又称高温蒸煮，顾名思义，是在一种高压的环境（比人们日常所处的大气压力环境要高一些）下，为所处理的食品提供一个较高的温度环境，在一定的时间条件下，将包装袋内容物中的细菌、芽孢等杀死，以延长食品的保存期为目的的灭菌方法。

常用的高温蒸煮条件是121℃、30min或135℃、15min。

为了获得这样的温度，就必须使用某种压力容器，并利用蒸汽锅炉提供一定压力的蒸汽。

笔者曾到过一些小型的采用蒸煮杀菌方法的食品加工企业，他们使用的是如图3-24所示的杀菌锅，杀菌（保温）时，锅上的压力表（此类设备大多没有专用的温度表）显示的压力为0.18～0.2MPa，保温时间则因内容物的质量与体积而有所不同。

使用这样的蒸汽压力对不对呢？为此，笔者查阅了相关的资料。资料显示，饱和水蒸气的温度与绝对压力的关系如表3-4所示。

表3-4 饱和水蒸气的温度与绝对压力的关系

温度（℃）	100	105	110	115	120
绝对压力（MPa）	0.102	0.121	0.143	0.169	0.199
温度（℃）	121	125	130	135	140
绝对压力（MPa）	0.205	0.232	0.27	0.313	0.361

那么，什么叫绝对压力呢？通过查阅资料得知，绝对压力，或称为真实压力，是以绝对零压为起点计算的压强，或以真空为起点计算的压强。

这个绝对压力显然不是我们讨论的蒸煮锅的压力，蒸煮锅内的压力应当是通过安装在锅上的压力表反映出来的蒸煮锅内与锅外的压力的差。通过查阅资料得知，表压强，简称表压，是指以当时当地大气压为起点计算（测量得到）的压强。当所测量的系统的压强等于当时当地的大气压时，压强表的指针指零，即表压为零。

真空度，当被测量的系统的绝对压强小于当时当地的大气压时，当时当地的大气压与系统绝对压之差，称为真空度。所用的测压仪表称为真空表。

绝对压、表压、真空度之间的关系如图 3-27 所示。图中，A 测压点压强小于当时当地大气压，B 测压点压强大于当时当地大气压。

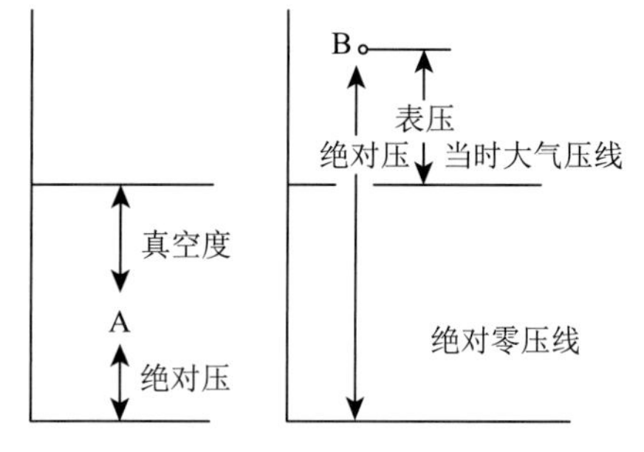

图 3-27 绝对压、表压、真空度之间的关系

由图 3-27 可知：系统压力 P ＞大气压时，绝对压 = 大气压 + 表压；系统压力 P ＜大气压时，绝对压 = 大气压 - 真空度。

这就又带来了几个问题：什么是大气压？当前所处的环境的大气压是多少？当需要 121℃的温度时，表压应当是多少？

一个标准大气压是这样规定的：把温度为 0℃、纬度 45° 海平面上的气压称为 1 个大气压。水银气压表上的数值为 760mmHg（毫米汞柱）。根据国际单位制进行换算，一个大气压 = $1.033kg/cm^2$ = 0.101MPa。

根据前面所述，系统压力 P ＞大气压时，绝对压力 = 大气压 + 表压，那么，表压 = 绝对压力 - 大气压，因此，当大气压为一个标准大气压时，蒸煮锅上压力表的表压与锅内的饱和蒸汽温度的对应关系如表 3-5 所示。

表3-5 饱和水蒸气的温度与表压的关系

温度（℃）	100	105	110	115	120
表压力（MPa）	0.001	0.020	0.042	0.068	0.098
温度（℃）	121	125	130	135	140
表压力（MPa）	0.104	0.131	0.169	0.212	0.260

注：外界为一个标准大气压。

表3-5中的数据是在环境的大气压处在一个标准大气压的条件下计算出来的，而人类生产、生活的空间一般来讲会或多或少地高于海平面，也就是说，人类进行生产、生活所处的空间的大气压都会或多或少地低于标准大气压值。因此，在确定所需要的杀菌温度的前提下，蒸煮锅的表压值就需要在表3-5数据的基础上，根据所处的不同海拔高度及季节适当地增加。

因为辽宁、贵州、湖南、四川是生产蒸煮包装食品较多的省份，且大多数蒸煮食品的生产季节是在秋、冬季节，故以营口、贵阳、长沙、成都四个城市夏季、冬季的数据为例进行分析（表3-6）。

冬季营口的气压为770mmHg，贵阳为673mmHg，长沙为764mmHg，成都为722mmHg。相应的以MPa为单位的气压值分别为：0.102、0.089、0.102、0.096。以表3-4中121℃所对应的绝对压力0.205MPa为基准，则上述四个城市的企业加工蒸煮食品时所需的表压分别应为：0.103MPa、0.116MPa、0.103MPa、0.109MPa。

如果上述四个城市的企业均在使用0.2MPa的表压进行蒸煮食品加工，那么蒸煮锅内的包装食品所承受的温度显然要高于121℃。通过查表或计算，可得知在此种状况下，蒸煮锅内的实际温度分别为：134.3℃、132.9℃、134.3℃、133.7℃。

表3-6　国内各主要城市的海拔高度与夏季、冬季大气压力

城市	海拔高度（m）	大气压力(mmHg)	
		夏季	冬季
哈尔滨	146	741	755
营　口	4	754	770
北　京	52	749	765
太 原	784	689	699
济 南	55	750	767
西 安	397	718	734
杭 州	7	754	769
福 州	88	747	759
成 都	506	710	722
昆 明	1819	606	608
贵 阳	1071	666	673
长 沙	81	747	764
广 州	6	753	764
重 庆	259	—	—

但需要注意的是：在蒸煮杀菌工艺中，温度和压力是两个可分别控制的工艺参数。如上所述，121℃的温度所对应的蒸汽压力应当是0.104MPa，如果使用中的蒸煮锅的仪表显示锅内的温度为121℃、压力为0.2MPa，那么，0.2MPa与0.104MPa的差值就是施加给蒸煮袋的、防止其膨胀/破袋的“反压”（前提是所使用的蒸煮锅配备有专用的温度表和压力表）。

至于上述的“反压”是否合理或合适，则需要通过观察经蒸煮处理后的成品的外观状态来进行判断。

8. 配套的软件

笔者曾与某蒸煮锅的销售人员交谈，得知蒸煮锅的销售中分为硬件与软件两部分。硬件部分即为蒸煮锅的本体及其配套设施，软件部分即为蒸煮锅的应用技术。软件部分中最关键的是反压的控制技术。反压控制技术中包含何时开始打反压、反压打到什么程度、保压及泄压等。对不同形态的包装食品，反压的控制是有针对性的，不是一成不变的。而在实践中，绝大多数的食品厂在采购蒸煮锅时，仅采购硬件部分，而拒绝为软件部分付出。

这也可能是软包装材料加工企业时常会因蒸煮袋的破袋问题而与供应商发生纠纷的原因之一。

9. 消毒 / 灭菌效果的再确认

对于每一种包装食品的个体而言，由于包装袋的几何尺寸不同、结构（厚薄）不同、内装物（食品）的材质不同、外形不同、厚度不同、前处理工序不同，那么，在相同的消毒 / 灭菌热处理条件（温度、时间）下所能达到的消毒 / 灭菌结果显然也会不同。

从包装食品生产商的角度，其所希望的是在预期（包装袋上所标示）的保质期内包装食品能够保持其“被设定”的色、香、味，不出现变色、变味、发霉等现象。而实际的消毒 / 灭菌处理效果则需要进行再确认。

再确认的方法有两种：一种是实际的市场环境下的再确认，即在预期的保质期内对已经上市的产品的相关质量投诉情况 / 数据进行跟踪与统计；另一种是在实验室内对刚结束消毒 / 灭菌处理的产品进行细菌培养试验。从费效比来讲，后一种方法显然更合理一些。

八、铝箔与镀铝层的耐腐蚀性

1. 铝的化学特性

铝为银白色轻金属，有延展性，常被制成棒状、片状、箔状、粉状、带状和丝状。在复合软包装行业应用的是 6 ～ 25μm 厚的铝箔和镀铝薄膜［镀层厚度在 300 ～ 550Å（埃，厚度单位，1Å 等于 10^{-10}m）］。金属铝易溶于稀硫酸、硝酸、盐酸、氢氧化钠和氢氧化钾溶液，不溶于水。相对密度 2.70，熔点 660℃，沸点 2327℃。

铝是活泼金属，在干燥的空气中铝的表面会立即形成厚约 50 Å 的致密氧化膜，使铝不会进一步被氧化，并能耐水。铝是两性的，所谓“两性”是指金属铝在化学反应中既显示酸性（可与碱发生化学反应)，又显示碱性（可与酸发生化学反应)。在常温条件下，金属铝既易溶于强碱，也能溶于稀酸。

2. 铝与水的反应

铝和水的化学反应式是 $2Al+6H_2O=2Al(OH)_3+3H_2\uparrow$，该化学反应的实质是，水是极弱的电解质，但在水中能电离出氢离子 H^+ 和氢氧根离子 OH^- 与金属铝反应，生成 $Al(OH)_3$（氢氧化铝）和 H_2（氢气）。该反应可在加热条件及常温下进行，但在常温下反应的现象很难被观察到。

3. 铝箔与镀铝层的耐腐蚀性

图 3-28 表示的是将三种不同型号的镀铝薄膜放在沸水中经受 4 分钟的水煮处理后的状态。图片的上部是镀铝薄膜的原始状态，图片的下部是镀铝薄膜经水煮处理后的状态。图片显示，浸泡在沸水中的镀铝膜的镀铝层大部分已经消失（被腐蚀掉）了。

该图片说明金属铝能够与热水或沸水发生上面所说的化学反应，导致形成行业中所不愿看到的“镀铝腐蚀”或“蚀铝”现象。

图 3-29 显示的是 PET/Al/PE 结构的盖材复合膜经受了水煮处理后，在盖材的边缘处、已发生“局部脱层”现象。

图 3-28　三种镀铝膜经水煮后的状态

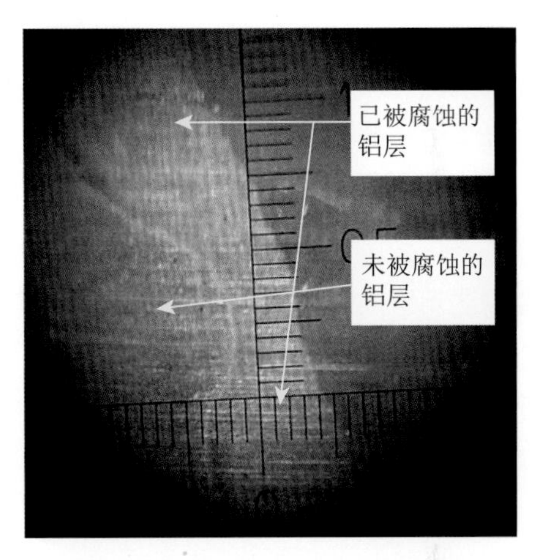

图 3-29　含铝箔盖材经水煮的状态

图 3-29 表明：在盖材的边缘处发生的复合膜“局部脱层”现象是由于复合膜中的铝箔层已被热水腐蚀、复合膜中的胶层已失去了所粘接的对象而形成的。

4. “镀铝层被腐蚀”现象的表现形式

“镀铝层被腐蚀”现象（部分地区称为“络合”“氧化”）有以下几种表现形式：

①用水性胶加工的复合膜（尚未被用于包装内装物）在存储条件下出现局部的镀铝层被腐蚀的现象；

②在热灌装的过程中，与阀口相对应的部位显现出镀铝层局部被腐蚀的现象；

③非水煮包装物的袋体上与内装物相接触部位的镀铝层被腐蚀的现象；

④经过水煮处理后，与特定的油墨印刷图案相对应的部位的镀铝层显现出被腐蚀的现象；

⑤经过水煮处理后，在三边封包装袋的封口处显现出“由外及内”的镀铝层被腐蚀的现象；

⑥经过水煮处理后，在没有油墨层覆盖的三边封包装袋的封口处以及袋体上显现出的整体性的镀铝层被腐蚀的现象；

⑦经过水煮处理后，仅在袋体上与内装物相接触过的部位的镀铝层显现出片状的镀铝层被腐蚀的现象；

⑧经过水煮处理后，仅在袋体上与内装物相接触过的部位的镀铝层显现出点状的镀铝层被腐蚀的现象；

上述现象表明："镀铝层被腐蚀"是一种常见的现象，在常温条件下以及水煮条件下都有可能发生，其表现形式也是多种多样。

关于不同现象的原因分析可参见"常见问题篇"的相关章节。

九、真空度与真空泵

1. 真空度

"真空度"，顾名思义就是真空的程度。是真空泵、微型真空泵、微型气泵、微型抽气泵、微型抽气打气泵等抽真空设备的一个主要参数。"真空"，是指在给定的空间内，压强低于101325Pa（也即一个标准大气压强，约101kPa）的气体状态。在真空状态下，气体的稀薄程度通常用气体的压力值来表示，显然，该压力值越小，表示气体越稀薄。

对于真空度的标识通常有两种方法。一是用"绝对压力""绝对真空度"（即比"理论真空"高多少压力）标识；在实际情况中，真空泵的绝对压力值介于0～101.325kPa。绝对压力值需要用绝对压力仪表测量，在20℃、海拔高度=0的地方，用于测量真空度的仪表（绝对真空表）的初始值为101.325kPa（即一个标准大气压）。二是用"相对压力""相对真空度"（即比"大气压"低多少压力）来标识。"相对真空度"是指被测对象的压力与测量地点大气压的差值，用普通真空表测量。在没有真空的状态下（即常压时），表的初始值为0。当测量真空时，它的值介于-101.325～0kPa（一般用负数表示）（图3-30）。比如，有一款微型真空泵的测量值为-75kPa，则表示泵可以抽到比测量地点的大气压低75kPa的真空状态。

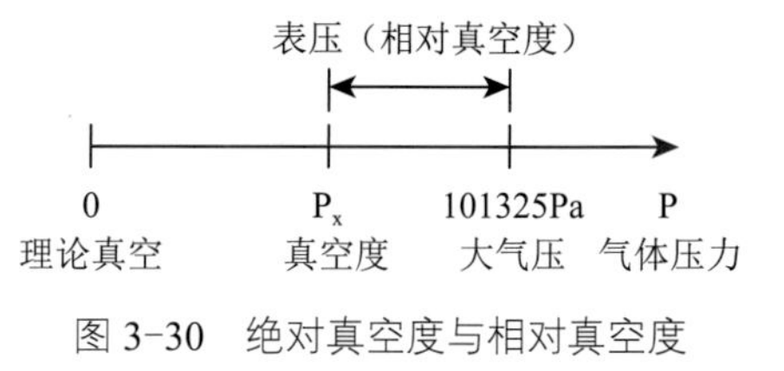

图3-30　绝对真空度与相对真空度

国际真空行业通用的"真空度"，也是最科学的是用绝对压力标识；指的是"极限真空、绝对真空度、绝对压力"，但"相对真空度"（相对压力、真空表表压、负压）由于测量的方法简便、测量仪器非常普遍、容易买到且价格便宜，因此也有广泛应用。

理论上二者是可以相互换算的，两者换算方法如下：

相对真空度 = 绝对真空度（绝对压力）- 测量地点的气压

例如，有一款微型真空泵的绝对压力为80kPa，则它的相对真空度约为80-100=-20kPa（测量地点的气压假设为100kPa），在普通真空表上就该显示为-0.02MPa。

常用的真空度单位有Pa、kPa、MPa、kgf/cm^2、mmH_2O、mmHg、bar等。近似换算关系如表3-7所示。

表3-7　压力单位换算表

单位	Pa	kPa	MPa	bar	kgf/cm^2	mmH_2O	mmHg
Pa	1	10^{-3}	10^{-6}	10^{-5}	10.2×10^{-6}	101.97×10^{-3}	7.5×10^{-3}
kPa	10^3	1	10^{-3}	10^{-2}	10.2×10^{-3}	101.97	7.5

续表

单位	Pa	kPa	MPa	bar	kgf/cm^2	mmH$_2$O	mmHg
MPa	10^6	10^3	1	10	10.2	101.97×10^3	7.5×10^3
bar	10^5	10^2	10^{-1}	1	1.02	10.2×10^3	7.5×10^2
kgf/cm^2	9.807×10^4	98.07	9.807×10^{-2}	0.9807	1	10^4	7.356×10^2
mmH$_2$O	9.807	9.807×10^{-3}	9.807×10^{-6}	9.807×10^{-5}	10^{-4}	1	7.356×10^{-2}
mmHg	133.32	133.32×10^{-3}	133.32×10^{-6}	1.33×10^{-3}	1.36×10^{-3}	13.6	1

2. 真空泵

与真空泵相关的技术参数主要有电压、负载电流、流量、真空度（绝对压力）和负压（相对压力）。

表 3-8 是某企业生产的多款真空泵可达到的真空度的参考数据。

表3-8　不同型号的真空泵可达到的真空度

型号	真空度（绝对压力）三种单位换算值			负压（相对压力）
	kPa	mmHg	mbar	kPa
1	65	488	650	-35
2	70	525	700	-30
3	80	600	800	-20
4	85	638	850	-15
5	95	713	950	-5
对比：标准大气压	101	760	1013	

从表 3-8 中可以看到：不同型号的真空泵可达到的真空度有着明显的差别。

3. 真空包装

“真空包装”是包装行业中普遍应用的一种加工技术。使用真空包装的目的是尽量减少空气中的氧气对内装物的不良影响，以延长内装物的货架寿命。显然，真空泵的真空度的数值越小（负压的绝对值越大），则包装袋内可能残存的空气（包括氧气）的量就会越少。包装袋内实际的真空度除了与所使用的真空泵的能力（可达到的真空度）有关外，还与抽真空操作的时间有关。抽真空的时间越长，则包装袋内实际真空度就有可能越接近真空泵可能达到的真空度水平。

在“真空包装袋”的应用过程中，如果使用的真空包装机中所配备的真空泵的抽真空能力不足，或者真空泵的能力足够，但实际抽真空的时间不足，包装袋内都有可能残存较多的空气。这些残存的空气是“藏”在内装物内部的缝隙当中的，当抽真空操作刚刚完成时，从包装物的外观上是发现不了的。

当完成了抽真空操作的真空包装物去经受水煮或蒸煮处理时，其中的微量空气会受热膨胀，并在内装物受热膨胀后的挤压作用下“析出”到内装物的表面。如果使用的是透明的真空包装袋，那么就有可能在真空包装物的表面层与内装物之间看到“可移动”的气泡。

经过热处理后，在真空包装物内部是否会出现上述的“可移动的气泡”，与内装物的构造（是否有较多的缝隙）、真空泵的真空度、抽真空的时间、热处理的温度等诸多因素有关。

4. 相关的质量问题

（1）“漏气”。

（2）“胀袋”。

十、拉链袋的相关事宜

1. 常见的不良现象

拉链袋是复合包装膜袋中的一大类产品。拉链袋加工中的常见问题有两类：一类是拉链两端的“局部分层”或“表面皱褶”现象，如图 3-31 所示；另一类是拉链与袋体封合处的“表面皱褶”现象。如图 3-32 所示。

图 3-31　局部分层现象

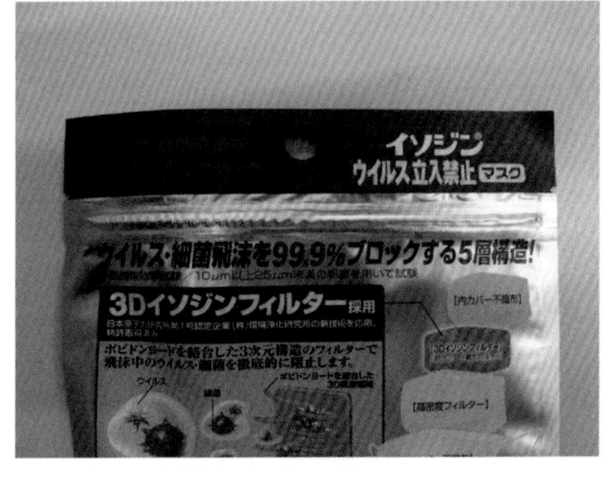

图 3-32　表面皱褶现象

2. 拉链袋端头处表面皱褶的分类方法

拉链袋端头处表面皱褶可按以下两种方式分类：一种是按表面皱褶存在于复合薄膜的哪一个层次间进行分类，另一种是按表面皱褶存在于复合膜袋的哪一个面上进行分类。

“按层次”的分类可将拉链袋端头处的表面皱褶分为两类：一类是存在于印刷（表层）基材与次外层基材间的，另一类是存在于热封层与次内层间的。

“按面”的分类可将拉链袋端头处的表面皱褶分为两类：一类是在袋子的正反两面都有的，另一类是只存在于袋子的某一面的。

3. 对拉链的关注点

在复合包装膜袋上应用的拉链有多种形式，以适应于不同的要求。

图 3-33 是一种常用形式的拉链的剖面图。拉链由啮合体与拉链翼两部分组成。拉链翼用于与包装袋的热封层相熔合，将啮合体固定在袋体上；啮合体用于为包装袋提供密封性和易开启性。

在采购及投入应用前，应当关注拉链的以下技术指标：一是拉链的熔点，二是拉链的热收缩率。对此可以直接向供应商咨询，也可以自行检测。

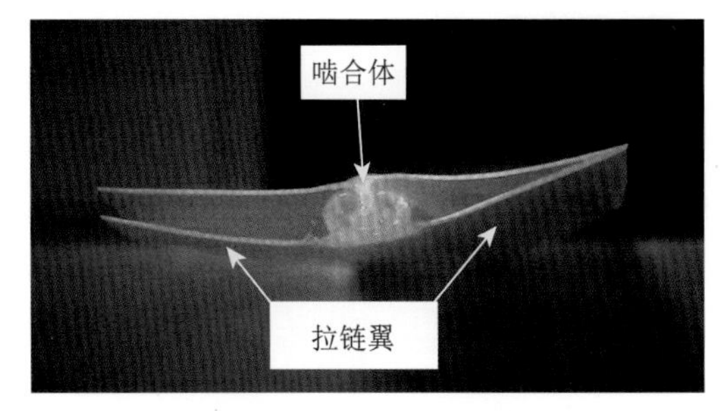

图 3-33　拉链的剖面

拉链的熔点可采用 DSC（差示扫描量热法）进行检测。通常，拉链的熔点应当等于或低于复合膜热合层树脂的熔点。拉链的热收缩率的检测方法为将拉链置于沸水中煮 10 分钟，或在 100℃的电热箱中放置 10 分钟，取出后分别测量“公扣链”和“母扣链”的长度的变化值。拉链的热收缩率最好与复合薄膜相同或相近。

在现实中，曾经检测到某个上述形式的拉链在前述热处理条件下的热收缩率达到了 14%；而且，同一根拉链上的“公扣链”和“母扣链”间也存在 2% ～ 3% 的热收缩率差异！

要想得到外观良好的拉链袋，拉链本身在水煮条件下的热收缩率应小于 1% ！

4. 拉链袋加工的工艺特点与相关的问题

在拉链袋上，拉链的两端与袋子的两个纵封口相交部位处的拉链的端面形态应当是如图 3-34 所示的状态。

在拉链袋的加工过程中，需要将拉链的端面形态从图 3-33 所示的状态转变成图 3-34 所示的状态。这一过程可通过以下两种方式实现：一是采用如图 3-35 所示的超声波焊接装置；二是电加热点焊装置。

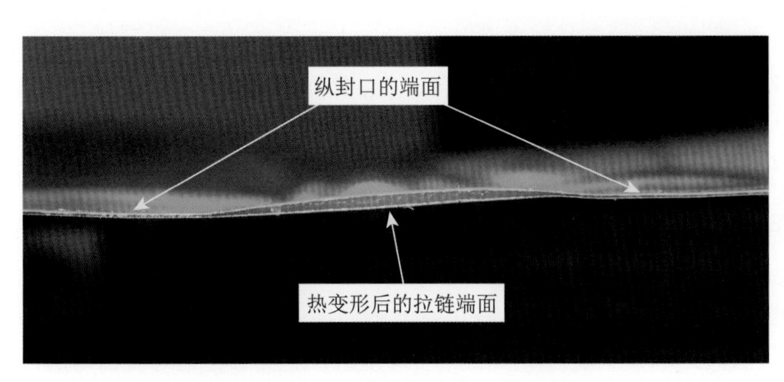

图 3-34　已加工完成的拉链袋上的拉链与纵封口交接处的端面形态

图 3-35　超声波焊接装置

超声波焊接的原理是：两个焊件（此处是拉链的啮合部及复合膜的热合层）在压力作用下，利用超声波的高频振荡使焊件的接触表面产生强烈的摩擦作用，依靠摩擦生热，使拉链塑化变形，同时与复合膜的热合层熔合到一起。

电加热点焊的原理是：两个焊件在压力作用下，使点焊装置的热量通过复合膜的表面层依次向内部传递，使热封层（不仅仅是热合层）及拉链发生塑化变形，并熔合到一起。

这两种焊接方式的差异在于：前者是热量产生于焊件的内部，其温度梯度是内部高、外部低，并由内向外产生熔化 / 塑化作用（图 3-36）；后者是将热量从焊件外部向内传递，其温度梯度是外部高、内部低，并由外向内发生熔化 / 塑化作用（图 3-37）。

图 3-36 超声波加热的温度梯度

图 3-37 电热点焊的温度梯度

对于超声波焊接方式，无论拉链的熔点是否高于或低于热合层，首先都会是拉链先被熔化 / 塑化，其次才是热合层。对于电热点焊焊接方式，无论拉链的熔点高于或低于热合层，首先都会是热封层（不仅仅是热合层）先被熔化 / 塑化，其次才是拉链。

图 3-38 是超声波加热的结果，图 3-39 是电热点焊的结果。

图 3-38 超声波加热的结果

图 3-39 电热点焊的结果

5. 形成表面皱褶的原因

形成拉链袋上“表面皱褶”或“局部分层”现象的基本原因是：在特定的制袋加工工艺条件下，构成拉链袋的不同要素间显现出不同程度、不同方向的收缩应力。收缩应力主要源于拉链的收缩。

在袋子的横向（即拉链的放卷方向，拉链袋都是横出的）上，拉链的收缩有两种形式：一种是应力收缩，另一种是热收缩。在袋子的纵向（即拉链的横向）上，拉链收缩的表现形式是热收缩。

“拉链的纵向应力收缩”是指在制袋机的放卷单元，拉链的单位放卷张力大于复合膜的单位放卷张力，即拉链的弹性变形率大于复合薄膜的弹性变形率，在制袋工序结束后，外力被撤销时，拉链力图恢复其初始的尺寸。于是，就在拉链与复合膜间产生了收缩应力，形成了类似于图 3-32 所示的状态。

“拉链的纵向热收缩”是指拉链在相应的热合条件下，受热后所发生的沿拉链的放卷方向显现出来的热收缩。当拉链的热收缩率大于复合薄膜的热收缩率时，就会在拉链与复合薄膜间产生热收缩应力，形成了类似于图 3-32 所示的状态。

“拉链的横向热收缩”是指在受热 / 受压的条件下，拉链发生熔化，在与袋体表面相垂直的方向上，拉链的“厚度”被减薄，同时，沿着边封口（袋子的纵向）使拉链的宽度发生扩展。在上述过程中，拉链是处于部分或完全的熔融状态；在完成制袋加工过程后，曾经部分或完全熔化而且宽度已经被扩展的拉链端头会逐渐冷却，同时发生收缩。收缩的幅度会与“被扩展”的程度相关联。当熔化了的拉链的横向热收缩率大于复合薄膜的热收缩率时（不幸的是，绝大多数的复合膜的横向收缩率比较小，甚至可能会膨胀），就会在拉链与复合薄膜间产生热收缩应力。

6. 冷却条件的影响

在制袋加工过程中及完成后，拉链在其纵向及横向上实际可能发生的热收缩率还与冷却条件有着密切的关系。

如果受热变形后的拉链能够在制袋加工完成前获得充分的冷却，则已完成制袋加工的复合膜袋在存储条件下继续发生热收缩的可能性就会大大减少。如果已完成制袋加工的复合膜袋中的热封层树脂以及拉链仍处在熔融状态或黏弹态（其标志是有“粘刀”现象），那么，在存储条件下，热封层树脂以及拉链就一定会发生某种程度的热收缩，继而产生相应程度的表面皱褶现象。因此，制袋机冷却刀的表面温度（受冷却水温及冷却水流量的影响）就成为影响复合膜袋外观质量的重要因素之一。

7. 拉链及热封层基材熔点的影响

如果拉链的熔点等于或高于热封层的熔点，那么，从电加热点焊刀传递出的热量首先会使热封层塑化 / 熔化，然后才会使拉链受热塑化 / 熔化。在拉链塑化变形的过程中，处在承受了较大压强的局部已经处于熔融状态的热封层（由于拉链本身厚度的不均匀性所致）就会被压薄甚至挤走。在热封层已被挤走的部位，由于原有的胶层已失去了粘接的对象，胶层与熔融态的拉链树脂间会暂时依靠熔融状态拉链树脂的热黏性黏附在一起，于是，在充分冷却后，由于拉链树脂的较强烈的收缩，就会出现肉眼可见的、存在于热封层与次内层（或第二层）基材间的局部分层或表面皱褶现象。

如果拉链的熔点低于热合层的熔点，那么，从电加热点焊刀传递出的热量首先会使拉链塑化 / 熔化，然后才会使热合层受热塑化 / 熔化，这样就不会出现上述的局部分层的现象。但是，如果在制袋过程中，上点焊刀的温度明显高于下点焊刀的温度，那么，仍然会出现袋子的上加工表面的复合膜中的热封层被压薄或挤走的情况，其结果是在拉链袋的上加工表面出现肉眼可见的、存在于热封层与次内层（或第二层）基材间的局部分层或表面皱褶现象。

十一、滚轮热封相关事宜

1.“滚轮热封”的含义

“滚轮热封”是在自动包装机上将复合包装薄膜由片材转变为包装袋的过程中的一种热合方式。在制袋机、自动包装机上，常用铜、铁、铝等导热性良好的金属材料加工成各种形态的热合刀具，将电加热器发出的热量传递给待热合的复合包装材料，以使其中的热合层熔化、熔合，形成所需要的包装袋形式。

热合刀具的形状有条形、圆形、L 形以及其他各种想得到的形状，可统称其为“异形”。

热合刀具与复合包装材料相接触的表面的形态可以是平的，也可以是具有各种滚花形状的。

所谓“热封滚轮”中的滚轮是指其外形为圆形、其圆弧面上为平的或具有各种形态的滚花的热合刀具。

图 3-40 显示的是两种单列式包装袋的自动包装机，另外一类是多列的自动包装机。

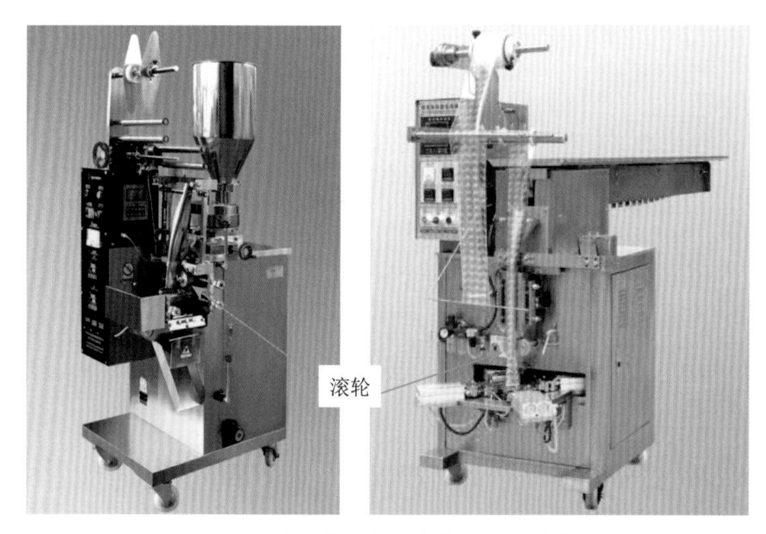

图 3-40 两种具有热封滚轮的立式自动包装机

2.“滚轮热封包装”的常见问题

①封口不紧密；

②封口效果不好；

③漏气、漏液；

④料走不动；

⑤封口处局部分层；

⑥封口处“白点”；

⑦铝箔层被压穿。

3.“滚花”的相关标准

GB 6403.3—86 是一个名为《滚花》的国家标准。该标准是迄今为止笔者所能查到的关于“滚花”加工的最权威的资料。根据该标准的相关规定，滚花的形式分为直纹滚花和网纹滚花，如图 3-41 所示。

“滚花花纹的形状是假定工作直径为无穷大时花纹的垂直截面”，如图 3-42 所示的三角形。“直纹滚花”是横截面为三角形的条形；网纹滚花是横截面为三角形的四棱锥形（又称金字塔形）。另外，该标准以“模数 m”定义了四种滚花的尺寸规格（表 3-9）。

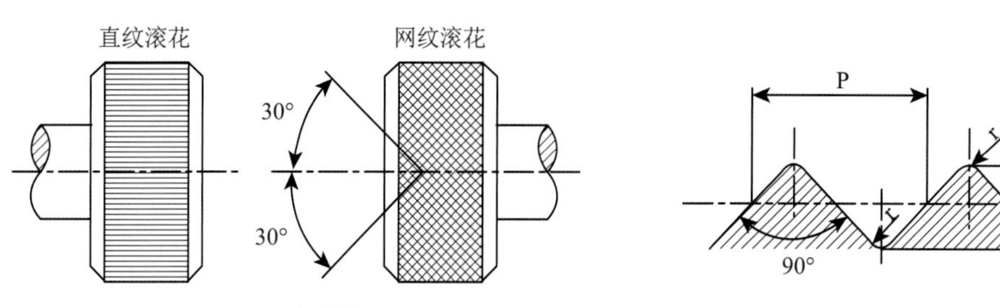

图 3-41 滚花的形式

图 3-42 滚花的截面

表3-9　滚花的尺寸规格　mm

模数 m	h	r	节距 P
0.2	0.132	0.06	0.628
0.3	0.198	0.09	0.942
0.4	0.264	0.12	1.257
0.5	0.325	0.16	1.571

注：表中 h=0.785m-0.414r。

利用标准中的“节距 P”（相邻的两个滚花间的距离）数据，可以推算出标准中的“模数 m”与软包装行业常用的“线 / 厘米”的关系，结果为：模数 0.2 相当于 15.92 线 / 厘米，模数 0.3 相当于 10.62 线 / 厘米（表 3-9）。

图 3-43 是一个自动包装机上的热封滚轮的局部。从图中可以清晰地看到四棱锥形的花纹。当然，这是一个旧的滚轮。

图 3-44 为从某药包装袋的封口处拍摄的照片，根据图中的刻度推算出该封口花纹的线数为 15.29 线 / 厘米，与模数 0.2 的结果很接近。因此，是否可以认为某些自动包装机的滚花热封刀具就是按照 GB 6403.3—86 的要求加工的？

图 3-45 是从某包装制品上拍摄的照片，照片显示该制品的封口花纹是四棱台形的（长宽比不等于 1），而不是四棱锥形的。

图 3-43　热封滚轮的局部

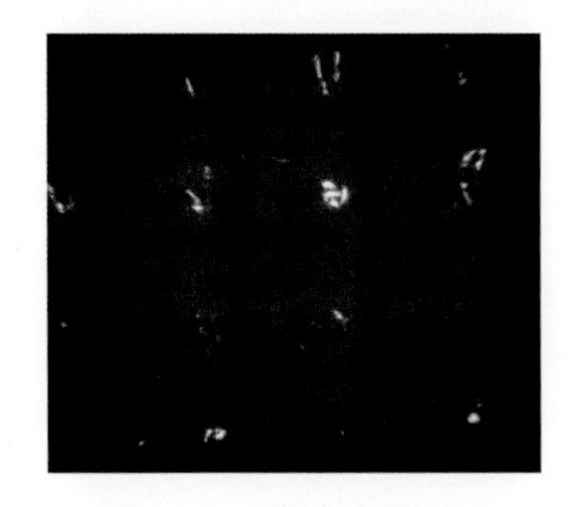

图 3-44　滚轮压痕（1）

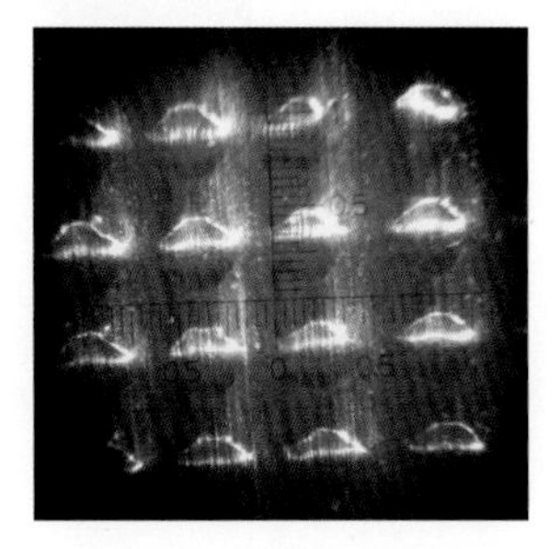

图 3-45　滚轮压痕（2）

进一步的调查结果显示，热封滚轮这一加工行业其实是很不规范的。图 3-46 ～图 3-48 为一部分滚花实物的显微照片。

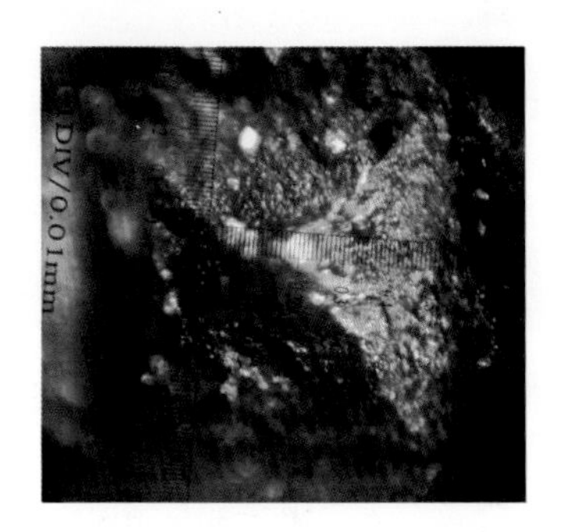

图 3-46　尖顶形的滚花

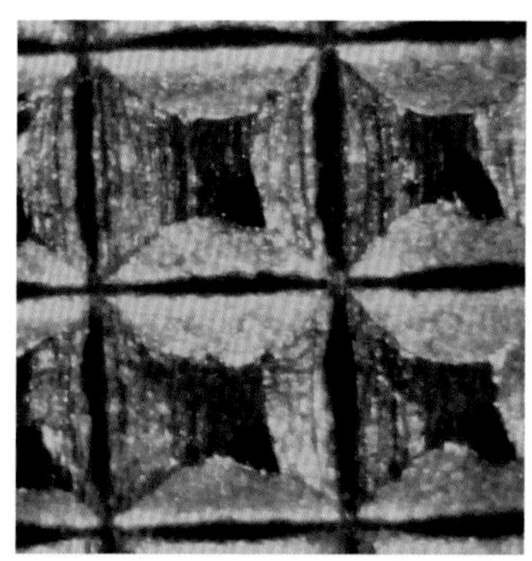

图 3-47 顶部为“不规则四边形”的四棱台

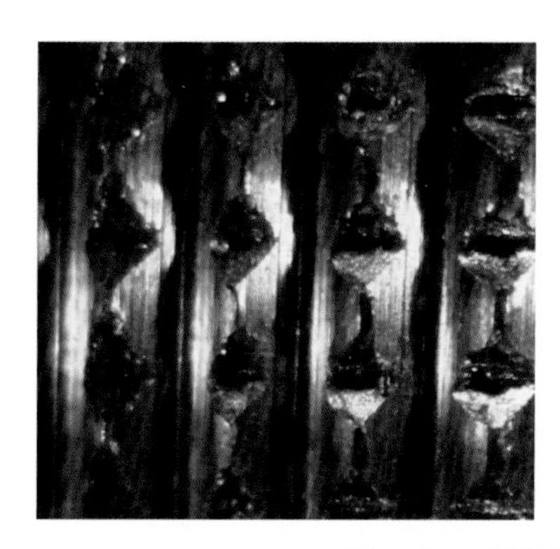
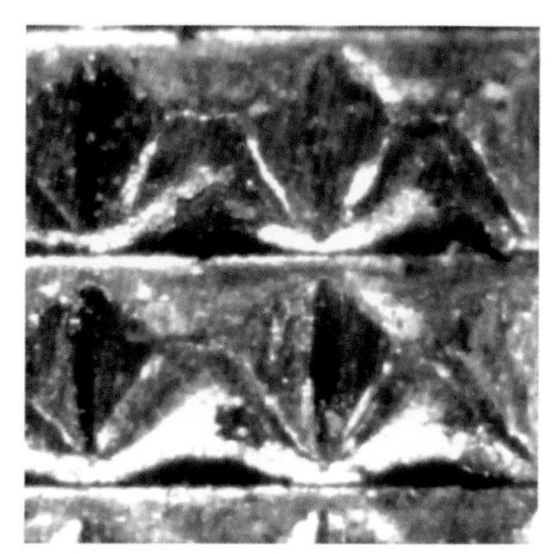

图 3-48 无规则形状的滚花

4. 滚轮热封过程中基材的变形率

图 3-49 为滚轮热封过程及结果的模拟图片。滚花在复合膜上留下压痕的必要条件是复合薄膜在此过程要发生某种程度的永久性变形（塑性变形）。从模拟图中可以看出：复合膜上所留下的压痕的投影面积的大小与滚轮上的滚花压入复合膜的深度是呈正相关的。

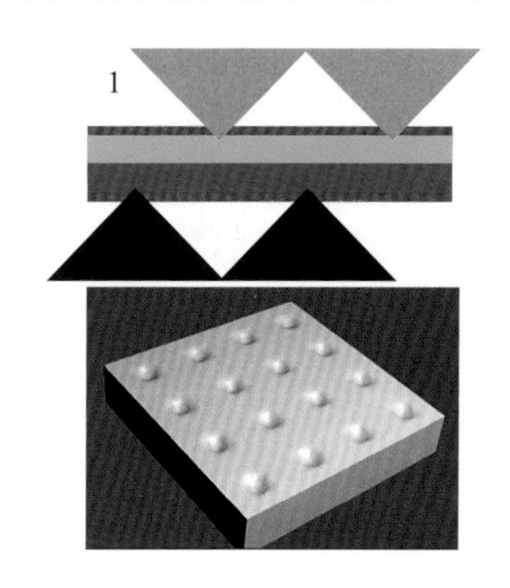

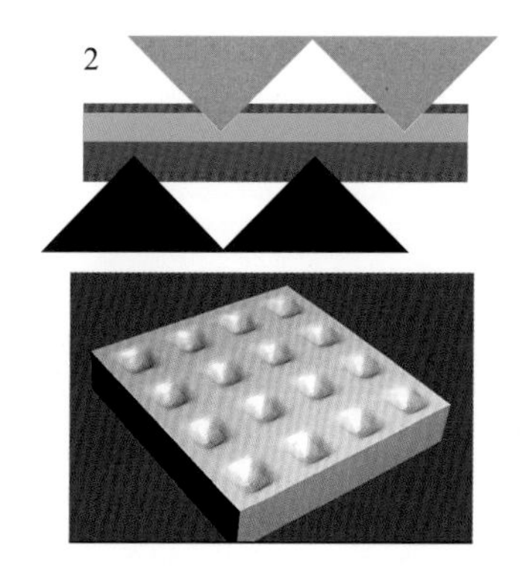

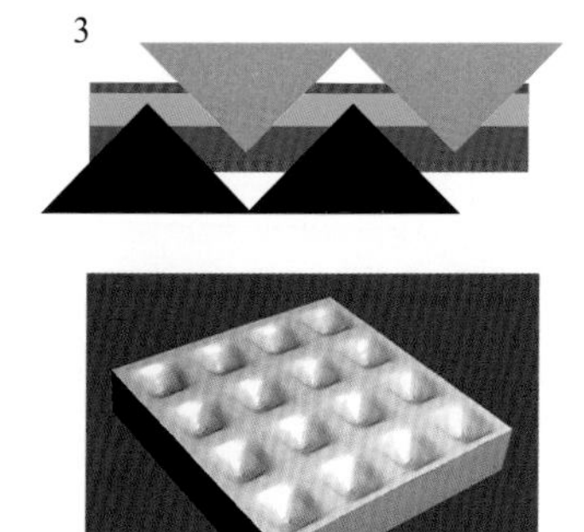

图 3-49 压痕深度与形状的模拟

在滚轮热封过程中，复合薄膜的变形如图 3-50 所示。

在滚轮热封过程中，虽然滚花的尖端与复合薄膜只在一个点上发生了接触，但承受滚花所施加的压力的则是与滚花的底面的矩形投影面积相应的复合薄膜。也就是说，复合薄膜的拉伸变形是整体性的，并不局限于直接受力的那一个微小的局部。

但是，不容忽视的是，与滚花的尖端相接触的复合薄膜既受压又受热，因此，那个微小的局部的复合薄膜的塑性变形的程度一定是比较大的。换句话说，在与滚花的投影面积相对应的复合薄膜的各个点位的塑性变形率是不均衡的。但是，为了简化问题，仍然可以用所形成的压痕处的复合薄膜的平均形变率来对滚轮热封过程中复合薄膜的变形率进行评价。

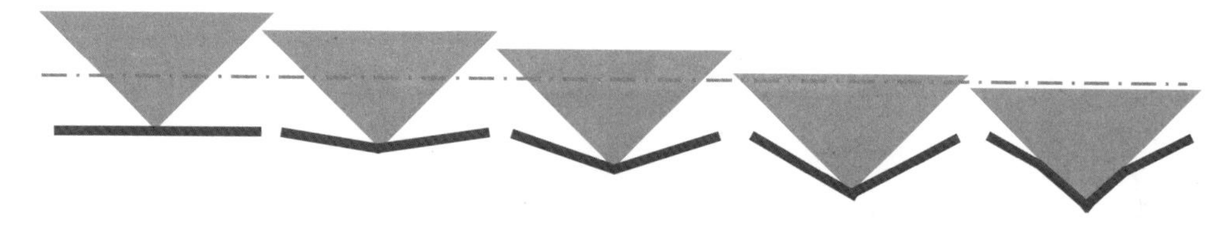

图 3-50 棱锥形滚花热压过程模拟

注意：此处的平均形变率是指与滚花的底面的矩形投影面积相应的复合薄膜的纵边或横边的中心点相垂直的两个剖面上的复合薄膜的变形率。

在滚轮热封制品中，比较容易出现问题的复合薄膜的常规结构是 $PET^{12}/Al^{7\sim9}/PE^{50\sim80}$，总厚度 75 ～ 108μm，热封时两层复合薄膜相叠加的总厚度为 150 ～ 216μm。

关于热封滚轮上的滚花的几何尺寸，根据笔者的调查，滚花的线数大致在 10 线每厘米到 20 线每厘米之间。如果以 12.5 线 / 厘米的四棱锥形滚花为例，假定滚花的底角角度为 45°，那么该四棱锥的底面为 800μm×800μm（0.8mm× 0.8mm）的正方形，其高度应为 400μm（0.4mm）。另据笔者的调查，通过对不同的滚轮热封制品上的压痕进行检测，发现压痕的深度值在 40 ～ 330μm（0.04 ～ 0.33mm）的范围内。

图 3-51 中上面的一条直线表示复合薄膜的初始状态，下面的一条折线表示复合薄膜经过热封滚轮处理后所形成的状态。直观地看，图中的折线的长度明显大于直线。现在的问题是：折线比直线究竟长了多少？

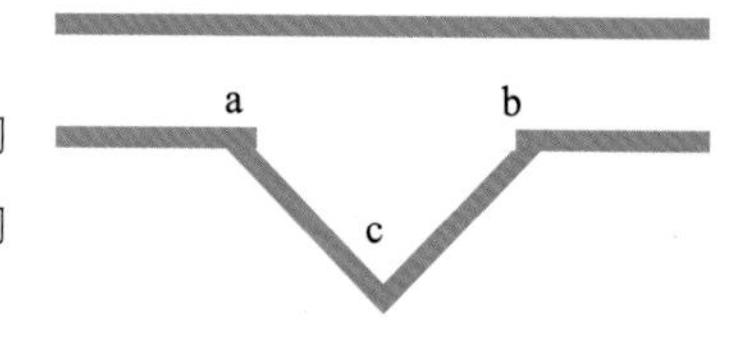

图 3-51 棱锥形压痕模拟图

按照前面的假定，上面的直线的长度应当是 800μm（0.8mm）；因为四棱锥形滚花的高度是 400μm（0.4mm），假定此时的压痕深度是 80μm，压痕的底角是 45°，那么线段 ab 的长度就应是 160μm，线段 ac=bc=80×1.414=113.1μm，下面的折线的长度就是 800−160+（113.1×2）=866.2μm。

866.2÷800×100%=108.3%，即复合膜被延伸了 8.3%！

同理，也可以计算出在滚花的底角分别为 45° 和 60° 时、滚花的线数为 12.5 线 / 厘米、压痕深度从 60μm 递增到 330μm 时的复合薄膜的平均形变率数据。详见表 3-10。

表3-10 压痕深度与复合膜的平均形变率

压痕深度（μm）	平均形变率（%）	
	45°底角	60°底角
60	6.2	8.7
90	9.3	13.0
120	12.4	17.3
150	15.5	21.7
180	18.6	26.0
210	21.7	30.3
240	24.9	34.6
270	28.0	39.0
300	31.1	43.3
330	34.2	47.6

对于四棱台形滚花，在滚轮热封过程中，复合薄膜的变形如图 3-52 所示。

图 3-52 四棱台形滚花热压过程模拟

假定该四棱台形滚花的线数仍为 12.5 线 / 厘米，即底面长度为 800μm，四棱台的高度为 300μm（即同形四棱锥形高度的 3/4），底角仍为 45°，压痕深度同为 80μm，求复合薄膜的平均形变率。

在图 3-53 中，线段 dc 的长度为 200μm，线段 ad 和 bc 的长度与上例相同，同为 113.1μm，线段 ae 和 fb 的长度为 80μm，因此，变形后复合薄膜的长度为：800−80×2+113.1×2=866.2μm。

866.2÷800×100%=108.3%，即复合膜被延伸了 8.3%！

结果与上面相同。

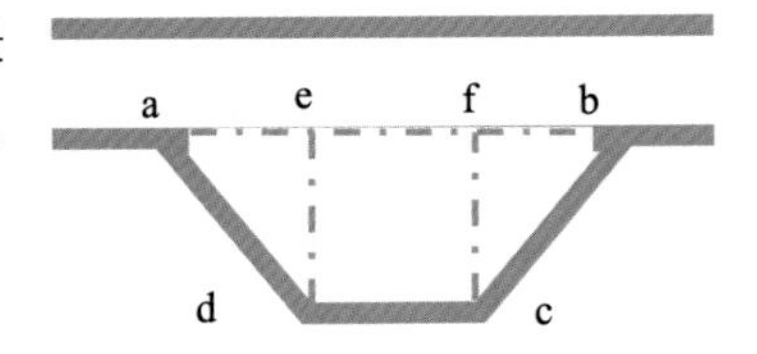

图 3-53 四棱台形压痕模拟

上述计算结果表明：

①对于相同线数、相同底角角度的四棱锥形和四棱台形滚花而言，复合薄膜的平均形变率是随着压痕深度的增加而上升的；

②对于相同线数、相同底角角度的四棱锥形和四棱台形滚花而言，当压痕深度相同时，复合薄膜的平均形变率是相同的；

③对于相同线数、不同底角角度的四棱锥形和四棱台形滚花而言，当压痕深度相同时，复合薄膜的平均形变率是随着底角角度的增加而上升的。

但是，需要注意的是：在上述的两种情况下，所得到的压痕的开口尺寸是不一样的！用四棱锥形滚花得到的压痕的开口尺寸是 160μm×160μm，而用四棱台形滚花得到的压痕的开口尺寸是 360μm×360μm！

如果想用四棱锥形的滚花得到 360μm×360μm 的压痕开口尺寸，则压痕深度需要达到 180μm！

从另一个角度来讲，如果想在尽可能浅的压痕深度的前提下获得较大的压痕开口尺寸，就应采用四棱台形的滚花，同时使四棱台形滚花的上底的面积尽可能大一些。

5. 滚花的啮合度

啮合是指“两件东西接在一起像上下牙咬得那样紧”。在自动包装机上，啮合是指两个热封滚轮上的滚花相互咬合的状态或相互对应的关系。啮合度是对两个相互接触的滚轮上的滚花相互咬合的状态或相互对应的关系的一种描述。

在自动包装机的热封滚轮上，滚花的基本形状有四棱锥形、四棱台形和直线式三角形（直纹滚花）三种。为了更方便地说明滚花的啮合度，此处以四棱锥形的滚花为例进行分析。

图 3-54 为一组四棱锥形热封滚轮花纹的模拟图像。假定图 3-54 中三个连续的四棱锥形的延长线方向表示为与包装袋的热封边相平行的方向。在将上下（或左右）两组热封滚轮装配到一起准备进行热封加工时，由于多种原因的作用，两组热封滚轮花纹的“匹配”方式（啮合度）存在着多种可能。

图 3-55 表示了一种两组热封滚轮的啮合方式（图中，上面的三个一组的四棱锥形表示上热封滚轮，下面的六个一组四棱锥形表示下热封滚轮）。这种啮合方式的特点是：上热封滚轮的四棱锥形的滚花的“底角”恰好与下热封滚轮的四棱锥形滚花的“锥尖”相对应。姑且称之为“尖底错合”方式。

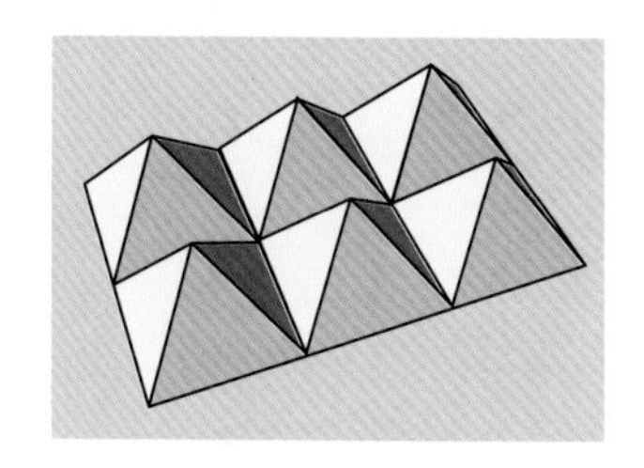

图 3-54　滚花模拟图像

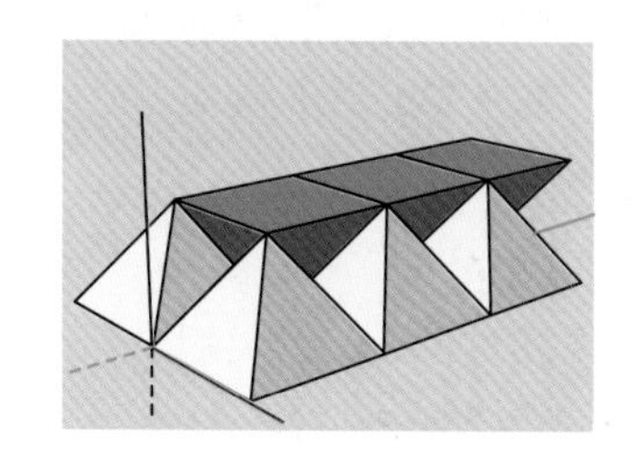

图 3-55　啮合方式 1

图 3-56 表示了另一种两组热封滚轮的啮合方式。这种组合方式的特点是：上热封滚轮沿着图中的红色轴线向右移动了四棱锥形的底边长度一半的距离。姑且称之为“横移半底”方式。

图 3-57 表示了第三种两组热封滚轮的啮合方式。这种组合方式的特点是：上热封滚轮沿着图中的绿色轴线向左移动了四棱锥形的底边长度的一半的距离。姑且称之为“纵移半底”方式。

图 3-58 表示了第四种两组热封滚轮的啮合方式。这种组合方式的特点是：上下两个热封滚轮的花纹的尖顶相互对应。姑且称之为“尖顶相对”方式。

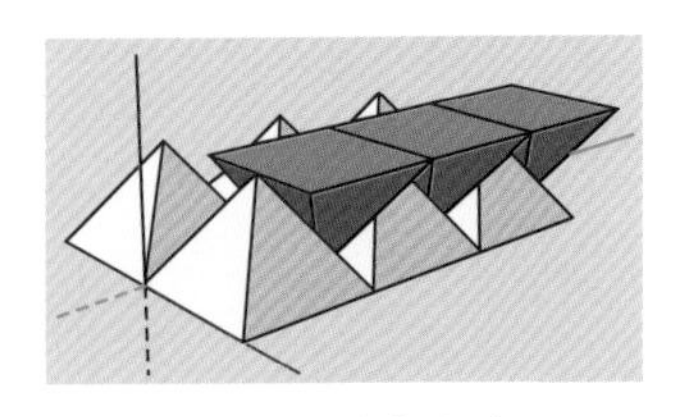

图 3-56　啮合方式 2

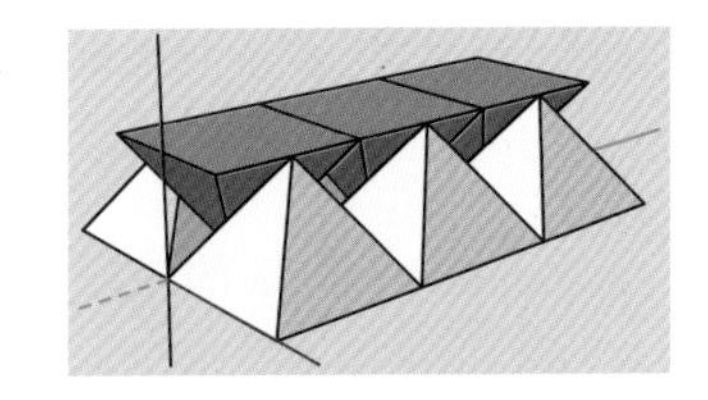
图 3-57　啮合方式 3

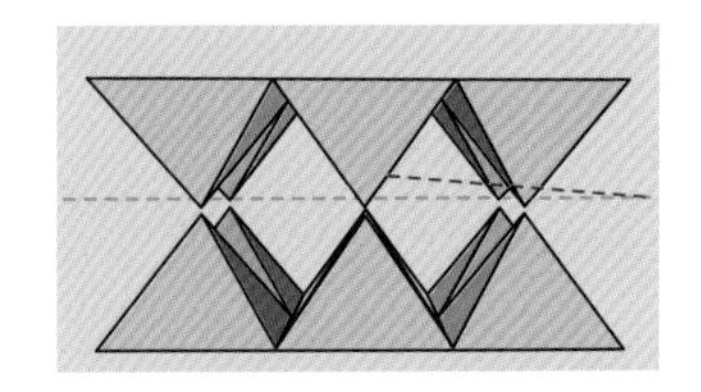
图 3-58　啮合方式 4

除了上面所表述的四种典型的热封滚轮啮合方式外，当上热封滚轮分别沿绿轴（纵向）或沿红轴（横向）移动四棱锥形底边长度的 1/4、1/6、1/8 以及其他比例的长度时，都可以构成上下两个热封滚轮的不同的啮合方式。

也就是说，两个滚花形状为四棱锥形的滚轮相互接触时，其花纹的相对啮合位置并不是固定不变的，而是随着操作者对条件的掌控可以任意变动的。

确认滚花啮合度的方法如下：将已热合好的袋子平放在桌面上，用针从一侧的封口处的任意花纹的中央部位刺下去，然后从袋子的另一侧观察针尖的出口位置，即可对啮合度的状态做出判断。

图 3-59 的右图显示针尖的出口几乎位于四个花纹的中心部位。可认为这就是“尖底错合”的结果。

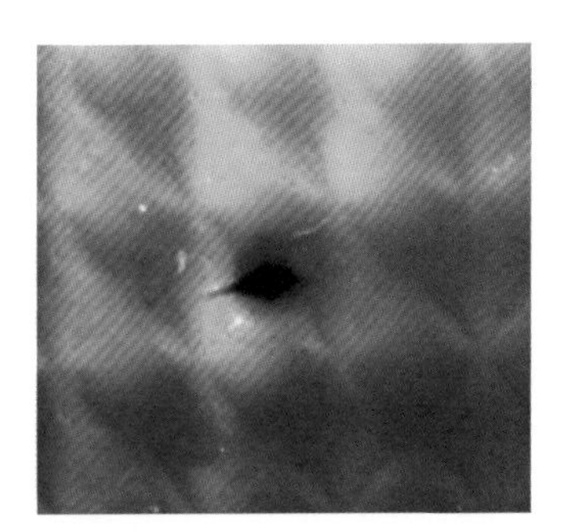
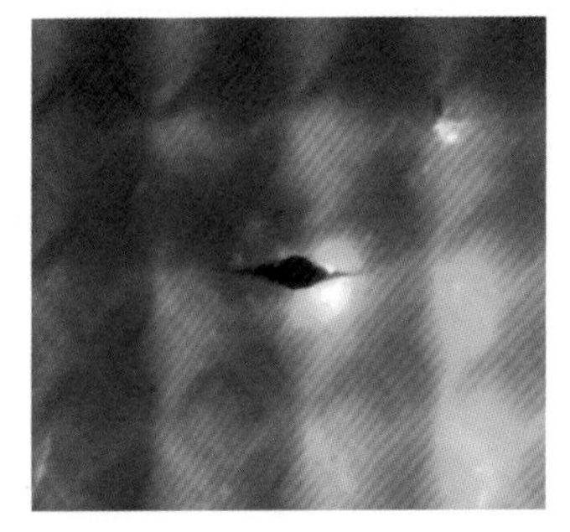
图 3-59　尖底错合

图 3-60 的右图显示针尖的出口位置为两个花纹之间。结合拍照前袋子的摆放方式，可以判断出是“横移半底”方式还是“纵移半底”方式。

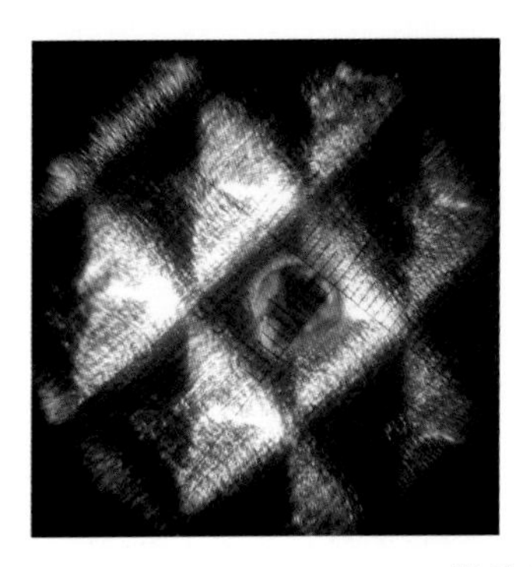
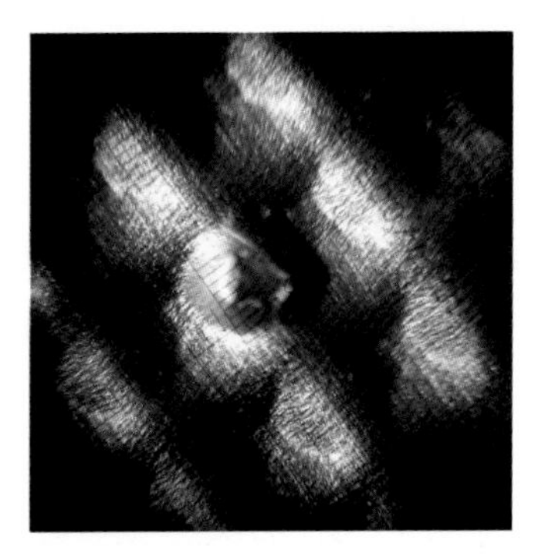
图 3-60　横移半底或纵移半底

图 3-61 的（b）图显示针尖的出口位置几乎位于背面花纹的中心部位。可以认为这就是“尖顶相对”方式。

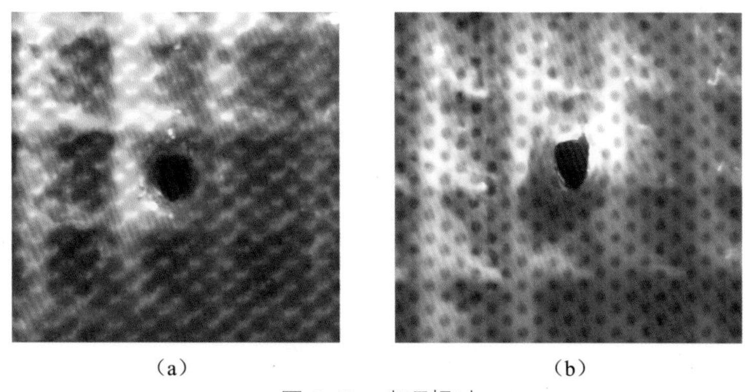

（a）　　（b）

图 3-61　尖顶相对

在图 3-55 的“尖底错合”啮合方式中，当上下两个热封滚轮间能够相互接触时，在两组相互对应的滚花间将只有“线接触”，即上热封滚轮中的一个四棱锥形的四条“棱线”分别与下热封滚轮上相对应的四个四棱锥形的一条“棱线”相接触。

图 3-56 中红色箭头所指示的痕迹即为四棱锥形滚花在复合膜上所留下的。黄色箭头所指示的位置为四棱锥形滚花的“尖顶”部位在复合膜上留下的痕迹。

当热合压力足够大时，两条相互逐渐靠近的“棱线”将会对与之相接触的复合薄膜产生剪切作用，并首先将其间的热封层“挤走”“切断”，对于 PET/Al/PE 结构的包装制品导致 Al/PE 间“分层”的结果。对于断裂标称应变值较小的复合膜，则会导致铝箔层被“刺穿”，甚至 PET/Al 层同时被“刺穿”的结果。

在图 3-56、图 3-57 的“横移半底”和“纵移半底”啮合方式中，上下两个热封滚轮间则是发生了“面接触”，只是其接触面的形状不是三角形，而是四边形。这个接触面的形状会随着相对位置的变化而变化。

如果上下两个热封滚轮都是可以电加热的，那么，在图 3-55 的“尖底错合”啮合方式下，除了在有“线接触”的地方，在其他的“区域”处，夹在两个热封滚轮间的复合薄膜都是处于“单面一次性受热”的状态，而且是只受热、不受压。实际上，复合薄膜的热封层间也有压力，只是这个“压力”不是来自热封滚轮，而是来自复合膜被迫变形后的弹性变形。

在图 3-56、图 3-57 的“横移半底”和“纵移半底”啮合方式下，上下两个热封滚轮间发生了“面接触”，在发生了“面接触”的四边形“◇”区域处，其中的复合膜承受着来自上下两个热封滚轮的温度和压力，所以，其热封效果会明显好于图 3-55 的啮合方式。

但是，需要注意的是：在图 3-57“纵移半底”和图 3-58“尖顶相对”的啮合方式下，热封口处存在着众多的如图 3-63 中红色箭头所示的、沿着“红轴”方向（与热封口相垂直方向）的、使复合薄膜既不受热也不受压的“孔洞”。

同理，在图 3-56 的“横移半底”啮合方式下，热封口处会存在沿着“绿轴”方向（与热封口相平行）的、使复合薄膜既不受热也不受压的“孔洞”。

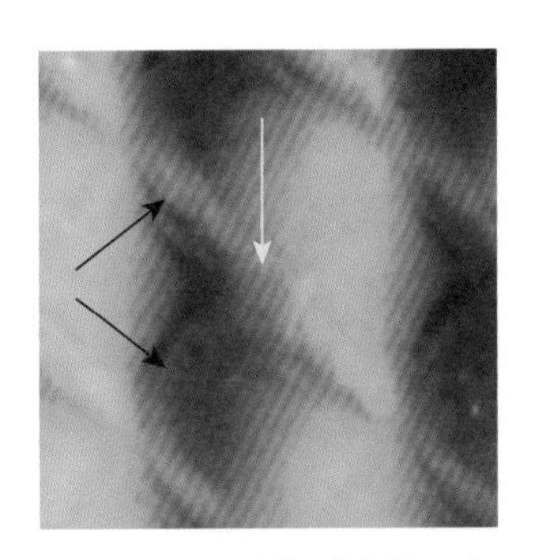

图 3-62　四棱锥形滚花压痕

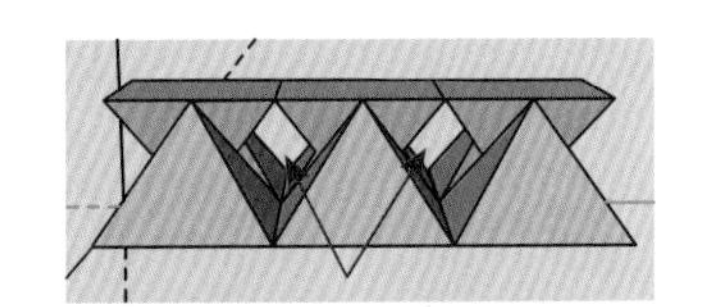

图 3-63　压痕中的孔洞

在图 3-57 和图 3-58 的啮合状态下，所加工出来的包装制品就会存在“漏气”或“漏液”问题。而在如图 3-56 的啮合状态下，所加工出来的包装制品则不会存在“漏气”或“漏液”问题。

因此，滚花的啮合状态与滚轮热封制品的密封性有直接的关系。

6. 起封温度与热合条件

不同的热封层材料具有不同的熔点范围（参见“料—基材的熔点”）。具有相同的热封层材料的不同结构、不同厚度的复合材料具有不同的起封温度（参见“法—热合曲线—认识热合曲线”）。相同的结构、相同的厚度的复合材料，由于所使用的热封层材料的性质的差异，其起封温度也可能是不同的。

在相同的热合（速度 - 温度 - 压力）条件下，对于起封温度不同的复合材料而言，所获得的热合强度以及复合材料的热变形状态也将会有所不同。

而在任何一台滚轮热合自动包装机（包括自动制袋机）上，速度与温度的数值都是可以直观读取的，而压力是不能直观读取的，压力的调控完全是由操作工根据个人的感觉以及对包装袋成品的外观的观察结果而定的。在某些多列的自动包装机上，不同位置的滚轮的表面温度也有可能是不一样的，再加上滚轮啮合位置的变化，因此，即便是使用同一台自动包装机和同一批包装材料，在不同的时间段所加工出来的包装制品的外观、热合强度及密封性也会有所不同。

7. PET 的回弹性与封口处的局部分层

任何一个塑料基材，例如 PET 薄膜，当在其上施加一个外力（应力）时，都会发生相应的变形（应变）。如果应变处在基材的弹性变形范围内，当外力撤掉后，基材会恢复其初始的几何状态。如果应变处在基材的塑性变形范围内，当外力撤掉后，基材虽然不能恢复到其初始的几何状态，但仍然会发生一定程度的回弹（参见“法—分析篇—剪切力试验与基材回弹性试验—基材回弹性试验”）。

基材在回弹时向外界（复合薄膜）释放的力与其被拉伸至相同的塑性变形率时的外力大小相同，方向相反。基材在回弹时向外界（复合薄膜）释放的力的大小与基材的拉伸弹性模量、断裂标称应变、拉伸断裂应力等物理指标有关系。基材的拉伸弹性模量越大、拉伸断裂应力越大、断裂标称应变越小，则基材在回弹时向外界（复合薄膜）释放的力就会越大。

图 3-64 表示了三个基材的应力－应变曲线。图中的三个基材具有相同的拉伸弹性模量、相同的拉伸断裂应力和不同的断裂标称应变（$L_1 < L_2 < L_3$）。在外力作用下，如果三个基材发生了相同的应变（如图中粉红色竖线所示），当外力撤掉时，三个基材就会发生一定程度的回弹，并同时向复合薄膜释放相应的回弹力（$T_1 > T_2 > T_3$）。由于回弹力的存在，所以，滚花压痕的形状与滚花本身的形状并不是一一对应的。

当回弹力大于复合薄膜的剥离力时，就会在滚花压痕的中心部位出现局部分层的不良现象（宏观上是封口处的白斑或白点），进而在滚轮热封制品的边角处形成局部分层现象（参见图 3-65）。

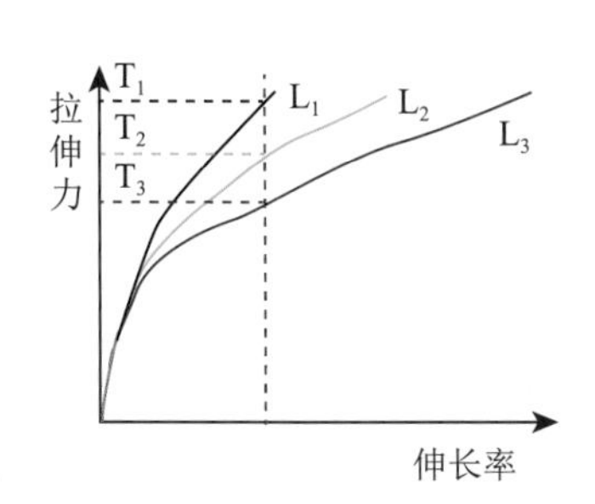

图 3-64　应力－应变曲线

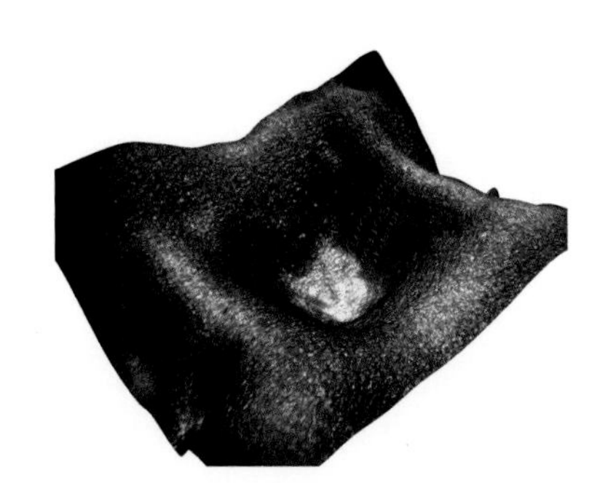
图 3-65　滚花压痕 3D 图

8. 合理的滚花形状设计

在众多滚轮热封制品的样品中，笔者发现用四棱台形滚花的滚轮所加工的制品出现分层问题的风险相对较小。

从图 3-66 来看，笔者认为该制品的压痕的空间占有尺寸、压痕的开口尺寸和压痕的底边长度尺寸三个数字间的比例比较协调。为此，笔者对该样品的上述三个数据进行了测量，结果如下。

从图 3-67 来看，三个压痕的总长度为 1.821mm，即单个压痕的空间占有尺寸为 1.821÷3=0.607 mm，压痕的开口尺寸为 0.390 mm，压痕的底边长度为 0.171 mm。压痕的底边长度与压痕的开口尺寸的比值 R_1 为 0.171÷0.390= 0.438，压痕的开口尺寸与压痕的空间占有尺寸的比值 R_2 为 0.390÷0.607=0.643。

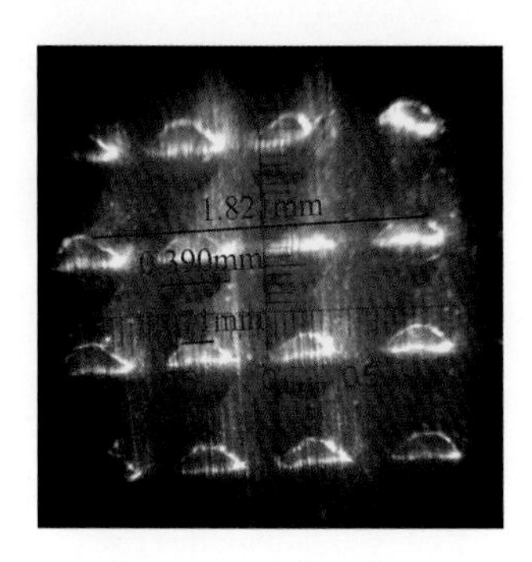

图 3-66　滚花压痕

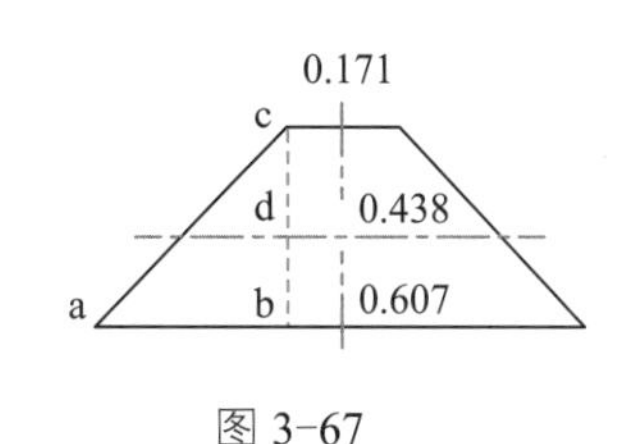

图 3-67

单个压痕的空间占有尺寸即为滚花的底边尺寸。压痕的底边长度即为四棱台形滚花的上底尺寸。

假定该滚花的底角为 45°，那么就可以推算出滚花的高度。根据底角为 45° 的三角形的特点，在△ abc 中，线段 ab 的长度与线段 bc 的长度相等，因此，该四棱台形的高度就等于 (0.607−0.171) ÷2=0.218mm。

该四棱台形的高度与同形四棱锥形高度的比值是 R_3=0.218÷0.3035=0.718。与 0.438mm 的压痕的开口尺寸相对应的四棱台形的高度就等于 (0.607−0.438) ÷2=0.085mm。

上述两个“四棱台的高度”的差值就是滚花的压入深度（线段 dc），其数值为 0.218−0.085=0.133mm！

在压痕成型后，薄膜的平均形变率为：

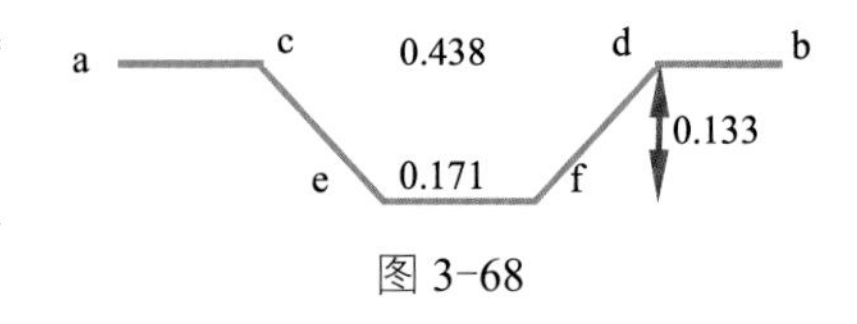

图 3−68

线段 ac 和线段 db 的长度之和为 0.607−0.438 = 0.169mm；线段 ce 的长度等于线段 df 的长度，为 0.133×1.414=0.188mm。于是，平均形变率为：（0.188×2+0.171+0.169）÷0.607= 1.180，即延长了 18%（图 3−68）！

如果此时的滚花是四棱锥形的，那么，压痕深度将是 0.438÷2=0.219mm，多了 (0.219÷0.133−1)×100%=64.7%，平均形变率将是（0.219×1.414×2+0.169）÷0.607=1.30，即平均形变率为 30%，多了 (0.3÷0.18−1)×100%=66.7%!

> 上述计算数据表明：将滚花的形状由四棱锥形调整为四棱台形之后，在保持相同的压痕开口尺寸的前提下，压痕深度和薄膜的平均形变率都将大幅减少。而且，在保持相同的压痕开口尺寸的前提下，四棱台形的高度越低（相对于同线数的四棱锥形的高度），压痕深度和薄膜的平均形变率数据也都会相应地变小。

对于如图 3−69 所示的“顶部为‘尖锐直线’的滚花”，其横向的剖面为四棱台形，纵向的剖面为四棱锥形。通过测量可知，其底边长度为 0.672mm，“顶部的尖锐直线”长度为 0.233mm。

假定该滚花在纵向方向上的四棱锥形剖面的底角是 45°，那么就可以推算出该滚花的高度为 0.672÷2=0.336mm。借助上述几个数据，可以推算出线段 ab 的长度为 (0.672−0.233)÷2= 0.22mm。利用线段 ab 和高度值的反正切值即可推算出底角的角度，其数值为 56.67°。

图 3−69 顶部为“尖锐直线”的滚花

如果使用该滚花所得到的压痕的深度值为如上例所述的 0.133mm，那么所得到的压痕外形尺寸将为 0.266mm（纵向）×0.408mm（横向）。该压痕纵横向的平均形变率应为 21.3%（横向）和 16.4%（纵向）。

上述计算数据表明，在同一个滚花上，如果在一个方向上是棱锥形的，而在另一个方向是棱台形的，在相同的压痕深度条件下，棱台形方向上的薄膜形变率将会大于棱锥形方向上的薄膜形变率。

推而广之，在如图 3-70 所示的同一个滚花上，如果一个方向上是上底较大的棱台形（如图的纵向方向），而另一个方向上是上底较小的棱台形（如图的横向方向），在相同的压痕深度条件下，在上底较大的棱台形的剖面上薄膜会有相对较大的平均形变率。造成这种差异的原因是在不同的方向上棱台形的底角角度是不同的。底角角度越大的棱台形所形成的薄膜的形变率就越大（在相同的压痕深度条件下）。

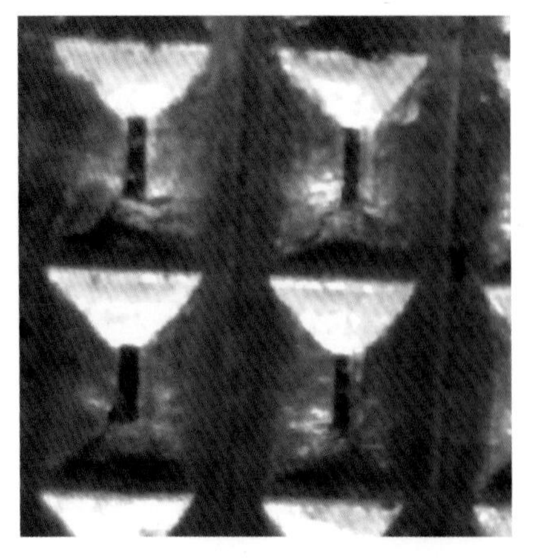
图 3-70　矩形顶部滚花

综上所述，合理的滚花形状应当是底角为 45°（或更小的角度）的正四棱台形（即滚花的上底和下底均为正方形），四棱台形的高度应当是介于同形四棱锥形高度的 60% ～ 75% 为宜，即四棱台形的上底尺寸应当是下底尺寸的 40% ～ 25%。

这样做的结果将会在较浅的压痕深度条件下获得较大的压痕开口尺寸，即获得较好封口压痕外观，同时可获得较小的薄膜形变率和较好的热合效果。

第二部分　分析

一、粘接机理

1. 机械理论

机械理论认为，胶黏剂必须渗入被粘物表面的空隙内，并排除其界面上吸附的空气，才能产生粘接作用。在粘接泡沫塑料等多孔物质时，机械镶嵌是重要因素。胶黏剂粘接表面经打磨的致密材料的效果要比表面光滑的致密材料好，这是因为：（1）机械镶嵌；（2）形成清洁表面；（3）生成反应性表面；（4）表面积增加。由于打磨使表面变得比较粗糙，可以认为表面层的物理性质和化学性质发生了改变，从而提高了粘接强度。对于复合薄膜，经过表面处理后能够显著提高复合强度。尤其对于低表面能的聚乙烯、聚丙烯和聚四氟乙烯等材料，不进行表面处理很难进行粘接。

被粘材料经过处理后的表面粗糙，胶黏剂固化后可形成许多胶钉、胶钩等使胶黏剂和被粘物之间产生很大的摩擦力，增加彼此之间的黏合力。

2. 吸附理论

吸附理论认为，粘接是两种材料间分子接触后，产生界面力引起的。粘接力的主要来源是分子间的作用力，包括氢键力和范德华力。胶黏剂与被粘物连续接触的过程叫润湿。润湿过程的自动进行必须满足固体与液体接触后总体系的自由能降低的热力学条件。胶黏剂要能够润湿固体表面，其表面张力应小于被润湿固体的临界表面张力。

如图 3-71 所示，液体对固体的润湿有四种情况：（a）完全润湿状态——扩展润湿；（b）润湿状态——浸没润湿；（c）不完全润湿状态——接触润湿；（d）绝对不润湿状态。

只有对固体表面具有良好的润湿，才能够形成良好的粘接。获得良好润湿的条件是胶黏剂的表面张力比被粘物的表面润滑张力低。聚氨酯胶黏剂能够容易润湿金属、PA、PET、PVC 等被粘物，而对于未经处理的聚乙烯、聚丙烯和氟塑料等表面能低的材料则很难润湿而难以得到良好的粘接。

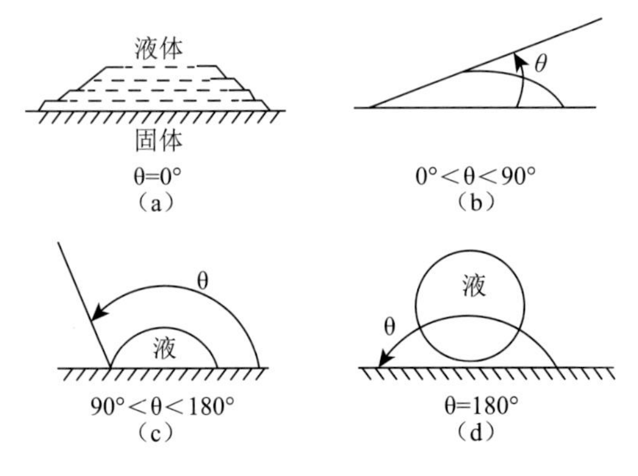

图 3-71　不同的润湿状态

（a）完全润湿状态；（b）润湿状态；（c）不完全润湿状态；（d）绝对不润湿状态

图 3-72 是在同一张 OPP 膜印刷品上的不同部位所拍摄到的四张图片。图 3-72（a）是在印刷品的纯白色部位拍摄到的，图片显示白墨层已经百分之百覆盖了 OPP 膜的表面，即白墨已经充分润湿了 OPP 膜的表面。图 3-72（b）～图 3-72（d）是在同一张 OPP 膜印刷品的其他不同颜色区域拍摄到的，显示了白墨在不同的彩色油墨表面的润湿状态。即由（b）到（c），白墨对其他彩色油墨的润湿性逐渐变差。

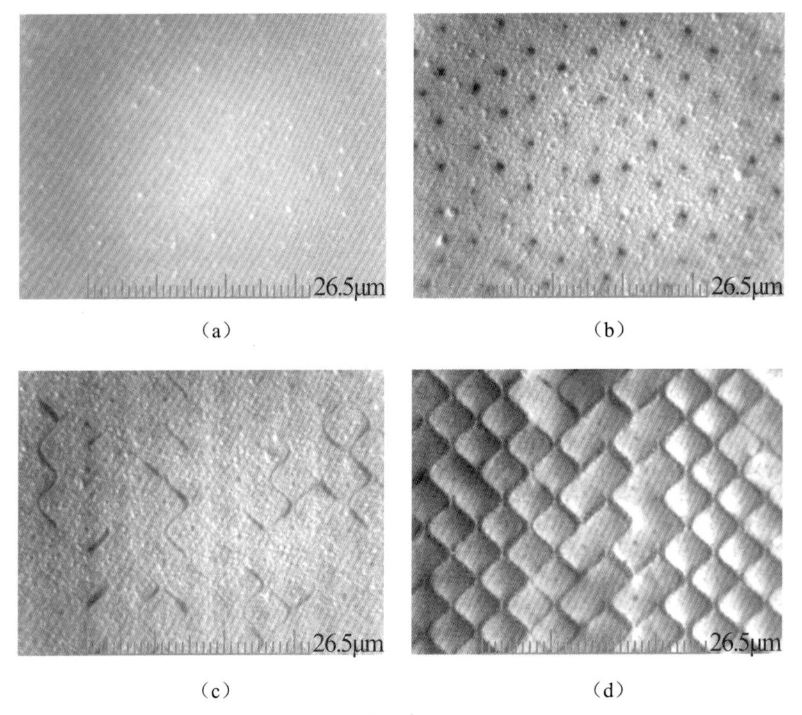

（a）　（b）　（c）　（d）

图 3-72　印刷品的表面状态

这种润湿状态逐渐变差的结果表示该印刷品上的不同的彩色油墨层的表面润湿张力不同程度地低于 OPP 膜的表面润湿张力。

3. 扩散理论

扩散理论认为，粘接是通过胶黏剂与被粘物界面上分子扩散产生的。在粘接高分子材料时，由于分子或链段的热运动，胶黏剂分子或链段与被粘材料分子或链段能够相互扩散深入对方的内部，界面消失，形成一个交织网络过渡区而达到良好的粘接。若要胶黏剂和被粘接面产生物理或化学黏合，胶黏剂分子和被粘接材料分子之间必须达到一定的距离（< 0.5nm）。这就需要胶黏剂分子和被粘接材料分子之间的移动和扩散，胶黏剂分子和被粘接材料分子之间的移动和扩散的条件越好，粘接的效果也越好。

从界面上链段的扩散角度进行研究粘接现象的理论称为扩散理论。粘接的前提是胶黏剂对被粘材料表面进行润湿，但只有润湿而不能进行良好的扩散也很难得到良好的粘接。只有胶黏剂的溶解度参数和被粘接材料的溶解度参数相近时，才有利于分子间的扩散，粘接的效果才好。

在粘接过程中，胶黏剂分子经过对被粘材料表面的润湿、移动、扩散和渗透等作用，逐渐接近被粘物表面。当胶黏剂分子和被粘物表面分子间距离小于 0.5nm 时，胶黏剂就能够和被粘物产生物理或化学结合。其结合的形式主要有：主价键，包括离子键、共价键和金属键等化学键；次价键，包括氢键、分子间作用力。聚氨酯胶黏剂和聚烯烃材料之间的物理或化学结合，主要为分子间作用力。分子间作用力又称为范德华力，包括色散力、偶极力、诱导力。对分子间作用力贡献最大的是色散力。表 3-11 显示了几种作用力的类型、作用距离和能量大小。

表3-11 几种作用力的类型、作用距离和能量

类型	作用距离（nm）	能量（kJ·mol^{-1}）
物理黏合或机械锁固	0.5～1.0	—
范德华力	0.3～0.5	<42（色散力）
范德华力	0.3～0.5	<21（偶极力）
范德华力	0.3～0.5	<2 （诱导力）
范德华力	0.2～0.3	<50（氢键）
化学键	0.2～0.1	63～710（共价键）
化学键	0.2～0.1	590～1050（离子键）
化学键	0.2～0.1	113～347（金属键）

对于高分子材料的黏合，首先，希望能够形成化学键、氢键，黏合强度最高。其次，设法增加胶黏剂与被粘物之间的分子间的作用力。色散力存在于所有分子间，对粘接具有重要贡献。而在黏合过程中，界面上分子的相互扩散对于高分子材料的粘接具有重要意义。为了达到相互扩散，胶黏剂分子和被粘接材料必须具有相近的溶解度参数，因此针对不同材料的粘接应选择合适的胶黏剂。最后，复合工艺对复合后的剥离强度影响很大，增大复合压力、提高复合温度，有利于增加复合薄膜的剥离强度，其原因是高温、高压下有利于材料分子间的润湿、移动、扩散和渗透。

综上所述，为了提高薄膜的复合强度，首先必须对薄膜表面进行处理；其次在设计胶黏剂时，为了增加胶黏剂分子和被粘接材料分子之间的作用力，理想情况是形成化学键，因此胶黏剂分子链段中要含有反应性基团。如果是惰性材料，可以在胶黏剂分子链中引入和被粘接材料分子结构相类似的链段，进行嵌段、接枝等共聚，来增加胶黏剂和被粘接材料分子之间的作用力，以提高剥离力。

二、剥离力的评价

1. 剥离时的界面分析

图 3-73 为一个三层复合薄膜的界面分析。该复合膜的结构为印刷膜 / 油墨 / 胶 /VMPET/ 胶 / 热封层。

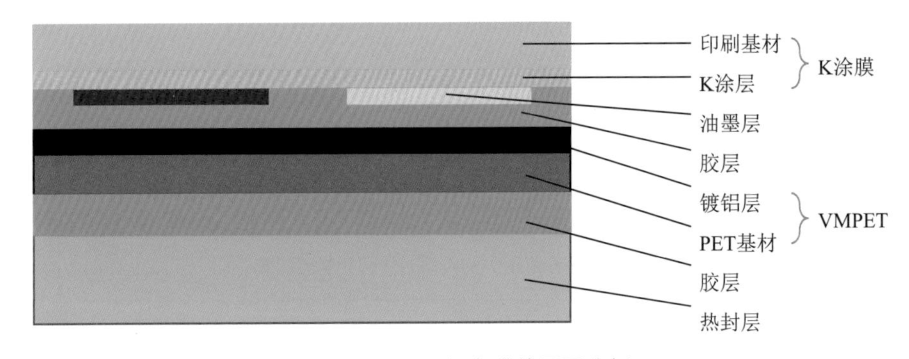

图 3-73 三层复合膜的界面分析

在该界面分析中，三层的复合薄膜中实际存在着以下的界面：印刷基膜 /K 涂层；K 涂层 / 油墨；墨色 A/ 墨色 B；K 涂层 / 胶；油墨 / 胶；胶 / 镀铝层；镀铝层 /PET 基膜；PET 膜 / 胶；胶 / 热封层。

在印刷基膜与 VMPET 膜这两层复合基材之间，客观上存在着上述的 1 ～ 7 的七个界面。而与胶层有关的界面只有 4、5、6 这三个界面。

在检查由印刷基膜与 VMPET 膜这两种基材所构成的复合材料的剥离力时，通过拉力试验机能得到一个剥离力的数据。习惯上，很少有人会再去检查已被剥离开的复合制品样条上究竟是在哪个界面间发生的分离，而主观地认为这个剥离力值就代表了胶黏剂的粘接力。在本例中，也就是代表了 K 涂层 / 胶、油墨 / 胶、胶 / 镀铝层这三个界面间综合的且最小的粘接力。

实际上，这两种基材间发生分离的界面有可能是在上述七个界面中的任何一个，而且，发生分离的界面的剥离力一定是七个界面间最小的一个。也就是说，拉力机测得的剥离力的数据有可能代表的是 K 涂层的附着力、墨层在印刷基材上的附着力、墨层之间的附着力，或者是镀铝层在镀铝基材上的附着力。这就需要在将样条剥离开后，再次确认实际发生分离的界面及其状态。

而且，在实践中，还存在着另外四种情况，一是在剥离过程中，镀铝层本身发生分离，即在剥离面的两侧均有部分镀铝层；二是在剥离过程中，表层的印刷基材，例如 OPP，被撕裂，即分离的界面是在多层共挤的印刷基材内部（参见“料—基材的层间撕裂或分裂—OPP 膜的层间撕裂或分离”项）；三是在剥离过程中，分离发生在油墨层之间，有可能是在两个不同的墨层之间，也可能是在同一个墨层内；四是分离发生在胶层内部，即所谓的“内聚破坏”。

确认发生分离的真正界面对于正确查找、分析导致复合薄膜剥离力低的原因、防止再次发生类似问题有着极为重要的意义。

2. 粘接破坏界面的判定方法

剥离力试验是借助外力强制破坏粘接界面的检测方法。一般来讲，粘接破坏都会发生在复合薄膜中最薄弱的地方，而不一定是发生在胶黏剂和被粘物的界面上。

破坏的形式有：内聚破坏，破坏发生在胶黏剂层内；黏附破坏，破坏发生在胶黏剂与被粘物界面上；被黏材料破坏；混合破坏，即胶黏剂的内聚破坏、黏附破坏与被黏材料破坏的混合。

在复合软包装行业中，内聚破坏是理想的破坏形式，因为这种破坏在材料粘接时能获得最大的剥离力。但在大多数情况下，发生的却不是内聚破坏。

在判断粘接破坏界面时，一项最基本的工作是要判断出“胶层在已被剥离开的复合薄膜的哪一个表面上”。

粘接破坏界面的检测 / 验证方法有以下几种：直观观察法；染色剂法；表面光泽法；透明度法；功能层转移法；测厚法；表面润湿张力法；黏性检查法；墨层的溶解性法。

(1) 直观观察法

直观观察法就是用肉眼直接观察已发生分离的界面的状态，并根据分离界面的外观状态对已发生破坏的界面及胶层的位置做出相应的判断。

对于已经剥离开的复合膜，CPP 或 CPE 薄膜上是否真的存在“助剂析出”现象是判断胶层位置的基础（参见“法—分析篇—‘助剂析出’现象的判断方法”、“常见问题篇—应用中的问题—剥离力差”）。

如果 CPP 或 CPE 薄膜上存在“助剂析出”现象，通常胶层是位于另外一个基材薄膜上的。但也存在另一种情况，即 CPP 或 CPE 薄膜中析出的助剂有时会透过胶层。因此，对于存在“助剂析出”现象的复合膜样品，需要借助其他方法，例如染色剂法，对胶层的位置进行再次确认。

如果 CPP 或 CPE 薄膜上不存在“助剂析出”现象，那么，在 CPP 或 CPE 薄膜的颜色较深、透明度较好的部分，胶层应主要位于 CPP 或 CPE 薄膜上；而在 CPP 或 CPE 薄膜的颜色较浅或呈现为白色以及透明度较差的部分，可能在分离面的两侧均有胶层，即胶层发生了内聚破坏。

(2) 染色剂法

染色剂法是借助染色剂这一工具，通过观察剥离界面上是否可被染色及染色状态判断胶层位置的方法。目前在行业中应用的染色剂法有两种，一种是高温染色法，一种是常温染色法。

高温染色法是将剥离后的样条置于 50 ～ 80℃的染色剂溶液中浸泡 10 ～ 20min，有胶层附着的基材一侧的剥离面将会呈现为红色（参见图 3-74）。

图 3-74　高温染色前后的样品

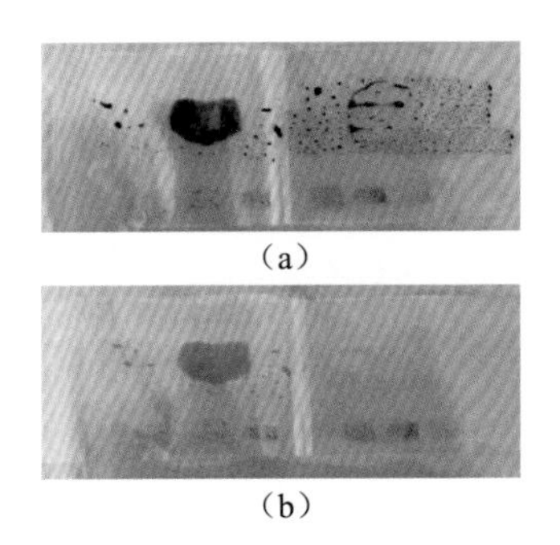

（a）

（b）

图 3-75　常温染色前后的样品

常温染色法是将染色剂用棉棒直接涂覆在剥离面上，静置数秒后将表面多余的染色剂用纸巾擦除。如果剥离面上有胶层，那么与涂覆上去的染色剂相对应的位置就会显现出蓝色的斑点。图 3-75 显示的是常温染色法的应用实例。在涂抹染色剂之前，将样品的两个剥离面在墙面上轻轻摩擦，然后涂抹染色剂［如图 3-75（a）所示］；图 3-75（b）为将多余的染色剂擦除后的状态。染色结果显示：胶层在左边的基材上。

常温染色法的优点是速度快，缺点是胶层表面如有其他覆盖物则不能使胶层染色。高温染色法的优点是不管胶层表面是否有其他覆盖物均可使胶层染色，缺点是速度较慢。

(3) *表面光泽法*

表面光泽法是对发生分离的界面两侧的基材表面光泽进行对比观察、判定胶层位置的方法。

如图 3-76 所示，该样条是从 OPP/VMPET/PE 结构的复合膜上剥离下的 PE 膜。客户对该复合膜样品的反馈是：VMPET/PE 层间的剥离力，有些地方是“一顿一顿”的（即某个局部剥离力大，某个局部剥离力小），某些地方是可以轻易地整体将 PE 膜剥离下来。

从图 3-76 的状态来看，客户所说的剥离力较小的地方是与图片中有光泽的部位相对应的，客户所说的剥离力较大的地方是与图片中有无光泽的部位相对应的。借助染色剂法可以确认，无光泽的部位可以直接染色，有光泽的部位需要将表面有光泽的一层擦除后才可染色。这说明，在无光泽的部位，是在胶层与 PE 膜的表面之间发生了“黏附破坏”或者胶层的内聚破坏，而在有光泽的部位，是 PE 膜发生了“被粘材料破坏”，更准确地讲，是 PET 膜中析出的低分子物层与 PET 基材间发生了分离。

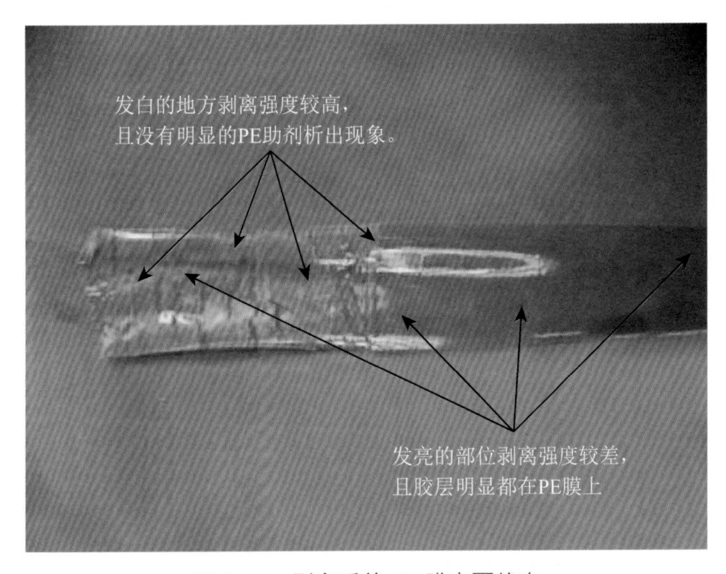

图 3-76　剥离后的 PE 膜表面状态

因此，借助发生分离的界面的表面光泽状态与相应的剥离力数据或感觉也可对胶层的位置做出合理的判断。在实践中，“镀铝层转移”和“油墨层转移”是剥离力试验中经常发生的现象。

(4) *透明度法*

任何一个复合用的基材（除了铝箔）都会有其固有的“雾度”指标（参见“法—分析篇—基材微观平整度的评价”），俗称为透明度。

在复合加工时，涂胶压辊的宽度总是要小于基材的宽度，即涂胶面的有效宽度小于载胶膜的宽度，也就是在复合薄膜的两边会留有两个没有涂上胶的“透明边”。涂覆在基材表面已经固化的胶层，在剥离试验中，不管胶层附着在哪一个基材上，都会对基材的透明度造成某种程度的改变或劣化。因此，在将样品剥离开后，对比观察复合膜的“透明边”处胶层的边缘线两侧的透明度的差异，即可判定出胶层的位置。

如果观察发现在 A 基材的“透明边”处胶层的边缘线两侧的透明度没有明显的差异，表明在 A 基材上没有附着胶层，胶层应该是在 B 基材上；如果观察发现在 B 基材的“透明边”处胶层的边缘线两侧的透明度有明显的差异，表明在 B 基材上附着有胶层。

(5) *功能层转移法*

“镀铝层转移”属于“被粘材料破坏”，它表示镀铝层与镀铝基材相结合的界面是复合材料中最薄弱的环节。“镀铝层转移”还存在另外两种状况：一种是镀铝层本身发生“内聚破坏”，即在剥离开的界面的两侧都有一层均匀的、薄薄的镀铝层；另一种是镀铝层部分转移，即在一些区段镀铝层离开了镀铝基材，而在另外的区段镀铝层仍附着在镀铝基材上。

“油墨层转移”也属于“被粘材料破坏”，它表示油墨层与印刷基材间的界面是复合材料中最薄弱的环节。“油墨层转移”现象中还有多种状况，因篇幅所限，此处不多做赘述。

“K 涂层转移”是“被粘材料破坏”的又一种表现形式。

(6) *测厚法*

测厚法是根据基材的常规构成，通过测量已剥离下来的基材的厚度的方式判定胶层位置的方法。此法主要用于 K 涂层薄膜的复合薄膜，如 PVDC 涂布的 PET、PA、OPP 膜的复合薄膜和 BOPP 的复合薄膜。

当发现剥离试验后的样条有大面积的墨层转移时，就应对剥离下来的印刷基材的厚度进行检查。

如果经检查确认剥离下来的印刷基材的厚度与相应的 K 涂膜所用的涂布基材的厚度相当时，即可认为是涂布基材与涂层之间发生了“被粘材料破坏”。反之，则是油墨层与 K 涂层之间发生了“界面破坏”。如果剥离下来的 BOPP 膜的厚度小于其标称厚度（如 18μm），即可认为是 BOPP 发生了“被粘材料破坏”。反之，则是油墨层与 BOPP 之间发生了“界面破坏”。

如果能够确认基材已经发生的是“界面破坏”，则胶层一定是位于另外一个基材上。

(7) *表面润湿张力法*

表面润湿张力法是根据不同的基材及胶层本身的表面润湿张力特点判定胶层位置的方法。

采用此方法的基本依据是：在没有其他干扰因素影响的前提下，基材本身的表面润湿张力不会发生变化。关于常用基材的表面润湿张力数值参见“料－表面润湿张力－合适的数值”。

根据实测结果，聚氨酯胶黏剂固化后的胶层的表面润湿张力为 42 ～ 48mN/m。例如，正常的铝箔的表面润湿张力是应能够通过刷水试验的（即表面润湿张力不小于 72mN/m），在剥离试验中，如果胶层未附着在铝箔表面，那么，对剥离后的铝箔进行表面润湿张力检查时，铝箔仍应能通过刷水试验。如果剥离后的铝箔的表面润湿张力在 40mN/m 以上，而另外一个基材的表面，例如 CPE 或 CPP 的表面润湿张力在 40mN/m 以下，则可以证明胶层在铝箔上。如果剥离后的铝箔与 CPE 或 CPP 的表面润湿张力都在 40mN/m 以下，则说明 CPE 或 CPP 中的爽滑剂已经渗透过胶层、迁移到了铝箔层表面，即胶层位于 CPE 或 CPP 的一侧。

(8) 黏性检查法

黏性检查法是通过对胶层黏性（或干性）的检查来判定胶层位置的方法。

导致“胶水不干”的原因是多种多样的（参见“法一分析篇一‘胶水不干’现象”）。如果胶层尚未完全固化，那么，在将已经剥离开后的复合薄膜的两个基材重新对贴在一起时，两片基材就应能够重新黏在一起！上述情况只表明胶层未完全固化，不能证明胶层在哪一层基材上。

将已经剥离后的复合薄膜的两个基材分别对贴在一起，可能会出现以下几种情况：

①两个分别对贴在一起的基材都能够黏在一起。这种情况表明两个基材上都有未完全固化的胶层，即剥离是发生在胶层内部，也就是发生了“内聚破坏”。

②A 基材可以黏在一起，而 B 基材不能黏在一起。这种情况表明胶层位于 A 基材之上。

③B 基材可以黏在一起，而 A 基材不能黏在一起。这种情况表明胶层位于 B 基材之上。

(9) 墨层的溶解性法

墨层的溶解性法是利用印刷基材上的墨层可被油墨稀释剂溶解的特性来判定胶层位置的方法。该方法特定地适用于印刷基材与其他基材间被剥离开时、油墨层未发生转移的状态。

其方法是用蘸有油墨稀释剂（例如乙酸乙酯）的棉棒对剥离开后的印刷基材上的未发生转移的油墨层轻轻擦拭，通过观察油墨层被溶解的状态来判定胶层的位置。

经过擦拭后，如果油墨层迅速被溶解了，表明油墨层上没有胶层；如果经多次擦拭后，油墨层呈现由点及面缓慢地被溶解的状态，表明油墨层上存在着胶层。本方法不适用于加有固化剂的耐蒸煮油墨的印刷品。

3. 典型的剥离力曲线

图 3-77 显示的是实践中比较典型的六种剥离力曲线。其中，图（a）是希望得到的剥离力曲线，即剥离力值较高同时在剥离的过程中剥离力也比较稳定的状态。图（b）是在 OPP/VMPET/PE 结构的 VMPET/PE 层间常见的剥离力曲线，剥离力的变化幅度较大，俗称为“一顿一顿”的现象。该现象是由 PET 薄膜的非处理面侧的低分子物析出物所导致的。在任何高分子聚合物中，其中的分子链都是有长有短的，即高分子聚合物中的分子量分布是不均一的。此种现象不仅在 PET 薄膜中会有体现，在 PA、PP 中也会有所体现。在复合薄膜当中，基材薄膜中的低分子物析出后的表现就是测量剥离力时的“一顿一顿”的现象。图（c）的剥离

力曲线在 OPP/CPP 的产品结构中经常见到。其原因是 OPP 膜发生了层间撕裂现象。图（d）的剥离力曲线通常表示剥离面发生了“易位”，例如，被检查的样品是 OPP/VMPET/PE 结构的 VMPET/PE 层间，在剥离力曲线的“下降段”，PET 膜被撕裂，被剥离面逐渐转换为 OPP/VMPET 层间！图（e）的剥离力曲线在 PA/PP(PE) 或 PET/PP(PE) 结构中比较常见，其中剥离力较低的部分的形成原因是胶层与部分专色墨层间的剥离力较低所致，或者是该局部处的油墨层发生了墨层间的分离。图（f）的剥离力曲线常见于 K 涂层基材的复合膜，以及助剂析出现象比较严重的 CPP、CPE 的复合薄膜。

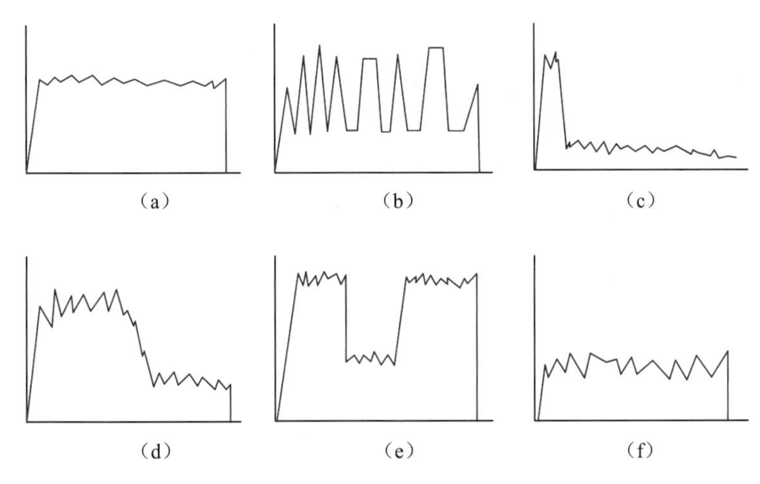

图 3-77　几种比较典型的剥离力曲线

在绝大多数软包装企业中，实验室人员习惯于给出剥离力的最大值、最小值、平均值，而对于发生剥离的界面、剥离力值与镀铝层转移、油墨层转移、基材撕裂等关联现象不予标注，这就大大削弱了测得的数据对生产 / 质量管理的指导意义，使许多本来可以轻易查找到原因的质量问题的处理变得复杂化了。

4. 复合膜的内应力与剥离力

在对一组不同时间生产的同类的 PA^{15}/PE^{100} 结构的复合膜的剥离力测量结果进行整理后发现，如果将复合膜的纵横向剥离力综合起来进行考察的话，可以将样品分为三类：A 类样品的纵横向剥离力数据都在 6N/15mm 以上，B 类样品的横向剥离力在 6N/15mm 以上，而纵向剥离力在 1N/15mm 左右，C 类样品的纵横向剥离力都在 1N/15mm 左右。

如表 3-12 所示，经过对三类样品进行重新检查后发现：A 类样品不存在明显的卷曲和助剂析出现象；B 类样品存在明显的卷曲现象，但不存在明显的助剂析出现象；C 类样品不存在明显的卷曲现象，但存在明显的助剂析出现象。C 类样品的纵横向剥离力都比较低的原因显然是“明显的助剂析出”。B 类样品的纵向剥离力低的原因与样品的“纵向卷曲”现象有关。

表3-12 内应力与剥离力的关联性

样品＼现象	纵向卷曲	助剂析出	横向剥离力	纵向剥离力
A类	×	×	高	高
B类	√	×	高	低
C类	×	√	低	低

复合膜中存在的卷曲现象说明在复合膜的纵向层间存在着内应力，产生这种应力的原因或者是复合过程中两个复合基材间张力不匹配的结果，或者是复合后的熟化过程中两个复合基材间沿其纵向存在热收缩率差异所致。

内应力的存在使基材间产生了剪切力，剪切力的存在则会降低所能测得的剥离力。当复合膜的基材间存在很大的剪切力（特别是在水煮、蒸煮过程中，各基材间显现出较大的热收缩率差异）时，就会出现“局部分层”现象，同时，在未发生“局部分层”现象的部位又有着较高的剥离力的状态。

上述现象说明：剥离力＝粘接力－剪切力（内应力）。

5. 剪切力试验与基材回弹性试验

(1) 剪切力试验

“剪切力试验”的目的是检测复合制品的基材间的剪切力。

迄今为止，在相关的国家标准中尚未见到关于复合薄膜的剪切力试验的方法与标准。参照其他硬质材料的剪切试验方法，笔者制订了软质复合材料剪切强度试验方法。

①试验方法

• 主题内容

本方法规定了塑料复合在塑料或其他基材（如铝箔、纸、织物等）上的各种软质复合塑料材料中复合基材间的剪切力的测定。

• 试验设备

带有图形记录装置的拉伸试验机，或能满足本试验要求的其他装置。

• 状态调节及试验环境

复合薄膜应在温度（23±2）℃、相对湿度45%～55%的环境中放置4h以上，然后在上述环境中进行试验。

• 试样

a. 试样尺寸

宽度（15.0±0.1）mm，长度300mm。

b. 试样制备

在复合膜或制袋成品上均匀地裁取纵、横向试样各3条。基材的复合方向定义为纵向。

沿试样长度方向将复合膜的一端预先剥开50mm，另一端预先剥开30mm，被剥开部分不得有明显损伤。

若试样不易剥开，可将试样一端约 20mm 的长度浸入适当的溶剂中，待溶剂完全挥发，再进行剥离力与剪切力的试验。若试样经过这种处理，仍不能将其分离，则试验不可进行。

• 试验速度

剥离力试验：300 mm/min；

剪切力试验：5 ～ 50mm/min（视拉力机的状况而定，尽量使用较低的拉伸速度）。

• 试验步骤

a. 将试样的预剥离量较大的一端的两个末端分别夹在试验机的上、下夹具上，使试样剥开部分的纵轴与上、下夹具中心连线重合，并松紧适宜。试验时，未剥开部分与拉伸方向呈 T 形。剥离长度限定在 50 ～ 70mm 内。记录试样剥离过程中的剥离力曲线。

b. 将试样从试验机上取下，从预剥离量较小的一端将试样剥离开，并最终保留 1 ～ 3mm 长度的复合面。同一组的试样，所保留的复合面长度应尽可能一致。

c. 将上述试样平置于桌面上，用直尺测量所保留的复合面的实际长度与宽度，以 mm 为单位，读数精确到小数点后一位。记录所测量的数据。将上述试样的面层薄膜和内层薄膜各切掉一半，切口可距离保留的复合面 1 ～ 3mm。将上述试样夹在夹具上，如图 3-78 所示，以 5 ～ 50mm/ min 的拉伸速度测量其剪切力。记录试样拉伸过程中的拉力曲线。如剪切力值超过了试验机的负荷传感器的测量范围，则应重新制备试样并适当减小复合面的保留长度。

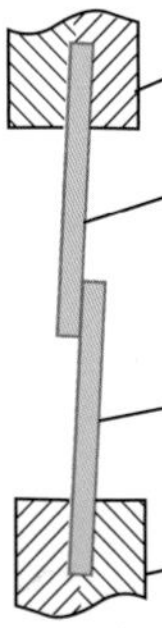

图 3-78　剪切试样夹持示意

• 结果的计算和表示

剪切强度以 σ_t（MPa）表示，按式（3-1）计算：

$$\sigma_t = \frac{p}{bd} \tag{3-1}$$

式中　P——拉力机测得的最大负荷，N；

b——试样宽度，mm；

d——试样复合面长度，mm。

• 试验报告

试验报告应包括下列几部分：

a. 所测样品的结构与各层的厚度（μm）；

b. 状态调节及试验环境；

c. 试样宽度、试验速度；

d. 纵、横方向上剥离力的最大值、最小值与停机前瞬间的值；

e. 纵、横方向上的剪切力及复合面的保留长度与宽度；

f. 试验过程中，基材薄膜的分离、拉伸、变形、断裂的状况及相关数值；

g. 取样日期、试验日期、试验人员。

②试验结果

表 3-13 和表 3-14 为部分剪切力试验结果。

表3-13 BOPP/VMPET/PE剪切力试验结果

材料（BOPP/VMPET /PE）	方向	剥离力				剪切力				
		最大值（N）	最小值（N）	停机瞬间值（N）	备注	最大值（N）	复合面长（mm）	试样宽（mm）	剪切力（MPa）	备注
BOPP/VMPET	横向	1.56	1.01	0.67	油墨全转	34.42	3.0	15	0.76	复合面正常分离
		1.46	1.12	0.87		36.34	2.8	15	0.87	
		2.18	1.27	1.15		34.00	3.0	15	0.76	
	纵向	BOPP层上机撕断			BOPP贴胶带	33.38	3.0	15	0.74	
						33.23	2.9	15	0.76	
						34.83	3.0	15	0.77	
VMPET/PE	横向	2.71	1.11	0.74	上机一颤一颤的	10.91	3.0	15	0.24	PE层严重拉伸
		2.73	1.45	1.18		12.62	3.0	15	0.28	
		2.84	1.00	0.77		10.90	3.0	15	0.24	
	纵向	3.86	2.26	1.17		6.25	2.9	15	0.14	
		3.65	1.63	0.90		7.17	3.0	15	0.16	
		4.29	2.07	1.23		7.74	3.0	15	0.17	

表3-14 PET/Al/PE复合制品的剪切力试验结果

PET/Al/PE总厚90μ	方向	剥离力				剪切力				
		最大值（N）	最小值（N）	停机瞬间值（N）	备注	最大值（N）	复合面长（mm）	试样宽（mm）	剪切力（MPa）	备注
PET/Al	横向	3.18	2.21	2.67	不回粘，胶在PET上	12.21	2.8	15	0.29	Al层上机撕断，PE层拉伸
		3.67	2.50	2.66		16.55	3.1	15	0.35	
		2.50	1.40	1.74		16.01	2.5	15	0.43	
	纵向	1.36	1.03	1.13		19.42	2.5	15	0.52	
		2.51	1.12	1.58		24.73	3.0	15	0.55	
		1.64	1.38	1.47		20.95	3.0	15	0.47	
Al/PE	横向	1.41	1.12	1.23	不回粘，胶在PET上	12.62	1.8	15	0.47	PE层严重拉伸
		2.49	1.46	1.61		12.12	2.0	15	0.40	
		1.57	1.14	1.29		12.11	2.0	15	0.40	
	纵向	0.77	0.47	0.60		17.24	2.0	15	0.58	
		0.92	0.66	0.76		18.33	2.0	15	0.61	
		1.10	0.82	0.56		15.66	1.8	15	0.58	

③数据解读

归纳表 3-13 和表 3-14 的数据，可以看到以下现象。

a. 在 Al/PE 和 VMPET/PE 层间，尽管层间的剥离力仅在 0.56 ～ 1.61N/15mm，剪切力却在 6.25 ～ 18.33N/15mm（0.17 ～ 0.61 MPa），而且 PE 层严重拉伸，超出了拉力机的量程而停机（这表明，此时的剪切力数据还不是真正的复合膜层间的剪切力）。

b. 在 BOPP/VMPET 层间，剪切是真正地发生在了两个基材之间（“复合面正常分离”），尽管层间的剥离力仅在 0.67 ～ 1.15N/ 15mm，而剪切力却在 34 ～ 36N/15mm（0.76 ～ 0.87 MPa）。

从上述现象可以推出以下结论。

a. 如果试图将复合薄膜沿着复合面分开，需要施加很大的剪切力。

b. 在存在窜卷现象的复合膜卷上（复合中、熟化中与分切后），滑移现象一定是发生在复合薄膜的内、外表面之间，而不是在复合膜的复合面之间或胶层内。

c. 当复合膜内存在内应力时，该内应力会在复合膜层间产生剪切力。

d. 内应力存在或出现的条件有两种：一种是复合加工时两个基材间的张力不匹配；另一种是在经受热处理（熟化、制袋、水煮、蒸煮等）时，复合膜内的各层基材发生了非同步的热收缩，即存在着热收缩率差异。

e. 内应力或剪切力的大小与基材间张力不匹配的程度或基材间的热收缩率差异的数值大小相关。

f. 当该剪切力能够完全克服复合膜层间的剥离力时，复合膜的表面将会出现隧道、皱褶、表层局部分层等不良现象。

g. 当该剪切力不能够完全克服复合膜层间的剥离力时，复合膜层间的剥离力将会相应地下降或衰减，或发生开口边卷曲、宽刀封口处翘曲、封口卷曲等不良现象。

（2）基材回弹性试验

“基材回弹性试验”的目的是检测基材在被拉断之前的某一阶段的回弹能力。

试验采用了厚度 12μm 的 PET 薄膜为试验对象。试验仪器为拉力试验机。

试验基础条件：拉伸速度 300mm/min，初始夹头间距 100mm。

①试验方法

a. 取宽 15mm、长 200mm 的聚酯薄膜夹在拉力机上，保持夹头的间距为 100mm。

b. 以 300mm/min 的拉伸速度对样条进行拉伸。

c. 首次检测项目为该样膜的纵、横向断裂标称应变及拉伸断裂应力，保存试验曲线与数据。其后的检测项目为样膜的回弹性，方法如下：每次裁取新的样膜，按前述要求夹好后，开动拉力机并使夹头的位移分别达到初始夹头间距的 110%、120%……直至接近（略小于）该薄膜的断裂标称应变时停机，保存试验曲线与数据；将拉力机的上夹头向下放，直至看到薄膜样条略显松弛为止；测量夹头的间距，读数至小数点后一位，即 0.1mm；记录之。

后期数据处理，求得每次的伸长率、回弹率、拉伸力、拉伸弹性模量等。

②试验结果

试验结果见表3-15。

表3-15 基材回弹性试验数据

序号	方向	拉伸断裂应力（MPa）	伸长率（%）	拉力（N）	拉伸弹性模量（GPa）	位移（mm）	回弹后夹头间距（mm）	回弹率（%）
1	横向	171.4	32.2	30.9	2.36	—	—	—
2	纵向	148.0	41.5	26.6	2.74	—	—	—
3	横向	111.5	10.80	20.1	0	10.8	105.6	5.2
4	横向	151.1	21.40	27.2	2.22	21.4	114.6	6.8
5	横向	175.3	30.73	31.2	2.17	30.7	122.4	8.3
6	纵向	117.3	11.31	21.1	0	11.3	105.7	5.6
7	纵向	131.3	21.25	23.6	2.06	21.3	114.3	7.0
8	纵向	143.3	30.77	25.8	2.31	30.8	122.5	8.3

注：表中数据均为平均值。

③数据解读

a. 该PET膜的纵横向断裂标称应变分别为41.5%和32.2%（这个数据在市售的产品中属于较小的，对于复合制品而言不是一个“好”数据），纵横向的拉伸弹性模量分别为2740MPa和2360MPa。

b. 当基材横向的伸长率分别为10.8%、21.4%和30.73%时，基材的回弹率分别为5.2%、6.8%和8.3%。上述数据表明：在基材的横向塑性变形范围内（即伸长率小于32.2%），基材依然保持着某种程度的弹性变形的特性，而且，弹性变形率（在此处表现为回弹率）随着拉伸变形率（在此处表现为伸长率）的增加而增加。在不同的拉伸变形率范围内，基材的拉伸弹性模量是随着拉伸变形率的增加而下降的。

c. 在基材的纵向塑性变形范围内，基材的弹性变形率和拉伸弹性模量也表现出与横向相同的特性。

d. 在基材的弹性变形范围内，当去掉外力时，基材可恢复到其受力前的长度或状态；在基材的塑性变形范围内，基材仍然保持着部分的弹性特性，且基材发生回弹时向外释放的力等于相应的拉伸力。

e. 任一复合用塑料薄膜，其纵、横向的力学指标都是不同的，这是由薄膜的加工工艺条件所决定的。

f. 同一类基材在塑性变形范围内的回弹率可能会随着断裂标称应变的增加而降低。

三、“胶水不干”现象

“胶水不干”是复合软包装企业在各类质量投诉中经常出现的一个词语。“胶水不干”通常被认定为导致复合软包装制品在加工及应用过程中显现的某些外观不良的原因，例如，“局部分层”或“起皱”；同时被认定为所使用的胶水质量有问题或不稳定的一种表现。

当前，绝大多数复合软包装企业在复合制品出厂前并不检查胶层是否存在“胶水不干”现象，也没有对“胶水不干”的程度（即“胶层的黏性”）做出任何限制性的规定。当下游客户（如食品厂）向复合软包装企业提出任何质量投诉或退货要求时，复合软包装企业会“习惯性”地首先检查相应的复合制品的胶层是否存在“胶水不干”的现象，如果发现有“胶水不干”的现象（不管程度如何），都会向胶水供应商提出质量投诉。

1.“胶水不干”现象的原因

在复合软包装材料加工领域广泛使用的是溶剂型的或无溶剂型的双组分反应型聚氨酯胶黏剂（俗称胶水，某些地方称为 AB 胶）。其中一个组分是端基为羟基（—OH）的预聚物，另一个组分是端基为异氰酸酯基（—NCO）的预聚物。

在行业中，习惯将两个组分中数量相对较多的一个称为主剂，数量相对较少的一个称为固化剂；对以主剂的端基为羟基的组分所构成的胶黏剂称为“正相胶”，对以主剂的端基为异氰酸酯基的组分所构成的胶黏剂称为“反相胶”。

常温下，保存在密封容器中的主剂和固化剂都是黏稠的流体。

目前在市场上常见的溶剂型干法复合“胶水”的固含量为 50% ～ 80%，即其中还含有 50% ～ 20% 不等的有机溶剂，通常是乙酸乙酯。无溶剂型干法复合“胶水”的固含量则为 100%。

如果将胶黏剂的两个组分分别暴露在空气中，在初期，两个组分都显现为具有某种程度的黏性的流体。随着时间的延长，其中的溶剂挥发掉以后，端基为异氰酸酯基的组分会变为内部含有很多气泡的固体（空气中的水分与其中的异氰酸酯基团的反应产物），端基为羟基的组分会变为有很强黏性的弹性体。

如果将两个组分按照供应商所规定的比例混合均匀，驱除其中的溶剂，并与周围环境的潮湿空气相隔离，在一定的温度条件下“熟化”一段时间后，就能得到其表面没有黏性的、固态的胶层或胶膜。

需要强调的是：在熟化过程中，主剂与固化剂之间的化学交联反应是逐步完成的，胶层表面的黏性则是随着反应完成率的上升而逐渐消失的。如果在反应完成率达到 100% 之前的任意时间提取 / 检查胶膜的样品，都会发现胶层存在着某种程度的“黏性”。

如果将两个组分按“随意的”比例混合均匀，即便是按照供应商所要求的条件进行熟化，所得到的胶层或胶膜仍会是表面具有某种程度的黏性的固体或弹性体。

> 综上所述，所谓“胶水不干”是“胶水固化不完全”的一种表现。或者说，造成“胶水不干”现象的原因是“胶水固化不完全”。

2. 各种与“胶水不干”现象相关的因素

如上所述，造成“胶水不干”现象的原因是“胶水固化不完全”，如果继续进行分析，可以发现三个导致“胶水固化不完全”的子原因：熟化不充分；固化剂不足；固化剂过量。

在本文以下的论述中，所谓“固化剂不足”和“固化剂过量”对于“正相胶”和“反相胶”而言有着不同的含义。

对于“正相胶”而言，“固化剂不足”意味着固化剂（端基为异氰酸酯的组分）的有效数量少于需要的数量，“固化剂过量”表示固化剂的有效数量多于需要的数量；对于“反相胶”而言，“固化剂不足”意味着固化剂（端基为羟基的组分）的有效数量多于需要的数量，“固化剂过量”表示固化剂的有效数量少于需要的数量。

(1)“熟化不充分”的表现形式

在复合软包装材料的生产过程中，导致“熟化不充分”的因素有以下几点：熟化室的温度偏低；熟化时间不足；熟化室内温度不均匀；膜卷直径偏差较大。

其中，“熟化室的温度偏低”是指客户所使用的熟化室或熟化箱内的温度低于供应商所规定的熟化温度。又可分为“熟化室的设定温度值低于规定值”和“熟化室内的实测温度值低于温控仪的设定值”两种状态。前者是指客户为了某种目的而有意地将熟化室的温度设定为低于供应商所要求的温度值的状态。后者是指用水银温度计或红外温度仪在熟化室内实际测量到的温度值低于熟化室的温控仪显示的温度值。出现这种情况：一是温控仪的显示不准确（意味着温控仪需要重新进行校正）；二是热电偶在熟化室内的摆放位置不合理（悬挂位置过高或离热源过近），需要重新摆放。

“熟化时间不足”是指包材加工企业为了“赶货”而缩短了熟化时间。

“熟化室内温度不均匀”是指在同一个熟化室或熟化箱内的各个位置上的温度实测值的“极差”比较大的情况，即所测得的温度的最高值和最低值有较明显的差异。此种现象通常表示熟化室或熟化箱的设计不合理。

“膜卷直径偏差较大”是指同一批的复合制品，部分膜卷的直径较大，例如达到了 1m，部分膜卷的直径较小，例如仅为 0.4m。在相同的熟化（温度和时间）条件下，不同的膜卷中心部位所能达到的温度值会有明显差异，从而在熟化结果上产生差异。

(2)“固化剂不足”的因素

在复合软包装材料的生产过程中，导致“固化剂不足”的因素有：

①未加入固化剂或加入的固化剂数量不足；

②固化剂被异常消耗。

在复合软包装材料加工企业中，偶尔会发现“未加入固化剂”或“加入的固化剂数量不足”的现象，具体的表现是：同批采购的主剂已使用完了，而固化剂却有剩余。

需要强调的是：目前在加工含镀铝薄膜（VMPET、VMCPP 等）的复合制品时，配胶时通常需要有意地减少部分固化剂的用量或比例，以使熟化后的胶层保持某种程度的“黏性”，目的在于缓解镀铝层的转移。

“固化剂被异常消耗”是指配胶时加入的固化剂标称数量符合要求，但最终的结果仍是“胶水不干”。这说明固化剂在生产过程中被异常地消耗掉了，导致固化剂的有效数量不足。

“固化剂被异常消耗”的因素有以下几种：

①由稀释剂带入胶水溶液中的活性氢及水分；

②从潮湿空气中凝结进入胶水溶液中的水分；

③复合基材从空气中吸附的水分；

④由稀释剂带入油墨中的活性氢及水分；

⑤从环境空气中凝结进入油墨中的水分；

⑥油墨本身含有的活性氢。

(3)“固化剂过量”的表现形式

在复合软包装材料的生产过程中，导致“固化剂过量”的因素有：

①加入的固化剂数量超量；

②消耗固化剂的因素异常减少。

“加入的固化剂数量超量”是指客户在配胶时为了某种目的而有意地增加了固化剂的比例。

“消耗固化剂的因素异常减少”是指在常规条件下会消耗固化剂的因素没有体现出其影响力。例如，天气条件在持续高温高湿后转变为高温低湿或低温低湿的状态，因此，从空气中凝结进入油墨、胶水的水分的数量大幅地减少了。

“消耗固化剂的因素异常减少”的表现形式有以下几种：所使用的稀释剂的质量相对于标准或其他地区比较好；环境的温湿度相对较低；油墨中加入固化剂；所使用的油墨中活性氢较少；胶盘、墨盘中的溶剂挥发被有效地抑制了。

3.“胶水不干”现象在单张复合膜和膜卷上的不同表现

“胶水不干”现象又可以分为“局部性胶水不干”与“整体性胶水不干”两大类。对于单张复合膜而言，所谓“局部性胶水不干”现象，是指“胶水不干”的现象仅存在于单张复合膜的局部位置上，例如，仅存在于单张复合膜的有墨的部位上。对于批量（多个膜卷）的复合膜而言，是指“胶水不干”的现象仅存在于部分复合膜上，例如，在有墨处的“胶水不干”现象仅存在于一部分的膜卷上，而不是全部膜卷的相同的有墨处都存在相同程度的“胶水不干”现象。

对于单张复合膜而言，“整体性胶水不干”现象是指“胶水不干”的现象存在于单张复合膜的 100% 的面积上，尽管不同部位的“胶水不干”的程度有所不同。对于批量（多个膜卷）的复合膜而言，是指相同的“胶水不干”的现象存在于全部复合膜上，例如，仅在有墨处的“胶水不干”现象存在于全部的膜卷上。

图 3-79 列出了十多项与“胶水不干”现象相关联的因素。

在这些因素中，有些是“整体性的影响因素”，有些是“局部性的影响因素”。

“整体性的影响因素”是指会导致“整体性胶水不干”现象的因素。“局部性的影响因素”是指只会导致“局部性胶水不干”现象的因素。

同一个因素，在单张复合膜上是“整体性的影响因素”，而在批量膜卷上则可能成为“局部性的影响因素”。例如，“从潮湿空气中凝结进入胶水中的水分”这一因素，在单张复合膜上是一个“整体性的影响因素”，在批量膜卷上则是“局部性的影响因素”，因为空气中的水分凝结进入胶水是一个缓慢的过程，它的影响一定不是整批性的。

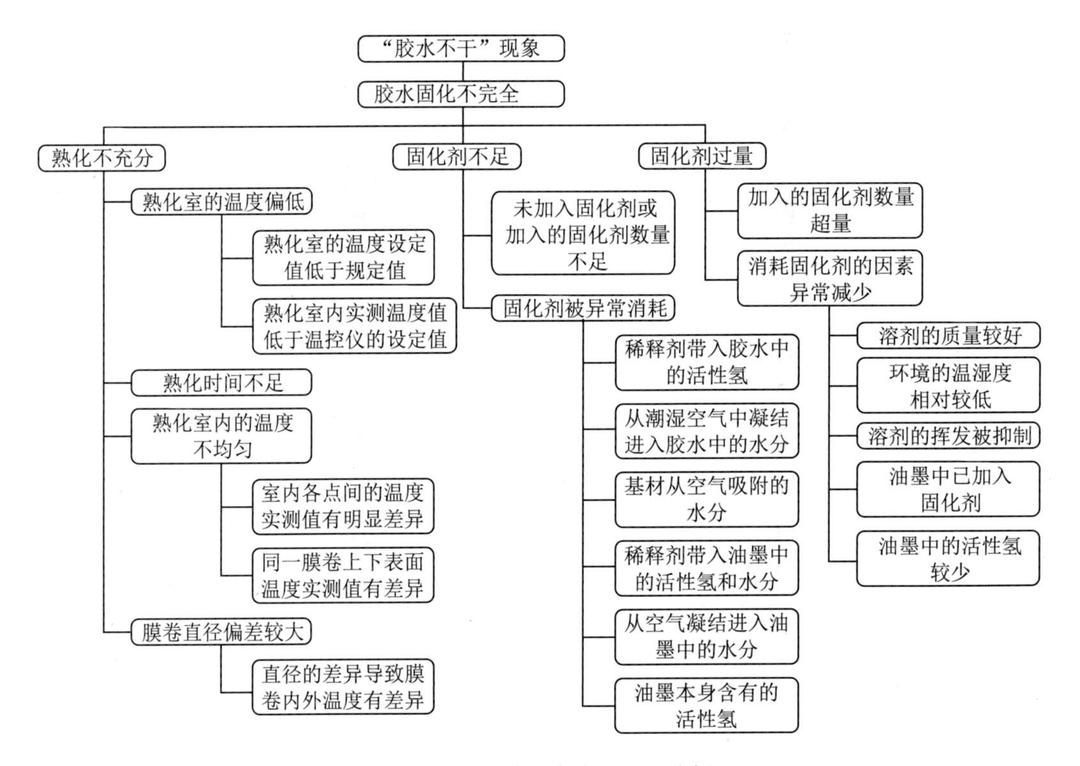

图 3-79 "固化不完全"原因分析

(1) 单张复合膜上导致"胶水不干"现象的因素

在单张复合膜上，可能导致整张复合膜存在"胶水不干"现象的"整体性的影响因素"有：

①熟化不充分；

②未加入固化剂或加入的固化剂数量不足；

③由稀释剂带入胶水中的活性氢和水分；

④从潮湿空气中凝结进入胶水中的水分；

⑤受潮的基材上的水分；

⑥固化剂过量。

在单张复合膜上，可能导致复合膜的局部存在"胶水不干"现象的"局部性的影响因素"有：

①油墨本身含有的活性氢；

②由稀释剂带入油墨中的活性氢和水分；

③从潮湿空气中凝结进入油墨中的水分；

④受潮的基材上的水分；

⑤固化剂过量。

(2) 膜卷上导致"胶水不干"现象的因素

对于批量性的膜卷，可能导致整批复合膜存在"胶水不干"现象的"整体性的影响因素"有：

①熟化不充分；

②未加入固化剂或固化剂加入量不足；

③由稀释剂带入胶水中的活性氢和水分；

④受潮的基材上的水分；

⑤油墨本身含有的活性氢；

⑥由稀释剂带入油墨中的活性氢和水分；

⑦固化剂过量。

对于批量性的膜卷，可能导致批量性复合膜中的一部分存在“胶水不干”现象的“局部性的影响因素”有：

①熟化室内的温度不均匀；

②膜卷的直径偏差较大；

③从潮湿空气中凝结进入胶水中的水分；

④从潮湿空气中凝结进入油墨中的水分。

图 3-80 是导致“胶水不干”现象的影响因素的分布。

需要注意的是：

①“基材已受潮”这一因素在 PA、铝箔、镀铝薄膜（包括 VMPET、VMCPP、VMCPE）会有不同程度的体现。也就是说，除了 PA 膜具有吸湿的特性外，铝箔和镀铝薄膜也具有吸湿性。

② PA、铝箔、镀铝薄膜的吸湿性只是在这些基材未接受良好的防潮包装以及在高温高湿的环境下才会体现出来。因此，会有一些客户反映（如含铝箔的复合材料），在冬季时没有“胶水不干”的现象，在夏季时则会出现“胶水不干”的现象。

③上述不同的“已受潮的”基材，在单张复合膜和批量膜卷上对于“胶水不干”的现象会有不同的“贡献”。

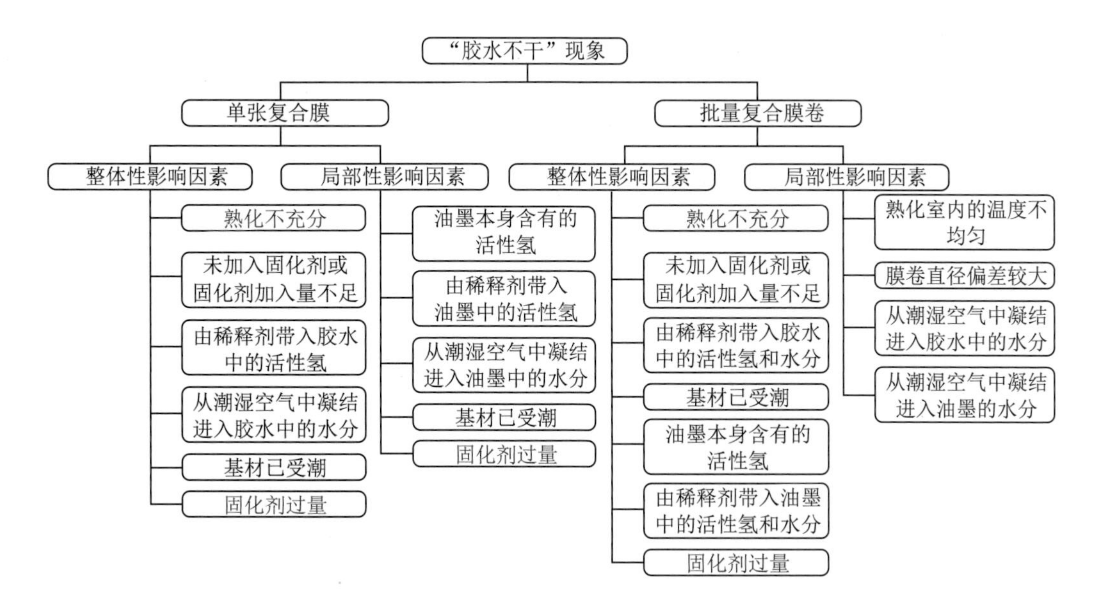

图 3-80 “胶水不干”现象相关联的因素分析

作为印刷基材的PA薄膜，由于会有油墨层的遮挡，因此，在单张复合薄膜上，通常会表现为“无墨处胶水不干，有墨处胶水干了”的“局部性影响因素”；而对批量性的膜卷而言，则会表现为在全部的膜卷上“无墨处胶水不干，有墨处胶水干了”的“整体性影响因素”。

如果是非印刷的PA膜与其他基材复合，由于没有油墨层的遮挡，对于单张复合膜和批量性膜卷的“胶水不干”现象，都会表现为“整体性的影响因素”。

如果PA膜作为复合薄膜的中间层，那么，未受潮的PA膜与表层基材复合后，若复合膜未被施加防潮包装或包裹不严，尚未复合的PA膜的另一面仍有受潮的可能。如果受潮了，就会出现“PA膜的先复合的一面胶水干了，后复合的一面胶水不干”的现象。

在常规条件下，镀铝薄膜的单张复合膜和批量性膜卷“胶水不干”的现象，都会表现为“整体性的影响因素”。但其特点是：只与镀铝面相接触的胶层会有“胶水不干”的现象。

如果是铝箔已经受潮了，其正反两面都会受潮，因此，对于单张复合膜和批量性膜卷的“胶水不干”现象，都会表现为“整体性的影响因素”。但与镀铝薄膜相比，其不同点是：与铝箔的正反两个表面相接触的胶层都会有“胶水不干”的现象！

④含有异氰酸酯的固化剂在常态下（未与活性氢、羟基或水分相接触时）也是流体状态，当“固化剂过量”的情况发生时，多余的固化剂也会使胶层呈现某种程度的黏性。但是，当复合膜被剥离开、含有过多的固化剂的胶层暴露在潮湿的空气中时，胶层表面的固化剂会与空气中的水分迅速发生化学反应，使胶层的黏性逐渐消失。这就是某些复合膜样品在刚剥离开时感觉胶层有黏性，但反复粘贴几次或放置一段时间后黏性消失的原因。

对于OPP/PE结构的复合制品，如果使用了活性氢含量较少的油墨进行印刷，“固化剂过量”对于单张复合膜的“胶水不干”现象就是“整体性的影响因素”，即有墨处和无墨处都有“胶水不干”现象。

对于PET/PE结构的复合制品，因为要使用活性氢含量较多的油墨进行印刷，因此，“固化剂过量”对于单张复合膜的“胶水不干”现象就是“局部性的影响因素”，即有墨处的胶水干了，而无墨处的胶水不干；因为墨层中的活性氢消耗了一部分固化剂，使得与墨层相对应的部位的胶层中不存在“固化剂过量”的情况。

4.“胶水不干”现象与原因的关联性（针对单张样膜）

下面针对三种典型性复合产品结构就其“胶水不干”的不同表现形式及原因进行简单的分析。这三种复合产品结构分别为PA//CPE(CPP)、OPP(PET)//CPE（CPP）和OPP(PET)//Al//CPE(CPP)局部印刷复合膜。选取这几种复合结构的理由是：PA和Al箔是属于可吸湿（易受潮）的基材，OPP、PET、CPP和CPE则是属于不易受潮的基材。

对于任意一个存在着“胶水不干”现象的复合薄膜样品，均可将“胶水不干”的现象分解为“整体性不干”“有墨处不干”和“无墨处不干”三种情况。对于一个多层复合的样品（如三层或四层），可能会有两种或两种以上的“胶水不干”现象共同存在。

在下面的分析中，针对三种典型的复合产品结构，罗列了10种可能存在的“胶水不干”的现象及其原因。

图 3-81 为 PA//CPE(CPP) 局部印刷复合膜“胶水不干”现象及成因。

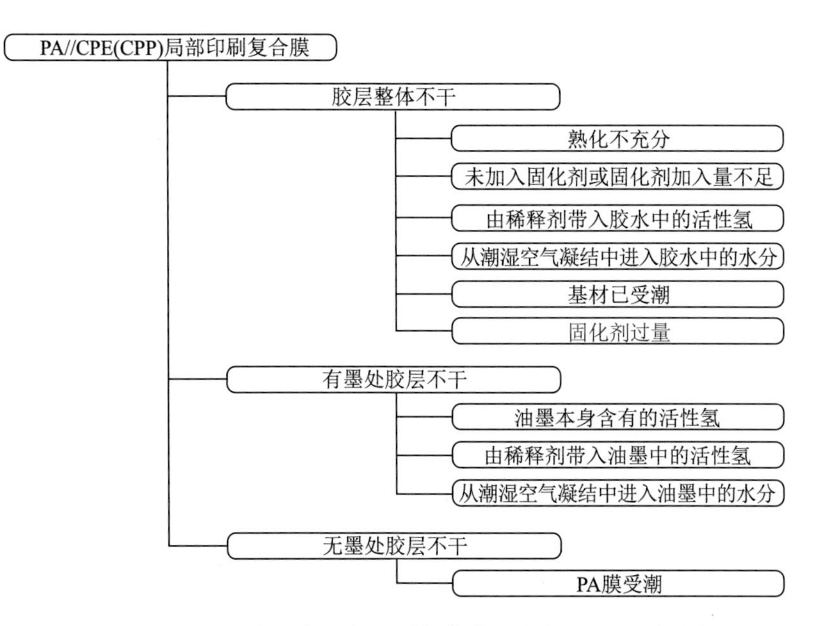

图 3-81　PA//CPE(CPP) 局部印刷复合膜“胶水不干”现象分析

图 3-82 为 OPP(PET)//CPE(CPP) 局部印刷复合膜“胶水不干”现象及成因。

图 3-83 为 OPP(PET)//Al//CPE(CPP) 局部印刷复合膜“胶水不干”现象及成因。

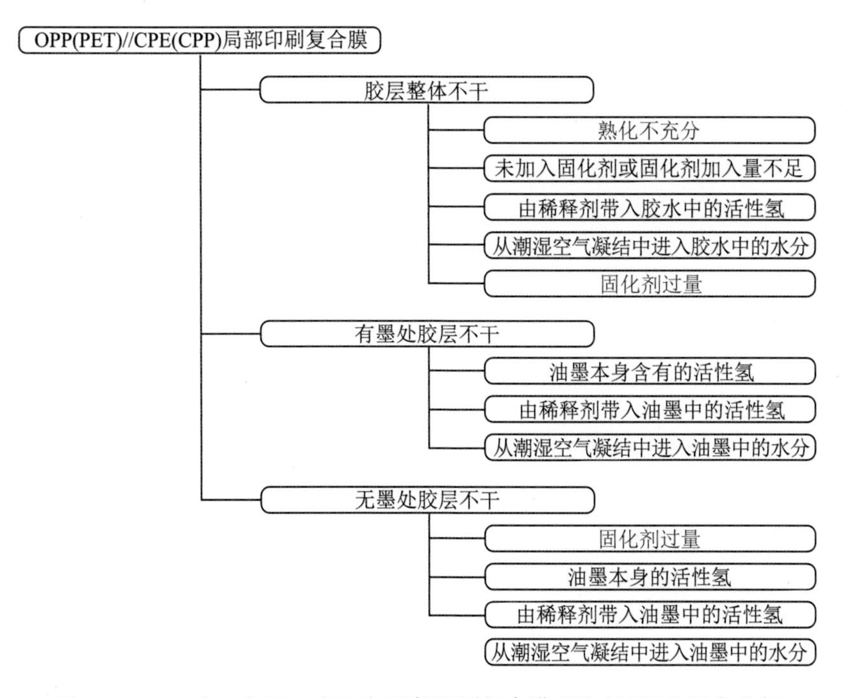

图 3-82　OPP(PET)//CPE(CPP) 局部印刷复合膜“胶水不干”现象分析

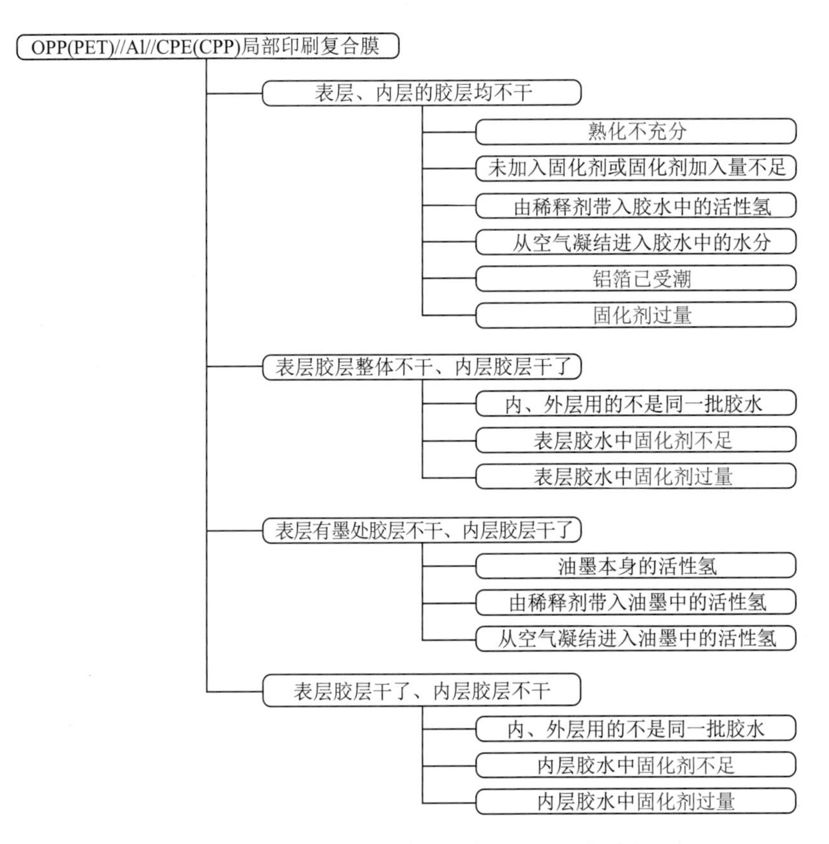

图 3-83 特定复合制品的“胶水不干”现象分析

(1) 特殊案例：结构为 PA//Al//PA//Al//PE 的复合制品“胶水不干”现象分析

第二个 PA//Al 层间有胶水不干现象（其他层间胶水干了！）

分析思路：

①由于其他层间的胶水已经干了，因此可以排除“熟化不充分”的因素；

②本批产品的批量不大，使用的是同一次配制的胶水，因其他层间的胶水已经干了，故可以排除“固化剂过量”的因素；

③因为前面已排除了“熟化不充分”和“固化剂过量”两个因素，故此案例中导致“胶水不干”现象的原因应在“固化剂不足”因素中进行探索；

④ PA 和 Al 都有吸潮的可能，如果 PA 和 Al 确实是在被投入复合加工前已经“整体性受潮”[整体性受潮系指基材在被投入复合加工前已暴露在环境中（外包装物已被拆开）并已受潮]，那么与 PA 和 Al 相应的两侧的胶层都应显现“胶水不干”的现象，但在本案例中没有上述现象，故可以排除 PA 和 Al“整体性受潮”的因素；

⑤推断结果应是 PA 膜存在“片面性受潮”的可能。即客户在完成了 PA//Al//PA 的三层结构之后、复合第二个 Al 之前，出现了一个较长的时间间隔。同时，客户的车间环境温湿度较大，且已完成的三层复合膜未实施防潮包装，导致 PA 膜“受潮”。因此，造成第二个 PA/Al 层间的“胶水不干”现象。

(2) 特殊案例：结构为 PET//Al//PET//PE 的复合制品“胶水不干”现象分析

Al//PET 层间胶水不干（其他层间胶水干了！）

分析思路：

①由于其他层间的胶水已经干了，因此，可以排除“熟化不充分”的因素；

②本批产品的产量不大，使用的是同一次配制的胶水，因其他层间的胶水已经干了，故可以排除“固化剂过量”的因素；

③因为前面已排除了“熟化不充分”和“固化剂过量”两个因素，故此案例中导致“胶水不干”现象的原因应在“固化剂不足”因素中进行探索；

④在本案例中，只有 Al 有吸潮的可能！如果 Al 确实是在被投入复合加工前已经“整体性受潮”，那么与 Al 相应的两侧的胶层都应显现“胶水不干”的现象，但在本案例中没有上述现象，故可以排除 Al“整体性受潮”的因素；

⑤推断结果应是 Al 存在“片面性受潮”的可能。即客户在完成了 PA//Al 的两层结构之后、复合第二个 PET 之前，出现了一个较长的时间间隔。同时，客户的车间环境温湿度较大，且已完成的两层复合膜未实施防潮包装，导致 Al“受潮”。因此，造成第二个 Al/PET 间的“胶水不干”现象。

5.“胶水不干”现象与原因的关联性（针对批量性膜卷）

某客户反馈所加工的 PA//PE 局部印刷复合膜存在“胶水不干”现象。笔者向客户索要不良样品后不久，客户带来了两片复合膜，声称从同一批加工的两卷卷膜上取得的。

检查其中一个样品，发现存在着明显的“整体性胶水不干”现象（即有墨处和无墨处的胶层均未完全固化）。将剥离面反复对粘后，胶层的黏性没有降低的迹象。根据上面的现象，可以排除由于“固化剂过量”而导致该样品“胶水不干”的因素。但暂时不能排除“固化剂不足”和“熟化不充分”的因素。对客户拿来的另一样品进行检查，发现该样品上的胶层已完全固化了，没有丝毫的“胶水不干”现象。

由于客户声称这两片样品是从同一批加工的两卷复合薄膜上取得的，因此，根据第二片样品的胶层已完全固化的情况，可以确定该批产品不存在“固化剂不足”的因素，同时，对第二片样品而言也不存在“熟化不充分”的因素。同理，对于第一片样品而言也不应存在“固化剂过量”和“固化剂不足”的因素，导致该样品存在“胶水不干”现象的原因应从“熟化不充分”等因素中查找。

通过对客户的熟化室现场进行检查。可以发现，客户所加工的两个膜卷（直径大约为 300mm）分别放在熟化室的两个角落，两处的温度分别为 52℃和 48℃。其中存在“胶水不干”现象的样品系从置于 48℃环境中的膜卷上取得的。

上述现象与检查结果表明，该客户所反馈的“胶水不干”现象的原因应为“熟化不充分”因素中的“熟化室内温度不均匀”之下的“室内各点间的温度实测值有明显差异”。

上述的分析过程与结果说明：对于客户反馈的“胶水不干”现象（单张复合膜样品）应根据其“整体性胶水不干”或“局部性胶水不干”的现象从“固化剂不足”“固化剂过量”

和“熟化不充分”三个方面进行分析；对于多层复合的样品，一定要结合表层与内层（及次内层）的“胶水不干”现象进行综合分析，而不能局限于有“胶水不干”现象的局部状态。同时，必须综合考虑同批次生产的其他膜卷是否存在相同位置的和相同程度的“胶水不干”现象。

6. 胶层是否已完全固化的判定方法

根据国内一些大型企业的规定，判定胶层是否已完全固化的基准是胶层的“二次黏性”应不大于 0.5N/15mm。

具体的检查方法为：根据 GB 8808《软质复合塑料材料剥离试验方法》的相关规定制备剥离用样条，用拉力机测量其剥离力，但需注意不要将样条全部剥开，至少应保留 1/8～1/6 的长度。将已部分剥开的样条从拉力机上取下，将已剥开的部分用手工重新贴合回去，注意重新贴合部位的气泡应尽可能少！再次将样条夹在拉力机上测量其“二次剥离力”，所得到的数据即为该复合制品的“二次黏性”。

需要注意的是：此处所说的“二次黏性”是指将两个剥离面重新贴合回去后所得到的数据。如果将两个剥离面分别重新贴合回去，可能会得到不同的结果。“分别重新贴合”是指将剥离面 A 或 B 自身对粘在一起，例如，对于 PA/CPE 结构的复合制品，是说将剥离开的 PA 膜或 CPE 膜分别对粘在一起。

7. 排除导致“胶水不干”因素的方法

①将已发现有“胶水不干”现象的薄膜样品（已剥开）反复对粘，如果黏性逐渐消失，系“固化剂过量”；如果黏性保持不变，系“固化剂不足”或“熟化不充分”。

②对着有“胶水不干”现象的薄膜样品的剥离面哈几口气或在“开放性”环境中放置几小时，如果黏性消失，系“固化剂过量”；如果黏性保持不变，系“固化剂不足”或“熟化不充分”。

③将有“胶水不干”现象的薄膜样品（未剥离开的）在 80℃的电热箱中“二次熟化”数小时，如果黏性消失或减弱，系“熟化不充分”；如果黏性保持不变，系“固化剂不足”或“固化剂过量”。

8. “胶水不干”现象与“胶水质量”的关联性

在特定的阶段，“胶水不干”是一种正常现象。正如前文所述：在熟化过程中，主剂与固化剂之间的化学交联反应是逐步完成的，胶层表面的黏性则是随着反应完成率的上升而逐渐消失的。如果在反应完成率达到 100% 之前的任意时间提取复合膜的样品，都会发现胶层存在着某种程度的“黏性”。

大多数的胶水或胶黏剂的供应商在其产品使用说明书中会列出如图 3-84 所示的反应完成率与熟化时间曲线。该曲线是在特定的温度条件下（图中未标示出）的熟化时间与反应完成率的关系曲线。

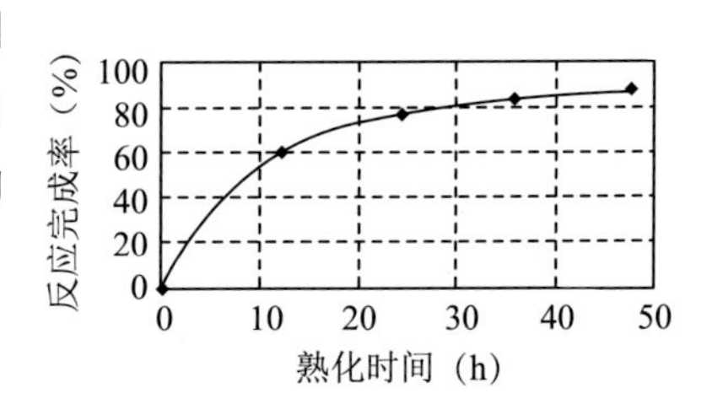

图 3-84 反应完成率与熟化时间

从该曲线可以得知以下信息。

①在初始阶段，胶水的反应完成率上升得比较快，即反应速率比较快。

②在反应完成率达到了一定程度之后，例如 60%，曲线就会趋于平缓。

③在第一个 24 小时的熟化时间内，胶水的反应完成率可以达到接近 80% 的水平；在第二个 24 小时的熟化时间内，胶水的反应完成率可以达到接近 90% 的水平，上升了约 10%。显然，要想达到 100% 的反应完成率就需要有更长的熟化时间。

④在常温环境（如 25℃）下，胶水中的主剂与固化剂间的化学反应也是可以继续进行的，只是反应速度会更慢一些。正如某些国外品牌胶黏剂说明书所示：在 50℃的温度下，推荐的熟化时间为 48 小时；在室温条件下，推荐的熟化时间为 7 ～ 14 天。

⑤如果在熟化时间为 12 ～ 48 小时的任意一个时间点将复合薄膜从熟化室内取出（终止熟化），复合制品的胶层都会呈现出某种程度的“二次黏性”。显然，在正常条件下，熟化时间越长，则“二次黏性”的数值就会越小。

综上所述，复合制品上的“胶水不干”现象是“胶层固化不完全”的一种表现，“熟化不充分”“固化剂不足”和“固化剂过量”是导致该现象的主要因素。将“胶水不干”现象归因于所使用的胶水或胶黏剂存在质量问题的说法显然是有失公允的。

复合软包装材料加工企业在产品出厂前通常会检查剥离力指标（部分企业未将剥离力作为常规检测指标），但绝大多数企业不会检查复合制品的“二次黏性”。

当有下游客户对包材提出质量投诉时，包材加工企业通常会在此时利用“手感”检查被投诉的包材是否有“胶水不干”现象，但很少有人去检查“二次黏性”指标或对“胶水不干”现象进行综合分析，查找导致“胶水不干”现象的原因，并且分析包材中存在的“胶水不干”现象与下游客户对包材提出的质量投诉间的关联性，而是简单地将下游客户对包材提出的质量投诉归因于包材中存在“胶水不干”现象。

9. 关于条状分布的“胶水不干”现象的思考

条状分布的“胶水不干”现象是无溶剂型干法复合加工中常见的一种问题。

关于此种不良现象的原因，部分业内人士将其归结为所使用的主剂（—NCO 型）在胶桶内生成了“结晶物”，“结晶物”进入输胶管，并部分地堵塞了主剂进入静态混胶器的通道，从而导致条状分布的“胶水不干”现象的发生。进而将此种不良现象的原因归结为所使用的无溶剂型干法复合胶黏剂在常规环境条件下“容易”生成“结晶物”，系胶黏剂存在“质量问题”，并据此向胶黏剂的供应商提出索赔。

无溶剂型干法复合胶黏剂的主剂（A 组分）的端基是—NCO 基（异氰酸酯基），它既可以与固化剂（B 组分）中的—OH（羟基）发生所需的交联反应，也可以与空气中的水分发生副反应，生成所谓的“结晶物”，如图 3-85 所示。

图 3-85 所示的状态是该客户将 A 组分胶桶长期在开放（即 A 组分胶桶不盖盖子）环境条件下进行工作的结果！在正常条件下，无溶剂型干法复合胶黏剂的 A 组分的货架寿命（俗称保质期）为不少于 10 个月，也就是说，在密闭的包装桶内，因为不会接触到水分，A 组分不会生成如图 3-85 所示的“结晶物”（除非包装桶密闭不严）。

此外，所有的混胶机都配备有与图 3-86 相似的除湿系统。当将胶液灌注到胶桶中并扣上盖子后，除湿器可通过除湿管部分地吸收胶桶中的湿气。在复合机运行过程中，胶液的液面会随着胶液的消耗而逐渐下降，同时外界的空气会通过除湿器、输胶管进入胶桶以平衡桶内的气压，除湿器会将进入胶桶的空气中的湿气除掉，以减少产生“结晶物”的可能性。但是，如果生产车间的绝对湿度非常高，或者除湿器中的干燥剂已经失效，“结晶物”仍然会产生。

图 3-85　有大量结晶物的 A 组分胶桶

图 3-86　混胶机的除湿系统

因此，使生产车间的湿度受控，以及使除湿器中的干燥剂保持有效就成为一项重要的基础工作。

或者说，A 组分胶桶的桶壁上有“结晶物”产生的现象并不能说明所使用的无溶剂型干法复合胶黏剂存在“质量问题”，而是应用者对生产环境的湿度疏于管控以及对干燥器的管理上存在漏洞。

如果确实有“结晶物”从桶壁上掉落，并进入输胶管甚至静态混胶器，如果堵塞的情况不是很严重，通常不会对输胶量或胶水的配比造成影响，只是会表现为胶泵的输出压力略有上升。如果堵塞得比较严重，则会影响 A 组分的出胶量及 A、B 组分的比例，表现为 B 组分的比例明显上升，导致—NCO 成分缺乏的永久性的“胶水不干”现象。但是，由此种情况所引发的“胶水不干”现象一定是全幅面的、批量性的，而不会是局部的、条状分布的状态。

在条状分布的“胶水不干”现象中，条形的宽度一般为 1 ～ 5cm，条形的长度一般在 0.5 ～ 2m；而且在复合膜的运行方向上无规律地重复出现，且条状分布的“胶水不干”现象在复合膜的横向方向上也没有规律可循。

上述的存在“胶水不干”现象的面积为 0.005 ～ $0.1m^2$，如以平均上胶量 $1.5g/m^2$ 计算，则与上述的“胶水不干”现象相关的胶水用量为 0.0075 ～ 0.15g！

这种现象一般不是由于混胶泵在同步运行但出胶比例失调且混胶均匀的状态下而引发的，更为合理的解释应当是气动阀闭合不严而导致某个组分泄漏，或混胶泵运行不同步。

在混胶泵停止打胶时，气动阀会将两个胶液的管道同时截断。由于胶泵打胶时胶管内的胶液是有压力的，如果在气动阀截断胶液管道的瞬间存在“气动阀闭合不严”的情况，就会有少量的 A 组分或 B 组分渗漏出来，在静态混胶器的入口端形成只有 A 组分或 B 组分的状态。

“混胶泵运行不同步”是指，在混胶泵开始打胶时，气动阀已开启，而此时两个打胶泵中的某一个泵先行启动（而不是同时启动，可能相差数毫秒或数十毫秒），因此会在静态混胶器的入口端形成只有 A 组分或 B 组分的状态。上述的“气动阀闭合不严”或“混胶泵运行不同步”的现象在 A 组分和 B 组分的管路上都有可能出现。

条状分布的“胶水不干”现象可能存在两种状态：将条状分布的“胶水不干”现象的部位剖开，暴露在开放的环境中放置半小时或一小时，如果“胶水不干”的程度下降或消失，说明此处的“胶水不干”现象是由 A 组分的泄漏或 A 胶泵先行启动所引起的；如果“胶水不干”的程度没有变化，说明此处的“胶水不干”现象是由 B 组分的泄漏或 B 胶泵先行启动所引起的。

对于此类“胶水不干”现象，应首先拆解、清理气动阀，以确认是否由气动阀被堵塞所引起；如果能够排除气动阀被堵塞的原因，则应从调整胶泵的控制系统或胶水比例方面做尝试。

关于调整胶水比例事宜，建议按胶厂提供的配比进行生产。如果需要调整 B 组分的比例，建议按 5% 的整数倍进行调整。

关于调整胶泵的控制系统事宜，建议减少单位时间内的打胶量、降低打胶头的横向移动速率。

如果采取了上述措施仍然不能奏效，则应请设备供应商对胶泵控制系统进行检修。

四、折叠试验

折叠试验，又称为折痕试验，是一种针对已加工成袋的复合材料的拉伸弹性模量、拉伸断裂应力、断裂标称应变的简易、快速的检查方法。

1. 试验方法

折叠试验的方法很简单，主要有三种。第一种是将一个包装袋的任意一个热合边对折，用手对折叠处施加一定的压力并保持一定的时间，然后将折叠过的热合边打开、展平，用肉眼观察折痕处的状态与颜色变化；第二种是将复合膜袋的热合边折叠好之后，用放大镜观察折痕处的处于内侧的表层基材薄膜的分层或变形的状态；第三种是双手执复合膜袋的热封边进行“揉搓试验”，反复揉搓几次后，用肉眼观察经揉搓处的分层和 / 或起皱的现象。

2. 折叠试验的应用范围

对已经加工成袋的复合材料的拉伸弹性模量、拉伸断裂应力、断裂标称应变等项指标进行粗略的判断；对耐水煮复合膜袋的耐水煮性能进行预判（目前有些人使用此方法对剥离力进行判断，这是错误的）。

3. 折痕的状态

复合材料的外层通常是OPP、PET、PA薄膜，或者是以这几种基材为基础进行深加工所形成的薄膜，例如KOP。这几种基材具有比CPE、CPP高得多的拉伸弹性模量和拉伸断裂应力，即具有相对较高的刚性。因此，在将复合膜袋的热封边对折时，折痕处始终都会是如图3-87所示的圆弧形。只是其顶端的圆弧形的半径会随着折叠试验中所施加的压力的上升而逐渐变小。

图3-87是复合膜袋的热封边被折叠时的状态，图3-88是将折痕展开后在折痕的内侧所留下的折痕及其状态，图3-89是将折痕展开后在折痕的外侧所留下的折痕及其状态。

不同的复合膜袋在折叠试验中的状态有可能是不一样的。这里所说的“不同的复合膜袋”指同一个企业在不同的时间加工的同一结构的复合膜袋和不同的企业在相同或不同的时间加工的同一结构的复合膜袋。

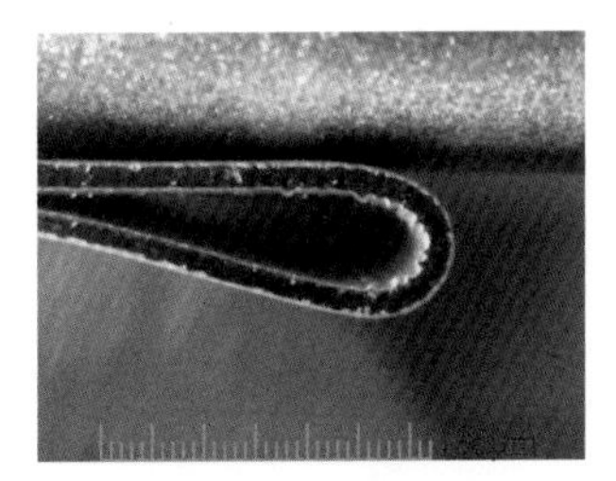
图3-87 折叠试验

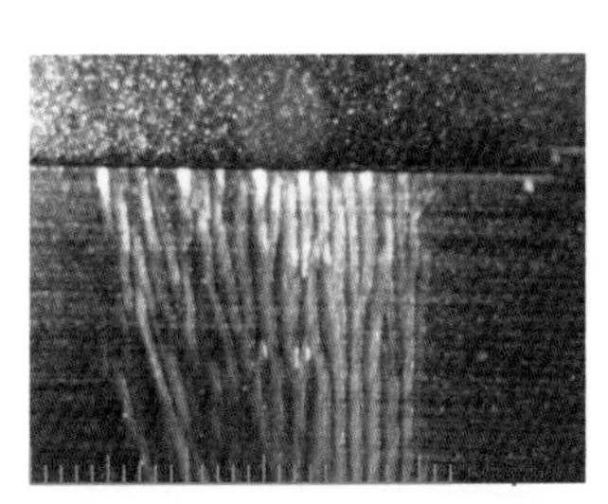
图3-88 折叠后的内侧

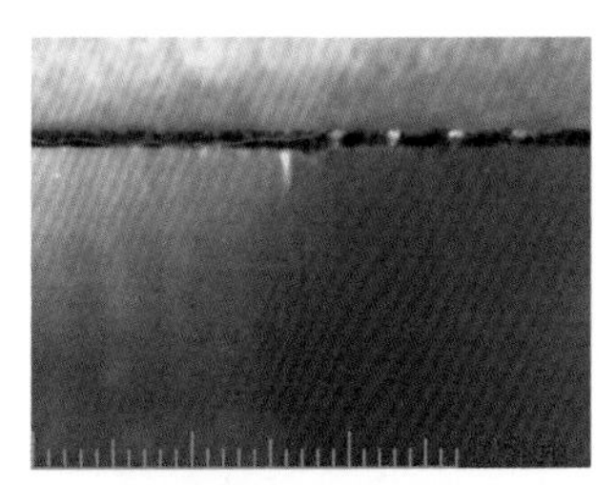
图3-89 折叠后的外侧

4. 折痕处的应力

图3-90是一个复合膜袋的热合边折叠前、后状态的示意图。图中粉红色的部分表示复合膜袋热合边上两侧的复合膜的表层（OPP、PET、PA或其他）薄膜，图中的灰色、蓝色部分分别表示构成袋的热合边的两个复合膜的内层（一层或多层）薄膜。

从图3-90来看，在进行折叠前，两侧的表层薄膜的长度是一样的。经过折叠后，处于折痕外侧的粉红色薄膜明显比处于内侧的粉红色薄膜的要长一些。形成这种状态的原因是，在外力的作用下，复合薄膜以灰、蓝两层薄膜的界面为中心线开始发生变形，此时，处于中心线外侧的表层薄膜受到的是拉力，该拉力迫使处于外侧的表层薄膜被拉长、变薄；而处于内侧的表层薄膜受到的是压力，该压力迫使处于内侧的表层薄膜变短、变厚。

图3-90 复合膜热合边折叠前、后的状态

处于外侧的表层（粉红色）薄膜在受拉而被延伸的同时，会形成向内侧薄膜的压力，迫使处于其下面的（灰色）薄膜变薄，以便使自身被拉长、变薄的程度减小。处于内侧的表层（粉红色）薄膜在受压而被缩短的同时，也会形成向外侧的压力，迫使处于其外侧的（蓝色）薄膜变薄，以便使自身被压缩、变厚的程度减小。

在复合软包装行业常用的OPP、PET、PA、Al、CPP、CPE六种基材中，前三种基材的拉伸弹性模量都大于1000MPa，Al的拉伸弹性模量大于10000MPa，后两种基材的拉伸弹性模量小于500MPa。

在折叠试验这种既受拉又受压的条件下，PET、PA、OPP、Al会表现出较强的刚性，而CPP、CPE则会表现出更多的可塑性。

当复合薄膜被折叠的程度仍处在各基材的弹性变形范围内时，复合薄膜会处于“稳定和谐”的状态；当复合薄膜被折叠的程度超出各基材的弹性变形范围并越来越多地进入其塑性变形范围时，在表层薄膜与内层薄膜间就会产生越来越大的剪切力（如图3-91的蓝色、黑色箭头所示）。

当复合薄膜层间的剥离力足以抵抗这种剪切力时，就会在折痕处发生不同程度的“形变”现象。当复合薄膜层间的剥离力不足以抵抗这种剪切力时，就会在折痕处发生不同程度的“局部分层”现象。

5. 折痕的半径与表层基材的变形率

图3-92是一个折痕的示意，图中R_1～R_5分别表示不同层次的薄膜在折痕处的半径。

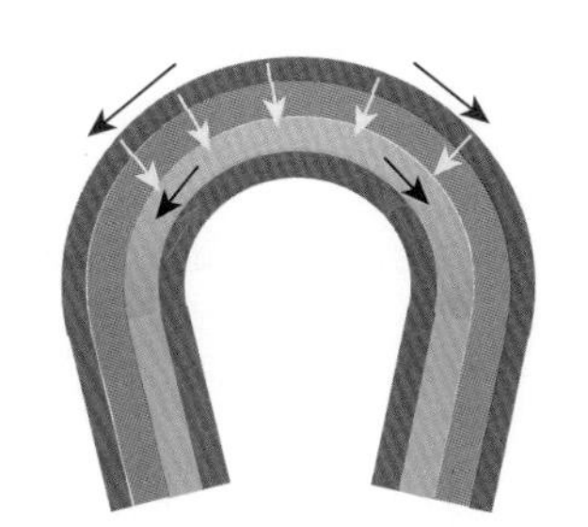

图3-91 经折叠后各层的受力状态

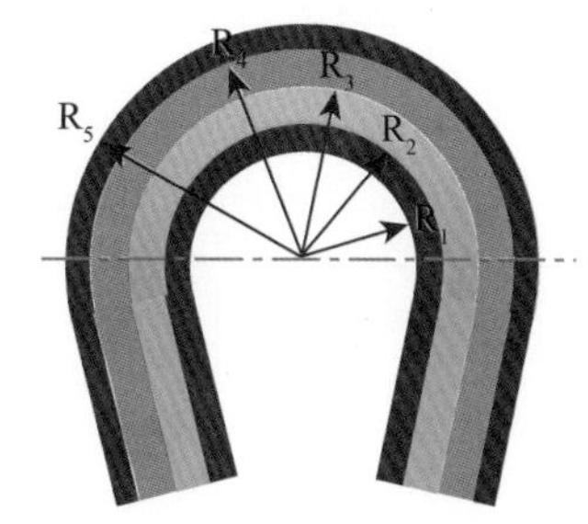

图3-92 折叠后各层的折痕半径

为了计算折叠后内外侧基材的变形率，需要做以下的假定：

假定条件1：复合膜袋的封口边从其中心线对称地发生变形；

假定条件2：折叠过程中复合膜的总厚度不发生变化；

假定条件3：复合膜的内层不管有几层，均合并为一个可变的厚度；

假定条件4：复合膜袋经折叠后的半径可任意变化。

表3-16是假定一个总厚度为85μm的复合薄膜，经制袋加工后其热合边的总厚度为170μm的状态下，经折叠使之形成不同的半径中值（R_3）的圆弧时，外侧的基材的拉伸变形率（在同等条件下，内侧基材的压缩变形率数值将与之相同）的计算值。

表3-17是不同厚度的复合膜袋折叠成相同的折叠半径中值时所对应的外周变形率。对各种基材的拉伸弹性模量的检测结果显示，复合软包装材料加工中所使用的各种基材的弹性变形范围大致在2%～3%，超出这个范围，即进入基材的塑性变形范围。从上述数据来看，当折叠后半径中值等于3mm时，较厚的复合膜中的各基材已开始离开其弹性变形范围了，而当折叠后半径中值小于3mm时，则复合膜中的各基材就越来越深地进入其塑性变形范围内了。

表3-16　折叠半径中值与外周变形率

复合膜厚度（μm）	复合膜袋厚度（μm）	折叠后半径中值（R_3，mm）	中值圆周长（mm）	外周圆周长（mm）	外周变形率（%）
85	170	10	62.832	63.366	0.85
85	170	8	50.265	50.800	1.06
85	170	6	37.699	38.233	1.42
85	170	4	25.133	25.667	2.12
85	170	2	12.566	13.100	4.25
85	170	1	6.283	6.817	8.50
85	170	0.8	5.027	5.561	10.63
85	170	0.6	3.770	4.304	14.17
85	170	0.4	2.513	3.047	21.25
85	170	0.2	1.257	1.791	42.50

表3-17　复合膜厚度、折叠半径中值与外周变形率

复合膜厚度（μm）	复合膜袋厚度（μm）	折叠后半径中值（mm）	中值圆周长（mm）	外周圆周长（mm）	外周变形率（%）
85	170	3	18.850	19.384	2.83
85	170	0.3	1.885	2.419	28.33
105	210	3	18.850	19.509	3.50
105	210	0.3	1.885	2.545	35.00
125	250	3	18.850	19.635	4.16
125	250	0.3	1.885	2.670	41.64
145	290	3	18.850	19.76	4.83
145	290	0.3	1.885	2.796	48.33

6. 影响基材变形率的因素

从表 3-17 的数据可以看出：对于同一个复合材料而言，在厚度一定的条件下，折叠后的半径中值越小则外侧基材的拉伸变形率就越大；通过计算得知：复合材料的总厚度越大，则在相同的折叠半径中值状态下，其外侧基材的拉伸变形率也越大；通过推理可以得出：基材的刚性越大，则其在相同外力作用下的折叠过程中的拉伸变形率就会越小，同时会有更大的力作用在处于内侧的表层基材上，使之产生更大的压缩变形。

7. 折叠后的半径中值与局部分层（变形）的状态

图 3-93 中的三组照片对应了三个含铝箔的复合制品。样品一的产品结构为：$PET^{12}/Al^{7}/PA^{13}/PE^{85}$（总厚度 129μm）；样品二的产品结构为：$PET^{12}/Al^{7}/CPP^{65}$（总厚度 86μm）；样品三的产品结构为：$PET^{12}/Al^{7}/PA^{15}/PE^{80}$（总厚度 124μm）。

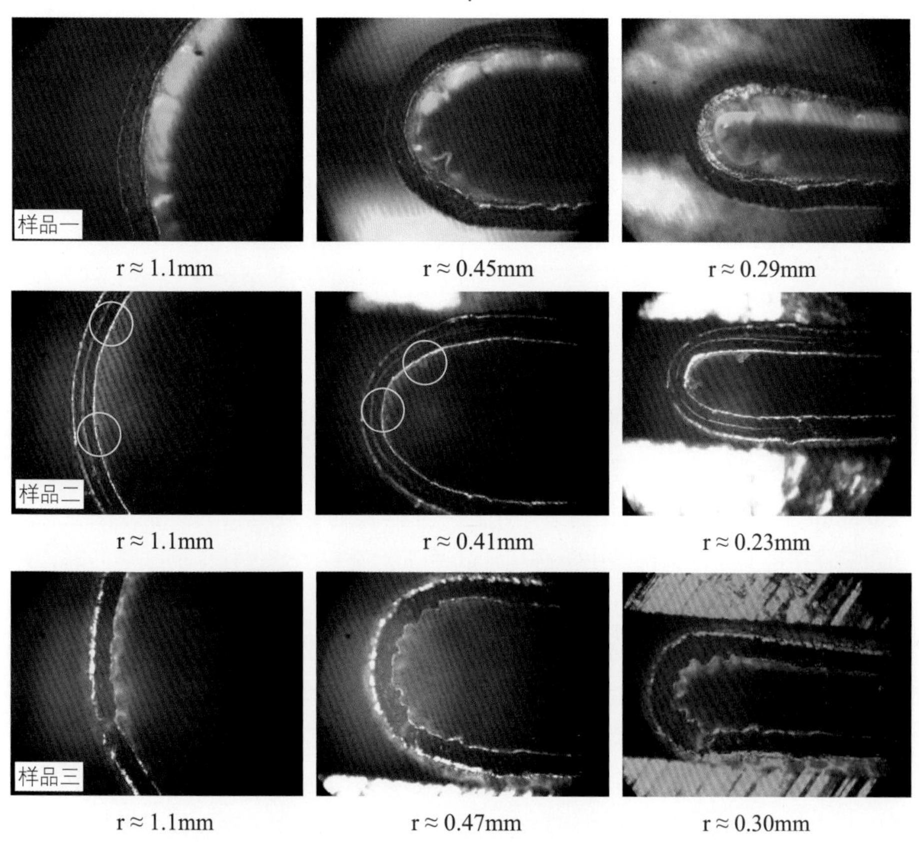

图 3-93 折叠后的半径中值与局部分层（变形）的状态

从图 3-93 可以看出，第一组的第三张照片显示折叠处的内侧的表层薄膜与铝箔之间已完全发生了分离；第二组的第三张照片显示折叠处的内侧的表层薄膜与铝箔之间已部分地（两处）发生了分离；第三组的第三张照片显示折叠处的内侧的表层薄膜与铝箔之间完全没有发生分离，但内侧的复合膜发生了严重的变形。

而第一组的第一张照片在样品折叠到半径约为 1.1mm 时已经发生了多处的局部分层现象；第二组的第一张照片在折叠到相同的半径时有两处（黄色圆圈处）已经发生了轻微的分层；第三组的第一张照片在折叠到相同的半径时没有发生分层现象，但内侧的复合膜已开始发生轻微的变形。

相关的检测数据如表 3-18 所示。

表3-18　相关的检测数据

名称	样品一			样品二			样品三		
总厚度（μm）	129			86			124		
折叠半径（mm）	1.10	0.45	0.29	1.10	0.41	0.23	1.10	0.47	0.30
变形率（%）	11.7	28.7	44.5	7.8	21.0	37.4	11.3	26.4	41.3
表层剥离力（N/15mm）	外层上机撕断								
拉伸弹性模量（MPa）	2287			2979			2761		
拉伸断裂应力（N/15mm）	123.2			64.1			86.6		
拉伸断裂应力（MPa）	64.2			48.6			48.5		
断裂标称应变（%）	31.0			31.1			35.0		

从图 3-93 和表 3-18 的数据可以发现：

①在相同的折叠半径下，处于外侧的表层基材的变形率与复合材料的总厚度成正比。

②在 0.3mm 左右的折叠半径中值条件下，处于内侧的表层基材的局部分层或变形状态能够表征复合膜袋在经受了外力而发生折叠变形（手工折叠或水煮过程中的跌落）时，内侧的表层基材将要发生的局部分层或变形的趋势及程度。

③与表层剥离力的关系：上述三个样品的表层，即 PET/Al 层间的剥离力均表现为“外层上机撕断”，根据经验，PET 膜上机撕断意味着该层间的剥离力不 小于4N/15mm。上述数据表明，在铝箔复合膜折叠试验中，处于内侧的表层基材与铝箔间是否会发生局部分层现象与表层的剥离力是否不小于 4N/15mm 的关系不密切。显然，如果表层的剥离力较小（如 2N/15mm），则在折叠试验中发生表层局部分离的可能性会增大。但表层的剥离力较大时，并不表示一定不会发生表层薄膜局部分离的现象。

④与拉伸弹性模量的关系：将复合膜发生局部分离的状况与其拉伸弹性模量数据进行对比，可以发现，是否发生局部分离的状态与复合薄膜的拉伸弹性模量数据也没有密切的关系。因为在折叠试验中，表层基材薄膜的变形率已超过 25%，远大于复合薄膜的与拉伸弹性模量相关的弹性变形区间（通常在 2% ～ 3%）。不过，不能否认的是，复合薄膜的拉伸弹性模量主要源自表层的基材以及铝箔，表层基材的拉伸弹性模量越大意味着在折叠试验中表层基材越不容易被拉伸，也就是说，使复合薄膜发生折叠的力会更多地作用在内侧的表层基材上，使之产生压缩变形。

⑤与拉伸断裂应力的关系：在表 3-18 中，拉伸断裂应力分别用 N/15mm 和 MPa 来表示。经过对比发现，复合膜发生局部分离的状况与以 N/15mm 为单位表示的拉伸断裂应力数据无关，但与以 MPa 为单位的拉伸断裂应力数据有关。或者说，以 MPa 为单位的拉伸断裂应力数据越大，则该复合膜在折叠试验中就越容易出现局部分层的现象。其理由是，如果复合薄膜以 MPa 为

单位的拉伸断裂应力数据越大，那么在折叠试验时，处在外侧的基材就越不容易被拉伸，而处于内侧的基材就会受到更大的被压缩的力，处于内侧的表层基材与次内层基材之间就会产生更大的剪切力而使局部分层现象更容易发生。

⑥与断裂标称应变的关系：经过对比发现，复合膜发生局部分离的状况与其断裂标称应变数据有关。断裂标称应变数据越小，则该复合膜在折叠试验中就越容易出现局部分层的现象。此种关联可以这样理解，如图 3-94 所示，图中的 L_1、L_2、L_3 分别代表着三个复合薄膜样品的拉伸曲线，横轴为伸长率，纵轴为拉伸力，这三条曲线表示三个薄膜样品具有相同的拉伸断裂应力（断裂强度），但具有不同的断裂标称应变。

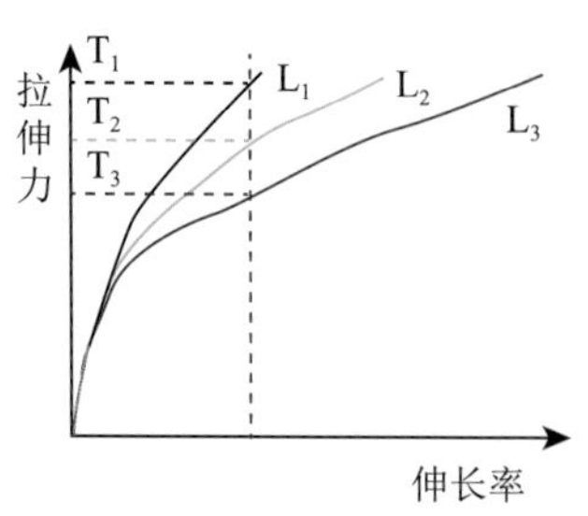

图 3-94　应力应变曲线

在折叠试验中，当三个复合膜袋样品被折叠到相同的折叠半径中值（即相同的伸长率，如图中粉红色线对应的位置）时，处于复合膜袋外侧的基材所承受的拉伸力分别为对应的 T_1、T_2、T_3。显然，断裂标称应变越大的复合薄膜，例如 L_3，其外侧的基材所承受的拉伸力 T_3 就越小，因而，处于内侧的基材所承受的压缩力、剪切力也就会越小，所以，处于内侧的表层基材发生局部分离现象的可能性也就相应减少了。

8. 结论

①折叠试验仅对复合膜袋有效。

②折叠试验是对复合膜袋的拉伸弹性模量、拉伸断裂应力和断裂标称应变的综合考核。

③在 0.3mm 左右的折叠中值半径条件下，处于内侧的表层基材与铝箔间的局部分层或变形状态能够表征复合膜袋在受外力而发生折叠变形时，内侧的表层基材将要发生的局部分层或变形的趋势及程度。即折叠试验是判定复合薄膜在未来的水煮处理过程是否会发生“表层局部分层”现象的有效检查及预测方法。

④在折叠试验中，铝箔复合薄膜是否会发生表层局部分层现象与复合膜表层的剥离力状态无明显的关系。即不能将折叠试验作为剥离力的检测方法，但较大的剥离力对减少表层局部分层现象有益。

⑤复合薄膜在折叠试验中是否会发生局部分层现象与复合薄膜的拉伸弹性模量数据，特别是表层基材的拉伸弹性模量数据有一定关系。

⑥在折叠试验中，铝箔复合薄膜是否会发生表层局部分层现象与复合膜的断裂标称应变和以 MPa 为单位的拉伸断裂应力有关。断裂标称应变越小，同时拉伸断裂应力越大，则越容易出现表层薄膜局部分层现象。换言之，加工耐水煮包装时应采用断裂标称应变较大、拉伸断裂应力较小的 PET 和 / 或 PA 薄膜。

⑦加工耐水煮包装时，使用断裂标称应变较大的铝箔对减少局部分层现象是有益的。

⑧加工耐水煮包装时，在可能的情况下，复合薄膜的总厚度越薄越不容易发生水煮过程中的局部分层现象。但是这样会降低包装袋的耐压能力。

五、放卷张力与收卷张力

1. 张力控制系统分类

在复合软包装材料加工行业常用的印刷机、复合机、分切机、制袋机四种加工设备中，前三种都含有放卷机和收卷机，大部分制袋机只有放卷机。因此，放卷张力和收卷张力是管理者和操作者都必须关注的工艺参数。

对于印刷机和复合机，其张力控制系统至少由四个子系统构成。

在印刷机上，四个张力子系统分别为：放卷张力、进给张力、输出张力和收卷张力。印刷机的张力控制系统如图 3-95 所示，图中，A、B 两点之间为放卷张力，B、C 两点之间为进给张力，D、E 两点之间为输出张力，E、F 两点之间为收卷张力。在 C 点和 D 点之间的每两个印刷单元之间的张力则是借助于印版的径差、压印胶辊的压力和烘箱的温度来调节的。

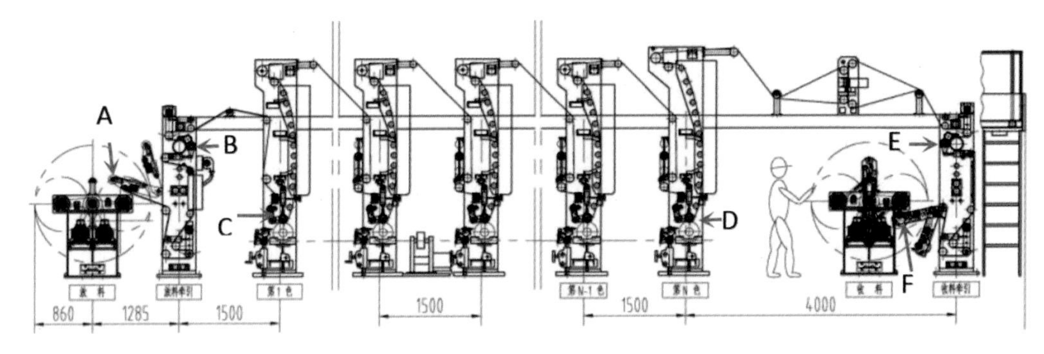

图 3-95　印刷机的张力控制系统

在复合机上，四个张力子系统分别为：放卷张力、烘箱（或通道）张力、第二放卷张力和收卷张力。在如图 3-96 所示的溶剂型干法复合机上，A、B 两点之间为放卷张力，B、C 两点之间为进给张力（或涂胶张力，部分复合机上没有此段张力控制系统），C、E 两点之间为烘箱张力，D、E 两点之间为第二放卷张力，E、F 两点之间为收卷张力。在如图 3-97 所示的无溶剂型干法复合机上，A、B 两点之间为放卷张力，B、C 两点之间为通道张力（或桥张力），C、D 两点之间为第二放卷张力，C、E 两点之间为收卷张力。

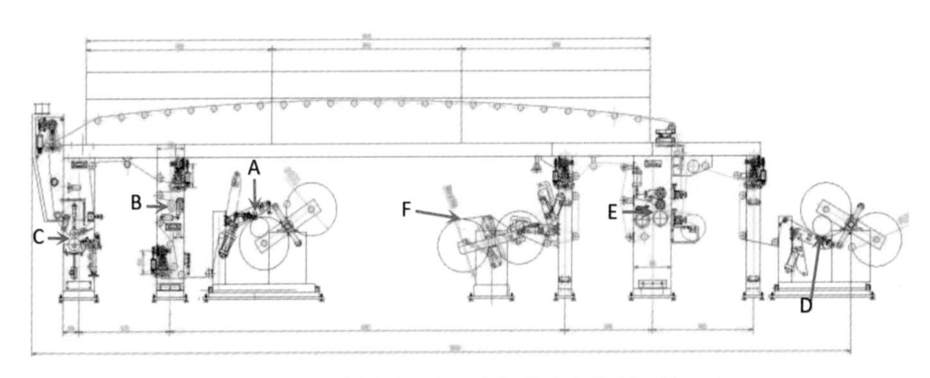

图 3-96　溶剂型干法复合机的张力控制系统

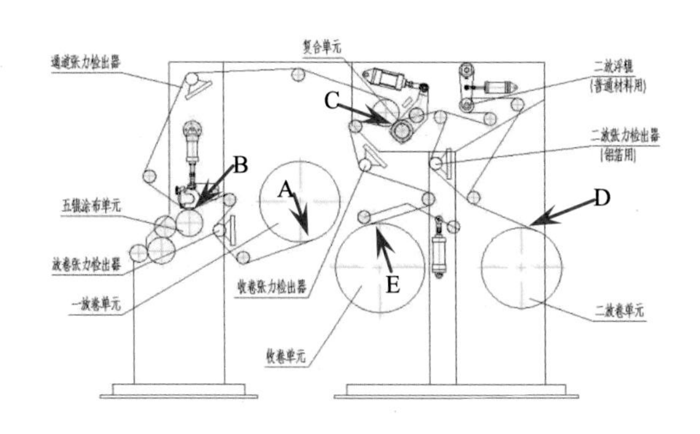

图 3-97　无溶剂型干法复合机的张力控制系统

2. 张力控制的基准点

对于印刷机的四段张力控制系统而言，张力控制的基准点是进给张力。对于复合机而言，张力控制的基准点是烘箱张力（或通道张力、桥张力）。

进给张力设置得是否得当的判定方法是：在基材不发生“蛇行”（左右摆动）及输出张力和收卷张力没有失控的前提下，印刷品的周向单元长度与设计尺寸相比偏差不大于某一限度值，例如 -3‰，即如果印版的周长是 500mm，那么印刷品的周向（纵向）单元长度应不小于 488.5mm。

输出张力和收卷张力失控的表现是：印刷品的周向单元长度大于设计尺寸！

烘箱（或通道）张力设置得是否得当的判定方法是：在基材不发生“蛇行”及收卷张力没有失控的前提下，印刷品的周向单元长度或第一基材（光膜）的宽度与进行复合加工前保持一致，即如果待加工的印刷品的周向单元长度为 488.5mm 的话，复合加工后，其尺寸应保持不变。

3. 张力的预计算

进给张力或烘箱张力是可以预先计算出来的。

如果事先知道待加工基材的拉伸弹性模量值（如表 2-2《常用复合基材的拉伸弹性模量的标准值与调查值》所列），则可以利用拉伸弹性模量的计算公式进行计算：

$$E = \sigma/\varepsilon = (F/S)/(\Delta L/L)$$

$$F = ES(\Delta L/L) \tag{3-2}$$

式中　F——进给张力或烘箱张力，N；

E——拉伸弹性模量，MPa；

S——待加工基材的截面积，m^2（基材的宽度 × 厚度）；

ΔL/L——计划的伸长率或应变，%。

ΔL/L 的值通常可在 1‰～ 5‰选择，计算结果以最接近常用的张力控制范围为佳。

例如，印刷宽 1m、厚 12μm 的 PET 膜时，如选择 ΔL/L（应变）为 2‰，如 PET 膜的拉伸弹性模量分别为 1800MPa 和 5000MPa 时，则印刷机的进给张力分别应为：

$$F_{1800} = ES(\Delta L/L) = 1800 \times (1 \times 12) \times 2‰ = 43.2(N)$$

$$F_{5000}= ES(\Delta L/L)=5000\times(1\times12)\times2‰=120(N)$$

在实际印刷过程中，需要检测每一卷刚下机的印刷品的周向单元尺寸，以对所施加的张力的合适与否进行验证。

如果检测结果等于或略小于上述预定的 ΔL/L 值，即印刷品的尺寸偏差介于 -2‰～ -1‰，表明所使用的基材的 E 值与计算中所用的 E 值相同或相近；如果检测结果大于预定的 ΔL/L 值，即印刷品的尺寸偏差大于 -2‰，表明所使用的基材的 E 值明显小于计算中所用的 E 值。如果检测结果为正偏差，即印刷品的尺寸大于设计尺寸，表明最后一色印刷单元的烘箱温度过高、输出张力过大或收卷张力过大！

对于复合机而言，如果第二放卷机的最小放卷（可控的）张力是 30N（3kgf），根据表 2-2 的调查数据，已知 CPE 膜的拉伸弹性模量值在 90 ～ 390MPa 的范围内，对于宽 800mm、厚 30μm 的 CPE 膜，在此放卷张力作用下的应变 ΔL/L 值将为：

$$(\Delta L/L)_{90}=F/ES =30/(90\times0.8\times30)\times1000=13.9‰$$

$$(\Delta L/L)_{390}=F/ES=40/(390\times0.8\times30)\times1000=4.3‰$$

通过上述计算得知 CPE 薄膜的 ΔL/L 值会达到 4.3‰和 13.9‰的水平，如果第一基材是 PET 膜，那么，PET 膜的烘箱（或通道）张力就应分别是：

$$F_{1800/3.2}= ES(\Delta L/L)=1800\times(0.8\times12)\times4.3‰=74.3(N)$$

$$F_{5000/3.2}= ES(\Delta L/L)=5000\times(0.8\times12)\times4.3‰=206.4(N)$$

$$F_{1800/13.9}= ES(\Delta L/L)=1800\times(0.8\times12)\times13.9‰=240.2(N)$$

$$F_{5000/13.9}= ES(\Delta L/L)=5000\times(0.8\times12)\times13.9‰=667.2(N)$$

现在常用的复合机的放卷机的最大张力是 400N，很显然，当使用拉伸弹性模量为 5000MPa 的 PET 膜与拉伸弹性模量为 90MPa 的 CPE 膜复合时，刚下机的复合材料会严重地向 CPE 膜一侧卷曲（内卷）。

另外，习惯上认为 PET 膜是比较“吃张力”的，因此，烘箱张力或通道张力通常会设置在 100 ～ 200N。因此，如果使用拉伸弹性模量为 1800MPa 的 PET 膜与拉伸弹性模量为 390MPa 的 CPE 复合时，刚下机的复合膜会明显地向 PET 膜一侧卷曲（外卷）。

只有第一、第二基材的 ΔL/L（应变）值达到一致时（各自的张力值一定是不同的），刚下机的复合材料才能是平整的、无隧道现象，也不向任何方向卷曲。达到上述境界时，就可以说“第一、第二基材的张力相互匹配了”，或者表述成“第一基材的烘箱张力与第二基材的放卷张力相互匹配了”。

从表 2-2 可以发现各个供应商所提供的同一类基材（如 PET 薄膜）的拉伸弹性模量 E 值有着明显的差异。因此，在不同的时期使用不同供应商提供的同一类基材、在“相同的”印刷 / 复合加工工艺条件下所得到的复合制品呈现出不同的应变 ΔL/L 值或卷曲、隧道问题的这一常见现象就可以理解了。

六、复合膜的卷曲性与热收缩率的差异

复合薄膜的卷曲性可以用“卷曲直径”和热收缩率差异（或弹性变形率差异）两项指标进行描述和评价。

将复合薄膜平铺在桌面上，用刀划一个“×”形，在复合膜内存在内应力的条件下，其中的两个角或四个角就会向某个方向卷曲起来。沿着复合膜卷曲部分的趋向画出一个圆弧或圆形，如图 3-98 所示，该圆弧或圆形的直径 D=2r 就是该复合膜的“卷曲直径”。

如图 3-99 所示，假定这是一个 PA^{15}/PE^{60} 结构的复合薄膜所形成的一个圆筒状，其外层为厚 15μm（记为 t_1）的 PA 薄膜，内层为厚 60μm（记为 t_2）的 PE 薄膜，复合薄膜的总厚度为 $d = t_1+t_2$，复合薄膜的卷曲直径可以用复合薄膜卷曲后所形成的圆筒状的外表面的直径来表征，在图 3-99 中可用 D_1（$=2R_1$）来表示。

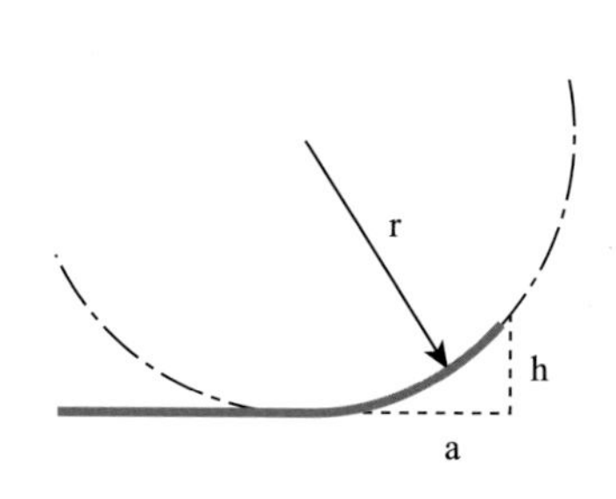

图 3-98　复合膜的卷曲直径

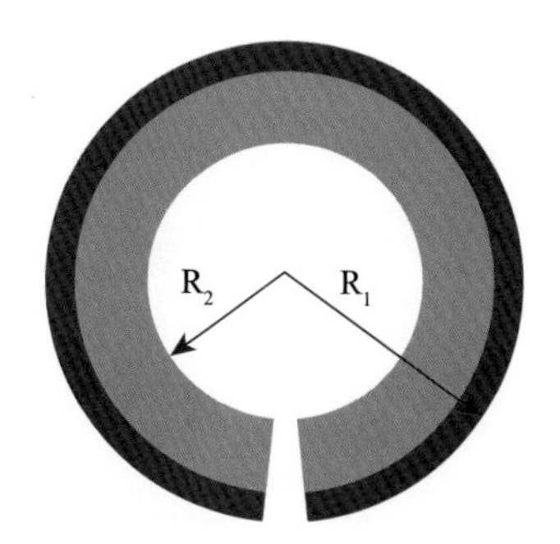

图 3-99　卷曲的复合膜

如果复合薄膜在下机时是平整的，说明在复合加工过程中第一基材和第二基材是处在相同的弹性变形区间（尽管施加在第一基材和第二基材上的张力值是不一样的）；如果复合薄膜在下机时就呈现向内或向外卷曲的状态，说明在复合加工过程中第一基材和第二基材是处在不同的弹性变形区间的，或者说施加在第一基材和第二基材上的张力是不匹配的；如果复合薄膜在下机时是平整的，但经过熟化处理或者其他热处理（如水煮或蒸煮）后呈现某种程度及方向的卷曲状态，说明复合薄膜中的不同基材在热处理的过程中发生了不同程度的收缩。

对于下机时就呈现出的卷曲状态，可以使用“弹性变形率差异”来进行评价，对于经过热处理后所呈现出的卷曲状态，可以使用“热收缩率差异”来进行评价。

不管是用何种指标来进行评价，都要对处在外圈和内圈的薄膜的长度进行计算。

外圈薄膜的外表面的长度为 $L_1 = 2\pi R_1 = \pi D_1$，内圈薄膜的内表面的长度为 $L_2 = 2\pi R_2 = \pi D_2$，两者的长度的差异为 $\Delta L = L_1 - L_2 = \pi D_1 - \pi D_2$

因为 $D_1 = 2R_1$，$D_2 = 2R_2 = 2(R_1 - d)$

所以 $\Delta L = L_1 - L_2 = \pi D_1 - \pi D_2 = 2\pi (R_1 - R_2) = 2\pi (R_1 - (R_1 - d)) = 2\pi d$

其相对的长度的变化率为 $M = \Delta L / L_1 = 2\pi d / \pi D_1 = 2d / D_1$。

如以百分率来表示变化的程度，可以乘以100%，则上式变为：

$$M = 200d / D_1 \quad (3-3)$$

在上面的公式中，D_1 是复合膜所卷成的圆柱状体的外圆直径mm；d是复合膜的总厚度mm。

上面的公式表示：复合薄膜内各基材间的“弹性变形率差异”或“热收缩率差异”与复合薄膜的总厚度及其所形成的圆筒状的外圆直径的比值成正比。

表3-19表示了总厚度分别为60μm和160μm的复合膜呈现出不同程度的卷曲直径时的“弹性变形率差异”或“热收缩率差异”的计算值。

表3-19　卷径与热收缩率

厚度（μm）	外径(mm)	差异（%）	厚度（μm）	外径(mm)	差异（%）
60	1	12.00	160	1	32.00
60	5	2.40	160	5	6.40
60	10	1.20	160	10	3.20
60	15	0.80	160	20	1.60
60	20	0.60	160	50	0.64
60	50	0.24	160	80	0.40
60	100	0.12	160	100	0.32

从上述公式与表3-19的计算结果可以发现：

①不管复合膜是向外（印刷薄膜一侧）卷曲还是向内（热封层薄膜一侧）卷曲，其弹性变形率差异或热收缩率差异的计算公式是一样的；

②在相同的卷曲直径情况下，复合薄膜的总厚度越大，则其弹性变形率差异或收缩率差异数值就越大；

③在相同的复合薄膜总厚度不变的情况下，卷曲直径越小，则其弹性变形率差异或热收缩率差异数值就会越大。

需要注意的是：在观察与测量复合薄膜的弹性变形率差异或收缩率差异性时，需要测量的是（如图3-100所示）处于最内侧的一圈复合薄膜的外径，而在实际测量时，容易观测到的数据是处于最内侧的一圈复合薄膜的内径！这两个数据的差异是复合薄膜两倍的总厚度。

图3-100　卷曲的复合膜

热收缩率（或弹性变形率）差异的物理含义

①对于无溶剂型干法复合的下机产品，表示两个复合基材在外力作用下各自所发生的“弹性变形率”的差异；

②对于溶剂型干法复合的下机产品，表示两个复合基材在外力作用下各自所发生的弹性变形比率的差异（其中包含了第一基材通过烘干箱后的部分热收缩率）；

③对于熟化、制袋、水煮、蒸煮处理后的产品，则表示复合膜中的各个基材在特定的热处理条件下所显现出的热收缩率值的差异。

关于合理的热收缩率（或弹性变形率）差异数据，笔者认为对于总厚度在100μm以下的复合薄膜而言，以不大于0.5%为宜；对于总厚度在100μm以上的复合薄膜而言，以不大于1%为宜。

基材的“弹性变形率差异”可在复合加工过程中通过调整张力（烘箱/桥张力和第二放卷张力）而得以消除，而“热收缩率差异”在复合加工过程中是无法消除的。

通过复合薄膜的卷曲状态计算出的“热收缩率差异”可使相关的管理人员对正在应用中的基材的热收缩率有一个数字化的概念，用以指导相关的管理人员在以后的基材采购与进厂检测中“有的放矢”，尽量采购到热收缩率相同或相近的基材，以避免复合材料出现经熟化后才显现的卷曲现象。

七、纸/塑复合制品的卷曲问题

纸/塑复合制品是复合软包装材料中的一大类。常见的纸塑复合制品的结构是OPP/纸，例如复印纸的包装纸，属于防潮包装用品。另一类是利乐包包装纸和碗装方便面的盖材，这两种纸塑复合制品都是以纸张作为主要的芯材（中间层）。

对于结构为OPP/纸的复合制品而言，卷曲是一个很普遍的问题。复合制品发生卷曲后，会给下游客户的应用过程带来不便。如前所述，OPP膜在23℃的温度下的平衡含水率不大于0.01%，而不同纸张的平衡含水率介于4%～10%。也就是说，OPP膜受环境温、湿度的影响很小，而纸张受环境温、湿度的影响会很大。在高温、高湿的环境下，纸张会从空气中吸收水分，提高自身的平衡含水率；纸纤维吸收水分后会发生膨胀，在宏观上使纸张发生伸长，特别是在纸张的横向方向上。在低温、低湿的环境下，纸张会向空气中释放本身含有的水分，降低自身的平衡含水率；纸纤维在释放出水分后会发生收缩，在宏观上使纸张发生收缩，特别是在纸张的横向方向上。

对于OPP/纸结构的复合制品而言，当纸张受潮（吸湿/膨胀）后，复合制品会显现出向OPP方向的卷曲（外卷）；当纸张被干燥（析湿/收缩）时，复合制品会显现出向纸张方向的卷曲（内卷）。这种内卷或外卷的现象会随着环境温、湿度的变化而周期性地显现。

处置方法：

①采购纸张时，应要求纸张的含水率与下游客户的应用环境对纸张含水率的要求相同或相近；

②完成纸塑复合制品的复合加工后，要立即对复合制品施加防潮包装，使已完成的复合制品在复合加工企业的库存环境下不会发生吸湿或析湿；

③对纸塑复合制品的纸面涂布保湿剂，例如甘油水溶液，以提高复合制品的环境适应性；

④对于含水率明显低于下游客户环境及要求的纸张或复合制品，可采取加湿措施。

八、气泡的分类与辨识

1. 白点与气泡

在复合软包装材料上的“白点”，一般是指从复合材料的正面去观察在白墨、黄墨等浅颜色区域肉眼可见的颜色相对于其周围的其他颜色较浅的斑点。常规的白点问题在含铝箔和镀铝薄膜的复合材料上表现得比较突出；在不含铝箔和镀铝薄膜的复合材料上仍然存在，只是不是大家关注的重点。如果从复合材料的背面去观察则很容易发现。在复合材料的透明部位存在的白点问题通常被描述为“透明度不好”“流平性不好”“晶点”问题等。

在复合软包装材料上的“气泡”，一般是指在复合材料的表面肉眼可见的、凸起的圆形或椭圆形泡状物，或者是已经瘪下去的曾经的泡状物。

白点与气泡的一个共同特点是：在复合材料的两层基材之间夹有一定量的气体。因此，从某种意义上讲，白点与气泡可被认为是同一类的，而气泡这一称谓更符合其物理特征。故在此之后，将前面所述的白点、气泡现象或问题统称为气泡。

2. 气泡的分类方法

对气泡现象可采用以下几种分类方法：气泡显现的阶段；气泡的“可擦除性”；气泡的“凹凸”状态；气泡的分布状态；气泡的微观状态。

(1) 气泡显现的阶段

气泡显现的阶段可分为四种状态：A.“下机时有，熟化后可消除”的气泡（图 3-101）；B.“下机时有，熟化后不可消除”的气泡（图 3-102）；C.“下机时无，停机或熟化后开始显现”的气泡（图 3-103、图 3-104）；D.“出厂时无，经高温热处理后显现”的气泡（图 3-104）。

A 类气泡（图 3-101）产生的原因一般是基材表面“平整度”比较差（与所使用的油墨及印刷工艺有关，或者是胶水的涂布结果不佳），以及复合单元的温度 / 压力不足，或者是烘干箱干燥不良等。此类气泡中的气体在膜卷的缠绕压力与熟化室温度的共同作用下可逐渐被排出，所以“熟化后可消除”。

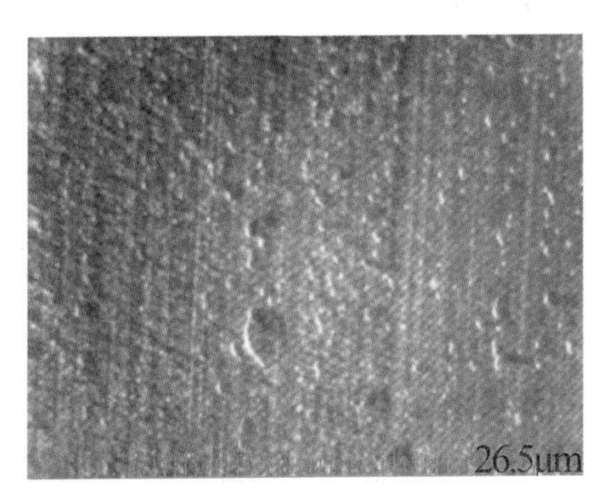

图 3-101　A 类气泡

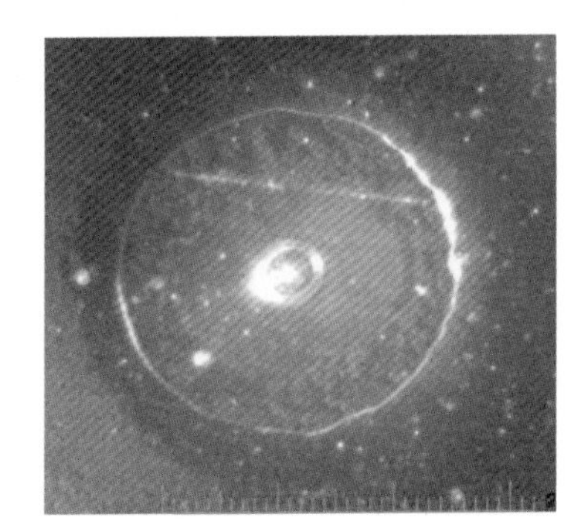
图 3-102　B 类气泡

B 类气泡（图 3-102）产生的原因一般是第二基材的微观平整度较差（有晶点或粒径

较大的开口剂或杂质），或生产车间卫生条件较差（环境中的灰尘被导入复合薄膜中）所致。此类气泡的共同特点是：气泡的中心部位有一个异物（晶点、杂质、开口剂等），围绕着异物的是一圈形状规整的圆形或椭圆形的气泡。由于有异物在中心作为支撑，所以此类气泡“熟化后不可消除”（但有可能缩小）。B 类气泡的共同点是“下机时有”，即复合机停机时就能在复合材料上观察到或大或小的气泡。这种现象是大家都不愿意看到的。操作人员会根据自己的经验判断所看到的气泡经过熟化后能否消除，如认为气泡能够消除，则会继续生产，如认为气泡可能无法消除，则会停止生产、上报相关主管，或采取一些纠正措施。

C 类气泡可分为两类：一类是在含聚酰胺（尼龙）薄膜和镀铝薄膜（VMPET、VMCPP）的复合薄膜的无油墨（透明）区域所显现的气泡［图 3-103（a）］，另一类是在复合薄膜的有墨（非透明）区域所显现的气泡［图 3-103（b）］。前者表示所使用的聚酰胺薄膜和 / 或镀铝薄膜在复合加工前已经受潮，后者表示在印刷品的油墨层中（局部或全部）含有水分。基材中或油墨层中的水分在完成复合加工后与胶层中的异氰酸酯成分发生化学反应，放出二氧化碳气体而形成气泡。

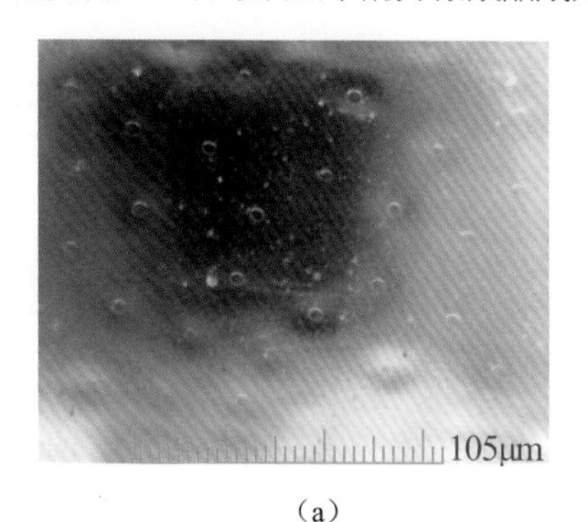

（a）

（b）

图 3-103　C 类气泡

D 类气泡（图 3-104）通常发生在含铝箔的复合薄膜上，此类气泡的成因是在铝箔上有残存的轧制油，在高温蒸煮的条件下发生气化而形成气泡，或者是在复合薄膜上有肉眼难以发现的小气泡，其中的气体在高温条件下膨胀而形成肉眼可见的气泡。

图 3-104　D 类气泡

(2) 气泡的“可擦除性”

将有气泡的复合薄膜平铺在桌面上，用指甲刮擦其中的气泡，如果气泡能够消失或移动，通常表明该种气泡“熟化后可消除”；如果气泡不能消失或移动，则表明该种气泡中含有异物（晶点、杂质、开口剂等），该种气泡“熟化后不可消除”。

此种方法适用于刚刚下机的复合薄膜。有经验的操作工通常用此种方法判断经过熟化后气泡的可消除性。

（3）气泡的“凹凸”状态

将刚下机的有气泡问题的复合薄膜样品平铺在桌面上，斜对着灯光或阳光用肉眼观察复合薄膜上的气泡的“凸起”或“凹陷”状态，有可能观察到以下两种状况：复合薄膜上有气泡的部位的是平坦的；复合薄膜上有气泡的部位的是“凸起”或“凹陷”的。平坦的气泡通常是熟化后可以消除的气泡。而“凸起”（或凹陷）的气泡通常是熟化后不能消除或难以消除的气泡。

气泡的“凹凸”状态又可分为以下几种。

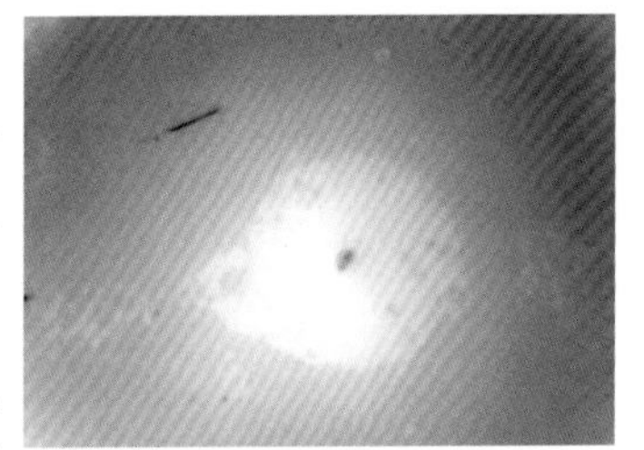
图 3-105 圆锥形气泡

①气泡的外形类似圆锥形（图 3-105），此类气泡通常是其中间含有晶点、杂质或灰尘，而且其外形尺寸一般小于 1mm；

②气泡的外形类似球缺（图 3-106）；此类气泡的中间通常仅为气体，而且其尺寸一般会大于 1mm；产生此类气泡的原因有以下几种：

图 3-106 “球缺”形气泡

a. 复合钢辊和 / 或复合胶辊较脏（灰尘或析出的爽滑剂），导致局部压力偏低，不能排出基材间的空气（下机时即可显现）；

b. 残留溶剂量较高，在复合辊温度的作用下受热生成气泡（下机时即可显现）；

c. 油墨层中的水分含量较高，复合加工后，与胶层中的固化剂发生化学反应，生成二氧化碳气体而在复合层间产生越来越大的气泡［参见图 3-103（b），熟化后开始显现］；

d. 基材已受潮，基材中的水分在复合完成后开始与胶层中的异氰酸酯基团发生化学反应，生成二氧化碳气体而形成逐渐显现并增大的气泡（图 3-107，熟化后开始显现）。

③涂胶辊发生局部堵塞，“凹陷”的气泡外形与被堵塞的网穴数量及形状相关（图 3-108，下机时即可显现）。

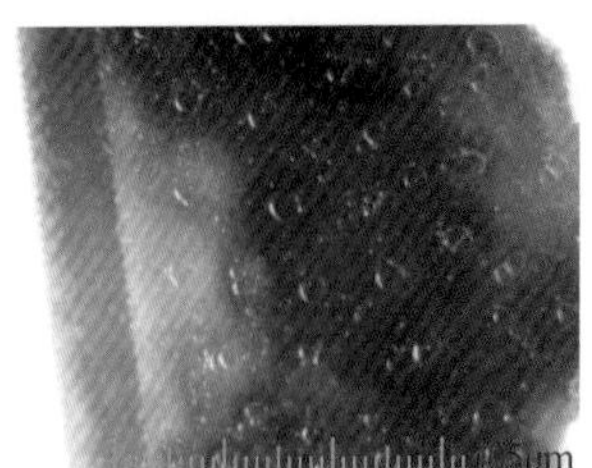

图 3-107 基材受潮而形成的气泡

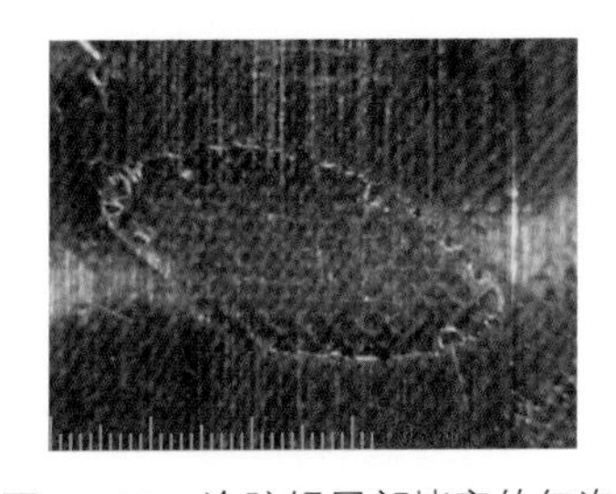
图 3-108 涂胶辊局部堵塞的气泡

（4）气泡的分布状态

气泡在复合制品上分布状态可有以下几种。

①在整个版面上均有气泡（不管是有印刷还是没有印刷的复合制品），此类气泡的成因通常是涂胶辊网墙过宽、涂胶辊堵塞、涂胶辊磨损严重、胶水黏度过高或排风量过大或压力

不足。图 3-109 显示气泡呈间断性分布，但在斜向上呈现严格的线性排列。此状态表明加工该复合制品的涂胶辊已存在比较严重的堵塞问题。图 3-110 的两张图中，（a）图是从 PA/PE 复合膜上拍摄的，（b）图是从该复合膜上剥下的 PE 膜上拍摄的。（b）图清晰地显示了涂胶辊的网穴状态。产生该现象的原因可能是涂胶辊堵塞或涂胶辊磨损严重或所使用的胶水黏度过高。

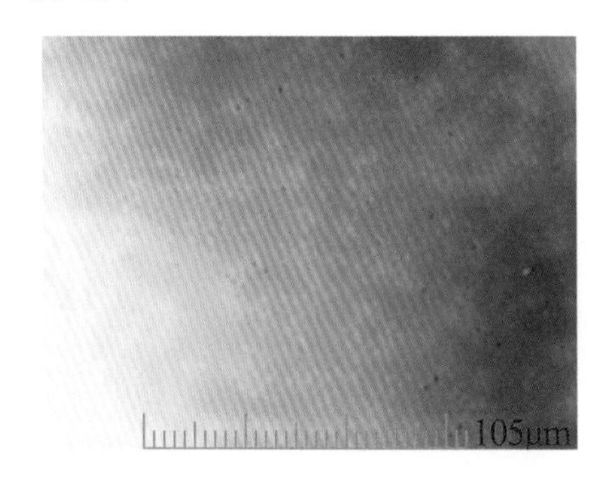

图 3-109　涂胶辊堵塞的气泡

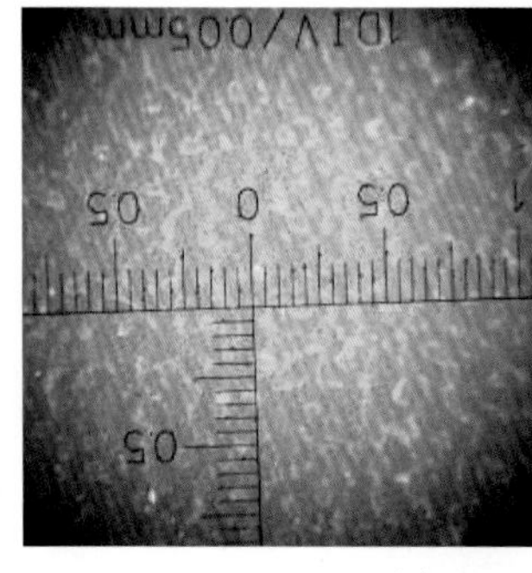

（a）

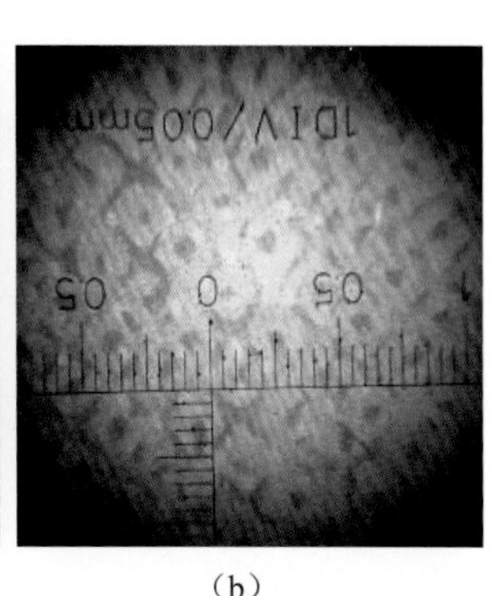

（b）

图 3-110　黏度过大或涂胶辊堵塞的气泡

②仅在有油墨区域有气泡（满版印刷是其中的特例），产生此类气泡的一种原因是墨层微观表面平整度不佳，另一种原因是第二基材微观表面平整度不佳；此外，墨层中的残留溶剂及含水也是产生此类气泡的一个原因。图 3-111 中（a）是墨层的微观表面平整度不佳（包括复合的温度 / 压力不足）的表现，其中的气泡形态是无规则形（非圆形）的；（b）图是因墨层中含水所生成气泡的典型性表现。

③仅在无墨的区域有气泡，此类气泡常发生于聚酰胺（PA）薄膜及镀铝薄膜的复合制品，通常是基材已经吸水受潮的表现（参见图 3-103 和图 3-107）；图 3-107 中的两张图片是同一样品的不同距离的两张照片，产品结构为 PA/PE，加工方式为无溶剂干法复合。该产品下机时外观良好。取样后在室温条件下随着时间的延长在空白处逐渐显现出（a）图的状态。近距离拍摄后发现：在（a）图的每一个凸起的“胶点”下都有一个圆圆的气泡［图 3-107（b）］！

（a）

（b）

图 3-111　仅在有油墨区域显现的气泡

图 3-112 的两张图片是同一样品的宏观与微观照片，产品结构为 PET/Al/PA/Al/PE，采用溶剂型干法复合方式加工。

客户反映复合并熟化后的产品外观呈现橘皮状。对不良样品进行剥离后发现在 PA/Al 层间的两侧均呈现如图 3-112 的（b）图所示的气泡状态［（b）图系从 PE 一侧观察、拍摄］。

④集中在版面的某个局部，例如中间部位，且与印版墨色无关。此类气泡通常是复合压力不均匀（两端压力大、中间压力小）所致。

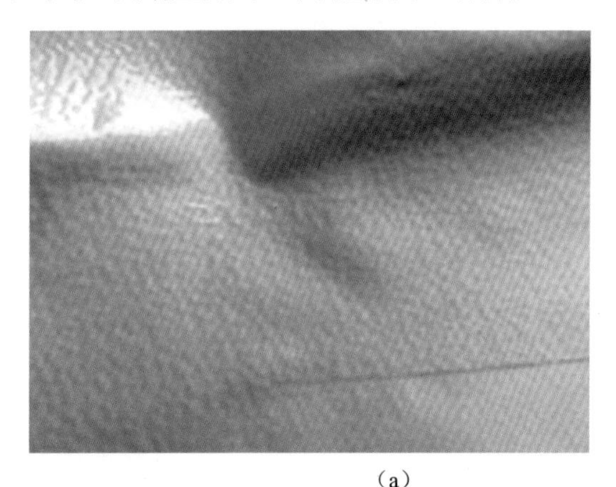

（a）

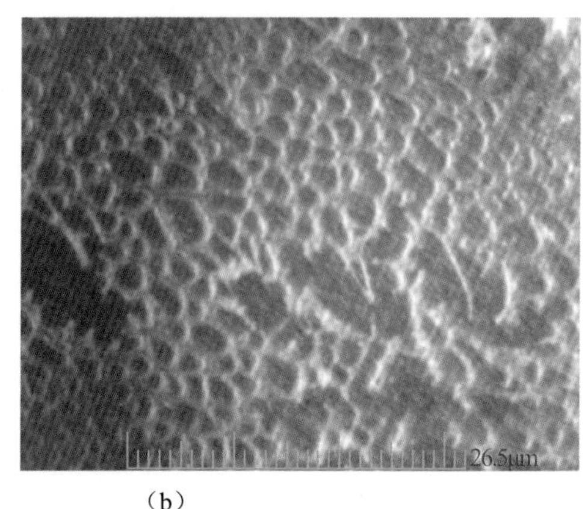

（b）

图 3-112　基材受潮的气泡

⑤集中在某个墨色的区域，例如透明黄色区域。此类气泡通常是胶水对透明黄墨润湿不良，同时伴有干燥不良所致（图 3-113）。上述状态显示加工该透明黄印刷复合制品时，平滑辊已被使用，可能由于透明黄墨层的表面张力偏低的缘故，胶层对墨层的润湿性不是太好，加之复合机烘干箱的干燥效果不理想，最终形成如图 3-113 所示的带状分布的气泡。

⑥集中在版面的某个狭窄的条形（薄膜运行方向）区域（图 3-114）。此类气泡通常是烘干箱风嘴局部堵塞导致载胶膜局部干燥不良、残留溶剂偏高所致。此外，溶剂型干法复合机的刀线、无溶剂干法复合机的计量辊、递胶辊附着异物也是导致此类问题的原因之一。

图 3-113　润湿 / 干燥不良的气泡

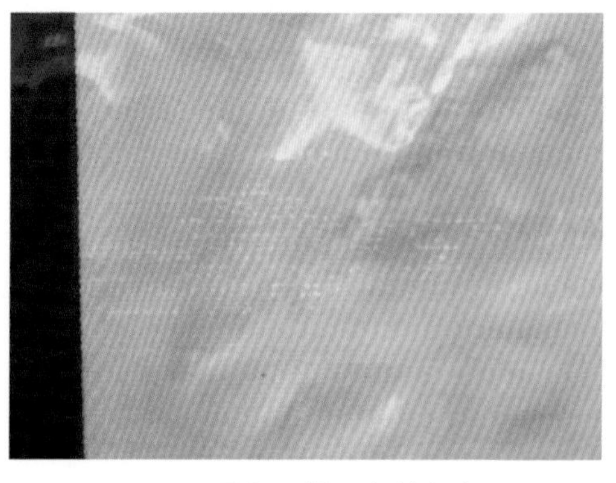

图 3-114　局部干燥不良的气泡

⑦集中在某个印刷图案的边或角区域。此类气泡通常是墨层较厚、同时复合时的温度 / 压力不足所致（图 3-115）。

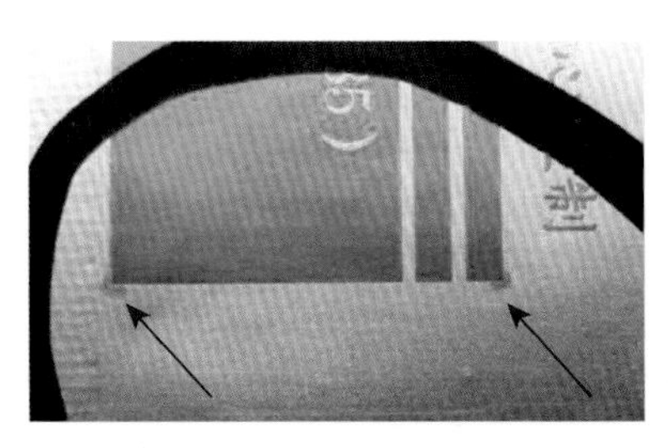 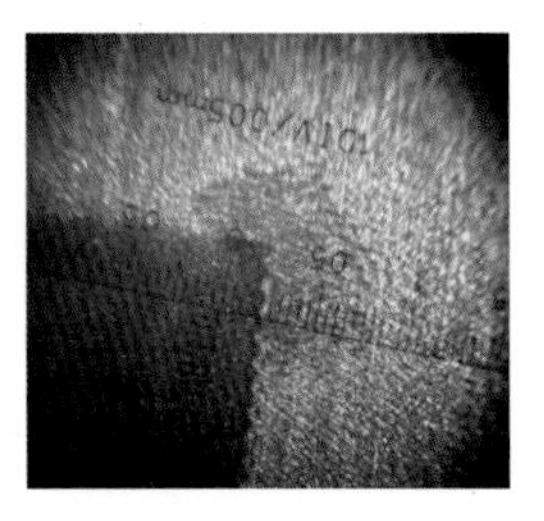

图 3-115　墨层偏厚、同时复合压力不足导致的气泡

⑧集中出现在某个特定区域的油墨处。例如，在如图 3-116 所示的印刷复合制品上，仅在粉红色的区域集中出现了如图 3-116 中（b）图和（c）图所示的面积较大的“白斑”。此类气泡是在使用初粘力较低的胶黏剂进行复合加工后，由于印刷图案设计的特点，收卷后，绿色与蓝色区域的收卷压力比较大，而粉红色区域的收卷压力比较小，同时在印刷墨层微观表面平整度不良的作用下，紫红色区域的复合膜发生了局部的分离所致。

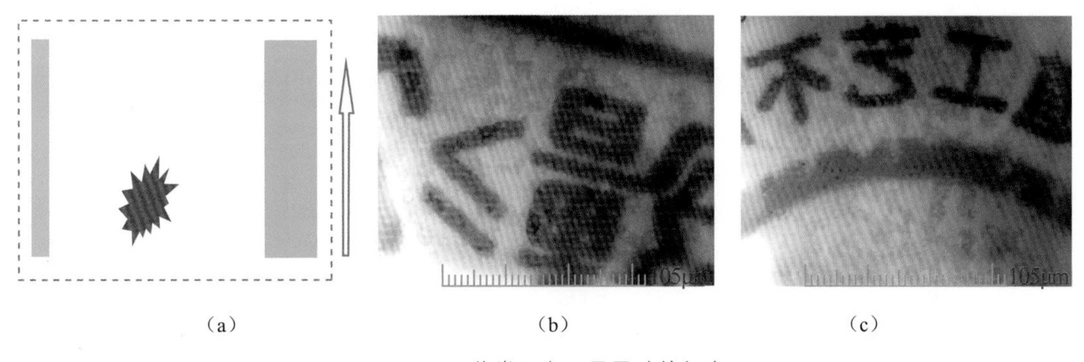

（a）　　（b）　　（c）

图 3-116　收卷压力不足导致的气泡

(5) 气泡的微观状态

微观状态是指用 100 倍或者更高倍数的放大镜 / 显微镜进行观察所看到的气泡的形态。

气泡的微观状态可分为圆形与非圆形（不规则）两大类（参见图 3-117）。

微观状态下的圆形气泡［（a）图］通常是由异物所导致的。圆形气泡的直径一般是其中的异物的 5 ～ 10 倍。微观状态下的非圆形（不规则）气泡［（b）图］通常是由于基材的微观表面平整度不佳以及复合压力 / 温度不足所导致的。

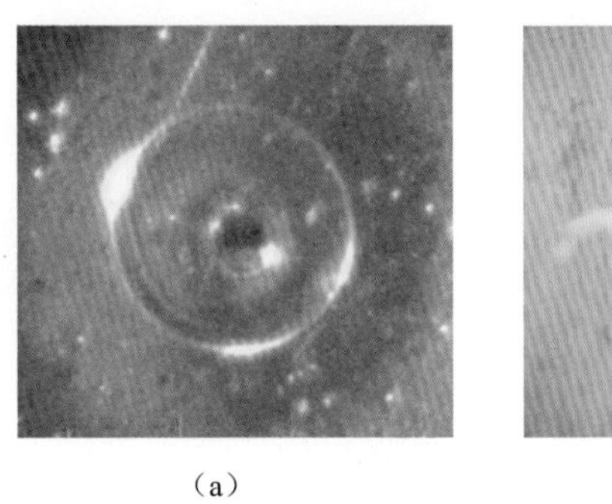 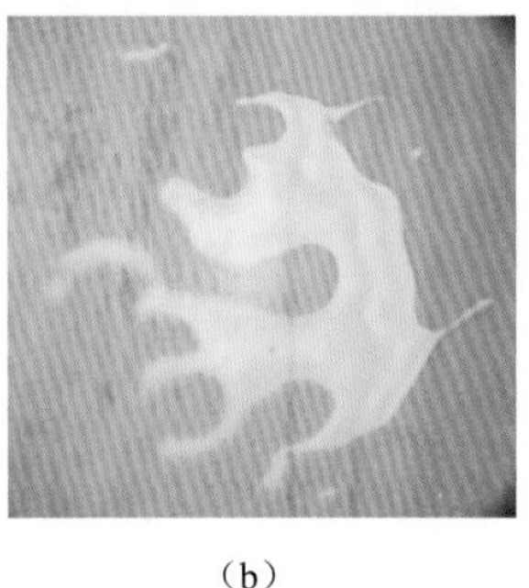

（a）　　（b）

图 3-117　圆形气泡与不规则的气泡

3. 微观条件下容易发生混淆的气泡

如上所述，微观状态下的气泡可分为圆形与非圆形（不规则）两大类。且微观状态的圆形气泡通常是由异物（晶点、灰尘、杂物等）所导致的。

一般情况下，灰尘或杂物的来源可能是生产车间环境不良以及设备进风口无过滤器所引发的，但以下的实例证明这些灰尘或杂物也可能来自于复合用的基材薄膜。以下的四组图片图3-118～图3-121分别为同一气泡的俯视图和剖面图。

图3-118中的（a）图为一种气泡，该种气泡的中心部位为一个俗称的晶点，该晶点位于PE膜中。从图3-118中（b）图中可清楚地看到该晶点在PE膜中的位置。该晶点的直径约为0.1mm，所形成的气泡的直径约为0.8mm。

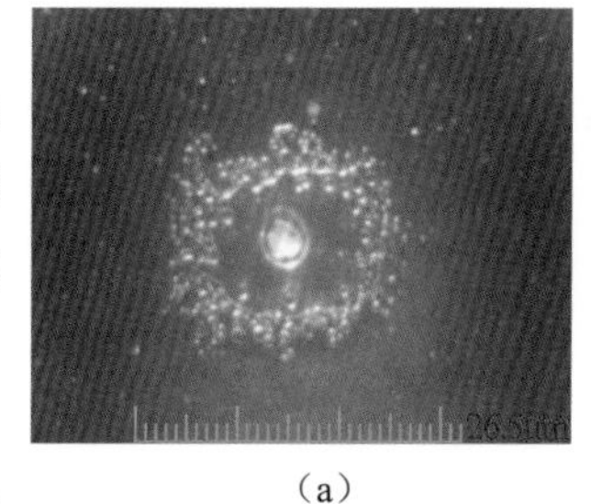

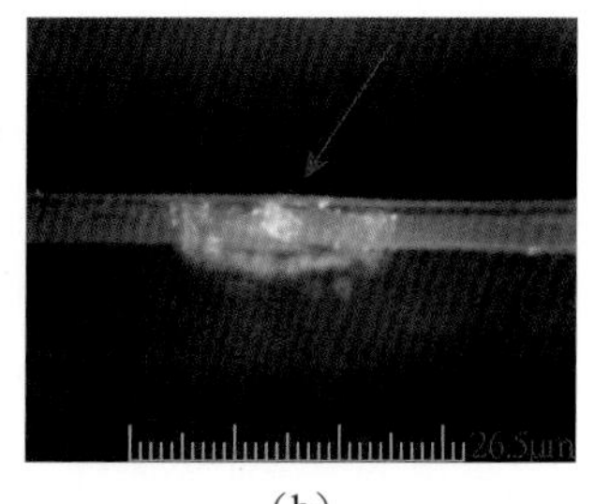

（a）　（b）

图3-118　薄膜中的晶体导致的气泡

图3-119中的（a）图为另一形态的气泡，此类气泡中的中心位置的物质以前通常被认为是胶水中的异氰酸酯类的固化剂与水分发生化学反应后的晶体物，而从图3-119中（b）图中可清晰地看到该“晶体物”实际上是存在于PE薄膜中的异物，该“晶体物”实际上可能是成膜过程中未充分塑化的树脂。该晶体物的直径约为0.04mm（40μm），所形成的气泡的直径约为0.6mm。

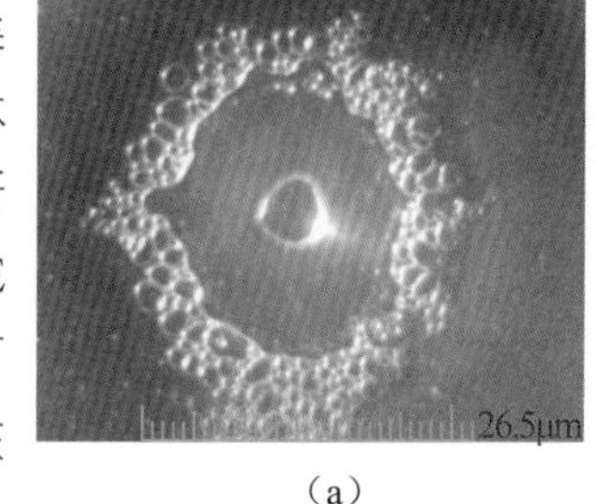

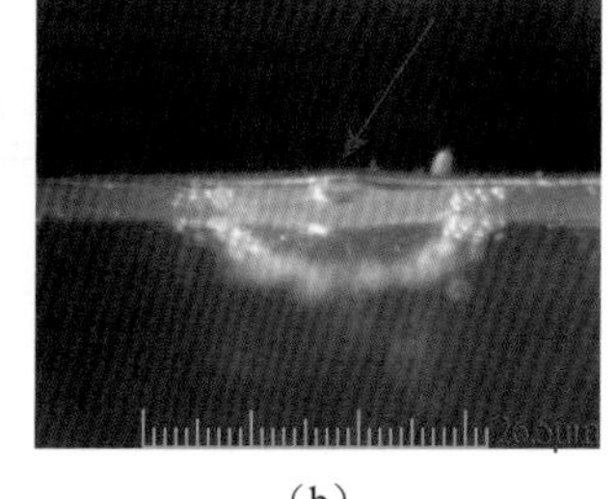

（a）　（b）

图3-119　薄膜中的晶点导致的气泡

在图3-120的（a）图所显示的气泡中可明显地看到一根纤维状的异物。该纤维状异物的来源通常被认为是生产车间内的空气环境不够清洁。而从图3-120中（b）图的剖面图中可清晰地看到该纤维状异物实际上也是夹杂在PE膜中的。该纤维状物的粗细约为20μm，长度在0.3mm左右，而由它所形成的气泡约为1.2mm×0.6mm的枣核形。

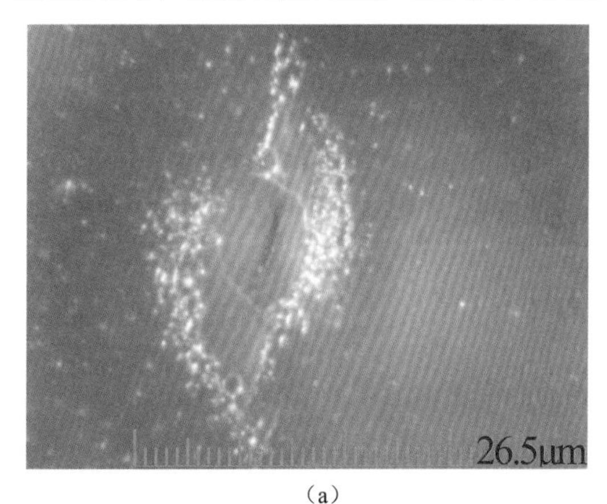

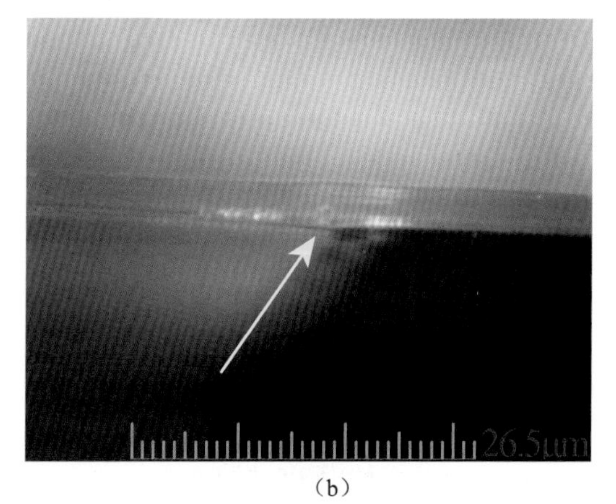

（a）　（b）

图3-120　薄膜中的纤维导致的气泡

从图 3-121 的（a）图看，该气泡的中心是一个灰色的异物，该异物的来源通常被认为是生产车间内不够清洁的空气环境。而从图 3-121（b）的剖面图中可清晰地看到该异物实际上也是夹杂在 PE 膜中的扁平状的异物。该异物的大小约为 0.1mm×0.12mm，厚度约为 0.01mm，而由它所形成的气泡约为 1.2mm×0.9mm。

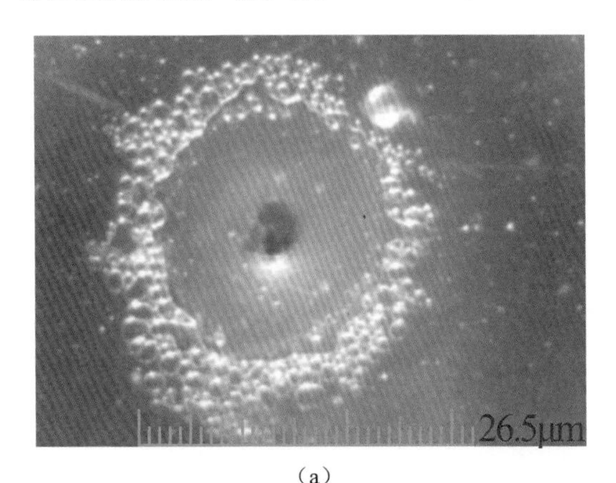

（a）

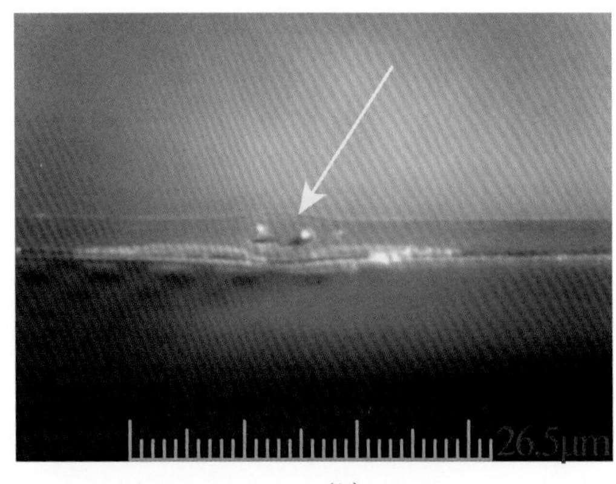

（b）

图 3-121　薄膜中扁平状的异物导致的气泡

从图 3-122 的（a）图看，气泡的中心是一个形状不规则的异物，通常该异物的来源被认为是生产车间内不够清洁的空气环境。而从图 3-122（b）的剖面图中可清晰地看到该异物实际上也是夹杂在 PE 膜中的扁平状的不规则异物。该异物的大小约为 0.7mm×0.2mm，厚度约为 0.05mm，而由它所形成的气泡约为 0.5mm×0.6mm。

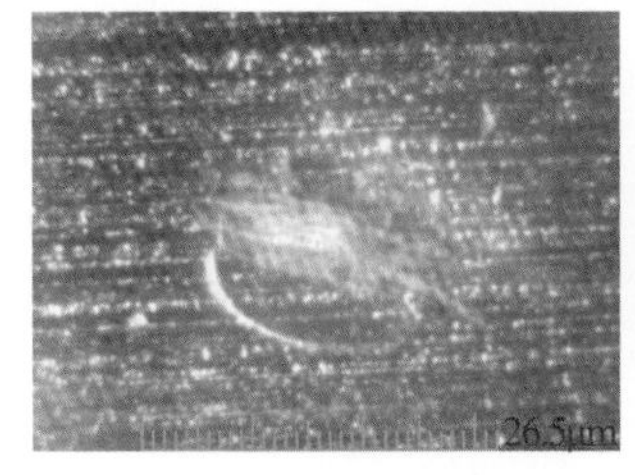

（a）

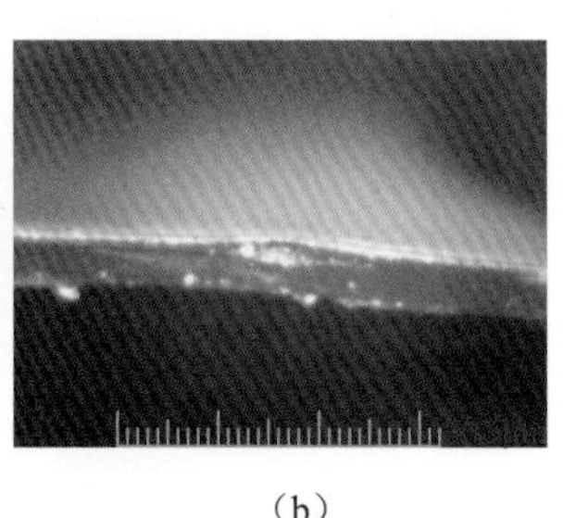
（b）

图 3-122　薄膜中的不规则异物所导致的气泡

4. 产生气泡的原因

综合以上的各种现象，在复合软包装制品上出现气泡的原因可归结为以下三类：

①两层待复合基材间存在较大的间隙；

②热塑性薄膜未能发生足够的形变（复合单元的温度、压力不足）；

③残留溶剂和 / 或残留水分（溶剂气化或水与 NCO 反应生成 CO_2 气体）。

间隙的形成可分为以下几种情况，如表 3-20 所示。

表3-20　间隙形成的几种情况

序号	图示	说明
1	第一基材 油墨胶层 第二基材	在基材的某个局部均匀地增加了油墨层的厚度，结果是在无油墨区域的基材间产生了较大的间隙

续表

序号	图示	说明
2	第一基材 开口剂与胶层 第二基材	某个基材内添加了粒径较大的开口剂且分布均匀，结果是在无开口剂区域的基材间产生了较大的间隙
3	第一基材 胶层 第二基材	胶层的厚度分布的波动性较大
4	第一基材 胶层 晶点或杂质 第二基材	基材中的晶点、杂质所导致的基材间局部的间隙过大
5	第一基材 胶层 灰尘、杂质 第二基材	空气中的灰尘、杂质所导致的基材间局部的间隙过大
6	第一基材 胶层 第二基材	涂胶辊存在“堵版”现象所导致的局部缺胶而形成的基材间局部间隙过大
7	第一基材 油墨及添加剂 第二基材	油墨中的添加剂导致油墨层表面的平整度变差，结果形成了基材间的较大的间隙
8	第一基材 油墨 第二基材	油墨网点本身分布的不均匀性导致了基材间较大的间隙

5. 热处理后在袋子表面显现的气泡

耐水煮袋、耐蒸煮袋在经历了水煮处理或蒸煮处理后，有时会在袋子的表面显现出许多大小不一、分布不均的气泡，如图 3-123 和图 3-124 所示。此类现象是耐水煮袋、耐蒸煮袋的应用过程中质量投诉的原因之一。

产生此类质量问题的原因有三个：

①复合膜层间已经存在的肉眼不易发现的小气泡；

②复合膜中存在过多的残留溶剂；

③在含铝箔的复合膜中，存在较多的残留的铝箔轧制油。

根据盖•吕萨克定律（即气体热膨胀定律）：压强不变时，一定质量气体的体积与热力学温度成正比。即 $V_1/T_1=V_2/T_2=\cdots\cdots=C$ 恒量。

热力学温度，又称开尔文温标、绝对温标，简称开氏温标，是国际单位制 7 个基本物理量之一，单位为开尔文，简称开，符号为 K，其描述的是客观世界真实的温度，同时是制定国际协议温标的基础，是一种标定、量化温度的方法。

图 3-123 表面的气泡 1

图 3-124 表面的气泡 2

热力学温度 T 与人们惯用的摄氏温度 t 的关系是：T（K）=273.15+t（℃）。

如果复合膜中本身存在微小的、肉眼不易察觉的气泡，当复合膜的本体温度由室温（20℃）被加热到 100℃（水煮处理）或 121℃（蒸煮处理）时，依据盖・吕萨克定律，其中气体的可能膨胀率应当是：$V_2/T_2 = V_1/T_1$，即 $V_2 = V_1T_2/T_1$。

在水煮处理时，$V_2 = V_1T_2/T_1 = V_1$（273.15+100）/（273.15+20）= $1.273V_1$，

即其中气体的体积将会膨胀 27.3%。

在蒸煮处理时，$V_2 = V_1T_2/T_1 = V_1$（273.15+121）/（273.15+20）= $1.345V_1$，

即其中气体的体积将会膨胀 34.5%。

根据理想气体状态方程（克拉伯龙方程）：PV=nRT

式中　P——1atm=101.3 kPa；

V——标准状态下的气体体积，L；

N——气体的摩尔量［摩尔（mole），简称摩，旧称克分子、克原子，是国际单位制 7 个基本单位之一，符号为 mol。每 1 摩尔任何物质（微观物质，如分子、原子等）含有阿伏伽德罗常量（约 6.02×10^{23}）个微粒］；

R——气体常量、比例系数，8.31441J/mol・K；

T——绝对温度，273+t（K）。

将数据代入上式，可得到：

$$V=nRT=n \cdot 8.31441 \cdot 273/101.3 \text{ 或 } V=nRT=n \cdot 0.082 \cdot 273/1 = 22.386n$$

上式的演变结果表明：在零度和一个大气压的条件下，一个摩尔量的气体体积大约是 22.4l（m^3）。

根据相关资料，乙酸乙酯的分子量为 88.11g/mol，密度为 0.902 g/ml。推算下来，一个摩尔的乙酸乙酯（88.11g）液体的体积为：88.11÷0.902= 97.68ml。

从上述数据可以得知，在室温、一个大气压以及足够的热量的条件下，一个摩尔的乙酸乙酯将会从液态的 97.68ml 变为 22.386L 的气体，其体积膨胀了 22.386 × 1000 ÷ 97.68 ≈ 229（倍）！

如果是进行水煮处理或蒸煮处理，根据前面的计算结果，气体的体积还要膨胀 27.3% 或 34.5%，那么，总的膨胀倍率将为 229 × 1.273 ≈ 292（倍）或 229 × 1.345 ≈ 308（倍）！

1mg 的乙酸乙酯是 1÷88.11÷1000=1.135×10^{-5}mol，其体积是 22.386×1.135×10^{-5}×1000=0.2541ml，在 121℃的蒸煮条件下，它将会膨胀到 0.2541 × 308 = 78.26ml 的体积（相当于直径为 5.3mm 的球体的体积）！但是如果将这 1mg 的乙酸乙酯均匀地分布到 1m^2 的面积上的 100 万个点位上，则每一个点位上的乙酸乙酯的气泡的体积将是 78.25×10^{-6}ml（直径约为 5.3×10^{-3}μm），完全可以忽略不计（残留溶剂的控制指标是≤ 5mg/m^2）。

如果在 7μm 厚的铝箔的表面存在一个直径 2μm 的针孔，其容积为 $\pi r^2 d = \pi \times (2/2)^2 \times 7$ = 21.99μL = 0.02199 ml(24.4mg)，假定其中残存的液体为乙酸乙酯，在蒸煮处理条件下，其体积将会膨胀到 0.02199×308=6.77ml！这样一个体积的气体将会在复合薄膜的表面形成一个直径约为 3mm 的半球形气泡！

如果在铝箔的针孔中存在的是轧制油，由于油脂类化学品的分子量会大于乙酸乙酯，在相同体积下的摩尔数会少一些，因此，由残留的轧制油导致的气泡会相对小一些。

因此，在分析有关经水煮、蒸煮处理后在袋子的表面显现出气泡的问题时，首先应检查尚未经过水煮、蒸煮处理的复合膜袋残留溶剂量，其次应使用放大镜检查在未经水煮、蒸煮处理的复合膜袋上是否存在肉眼不易观察到的微小气泡。

对于塑 / 塑复合结构的耐水煮袋、耐蒸煮袋，如果残留溶剂量不超标、也不存在微小气泡，则需要确认已经显现出气泡问题的复合膜袋与本次进行残留溶剂检测的复合膜袋是否真的是同一批产品，或者需要对手中的尚未经水煮、蒸煮处理的复合膜袋进行耐水煮、耐蒸煮处理的试验，以确认其残留溶剂量符合质量要求的未经过水煮、蒸煮处理的复合膜袋是否真的不会出现水煮、蒸煮处理后显现气泡的问题。

对于铝 / 塑结构的耐水煮、耐蒸煮复合膜袋，则需要考虑是否是由铝箔中残留的轧制油所导致的气泡问题。

九、复合制品的挺度或柔软度

复合制品的挺度或柔软度是经常涉及的话题，但无论是在国标中还是实践中都没有具体的、可数字化的评价方法及指标。因此，人们都是凭借个人的感觉进行评价。

一种广泛存在的现象是：对于同一个结构的复合制品，夏天生产时感觉柔软度还可以，到了冬天生产时就感觉偏硬了！甚至是同一个复合制品，南方的企业生产出来时感觉柔软度符合要求，送到北方的客户手中时，客户的感觉则是偏硬了！

复合膜的挺度或柔软度是人手通过触摸、揉捏而产生的一种主观感受，同时受生理和心理因素的影响。它是复合膜固有的机械、物理性能作用于人的感官所产生的综合效应。在物理学和材料工程学中，物体的柔软性是用柔量和压缩模量这两个宏观属性来表征的。柔量表示物体承受单位载荷时的变形程度，压缩模量代表物体抵抗变形的能力。在纺织品的柔软性的评价与检测中，需要利用专业的设备检测弯曲性能、剪切性能、压缩性能、拉伸性能、表观性能五大类十多项指标。

某些塑料原料的生产商在评价聚乙烯、聚丙烯的柔软性上采用的是 1% 正割模量和弯曲模量。

正割模量是由应力－应变曲线上的指定点向原点引一直线，该直线的斜率。在应力和应变的关系曲线中虎克定律不成立的部分，拉伸弹性模量会随着应变量而变化。此时的各个应变（应力）等级的拉伸弹性模量称为正割拉伸弹性模量 E_s。1% 正割模量即为所测样品的应变为 1% 时的拉伸弹性模量。弯曲模量又称挠曲模量，即弯曲应力与弯曲所产生的形变之比。它表示材料在弹性极限内抵抗弯曲变形的能力。在塑料加工行业，适用于弯曲模量的检测对象一般为板材类、棒材类等，薄膜类材料不适用于检测弯曲模量。

而在人手触摸、揉捏复合薄膜的过程中，复合薄膜会发生弯曲、折叠、卷曲等各种形态上的变化，这些形态上的变化实际上与复合薄膜的拉伸弹性模量和断裂标称应变的指标有着密切的关联。

因此，对于复合制品的挺度或柔软性，笔者建议采用拉伸弹性模量和断裂标称应变两项指标进行评价。

在物理学中，柔量是一个弹性常数，它等于应变（或应变分量）对应力（或应力分量）之比。对一个完善的弹性材料来说，它是拉伸弹性模量的倒数，即材料每单位应力的变形率。也就是说，拉伸弹性模量数值越小，则柔量数值越大，即材料的柔软性越好、刚性越差。

根据 GB/T 28118—2011《食品包装用塑料与铝箔复合膜、袋》的相关规定，测量拉伸断裂应力（含断裂标称应变指标）时，“试样采用长条形，长度为 150mm，宽度为 15mm，试样标距为（100±1）mm，试样拉伸速度（空载）为（250±25）mm/min”。

根据 GB 13022—91《塑料薄膜拉伸性能试验方法》的相关规定，“测定拉伸弹性模量时，应选择速度 a 或 b”。在上述标准中，速度 a 被规定为：（1±0.5）mm/min；速度 b 被规定为（2±0.5）mm/min 或（2.5±0.5）mm/min；

对于从事复合软包装材料加工的企业而言，可以使用自有的拉力试验机的最低速度，例如 10mm/min 或 25mm/min，来进行测定，其目的是要获得如图 3-125 所示的有一定的斜度值的拉伸曲线，然后可利用目视法读取到的数据计算出拉伸弹性模量或柔量。

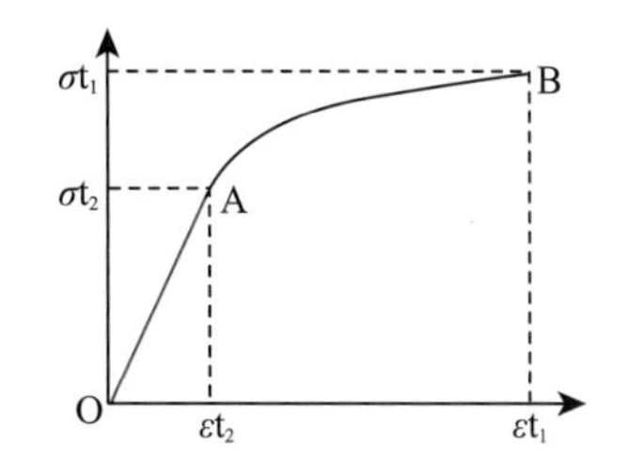

σ_{t_1}—拉伸断裂应力；ε_{t_1}—断裂时的应变；
σ_{t_2}—拉伸屈服应力；ε_{t_2}—屈服时的应变

图 3-125　材料的应力－应变曲线

实践表明，如果用（250±25）mm/min 的速度做拉伸试验，曲线的初期的直线部分将会与纵向坐标轴重合，而无法读数及计算。

某些配备了计算机的拉力试验机可在测量拉伸断裂应力的同时给出拉伸弹性模量的数据，前提是要事先输入待测样条的有效宽度与厚度数据。

表 3-21 显示的是某企业生产的大米包装袋在常温和低温条件下的拉伸断裂应力、断裂标称应变的数据以及相应的跌落试验结果。

表3-21 复合膜经冷藏处理后的数据变化

	PET^{12}/CPP^{60}		PET^{40}/PE^{50}	
	常温15℃，湿度74%	3～5℃冷藏10分	常温15℃，湿度74%	3～5℃冷藏10分
横向拉伸断裂应力（N）	59.17	51.59	130.38	143.06
横向断裂标称应变（%）	69.90	52.90	112.95	112.80
纵向拉伸断裂应力（N）	51.27	53.63	112.60	120.53
纵向断裂标称应变（%）	82.08	58.80	129.88	165.28
跌落试验结果	×	×	O	O

从测试结果来看，PET^{12}/CPP^{60} 结构的复合膜经过冷藏处理后，其纵、横向的断裂标称应变均发生了明显的下降，而 PET^{40}/PE^{50} 结构的复合膜的纵向断裂标称应变数据却不降反而上升。这可能就是常规的 CPP 复合膜在低温条件下“变脆”的原因。

也可以采用“悬垂法”来对两种或多种复合膜的柔软度进行比较性评价。

如图 3-126 所示，将两片等宽的复合膜片在桌面上同时向外推送，观察膜片的悬垂性差异。下垂明显的膜片（如图 3-126 中的膜片 b）表示其比较柔软。

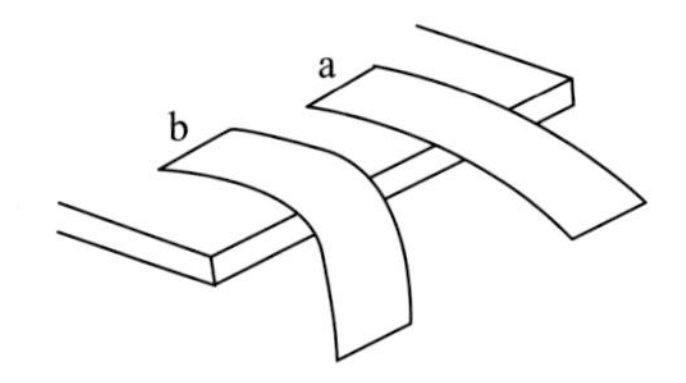

图 3-126 悬垂法测试复合膜的柔软度

需要注意的是：

在选取待测的膜片样品时，样品不能有明显的卷曲现象（纵向的或横向的）；待测的膜片样品最好是复合膜单片膜，而不是袋子。

十、显微摄影及其应用

1. 显微观察的必要性

人类肉眼的明视距离是 25cm，公认的正常肉眼的分辨力为 0.06 ～ 0.12mm，平均的分辨力为 0.09mm。也就是说，小于 90μm 的两个物体，肉眼就很难加以分辨了。

复合包装材料上的白点或气泡是人们十分关注的事项，这些白点或气泡的直径一般在 0.2 ～ 2mm，较大的气泡的直径在 7 ～ 8mm，均处在人眼分辨力的范围之内。但是相当一部分的导致白点或气泡形成的物质的直径在 0.004 ～ 0.06mm，远小于人眼的分辨力。这也是多年来业内人士在分析白点或气泡的原因时各执一词的原因。因此，要想找出白点或气泡产生的真正原因，就需要借助各种放大镜或显微镜进行显微观察。

2. 显微摄影的工具

使用放大镜或显微镜可以对复合材料上的白点或气泡进行有效的观察。但是，这种观察活动通常是个人行为或小范围的人群中可以共享的。如果想让此类观察活动的结果在更大的范围内共享，就需要进行显微摄影。显微摄影图片是显微工具与摄影工具的结合体。

目前在复合软包装行业普遍应用的是如图（3-127）所示的 40×、80×、100× 的固定放大倍数的双筒光学放大镜。该类放大镜分为带刻度的与不带刻度的两类。将双筒光学放大镜与手机、照相机或数码摄像头相结合，即可得到相应的数字照片。

图 3-128 所示的 USB 数码摄像头为 30 万像素或 130 万像素，照片的分辨率为 640×480 像素或 1280×1024 像素，3× 的光学放大倍数，4× 的数字放大倍数，需要与计算机配合使用。

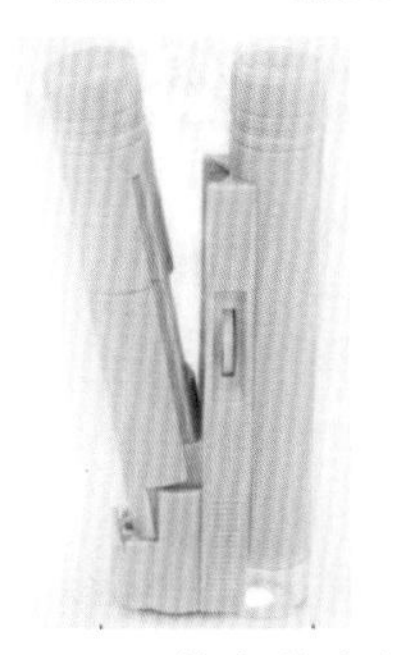

图 3-127　双筒光学放大镜

图 3-128　USB 数码摄像头

图 3-129 所示的便携式放大镜是 2.8 英寸的显示屏，200 万像素，照片的分辨率为 1600×1200 像素，10× 和 42× 的两档光学放大倍数，1 ～ 5 倍的连续变倍数字放大倍数。

图 3-130 所示的是台式金相显微镜，它可以安装 10× 到 100× 的物镜，可配备多种数码摄像头（目前常规的数码摄像头已超过 1000 万像素），需要与计算机配合使用。

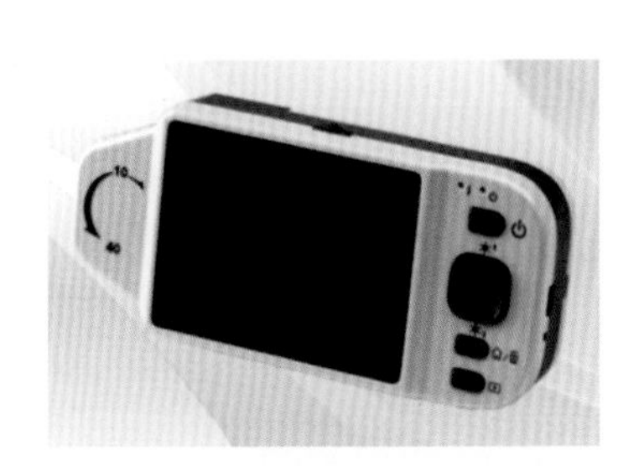

图 3-129　便携式数字放大镜

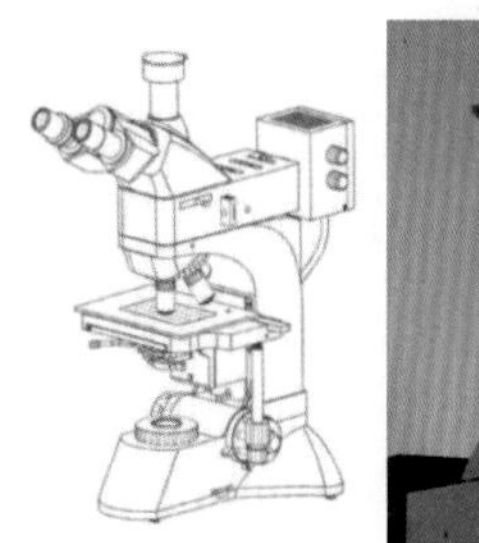

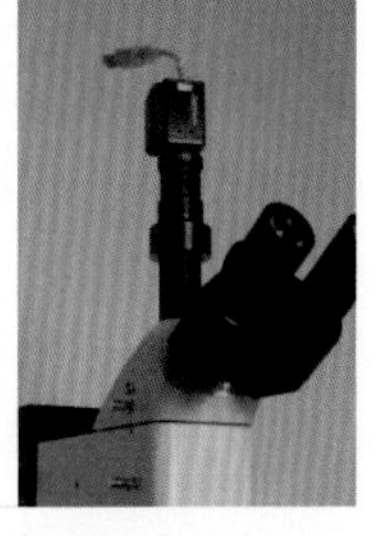

图 3-130　配备了数码摄像头的金相显微镜

3. 可观察的面积

几种常用的显微摄影工具可摄取的面积如图 3-131 所示。

使用 40 倍的手持双筒光学放大镜 + 照相机的方式可摄取的面积约为直径 2mm 的圆形，其中标尺的最小刻度为 0.05mm［图 3-131（a）］。使用 100 倍的手持式双筒光学放大镜 + 照相机的方式可摄取的面积约为直径 0.8mm 的圆形，其中的标尺的最小刻度为 0.01mm［图 3-131（b）］。

使用 USB 数码摄像头时，最小的可摄取面积为 1.67mm×1.25mm［图 3-131（c）］。

使用便携式数字放大镜时，如采用 10 倍光学放大倍率，可摄取面积为 4.1mm×5.5mm；其中的标尺的最小刻度为 105μm（0.105mm）；如采用 40 倍的光学放大倍率，可摄取的面积为 1.0mm×1.4mm；其中的标尺的最小刻度为 26.5μm（0.0265mm）［图 3-131（d）］。

使用配备了 50× 物镜的金相显微镜时，如配套使用 0.3× 的摄像头接口，可摄取的面积为 0.4mm×0.3mm；如配套使用 1× 的摄像头接口，可摄取的面积为 0.12mm×0.09mm。其中的标尺的最小刻度为 0.01mm（10μm）［图 3-131（e）］。

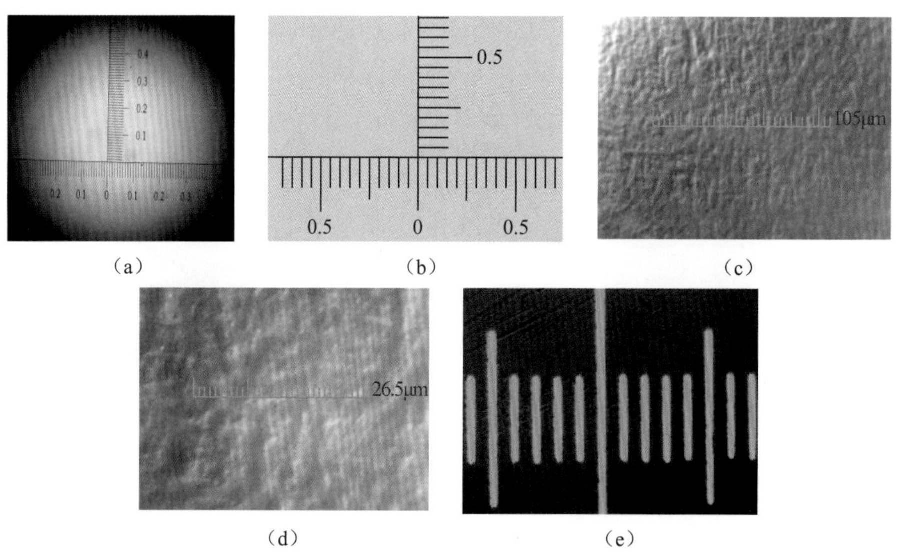

（a）（b）（c）（d）（e）

图 3-131　几种常见显微摄影工具可摄取的面积

十一、基材微观平整度的评价

当人们用肉眼去直接观察所使用的各类基材的表面状态时，除了某些 CPE、CPP 薄膜的表面会让人有一种类似“水纹”状的感觉之外，其他基材薄膜的表面会让人感觉很平整、光滑。而事实上，基材的表面如果真的像镜面一样光滑，因基材间的摩擦系数过大，将难以收卷、放卷，无法进行印刷、复合加工。因此，在各类基材的加工成型过程中，都需要根据特定的要求掺入一定数量的无机类的开口剂，以使基材的表面在微观上呈现凹凸不平的状态，降低基材间的摩擦系数，才会使得收卷、放卷成为可能。

在相关的国家标准中，对常用的 PET、PA、OPP、CPP、CPE 基材（消光膜、镀铝膜除外）都会有“雾度”这一项技术指标。“雾度”与无机类开口剂的添加量有着密切的关系。

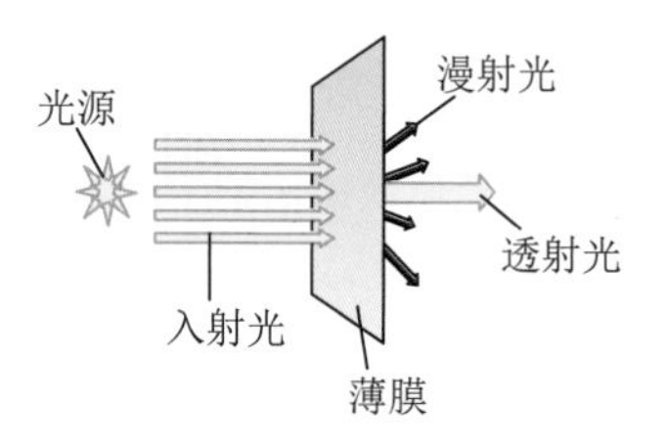

图 3-132　雾度测量示意

什么是雾度？雾度，英文名 Haze，是指透明或半透明材料的内部或表面由于光漫射造成的云雾状或混浊的外观。以散射光通量（图 3-132 中的“漫射光”）与透过材料光通量（图中的“透射光”）之比的百分率表示。

“漫射光”的形成是因为在基材表面有一定数量的无机类的开口剂，而开口剂的形状是不规则的，当入射光照在开口剂的表面时就会产生折射。因此，折射光或漫射光的强度就会与开口剂的数量成正比。但是，“雾度”的数据并不能直观地反映开口剂的数量及其尺寸。而采用显微摄影的方式则可以定性地解决这一问题。

图 3-133 中的三张图片是采用便携式数字放大镜在 40× 的光学放大倍率条件下拍摄的。

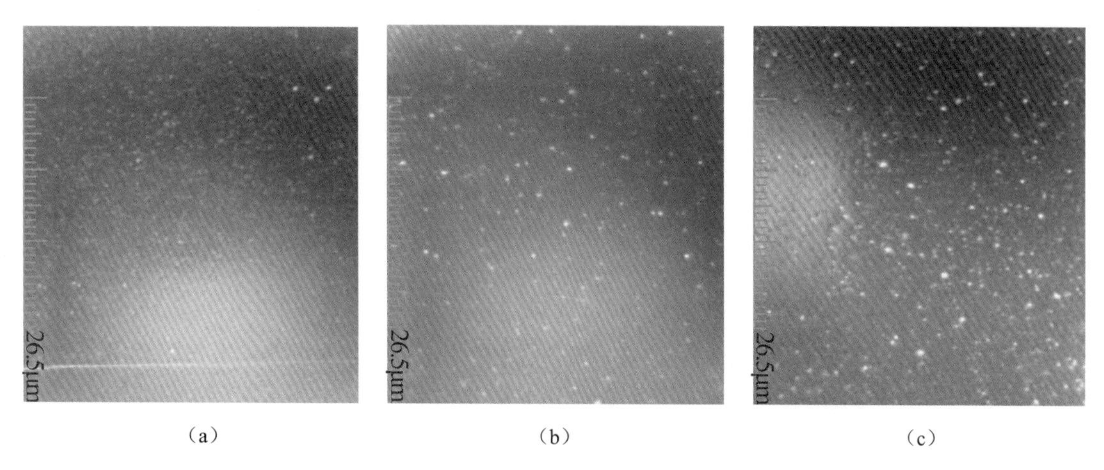

（a）　（b）　（c）

图 3-133　市售 PET 基材的微观平整度状态

在图 3-133 中，（a）图为生产高亮 VMPET 膜用 PET 基材的微观状态，（b）图为常规的印刷级 PET 基材的微观状态，（c）图为某 VMPET 膜的非镀铝面的微观状态。

对比观察图 3-133 中的三张图片可以发现：其中的开口剂（白色点状物）的数量与尺寸有着非常明显的差异！

图 3-134 是某印刷级 BOPET 膜在台式显微镜下的微观状态。从图中可以清晰地分辨出“明显凸起的开口剂”。

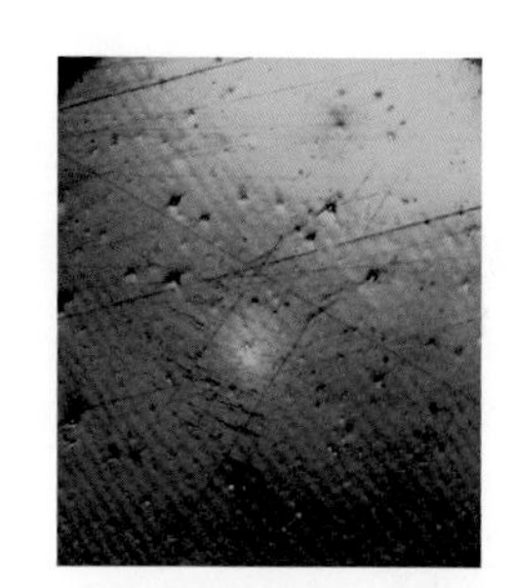

图 3-134　某 PET 基材的微观状态

如上所述，无机类的开口剂是生产 BOPET 或 BOPA、BOPP 等基材薄膜的必需品。但如果所加入的开口剂的粒径过大［如图 3-133 的（c）图所示］就会对印刷油墨的转移产生不良影响。在复合级的 BOPET（如镀铝 PET 膜的 PET 基材）膜中，如果所加入的开口剂的粒径过大，就容易形成“下机时可见、熟化后不能消除的气泡（白点）”现象。

印刷加工后的 BOPET 或 BOPA、BOPP 膜的微观表面状态也是应当关注的。

图 3-135 和图 3-136 是从印刷品背面观察到的微观状态。

图 3-135 中的四张图片显示的是“不存在‘下机时可见的白点’的印刷品背面的微观状态”。其特点是：在可见的范围内，白墨层基本上 100% 覆盖在基材表面上。白墨层表面有一些凸出的颗粒物，但是其粒径相对较小。

图 3-136 中的六张图片显示的是“存在‘下机时可见的白点’的印刷品背面的微观状态”。其特点是：在可见的范围内，白墨层没有 100% 覆盖在基材表面上，在某些部位有规律或无规律地缺少白墨层（从其剖面看就是存在着大小不等的“凹坑”），另外，还有部分油墨面存在粒径较大的凸起的颗粒物。在特定的条件下，这些“凹坑”或粒径较大的凸起物都容易导致不同程度的“下机时可见的白点”问题。

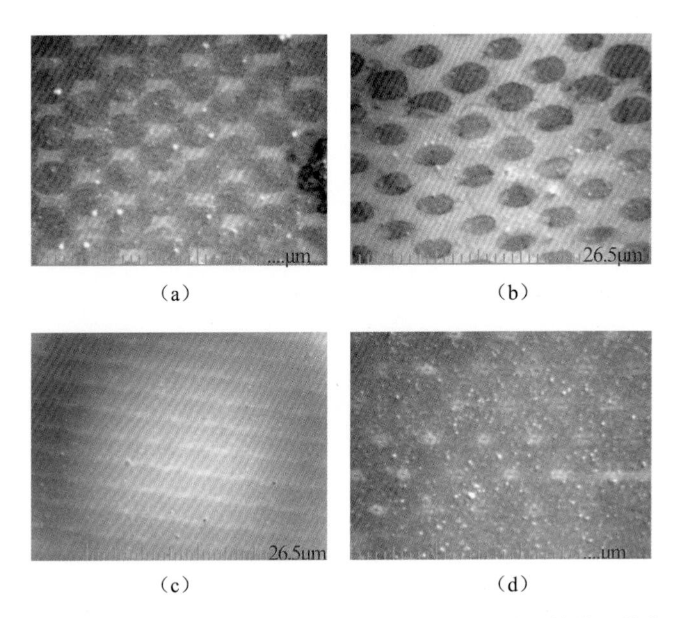

（a）（b）

（c）（d）

图 3-135　没有“下机时可见的白点”的印刷品背面的微观状态

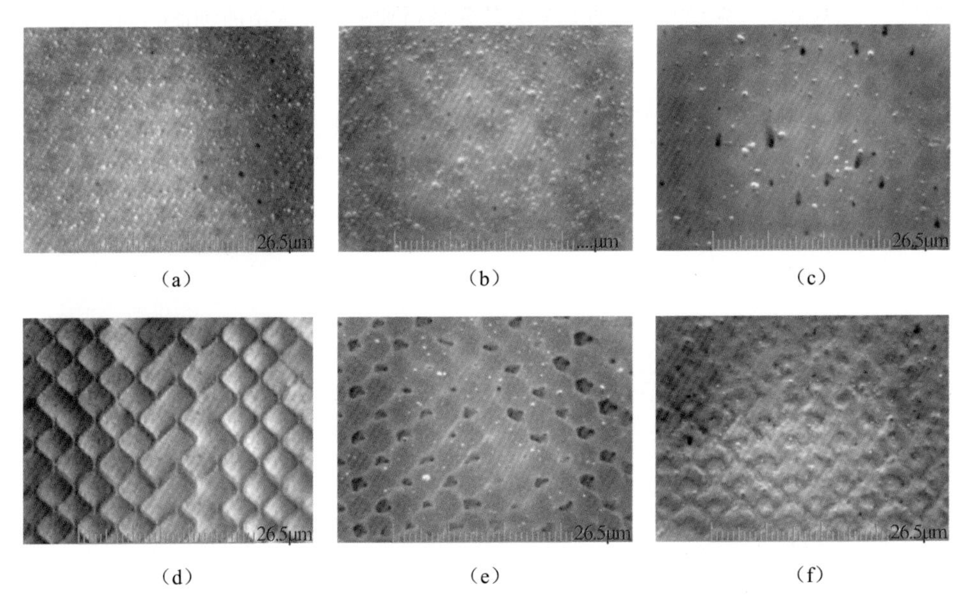

（a）（b）（c）

（d）（e）（f）

图 3-136　存在“下机时可见的白点”的印刷品背面的微观状态

十二、摩擦系数与爽滑性

1. 摩擦系数

摩擦系数是指两个物体的表面间的摩擦力和作用在其一表面上的垂直力之比。它和表面的粗糙度有关，而和接触面积的大小无关。依运动的性质，可分为动摩擦系数和静摩擦系数。

静摩擦系数的计算公式为：

$$\mu_s=\frac{F_s}{F_p} \tag{3-4}$$

式中　μ_s——静摩擦系数；

F_s——静摩擦力，N；

F_p——法向力，N。

动摩擦系数的计算公式为：

$$\mu_d=\frac{F_d}{F_p} \tag{3-5}$$

式中　μ_d——动摩擦系数；

F_d——动摩擦力，N；

F_p——法向力，N。

2. 爽滑性

“爽滑性”一词，在《辞海》《现代汉语词典》及《新华词典》中都找不到相应的解释。在复合软包装行业中，人们对“爽滑性”一词的定义或解释是：可在加工设备上平滑、顺畅地运行的特性。可以说，“爽滑性”一词是复合软包装行业的从业人员所创造的词语。

3. 爽滑剂与开口剂

爽滑剂的作用是在光滑的塑料薄膜的表面再“铺”上一层润滑油，使其表面的摩擦系数下降到需要的程度或数值。

开口剂的作用是将薄膜的表面从原来的可能是极端光滑的状态转变成微观的凹凸不平的状态。这样处理之后，当两片薄膜靠近时，就不会彼此紧密接触了，从而消除了彼此粘连的可能性。

加入了开口剂的薄膜表面的摩擦系数也会有所下降，但不能达到加入“爽滑剂”所能达到的水平。这两种添加剂的作用机理是完全不一样的。

4. 摩擦副

摩擦副就是相互接触的两个物体产生摩擦而组成的一个摩擦体系。

对于任意一种应用于复合软包装材料加工的基材而言，例如 CPE 薄膜，其摩擦副都会有以下三种组合：基材的电晕处理面 / 基材的电晕处理面、基材的电晕处理面 / 基材的非电晕处理面和基材的非电晕处理面 / 基材的非电晕处理面。

由于同一种基材的电晕处理面与非电晕处理面的表面状态不同，因此，由不同的摩擦副所得到的摩擦系数一定是不一样的。

在包材的实际应用中，例如在自动成型 / 灌装生产线上，发生相互滑动摩擦的通常是在复合包装材料的内表面（热合面）与自动包装机的不锈钢制的成型器之间。

因此，在评论或探讨复合薄膜或基材的摩擦系数事宜时，应以 CPE 或 CPP 基材的热合面与不锈钢板这一摩擦副的数据为对象。

而在讨论复合膜袋的打包或包装物品的码垛性能时，则应以复合膜中的印刷基材的外表面

（非电晕处理面）之间这一摩擦副的数据为对象。

表 3-22 是香烟包装膜的摩擦系数。

表3-22 香烟包装膜的摩擦系数

薄膜用途	薄膜表面	静态摩擦系数	动态摩擦系数
香烟膜	外面/外面	0.26	0.24
	内面/内面	0.34	0.32
	外面/金属面（50℃）	0.52	0.35

数据来源：食品产业网，2009 年 9 月 9 日《自动包装中包装材料摩擦系数的探讨》。

5. 胶黏剂的种类对摩擦系数的影响

聚醚类或以聚醚为主体的聚氨酯胶黏剂对酰胺类的爽滑剂有一定程度的相容性，因此，在其他条件不变的情况下，用聚醚类或以聚醚为主体的聚氨酯胶黏剂加工的复合薄膜的热合面间的摩擦系数会比用聚酯类的聚氨酯胶黏剂加工的复合薄膜的热合面间的摩擦系数高一些。

6. 爽滑剂用量对摩擦系数的影响

从表 3-23 中所列的数据可以看出：随着酰胺类爽滑剂用量的增加，复合膜的内层之间的动摩擦系数随之下降，而复合膜的内层与不锈钢板之间的动摩擦系数仅在一个很小的区间内波动，即复合膜的内层之间的动摩擦系数和复合膜内层与不锈钢板之间的动摩擦系数之间没有必然的关系。

表3-23 爽滑剂用量与摩擦系数

助剂用量	0	0.03%	0.06%	0.10%	0.14%	0.19%	0.24%	0.30%
内层/内层	0.577	0.577	0.467	0.332	0.255	0.261	0.242	0.253
内层/不锈钢	0.311	0.296	0.312	0.309	0.331	0.330	0.320	0.311

数据来源：申凯包装网站。

因此，应当通过测量复合膜的内层（热合面）与不锈钢板之间的摩擦系数来了解 / 预测复合膜的在自动包装机的应用性能或爽滑性。

7. 温度及熟化时间对摩擦系数的影响

对于应用了酰胺类爽滑剂的复合膜卷而言，大量的经验数据表明，在熟化过程的前后，受熟化温度和时间的影响，摩擦系数会有明显的上升。而且熟化温度越高、熟化时间越长，复合膜的热合面间摩擦副的摩擦系数上升的幅度越大。表 3-24 所示的是在相同的温度下，不同的熟化时间与摩擦系数的关系。

表3-24　某PET/Al/PE复合膜50℃时熟化时间与摩擦系数的关系

熟化时间/h	1	3	6	10	15	20	30	40	50
静摩擦系数	0.213	0.252	0.303	0.386	0.458	0.535	0.614	0.697	0.786
动摩擦系数	0.136	0.171	0.192	0.281	0.317	0.374	0.485	0.534	0.595

数据来源：申凯包装网站。

在不同的试验温度条件下，不同配方基材的复合膜的热合面间摩擦副的动摩擦系数如表3-25所示。数据显示，热合层基材的材料对摩擦系数与温度敏感性影响很大。

表3-25　不同内层材料的动摩擦系数与温度的关系（PET/Al/PE）

温度/℃	25	35	40	45	50	55	60	65	70
①A厂	0.074	0.115	0.137	0.215	0.467	2.930	—	—	—
②B厂	0.085	0.102	0.124	0.147	0.293	0.737	2.83	—	—
③C厂	0.112	0.110	0.121	0.148	0.210	0.294	0.483	1.970	—
④淋膜	0.553	0.565	0.578	0.580	0.592	0.612	0.630	0.675	1.184
⑤特种热合材料	0.623	0.602	0.558	0.493	0.424	0.364	0.293	0.289	0.243

数据来源：江苏台正仪器有限公司网站。

8. 收卷硬度对摩擦系数的影响

复合膜卷的硬度是收卷张力、接触辊压力、基材的厚薄偏差的累积及熟化过程中复合膜热收缩的综合作用的结果。

从收集到的资料来看，在复合膜卷硬度较高的（通常是墨层较厚）区域，热合面的摩擦系数会相对较高，而与之相应的复合薄膜的外表面的摩擦系数也会相对较高。

在一般条件下，热合层中的酰胺类爽滑剂会迁移到热合面的表面以达到降低表面摩擦系数的目的，同时会迁移到对应的复合薄膜的外表面使之表面摩擦系数也相应降低；而膜卷的硬度（压力）阻止了爽滑剂的向外迁移以及在基材表面的聚集，甚至会将已迁移到表面的爽滑剂分别压入复合薄膜的内/外表面层内，从而导致复合薄膜内/外表面上“聚集”的爽滑剂数量相对减少，热合面间及复合薄膜外表面间摩擦副的摩擦系数因此就会相应上升。

9. 熟化后的停放时间对摩擦系数的影响

复合膜离开熟化室后，在室温条件下放置一段时间后，随着复合膜卷温度的逐渐降低，酰胺类爽滑剂会逐渐向外迁移，使得复合薄膜的热合面间摩擦副的摩擦系数逐渐降低，最后达到一个平衡值（参见表3-26）。

表3-26 某PET/Al/PE复合膜停放时间与摩擦系数的数据

停放时间	0.5h	1.5h	2.5h	4h	6.5h	18h	24h	48h	72h
静摩擦系数	0.741	0.647	0.476	0.466	0.467	0.273	0.260	0.213	0.208
动摩擦系数	0.539	0.519	0.363	0.322	0.292	0.196	0.184	0.136	0.127

数据来源：江苏台正仪器有限公司网站。

10. 摩擦系数≠爽滑性

如前所述，人们对“爽滑性”一词的定义或解释是：可在加工设备上平滑、顺畅地运行的特性。

当人们将薄膜的任意两个表面接触到一起，并用手使之相互摩擦时，所感觉到的是薄膜的两个表面间的滑性、摩擦力或摩擦系数的大小，这种感觉并不能代表薄膜与不锈钢成型器间的滑性、摩擦力或摩擦系数，更不能代表薄膜与热的不锈钢成型器间的滑性、摩擦力或摩擦系数。

常用的爽滑剂之一油酸酰胺的熔点是72～76℃，芥酸酰胺的熔点是79～82℃，而自动包装机上的不锈钢成型器的表面温度在长期、高速运转条件下有可能上升到50℃或60℃。在此温度条件下，单纯地或大量地使用了酰胺类爽滑剂的复合薄膜的热合面与不锈钢成型器间的摩擦系数有可能成倍增长（参见表3-25），其原因是爽滑剂发生了受热软化、与先期析出并黏附在成型器表面的爽滑剂层间产生了黏附作用。其结果就是：在复合薄膜出厂前测得的室温条件下的热合面间的摩擦系数是小于0.1的，而将其装到自动包装机上时的表现是：薄膜“拉不动”，甚至被拉断。

所以说，在室温条件下测得的较低的摩擦系数值并不意味着该复合薄膜就一定能够在自动包装机上平滑、顺畅地运行（爽滑性好）。

(1) 错误的做法

①绝大多数软包装企业在采购CPP、CPE等热合材料时考察的是热合面间摩擦副的摩擦系数，而不是热合面/不锈钢板摩擦副的摩擦系数，这是一个错误的选择。

②绝大多数软包装企业选择在熟化处理刚结束时以复合薄膜的热合面间摩擦副的摩擦系数而不是热合面/不锈钢板摩擦副的摩擦系数来评价所使用的胶黏剂和复合/熟化工艺条件，这又是一个错误的选择！

③自动包装机上的不锈钢制的成型器在长时间运转的情况下会因摩擦生热而不断升温，在某个温度下，析出到复合薄膜内表面上的爽滑剂会软化，与成型器发生粘连，导致复合薄膜在自动包装机上“拉不动”的结果！因此，应当用50℃或60℃的不锈钢板/复合膜的热合面这一摩擦副的摩擦系数来评价复合膜的爽滑性指标。

(2) 应对措施

①在CPP、CPE基材中适度加入无机类的开口剂，使复合薄膜与成型器保持适度的“点接触”，可有效防止发生粘连现象。

②将不锈钢成型器做成“麻面”，减少成型器与复合薄膜的实际接触面积，也是一种行之有效的对策。

③使用了硅酮母粒的热封性基材可有效地改善包材的爽滑性。

十三、复合膜袋开口性的评价与改良

1. 开口性的评价方法

复合膜袋的开口性是业内人士经常讨论的一个话题，“开口性差”则是一个常见的质量投诉问题。

业内人士常用热合基材的热合面间在常温下的摩擦系数来对未来生产的复合膜袋的开口性进行预测，认为较低的摩擦系数就会带来较好的开口性。

实际上，GB/T 16276—1996《塑料薄膜粘连性试验方法》才是对复合膜袋开口性的正确评价方法。

该标准中的“4 意义和应用”指出：

塑料薄膜在温度和压力的作用下可能产生粘连，在加工、使用或储藏过程中也可能产生粘连。几乎所有粘连都是由下述两种情况引起的。极端光滑的薄膜表面，紧密接触而且几乎完全隔绝空气。压力或温度（或两者）引起薄膜接触表面粘融。

“5 原理”指出：

测定塑料薄膜粘连性试样方法的示意如图 3-137 所示。通过试验机“十”字头的运动，使一根夹在两层塑料薄膜之间的光滑铝棒沿其轴线的垂直方向匀速运动。把粘连在一起的两层塑料薄膜逐渐分开，计算分离单位宽度粘连表面所需的平均力即为粘连力。

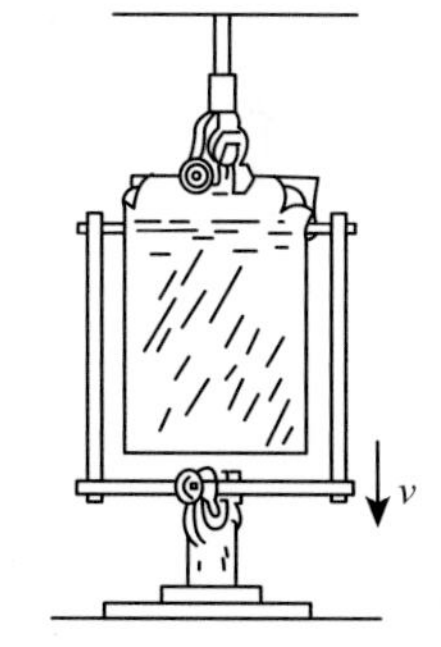

图 3-137　开口试样

因此，复合膜袋的开口性的测量与评价方法应是复合膜袋中两个热合层基材间的粘连力。

2. 开口性的改良方法

如前所述，产生粘连的条件有三个：压力、温度和“极端光滑的薄膜表面”。由于压力和温度是制袋加工中必不可少的条件，虽有一定的可调整范围，但是很有限！因此，改善开口性的最佳途径就是消除“极端光滑的薄膜表面”！而消除“极端光滑的薄膜表面”最简单、有效的方法就是：在热合层基材的热合面上掺入适量的无机类的开口剂。例如，二氧化硅微粉（当然，开口剂还有许多其他的品种），使之在微观上变得“凹凸不平”，或称为“提高微观不平整度”。另一个行之有效的（补救）方法是在复合薄膜的表面喷洒玉米淀粉。

掺入开口剂的方法对改善复合薄膜在自动包装机上的爽滑性同样有效。因为复合薄膜的热合面的“微观不平整度”提高以后，复合薄膜的热合面与自动包装机的成型器间的接触面积就会大幅减少，相应的摩擦力也就会大幅减小。使用硅酮母粒替代酰胺类的爽滑剂是另一个行之有效的方法。

十四、“助剂析出”现象的判断方法

图 3-138 是从一个 PA/PE 结构的复合薄膜上剥离下的 PE 基材。图中的红色箭头所指示的部分为 PA 膜已被剥离掉的 PE 薄膜，图中的黄色箭头所指示的部位为 PA 膜尚未被剥离下的复合膜部分。从图 3-138 中可以看出，被剥离下来的 PE 膜呈现白色，且透明度明显低于黄色箭头所指的复合膜部分。

图 3-138　PA/PE 复合膜薄样品

用手指在该 PE 薄膜上轻轻擦拭一下，可在薄膜上留下如图 3-139 所示的清晰的擦痕，且被擦拭过的部位的透明度明显地得到了提升。

图 3-140 和图 3-141 是从一个 PET/VMPET/PE 结构的复合薄膜上剥下的 PE 薄膜。图 3-140 表示的是未经擦拭的 PE 膜，图 3-141 表示的是经过擦拭的 PE 膜。图 3-140 所示的 PE 膜也呈现白色，其透明度明显低于之前的复合膜。在这两点上，图 3-140 与图 3-139 是相同的。不同之处在于图 3-140 的 PE 膜表面具有更高的光泽度。图 3-141 的 PE 膜经过一次轻轻的擦拭后，其表面的光泽度与透明度未发生任何变化，须用力擦拭几次后，其表面光泽度与透明度才会发生一些变化，但是也不能达到与图 3-139 的样品相同的变化程度。

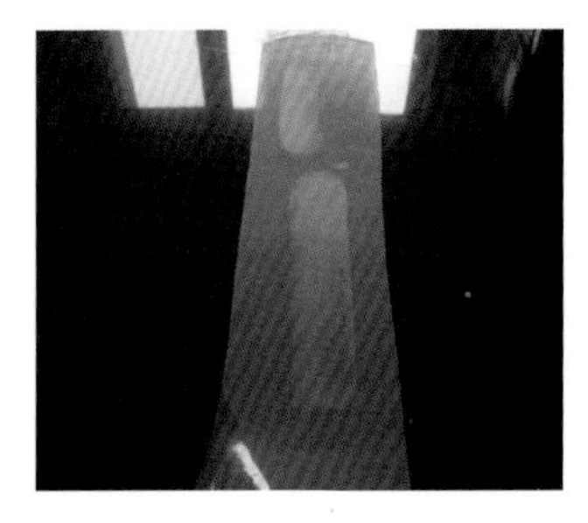

图 3-139　经过擦拭的 PE 膜

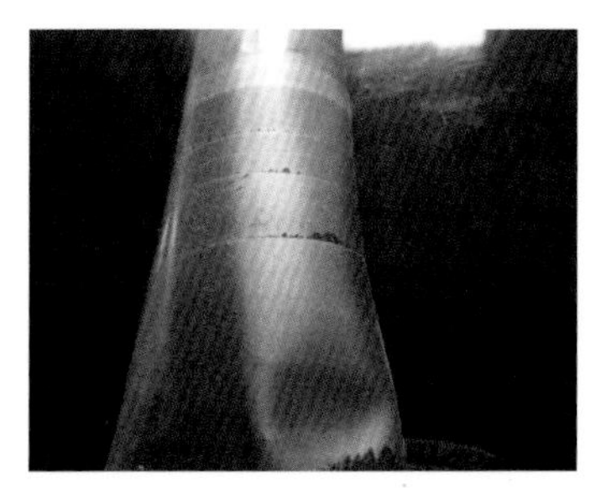

图 3-140 未经擦拭的 PE 膜

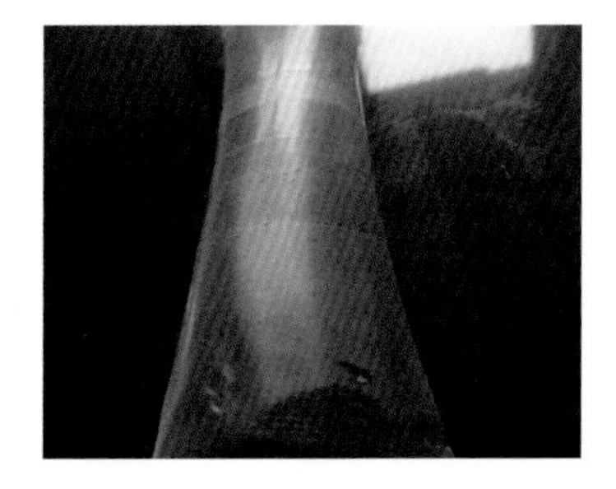

图 3-141 经过擦拭的 PE 膜

综上所述，表现“呈现为白色”与“透明度较差”只能作为剥离下来的 CPE 膜存在“助剂析出”现象的必要证据，而“经过一次轻轻的擦拭后，其表面光泽度与透明度即可发生明显变化”才是剥离下来的 CPE 膜存在“助剂析出”现象的充分证据！

十五、复合膜的耐压性评价方法

1. 复合薄膜的耐压性能试验方法

目前，在行业中使用的包装材料耐压性能试验方法有两种：一种是相关国家标准中规定的“耐压试验”，或可称为“重物压力试验”，另一种是客户自行制定的“充气压力试验”。

试验的评价基准都是一样的：在规定的时间和压力（此处的压力分别为“重物压力”和“充气压力”）条件下，目视检查包装袋是否发生变形、破裂或渗漏。究其实质，两种试验方法都是将压力转换为对复合薄膜横断面的拉力，以核查所试验的复合薄膜能否承受相应的压力所形成的拉力。

换言之，如果复合薄膜本身的以 N/15mm 为单位的拉伸应力或拉伸断裂应力与热合强度大于由相应的压力（“重物压力”或“充气压力”）所形成的拉力或张力，则该复合膜袋将能够通过相应的耐压试验，尽管在试验结束时复合膜袋可能会发生明显的塑性变形（参见“料—拉伸弹性模量与正割模量”）。如果复合薄膜本身的以 N/15mm 为单位的拉伸应力或拉伸断裂应力及热合强度小于由相应的压力所形成的拉力或张力，则复合膜袋除了发生明显的塑性变形之外，还会发生袋体破裂或封口破裂，随之而来的就是所谓“渗漏”。

2. 复合膜的重物压力试验

根据 GB/T 10004—2008 的相关规定，复合膜包装袋的耐压试验应符合下列的要求。

(1) 袋的耐压性能

袋的内容物为粉状、液体或需要做充气、抽真空包装时，耐压性能应符合表 3-27 的规定。

表3-27 耐压性能

袋与内装物总质量	负荷/N		要求
	三边封袋	其他袋	
＜30g	100	80	无渗漏、不破裂
30～100g（不含100g）	200	120	
100～400g	400	200	
＞400g	600	300	

(2) 袋的耐压性能试验

①试验装置

袋的耐压试验装置见图 3-142。

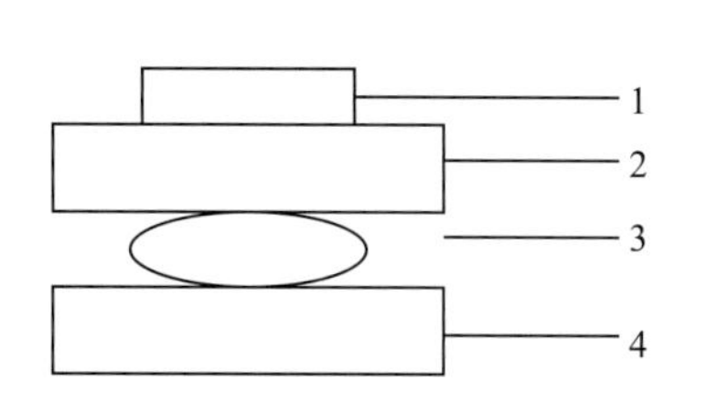

1- 砝码；2- 上加压板；3- 试验袋；4- 托板

图 3-142 耐压试验装置

②试验步骤

袋内充约二分之一容量的水，并封口，样品为 5 个。试验时将试样逐个放在上、下板之间，试验中上、下板应保持水平、不变形，与袋的接触面应光滑，上、下板的面积应大于试验袋。按表 3-27 规定加砝码，保持 1min（负荷为上加压板与砝码质量之和），目视袋是否破裂或渗漏。

从以上内容可以得知，耐压实验条件为根据包装袋的“袋与内装物总质量”选择重物的重量，重物重量的选择范围为 80 ～ 600N（8 ～ 60kg），保持时间为一分钟，每次试验时使用的复合膜袋数量为一个。

而笔者在走访客户的过程中，得知部分客户的耐压试验检测方法为 80kg/5min 和 120kg/5min，个别客户的试验时间为 8 小时以上，样品数量视压板的大小和包装袋的尺寸而定。其要求与国家标准相比有很大的不同，因此，在试验过程中袋子发生破损的概率也相应地提高了。

对于“重物压力试验”方法，需要知道的是重物的重量所产生的对复合材料的横断面的拉力是多大，是否超过了复合材料本身的屈服强度或拉伸断裂应力。

3. 重物压力和拉力的转换

为此，笔者进行了如下的试验。

在 GB/T 10004—2008 标准的耐压性能要求中，没有具体规定试验用袋子的尺寸，而是以装了水以后的袋子及内容物的总质量来代替。充水量的要求为“约二分之一容量”，此要求可理解为将袋子立起来，向其中灌注水，水面的高度约为袋子的高度（变形后，不包含封口占用的长度）的一半。

因此，取一个塑料袋，其封口内缘尺寸为 108mm×80mm，装入约二分之一容量的水并将其平置于桌面上，略对其施加压力，此时，装有水的袋子的高度约为 1cm，与压板的接触面积约为 98mm×60mm。

上述试验结果表明，在耐压实验中，装了水的袋子与压板的接触面积和袋子平放在桌面上时的高度有关，基本是袋子的封口内缘尺寸减去两倍的袋子充水后的高度。

装了约二分之一容量的水的袋子平放在桌面上的高度是否都是 1cm 高？这还需要进一步的试验。在本文中，不妨暂时使用此试验结果。

假定袋子的宽度是按照黄金分割比例确定的（适当取整），那么当袋子的长度为 300mm 时，袋子的宽度应为 300×0.618 =185.4mm，取整后为 185mm。去掉 20mm 的封边宽度后，袋子的封口内缘的有效尺寸则为 280mm×165mm。

在上述的状态下，假定袋子装入水后的高度是 1cm，那么袋子与桌面的接触面积为 260mm×145mm，则袋中水的体积约为 26×14.5 = 377cm^3，即 377g。此时，按照 GB/T 10004—2008 的标准，如表 3-27 中的要求，该袋子的耐压实验条件应为 400N。

在砝码重量为 400N、袋体受压有效面积为 260mm×145mm=37700mm^2=0.037m^2 的条件下，袋内的水承受的压强为 400/0.037= 10810Pa ≈ 0.011MPa；在重物压力试验中，在袋体与压板接触的部位，袋体承受着压板施加的正压力与袋内的水所给予的反压力。在袋体的四周，袋体虽然没有与压板相接触，但是承受着来自水的压强，该压强是压板施加在一定面积的袋体上之后所产生的。在该压强的作用下，袋体及袋子的封口就会承受一定的张力或拉力。

那么，这个施加在袋体及封口上的张力有多大呢？

在重物的作用下，包装袋与重物非接触的四个侧面是如图 3-143 所示的圆弧形，圆弧形的直径就是剖面的高度。

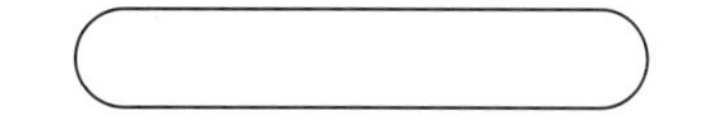
图 3-143　重物压力下包装袋的剖面形状

根据国标 GB12337—2014《钢制球形储罐》的相关规定，球壳在相应的气压作用下的应力（相当于复合膜袋的横断面在重物压力下所承受的拉力）计算公式为：

$$T = P(D+t)/4t \tag{3-6}$$

式中　T——复合膜所承受的张力（拉力），MPa；

P——复合膜袋内由重物施加给水的压强，MPa；

D——复合膜袋四个端面处圆弧形的直径，mm；

t——复合膜袋的厚度，mm。

因为在复合包装材料加工中常用的拉伸断裂应力单位为 N/15mm，与 MPa 的转换关系为 T(MPa) = T(N/15mm)/15t，所以，T(N/15mm) = T(MPa) × 15t。

于是，上式可变为：

$$T = (P(D+t)/4t) \times 15t = 15P(D+t)/4 \tag{3-7}$$

式中　T——复合膜所承受的张力（拉力），N/15mm；

P——复合膜袋内由重物施加给水的压强，MPa；

D——复合膜袋四个端面弧形的直径，mm；

t——复合膜袋的厚度，mm。

在此案例中，D 就是袋内水层的高度。

将水层的高度设定为 10mm，袋内水的压强为 0.011MPa，复合膜的厚度为 0.1mm，将数据代入公式中，可得到：

$$T = 15 \times 0.011 \times (10+0.1) \div 4 \approx 0.41\text{N/15mm}$$

从常识角度讲，上述的计算结果对于复合薄膜的拉伸断裂应力而言是一个很小的数值，因此，在本次的耐压试验中，袋子将会完好无损。

从上述公式可以看出，在重物压力试验中，复合薄膜的横断面所承受的拉力与袋内水的压强和水层的高度成正比。

对于同一个规格的袋子，如果装入一半容量的水，将袋子平置后水层的高度会是一个较小的数值，袋子与压板的接触面积会是一个较大的数值，重物施加给袋内水的压强会是一个较小的数值；如果装入全部容量的水，将袋子平置后水层的高度会是一个相对较大的数值，袋子与压板的接触面积会是一个相对较小的数值，重物施加给袋内水的压强会是一个相对较大的数值。

换句话说，如果重物的质量不变，而包装袋与压板相接触的几何尺寸变小，则重物施加给袋内水的压强将成倍地增加。

在袋装饮料生产企业的耐压试验中，通常情况下，包装袋内都是装满了饮料或水的，因此，袋子的厚度一定是一个较大的数值。在这种情况下，袋子的 D 值较大，袋子与压板的接触面积较小，故在相同的重物或压力条件下袋内的 P 值也将较大，复合薄膜的横断面在试验中承受的拉力也会较大。

4. 复合膜的充气压力试验

生产缓冲包装和带吸嘴饮料袋的企业会将充气压力试验作为产品质量的一个常规检测项目。其方法是将一定的气压充入包装袋内，然后将其在常温或一定的湿热环境下放置一段时间以观察其变形或破裂的状态。在这类企业的充气压力试验中，袋子所承受的压力就是客户所充入的气压。而袋子的直径（D 值）则需要根据不同产品的特点另行查找。

对于如图 3-144 所示的缓冲袋，可直接从充气后的柱状体上量取直径数值；而对于如图 3-145 所示的饮料袋，则需要根据产品的一些设计参数进行推算。在知道了袋子的直径（D 值）和实际充气压力后，就可以利用前面的公式 3-7 计算复合膜将会承受的拉力 / 张力。

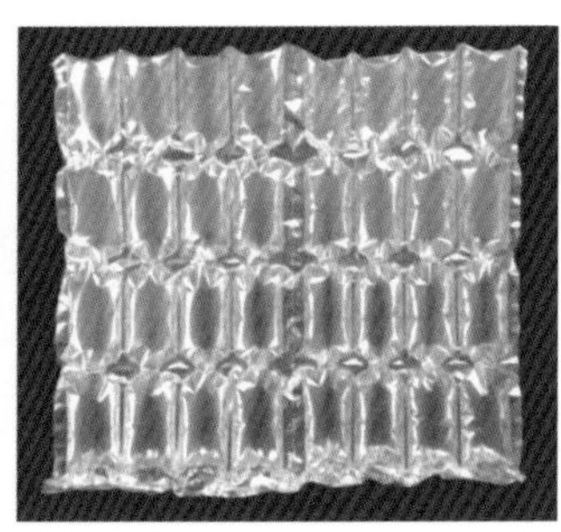

图 3-144 缓冲袋

图 3-145 所示的是一个插边型带吸嘴的饮料袋或液体包装袋，类似的产品还有所谓的“方底袋”。从图片上看，袋子的几个面都是平面形态的。但在充气压力试验中，在充入的气压的作用下，袋子的各个平面将会“鼓起来”，形成一个不规则的“椭圆形”的球体；图 3-146 中的红色弧线的宽度大于袋体宽度就是表示充气后两个插边将会“鼓起来”，并有可能超过热合边的宽度。在这个“球体”上，不同位置在不同方向上的圆弧直径是不一样的，如图 3-146 所示的红线和蓝线。这两处的圆弧直径是这个袋子上比较大的，并且相交于吸嘴的根部。这就是为什么在做充气压力试验时，吸嘴与袋体封合处容易出现破袋现象的原因。

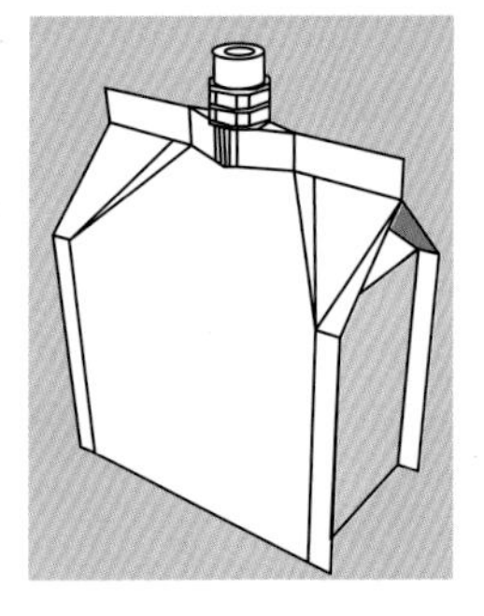

图 3-145 饮料吸嘴袋

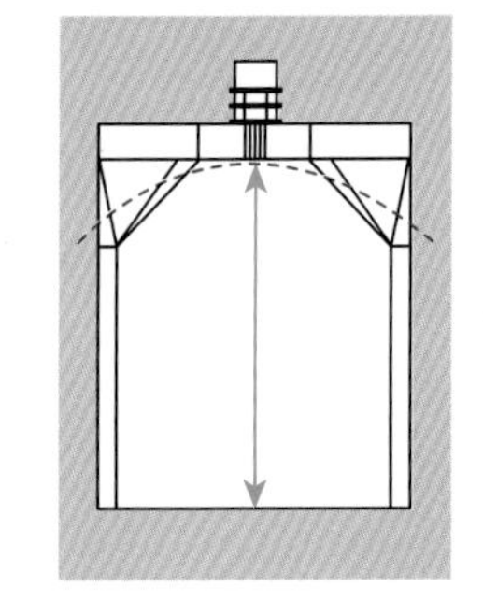

图 3-146 充气后的吸嘴袋

需要注意的是：对于外层为 PA 薄膜的复合薄膜而言，由于 PA 薄膜具有强烈的吸湿性能，而且 PA 膜吸湿后的拉伸断裂应力将会明显下降，因此，表层为 PA 的复合薄膜的耐压能力将会随着温度 / 湿度的上升而下降！

从另一个角度说，如果事先知道复合薄膜的拉伸弹性模量、拉伸断裂应力及包装袋的设计参数，就可以预先计算出该包装袋可承受的重物压力或充气压力。

十六、W·F 油墨转移理论与胶水的转移率

20 世纪 50 年代以来，有许多学者致力于油墨转移方程的研究，并依据不同的油墨转移数

学模型，建立了不同形式的油墨转移方程，采用不同的方式求解各自建立的方程；应用油墨转移方程去解释和分析油墨转移过程中的许多现象，取得了很大的突破和进展。建立的油墨转移方程就有十几种形式，其中，应用较广、受到普遍认可的，当推美国人沃尔克（W. C. Walke）和费茨科（J. W. Fetsko）于 1955 年提出的油墨转移方程，又称作 W • F 油墨转移方程。

在冯瑞乾编著的《印刷原理与工艺》一书的第四章“油墨转移方程”中，对该方程及相关参数的推导过程做了详尽的描述：

$$Y(x)=(1-e^{-kx})\ [b(1-e^{-x/b})+f'(x-b(1-e^{-x/b})] \quad (3\text{-}8)$$

公式（3-8）即是 W • F 油墨转移方程。

W • F 油墨转移方程实际上是由三部分内容组成的：

$(1-e^{-kx})$ 部分表示在胶版印刷过程中，单位面积的纸张与油墨接触的面积之比；

$b(1-e^{-x/b})$ 部分表示在胶版印刷的瞬间，可能填入纸张凹陷处的油墨墨量；

$f'(x-b(1-e^{-x/b})$ 表示在胶版印刷过程中，去掉填入纸张凹陷处的油墨墨量后，印版上尚存的可能转移到与油墨层相接触的纸张上的油墨墨量。

W • F 油墨转移方程建立了转移墨量 y 与印版墨量 x 的解析关系，而且是比较简单的代数关系。在方程中有 b、f′、k 三个参数。参数 b、f′、k 的物理意义是：

参数 b 是纸张（或其他承印材料）表面凹陷处在印刷瞬间可能填入的极值墨量（将纸张表面填平所需的墨量），b 值越大，表示纸张表面越粗糙；

参数 f′ 是自由墨量分裂率，即油墨的转移率，自由墨量等于从印版墨量 x 中减去填入纸张凹陷处的实际墨量；

参数 k 在印版墨量 x 的一定条件下决定了单位面积的纸面接触油墨面积所占的比率，因而间接地表示了印刷中墨膜与纸面接触的平服程度。参数 k 可用来评价纸张的印刷平滑度。

由于 W • F 油墨转移方程是在胶版印刷工艺的基础上建立起来的，所以，冯瑞乾在其编著的《印刷原理与工艺》一书中，以纸张为印刷基材进行的实验数据归纳与推理占了相当大的权重，并对影响胶印油墨转移率的诸参数进行了充分的分析。分析过的参数包括：承印材料、印版材质、印刷压力、印刷速度。以下是其中与本文相关的结论。

关于承印材料对转移率 f′ 值的影响，其结论是：“表面十分平滑的乙烯薄膜、铝箔，b 值近于 0，f′ 值近于 0.5，k 值很大。”

关于印版材质对转移率 f′ 值的影响，其结论是：“对不同材质的印版，当印版墨量充足时，印版表面分子对墨膜表层分子的作用力，差不多都等于零。”

关于印刷压力对转移率 f′ 值的影响，其结论是：“当印版墨量 x 较低（如 x 小于 5μm）时，印刷压力 p 愈大，f′ 愈大，而当 x 较高（如 x 大于 5μm）时，f′ 几乎与 p 和 x 无关而趋于一个常数。”

关于印刷速度对转移率 f′ 值的影响，其结论是：随着印刷速度 v 的提高，f′ 有下降的趋势。这是因为，随着印刷速度的提高，印版的油墨与纸面的接触时间变短，油墨转移的机会减少，f′ 自然也随之下降。

综合以上的结论，对于在干法复合中常用的各类塑料薄膜及铝箔而言，因其 b 值近于 0，且 k 值很大，所以在 W・F 油墨转移方程 $Y(x) = (1-e^{-kx})\{b(1-e^{-x/b})+f'(x-b(1-e^{-x/b})\}$ 中的 e^{-kx} 和 $e^{-x/b}$ 两项就会接近于 0，于是，该方程就可以简化成：

$$Y(x) = f'(x) \tag{3-9}$$

对于公式（3–9），笔者称其为胶黏剂转移方程，该方程适用于表面光滑的各种塑料薄膜、铝箔等基材。该方程的意义在于：对于某种特定的凹版涂胶辊，在一定的速度范围内，涂胶辊上的胶黏剂的转移率只与该涂胶辊的版容量及涂胶辊上的网穴形状相关。

在凹版涂胶辊中，网穴的几何尺寸相对于上述结论中的墨层厚度都是比较大的。

以四棱锥（金字塔）形网穴为例，如雕刻刀的角度为 120°，网墙宽度为 20μm，则 120lpi 和 200lpi 的网穴的对角线长度和深度如表 3–28 所示。

表3–28 网线数与网穴深度

网线数（lpi）	网穴对角线长度（μm）	网穴深度（μm）
120	270	78
200	151	43

从表 3–28 中可以看到，200lpi 时的网穴深度为 43μm，远大于前述推论中 5μm 的墨层厚度。

因此，可以从上述胶黏剂转移方程式（3–9）及凹版涂胶辊网穴深度的数据推导出如下的结论：

> 使用凹版直接涂胶方式在各种塑料薄膜及铝箔上涂胶时，网穴中的胶黏剂会沿着网穴开口的平面与网穴四个底面（或侧壁、底面）间的中心面发生分离并转移到塑料薄膜或铝箔上。

上述结论对于指导从事软包装材料加工及凹版制版的企业具有重要的意义，它可以指导软包装材料和凹版制版企业正确选择制版参数，使复合加工工序按照设想的涂胶量去实行并达到预想的效果。

目前常用的涂胶辊的加工方式有电子雕刻法、机械压花法、激光腐蚀法、激光雕刻法。采用上述加工方法可以得到的网穴形式有：四棱锥形、六棱锥形、四棱台形、六棱台形、圆台形、四棱柱形、六棱柱形、圆柱形等。

图 3–147 ～图 3–154 是几种常见的网穴形状的透视（示意）图。

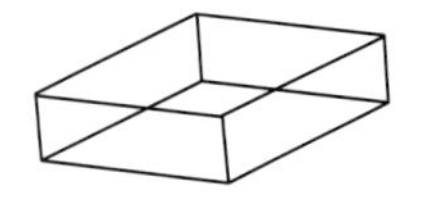

图 3–147 四棱柱形网穴

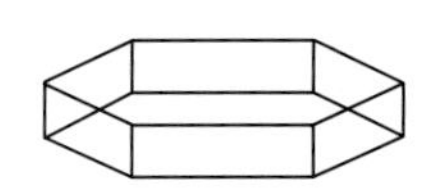

图 3–148 六棱柱形网穴

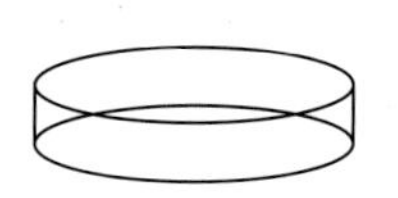

图 3–149 圆柱形网穴

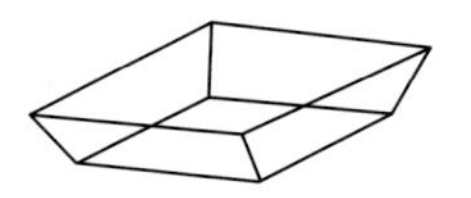

图 3–150 四棱台形网穴

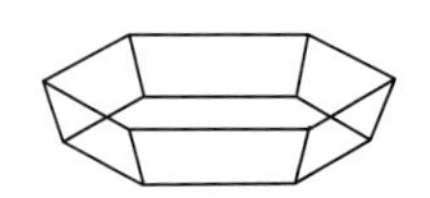

图 3–151 六棱台形网穴

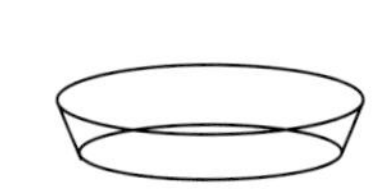

图 3–152 圆柱台形网穴

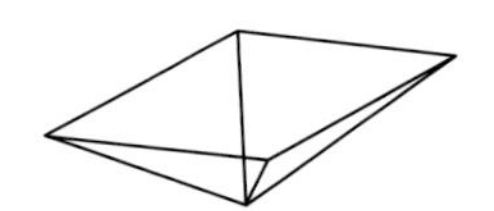

图 3–153 四棱锥形网穴

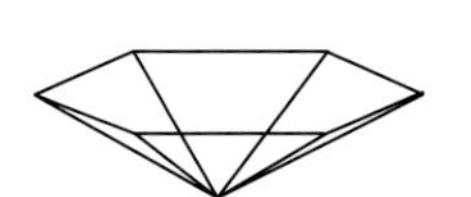

图 3–154 六棱锥形网穴

图 3-155 ～图 3-157 是上述三类网穴形状的主侧视图。

图 3-155　柱形网穴侧视图

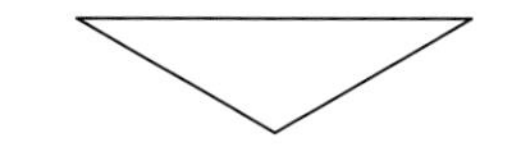

图 3-156　锥形网穴侧视图

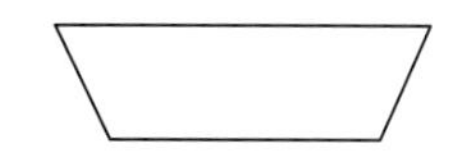

图 3-157　台形网穴侧视图

根据前述的结论："使用凹版直接涂胶方式在各种塑料薄膜及铝箔上涂胶时，网穴中的胶黏剂会沿着网穴开口的平面与网穴四个底面（或侧壁、底面）间的中心面发生分离并转移到塑料薄膜及铝箔上。"那么，从上面三类网穴的侧视图中转移出的胶黏剂的形状将如图 3-158 ～图 3-160 所示。

图 3-158　柱形网穴中移出的胶黏剂的形状

图 3-159　台形网穴中移出的胶黏剂的形状

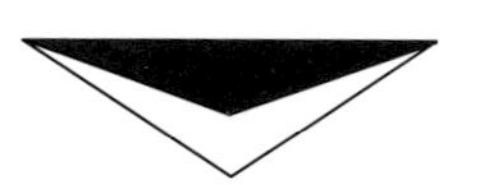

图 3-160　锥形网穴中移出的胶黏剂的形状

需要注意的是：在图 3-158 ～图 3-160 中，蓝色块在三种网穴形状示意图中的轮廓线与其相邻的两条线的距离是相等的。

根据这一结论，网穴中胶黏剂的转移率就可以利用特定的公式计算出来了（参见"机一版容积与胶水的转移率"）。

十七、稀溶液的依数性与"破袋"现象

根据拉乌尔定理：在非电解质非挥发性的稀溶液中，溶剂蒸汽压的相对降低值是正比于溶质的浓度的。

在难挥发性溶质的稀溶液中，溶剂的蒸汽压、凝固点、沸点和渗透压的数值只与溶液中溶质的数量有关，与溶质的性质无关，这些性质称为稀溶液的依数性。

沸点是指液体（纯液体或溶液）的蒸汽压与外界压力相等时的温度。如果未指明外界压力，可认为外界压力为 101.325 kPa。对于难挥发溶质的溶液，由于蒸汽压下降，要使溶液蒸汽压达到外界压力，就得使其温度超过纯溶剂的沸点，所以这类溶液的沸点总是比纯溶剂的沸点高，这种现象称为溶液的沸点升高。溶液浓度越大，沸点升高越多。

在食品包装的加工应用领域，特别是耐水煮包装、耐蒸煮包装的加工应用领域中，"稀溶液的依数性"的理论有其特定的用途。

水是食品加工中必不可少的原料之一。在耐水煮包装和耐蒸煮包装的内装物中，水的含量又是相对比较高的一类物质，而内装物中除了水分之外的其他部分均可视为"难挥发性溶质"。

在常压条件下，水的沸点是 100℃；常规的水煮处理温度在 60 ～ 100℃，由于"沸点升高"因素的存在，耐水煮包装在水煮处理的过程中就不会发生因其中的水的汽化而"胀包"的现象，因此也就不会发生因"胀包"而"破袋"的问题！除非在内装物中掺入了数量可观的低沸点的可挥发性物质。

常规的蒸煮处理温度是121～150℃，在这个温度区间内，内装物中的水分（不管数量多少）都是可以汽化的。如果对蒸煮锅内不进行“反压”控制的话，耐蒸煮包装袋一定会发生不同程度的“胀袋”现象。当发生“胀袋”现象的耐蒸煮包装袋内部的压力超过包装材料所能承受的压力时，就会发生“破袋”问题（参见“法一复合膜的耐压性评价方法一复合膜的充气压力试验”）。

一般来讲，如果使用耐水煮包装袋的客户称其发现了因“胀包”而“破袋”的问题，其原因可能有以下两个：一是客户的实际“水煮”温度超过了100℃（或者说，是将耐水煮袋当作耐蒸煮袋来使用）；二是客户的内装物中有数量可观的低沸点物质。

如果使用耐蒸煮包装袋的客户称其在蒸煮处理过程中出现了因“胀包”而“破袋”的问题，其原因只能是一个：客户在蒸煮处理过程中未对蒸煮锅内的“反压”进行有效的控制。

客户有时会称：在同样的应用条件下，使用别的供应商提供的包装袋没有类似的问题。此时最简单的处理方法是，将两种由不同供应商提供的包装袋同时置于水煮或蒸煮装置中以验证客户的说法是否正确。

十八、复合制品的异味（异嗅）

包装制品（复合膜、袋）、包装食品的异味（异嗅）现象是业内人士经常谈论的问题，也是质量投诉中占比较大的问题之一。

所谓异味（异嗅），是指人们从包装制品或包装食品中嗅到的不希望嗅到的气味。

引起嗅觉刺激的气味主要是具有挥发性、可溶性的有机物质。有六类基本气味，依次为花香、果香、香料香、松脂香、焦臭、恶臭。“香与臭是一种主观评价，香味使人感觉舒适，因人而异。不同的人对同一种气味会有不同的感受，因而就有不同的评价，甚至同一个人在不同的环境、不同的情绪时对一种气味也有不同的感受和评价。”（百度百科“气味”词条）

1.“异味”的分类

如果将与包装制品或包装食品的异味（异嗅）相关的质量投诉归纳起来，大致可分为以下三种情况：

①将装有包装膜卷或包装袋（尚未充填内容物）的包装箱打开时即可闻到的异味（异嗅）；

②将包装膜卷制成四面体的袋子或将包装袋充入空气并封上口，当再次撕开该包装袋，将鼻子凑到撕口处，同时将袋内的气体挤出时所闻到异味（异嗅）；

③装有内容物的食品包装袋在市场上流通了一段时间后，消费者将其买回家中、打开包装、准备食用时所闻到的与其期望的味道有所不同的味道（异味）。

这里需要注意的是：“有味”和“有异味”是两个不同的概念，建议不要将其混为一谈。

关于“异味”的来源，大连大富的苗丽萱、张世宽曾在中国包装网上撰文《软包装薄膜的异味分析》中指出："（复合）薄膜中的异味主要来源于这几部分：一是树脂本身各类添加剂和自身的低分子物质；二是薄膜加工中产生的异味；三是软包装加工中出现的异味；四是储存中产生的异味"。

其中，"软包装加工中出现的异味"是指使用油墨、胶黏剂、溶剂后的残留溶剂的味道，以及使用熔融的树脂、电晕处理设备过程中产生的氧化嗅和臭氧嗅。

其中，"储存中产生的异味"，文中是这样描述的："树脂和成品的放置要远离气味源。长期在有气味的环境下放置，刺激性分子会吸附在表面造成一些特殊的味道。在运输途中也是同样的道理。储存温度要低于 35°，否则低分子的物质会快速迁移出来，造成味道升高。"

由此可见，"树脂本身各类添加剂和自身的低分子物质"的味道和"薄膜加工中产生的异味"是加工复合软包装材料时所使用的各种基材所带来的味道，这种味道必然要带到加工出来的包装制品（复合膜、袋）中去，也就是说，包装制品本身一定是"有味"的。但不能将"有味"的包装制品统统归类为"有异味"的包装制品。

2."异味"的鉴别

接下来的问题是：如何区分、鉴别"有味"、"有异味"，"异味"源于哪种材料，形成"异味"的是哪种物质？

根据相关的标准，鉴别某种材料、器具是否"有味"或"有异味"的方式，目前推荐的都是"感官分析"法，即利用人的鼻子的嗅觉进行检查与判断。

在某些行业，也采用了"电子鼻"作为辅助工具。而且现在国内已有一些企业在生产各种专用的电子鼻。

此外，还有一些大专院校、科研单位将味道的分析、鉴别作为一个专门的研究课题，并已取得一些成果。

对于从事复合软包装材料的生产企业，大家其实更关心的是复合软包装材料中的"异味"源于哪种材料或工序，以及如何将其去除。如果在不增加费用的前提下能够获知产生"异味"的物质的名称，那就更好。

因此，依笔者之见，应当首先将溶剂残留（包括运输、存储过程中从环境中吸收的溶剂蒸汽）导致的异味问题与添加剂、树脂内低分子物质、薄膜加工中产生的异味等区分开。

具体的步骤是：对被认为有"异味"的包装物，应首先对其进行残留溶剂量的检测，如果检测结果显示残留溶剂的总量不大于相关国标中 5mg/m^2 的要求，甚至说当残留溶剂的总量不大于 10mg/m^2 时，都可以认定该包装物的"异味"问题与残留溶剂无关！在此基础上，就要采用"感官分析法"或气相色谱法对所要使用的基材与辅助材料进行筛查。

推荐的筛查方法如下。

①待检样本的制作

a. 收集一定数量的有"异味"的复合薄膜以及与有"异味"的复合薄膜相关批次的基材（薄膜、铝箔等）、胶水、油墨样品；

b. 用干净的铝箔折成 200mm×200mm 的浅盘，倒入 40 ～ 50ml 已调配成工作浓度的胶水或油墨，将盛有胶水或油墨的铝箔浅盘放在通风处使其中的溶剂充分挥发、胶水充分反应固化，从而得到可供测试的胶膜和墨膜；

c. 找一批客户自认为没有异味问题的复合膜袋或阻气性较好的可热封的基材薄膜，加工成长、宽均不小于 120mm 的三边封袋或中心封袋；

d. 分别截取一块不小于 $0.2m^2$ 的有"异味"的复合薄膜、复合用基材或上述制备好的墨膜、胶膜（带铝箔），将其绞碎，放入准备好的袋子，并标注编号，每一种待检样品袋的数量应不少于三个；

e. 将已充填待测样品的袋子热合成如图 3-161 所示的四面体形；

f. 将热合好的样品袋送入 60 ～ 80℃的电热箱中放置 30min；

g. 从电热箱中取出样品袋，冷却至室温；待查。

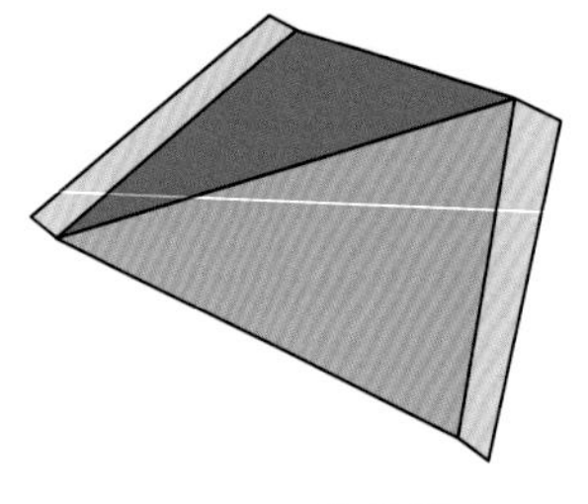

图 3-161 待检样本

②检查方法

a. 感官分析法

由参加感官分析的人员依次从"有异味的复合膜"和其他待检样品中抽取样袋，用剪刀剪开一个小口，凑近鼻子进行感官检查；将每次的检查结果记录在下列的表格中（见表 3-29）；根据上述检查结果对"异味"的来源做出初步的判断。

表3-29 气味记录表

被检查样本	无味	有味	有相同或相似的味	有不同的味
1				
2				
…				

b. 色谱分析法

采用固相微萃取器（SPME）取样，如图 3-162 所示；将固相微萃取器插入色谱仪。在特定的工作条件下采集 30 分钟左右的数据；对比检查"有异味的复合膜"和其他待检样品的色谱数据，对"异味"的来源做出初步的判断。

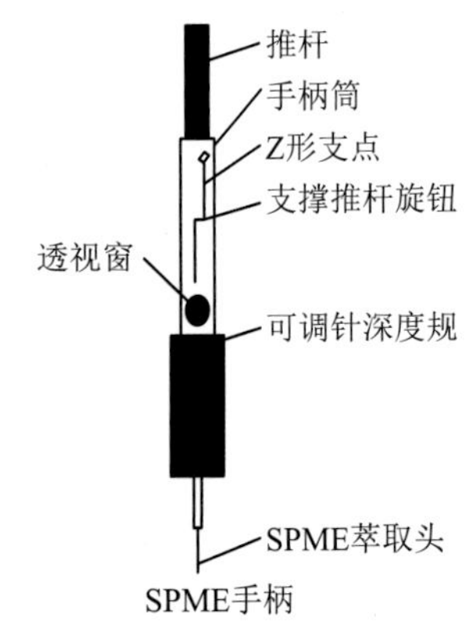

图 3-162 固相微萃取器

关于气相色谱的工作条件，根据《人体气味的成分以及检测方法》（摘自百度文库，作者不详）一文的描述，其推荐的数据为：DB-5MS 毛细管色谱柱，30m×0.25mm×0.25μm，载气为高纯度氦气（载气流速不详），进样口温度 250℃，柱温：起始温度为 40℃，保持 1min，以 6℃每分钟升温至 190℃每分钟，保持 10 分钟，以 10℃每分钟升温至 250℃每分钟。

《人体气味的成分以及检测方法》一文的作者及其团队曾对亚洲人种的腋窝气味进行研究，结果共检测出 135 种物质，其中已被定性的物质约有 40 种，它们是碳链长度在 C3 ～ C30 的烃、芳香烃、卤代烃、醇、醛、酸、酯、醚、酮、酚、含杂原子类等物质。

在该项研究中使用了 GC-MS（气相色谱—质谱联用仪）设备。

气相色谱 GC 本身是一种定量分析（确定其含量或数量）用的工具，而 GC-MS 是一种定性分析（确定其结构或性质）用的工具。

在上述关于异味鉴别的过程中，GC 是被当作类似于定性用的工具，仅用于判定在某种材料中是否存在可汽化、可在 GC 谱图中出峰的物质，而不需要知道它是何种物质及其含量。

通过上述方式如果能够确认异味来源于哪种基材薄膜或辅助材料，则可以与相应的供应商进行进一步的交流，寻求改善的措施。

十九、制袋机 / 自动包装机热合条件的评价

1. 制袋机热合条件的评价

对于复合膜袋而言，其成袋后的封口强度或称热合强度是从业者及下游客户非常关心的一个问题。通常，大家都希望在可能的条件下，热合强度越高越好。

根据经验，在一定的热合温度范围内，大多数情况下，热合强度会随着热合温度的提高而提高，如图 3-8 所示“PA/PE 复合膜的热合曲线”。

但是，仅用热合强度作为对制袋机热合条件的评价指标显然是不合适的。而且，对于同一结构的复合膜袋而言，热合强度也并不是越高越好。因为，随着热合强度值的提高，复合膜袋的外观会随之发生劣化。

事实上，在生产实践中，关于复合膜预制袋的质量投诉的种类非常多，诸如拉链袋的外观、三边封袋的宽刀封口处的表面皱褶或卷曲等。而这些问题事实上都与制袋加工过程中的热合条件有密切的关系（参见“应用后的问题—制袋加工后”）。因此，复合膜预制袋的外观和 / 或其平整度也应作为制袋机热合条件合适与否的一个评价指标。

此外，还应有以下两个指标。一是在三边封制袋机上，用纵切刀片剖开复合膜袋的过程中，在刀片上是否会黏附异物或热封层材料，俗称为“粘刀”？（参见“应用后的问题—制袋加工后—粘刀”）二是制袋（包括三边封和中心封）成品的横切刀口处是否存在“露铝”状况？（参见“应用后的问题—制袋加工后—袋子边缘处“露铝” / 封口处局部分层”）

2. 自动包装机热合条件的评价

对于在自动包装机上成型的复合膜袋或盖材，对其热合条件的评价也可以应用上述相同的评价指标，即热合强度、外观和 / 或其平整度、是否存在“粘刀”现象和是否存在“露铝”状况。还可以有另外一项评价指标——是否存在“表层基材被烫化”现象。

二十、复合膜袋的抗跌落性能

关于复合膜袋的抗跌落性能，在 GB/T 28118—2011《食品包装用塑料与铝箔复合膜、袋》、GB/T 10004—2008《包装用塑料复合膜袋 干法复合 挤出复合》、GB/T 21302—2007《包装用复合膜、袋 通则》三项标准中规定的条件、方法都是一样的。其共同的要求都是“不破裂”。

关于跌落性能的试验方法，标准中规定：“试验面为光滑、坚硬的水平面（如水泥地面）。袋内填充实际内容物或约二分之一容量的水，试样数量为 5 个。按表 15 的规定将袋由水平方向和垂直方向各自由落下一次，目视是否破裂。”

在跌落试验中，袋子的破裂或渗漏会以以下几种形式体现出来：

①从袋子的某个封口处发生“封口的分离”；

②从袋子的某个封口的内缘处发生“根切”现象；

③从袋子的袋体处的某个部位发生复合薄膜的破裂现象。

袋子发生破裂或渗漏表示袋子的热合强度或复合薄膜的某个局部的拉伸断裂应力小于袋子在经受跌落试验时的内装液体在落地瞬间对复合薄膜所产生的冲击力。

在实践中，经常会接到客户以及下游客户的关于复合膜袋在跌落试验中发生破袋现象的投诉。经过了解得知，客户或下游客户在进行跌落试验时所采用的跌落高度往往明显大于国标所规定的高度。在处理客户的关于跌落试验的质量投诉时，除了需要了解相应的跌落试验条件，以及发生渗漏、破裂的部位，还需要了解复合膜袋的结构、外形尺寸、纵横封口的热合强度、复合薄膜的纵、横向拉伸断裂应力和断裂标称应变等信息。

那么，在跌落试验中，袋子中的内装液体在落地瞬间究竟会对复合薄膜产生多大的冲击力呢？

在推算跌落试验中袋内装的液体在落地的瞬间对复合膜袋所产生的冲击力的过程中，需要利用以下一些公式：

①自由落体运动公式为：$H=(1/2)gt^2$。利用该公式可计算出复合膜袋自由降落过程所需要的时间。将该公式进行变换，可得到落地所需时间的计算公式为：$t=(2H/g)^{0.5}$；

②自由落体的瞬时速度的计算公式为：$v_t=gt$。利用该公式可以计算出复合膜袋在落地瞬间与地面相碰撞的速度；

③自由落体与地面发生完全非弹性碰撞的时间的计算公式为：$t_p=a/v_t$；

④完全非弹性碰撞状态下的冲击力的计算公式为：$F=mv_t/t_p$；

⑤碰撞产生的冲击力作用在圆柱状复合膜袋的侧壁后施加在复合膜切向的冲击性张力计算公式为：$T=15P(D+d)/4$。

式中　t——物体自由落地所需的时间，s；

H——表示物体被提升的高度，m；

g——重力加速度（$9.8m/s^2$）；

v_t——自由落体落地时的瞬间速度，m/s；

t_p——自由落体与地面发生完全非弹性碰撞所持续的时间，s；

a——自由落体的高度，m；

F——在完全非弹性碰撞状态下自由落体对地面或复合膜袋所产生的冲击力，N；

m——跌落试验中复合膜袋的总质量，N；

T——冲击力作用在圆柱状复合膜袋的侧壁后施加在处在圆柱面上的复合膜的切向的冲击性张力，N/15mm；

P——冲击力作用在复合膜袋与地面的接触面上的压强，MPa；

D——圆柱状复合膜袋的直径，mm；

d——复合膜的厚度，mm。

此外，还需要了解以下数据：

①复合膜袋的结构与设计尺寸（长、宽、封口宽度、插底宽度）；

②袋子本身重量及充入的试验用液体（如水）的量；

③将袋子立置或卧置时液面的高度；

④将袋子立置或卧置时，袋子与地面或桌面的接触面的形状及有效面积；

⑤复合薄膜的拉伸断裂应力；

⑥复合薄膜的断裂标称应变；

⑦复合薄膜的拉伸弹性模量；

⑧复合膜袋的热合强度。

利用上述公式及数据，就可以对内装液体的复合膜袋在落地瞬间对复合薄膜所产生的冲击性张力的大小进行计算和评价。

例如，某设计容量为500ml洗手液的自立袋，其长度（高度）为220mm，宽度为140mm，封口宽度为8mm，袋底的高度为35mm（不含封口的尺寸）。向其中灌注500ml的水并封上袋口，其中的液面高度约为135mm；所形成的圆柱体的直径接近于80mm；其截面面积约为50.26cm^2（5.026×10^{-3}m^2）。将该袋子提升至一定的高度，然后松手使其以袋子的底部先着地的方式自由落地时，计算其落地所需的时间、袋体接触地面瞬间的速度和袋子对地面产生的冲击力。

在包装袋落地的瞬间，袋内液体产生的向下的冲击力就会在截面面积为圆形的液体上形成一定数值的冲击压强。由于水具有不可压缩性，因此，包装袋内的水自由落地所产生的向下的冲击力就会转而对袋底周围的复合膜所围成的圆柱体的壁产生横向的冲击力，并转化成对复合薄膜沿其圆柱体的周向的切线方向的冲击性张力以及对袋底的水平方向的冲击性张力。

对于复合膜袋，其袋内的冲击性压强与复合薄膜构成的圆柱体表面所承受的张力的关系式为：

$$T = 15P(D + t) / 4$$

由于在本案例中，复合薄膜的厚度远小于复合膜袋的直径，其数值的影响可以忽略不计，故上述公式可简化为：

$$T = 15PD / 4$$

对于复合膜袋的底部，其袋内的冲击性压强对圆柱体形复合膜袋的底面所施加的张力可看作袋内水产生的冲击性压强作用在以圆柱体的直径的数值为边长的矩形的单位表面积上的推力。

含500克水的自立袋从不同高度以袋底先着地的方式自由落地时产生的冲击力（N）及对不同部位的复合薄膜产生的冲击张力（如表3-30所示）。

表3-30　袋底先着地的方式实验数据

物体落地前高度（m）	0.3	0.5	0.8	1	2	3
落地所需时间（t）	0.2474	0.3194	0.4041	0.4518	0.6389	0.7825
落地瞬间速度（v_t）	2.42	3.13	3.96	4.43	6.26	7.67
碰撞持续时间（t_p）	0.0557	0.0431	0.0341	0.0305	0.0216	0.0176
落袋对地面冲击力（N）	213.4	355.7	569.1	711.4	1422.8	2134.2
冲击压强（Pa）	42463.6	70772.7	113236.4	141545.4	283090.9	424636.3
冲击压强（MPa）	0.0425	0.0708	0.1132	0.1415	0.2831	0.4246
对圆周体的冲击张力（N/15mm）	12.7	21.2	34.0	42.5	84.9	127.4
对底面的冲击张力（N/15mm）	2.3	3.8	6.0	7.5	15.1	22.6

如果将袋子提升至一定的高度，然后松手使其以袋子的某一个面积较大的正面或背面先着地的方式（标准中所述的水平方向）自由落地时，计算其落地所需的时间、袋体接触地面瞬间的速度和袋子对地面产生的冲击力。

在此种方式下，袋内水的高度的平均值大约为 40mm，袋子着地时与地面相接触的最大面积约为 200mm×75mm。

含 500 克水的自立袋从不同高度以袋子某一侧面先着地的方式自由落地时的对地面产生的冲击力（N）及对不同部位的复合薄膜产生的冲击张力（如表 3-31 所示）。

表3-31　袋子某一侧面先着地的方式式实验数据

物体落地前高度（m）	0.3	0.5	0.8	1	2	3
落地所需时间（t）	0.2474	0.3194	0.4041	0.4518	0.6389	0.7825
落地瞬间速度（v_t）	2.42	3.13	3.96	4.43	6.26	7.67
碰撞持续时间（t_p）	0.0165	0.0128	0.0101	0.0090	0.0064	0.0052
液体对地面冲击力（N）	720.3	1200.5	1920.8	2401.0	4802.0	7203.0
冲击压强（Pa）	48020.0	80033.3	128053.3	160066.7	320133.3	480200.0
冲击压强（MPa）	0.0480	0.0800	0.1281	0.1601	0.3201	0.4802
对袋体横向的冲击张力（N/15mm）	12.8	21.3	34.1	42.7	85.4	128.1
对袋体纵向的冲击张力（N/15mm）	4.8	8.0	12.8	16.0	32.0	48.0
对底面的冲击张力（N/15mm）	7.2	12.0	19.2	24.0	48.0	72.0

从上面的计算结果可以看出，同一类型的袋子在不同的跌落方式下，袋子的不同部位所要承受的冲击性张力有着明显的差别。在表 3-30 和表 3-31 中，0.3m 到 0.8m 的跌落高度是国标中对不同总质量的包装袋的跌落高度要求，其中对于总质量大于 400g 的包装袋的跌落试验高度要求是 0.3m。

从 0.3m 的跌落试验结果数据来看，所产生的冲击张力的数值均小于 13N/15mm，这个数据小于任意一种两层的塑 / 塑复合材料的拉伸断裂应力和热合强度。因此，经历了 0.3m 的跌落试验的复合膜袋通常都不会出现破袋或渗漏的问题。

从上述计算结果来看，如果跌落高度达到了 1m、2m 的水平（这是下游客户实际的跌落试验中常用的高度），落地的瞬间所产生的冲击力会对复合薄膜产生极大的冲击性张力！从数值上来看，如以 0.3m 作为比较的基准，实际的跌落高度是 0.3m 的几倍，则产生的冲击性张力就是 0.3m 时的几倍。不过，需要指出的是：包装袋内的水的总质量对跌落试验结果会产生极大的影响。水的总质量越大，则产生的冲击力就会越大；反之，则越小。

从常规角度来讲，提高复合膜袋的拉伸断裂应力和热合强度可有效地改善其抗跌落性能。但是，对某一种复合材料而言，拉伸断裂应力值和热合强度值都是有“天花板”的，即其数值的提高是有限度的。而且，对某一种复合材料而言，过高的拉伸断裂应力值和热合强度值还会带来其他方面的性能的劣化或下降，例如，不平整的袋子外观。

从另一个角度来讲，设法提高复合膜袋的断裂标称应变，使其在跌落试验中借助材料的变形，以增加包装袋与地面的接触面积，则能够有效地降低所产生的冲击性应力，能够更有效地改善其抗跌落性能！

例如，对于上述以垂直状态落地的复合膜袋，如果在袋子落地的瞬间，在冲击力的作用下，袋子的直径扩大了 4%，即其直径由 80mm 变为 83.2mm，那么，袋子与地面接触的面积就会由原来的 50.26cm^2 变为 54.34cm^2，增加了 8.12%。这样一来，在产生的冲击力不变的前提下，产生的冲击压强就会降低约 8%，自然，随之而产生的冲击张力也会降低约 8%。

跌落试验是对复合膜袋的综合力学性能的一种考核方式。但不是对剥离力的考核方式。不能因为跌落试验结果差，而得出复合制品剥离力差的结论，进而推导出所使用的胶黏剂质量差的结论！

从直接的数值对比来看，提高复合膜袋的拉伸断裂应力和热合强度值，使之高于跌落试验中可能产生的冲击性应力，自然能够提高复合膜袋的抗跌落性能。

而最根本的方法是，设法降低复合薄膜的拉伸弹性模量、提高其断裂标称应变，也就是增加复合薄膜的柔韧性，使之在落地的瞬间充分发生形变，增加与地面的接触面积，则冲击性应力就会相应下降，从而改善其抗跌落性能。

环境的温度或复合膜袋的温度会对跌落试验的结果产生影响。在低温条件下进行的跌落试验的结果往往会比较差，即破袋率会比较高。这是因为塑料材料在低温条件下往往会“变脆”，也就是断裂标称应变值会变小。

对于一些异形袋，调整复合膜袋的外形设计，使之在经历跌落试验时各个部位所承受的冲击性应力相同或相近，也不失为方法之一。

在处理客户的关于抗跌落性差的质量投诉时，首先需要评价客户所使用的跌落试验高度的合理性；其次需根据上述的公式及客户的袋形数据推算出在跌落试验中袋子的不同部位可能会承受的冲击性应力值，并与实测的复合膜袋的拉伸弹性模量、拉伸断裂应力、断裂标称应变、热合强度等数值进行比对，结合跌落试验中的环境条件与破袋或渗漏的状态，分析原因及探讨改进的方向。

参考文献：
郑焕武．几种碰撞时间计算公式的推导．西昌学院学报．（自然科学版）2006 年第 2 期．

第四章 环（环境因素篇）

一、相对湿度与绝对湿度

湿度是表示大气干燥程度的物理量。在一定的温度下，在一定体积的空气里含有的水汽越少，则空气越干燥；含有的水汽越多，则空气越潮湿。空气的干湿程度叫作“湿度”。在此意义下，常用绝对湿度、相对湿度、比较湿度、混合比、饱和差以及露点等物理量来表示。

单位体积的空气中所含水蒸气的质量，叫作空气的“绝对湿度”。它是大气干湿程度的物理量的一种表示方式。通常以 $1m^3$ 空气内所含有的水蒸气的克数（g/m^3）来表示。水蒸气的压强是随着水蒸气的密度的增加而增加的，所以，空气里的绝对湿度的大小也可以通过水汽的压强来表示。由于水蒸气密度的数值与以毫米高水银柱表示的、和同温度下饱和水蒸气压强的数值很接近，故也常以水蒸气的毫米高水银柱的数值来计算空气的干湿程度。

空气中实际所含水蒸气密度和同温度下饱和水蒸气密度的百分比值，叫作空气的“相对湿度”，用 %RH 表示。空气的干湿程度与空气中所含有的水汽量接近饱和的程度有关，而和空气中含有水汽的绝对量无直接关系。

例如，空气中所含有的水汽的压强同样等于 1606.24Pa（12.79mmHg）时，在炎热的夏天的中午，气温约 35℃，人们并不感到潮湿，因这时离水汽饱和气压还很远，物体中的水分还能继续蒸发。而在较冷的秋天，大约为 15℃，人们却会感到潮湿，因这时的水汽压已经达到过饱和，水分不但不能蒸发，而且会凝结成水，所以我们把空气中实际所含有的水汽的密度 ρ_1 与同温度时饱和水汽密度 ρ_2 的百分比 $\rho_1/\rho_2\times100\%$ 叫作“相对湿度”，也可以用水汽压强的比来表示。

例如，空气中含有水汽的压强为 1606.24Pa（12.79mmHg），在 35℃时，饱和蒸汽压为 5938.52Pa（44.55mmHg），空气的相对湿度为 1606.24/5938.52=27%。而在 15℃时，饱和蒸汽压是 1606.24Pa（12.79mmHg），相对湿度是 100%。

绝对湿度与相对湿度这两个物理量之间并无函数关系。例如，温度越高，水蒸发得越快，于是空气里的水蒸气也就相应地增多。所以在一天之中，往往是中午的绝对湿度比夜晚大。而在一年之中，又是夏季的绝对湿度比冬季大。但由于空气的饱和水汽压也要随着温度的变化而变化，所以又可能是中午的相对湿度比夜晚的小，而冬天的相对湿度又比夏天的大。由于在某一温度时的饱和水汽压可以从“不同温度时的饱和水汽压”表中查出数据，因此只要知道绝对湿度或相对湿度，即可算出相对湿度或绝对湿度来。

二、露点

露点又称露点温度，在气象学中是指在固定气压之下，空气中所含的气态水达到饱和而凝结成液态水所需要降至的温度。在这个温度下，凝结的水飘浮在空中称为雾，而沾在固体表面上时则称为露，因而称为露点。

三、露点、相对湿度与绝对湿度速查

表 4-1 是露点、相对湿度与绝对湿度速查表。

表4-1 露点、相对湿度与绝对湿度速查 g/m³

温度＼相对湿度	100%RH	90%RH	80%RH	70%RH	60%RH	50%RH	40%RH	30%RH	20%RH	10%RH
10℃	9.4	8.5	7.5	6.6	5.6	4.7	3.8	2.8	1.9	0.9
12℃	10.6	9.5	8.5	7.4	6.4	5.3	4.2	3.2	2.1	1.1
14℃	12.0	10.8	9.6	8.4	7.2	6.0	4.8	3.6	2.4	1.2
16℃	13.6	12.2	10.9	9.5	8.2	6.8	5.4	4.1	2.7	1.4
18℃	15.3	13.8	12.2	10.7	9.2	7.7	6.1	4.6	3.1	1.5
20℃	17.2	15.5	13.8	12.0	10.3	8.6	6.9	5.2	3.4	1.7
22℃	19.3	17.4	15.4	13.5	11.6	9.7	7.7	5.8	3.9	1.9
24℃	21.6	19.4	17.3	15.1	13.0	10.8	8.6	6.5	4.3	2.2
26℃	24.2	21.8	19.4	16.9	14.5	12.1	9.7	7.3	4.8	2.4
28℃	27.0	24.3	21.6	18.9	16.2	13.5	10.8	8.1	5.4	2.7
30℃	30.1	27.1	24.1	21.1	18.1	15.1	12.0	9.0	6.0	3.0
32℃	33.5	30.2	26.8	23.5	20.1	16.8	13.4	10.1	6.7	3.4
34℃	37.3	33.6	29.8	26.1	22.4	18.7	14.9	11.2	7.5	3.7
36℃	41.4	37.3	33.1	29.0	24.8	20.7	16.6	12.4	8.3	4.1
38℃	45.9	41.3	36.7	32.1	27.5	23.0	18.4	13.8	9.2	4.6
40℃	50.8	45.7	40.6	35.6	30.5	25.4	20.3	15.2	10.2	5.1
50℃	82.7	74.4	66.1	57.9	49.6	41.3	33.1	24.8	16.5	8.3
60℃	129.5	116.6	103.6	90.7	77.7	64.8	51.8	38.9	25.9	13.0

续表

相对湿度 温度	100%RH	90%RH	80%RH	70%RH	60%RH	50%RH	40%RH	30%RH	20%RH	10%RH
70℃	197.0	177.3	157.6	137.9	118.2	98.5	78.8	59.1	39.4	19.7
80℃	291.3	262.2	233.1	203.9	174.8	145.7	116.5	87.4	58.3	29.1
90℃	420.4	378.3	336.3	294.3	252.2	210.2	168.1	126.1	84.1	42.0

从表 4-1 中可以发现：30℃、90%RH 时空气的绝对湿度值为 27.1g/m^3，28℃、100%RH 时空气的绝对湿度值是 27.0g/m^3，这就意味着当相对湿度为 90% 的湿空气的温度从 30℃降到 28℃时（温度降低 2℃），该湿空气已达到了饱和的状态，如果温度继续下降，将会有水分从空气中凝结下来。

同理，当 32℃、60%RH 的湿空气的温度下降到 21℃左右（温度降低 11℃）时，也会有水分从空气中凝结下来。

四、湿度表的灵活应用

调整烘干箱的热空气的温度，一方面是为了给溶剂的挥发提供足够的热量（参见“环一溶剂汽化热”项），另一方面是为了“扩大”热空气容纳有机溶剂蒸汽的空间。

当室外环境温度为 30℃、相对湿度为 100%RH（绝对湿度 30.1g/m^3，下雨期间）时，如果印刷机烘干箱的温度设定为 40℃，此时，烘干箱内热空气的相对湿度将为 60%RH，这就意味着空气中还有 40% 左右的“空间”可以用来容纳有机溶剂的蒸汽。如果将印刷机烘干箱的温度提高到 60℃，则热空气的相对湿度将会下降到约 24%RH，这就意味着空气中还有 75% 左右的“空间”可以用来容纳有机溶剂的蒸汽。

因此，在高温高湿季节，及时调整印刷机烘干箱的温度对于减少因干燥不良而导致的“异味”、白点 / 气泡等现象有显著的帮助！

湿度表的另一项重要的参考意义在于冷却辊水温的选择。

在高温高湿的季节，在停机期间复合机的冷却辊上会出现大量的冷凝水，这些冷凝水有可能会对正在加工的复合制品产生不良的影响，例如胶水不干、PA 膜吸湿变形等。因此，应根据当时的环境温、湿度及依据上述的湿度表调整冷却水的温度，或根据拟使用的冷却水的温度调整生产车间的湿度，以使冷却辊表面在停机期间不会显现出大量的冷凝水。

五、溶剂汽化热

溶剂汽化时所需要的热量有两种度量方式，一种是溶剂的温度达到其沸点时，单位数量的溶剂完全汽化所需要的热量 ΔHv，一种是在 25℃的温度条件下，单位数量的溶剂完全汽化所

需要的热量 ΔHs。

常见溶剂的汽化热如表 4-2 所示。

表4-2 常见溶剂的汽化热

溶剂	分子量	ΔHv kcal/mol	ΔHs kcal/mol	ΔHv kcal/kg	ΔHs kcal/kg
乙酸乙酯	88.11	7.720	8.63	87.62	97.95
乙酸异丙酯	102.13	—	8.89	—	87.05
乙酸正丁酯	116.16	—	10.42	—	89.70
乙醇	46.07	9.255	10.11	200.89	219.45
异丙醇	60.10	9.510	10.85	158.24	180.53
丙酮	58.08	6.952	—	119.70	—
甲苯	92.14	7.93	9.08	86.06	98.55
水	18.01	9.702	10.49	539.0	583.2

已知乙酸乙酯的比热容为 1.92J/（g·℃）=4.59×10^{-4}kcal/（g·℃），这就意味着当 1kg 的乙酸乙酯从胶盘中挥发后，可使 213.4kg 的乙酸乙酯降低 1℃，或使 21.34kg 的乙酸乙酯降低 10℃。而相同数量的乙醇或异丙醇从墨盘中挥发掉后，会使墨盘中的油墨发生更大幅的温度降低。溶剂挥发、温度降低的结果就是会有大量的水分凝结到胶盘或墨盘中。

因此，为了使胶水流平的结果保持稳定，就要设法保持胶水黏度的稳定，就应设法保持胶水温度的稳定，设法减少胶盘 / 胶桶中的溶剂挥发量。

六、环境状况的控制

关于复合软包装企业的印刷、复合车间的温度、湿度条件，在众多的专业书籍中的建议是温度在 15 ～ 28℃之间，湿度在 45% ～ 65% 之间。

车间环境的另一个常用的考核条件是：在印刷机、复合机的临时停机状态下，冷却辊与印版、涂胶辊上不应有凝结水！

现在，在中国的绝大多数的软包装企业中，生产车间的温度、湿度条件不被重视，或者因费用 / 成本问题难以实施，甚至有部分企业使用水帘空调为车间降温，其结果是大幅提高了车间内的绝对湿度和相对湿度。

作为补救措施，可以采取以下几种方式。

①阻止 / 减少溶剂的挥发，减少液温降低的幅度。具体方法是通过“遮挡”的方式减少胶水 / 油墨与空气接触的面积与时间。

②给胶水 / 油墨加热，使液温接近环境温度，阻止水汽凝结。具体方法是为胶水 / 油墨系

统配备加热夹套及热水加热 / 循环系统。

③为排风管、辅助加热装置配备保温层，减少热量的散失，降低车间内升温的幅度。

灰尘与蚊蝇是车间内环境管理的另外两个重要项目。

为了避免室外灰尘的大量涌入，应当将印刷机、复合机的进风管道的入口安置在室外，并且应当为其配备空气过滤器，同时安排人力定期对其进行清理、维护。

在车间入口 / 出口处，应当配备软帘门或自动卷帘门，在方便人员出入的同时，以期减少室内外热量的交换和蚊蝇的进入。

如果在车间的墙壁上必须留有新风入口时，应为新风入口配备纱窗或过滤器，以阻止蚊蝇的进入。

对于有条件的企业，建议为车间配备空调系统，使车间保持微正压状态，同时控制车间内的温度和湿度。

「第二篇」　常见问题篇

第五章 应用前的问题

一、卫生性

包装制品以及包装用原、辅材料的卫生性是业内人士非常关心的问题。因为只有各个原、辅材料都符合相关的卫生要求，加工出来的包装制品的卫生性才会得到保证。

但是，原、辅材料的卫生性合格并不表示加工出来的包装制品的卫生性就一定是合格的！包装制品的卫生性还与加工包装制品的加工设备以及加工工艺有着密切的关系。

在 GB/T 10004—2008《包装用塑料复合膜、袋 干法复合、挤出复合》中规定：

5.5 卫生指标 用于食品包装和有卫生要求的非食品包装复合膜、袋的卫生性能应符合 GB 9683。

5.7 特定化学物质 单种材料（油墨、胶水、基材）的指标应符合表 10 的规定。产品控制指标 Pb+Cd+Hg+Cr VI ＜ 80mg /kg。

6 试验方法

6.6.16 卫生指标

6.6.16.1 按 GB/T 5009.60 的规定进行，其中甲苯二胺的检测按 GB/T 5009.119 的规定进行。

6.6.16.2 感官指标测试方法：打开包装箱及内衬的包装膜，即时闻是否有异嗅；取 10cm×10cm 的薄膜一张，裁成条状，放入锥形瓶中，再加入 150ml 的蒸馏水，盖上盖子密封，放入 60℃的烘箱或水浴中，30min 后取出，打开盖子，闻水蒸气的气味，判断是否有异味。

在 GB/T 28118—2011《食品包装用塑料与铝箔复合膜、袋》中规定：

5 要求

5.1.4 异嗅 无异常气味。

5.4 卫生性能 卫生性能应符合 GB 9683 和 GB 9685 的规定。

6 试验方法

6.2.4 异嗅 距离测试样品小于 100mm，进行嗅觉测试。

6.5 卫生性能 按 GB/T 5009.60 进行，其中甲苯二胺的检测按 GB/T 5009.119 的规定进行。

根据上述两项国标，关于卫生性能方面的要求，其涉及的检测项目分为 6 项：高锰酸钾消耗量；蒸发残渣；重金属；脱色试验；甲苯二胺；异嗅。

需要说明的是：GB/T 5009.60 的名称是《食品包装用聚乙烯、聚苯乙烯、聚丙烯成型品卫生标准的分析方法》，GB/T 5009.119 的名称是《复合食品包装袋中二氨基甲苯的测定》。即上述标准的测试对象为复合成品，而不是构成复合成品的各个原、辅材料！

此外，根据标准的相关要求，在做样品的浸泡处理时，应当将试验用的溶液倒入包装袋内，对包装袋与食品直接接触的内层材料在规定的条件下进行浸泡处理；而不是将铰碎后的包装袋浸泡在试验用的溶液中。不同的样品处理方法有可能会得出不同的结果！

二、单位涂胶成本

包装制品的生产成本是大家非常关心的问题。单位面积的涂胶成本是总成本的一个子项。在目前的竞争形势下，各个生产企业对单位面积的涂胶成本自然会十分关心。

对于无溶剂型干法复合工艺，单位面积涂胶成本是由胶水的采购成本、单位面积的涂胶量、涂胶单元的电子控制 / 电加热成本组成的。对于溶剂型干法复合工艺，单位面积涂胶成本除了上述部分外，还要加上烘干箱的风机用电 / 维护成本、配胶用稀释剂的应用成本，以及 VOC 治理设备的应用 / 维护成本。

在无溶剂干法复合工艺中，涂胶量与复合加工速度无关！在溶剂型干法复合工艺中，涂胶量与复合加工速度有关！总体来讲，单位时间内需要挥发的溶剂的量越多，则复合加工速度就必须相应地降低，否则就会产生程度不等的残留溶剂量超标问题。

正常情况下，无溶剂型干法复合工艺的单位面积涂胶量比较小、涂胶成本比较低。但这并不是说无溶剂型干法复合胶黏剂的性能比较高，而是由于无溶剂型干法复合工艺的五辊涂布方式决定了用比较低的涂胶量就能获得比较均匀的涂胶状态。在溶剂型干法复合工艺中，特别是在不使用平滑辊的条件下，要想使转移到载胶膜上的胶水能够充分覆盖载胶膜的全部表面，就必须使用较大的涂胶湿量，尤其是在涂胶辊网穴的网墙宽度比较大的情况下。换句话说，在应用溶剂型干法复合工艺的情况下，如果打算进一步降低涂胶干量或单位面积涂胶成本，首先必须使用平滑辊；其次应当使用网线数较高、网墙宽度较窄的涂胶辊。另外，为涂胶系统配备加热系统，使溶剂型干法复合胶水能够像无溶剂型干法复合胶水那样始终保持一定的温度，即稳定的黏度，对于降低涂胶干量有极大的帮助。

采用图 1-15 所示的“反向凹版吻涂”式涂胶方法是另一种有效的选择。只是采用此法需要对现有的复合机做较大幅度的改造！

三、抗介质性

胶水（无论是溶剂型的还是无溶剂型的干法复合胶黏剂）的“抗介质性”是业内人士经常

谈论的话题。很多质量投诉也都与胶水的“抗介质性”相关。

很多胶黏剂企业声称可以提供“抗介质”的胶水，但细分起来，有些胶水对内装物中的甲醇、乙醇类物质有抵抗作用，有些对甲苯等芳香烃类物质有抵抗作用，有些对某些辛辣物有抵抗作用，有些对乙基麦芽酚类物质有抵抗作用，等等。

实践表明，可抵抗芳香烃的胶水未必能够抵抗乙基麦芽酚，反之亦然。即不同类别的所谓“抗介质”胶水并不能相互替代。

因此，软包装企业在选择胶水以加工所谓有“抗介质”需求的复合膜袋前，应当对内装物的性状进行充分了解。此外，还必须进行充分的耐老化试验，以验证复合膜袋的抗介质性。

基材薄膜，特别是热封层薄膜的阻隔性在复合膜袋的抗介质性方面有着不可忽视的作用。尽量延迟内装物中有渗透性的物质向胶层的迁移速率，是设计具有抗介质性复合膜袋时必须思考的问题。

在提高热封层基材的阻隔性方面，采用聚酰胺（尼龙）共挤膜、EVOH 共挤膜或者高阻隔性涂层是比较理想的选择。

四、耐热性

在设计 / 生产耐水煮、耐蒸煮复合膜袋时，必须选用具有相应的耐热性的胶黏剂！

耐水煮复合膜袋可分为塑 / 塑复合、铝 / 塑复合两大类，热处理的温度为 60 ～ 100℃。耐蒸煮复合膜袋也可分为塑 / 塑复合、铝 / 塑复合两大类，热处理的温度为 121℃以下、121 ～ 125℃、135℃、150℃等几种。

不同的复合结构及热处理温度的复合膜袋需要选择不同的胶黏剂！同时要在大批量投产前进行相应条件的热处理试验，以验证所选择的胶黏剂及基材是否适用于本企业及下游客户的加工、应用条件。

选择合适的胶黏剂只是基础条件之一，复合用基材的耐热性也是必须考虑的另一个问题。对于复合用基材而言，其耐热性不只是表现在基材本身的熔点上，更重要的一点是基材在相应的热处理条件下的纵、横向的热收缩率指标！一般情况下，基材在相应的热处理条件下的热收缩率应当不大于 1.5%，基材间的热收缩率差异应不大于 0.5%！

第六章　应用中的问题

一、胶盘气泡

在复合机的运行过程中，胶盘（或承胶辊—无溶剂干法复合）中的气泡经常被当作胶水的质量问题提出来，因为使用者担心过多的胶盘气泡会对复合制品的外观质量造成不良影响。

1. 现象

在常规条件下，刚从混胶机的喷嘴（无溶剂干法复合机）中打出的胶水是没有气泡的。

刚配好的溶剂型干法复合用胶水中，如果配胶时的搅拌速率过快，会有明显的肉眼可见的气泡。但经过一段时间的静置后，胶水中的气泡会逐渐上升并消失。因此，加入胶盘中的胶水通常是不含气泡的。

对于应用了图 6-1 所示的涂胶单元的溶剂型干法复合工艺，经过一段时间的运行之后，胶盘中的气泡有可能逐渐增多；气泡较多的时候，气泡甚至能够覆盖胶盘中整个胶水的表面；在极端情况下，气泡形成的泡沫有可能会溢出胶盘。对于无溶剂型干法复合工艺，气泡会从挡胶块附近逐步漫延到整个承胶辊上的胶水中，单个气泡的体积也会逐渐增大。

2. 原因

(1) 溶剂型胶水中的气泡

在溶剂型干法复合胶水的配制过程中，无论是采用人工搅拌还是机械搅拌的方法，在胶水溶液中都会出现大量的气泡。也就是说，胶水中的气泡并不是胶水本身在其化学反应过程中产生的，而是在搅拌的过程中由被带入胶水溶液中的空气形成的！

在配胶过程中，出现在胶水中的气泡的数量及大小与所配制的胶水的浓度（或固含量）及胶水的黏度有明显的关联。胶水的浓度及胶水的黏度越高，则配胶桶中显现的气泡数量就会越多、气泡的体积也会越大，达到气泡完全消失所需的静置时间也会越长。

在设备运转过程中，胶盘的胶水中的气泡的数量及大小与设备的运行速率以及胶水本身的黏度变化有明显的关联。

图 6-1 所示的开放式胶盘 / 正向凹版涂布方式，胶水被涂胶辊带着向上走，在刮刀处，涂胶辊表面多余的胶水被刮除下来，并以与涂胶辊运行速率相同的速率向下“砸入”胶盘的胶水中。复合设备运行速率越高，胶水“砸入”胶盘的速率也就越高，在这个过程中，就会有大量的空气被带入胶水中，可能形成胶盘中越来越多的气泡。而且，设备的运行速率越高，单位时

间内胶盘产生的气泡的数量也就会越多。

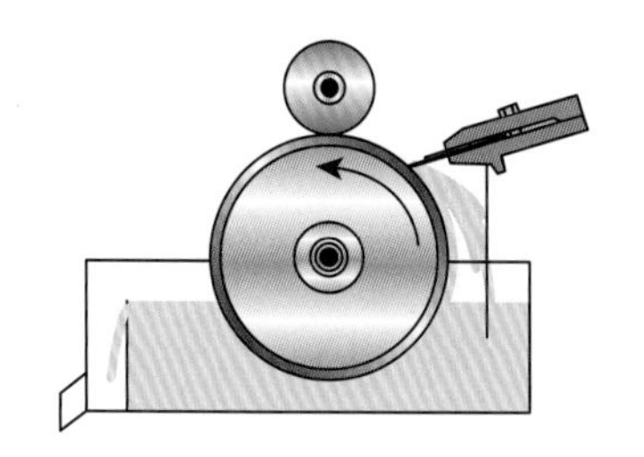

图 6-1　开放式胶盘 / 正向凹版涂布方式

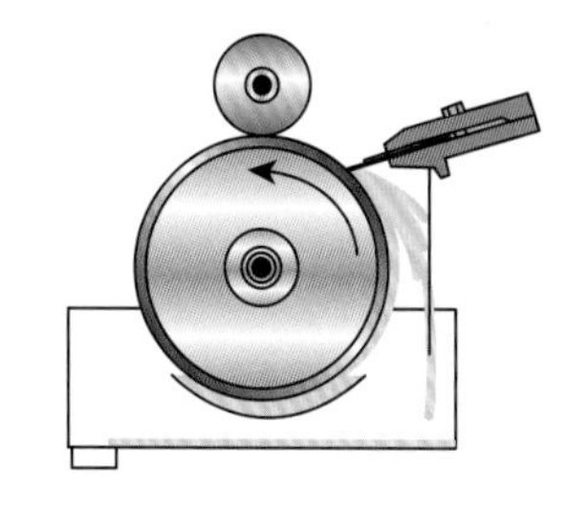

图 6-2　夹套式胶盘 / 正向凹版涂布方式

胶水中的气泡在胶水溶液中会有一个自然上升 / 破裂（消失）的趋势。如果胶水溶液的黏度比较低，则消泡过程会比较迅速。如果胶水溶液的黏度比较高，则消泡过程会比较迟缓。

在图 6-1 所示的开放式胶盘系统中，如果胶水只是在胶盘中“自循环”（没有外部循环），那么随着胶水溶液黏度的上升（溶剂挥发所致），胶盘中的气泡就会越积越多，甚至达到溢出胶盘的状态。

如果使用了类似于图 6-2 所示的夹套式胶盘，那么，在胶盘中通常就不会存在气泡。但是，需要注意的是，在使用图 6-2 所示的系统时也应当注意随时检查 / 调整胶水的黏度或配备黏度自动控制器，以避免在胶水的黏度异常升高时仍然会出现的气泡问题。

(2) 无溶剂型胶水中的气泡

在无溶剂型干法复合工艺的五辊涂布系统中，承胶辊上的胶水中的气泡与胶水在承胶辊上的停留时间、计量辊的实际转速以及胶水本身的黏度（温度）相关。

计量辊的旋转速率越高，则单位时间内经过计量辊的表面被带入胶水中的空气就越多，能够产生的气泡的数量也就越多；胶水本身的黏度越高，则胶水的消泡能力就会越差，累积的气泡数量也会越多。

在承胶辊上，胶水的黏度升高与胶水的温度和胶水在承胶辊上停留的时间正相关。而胶水在承胶辊上的停留时间则是与承胶辊上的胶水的液面高度及设备的运行速度（胶水的消耗速率）正相关。

3. 对策

(1) 对于溶剂型干法复合工艺

①选用在高速运转状态下消泡能力强的胶黏剂（需向胶黏剂供应商咨询）；

②采取措施以稳定胶盘中的胶水的黏度（配备自动黏度控制器或定期添加稀释剂）；

③改用图 6-2 所示的“夹套式胶盘”。在该涂布方式下，胶水的循环率在 95% 以上，气泡不会在胶盘中积存；

④改用图 1-12 所示的“封闭式胶盒，正向凹版涂布”涂胶方式。

(2) 对于无溶剂型干法复合工艺

①将胶水及承胶辊、计量辊的温度设置在 40℃或以上（一般情况下，胶水的温度越高，胶水的黏度会越低）；

②在确保承胶辊上不缺胶的前提下，尽量降低每次打胶后的胶水的液面高度（以达到缩短胶水在承胶辊上停留时间的目的）；

③使用尽可能低的递胶辊压力（参见“机—递胶辊的压力及其评价”）；

④在保证单位面积涂胶量的前提下，尽量使用较大的计量辊间隙和较小的递胶辊转速比（以达到降低计量辊的绝对转速的目的）。

4. 调查 / 分析思路

(1) 对于溶剂型干法复合工艺

①用红外温度仪检查胶盘、循环胶桶、配胶桶中及设备周围环境的温度，目的是确认胶盘与环境之间是否存在较大的温度差异，如 10℃以上；

②用配胶桶新配一组胶水，检查刚配好的胶水的温度与黏度；

③用纸杯从胶盘中舀出一杯胶水，用 3# 察恩杯检查其黏度，并与新配的胶水的黏度做对比；

④检查循环胶桶中的胶盘回流口与循环泵的吸胶口的距离是否过近；

⑤用手或薄膜检查烘干箱的入口处（参见“料—胶水的流平性—导致‘胶水流平结果’不好的其他因素—烘干箱的正负压状态对‘胶水流平结果’的影响”）是否呈现正压状态，即是否有热风从烘干箱中吹出，导致胶盘中的溶剂过快地挥发；

⑥涂胶单元附近是否有大风量的排风机，其目的是减少涂胶单元附近空气中的有机溶剂含量及减少其对操作人员身体的伤害。

(2) 对于无溶剂型干法复合工艺

①用红外温度仪检查承胶辊上的胶水的温度是否为设定的工艺温度值；

②用红外温度仪检查承胶辊、计量辊、涂胶辊的温度是否为设定的工艺温度值，以及各辊的两端的温度差异是否过大；

③确认递胶辊的有效宽度，检查对应的递胶辊的压力是否过大（参见“机—递胶辊的压力及其评价”）；

④确认递胶辊的转速比数值，在可能的情况下，应尽量使用较低的转速比，以降低计量辊的绝对转速值。如果为了保持所需的涂胶量，可考虑适当增加承胶辊的间隙。

二、隧道

1. 隧道现象的定义

“隧道现象”是对一种复合制品不良现象的比喻性描述，通常是指刚下机和 / 或熟化后和 / 或制袋后和 / 或充填内装物后的复合膜卷的表面数层的复合薄膜的两层基材中和 / 或复合膜袋表面的“一层平直、一层拱起”所形成的类似于隧道样的贯通性孔洞。如图 6-3 所示。

“隧道现象”在刚下机的复合膜、经过熟化处理后的复合膜、加工好的复合膜袋甚至经过水煮或蒸煮处理后的复合膜袋上都有可能产生。只是业内人士对上述过程中所产生的“隧道现象”会有不同的称谓。此类“隧道现象”的一个显著特点是：“隧道”的延伸方向是不确定的。

图 6-3　复合膜上的“隧道现象”

2. 隧道的分类

在刚下机的复合薄膜上，“隧道现象”可分为横向的、纵向的和斜向的三类。

横向隧道是指沿着复合基材的横向所形成的“隧道”，如图 6-3 所示；纵向隧道是指沿着复合基材的纵向所形成的“隧道”；斜向隧道是指与复合基材的纵向呈一定夹角的方向所形成的“隧道”。

复合材料是由第一基材（俗称表层）和第二基材（俗称内层）经胶黏剂作用而黏合到一起的，因此，在“隧道”现象的分类方面又可分为两类（见图 6-4、图 6-5）：一类是“内层平直、表层拱起”的“隧道”；另一类是“表层平直、内层拱起”的“隧道”。需要注意的是：此处所说的“表层”和“内层”可以是两层的复合膜，也可以是多层的复合膜。

图 6-4　“内平外拱”的隧道

图 6-5　“外平内拱”的隧道

纵向隧道、横向隧道和斜向隧道都可细分为上述两类，因此，“隧道”现象共有 6 种不同的表现形式。不过，在生产实践中，通常又将纵向隧道和斜向隧道称为“死褶”。

胶水应用过程中的横向隧道通常出现在刚下机的复合膜卷的表面一层或多层。另有一部分横向隧道出现在已经过一段时间熟化后的复合膜卷的表面一层或多层。纵向隧道和斜向隧道通常出现在复合加工的过程当中。

3. 原因

在溶剂型干法复合加工工艺盛行时期，业内人士通常将产生“横向隧道”的原因归结于胶黏剂的初粘力过低。在无溶剂型干法复合加工工艺开始盛行之后，由于无溶剂型干法复合工艺的一大特点就是初粘力低，一般为 0.5N/ 15mm 左右，因此，业内人士开始将注意力放在了复合机的张力控制方面。

在复合加工过程中出现横向隧道的原因是两个基材间的张力不匹配（参见“料—拉伸弹性模量”和“法—分析篇—放卷张力与收卷张力”项）。

具体来讲，如果是表层基材“拱起”，其原因是第二基材的放卷张力过大或第一基材的烘箱张力（溶剂型干法复合）或桥张力（无溶剂型干法复合）过小；如果是内层基材“拱起”，其原因是第一基材的烘箱张力或桥张力过大或第二基材的放卷张力过小。

在熟化过程中出现横向隧道的原因是复合薄膜中的某个基材在熟化温度的作用下沿着复合薄膜的纵向发生了某种程度的热收缩，导致复合薄膜间出现了较大的“热收缩率差异”。在复合加工过程中产生纵向隧道的原因是施加在出现“死褶”的基材上的张力过大。在复合加工过程中产生斜向隧道的原因除施加在出现“死褶”的基材上的张力过大之外，同时有一支可调平导辊出现了某种程度的不平行或者出现“死褶”的基材存在“荡边”或薄厚不均（见图6-6）。

图6-6　斜向隧道的起因

经过制袋加工或水煮、蒸煮处理后显现不同方向的“隧道现象”的原因可参见后面的相关章节。

4. 对策

对于横向隧道，如果判定是“内层平直、表层拱起”的“隧道”，需要根据设备的能力以及复合制品纵向尺寸的变化率，或者降低第二基材（内层）的放卷张力，或者提高第一基材的烘箱张力或桥张力。

如果判定是“表层平直、内层拱起”的“隧道”，则应降低第一基材的烘箱张力或桥张力，或者增加第二基材的放卷张力。

建议在复合加工过程中，应当按照图6-7所示的方法逐卷检查刚下机的复合膜卷的卷曲性。注意：上述检查应当是从刚下机的膜卷上裁下一片复合薄膜，平放在桌面上（使之处于无张力的状态），用刀子划一个线长不小于150mm的“×”形。

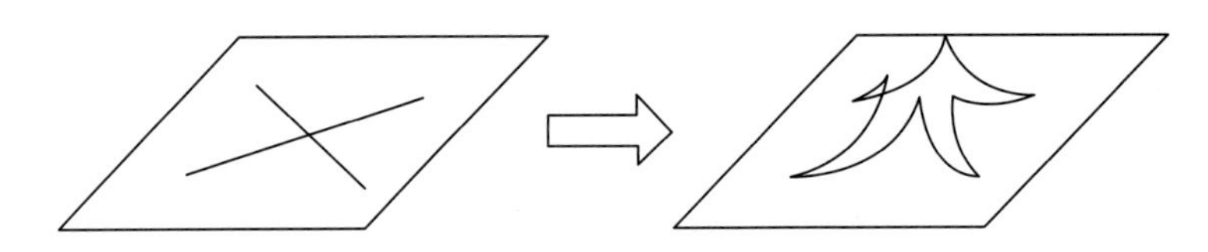
图6-7　复合薄膜卷曲性检查方法

在此处，卷曲性检查的指标有两个：卷曲方向和卷曲高度。

卷曲方向表示是哪一个基材的张力偏大了。例如，复合薄膜向表层基材方向卷曲，说明复合过程中施加在第一基材上烘箱张力或桥张力偏大了，或者是施加在第二基材上的放卷张力偏小了。卷曲高度表明了两个基材间张力不匹配的程度。

质量管理目标：卷曲高度不大于10mm。

对于纵向隧道，因为其成因是出现“死褶”的基材的张力过大了，因此，处理方法是在可能的范围内降低相应的基材张力。如果是第一基材出现“死褶”，就应降低烘箱张力（不是第一基材放卷张力！）或桥张力，如果是第二基材出现“死褶”，就应降低第二基材的放卷张力。

对于斜向隧道，应首先对相应的“可调平导辊”进行调整。如果经过调整后，斜向隧道变成了纵向隧道，则还要调整相应基材的张力。斜向隧道的特点是所看到的“斜线”在某个导辊处会连续不断地从基材的一个方向向另一个方向移动。在复合膜上看到的则是一条条斜向分布且不连续的斜向“死褶”。如图6-6所示，其中的“斜线”是从图中复合单元的左侧不断向右侧移动。从图中也可以明显看到第一基材的右侧所呈现出的“松弛”或“荡边”的状态。“斜线”的移动方向（如从左侧向右侧移动）表示移动方向侧（图6-6中为右侧）的基材未被张紧，或者说张力偏小了。此种情况下，就需要通过调整与第一基材相关的“可调平导辊”使第一基材恢复左右张力均衡的状态。方法是：或者将“可调平导辊”的右端向第二基材放卷机方向移动（使松弛边张紧），或者将其左端向收卷机方向移动（使张紧边放松）。

对于经熟化后才出现的横向隧道现象，可以采用以下几种对策：

①在复合膜卷的表面贴上通长的胶带，使膜卷的表层的数层复合薄膜在熟化处理过程中保持张紧的状态；

②降低熟化温度、延长熟化时间；

③在加工下一卷复合薄膜时，通过调整张力，有意地使刚下机的膜卷呈现向相反方向卷曲的状态；

④在加工下一批复合薄膜时，采购 / 选用在熟化条件下热收缩率较小的基材。

5. 调查 / 分析思路

①确认横向隧道是下机时就出现的，还是熟化一段时间后才出现的。

下机时就出现横向隧道的原因是复合过程中两个基材间的张力不匹配。熟化一段时间后出现横向隧道的原因是复合薄膜中的复合基材间在熟化条件下存在较大的热收缩率差异。

②横向隧道是在复合膜卷的两端同时出现的，还是仅在复合膜卷的某一端出现的？

在膜卷两端同时出现的横向隧道表示基材是平整的，产生隧道的原因是上述的张力不匹配或热收缩率差异过大。仅在膜卷的某一端出现的横向隧道表示其中的某一个复合基材不平整，有厚薄不均的状况。通常有横向隧道的一端为某基材的“紧边”，且保持平直状态的基材为存在厚薄不均状况的基材。

③所看到的横向隧道是“表层拱起”还是“内层拱起”的？

“表层拱起”的横向隧道表示施加在内层基材上的张力过大，或者内层基材的热收缩率过大；“内层拱起”的横向隧道表示施加在表层基材上的张力过大，或者表层基材的热收缩率过大。

三、刀线

1.“刀线”的定义

在凹版印刷加工中的“刀线”可以定义为：在印刷品的设计无墨区域出现的与刮刀相关的线形墨迹。

由于采用了图 6-1 所示的正向凹版涂胶方式的溶剂型干法复合工艺的涂胶方式与凹版印刷的油墨转移方式是完全一样的，所以，在凹版印刷中经常出现的刀线问题在溶剂型干法复合加工过程中也会不时出现。

2. 刀线的分类

在实践中，刀线通常被分为三类六种：按刀线的形态分为空刀线和实刀线；按刀线的长度分为长刀线和短刀线；按刀线的位置分为固定刀线和可移动刀线。

(1) 空刀线

空刀线如图 6-8 所示。其特点是在墨迹的中间部位有一条如红色箭头所指的或连续或间断地无墨的白线条。形成空刀线的原因是：墨（胶）盘中的杂质、异物附着在刮刀的刃部，将刮刀局部顶起，版面上的油墨从刮刀与版面的间隙之间“漏过去”而形成了肉眼可见的刀线；而与附着在刮刀刃部的杂质或异物相对应的部位的油墨由于杂质或异物的阻挡而不能转移到印刷基材上，从而形成了图 6-8 所示的“与刮刀相关的、中间部位或连续或间断地无墨的线状墨迹”。

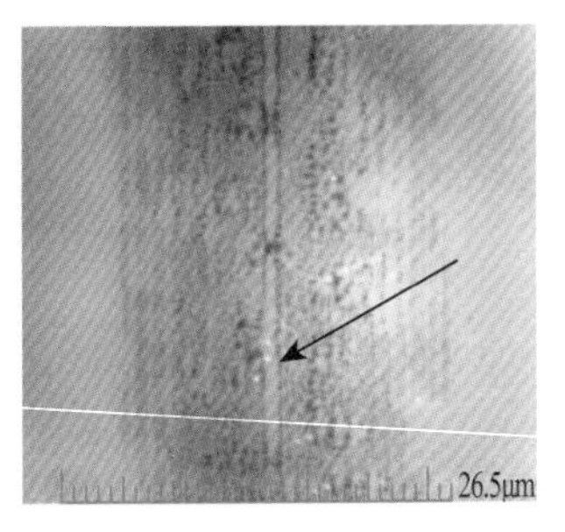

图 6-8　空刀线

(2) 实刀线

实刀线与空刀线的区别是：在墨迹的中间部位没有或连续或间断地无墨的白线条；实刀线一般要比空刀线细（窄）一些。形成实刀线的原因是：由于某种原因使得刮刀的刃部发生破损，形成“豁口”，版面上的油墨或胶水从“豁口”通过并转移到了印刷 / 复合基材上。

(3) 长刀线

“长刀线”是指已经出现在印刷 / 复合基材上的刀线，如果没有操作人员的干预不会自己消失的刀线。形成长刀线的原因是：实刀线；附着在刮刀刃上的较大的异物。

(4) 短刀线

“短刀线”是指已经出现在印刷 / 复合基材上的、不需要操作人员干预就能够自己消失的刀线。形成短刀线的原因是：附着在刮刀刃上的较小的异物。

(5) 固定的刀线

“固定的刀线”是指相对于印刷 / 复合基材，出现的位置是相对固定的、不会随着刮刀的摆动而移动的长刀线。形成固定的刀线的原因是：刮刀已将印版 / 涂胶辊划伤，形成了连续的“凹槽”。油墨或胶水通过该“凹槽”转移到了印刷 / 复合基材上。

(6) 可移动的刀线

“可移动的刀线”是指相对于印刷 / 复合基材，出现的位置不是相对固定的、会随着刮刀的摆动而以相同的幅度移动的刀线。或者说刀线出现的位置相对于刮刀而言是固定的。可移动的刀线可以是空刀线、实刀线、长刀线、短刀线。

3. 复合加工中的刀线

在印刷工序中，印刷品上的刀线呈现出不同的颜色，容易直观地加以区分。

在复合加工中，复合制品上的刀线因为所用的胶水是无色的而不太容易辨别。在复合制品上的“实刀线”型的“长刀线”通常会在已完成的复合膜卷上以“凸筋”的形式表现出来（见图 6-9），即在复合膜卷的某一部位出现一圈“凸起”，但在两个复合基材的相同位置上没有相似的“凸起”。在复合制品上的“空刀线”型的“长刀线”和“短刀线”则会分别以“白线”和“线性分布的白点”的形式表现出来（见图 6-10）。

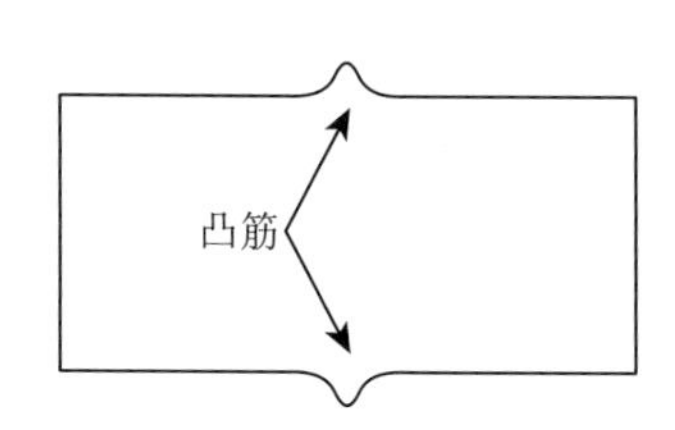

图 6-9　有凸筋的膜卷

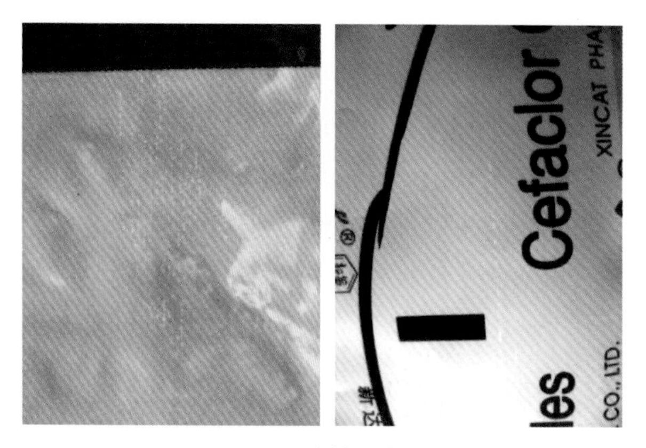

图 6-10　线性分布的白点

4. 对策

(1) 固定的刀线

如前所述，产生固定的刀线的原因是涂胶辊已被刮刀划伤。此类划伤通常可用肉眼在涂胶辊上观察到。如果划伤比较细、浅，通常对复合制品的外观质量不会造成显著的影响，可不予处理；如果划伤比较宽、深，则需要对涂胶辊予以退镀铬或重新制作的处理。

(2) 实刀线

如前所述，产生实刀线的原因是刀刃上已出现“豁口”。而造成“豁口”的原因可能有两个：一是涂胶辊的表面不平整，如有“铬瘤”（见图 6-11）；二是胶水工作液中存在外来的、较硬的砂石或灰尘。

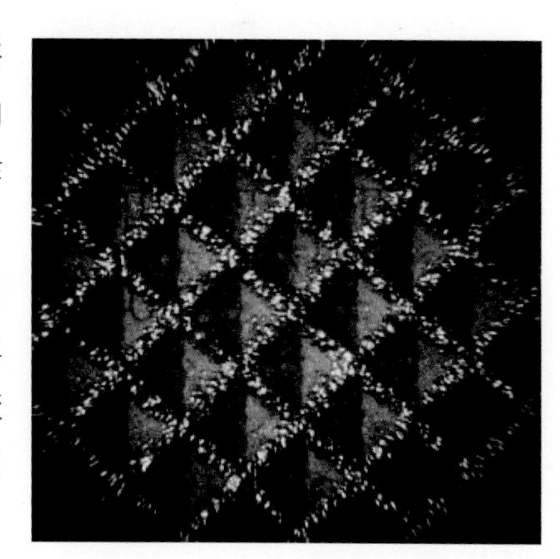

图 6-11　有“铬瘤”的网穴

由涂胶辊的表面状态不良所导致的“豁口”，应使用水砂纸或金刚砂纸对涂胶辊表面进行抛光处理；由胶水工作液中较硬的砂石或灰尘所导致的“豁口”，应当对胶水工作液做连续过滤处理（最简单的方法是在胶槽的回流口上挂一只尼龙丝袜）。

对于存在较小“豁口”的刮刀片，可以用水砂纸进行“磨刀”处理；而对于存在较大的“豁口”的刮刀片，则需要予以更换。

(3) 空刀线

如前所述，空刀线是由存在于胶水工作液中的并且已经附着在刮刀刃上的或大或小的杂质所导致的，因此，最佳的处理方法是对胶水工作液做连续过滤处理（最简单的方法是在胶槽的回流口上挂一只尼龙丝袜）。

(4) 合理应用平滑辊

合理应用平滑辊，可以消除或缓解各类刀线对复合薄膜外观的影响。

四、白点 / 气泡

图 6-12 所示的是“白点”；图 6-13 所示的是“气泡”。白点与气泡的共同特点是：在复合材料的两层基材之间夹有一定数量的气体。

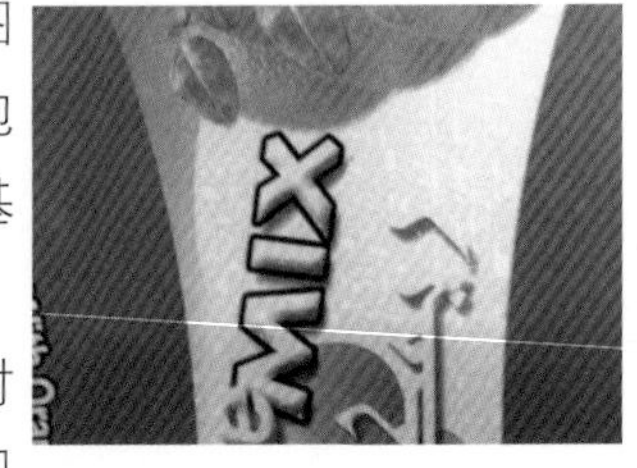

图 6-12　白点

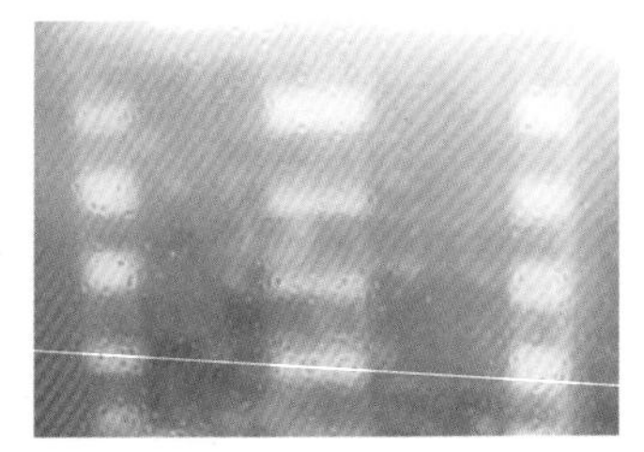

图 6-13　气泡

利用照相机与放大镜、显微镜对白点、气泡进行近距离的观察，发现导致白点 / 气泡的原因如下。

1. 基材中的晶点导致的气泡

图 6-14 中的左图为一种在放大镜下才可清晰观察到的气泡，或可以简称为晶点气泡。该种气泡的中心部位是一个俗称为晶点的凸起物，其来源应当是不够纯净的原料或不太合适的制膜工艺条件。该晶点位于 PE 膜中。从右侧的剖面图中可清楚地看到该晶点在 PE 膜中的位置。该晶点的直径约为 0.1mm，所形成的气泡的直径约为 0.8mm。

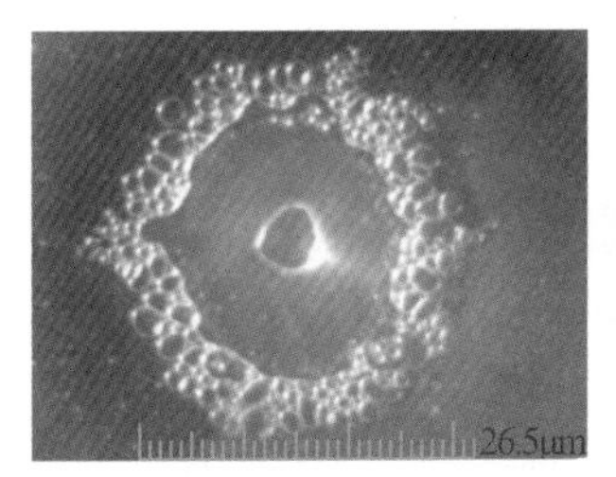

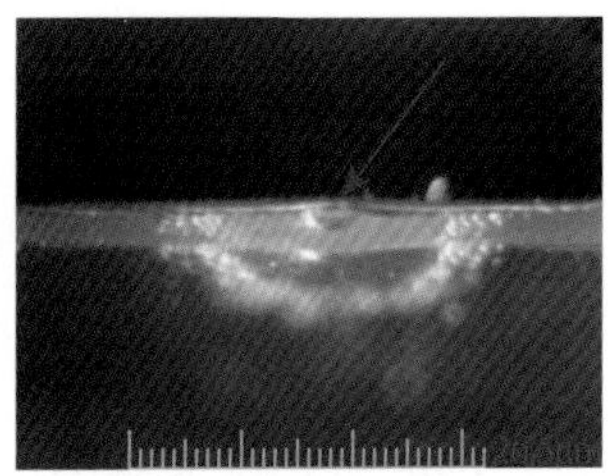

图 6-14　基材中的晶点导致的气泡

对策

在 CPP、CPE 薄膜中，通常会有很多或大或小的晶点。从大量的观察结果来看，如果晶点的直径小于 20μm，通常不会对复合制品的外观造成明显的不良影响。如果明知拟使用的 CPP、CPE 薄膜中有许多较大的晶点，此类基材最好不要继续用于复合加工，应当做退货处理。如果必须要使用此类基材，则需考虑适当增加涂胶量，使增加的胶层的厚度能够全部或部分地覆盖住晶点。另外，适当增加复合单元的温度和压力，以及复合膜卷的收卷硬度，可以使形成的气泡的直径变小，从而使其对复合制品的外观的不良影响降到最低程度。

2. 基材中的晶体导致的气泡

图 6-15 中的左图为用放大镜才可观察到的另一形态的气泡，或可简称为晶体气泡。此类晶体应当是源于不够洁净的生产环境或者质量不良的基材。此类气泡的中心位置的物质以前通常被认为是胶水中的异氰酸酯类的固化剂与水分发生化学反应后所产生的晶体物，而从右侧的剖面图中可清晰地看到该“晶体物”实际上是存在于 PE 薄膜中的异物。该晶体物的直径约为 0.04mm（40μm），所形成的气泡的直径约为 0.6mm。

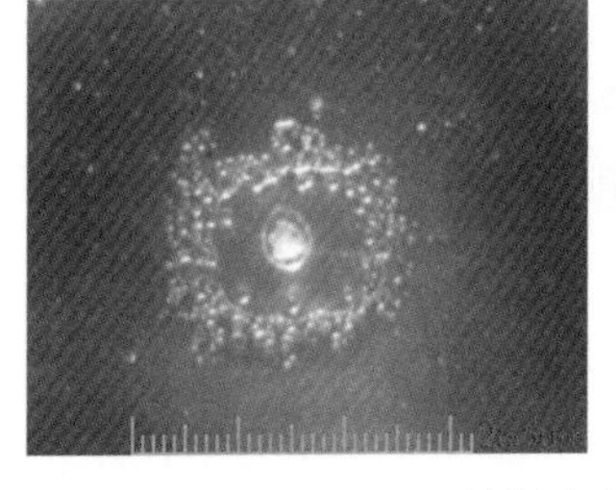

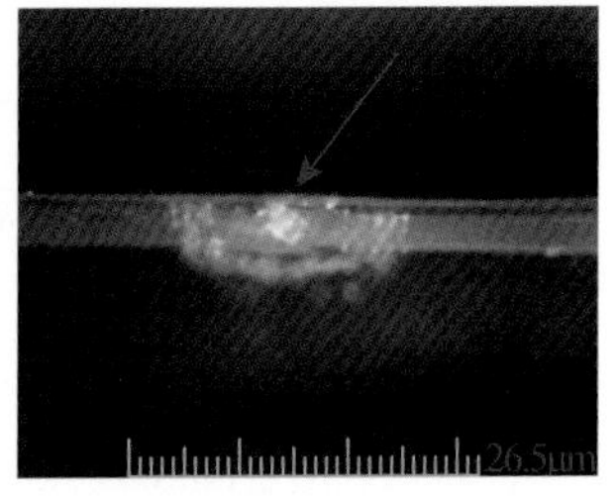

图 6-15　基材中的晶体导致的气泡

对策

同“1. 基材中的晶点导致的气泡”。

3. 基材中的纤维导致的气泡

在图 6-16 的左图所显示的气泡中可明显地看到一根棕色纤维状的异物，此类气泡或可简称为纤维气泡。通常该纤维状异物的来源会被认为是复合生产车间内不够清洁的空气环境以及复合机的进风口未放置过滤器。而从右侧的剖面图中可清晰地看到该纤维状异物也是夹杂在 PE 膜中的。即该纤维实际上源于基材薄膜生产车间不够洁净的生产环境。该纤维状异物的粗细约为 20μm，长度约为 0.3mm，而由它所形成的气泡约为 1.2mm×0.6mm 的枣核形。

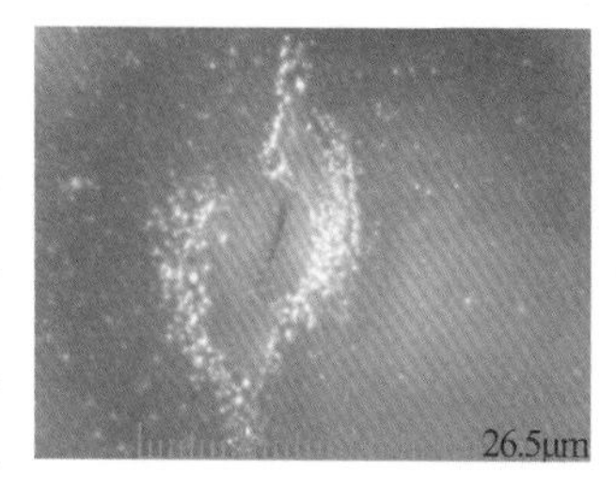

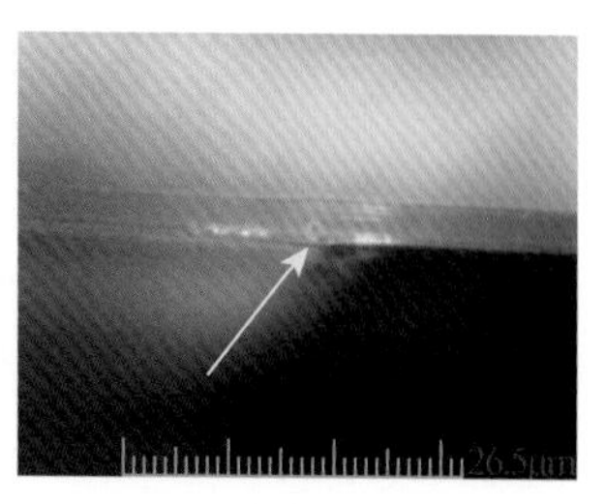

图 6-16　基材中的纤维导致的气泡

对策

此类现象比较罕见，通常从 CPP、CPE 基材的膜卷外观上也很难发现。对于此类问题，应当与 CPP 或 CPE 基材的供应商沟通，从改善其生产车间环境的角度着手。

4. 基材中的其他异物导致的气泡

从图 6-17 的左图来看，气泡的中心是一个灰色的异物，此类气泡或可简称为异物气泡。通常该异物的来源会被认为是复合生产车间内不够清洁的空气环境以及复合机的进风口未放置过滤器。而从右侧的剖面图中可清晰地看到该异物实际上是夹杂在 PE 膜中的扁平状的异物，即该异物源于制膜车间不够洁净的生产环境。该异物的大小约为 0.1mm×0.12mm，厚度约为 0.01mm，而由它所形成的气泡约为 1.2mm×0.9mm。

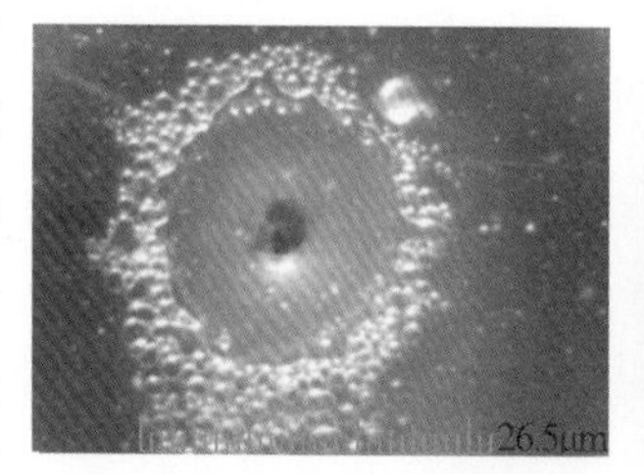

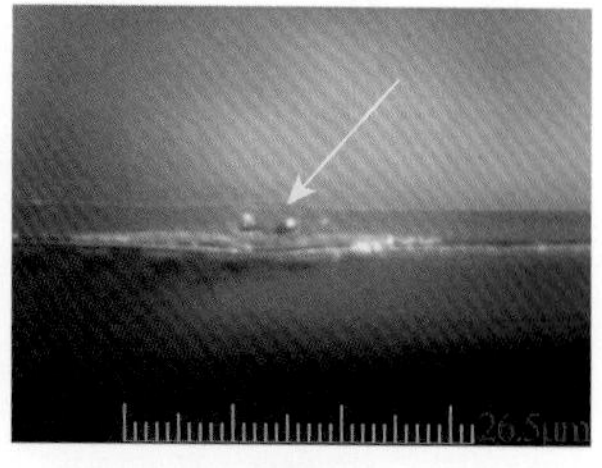

图 6-17　基材中的扁平状异物导致的气泡

从图 6-18 的左图来看，气泡的中心是一个形状不规则的异物，通常该异物的来源会被认为是生产车间内不够清洁的空气环境以及复合机的进风口未放置过滤器。而从右侧的剖面图中可清晰地看到该异物实际上也是夹杂在 PE 膜中的扁平状的异物。该异物的大小约为 0.7mm×0.2mm，厚度约为 0.05mm，而由它所形成的气泡约为 0.5mm×0.6mm。

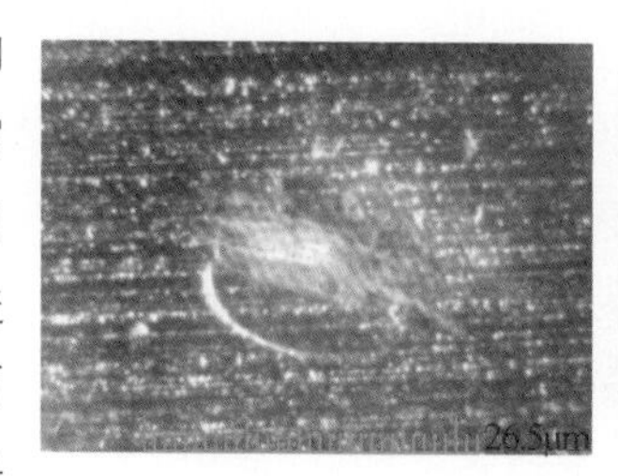

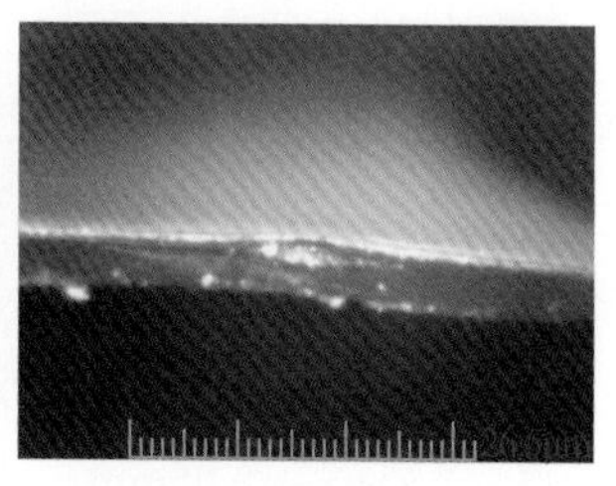

图 6-18　基材中的不规则异物导致的气泡

对策

同“3. 基材中的纤维导致的气泡”。

5. 镀铝膜微观平整度差导致的气泡

图 6-19 的左图中所示的气泡是从 OPP/ 透明黄墨 / 胶 /VMPET 结构的复合制品上拍摄到的。右图显示的是加工该复合制品的 VMPET 薄膜的微观平整度状态。在气泡的中心处是直径大约为 20 ～ 30μm 的晶体物（不是晶点），在右图中可以看到许多形状相似的、尺寸大小不一的晶体物。这些晶体物是生产 PET 薄膜时的添加剂之一的无机类的开口剂。参见“法一分析篇一基材微观平整度的评价”（无机类的开口剂是生产 PET、PA、OPP 基材薄膜时必需的添加剂）。

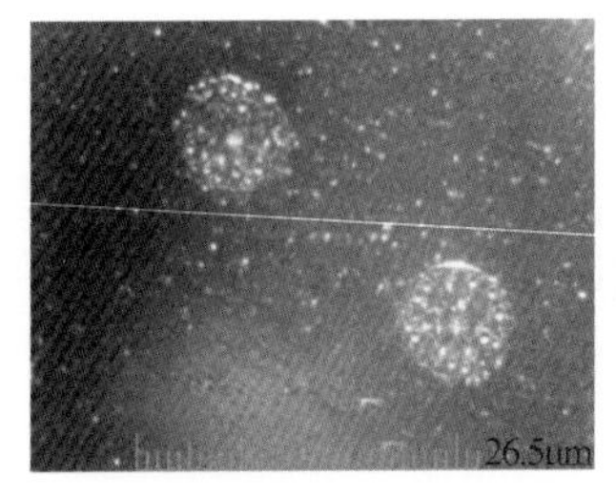

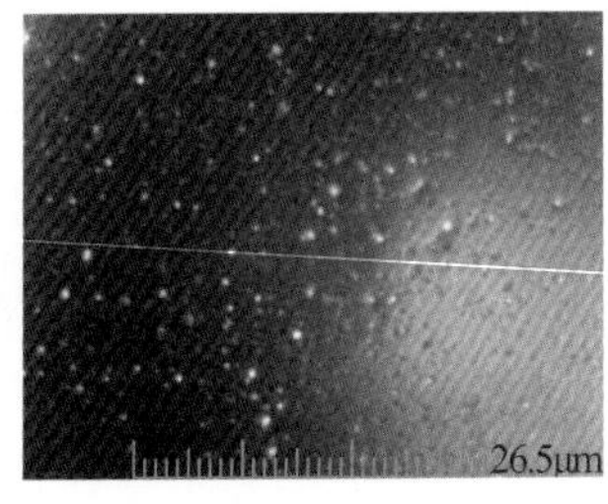

图 6-19　VMPET 基材中的开口剂导致的气泡

业内人士常说的加工含有 VMPET 结构的产品时容易出现白点问题，其真正的原因是：相对于印刷级的 PET 膜，绝大多数的用于加工 VMPET 膜的 PET 膜内的无机类开口剂的粒径过大。正是由于这些较大粒径的开口剂的支撑作用，才使得加工含 VMPET 的复合制品上的白点成为一个普遍性的问题。

对策

同“1. 基材中的晶点导致的气泡”。

在此前所描述的几种气泡中，正是由于有了开口剂、晶点、异物等凸起物的支撑作用，所以，由上述原因导致的白点 / 气泡都属于“下机时可见、熟化后不可消除”的。对于上述的白点 / 气泡，共通的应对方法是增加涂胶量，使胶层的厚度足以覆盖晶点、晶体、开口剂及其他异物，弥补或消除基材的微观不平整度，但前提是明知这些基材存在缺陷但又必须使用。

6. 夹在复合膜间的异物导致的气泡

图 6-20 中的左图显示的是一个用放大镜观察到的气泡，在气泡的中心处有一个黑色的异物。从右图看，该异物是明显地夹在了两层基材之间。此类异物源自复合加工生产环境，该异物的直径约为 0.05mm。此类白点 / 气泡也属于“下机时可见、熟化后不可消除”的。

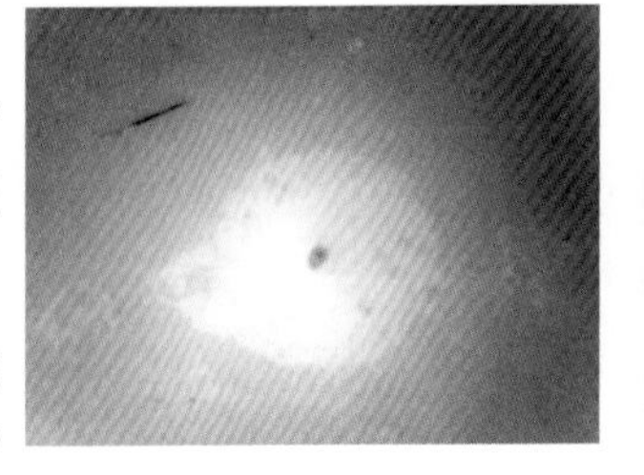
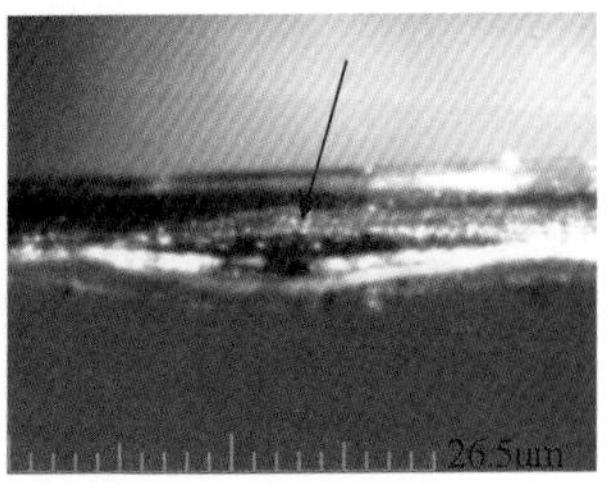

图 6-20　圆锥形气泡

对策

保持生产环境清洁；或为复合机的进风口配备合适的空气过滤器。

图 6-21 中的左图显示的是一个用放大镜观察到的气泡，在气泡的中心处有一个黄色的异物，综合其他的观察结果，该异物应为黄墨颗粒。从右图看，该异物是明显地夹在了两层基材之间（该产品的结构为 PET12/ 乳白 PE75，采用了无溶剂干法复合工艺加工而成）。

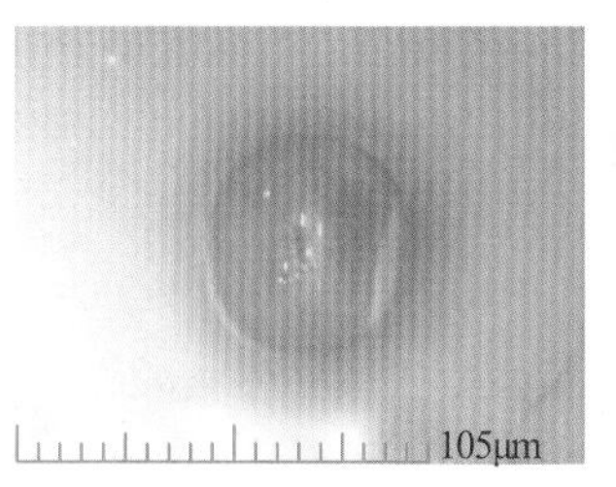

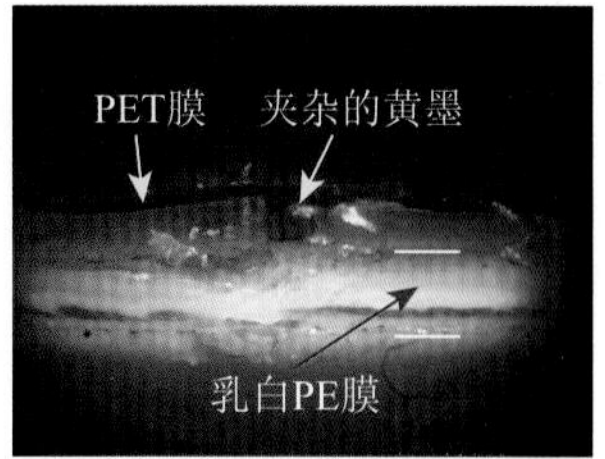

图 6-21 夹杂的黄墨导致的气泡

原因

客户上一次所加工的含有黄墨或透明黄墨的印刷品存在着“印刷干燥不良”现象，该印刷品在贴标机或复合机上进行贴标加工或复合加工过程中，部分的黄色墨层颗粒黏附到了贴标机或复合机的导辊上；在对后续的其他图案的印刷品进行贴标处理或复合加工时，原来黏附在导辊上的黄色颗粒物被转移（黏附）到了后续的印刷品表面，从而形成了现在所看到的“黄色气泡”。

对策

调整印刷机的风温或风量，提高其干燥能力，或者降低印刷速率；调整易出现印刷干燥不良现象的油墨的稀释剂中快干溶剂的比例；在贴标机或复合机上，当更换待处理的印刷品时，及时清理与印刷品的油墨面有接触的导辊。

7. 印刷品微观平整度过差导致的气泡

图 6-22 左侧的图片是从一个复合制品的背面拍摄到的，右侧的图片是从另一个复合制品的正面拍摄到的。

图 6-23 与图 6-22 右侧的图片拍摄于同一个复合制品，但是是在较低的放大倍率下拍摄的。照片中的“形状不规则的黑斑”是印刷过程中白墨层未充分覆盖印刷基材表面的结果。

如图 6-24 所示，由于白墨层（红色块）未充分覆盖印刷基材薄膜的表面，涂上去的胶水（绿色块）也会随着墨层的分布状态而“均匀”分布。复合加工之后，在墨层 / 胶层存在“凹陷”的部位就会产生图 6-22 和图 6-23 所示的白点或气泡。

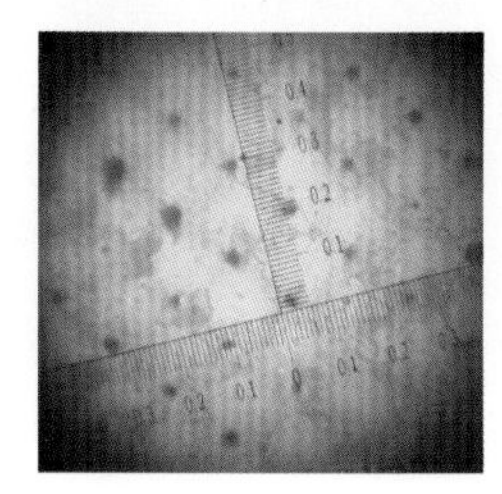

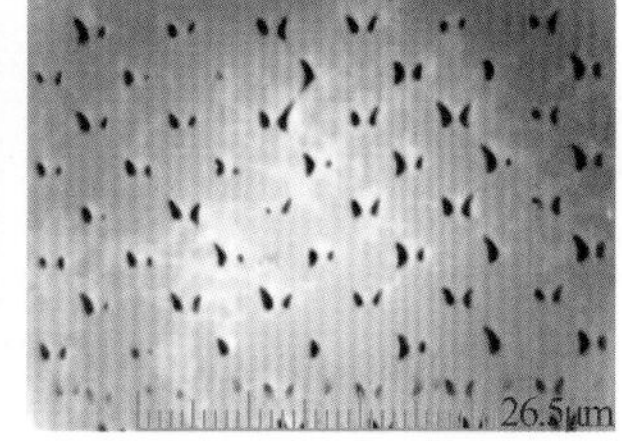

图 6-22 有白点问题的复合制品的白墨分布状态

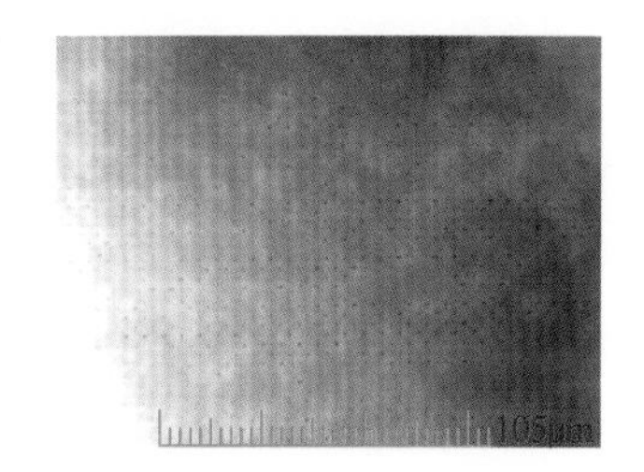

图 6-23 白墨层分布与白点分布

原因

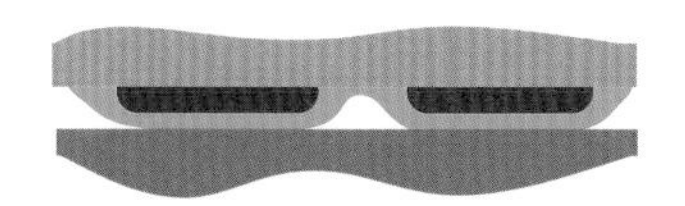
图 6-24 墨层分布与白点的关系

印刷工艺不良或印版不良导致白墨层分布不均匀；复合工艺不良导致胶层分布不均匀；涂胶量不足；复合单元温度、压力不足；复合膜卷收卷硬度不足。

对策

①对于图 6-22 左侧图片所示的情况，可加强印版的管理，对于网墙过宽的白色印版（已严重磨损或加工不良）应及时处置（退镀铬或重制）；对于图 6-22 右侧图片所示的情况，可适当降低白墨的黏度，使白墨层能够充分覆盖印刷基材的表面。

②正确使用复合机的平滑辊，在使胶层充分填充墨层的空隙的同时，使胶层的表面呈现尽可能良好的平整状态。

③适当增加上胶量。

④适当提高复合单元的温度、压力。

⑤适当提高收卷张力及接触辊压力。

8. 与印刷图案设计相关的气泡

出现在印刷图案的边或角区域的气泡：如图 6-25 所示，该类气泡是出现在印刷图案两个尖角处，在同一图案的另外两个尖角处则没有。产生此类气泡的原因通常是墨层（此例中为蓝色专色墨）较厚、同时复合时的复合单元温度与复合压力不足。

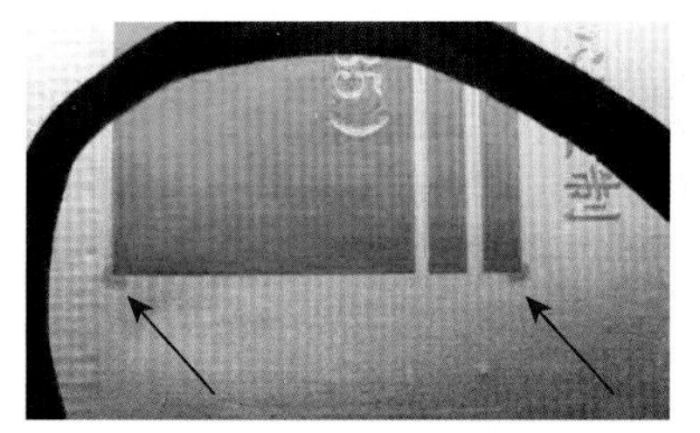
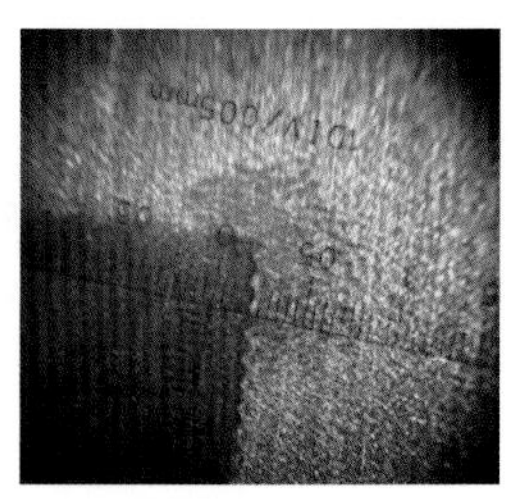
图 6-25 墨层偏厚 / 复合压力不足的气泡

对策

提高复合辊的温度或复合压力。适当提高收卷张力及接触辊压力。

出现在某个特定油墨区域处的气泡：在图 6-26 左图所示的印刷复合制品上，蓝色和绿色的区域是专色墨与白色墨双色叠加的区域，墨层比较厚；在中间的紫红色的区域是文字和线条版与白色的叠加区域，墨层相对较薄。

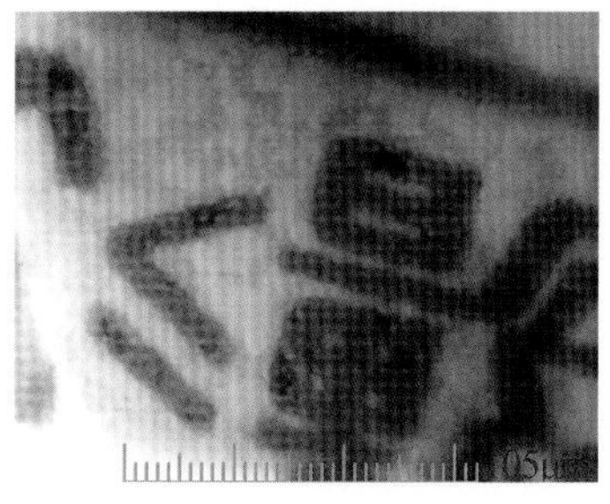
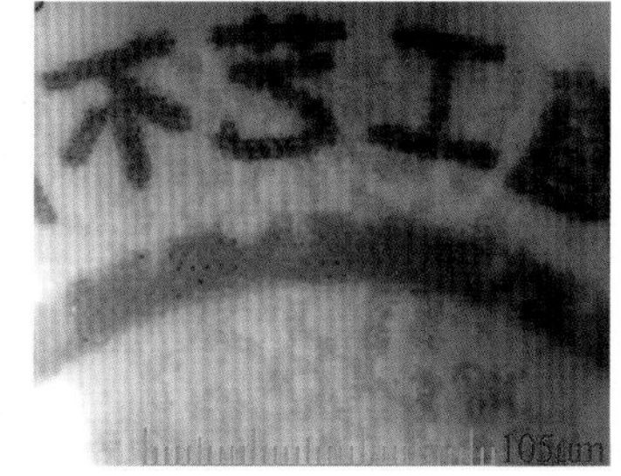

图 6-26 收卷压力不足的气泡

在充填了深色的内装物后，仅在图中粉红色的区域出现了下游客户称为“霉斑”的现象。在放大镜下，即客户所称的“霉斑”现象显示如图 6-26 中图、右图所示的“形状不规则的气泡”。

另据反馈此问题的客户称，上述的“霉斑”现象在复合制品刚下机以及出厂时并未被观察到，是下游的客户充填了深颜色的内装物后才显现出来的。

据分析，此类气泡是在使用了初粘力较低的胶黏剂（如无溶剂型干法复合）进行复合加工后，由于印刷图案设计的特点，收卷后，在图 6-26 左图中的绿色与蓝色区域的膜卷硬度比较大，而粉红色区域的膜卷硬度比较小，同时在印刷墨层微观表面平整度不良的共同作用下，在粉红色区域的复合膜间发生了局部的分离所致。

原因

印刷图案设计导致复合膜卷局部收卷硬度不足；复合制品的初粘力比较小。

对策

提高复合膜卷的硬度（提高收卷张力与接触辊压力）。

9. PA 膜受潮导致的气泡

图 6-27 是 PA/PE 结构的复合膜。该产品在刚下机时外观良好，熟化后显现出如左图所示的“透明度变差”的状态。用放大镜观察的结果显示在“透明度变差”的部位均匀地分布着许多其中心部位没有任何异物的气泡。同时，在该样品的有墨区域没有类似的气泡。此即通常所说的“下机时没有、熟化后显现的”气泡之一。

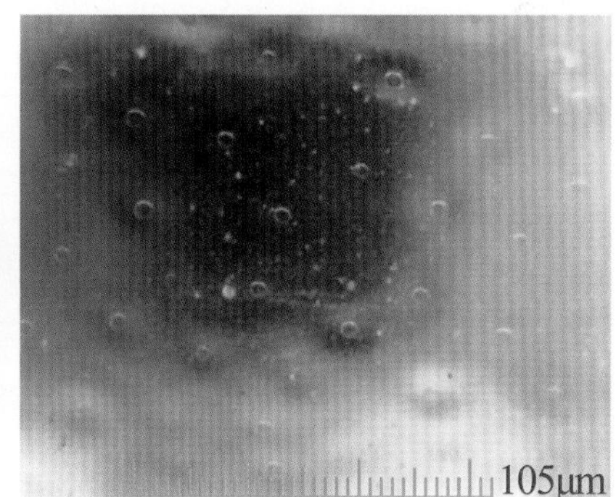

图 6-27 PA 膜受潮导致的气泡

上述情况表明，导致该现象的原因是在印刷加工之前 PA 膜已经受潮，或者是印刷加工后因未施加防潮包装或包裹不严导致 PA 膜受潮，继而在复合加工后的熟化期间，PA 膜中的水分与胶层中的异氰酸酯基团发生化学反应，生成二氧化碳气体而形成气泡。

对策

①在印刷前、印刷后及复合前、后都要对 PA 膜及其半成品复合膜卷进行良好的防潮处理，特别是在高温高湿季节。

②在复合加工过程中适当提高烘干箱的温度或降低复合加工的速度也能部分地去除 PA 基材中的水分，缓解或减少气泡的产生。

③增加收卷张力及接触辊压力，即提高膜卷硬度，可限制膜卷内部的复合膜间的气泡生成与扩展。但不能限制膜卷表面数层的复合膜间的气泡生成与扩展。

④在室温条件下进行熟化处理可限制复合膜间的气泡生成与扩展。

10. 铝箔受潮导致的气泡

图 6-28 显示的是 PET/Al/PA/PE 复合膜的外观状态。据客户反映，该产品刚下机时的外观状态良好，经过熟化处理后，呈现出左图显示的状态。对样品进行剥离检查后发现：右图所示的状态存在于 Al/PA（复合膜的第二层与第三层）层间。

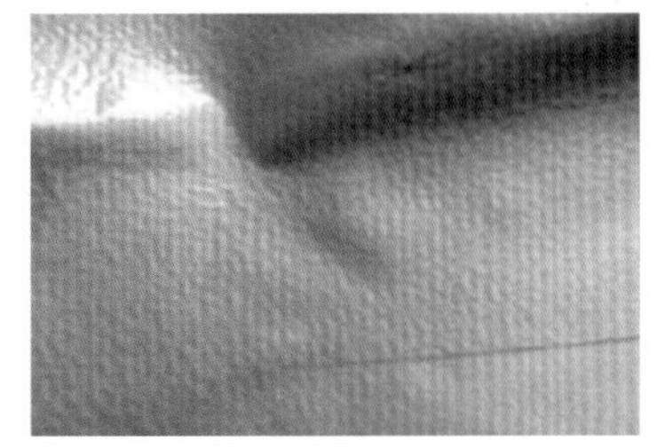
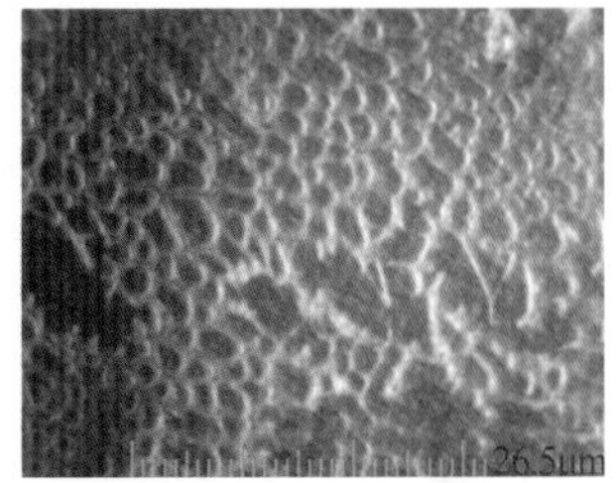

图 6-28　基材受潮的气泡

常识告诉我们：PA 膜、铝箔、镀铝膜都会存在受潮的状况。已经受潮的基材在完成了复合加工后就会在复合膜的层间产生程度不同的“下机时没有、熟化后出现”的气泡。

如果是 PA 膜在进行复合加工之前就已经受潮，其结果将是在 Al/PA 层间以及 PA/PE 层间都有气泡存在。而在此例中，只有 Al/PA 层间存在气泡，这说明：

①如果客户的复合加工顺序为四层基材依次复合，那么，所使用的 PA 膜没有受潮，受潮的应当是铝箔（Al）。应当是没有对完成的复合加工的 PET/Al 半成品实施有效的防潮措施，而且在湿度较大的环境中存放了过长的时间。

②如果客户的复合加工顺序为先做成 PET/Al 和 PA/PE，再将两个复合膜贴合在一起，那么，受潮的有可能是复合后的 PA 和 / 或 Al。

也就是说，其成因是 PET/Al 半成品中的铝箔受潮和 / 或 PA/PE 半成品中的 PA 受潮。

对策

①对复合半成品做有效的防潮处理（如果不是马上去复合第三层基材的话）。

②在做第三层基材的复合加工时，可适当提高烘干箱的温度或降低复合加工速度，以尽量减少基材的含水量。

③在复合膜的几何尺寸不发生明显拉伸变形的前提下，调整收卷张力及接触辊压力，使收卷硬度尽可能提高，以限制气泡的发生与扩展。

④在室温条件下进行熟化处理，以限制气泡的发生与扩展。

11. 基材荡边 / 收卷不紧导致的气泡

图 6-29 所示的是某客户用无溶剂型干法复合机加工的 PA^{15}/PE^{100} 结构的复合膜。据客户反馈，该产品下机时外观良好，无白点 / 气泡。只是所使用的 PE 厚膜存在明显的偏厚 / 荡边现象。如果不将膜卷收紧，所卷取的膜卷就存在一边紧、一边松的状况，熟化后就会显现出图 6-29 所示的有大面积气泡的状况。如果将膜卷整体收紧，气泡的问题虽可以解决，但会使复合膜原来的“紧边”的尺寸发生明显的变形，后期无法进行制袋加工（左右的图案对不齐）。

图 6-29 基材荡边 / 收卷不紧导致的气泡

对复合样品的检查结果如下。该复合膜袋的排版方式为横排，角对角。正面为大面积的油墨，只留四个透明边；背面为少量的黑色说明文字。膜袋正面的“天头”位置（复合膜卷收卷较紧的一侧）几乎没有气泡，膜袋背面的“天头”位置（复合膜卷收卷较松的一侧）气泡的直径最大。从复合膜卷的一端到另一端，气泡呈现均匀分布、直径逐渐从小到大的状态。而且，无论是有油墨的区域还是没有油墨的区域都有气泡。将其中的一个气泡切开后，在切面上也没有发现任何可导致生成气泡的异物。如图 6-30 的右图所示。

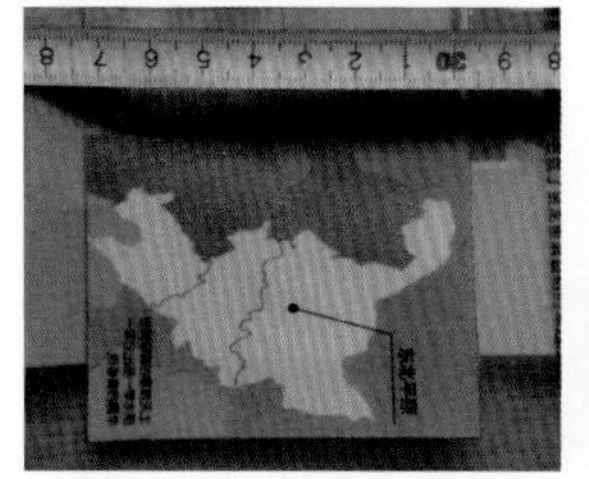
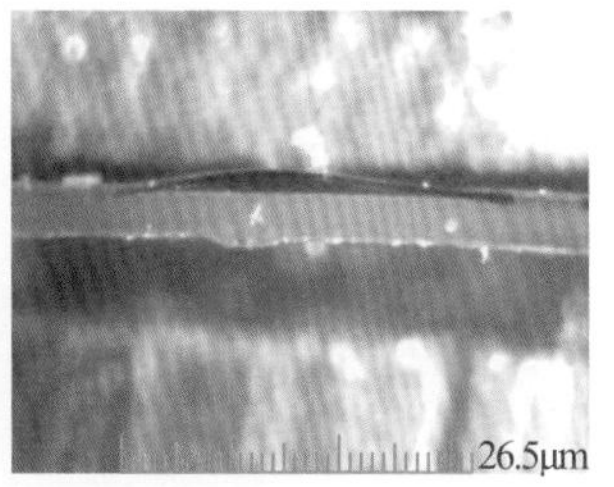

图 6-30 气泡的位置与剖面图

综合以上情况，该复合膜上形成气泡的基本原因应当是：使用无溶剂型干法复合工艺加工的复合薄膜在无压力或低压力的状态下，受基材的收缩及无溶剂型胶黏剂内聚力的影响，复合膜层间的无溶剂型胶黏剂会发生“凝聚”，PA 膜受潮和油墨层中含水（印刷时干燥不良所致），在熟化过程中，PA 膜及油墨层中的水分与胶层中的异氰酸酯基团发生化学反应、释放 CO_2 气体而形成气泡。形成上述有规律分布的气泡的另一个原因是复合膜卷一端紧、一端松，为生成从膜卷的一端到另一端直径逐渐增大的气泡提供了可能。

本案例揭示了这样一个理论：基材受潮及油墨层含水是复合膜上出现“下机时没有、熟化后显现”的气泡的必要条件，复合膜卷收卷硬度不足则是上述气泡得以显现的充分条件。

这样就可以解释以下一些现象：

①某一卷复合膜放入熟化室后出现了“下机时没有、熟化后显现”的气泡，将同批的另外几卷复合膜放置在室温条件下进行熟化则没有气泡显现；

②同一个放置在熟化室内的复合膜卷，“下机时没有、熟化后显现”的气泡仅出现在膜卷的表面数层上；

③同一个放置在熟化室内的复合膜卷，“下机时没有、熟化后显现”的气泡已经出现在膜卷的表面数层上了；将表面几层有气泡的复合膜裁掉后，过一段时间，在该复合膜卷的新的表面层上又出现了气泡。

对策

①修改印刷图案设计，使墨层的分布对复合膜卷收卷硬度的影响降到最低。

②使用厚薄偏差较小的印刷、复合基材，使复合膜卷的收卷硬度的偏差尽可能小。

③在印刷过程中采取措施提高干燥能力，尽量减少墨层的含水量。

④在印刷、复合加工前后对易受潮的基材实施防潮包装。

⑤提高复合机烘干箱的温度，或者降低复合加工速度，以减少基材或墨层中水分的影响（溶剂型干法复合）。

⑥在复合膜的几何尺寸不发生明显拉伸变形的前提下，调整收卷张力及接触辊压力，使收卷硬度尽可能提高，以限制气泡的发生与扩展。

⑦在室温条件下进行较长时间的熟化处理，以限制气泡的发生与扩展。

12. 油墨层含水导致的气泡

图 6-31 显示的是一个 PA/PE 结构的复合膜样品。该样品为五色印刷 / 复合制品，尚未进行制袋加工。在该样品的品红 + 黄 + 白三色叠加的区域的局部显现出图 6-31 所示的气泡。在该样品的黑墨、青墨印刷区域以及透明部分均没有气泡。

图 6-31　仅在有油墨区域显现的气泡

气泡的形态为“曾经是鼓起来的，现在是已经瘪下去了”。上述状态表明：生成该气泡的原因是油墨层中含水！

从气泡的分布来看，并不是在整个有油墨的区域都有气泡，这说明墨层的含水状况是不均衡的，这种情况也表示印刷机或复合机的烘干箱存在整体性的干燥能力不足的问题，或有风嘴局部被堵塞的可能。

对策

①对进厂（印刷用 / 复合用）溶剂的水分含量进行监控。

②对溶剂桶进行密封处理，减少空气中的水分凝结进入的可能。

③对墨盘进行遮挡处理，减少空气中的水分凝结进入的可能。

④在印刷 / 复合过程中采取措施（调整风量、风温、车速），在降低溶剂残留量的同时尽量减少墨层的含水量。

⑤整理印刷机、复合机的烘干箱风嘴，使干燥状况均一化。

⑥在复合膜的几何尺寸不发生明显拉伸变形的前提下，调整收卷张力及接触辊压力，使收卷硬度尽可能提高，以限制气泡的发生与扩展。

⑦在室温条件下进行熟化处理，以限制气泡的发生与扩展。

13. 复合辊不干净导致的气泡

图 6-32 所示的气泡是在某无溶剂型干法复合机的刚下机的复合制品上拍摄得的。该制品的结构为 OPP/VMPET。左图是其背面的状态，右图是其正面的状态。图中的气泡都是明显凸起的状态，且在有墨处和无墨处均匀分布，直径为 3 ～ 4mm。

图 6-32 “球缺”形气泡

由于该制品是采用无溶剂型干法复合机加工的，显然不存在胶层中残留溶剂过高的问题，如果是印刷品的残留溶剂过高，气泡也只应在有墨的区域显现。因此，可以将残留溶剂过高的因素排除掉。

接下来的怀疑对象是复合压力偏低和复合辊的温度偏高。经过检查，发现在复合钢辊和复合胶辊上裹着很多污物。经过清理后，再次开机复合时，上述的明显凸起的气泡消失了。由此可见，复合单元钢辊或胶辊脏污导致局部复合压力不足，未能将夹杂在薄膜间的气体有效地排除出去，从而形成了气泡。

对策

清理复合钢辊、复合胶辊。

图 6-33 显示的是某复合膜经过熟化处理后所显现出来的气泡问题。图示的复合制品的结构为 PET/Al，是 PET/Al/PE 结构的半成品。客户在复合加工完 PET/Al 之后，对该半成品进行了熟化处理。当客户在准备进行 PE 膜的复合加工时，发现在作为第一基材的 PET/Al 复合膜的无油墨区域可看到许多如图 6-33 所示的直径约为 1mm 的气泡。故客户停止了后续加工。

客户改用了其他几种胶水进行了同一产品的试验性复合加工，没有发现同样的外观质量问题。因此，认定前期所使用的胶水存在某种质量问题而导致了图 6-33 所示的不良现象。

图 6-34 为从该不良样品的背面（铝箔侧）观察到的现象。该照片显示：客户所反馈的气泡现象从铝箔一侧去观察呈现“环形山”状，而且该现象在复合膜的背面表面广泛性存在，即存在于复合膜的有油墨和无油墨的区域，并不是客户所反馈的仅能在无油墨的区域被看见（其实，图 6-33 中红色圆圈处的白点即是客户所反馈气泡的另一种表现形式）。另外，由于所得到的样品的平整度较差，因此，难以对该“环形山”状气泡在复合膜上是否周期性存在进行确认。

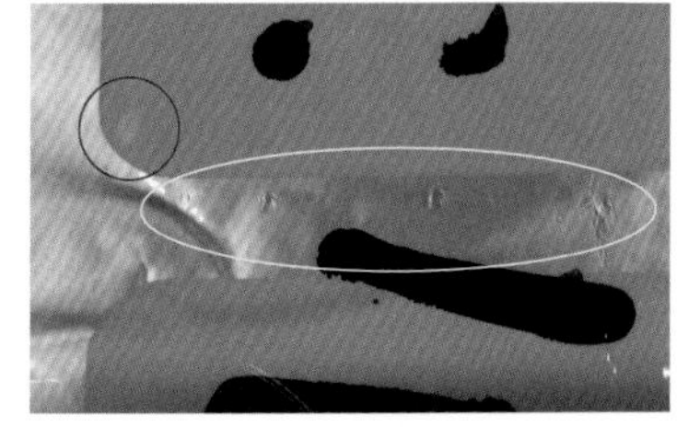

图 6-33　复合膜正面的气泡

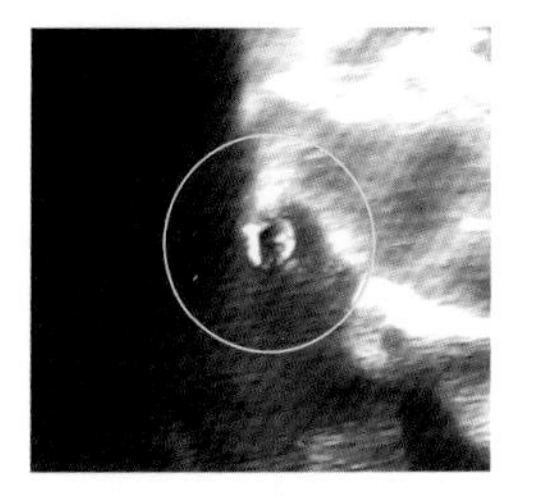

图 6-34　复合膜背面的气泡

图 6-35 显示的是从该复合膜的正面拍摄到的两个气泡的微观状态。这两个气泡都是长约 1.5mm、宽约 1.2mm 的椭圆形气泡。从形态上来看，均呈现为“PET 膜平直、铝箔凹陷”的状态。在图中红色箭头所指示的部位显示有一个枣核形的凹陷，在黄色箭头所指示部位显示有三个形状不规则的凹陷。

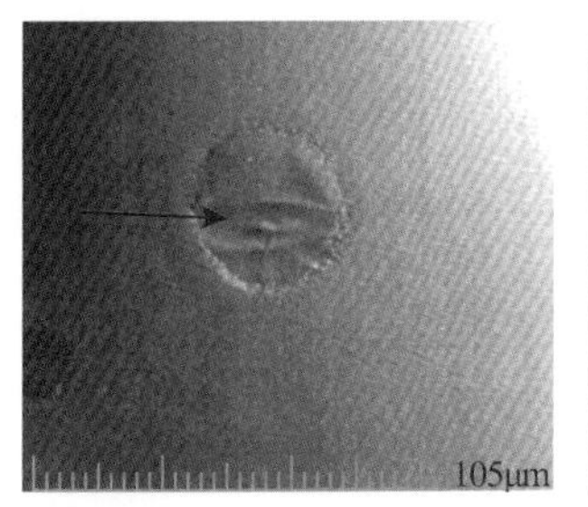

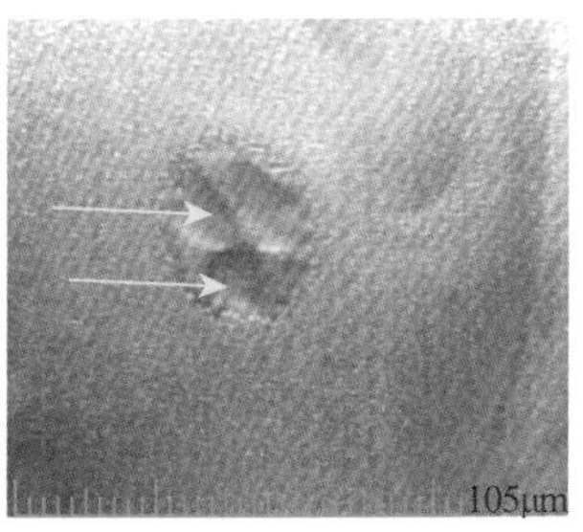

图 6-35　正面气泡的放大图

外观为圆形或椭圆形的气泡的成因通常为：泡的中心为异物或晶点（参见图 6-14、图 6-15、图 6-17、图 6-19、图 6-20）；混入了水分（见图 6-27、图 6-28）；收卷压力不足（见图 6-28）；而图 6-35 所显示的气泡的形态明显地有别于上述气泡。

基于上述事实，可对图 6-35 所示气泡的成因做出如下的判断：

在复合钢辊（假定加工该样品的复合机上的复合钢辊在复合单元的上部，在加工该复合膜时，PET 膜与复合钢辊直接接触）上存在着微小且尖锐的硬物，在两个基材进入复合辊间的瞬间，该硬物将 PET 膜和铝箔一起压入复合胶辊；当复合膜离开复合单元后，PET 由于其较大的弹性而恢复平整的状态，铝箔则由于其较强的可塑性而保留了被压迫而变形时的凹陷的状态。

需要注意的是，在此过程中，在 PET 与 Al 之间保留了一些空气！

在复合薄膜的熟化过程中，保留在铝箔的凹陷处的空气受热膨胀而形成了肉眼可见的气泡。对于图 6-35 的右图，则是三个凹陷中的空气受热膨胀而形成了一个肉眼可见的气泡。形成此种气泡的另一个原因是复合机收卷时的张力、膜卷的层间压力不够大，为铝箔的凹陷中的空气膨胀保留了一定的空间。

对策

①在复合时，利用静电消除毛刷等手段清除可能附着在复合用基材表面的灰尘。

②复合前，清洁各个导辊、复合钢辊、胶辊等。

③适当增加收卷张力，提高收卷后的膜卷的硬度。

14. 涂胶辊局部堵塞导致的气泡

图 6-36 所显示的气泡的特点如下：

①该气泡属于“凹陷”型的，即从侧面观察时该气泡处的表面基材薄膜会略低于其他无气泡的部位；

②气泡中可明显看到涂胶辊上网穴的形态及其分布状态；

③在复合膜的纵向方向上，该气泡无重复性、无周期性，即没有重复出现。

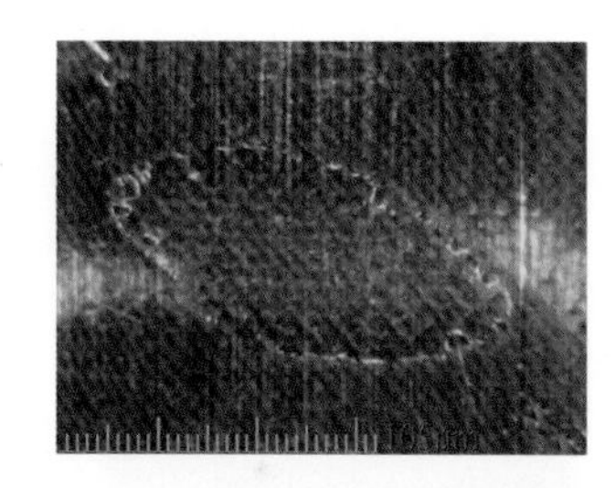

图 6-36　涂胶辊局部堵塞导致的气泡

综合以上现象，产生该种气泡的原因可能是在涂胶辊上存在“临时性的异物附着”现象，即有薄膜的碎片或从胶盘中脱落的“胶皮”临时性附着在涂胶辊的表面，使得载胶膜局部的上胶量临时性地减少所致。

对策

对供胶系统进行连续性过滤处理。

15. 胶水黏度过高或涂胶辊堵塞导致的气泡

图 6-37 是从一个满版印刷的复合样品上拍摄的照片。用肉眼观察时，在纯白墨区域可看到较大面积的均匀分布的白斑；通过放大镜进行观察时，则可看到如图 6-37 所示的状态。图 6-37 显示，其中的气泡呈间断性分布，但在斜向上呈现严格的线性排列，而且“大白斑”中的“小白点”大小相近、间距相等。

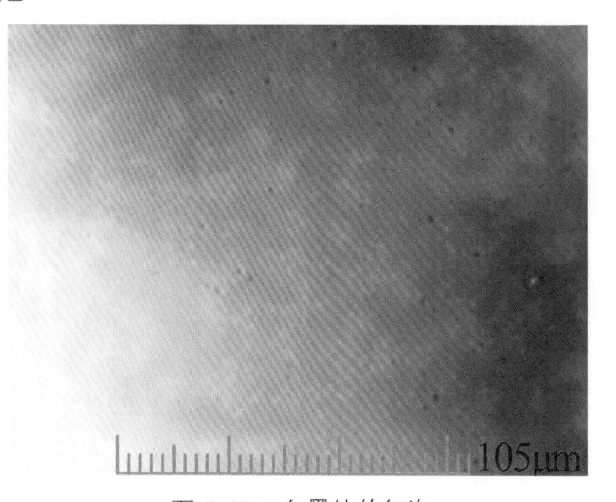

图 6-37　白墨处的气泡

造成此等状态的原因可能有以下几种：

①网穴磨损严重，网墙宽度值较大，胶水难以“自动流平”覆盖与网墙相对应的无

胶区域；

②网穴状态正常，胶水工作液的黏度过高，胶水难以“自动流平”覆盖与网墙相对应的无胶区域；

③网穴本身状态正常，胶水工作液的黏度也不高，但网穴已发生严重的堵塞，造成实际涂胶量过小；

④复合时未使用平滑辊。

在图 6-38 中的两张图中，左侧的图是从 PA/PE 结构的耐水煮复合膜袋的正面拍摄的，右侧的图是在从该复合膜上剥下的 PE 膜上拍摄到的。用肉眼观察该复合膜的透明部位时，并不能清晰地看到白点或气泡，只是感觉透明度不佳。此外，客户提交这一不良样品的理由是该复合产品的剥离力不良。

在图 6-38 的右图上，浅颜色的部分是胶层黏附过的区域，而深颜色的部位是没有胶层黏附过的区域。浅颜色的部分清晰地勾勒出了涂胶辊的网穴状态，如图 6-39 所示。

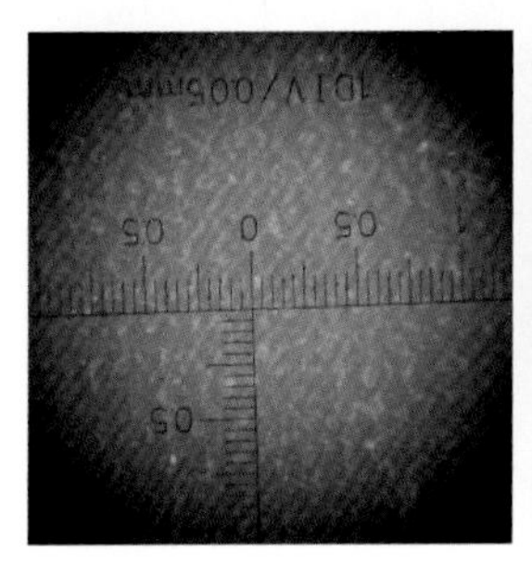

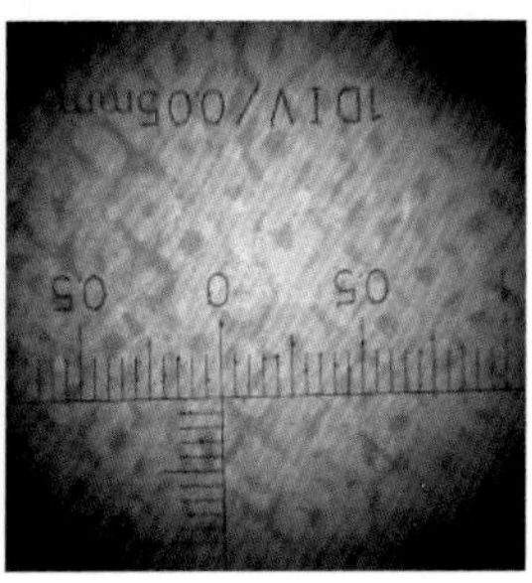

图 6-38　透明处的气泡

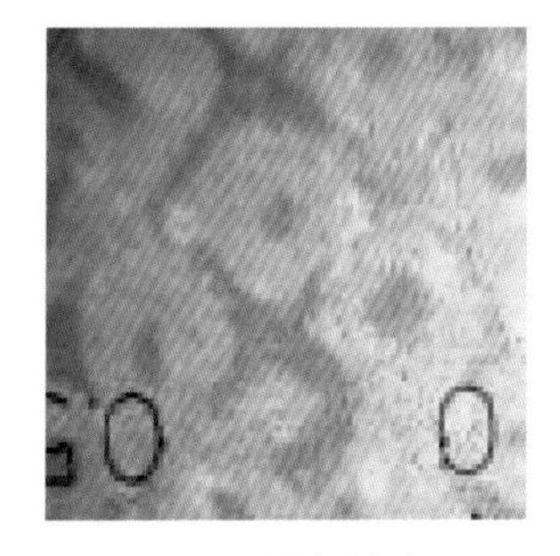

图 6-39　局部放大图

造成该现象的原因首先是复合加工时没有使用平滑辊，其次是反映出该网穴的网墙宽度值比较大，这种比较大的网墙宽度有可能一是涂胶辊加工不良，网墙宽度值本身就比较大（可能是压花辊），二是涂胶辊已经严重磨损。在每一个浅颜色胶痕的中间部位都有一小块深颜色的无胶区域，这是胶水工作液黏度过高或者涂胶单元橡胶辊压力过小的表现。由于胶水工作液的流平结果不良，该样品中的基材表面并没有百分之百地被胶水粘接在一起。因此，最终的剥离力值偏低也属于正常现象。

图 6-40 是另一类气泡 / 白点的一个范例。在该复合制品上有明显的气泡现象。从图 6-40 来看，图中的颜色较浅的区域的面积相对较大，而颜色较深的区域的面积相对较小。

图 6-40　另一种气泡 / 白点的范例

在图 6-37 和图 6-38 的左图中，颜色较深的区域是两层复合基材在胶层的帮助下相互粘接在一起的区域，而颜色较浅的区域是两层复合基材间存在空气（未粘接在一起的）的区域。因此，图 6-41 的状态表明：在复合制品的该区域上涂胶量严重不足或复合压力严重不足，从而导致在该复合制品样品的局部上“白点”占了相当大的比例。

图6-41～图6-44是在图6-40所示的样品的横向方向上的不同的颜色较浅或纯白色印刷区域拍摄到的气泡（白点）分布状态。

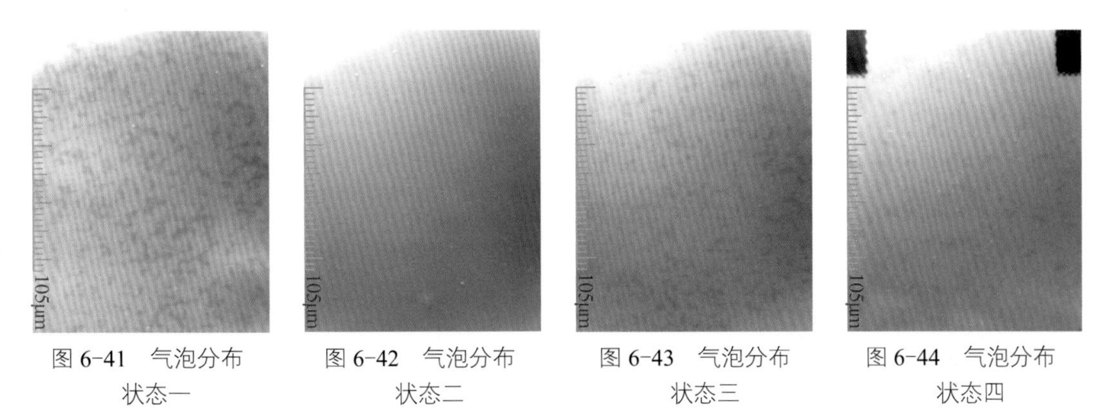

图6-41　气泡分布状态一　图6-42　气泡分布状态二　图6-43　气泡分布状态三　图6-44　气泡分布状态四

从几张照片上可以发现，在同一个复合膜的横向方向上的不同区域，气泡（白点）的分布状态有着明显的差异。

这种状态表明：加工该复合制品的复合机可能存在着严重的涂胶或复合压力不均匀的状态，而导致该现象的原因可能是涂胶辊存在着不规则的堵塞状态或复合胶辊的硬度分布严重不均匀（另一种可能是复合辊脏污状况比较严重）。

对策

对于图6-37、图6-38和图6-40所显示的气泡，建议的对策如下。

①正确地使用平滑辊，以使胶水工作液能够充分覆盖载胶膜的全表面。

②关注胶水工作液的黏度控制事宜，确保在整个复合加工期间使胶水工作液的黏度保持恒定。

③对新进厂的涂胶辊要进行质量检查，确保其符合复合加工的要求。

④对涂胶辊要进行定期或不定期的检查或清洗，确保其上机前符合复合加工的要求（没有严重堵塞或严重磨损的问题）。

⑤对复合钢辊和复合胶辊进行定期或不定期的检查或清洗，确保其硬度均匀及清洁度。

16. 与润湿性相关的气泡

图6-45中的6张图片是从客户提供的一张有问题的复合膜样品上拍摄到的。

客户的问题是：在刚下机时产品的外观是良好的，经过熟化之后仅在透明蓝墨区域显现出许多肉眼可见的气泡。是什么原因导致了这种现象？

图6-45（a）反映的是客户所说的在透明蓝墨区域肉眼可见的气泡（红色箭头指示处）。图6-45（e）是该气泡在放大镜下显示的状态。从图6-45（e）中可以看出在那个大气泡的周围有无数个与涂胶辊的网穴相对应的小气泡，而大气泡是由多个小气泡“相互连通”后形成的。

图6-45（b）、图6-45（c）显示在该样品的白墨区域和透明蓝区域分别存在着与涂胶辊上的网穴相对应的、均匀分布的、肉眼不可见的小气泡。而且，在整个版面的不同区域，气泡的大小是不一样的，但却是均匀分布的。图6-45（d）是图6-45（c）的局部放大效果图。图6-45（d）

显示胶层的分布与涂胶辊上的网穴形状一一对应；该网穴形状表明该客户所使用的是电雕法加工的有通沟的连体四棱锥形网穴的涂胶辊，网墙的宽度小于 30μm，属于状态正常的涂胶辊。

图 6-45（f）是从样品的透明蓝墨区域当中的“心形”图案的边缘处拍摄到的。该“心形”图案中没有透明蓝墨，是黑色油墨半调印刷图案。图 6-45（f）的左侧是“心形”图案的一部分，右侧是透明蓝墨区域。在透明蓝墨区域仍可看到图 6-45（d）所示的效果，而在“心形”图案区域则看不到图 6-45（d）所示的效果。这说明所涂上的胶水能够充分润湿“心形”图案部分的黑墨，而不能充分润湿透明蓝墨区域的透明蓝墨，也就是说，透明蓝墨层的表面润湿张力值小于黑墨层的表面润湿张力值！换句话说，就是透明蓝墨区域的不良的胶层分布状态的部分原因是透明蓝墨的表面润湿张力偏低！

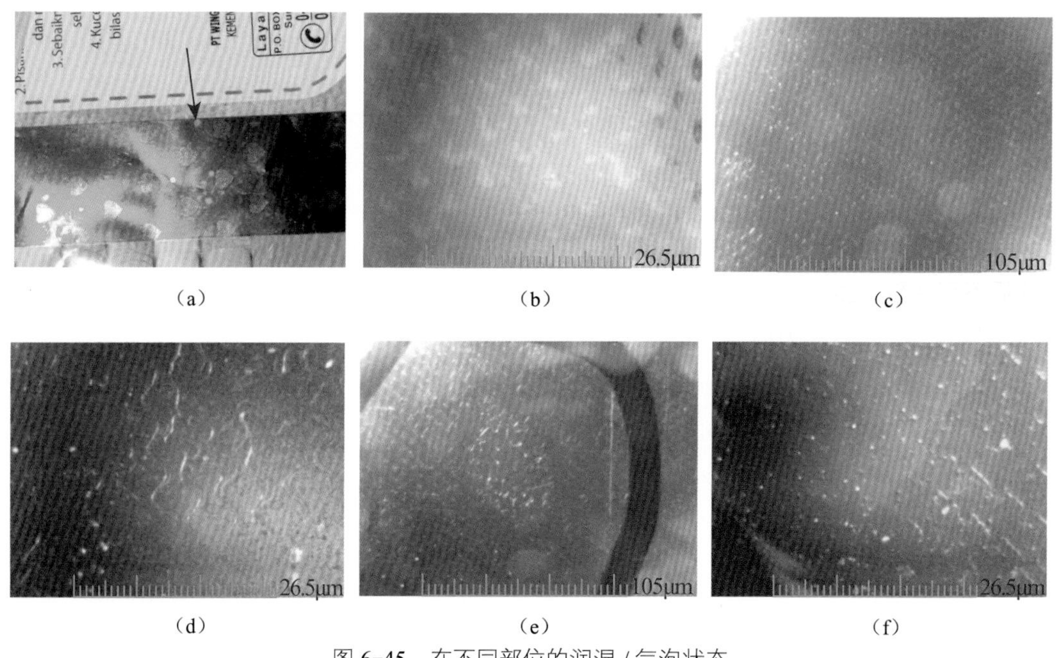

图 6-45 在不同部位的润湿 / 气泡状态

上述现象表明：

①白点 / 气泡是一种客观存在，但只有当它大到肉眼可以直观辨识到的程度时，人们才能关注到它；

②客户在加工该复合制品时没有使用平滑辊；

③该客户所使用的白墨和蓝墨的表面润湿张力小于或等于胶水工作液的表面润湿张力，从而使得胶水工作液难以润湿 / 覆盖载胶膜与网墙对应的部位；

④收卷后，复合膜卷的硬度偏低，从而为已有的小气泡中的空气受热膨胀提供了空间。

在上述因素的共同作用下，在复合膜卷的硬度较低的部位，多个小气泡中的空气在熟化温度的作用下发生膨胀、相互连通而形成了肉眼可见的大气泡。

对策

①改用结膜后表面润湿张力较大的油墨（复合级白墨层的表面润湿张力须不小于52mN/m）；

②正确使用平滑辊；

③合理控制胶水工作液的黏度；

④在复合膜不发生拉伸变形的前提下，尽量提高复合膜卷的硬度。

17. 与干燥不良相关的气泡

(1) 润湿性差＋干燥不良的气泡

图 6-46 所示的气泡拍摄于某个采用溶剂型干法复合工艺加工的含 VMPET 的大面积透明黄单色印刷的复合制品。

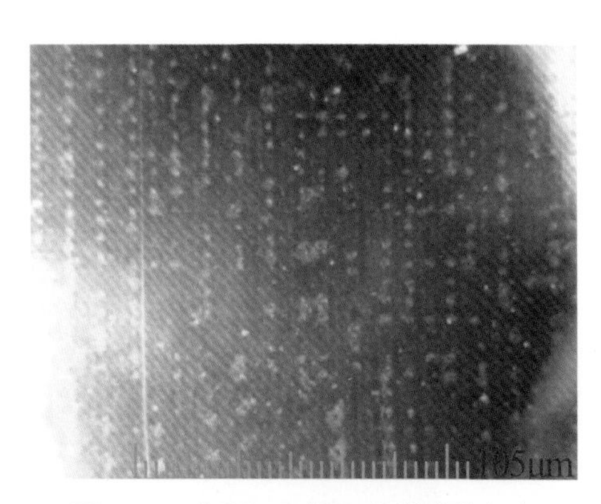

图 6-46　润湿 / 干燥不良所致的气泡

该样品上的气泡的特点是：加工该制品时，客户使用了平滑辊，因此，透明黄区域的气泡沿复合膜的纵向呈“线性点状分布”；在该复合制品上，气泡仅出现在了透明黄墨区域；该类气泡属于“下机时有、熟化后不可消除”的。

形成该类气泡的原因如下。

①胶水工作液对透明黄墨润湿不良，或者说透明黄墨的表面润湿张力低于胶水工作液的表面张力，胶水工作液对其无法润湿。因此，尽管使用了平滑辊进行“抹平”，但胶水工作液仍然呈现如图 6-47 所示的条状分布的状态。

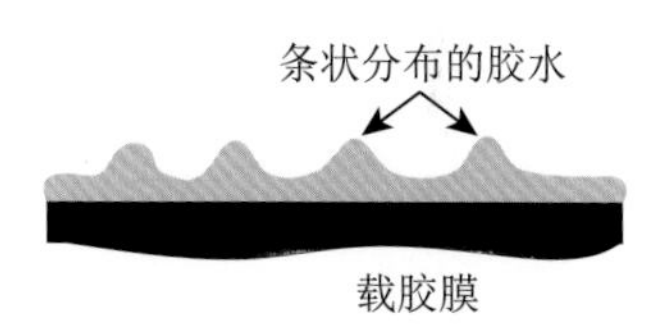

图 6-47　条状分布的胶水

②烘干箱的干燥能力不足。烘干箱的现有干燥能力能够使图 6-46 中处于“凹陷”部位的胶水工作液中的溶剂挥发，但不能使处于“凸起”部位的胶水工作液中的溶剂充分挥发，因为该处的胶层相对较厚。在复合单元的温度作用下，处于上述“凸起”部位中的残留溶剂就会气化并形成肉眼可见的“线性点状分布”的气泡。

③复合单元的温度、压力不足。在涂胶单元形成的条状分布的胶水，即使其中的溶剂被充分挥发，也会保持其条状分布（局部明显的高低不平）的形态，如果复合单元的温度、压力不足，就会在条状分布的胶水层的“凹陷”处显现出肉眼可见的“线性点状分布”的气泡。

对策

①与油墨供应商协商，提高透明墨的表面润湿张力，以改善胶水工作液对其的润湿能力及胶水的流平结果。

②提高烘干箱的干燥能力。方法是提高风温、增加风量，或者降低复合加工速度。

③提高复合单元的温度、压力。

图 6-48 中的两张图片是溶剂型干法复合工艺中另一种润湿性差＋干燥不良所致的气泡的范例。这两张照片拍摄于以丙烯酸类水性胶加工的 OPP/VMCPP 结构的复合制品，且均拍摄于

印刷品的纯白墨区域。

该客户在复合加工过程中使用了平滑辊。

图 6-48 左图的状态与图 6-37 的状态有相似之处。

图 6-49 是加工图 6-48 所示样品的涂胶辊的网穴的照片。从该照片可以看出该网穴的网墙宽度为 15 ～ 20μm。从机械加工角度来讲，这已是一个很好的结果，对于使胶水从涂胶辊上充分转移并充分覆盖载胶膜表面很有帮助。

将图 6-48 左图与图 6-49 对比来看，涂胶辊上的网穴的排列是斜向的，而图 6-48 左图中白点的排列是横向的。即图 6-48 右图所显示的白点状态与图 6-49 涂胶辊的网穴排列方式没有直接关系！

图 6-48　润湿性差所致的气泡

因此，图 6-48 的白点状态应当是由于胶水对基材上的白墨层表面的润湿性差所引发的。

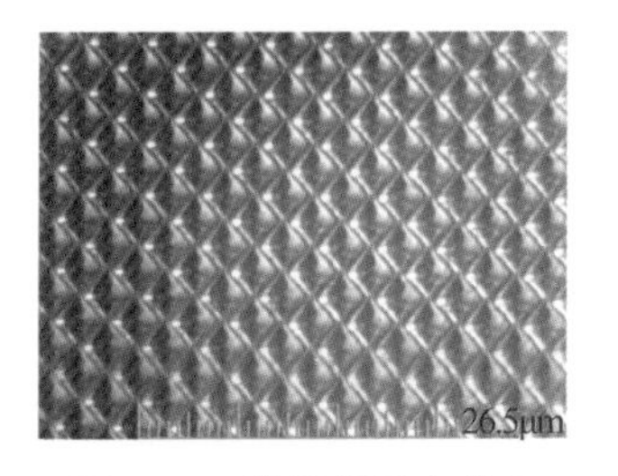

图 6-49　涂胶辊网穴状态

一般来讲，由于白墨中有大量的无机类的钛白粉颜料，白墨层的表面润湿张力都不会低于 50mN/m，因此，图 6-48 的白点状态应当是由于所使用的水性胶的表面润湿张力过高、不能充分润湿白墨层表面而引发的。

需要注意的是：图 6-48 所示的白点由于是在整个油墨层表面均匀分布的，用肉眼并不能直接看到白点的存在，很容易将此类复合制品判定为外观合格的制品。

对策

①在正式进行复合加工前，用手指蘸取少量水性胶溶液，均匀地涂在载胶膜上，以观察其对基材的润湿性：如润湿性良好，则可以投入生产；如润湿性不良，则应考虑更换另一组胶水，或者对待复合基材进行在线电晕处理。

②与胶水供应商协商，降低水性胶水的表面张力，以改善胶水工作液对油墨层表面的润湿能力及胶水的流平效果。

③提高烘干箱的干燥能力。方法是提高风温、增加风量，或者降低复合加工速度。

④提高复合单元的温度与压力。

(2) 空刀线 + 干燥不良所致的气泡

图 6-50 是溶剂型干法复合工艺中两个干燥不良 + 空刀线所致的气泡的范例。

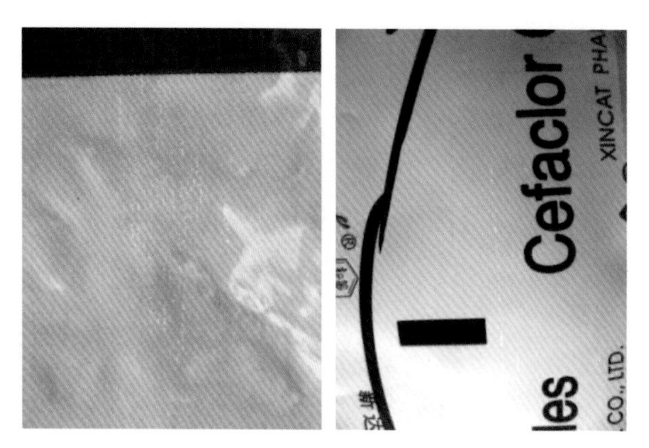

图 6-50　空刀线 + 干燥不良所致的气泡

该类气泡的特点是：

①气泡显现在包含大面积白墨的浅颜色区域；

②复合加工过程中未使用平滑辊；

③气泡沿复合制品的纵向（图中的左右方向为复合膜的运行方向）呈“线性点状分布”；

④气泡在复合制品的纵向方向上无周期性地随机出现。

形成此种气泡有以下几个原因。

①在复合制品的局部出现了“空刀线”形的“短刀线”，导致了如图 6-51 所示的围绕“短刀线”的局部涂胶量过厚的状态。

图 6-51　空刀线的微观状态

②烘干箱的干燥能力不足。烘干箱的现有干燥能力能够将图 6-51 中处于“空刀线”两侧的胶水工作液中的溶剂挥发掉，但不能将处于由“空刀线”所形成的“凸起”部位的胶水工作液中的溶剂充分挥发，因为该处的胶层相对较厚。

③在复合单元的温度作用下，处于上述“凸起”部位中的残留溶剂就会气化形成肉眼可见的“线性点状分布”的气泡。或者在涂胶单元形成的条状分布的胶水，即使其中的溶剂被充分挥发了，也会保持其条状分布（局部的明显的高低不平）的形态，如果复合单元的温度、压力不足，就会在条状分布的胶水层的“凹陷”处显现出肉眼可见的“线性点状分布”的气泡。

对策

①对胶盘中的胶水工作液进行连续过滤处理，防止异物附着在刮刀刃上，消除空刀线。

②提高烘干箱的干燥能力。方法是提高风温、增加风量，或者降低复合加工速度。

③提高复合单元的温度与压力。

18. 无溶剂型干法复合制品中的线性白点

图 6-50 所示的线性白点也有可能出现在无溶剂型干法复合的制品中。

在无溶剂干法复合制品上出现“线性白点”或“白线”的原因是在涂胶单元的某支辊上附着有异物，干扰了胶水的传递。在出现了“白线”的部位，上胶量会少于其他部位。

无溶剂型干法复合机的五辊涂布系统是以转速差的方式分配、传递胶水的，因此，如果在五辊涂布系统中的任何一个辊附着异物的话，就会在复合制品上留下不同的印迹。

如果如图6-52（a）所示，异物是附着在固定不转的承胶辊上的，那么就会在复合制品的整个长度上显现出“白线”；如果如图6-52（b）所示，异物是附着在旋转着的计量辊上的，那么就会在复合制品上出现周期性的、较长的“白线”；如果如图6-52（c）所示，异物是附着在旋转着的递胶辊上的，那么就会在复合制品上出现周期性的、较短的“白线”；如果如图6-52（d）所示，异物是附着在旋转着的涂胶辊上的，那么就会在复合制品上出现周期性的、与附着物的形态一致的“白点”。

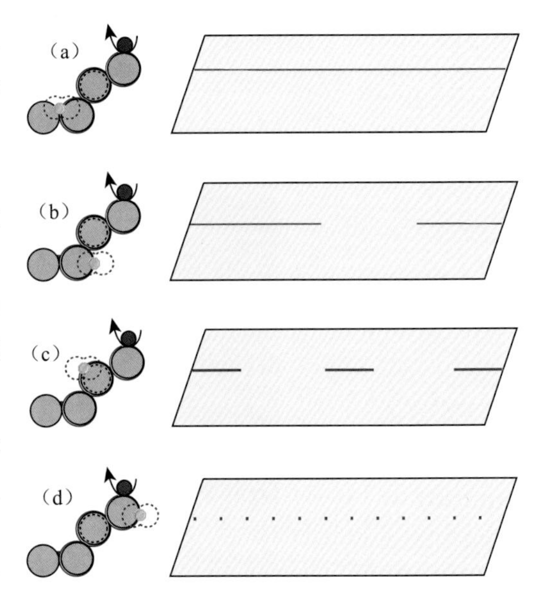

图6-52 异物附着点与白线的形态

目前国内正在使用的无溶剂型干法复合机的五辊涂布系统中，存在着两种转速差的设计方式（见表6-1）。转速差的设计方式与异物附着的位置会产生不同的长度及重复周期的“白线”。如果异物是附着在涂胶辊上的，由于涂胶辊的直径为190mm左右，因此，就会以约600mm的间距周期性地出现与附着物的形态相一致的“白点”；如果异物是附着在递胶辊上的，那么，随着递胶辊与涂胶辊间的转速比的不同，“白线”的长度可能会在1～6mm，重复的周期可能在500～2400mm；如果异物是附着在计量辊上的，那么，随着计量辊与涂胶辊间的转速比的不同，“白线”的长度可能会在12～60mm，重复的周期可能在6～30m。

表6-1 两种转速比

转速比	计量辊	递胶辊	涂胶辊
A	5～9.5	40～95	100
B	1.8～3	18～30	100

对策

彻底清理相应的辊。

19. 压力不足导致的气泡

图6-53所示的完全无规则且无明显的异物夹杂在其中的气泡的形成可被认为是复合单元压力不足所致，更具体地讲，应当是复合单元的温度及压力的组合不足。另一种可能是复合

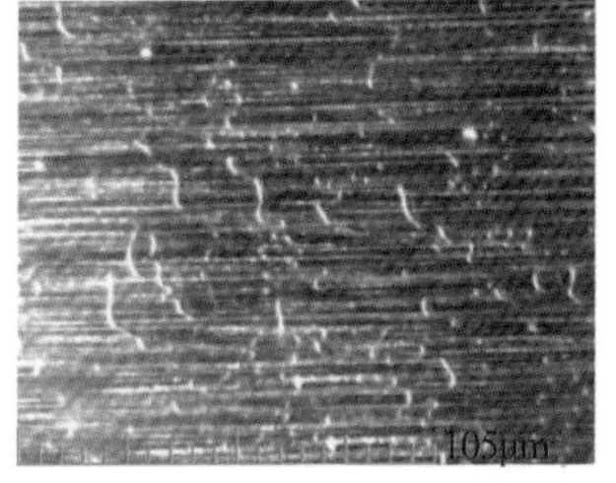

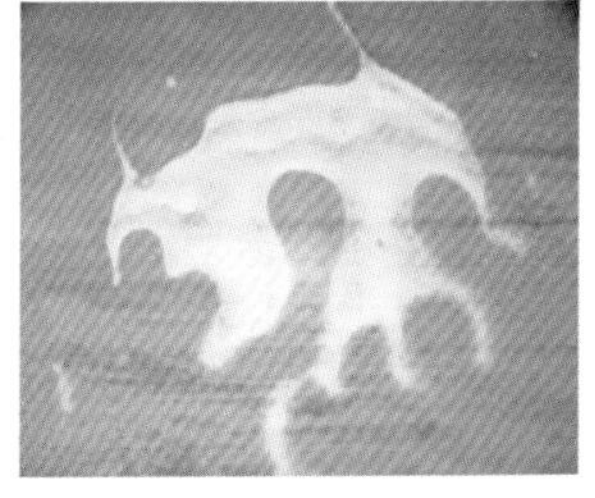
图6-53 复合单元温度、压力不足导致的气泡

单元的复合胶辊的硬度比较低。

对策

提高复合钢辊的温度，或提高复合单元的压力，或更换为硬度较高的复合胶辊。

20. 局部无胶导致的气泡

图 6-54 所显示的是因载胶膜上局部未涂上胶（无胶）而导致的气泡。该照片摄于采用无溶剂干法复合工艺加工的 PET/ 乳白 PE 结构的复合膜的无油墨的区域。

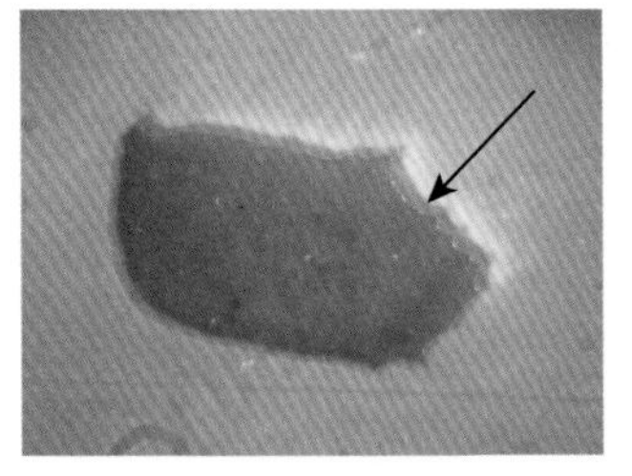
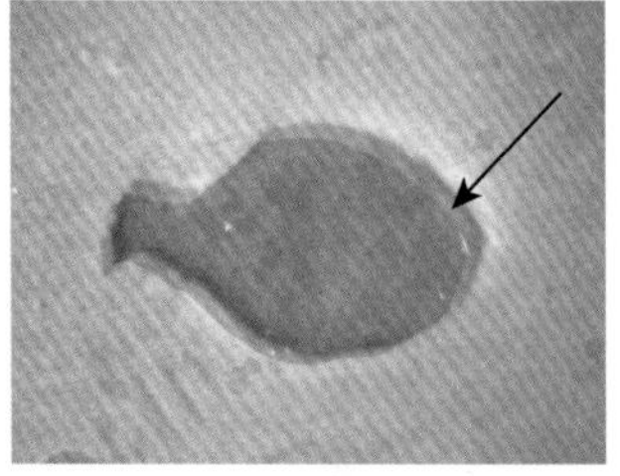

图 6-54 局部无胶导致的气泡

图中黑色箭头所指的部位所显示的“阶梯状”或“出血状”的成因可能是：围绕在由于局部无胶而形成的“凹坑”周围的胶水在复合单元的压力 / 温度的作用下，被“挤向”“凹坑”的中间，试图将其“填平”，但由于多种原因，胶层未填满“凹坑”时，复合压力已消失了（复合膜已通过了复合单元），胶层在其自身的黏弹性的作用下向回收缩所致。而导致载胶膜上局部无胶的原因可能是涂胶辊上有点状分布的油污或者在递胶辊上有细小的灰尘。

对策

彻底清理涂胶辊，消除可能存在的油污；整理车间环境，防止灰尘进入；增加复合单元的温度及压力。

21. 与收卷硬度相关的气泡

图 6-55 所示的气泡出现在一个无溶剂型干法复合的 PET/CPP 结构的复合制品上。在该复合膜袋上有一条沿复合膜的横向分布的“活皱褶”，长约 15cm，气泡只是均匀地分布在这个“活皱褶”上，在其他“平坦的”复合膜的部位没有气泡。

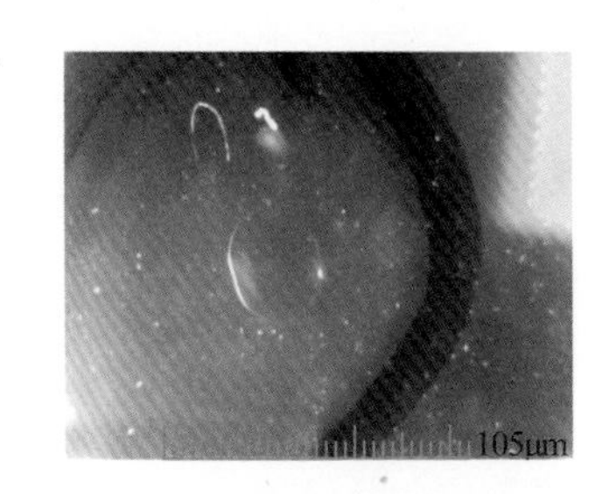

图 6-55 与收卷硬度相关的气泡

该气泡直径约 1mm，从复合膜的侧面观察时看不出明显的凸起状态。在微观条件下观察，其形状近乎圆形，中间无支撑物。据客户反映，刚下机时，在表层的复合膜上未见到此类异常现象。此类现象是在完成了制袋加工后才发现的。

可能的原因是：复合用基材存在薄厚不均（荡边）的现象；复合膜卷的收卷压力局部偏低（可能与墨层分布状态相关）。

对策

提高收卷硬度（加大收卷张力、加大接触辊压力）。

22. 快速熟化过程中显现的气泡

一些大中型的软包装企业在复合制品下机后会进行快速熟化处理，以观察复合制品在 80℃、5 ～ 10min 的条件下剥离力的变化状况。在此过程中，复合制品上有时也会显现出肉眼可见的气泡。

在快速熟化的条件下所显现的气泡的原因主要是在复合制品上原本存在肉眼不可见或不易发现的小气泡，在 80℃的高温条件以及无张力、无压力的条件下，小气泡中的气体受热膨胀而形成肉眼可见的气泡，如图 6-19、图 6-34、图 6-35、图 6-37、图 6-50 所示；另外一些原因是基材已受潮，或墨层中含有水分，在高温条件下，水分与胶层中的 -NCO 成分快速反应而形成肉眼可见的气泡（见图 6-26、图 6-28、图 6-29、图 6-31）。

由于在快速熟化过程中所显现的气泡的基本成因是各不相同的，应该根据其宏观的分布状态、气泡形态，并结合微观的观察结果对其成因进行判断！

调查 / 分析思路

从上述的分析结果来看，在复合膜袋加工 / 应用的各个阶段都有可能显现出不同形态的、大小不等的气泡（白点），而导致这些气泡的原因又各不相同，因此，可以认为气泡现象是一个很复杂的问题，绝不是用几句话可以阐述清楚的。

有关的事宜可以参见“法—分析篇—气泡的分类与辨识”。

在遇到气泡问题时，手头握有存在相关气泡的不良样品是第一要务，切忌盲目猜测。此后，需要从机、料、法、环等多方面着手，对气泡的原因进行调查与分析。作为具体的调查分析方法，应从以下几个方面依顺序进行。

气泡的显现阶段：是属于下机即可发现的气泡，还是熟化后才显现的气泡？是下机后进行短时间高温熟化期间出现的气泡，还是在后期的热处理（制袋、蒸煮）期间显现的气泡？

气泡的分布状态：与印刷图案的关联性，与涂胶辊 / 递胶辊等及其周长的关联性，是仅出现在无墨处、有墨处，在整个版面上均匀分布，还是与油墨层完全无关，或者仅仅出现在封口处？与胶水的黏度及涂胶辊网穴状态的关联性。

气泡的“可擦除性”：对于下机时即可发现的气泡要检查其“可擦除性”，以初步确认气泡内是否存在异物。

气泡的“凹凸”状态：通过“斜视”的方式检查确认气泡的凹凸状态。

在微观条件(放大镜或显微镜)下，气泡的状态，气泡的尺寸，是否存在夹杂异物、基材晶点、涂胶不均匀等状态。

气泡问题显现时的加工工艺条件、复合加工速度、烘箱温度、烘箱正负压条件、环境温湿度、胶水浓度 / 黏度、熟化温度 / 时间、热合温度 / 速度、蒸煮温度 / 时间等。

获取的资料越多，则分析原因时的准确性就会越高。

五、初粘力

请参见“料—胶水的初粘力”的相关内容。

复合制品刚下机时的初粘力与胶水的质量无关，初粘力与最终的剥离力也没有关系。一般来讲，复合制品的初粘力与原桶胶水的分子量大小有关，原桶胶水的分子量越大则复合制品的初粘力也就越高。对于溶剂型干法复合胶黏剂，原桶胶水的固含量通常与其分子量成反比，即固含量越高的牌号的胶水其分子量会越小！无溶剂型干法复合胶黏剂的分子量普遍小于溶剂型干法复合胶黏剂的分子量，所以，无溶剂型干法复合制品刚下机时的初粘力普遍比较小。

在复合加工过程中，任何可以促进混合后的胶水中的主剂与固化剂间的扩链反应的举措都有助于提高复合制品的初粘力。

这些举措包括以下几项：

①将配制好的溶剂型干法复合胶水静置一段时间；

②提高烘干箱的温度（提高刚出烘箱的载胶膜的表面温度）；

③提高复合单元的温度；

④降低复合加工速率（作用相当于提高烘干箱温度和复合单元的温度）；

⑤提高混胶机的温度（无溶剂干法复合工艺）；

⑥提高承胶辊 / 计量辊的温度（无溶剂干法复合工艺）。

部分业内人士将复合薄膜的隧道问题归咎于复合制品下机时的初粘力偏低，这其实是一种推卸责任的做法！隧道问题的真正原因是烘箱 / 桥 / 第二基材放卷张力控制不良！

六、复合膜卷曲

在胶水的应用过程中，即复合加工与熟化处理过程中，所显现的“复合膜卷曲”现象可分为两类：一类是在复合膜下机后即可显现出来的“复合膜卷曲”现象（以下简称“下机时的卷曲现象”）；另一类是复合膜在完成了熟化处理过程后所显现出来的“复合膜卷曲”现象（以下简称“熟化后的卷曲现象”）。

卷曲现象可通过两种方式进行观察：一种是将一片复合膜平放在桌面上，如图 6-56 左图所示；另一种是在平置的复合膜上用刀片划一个“×”形，如图 6-56 右图所示。

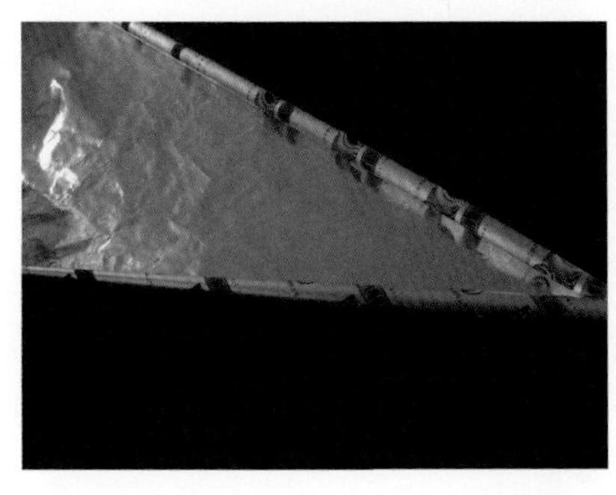

图 6-56　卷曲现象

1. 下机时的卷曲现象

“下机时的卷曲现象”有多种表现形式：沿着复合膜的横向向外（第一基材一侧）卷曲；沿着复合膜的横向向内（第二基材一侧）卷曲；沿着复合膜的纵向向外（第一基材一侧）卷曲；

沿着复合膜的纵向向内（第二基材一侧）卷曲。

导致“下机时的卷曲现象”的基本原因是复合过程中的烘箱张力或桥张力与第二基材放卷张力不匹配。

导致“沿着复合膜的纵向向外卷曲”现象的原因是：第一基材的纵向弹性变形率大于第二基材的纵向弹性变形率；通俗的说法是施加在第一基材上的张力相对偏大了，或者是施加在第二基材上的张力相对偏小了。

导致“沿着复合膜的纵向向内卷曲”现象的原因是：第一基材的纵向弹性变形率小于第二基材的纵向弹性变形率；通俗的说法是施加在第一基材上的张力相对偏小了，或者是施加在第二基材上的张力相对偏大了。

导致“沿着复合膜的横向向外卷曲”现象的原因是：第一基材的横向弹性变形率大于第二基材的横向弹性变形率；或者说第一基材的泊松比相对较大，或者是第二基材的泊松比相对较小。

导致“沿着复合膜的横向向内卷曲”现象的原因是：第一基材的横向弹性变形率小于第二基材的横向弹性变形率；或者说第一基材的泊松比相对较小，或者是第二基材的泊松比相对较大。

泊松比，Poisson’s ratio，是材料力学和弹性力学中的名词，定义为材料受拉伸或压缩力时，材料会发生变形，而其横向变形量与纵向变形量的比值，是一无量纲（无因次）的物理量。当材料在一个方向被伸长，它会在与该方向垂直的另外两个方向被压缩，这就是泊松现象，泊松比是用来反映泊松现象的无量纲的物理量。

评价复合薄膜的横向卷曲状态的前提条件是：在纵向方向上，复合薄膜保持了平直（不卷曲）的状态。

> 应对上述现象的对策首先是相应地调整第一基材的烘箱张力或桥张力，或者调整第二基材的放卷张力，其次是相应地调整烘干箱或复合辊的温度。

在复合加工过程中，所追求的最高目标是：在所划的“×”形刀痕上，复合膜在纵横两个方向都呈现平直的状态！比较理想的状态（或求其次的目标）是：复合膜在纵向方向上呈现平直的状态！

2. 熟化后的卷曲现象

“熟化后的卷曲现象”也有多种表现形式：沿着复合膜的横向向外（第一基材一侧）卷曲；沿着复合膜的横向向内（第二基材一侧）卷曲；沿着复合膜的纵向向外（第一基材一侧）卷曲；沿着复合膜的纵向向内（第二基材一侧）卷曲。

所有的“熟化后的卷曲现象”的基本原因是所使用的复合基材之间在特定温度条件下显现出来的“热收缩率差异”。

导致“沿着复合膜的横向向外卷曲”现象的原因是：在熟化条件下，第一基材显示出相对较大的横向热收缩率，或第二基材显示出某种程度的横向膨胀。

导致“沿着复合膜的横向向内卷曲”现象的原因是：在熟化条件下，第二基材显示出相对较大的横向热收缩率，或第一基材显示出某种程度的横向膨胀。

导致“沿着复合膜的纵向向外卷曲”现象的原因是：在熟化条件下，第一基材显示出相对较大的纵向热收缩率。

导致“沿着复合膜的纵向向内卷曲”现象的原因是：在熟化条件下，第二基材显示出相对较大的纵向热收缩率。

上述不良现象可通过降低熟化温度部分得到缓解，但根本的解决办法是要求供应商提供热收缩率较小的基材。

笔者在与客户的接触中，曾见到一张 OPP/VMCPP 复合膜的样品，其一个边角呈现向外卷曲的状态，而另一个边角则呈现向内卷曲的状态。客户要求对产生上述现象的原因给出解释。

经过观察与分析，笔者给出的判断是：客户端的熟化室内的温度分布极度不均匀，或者说室内的温差极大。

考察客户的熟化室后发现：熟化室的热源为民用散热器，且为平置于地面上、复合膜卷的底部。复合膜卷采用了支架横置的方式。膜卷的底部距散热器约 15cm。散热器的表面温度约为 70℃，膜卷的上表面温度约 40℃。

笔者给出上述判断的理由是：常规条件下，加工 OPP/VMCPP 结构的复合膜时，刚下机的复合膜大部分会呈现向内卷曲的状态。经过熟化处理后出现了局部向外卷曲的现象，说明在熟化过程中 OPP 膜发生了较大程度的热收缩。而导致这种程度的局部热收缩的原因只能是复合膜卷受到了局部的高温烘烤。所以才得出了“熟化室内温度分布极度不均匀”的判断。而事实也证明了笔者判断的正确性。

3.“平整的”复合薄膜内的“卷曲现象”

对于某些三层以上结构的复合薄膜，其下机时或经过熟化处理后的外观是平整的（没有卷曲现象或只有轻微的向某个方向的卷曲现象），但如果将其中的某一层基材（如热封层基材 CPP 或 CPE 膜）完整地剥离下来，剩下的复合薄膜有可能会呈现出向复合薄膜的外表面方向卷曲的状态。

此种状态表明：在对该复合薄膜（如 OPP/VMPET/CPE）实施 OPP/VMPET 与 CPE 层间的复合加工时，已复合好的 OPP/VMPET 复合薄膜上存在着某种程度的向外（OPP 一侧）卷曲的状态，而在其他条件的作用下，才使得最终的复合膜制品呈现出平整的状态。

①由于复合操作人员在复合 CPE 膜的过程中有意识加大了施加在 CPE 基材上的放卷张力，从而使得完成复合加工后的三层复合薄膜呈现出了外观平整的状态；

②刚完成复合加工的三层复合薄膜可能仍然呈现出某种程度的向外卷曲的状态，在后期的熟化处理过程中，复合薄膜中的 CPE 层基材受热产生了较大的热收缩，从而使得完成了熟化处理后的三层复合薄膜呈现外观平整的状态；

③刚完成复合加工的三层复合薄膜可能仍呈现出某种程度的向内（CPE 一侧）卷曲的状态，

在后期的熟化处理过程中，复合薄膜中的 OPP 层基材受热产生了较大的热收缩，从而使得完成了熟化处理后的三层复合薄膜呈现出外观平整的状态。

在上述的“外观平整”的复合薄膜上，可能存在的问题是：某一个方向上（如横向）的剥离力会相对比较大，而另一个方向上（如纵向）的剥离力相对较小。其原因是复合薄膜内存在着内应力。

七、残留溶剂

顾名思义，残留溶剂是指本不应存在于复合薄膜中，但由于某种原因而残留在复合薄膜中的有机溶剂。相关的国家标准对复合薄膜制品中残留溶剂的总量有不超过 $5mg/m^2$ 且苯类溶剂不得检出的规定。

常规的残留溶剂的检测工具是配备有氢焰检测器的气相色谱仪。在部分与软包装材料相关的标准中，对具体的残留溶剂检测方法有一些描述或规定，但是，用气相色谱仪检测残留溶剂的方法还未上升为国家标准。

在具体的实践中，各个企业实施的检测仪器、检测方法会有一些差异。

过多的残留溶剂量会导致复合薄膜的“异味”，但复合薄膜中有过多的残留溶剂或“异味”问题并不表示所使用的胶黏剂或油墨存在“质量问题”。

> 残留溶剂量是一个卫生指标，也是复合软包装材料加工企业的印刷、复合、熟化工艺条件是否合理的一个判定依据。可以这样说：复合薄膜的残留溶剂量指标超标表示印刷或复合或熟化工艺中的某项或某些工艺条件有缺陷。但不能这样说：复合薄膜的残留溶剂量指标超标表示所使用的胶黏剂或油墨存在“质量问题”。

影响复合制品的残留溶剂量的因素有很多，包括印刷机 / 复合机的运行速度、烘干箱的风量、风温、正负压状态、环境的温湿度与物料的温度、需挥发的溶剂总量（与印版设计、网穴深浅、油墨 / 胶黏剂固含量等因素相关）、熟化室的通风设计状况等。

对于印刷机和溶剂型干法复合机，烘干箱的风量与正负压状态应保持稳定，在此基础上，应根据环境的温、湿度，物料的温度，需挥发的溶剂总量，来调整烘干箱的风温和设备运行速度。如果经检测后发现残留溶剂指标超标，就应相应提高烘干箱风温或降低设备运行速度。

关于烘箱温度的设定，可参考“机—烘干箱的设计及调整”。

所存在的另一种状况是：下机时检查印刷 / 复合制品的残留溶剂量是合格的，经过熟化处理后，残留溶剂量是超标的。这就是所谓的“二次污染”的结果。在这种状况下，就需要检查熟化室（箱）的通风设计状况。

八、透明度差

对于复合薄膜，所谓“透明度差”的“问题”有三种表现形式：一是由于胶水层的涂胶结果不良或流平结果不良所导致的，如图 6-57（a）所示；二是由于复合制品中存在数量较多的气泡所导致的，如图 6-57（b）所示；三是由于复合用基材本身的透明度差导致的。

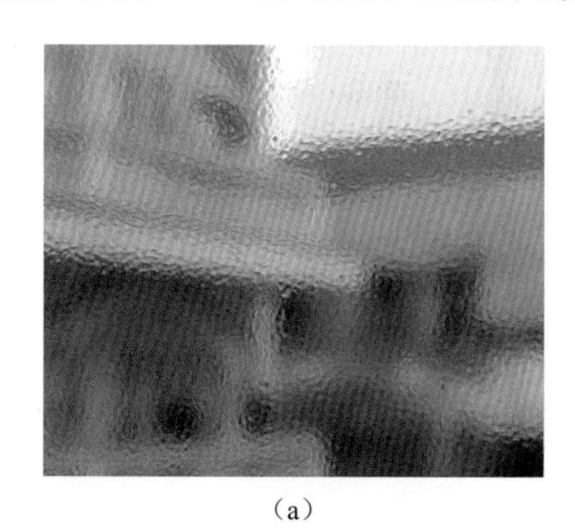

（a）

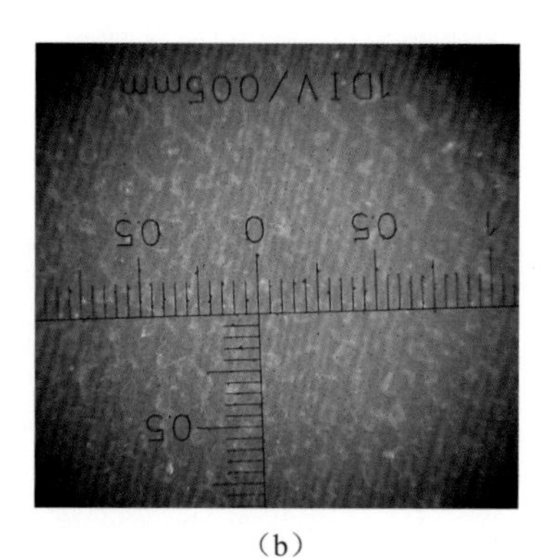

（b）

图 6-57　透明度差

对于由于胶水层的涂胶结果不良或流平结果不良所导致的“透明度差”的复合薄膜，对策是：应从基材的状态、烘干箱的正负压状态、涂胶辊的状态、平滑辊的应用状况、复合工艺等多方面分析原因、“对症下药”。可参见“料—胶水的流平性”。

对于由于复合制品中存在数量较多的气泡所导致的“透明度差”的问题，则需要配合、应用放大镜、显微镜，根据其中气泡的形态，分析、确认造成气泡的原因究竟是基材受潮、基材的微观平整度差、复合单元洁净度不足，还是复合单元的温度 / 压力不足。并根据分析的结果采取相应的措施。

对于由于复合用基材本身的透明度差所导致的复合薄膜的透明度差的问题，则应与基材的供应商进行沟通，协商改进的措施。

对于造成透明度差的原因判断方法是：在未经切边处理的复合薄膜的边缘处，对比观察胶层的边缘线两侧的透明度的差异。

如果两侧的透明度差异明显，通常表示是胶水流平结果不良导致了复合薄膜的透明度差；如果两侧的透明度差异不明显，通常表示是基材本身的透明度差导致了复合薄膜的透明度差。

以上的“对比观察法”适用于没有铝箔、镀铝膜的复合制品，以及复合膜的边缘处没有油墨层覆盖的复合制品。

九、“网目状”

所谓“网目状”，是在复合薄膜的表面上肉眼可见的与所使用的涂胶辊的网穴形态相一致的涂胶状态。

图 6-58（a）是“网目状”的一种表现。图 6-58（b）以及图 6-45（d）、图 6-57（b）是“网目状”的另外几种表现形式。

形成以上所述图中所示的“网目状”的原因通常是以下诸因素共同作用的结果：

①所使用的涂胶辊的网穴的网墙宽度本身比较宽，属于涂胶辊的加工质量问题；

②所使用的涂胶辊使用时间过长，由于过度磨损导致网墙宽度变得过宽；

③复合加工过程中，胶水的黏度相对较高，胶水工作液的流平性相对较差；

④油墨层的表面润湿张力过低，胶水工作液难以润湿；

⑤未使用平滑辊。

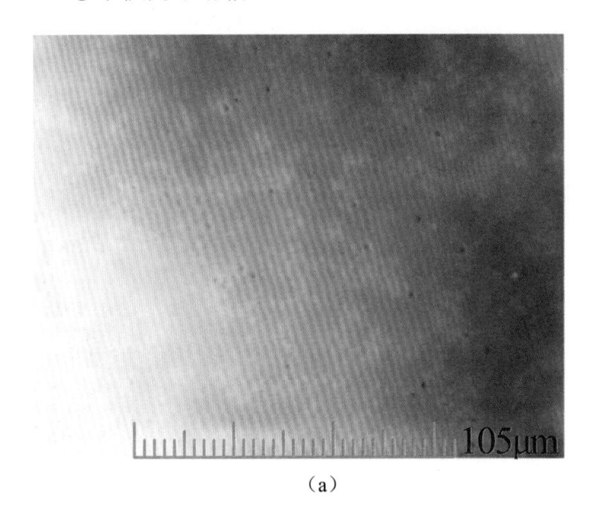

（a）

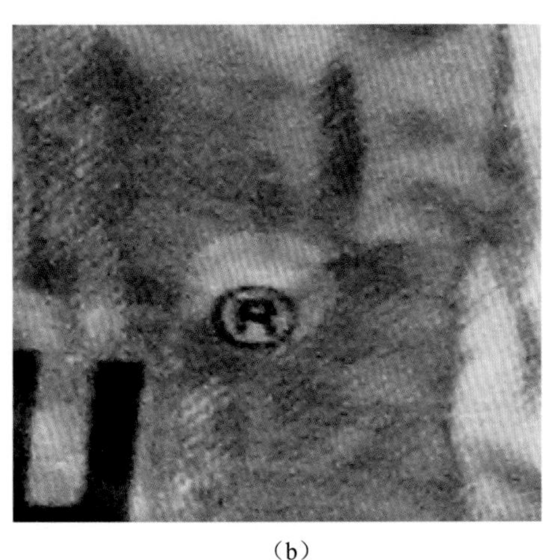

（b）

图 6-58　网目状

对策

①重新加工涂胶辊。注意要求网墙宽度数据，如不大于 20μm。并且在接收新加工的涂胶辊时要进行验收检查。

②建立涂胶辊定期检查制度。务必确认即将上机的涂胶辊的网墙宽度不大于某个数值，如 20μm，而且涂胶辊上不存在“堵版”现象。

③胶水的工作浓度不宜过高。如果复合加工过程中不准备使用平滑辊，那么，刚配好的胶水工作液的黏度不宜超过 16s（察恩 3# 杯）；如果复合加工过程中准备使用平滑辊，那么，刚配好的胶水工作液的黏度不宜超过 20s（察恩 3# 杯）；在复合加工过程中，注意采用技术手段控制胶水工作液的黏度，使之尽量保持与刚配好时相一致的黏度值。

④更换为表面润湿张力较高的油墨或对印刷基材进行在线电晕处理。

⑤正确使用和调整平滑辊。

十、“橘皮状”

所谓“橘皮状”，是对复合制品的外观类似于橘皮表面状态的不良现象的一种形象的表达。图 6-59 是刚下机的复合膜的一种“橘皮状”的状态。图 6-60 是经过熟化后的铝箔复合膜所表现出来的另一种“橘皮状”的状态。图 6-61 是无溶剂型干法复合制品中的“橘皮状”的状态。

图 6-59　胶水工作液流平结果差形成的“橘皮状”

形成图 6-59 状态的原因一是胶水工作液的黏度偏高，造成胶水的流平结果不良；二是没有使用平滑辊。形成图 6-60 状态的原因是复合膜中的铝箔基材在复合前受潮了，在熟化过程中，铝箔吸收的水分与胶层中的异氰酸酯成分发生化学反应。参见“常见问题篇—应用中的问题—铝箔受潮导致的气泡”。图 6-61 的状态是无溶剂型干法复合加工过程中涂胶量过大、胶水黏度过大的结果。

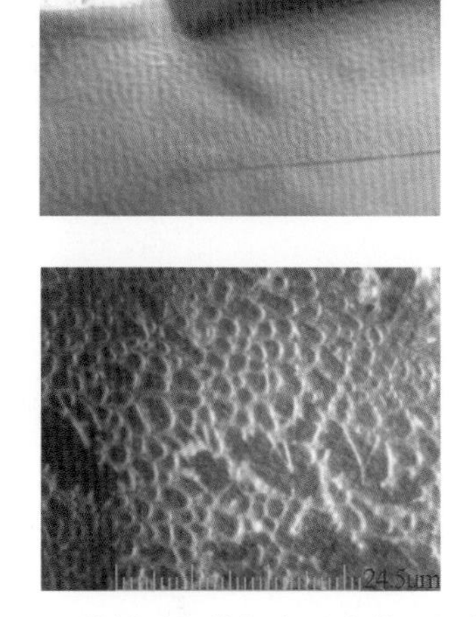

图 6-60　基材受潮的气泡形成的“橘皮状”

图 6-61　无溶剂复合制品的“橘皮状”

对策

①在配制胶水工作液时（溶剂型干法复合工艺），配好的胶水的黏度（浓度）不要过高。在复合加工过程中，要采取技术手段控制胶水工作液的黏度；在复合加工过程中，正确使用平滑辊。

②参见“常见问题篇—应用中的问题—铝箔受潮导致的气泡”。

③在无溶剂干法复合工艺中，注意控制胶水的涂胶量及胶水的黏度（温度）。

十一、溶墨现象

"溶墨现象"，是指经过复合加工的印刷品，印刷品上的局部区域的油墨（通常是白墨）发生了被溶化、移位或消失的现象。溶墨现象有以下几种表现形式。

1. 与醇溶胶相关的溶墨现象

图 6-62 显示的是用醇溶胶以溶剂型干法复合加工工艺加工的醇溶墨的印刷品 /VMPET 结构的复合制品上的溶墨现象。此产品在刚下机时并无异常，溶墨现象是发生在开始熟化处理后。

从图 6-62 的左图来看，发生溶墨现象的范围比较广泛，从右图来看，溶墨现象只发生在白墨层上，其他的彩色油墨未受影响。

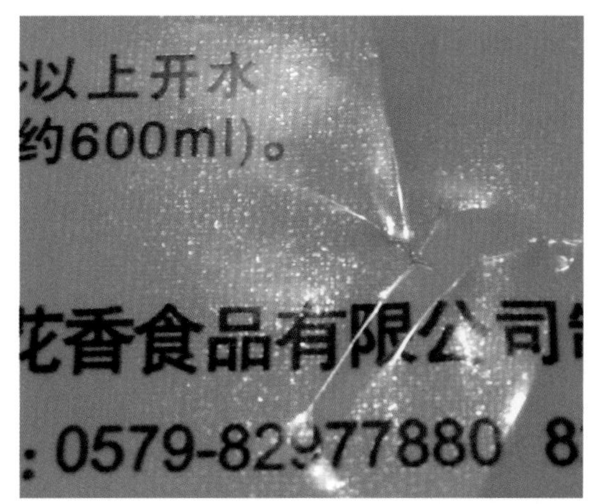

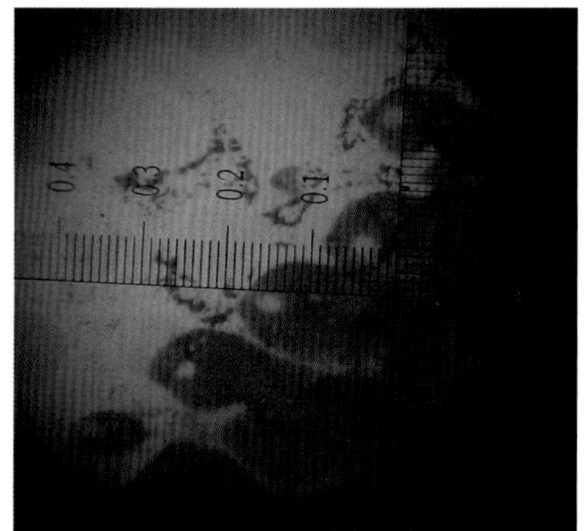

图 6-62　复合膜上的溶墨现象

从上述现象分析，发生溶墨现象的原因应当是干燥不良，这里既有白墨层干燥不良的原因（印刷干燥不良），也有胶层干燥不良的原因（复合干燥不良）。

对策

强化印刷、复合工序的干燥条件（速度、风量、风温等）。

2. 与酯溶胶相关的溶墨现象

与酯溶胶相关的溶墨现象有油墨拖尾与"划痕"。

图 6-63 显示的是用酯溶胶加工的塑 / 塑结构复合制品上的溶墨现象。在该样品上，白墨层的后缘有明显的"拖尾"现象。

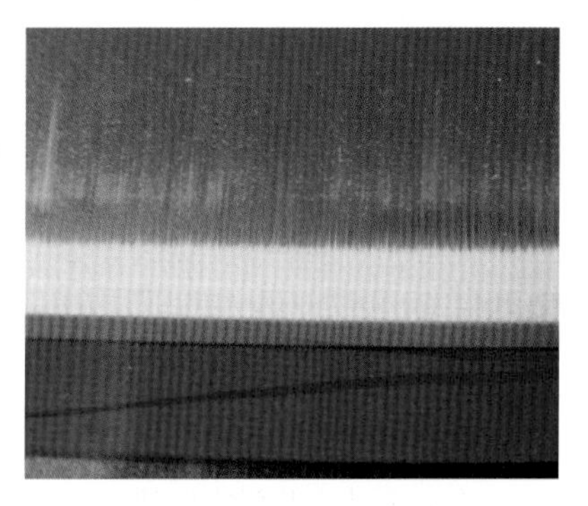

图 6-63　油墨拖尾现象

原因

复合过程中使用了平滑辊，可能是由于复合加工速度过慢或白墨的在酯类溶剂作用下的"复溶性"太好，使得白墨被部分地溶解，并由平滑辊带到了印刷品上原本没有油墨的区域。

对策

提高复合加工速度。

图 6-64 ～图 6-66 显示了另外几种溶墨现象。如图 6-64 所示，在一部分复合制品上，特别是含 VMPET 膜的复合制品上，该溶墨现象表现为沿复合制品纵向的“亮线”，与“亮线”相对应的多层油墨全都消失了。直观地去看这些“亮线”会认为这是一种“机械划伤”，因此也有人称此现象为“划痕”。

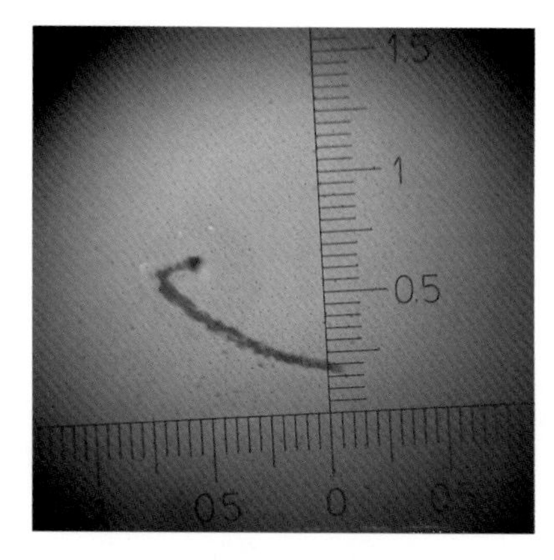

图 6-64　划痕一

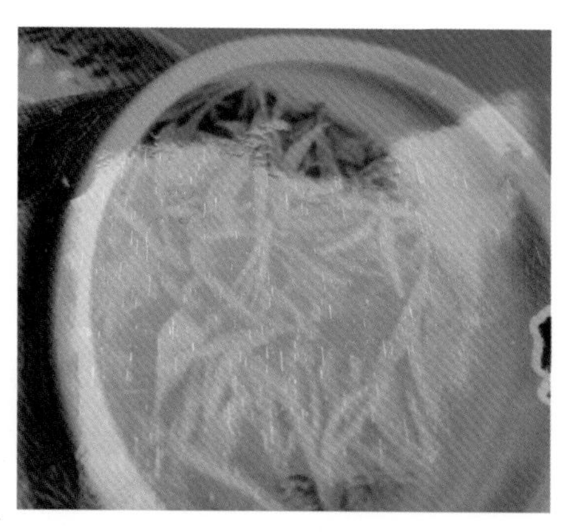

图 6-65　划痕二

如果图 6-64 所示的“亮线”真的是由于“机械划伤”所导致的，那么，“划痕”就应该都是沿着基材运行的方向，即复合薄膜的纵向呈现的。但如图 6-64 和图 6-66 所示，在不同的存在“亮线”的复合制品上，“亮线”的延伸方向既有横向的、斜向的，也有无规则形状的。在图 6-66 中，不但是与“亮线”相对应的油墨层消失了（右图），甚至与之相应的镀铝层也消失了（左图）。这些现象显然不能用“机械划伤”来进行解释。

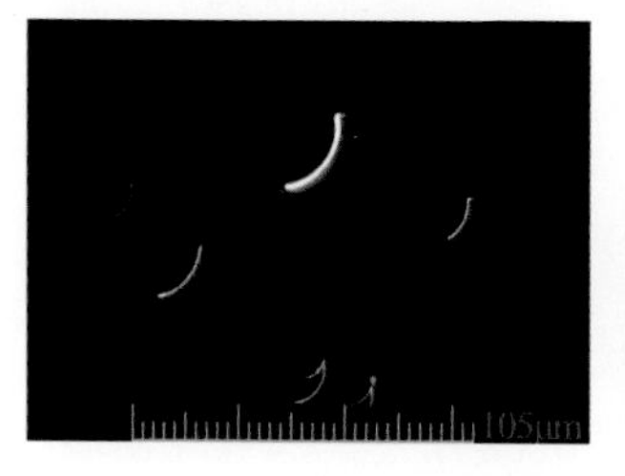

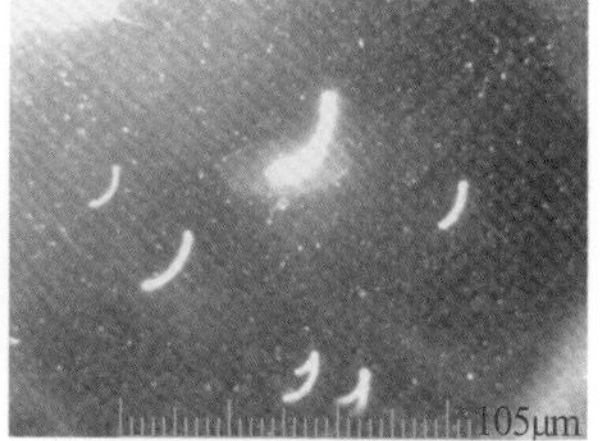

图 6-66　划痕三

笔者曾经在一客户的生产现场，从刚下机的复合膜卷上裁下两张复合膜，一张拿在手中，另一张放入 50℃的熟化室中。5min 后，拿在手中的复合膜完好如初，而从熟化室中取出的复合膜就已呈现出类似于图 6-64 所示的状态。

这说明：受热是此类“划痕”现象显现的必要条件之一。

另据一些客户的反馈，某些“划痕”现象仅出现在经过熟化处理的复合膜卷的靠近卷芯的部位。某个客户曾介绍：将 75% 的原桶固含量的溶剂型干法复合胶黏剂改为 50% 固含量的，再加工同样的复合制品时没有出现上述的“划痕”现象。另外一个客户介绍：改用了另外一个油墨厂的油墨，胶黏剂保持不变的情况下，“划痕”现象没有再现。

综上所述，“划痕”现象出现的必要条件中包括温度、压力、油墨的配方、胶黏剂的分子量等因素。不过，很明显的是：油墨配方中的某种成分是该现象显现的基础因素（或称内因），其他的因素都属于“外因”。

对策

①在已经发现存在“划痕”现象且仍有批量性的印刷膜卷尚未被复合加工的情况下，采用“室温熟化”的方式应为最佳方案。

②在已经发现存在“划痕”现象且没有印刷膜卷尚未被复合加工的情况下，更换胶黏剂、和/或更换油墨都是可选的方案，但都需要通过试验以确认其效果。

3. 与无溶剂胶相关的溶墨现象

图6-67显示的是采用无溶剂型干法复合工艺加工的塑/塑复合制品上的溶墨现象。此类现象都发生在熟化处理后，且熟化的温度大都在40℃左右。

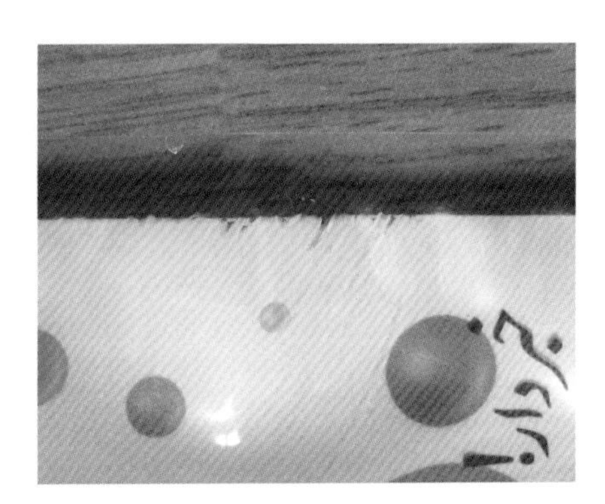

图6-67 溶墨现象

其原因是：白墨层干燥不良；复合膜卷中压力分布异常。

在上述原因中，“墨层干燥不良”为必要条件，“压力分布异常”为充分条件。

对策

强化印刷干燥条件，使白墨层充分干燥；不要使用有“荡边”现象的基材；尽量减少接头，且接头处务必粘贴平整；适当降低复合膜卷的硬度。

十二、“窜卷”现象

1. 窜卷现象与已有的原因分析

所谓“窜卷”（又称为滑卷、竹笋状、喇叭筒、炮筒、火锅）现象，是指图6-68所示的膜卷端面不齐的现象。

图6-68 收卷过程中的窜卷现象

由于已经存在“窜卷”现象的膜卷会对后加工工序（如分切、制袋、自动包装等）造成不良影响，因此，通常是作为一种质量问题来进行处理的。关于导致“窜卷”现象的原因，过去的一种普遍说法是复合膜层间的胶水尚未完全固化，致使复合膜在两层基材间发生错位/滑移。并据此将“窜卷”现象的原因归结为所使用的胶黏剂存在质量问题。另外一种说法是涂胶量过大。

复合膜卷上的“窜卷”现象实际上有三种表现形态：一是图6-68所示的发生在复合加工过程中的“窜卷”现象；二是图6-69所示的发生在熟化过程中的“窜卷”现象；三是图6-70所示的发生在分切加工之后的“窜卷”现象。

图 6-69 熟化过程中的“窜卷”现象

图 6-70 分切后的“窜卷”现象

2. 对导致窜卷的原因的不同看法

如果承认是由于复合膜层间的“胶水不干”导致了“窜卷”现象的发生，那么就可以说：刚下机的复合膜层间的胶层的固化状态（反应完成率，见图 6-71）是处在胶层的固化反应的初始阶段，是“胶水不干”现象最严重的阶段，处在此阶段的所有复合膜卷都应该存在“窜卷”现象，或者说，刚下机的复合膜卷都应该存在“窜卷”现象。而事实并非如此。如果承认“涂胶量过大”是导致“窜卷”现象的原因，那么，据此推理，所有的加工蒸煮袋的企业每天都会遇到“窜卷”的问题。因为加工蒸煮袋的复合材料时涂胶量都会在 $4g/m^2$ 以上，是所有的复合包装材料加工中用胶量最大的一个品种。而事实也并非如此。

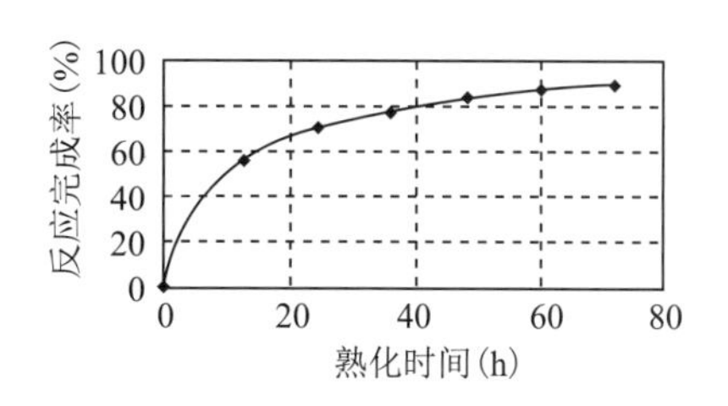

图 6-71 反应完成率与熟化时间

“窜卷”现象是复合材料的加工过程中的一种常见问题，但不是普遍的问题。这就从反面证明了“胶水不干”现象以及“涂胶量过大”与“窜卷”现象之间没有必然的联系。

通过复合膜的剪切力试验（参见“法—分析篇—剪切力试验与基材回弹性试验—剪切力试验”）证明即使是在复合膜的层间剥离力较低的情况下（注意：胶水不干并不意味着剥离力低），在复合膜层间仍然存在着很大的剪切力。而复合膜要发生层间的滑移首先要克服的就是这个剪切力。而数据表明这个剪切力是很难或者无法克服的。

3. 导致窜卷的原因解析

“窜卷”现象发生时，复合膜不是在构成复合膜的两个基材的胶层间发生了“错位”，而是在两层复合膜相互接触的界面（复合膜的内、外层的外表面）之间发生了“错位”。是由于某种原因使得复合膜卷内部的复合膜的内、外层的外表面之间形成了使之能够横向滑动错位的推动力。另一个重要的原因是复合膜卷的收卷硬度不足。

而导致“错位”现象发生的子原因可归纳如下。

(1) 形成窜卷现象的必要条件

①收卷轴跳动。

②接触辊跳动。

③接触辊歪斜，与膜卷呈“点接触”状态。

④所卷取的膜卷的“硬度”不足，存在“外硬内软”的现象（注：足够的膜卷硬度是收卷张力和接触辊压力共同作用的结果）。

⑤收卷纸芯的实际直径明显小于收卷机张力控制系统的设定值。

⑥分切时，复合膜卷尚未充分冷却，膜卷充分冷却/收缩后形成了外紧内松的状态。

⑦复合膜内层基材应用了较少的开口剂和过多的爽滑剂。

⑧所卷取的膜卷存在“一头硬、一头软”的情况。而导致出现“一头硬、一头软”的现象的可能原因有：基材本身厚薄不均，存在“荡边”“凸筋”等现象；印刷图案的分布不均导致复合膜卷局部硬度的差异；涂胶量不均，一头多、一头少，导致复合膜卷“一头硬、一头软”。

⑨基材的热收缩率较大，同时，熟化环境中的温度分布不均匀，导致复合膜发生不均匀的收缩，形成“一头硬、一头软”的情况。

(2) 形成窜卷现象的充分条件

收卷硬度不足。

窜卷现象与上述必要、充分条件的关联性如表 6-2 所示。

表6-2　窜卷现象与“必要条件”和“充分条件”的关联性

必要条件	充分条件	结果
存在	存在	窜卷
不存在	存在	窜卷
存在	不存在	卷芯皱褶
不存在	不存在	正常

对策

①在新的纸芯上，胶带要尽量贴满！以保证在换卷后的初始阶段在被收卷的复合膜各处张力的均匀性。

②所使用的纸芯应具备足够的刚性，收卷过程中不能发生“瘪芯”现象。

③使用双收双放的复合机时，收卷机张力控制系统中的纸芯直径设定值须不大于实际的纸芯直径。

④及时维修设备，消除收卷轴和接触辊的跳动现象。

⑤调整接触辊，使之与膜卷呈“线接触”状态。

⑥确保涂胶量的左右均匀性。

⑦起始的收卷张力应不低于（烘箱张力或桥张力＋第二放卷张力）×80%；如果已知复合薄膜的表面摩擦系数很低，在不出现纵向隧道的前提下，应继续加大起始收卷张力（参见“法—分析篇—放卷张力与收卷张力”）。

⑧通过实验选择合适的收卷锥度曲线和接触辊压力，使复合膜卷保持内外硬度一致或内紧外松的状态。

⑨尽量不使用有明显的“荡边”“凸筋”现象的复合基材。

⑩对于明显的收卷硬度左右不一致的复合膜卷，可在收卷过程中采用“夹条”的方法进行校正。

⑪使熟化室（箱）内的温度分布均匀［参见“机—熟化室（箱）的设计与评价”］。

⑫所使用的复合基材在熟化条件下的热收缩率尽量小，且应相近（参见“料—基材的热收缩率”）。

⑬ 分切前，要使复合膜卷充分冷却。

⑭ 提高复合膜内外表面之间的摩擦系数。

十三、剥离力差

“剥离力差”是最常见的质量投诉问题之一。

1. 剥离力差问题的分类

“剥离力差”的质量投诉可分为两类：A 类是具有可比较的目标值的；B 类是没有可比较的目标值的。

“具有可比较的目标值”是指客户有明确的剥离力目标数值，而所加工出来的某个（批）复合制品的剥离力值未达到其目标值。“没有可比较的目标值”是指客户本身对特定的复合制品的剥离力指标没有明确的目标数值，客户是以复合制品是否容易被剥开或者其下游客户认为复合制品的剥离力是否符合其感官要求，或在实际应用过程中是否发生了所不期望的局部分层等现象来评价复合制品的剥离力的。

提出 A 类投诉的客户都具有拉力机等基础的质量检测设备，提出 B 类投诉的客户中大部分没有相关质量检测的设备。但是不排除其中有一部分客户本身具有拉力机等检测设备，但在遇到质量投诉时有意隐瞒其有剥离力的目标及达标的检测结果的情况。

（1）A 类投诉的分析

对于客户的 A 类投诉，需要搞清楚以下的一些事实及数据。

①客户所提供的目标 / 实测剥离强度值是复合制品的横向剥离强度，还是纵向剥离强度？

②实际的剥离力曲线的类型（参见“法一分析篇一剥离力的评价一典型的剥离力曲线”）。

③油墨层、镀铝层及低分子物层迁移与否及其状态，以及热封层基材是否存在明显的助剂析出现象。

④在剥离面上胶层的位置以及剥离面两侧的表面润湿张力的数值。

⑤复合薄膜的卷曲方向、程度，及其与相应方向的剥离强度值的关联性。

借助上述的事实与数据，应当可以对导致剥离强度低的原因做出大致的判断。

笔者在接触过的客户中，有些只测量横向的剥离力，有些只测量纵向的剥离力。而纵向剥离力通常会小于横向的剥离力（参见“法一分析篇一剥离力的评价一复合膜的内应力与剥离力”）。同时，绝大多数的客户都不太关注剥离后的胶层位置及剥离面两侧的表面润湿张力的数值。

（2）B 类投诉的分析

对于客户的 B 类投诉，首先要搞清楚客户得出“剥离力差”这一结论所基于的现象或事实。其次，要设法获得一定数量的、具有客户所基于的现象或事实的、俗称为“不良品”的包装袋的样品和可用作参照物的相同或相似的“正常品”的包装袋的样品。同时，要试图充分了解客户加工出与“不良品”同批的复合薄膜时所使用的设备条件、工艺条件、基材 / 原料的来源及其状况。对所获得的“不良品”“正常品”样品，检测包括剥离强度在内的力学指标。对比检查从“不良品”“正常品”样品测得的剥离强度等力学指标，并与行业内的常规指标进行对比，以确认客户的“剥离力差”这一结论的正确性。根据客户提供的处理条件处理所获得的样品，观察能否再现客户所述的与“剥离力差”相关的“不良现象”。

在大多数情况下，B 类投诉中客户所提供的“不良品”的剥离力实测值通常并不小于行业内的常规指标，但是，在客户的非常规的试验条件或下游客户的非严格控制的生产条件下，或者是客户所使用的复合基材的某项或某些力学指标发生了未能预先察觉的变化，因此而出现了一些不愿意看到的外观不良现象的情况下，“剥离力差”往往就会成为转嫁责任的一种借口。

2.“可剥离”与“剥离力差”

有一部分客户提出“剥离力差”的投诉的理由是“被投诉的存在剥离力差问题的复合薄膜的两个基材间可以被完整地剥离开”。而客户的期望值是“不能被剥离开”或“不能被完整地剥离开”。

要想解释这个问题，首先需要了解相应的国标对复合薄膜制品剥离力值的规定。

GB/T 28118—2011《食品包装用塑料与铝箔复合膜、袋》中的“5.3.1 物理性能”项中关于剥离力的指标只规定了复合薄膜的内层剥离力指标，指标要求为不小于 2N/15mm。对其他层间的剥离力指标未做明确的规定。

该标准“适用于厚度小于 0.25mm，使用温度在 70℃以下的以塑料、铝箔为基材复合而成，供食品包装用的膜、袋”，但在其“产品结构分类”中，未包含以 VMCPP、VMCPE 为热封基材的复合薄膜。

GB/T 21302—2007《包装用复合膜袋通则》“适用于食品和非食品包装用复合膜、袋，不适用于药品包装用复合膜、袋”。该标准中对剥离力的要求如表 6-3 所示。

表6-3　剥离力等级划分

项目	5级	4级	3级	2级	1级
剥离力/（N/15mm）	＜0.2	0.2～1	1～5	5～10	＞10

在该标准中，对于上述的 5 个剥离力等级分别适用于哪种结构的复合薄膜的哪一个层间并未做出明确的规定，在其产品结构分类中也未包含以 VMCPP、VMCPE 为热封基材的复合薄膜。

从上述的标准所规定的剥离力的数据来看，剥离力值的允许变化范围很大。

对于任意一个复合制品，在剥离过程中，通常会发生断裂、撕裂、某个基材的拉伸及完整地剥离等几种情况。

一般来讲，在复合薄膜中：①如果某个基材的拉伸断裂应力小于复合制品的剥离力，则被剥离的样条会在剥离过程中发生断裂的现象；②如果某个基材的拉伸屈服应力（参见“料一拉伸弹性模量”）小于复合制品的剥离力，则被剥离的样条会在剥离过程中发生“被拉伸”的现象；③如果某个基材的拉伸屈服应力大于复合制品的剥离力，则被剥离的样条会在剥离过程中呈现“可被完整地剥离开”的现象。④如果某个基材的直角撕裂性能（参见 GB/T 21302—2007《包装用复合膜袋通则》）在某个点位上小于复合制品的剥离力，则被剥离的样条会在剥离过程中呈现“被撕裂”的现象。

假定CPE薄膜的拉伸断裂应力为10MPa，对于不同厚度的CPE薄膜而言，其相应的以N/15mm为单位的拉伸断裂应力如表6-4所示。

表6-4 不同厚度的CPE薄膜的拉伸断裂应力

厚度（μm）	20	30	40	60	80	100	120
拉伸断裂应力（N/15mm）	3.0	4.5	6.0	9.0	12.0	15.0	18.0

因此，“复合薄膜中的两个基材间可被完整地剥离开”并不一定就表示“剥离力差”，也可能是由于两个基材的拉伸断裂应力都比较高。

对于客户的具体问题需要结合复合制品的结构以及应用要求进行探讨。

3.“热剥离”或“热蠕变”试验的不合理性

蠕变是指固体材料在保持应力不变的条件下，应变随时间延长而增加的现象。它与塑性变形不同，塑性变形通常在应力超过弹性极限之后才出现，而蠕变只要应力的作用时间相当长，它在应力小于弹性极限施加的力时也能出现。许多材料（如金属、塑料、岩石和冰）在一定条件下都表现出蠕变的性质（百度百科“蠕变”词条）。

热蠕变又称为高温蠕变，是指在温度T≥（0.3～0.5）t（t为熔点，T为温度）及远低于其屈服强度的应力下，材料随加载时间的延长缓慢地产生塑性变形的现象。

蠕变试验：测定金属材料在长时间的恒温和恒应力作用下，发生缓慢的塑性变形现象的一种材料机械性能试验。温度越高或应力越大，蠕变现象越显著。蠕变可在单一应力（拉力、压力或扭力）下发生，也可在复合应力下发生。通常的蠕变试验是在单向拉伸条件下进行的（百度百科“蠕变试验”词条）。

热剥离试验：在高于室温的某个温度条件下，对复合材料进行的T形剥离试验。

热蠕变试验：在高于室温的某个温度条件下，测定塑料复合材料在长时间的恒温和恒应力作用下，发生缓慢的塑性变形现象的一种材料机械性能试验。

在复合软包装材料加工行业内，设计使用热蠕变试验、热剥离试验的本意是检测加工复合材料时所使用的胶黏剂的耐热性。

以下为某企业所规定的热蠕变试验、热剥离试验的方法。

(1) 热蠕变试验

①将待测复合膜用特制模具裁成15 mm宽的长条，用手将膜剥离，在剥离处用黑色记号笔画一条线做出明显标记；

②设定烘箱温度，待烘箱温度升至接近设定温度时，将剥开的复合膜样条一边系上一定质量的标准砝码（通常是100g或120g），另一边用夹子固定于烘箱中，处于悬挂状态；待烘箱温度稳定在设定温度点以后，开始计时。

③一定时间后从烘箱中取出复合膜，测量从标记处至复合膜接触处的距离（mm），即为当前状态下的热蠕变。

备注

①热蠕变的测试状态对应着测试时的砝码质量、烘箱温度以及在烘箱中处理的时间，要一一做好标记。

②复合膜测试热蠕变，要注意区分复合膜的横向和纵向；如有必要，可横纵向各测一次。

③这里提供几种常用的测试状态作为参考：设定烘箱温度 80℃，标准砝码 100g，热处理时间 30min；设定烘箱温度 120℃，标准砝码 120g，热处理时间 5min；设定烘箱温度 80℃，标准砝码 120g，热处理时间 45min。

仪器设备：烘箱；标准砝码。

(2) 热剥离试验

①将样品用特制模具裁成 15 mm 宽的长条，用手将膜剥离；

②将高低温试验箱滑动至剥离机下，安装模具并选择正确的传感器，然后打开剥离机电源；

③打开计算机及 SANS 软件并联机；

④选择试验方案：软质复合塑料剥离试验方法（参考标准 GB 8088—88）；

⑤编辑试验数据：试样宽度（15mm）、试样厚度、试样长度、试验速度（300mm/min）等；

⑥编辑试验方案，根据需要的测试温度，设定高低温箱温度，然后打开高低温箱电源等待其升温；

⑦升温完毕，将已剥离开的薄膜在高低温箱状态下固定进行热剥离测试，测出的力值即为热剥离的力值。

仪器设备：SANS 剥离试验机；高低温试验箱。

根据在互联网上搜索的结果，在复合包装材料加工行业，并没有相关的进行热蠕变、热剥离试验的国家标准或行业标准。如以“蠕变”作为关键词进行检索，可查到的国家标准是 GB/T 7750—1987《胶黏剂拉伸剪切蠕变性能试验方法（金属对金属）》和 HG/T 2815—1996《鞋用胶黏剂耐热性试验方法 蠕变法》。

其中的 HG/T 2815—1996 明确表述了：“本标准规定在一定温度下用蠕变试验测定鞋用胶黏剂耐热性的方法。”“本标准适用于鞋用胶黏剂的耐热性测定。”在该标准的“13 试验报告”项中规定了相关的试验报告应当记录的 9 项内容：

a. 按第十二章表示的试验结果；

b. 粘接破坏的类型；

注：只有胶黏剂的内聚破坏，才能真实反映胶黏剂的耐热性；否则，尽管试验数据很小，也不能真实反映胶黏剂的耐热性。

c. 被粘物的说明和制备方法；

d. 胶黏剂的型号、使用方法和涂胶次数；

e. 胶黏剂的干燥条件和晾置时间；

f. 胶黏剂胶接时的活化方法；

g. 试件放置说明；

h. 试验温度；

i. 试验日期。

其中最重要的是第二项“b. 粘接破坏的类型”。

在复合材料的试验与应用过程中，粘接破坏的形式有：（参见“法—分析篇—剥离力的评价—剥离时的界面分析”）

①内聚破坏——破坏发生在胶黏剂层内；

②黏附破坏——破坏发生在胶黏剂与被粘物界面上；

③被粘材料破坏；

④混合破坏，即胶黏剂的内聚破坏、黏附破坏与被粘材料破坏的混合。

如 HG/T2815—1996 标准所述：“只有胶黏剂的内聚破坏，才能真实反映胶黏剂的耐热性，否则，尽管试验数据很小，也不能真实反映胶黏剂的耐热性。”

而在复合软包装材料行业现行的热蠕变、热剥离试验方法的不合理性就表现在没有对试验中的粘接破坏类型进行甄别，而是笼统地将热蠕变、热剥离的数据归结为所使用的胶黏剂的耐热性。

在复合软包装材料的加工及应用过程中，影响剥离力的因素除了胶黏剂的耐热性之外还有其他许多因素，如基材的表面润湿张力、基材内可析出的助剂或低分子物、基材的热收缩性及复合材料的内应力等。

粘接破坏的类型可通过对剥离后的样品的剥离面的观察、检查进行判定。具体的观察、检查方法可以参见“法—分析篇—剥离力的评价—粘接破坏界面的判定方法”。

在图 6-72 中，A 表示由于助剂析出而形成的剥离面，B 表示由于涂胶不均而形成的剥离面，C 表示由于胶层的内聚破坏而形成的剥离面。

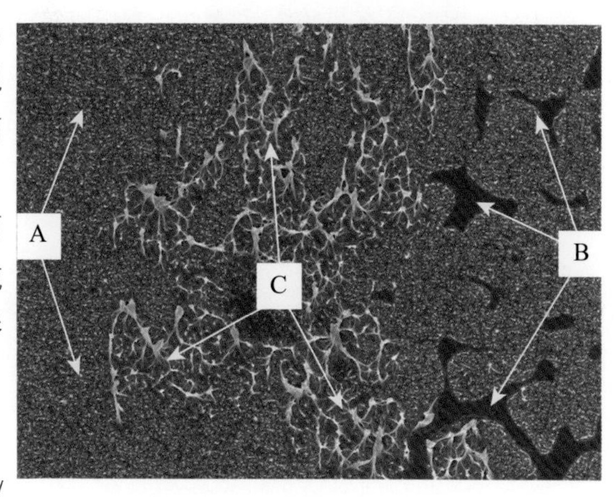

图 6-72　粘接破坏的不同类型

4. 纸张、无纺布复合制品的剥离力

参见“应用后的问题—切片产品—纸 / 塑、无纺布复合制品的剥离力事宜”。

十四、镀铝层转移

在复合软包装材料加工行业，可用的镀铝薄膜有 VMPET、VMCPP、VMOPP、VMCPE 等，常用的为 VMPET 和 VMCPP 两种。

镀铝层转移是复合软包装行业的一个常见的现象。通常所说的“镀铝层转移”是指在做剥离力检查时，镀铝层部分地或全部地离开镀铝基材薄膜的状态。

从宏观上看是两层基材的复合材料中事实上存在着多个界面（参见“法—分析篇—剥离

力的评价—剥离时的界面分析”），在检查、测量复合材料的剥离力时，貌似两层的复合材料一定会从其中的一个剥离力最弱的界面间发生剥离，有时还会从一个界面上“跳到”另一个界面上。

1. 镀铝层转移现象的三种状态

“镀铝层转移”这一现象，至少存在着三种状态：一是镀铝层百分之百地从镀铝基材上转移走了，或可称为“镀铝层全转移”；二是镀铝层从自身层间分离了，在第一基材和第二基材（镀铝基材）上都有一层均匀分布的镀铝层，或可称为“镀铝层内聚破坏”；三是镀铝层部分地从镀铝基材上转移走了，或可称为“镀铝层部分转移”。

“镀铝层部分转移”的状态又可细分为多种子状态：

①在特定的油墨区域镀铝层不转移，其他区域的镀铝层全转移，或可称为“镀铝层在特定油墨处不转移”，如图 6-73 所示。图 6-73（a）表示一个复合膜袋的正面状态；图 6-73（b）表示已完全揭除表面的印刷膜后的 VMPET/CPE 部分的状态，其上端与黑色油墨相对应的镀铝层未发生转移；图 6-73（c）表示被完整地剥离下来的印刷薄膜的背面的状态，除了黑墨的部分，其他位置的镀铝层已被完整地转移到了印刷基材上。

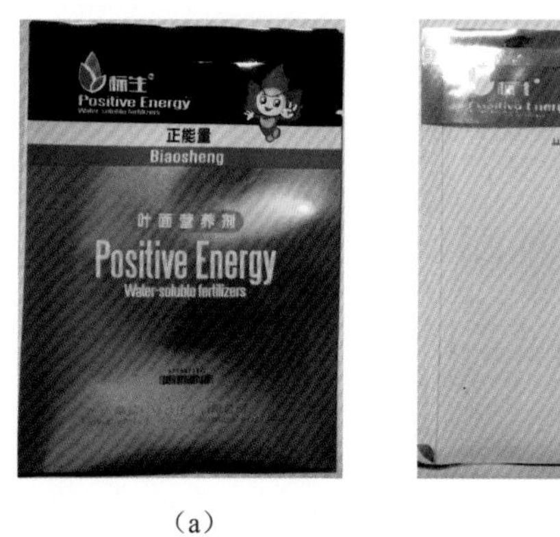

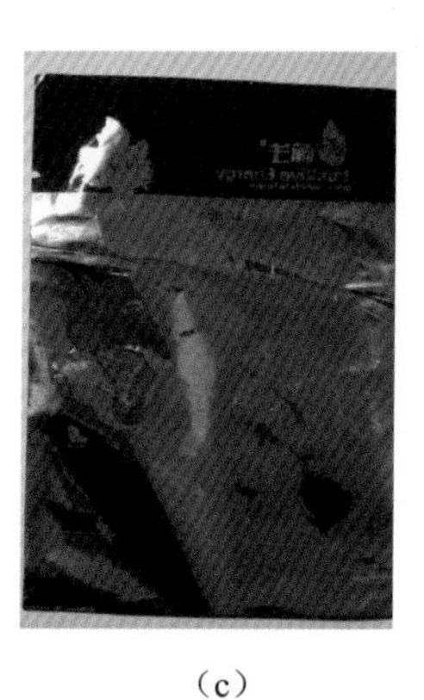

（a）　　　　（b）　　　　（c）

图 6-73　镀铝层在特定油墨处不转移

②在样品的剥离过程中，镀铝层分段式地全转移（在某个区段全转移，在某个区段不转移），或可称为“镀铝层间断性转移”；

③在样品的剥离过程中，在同一条剥离线上，某个部位的镀铝层全转移，另外一些部位的镀铝层不转移，或可称为“镀铝层局部转移”。

2. 镀铝层转移时的剥离力状态

镀铝层转移时的剥离力状态可粗分为两类：剥离力大于或等于某个所期望的数值；剥离力小于某个所期望的数值。

3. 镀铝层转移与内应力的关系

有人做过如下的实验：

对于 OPP/ 油墨 /VMPET/CPE 这类三层结构的含镀铝膜的复合膜样品，将其裁成 20mm 宽、

500mm 长的样条，从一端将 OPP 与 VMPET 层分开，然后剥离一定的长度，如 100mm，在此过程中，可看到镀铝层已完全转移到了 OPP 膜一侧，即“镀铝层全转移”了！然后，用人工给样条的两端施加一定的张力（拉力），使样条处于某种程度的张紧状态，同时，继续剥离 OPP 膜至一定的长度，如 100mm，在此过程中，可看到镀铝层未发生转移或部分转移的情况！如果去掉施加在样条两端的张力并继续剥离时，镀铝层全转移的状态又会重现！

也有人关注到这样的现象：

同样是 OPP/ 油墨 /VMPET/CPE 这类三层结构的含镀铝膜的复合膜，先将 OPP/VMPET 层复合好并进行一段时间的熟化处理，对该复合膜进行剥离力检查时，剥离力符合不小于 1N/15mm 的要求，镀铝层也未发生转移。将上述的两层复合膜与 CPE 膜复合到一起，按要求进行熟化处理后进行剥离力检查，此时，镀铝层发生了全部转移的情况，而且剥离力也明显小于 1N/15mm。如果将该三层复合膜上的 CPE 膜完全剥掉，再去检查留下的 OPP/VMPET 复合膜间的剥离力，结果是符合不小于 1N/15mm 的要求，镀铝层未发生转移。

上述事例说明：在上述的三层结构的复合膜中存在着某种程度的内应力，镀铝层转移的现象与复合薄膜的内应力间存在密切的关系。

4. 内应力的来源

复合膜中的内应力源于两种渠道。

第一种是“机械应力”，即由于在复合加工过程中施加在第一基材和第二基材上的张力不匹配而形成的内应力（参见“法—分析篇—剥离力的评价—复合膜的内应力与剥离力”和“法—放卷张力与收卷张力）。

第二种是“热收缩应力”，即在后期的热处理（熟化、制袋加工、老化处理、水煮、蒸煮等）过程中，由于复合膜中的各层基材在相应的处理温度条件下呈现出不同的热收缩率（热收缩率差异）而形成的内应力（参见“料—基材的热收缩率”和“法—分析篇—复合膜的卷曲性与热收缩率的差异”）。

5. 内应力的判断

复合膜中内应力的大小可以借助处于无外力状态的复合膜片材的卷曲形态及卷曲直径的数值进行判断与计算（参见“法—分析类—复合膜的卷曲性与热收缩率的差异”）。内应力的大小可以用卷曲直径和热收缩率差异两个数值进行表征。

将刚复合完的复合膜样品放置在桌面上，如果复合膜向任何一个方向发生卷曲，说明在复合膜中存在着“机械应力”。在特殊情况下，对于一个三层或四层结构的复合薄膜，可能会存在如下的状况：完成了全部的复合加工的复合薄膜并不存在卷曲问题，但在进行最后一层的复合加工前，第一基材（二层或三层的复合薄膜半成品）存在明显的向外卷曲的情况。在这种状况下，复合薄膜中事实上仍然存在着“机械应力”。对于此类复合薄膜，如果将最后一层的基材剥除掉，则余下的复合薄膜就会显现出明显的向外卷曲的现象。

将经过熟化处理且已经完全冷却的复合膜样品放置在桌面上，如果复合薄膜向任何一个方向发生卷曲，说明在复合膜中存在着“热收缩应力”。

经过熟化处理的复合薄膜可能存在以下几种情况。

①熟化处理前，复合薄膜上不存在卷曲现象；经熟化处理后，复合薄膜上也未显现出卷曲的现象。

②熟化处理前，复合薄膜上不存在卷曲现象；经熟化处理后，显现出向复合薄膜外侧方向卷曲的现象。

③熟化处理前，复合薄膜上不存在卷曲现象；经熟化处理后，显现出向复合薄膜内侧方向卷曲的现象。

④熟化处理前，复合薄膜上存在着向外侧卷曲的现象；经熟化处理后，显现出向复合薄膜内侧方向卷曲的现象。

⑤熟化处理前，复合薄膜上存在着向外侧卷曲的现象；经熟化处理后，复合薄膜上不存在卷曲的现象。

在上述的五种情况中，只有第一种情况表示在复合薄膜内不存在“热收缩应力”，其他情况都表示存在“热收缩应力”。

6. 附着力与剥离力

此处的“附着力”，是指镀铝层与镀铝基材间的结合力；所谓“剥离力”，是指胶层与镀铝层外表面（复合面）间的结合力。当“剥离力”小于“附着力”时，宏观的表现就是“镀铝层不转移”；当“剥离力”大于“附着力”时，宏观的表现就是“镀铝层转移”。

无论是在溶剂型干法复合工艺还是无溶剂型干法复合工艺中，保证最低的涂胶量，使涂上的胶水能够完全覆盖载胶膜表面，是使刚下机的复合膜没有白点 / 气泡等外观不良现象的基本条件；如果镀铝薄膜的镀铝层复合面的表面润湿张力符合基本的要求，如不小于 48mN/m，那么，胶层与镀铝层间的剥离力通常不会小于 1N/15mm。因此，不能寄希望于采用降低涂胶量的方式来降低胶层与镀铝层间的剥离力，使之在数值上小于镀铝层的“附着力”，以达到在剥离试验时不发生镀铝层转移的目的。

正确的途径应当是设法提高镀铝层与镀铝基材间的附着力和减少复合薄膜的内应力！

在复合加工中，减少胶黏剂中 -NCO 成分的用量是减少复合薄膜内应力的方法之一，但这并不是唯一的方法，也不是完全有效的方法。降低刚下机和 / 或熟化后的复合薄膜的卷曲性（机械应力与热应力）才是更重要的努力方向。在 VMPET 膜的生产中，采用化学涂层处理过的 PET 膜作为镀铝用基材是提高镀铝层附着力的一项非常有效的举措。

7. 镀铝膜的针孔与剥离力

图 6-74 和图 6-75 显示的是 VMPET 膜上存在的针孔的状态。图 6-74 是采用 100 倍的刻度放大镜拍摄的，拍摄的条件是将 VMPET 膜置于灯箱上面，在仅有透射光的条件下拍摄；图 6-75 是采用台式显微镜拍摄的，拍摄的同时使用了透射光和反射光，放大倍率约为 500 倍。

从图 6-74 可以看到：在大约 0.5mm×0.5mm 的面积上，针孔的数量不少于 50 个，折算到 $1m^2$

的面积上，针孔的数量会超过 2 亿个！由于有大量的针孔存在，所以镀铝薄膜才具有透光性！

在采用无溶剂干法复合工艺加工 PET/Al 结构的复合材料时，很容易出现“膜卷粘连”的情况。造成“膜卷粘连”的原因是：经过复合加工后，在膜卷的收卷压力作用下，胶层会透过铝箔上的针孔与 PET 膜的非复合面相接触，经熟化后使铝箔的未复合面与 PET 的非复合面发生粘连！当进行下一轮的复合加工时，从开卷中的 PET/Al 的膜卷上可以听到“刺刺啦啦”的声响，严重的情况下还会出现膜卷撕裂 / 断料的状况。

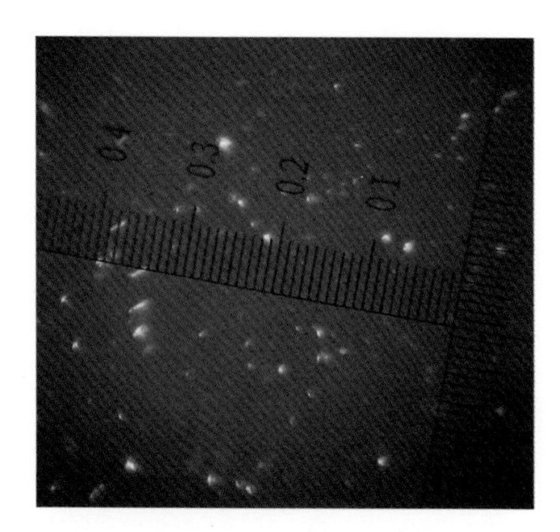

图 6-74　放大镜下的针孔

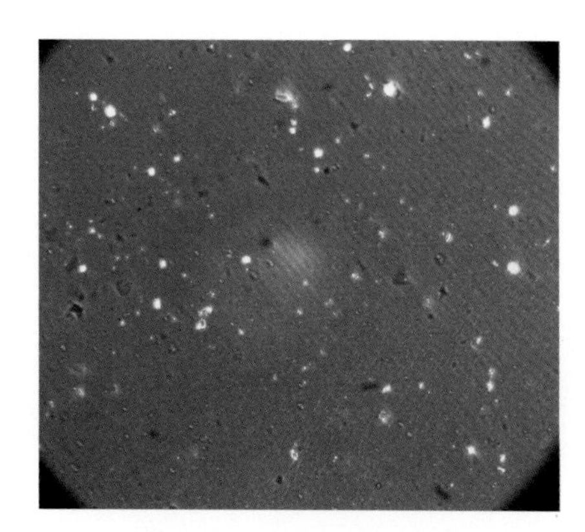

图 6-75　显微镜下的针孔

对于镀铝膜的复合制品，如果胶层能够透过针孔与镀铝的基材直接接触，应当能够提高宏观的镀铝层的附着力，减少或缓解剥离时的镀铝层转移的程度，或者提高镀铝层发生转移过程中的剥离力值。

在出现“镀铝层在特定油墨处不转移”的情况中，所谓的“特定油墨处”一般是实地的专色墨与白墨的叠加区域！在这种区域，墨层的微观表面平整度会比较好，墨层对胶水的吸收程度较低，复合的瞬间所承受的压强会比较高，应当会有部分胶水透过镀铝层的针孔与镀铝的基材发生接触，从而提高了镀铝层在局部的附着力。

8. 添加剂的影响

对于某 OPP/VMCPP 结构的、存在镀铝层全部转移且剥离力低于客户质量要求的样品，笔者曾经检查了经剥离后剩下的 CPP 基材的表面润湿张力，检查结果显示其表面润湿张力值为 30 ～ 32mN/m。常规条件下，被用于镀铝加工的 CPP 薄膜都需要事先进行电晕处理，而且处理后的薄膜的表面润湿张力值都应不低于 40mN/m。金属铝的表面润湿张力大于 800mN/m（参见“料—铝箔的除油度”），其中也不存在能够降低 CPP 基材表面润湿张力的物质。

因此，上述的 VMCPP 的镀铝层完全转移走以后，剩下的 CPP 基材所显现出的表面润湿张力值明显低于镀铝加工前的表面润湿张力值的现象的原因应当是 CPP 基材中的添加剂（如爽滑剂）迁移到了镀铝加工面，并聚集在了 CPP 膜的镀铝加工面与镀铝层之间。或者可以说，是从 CPP 基材内迁移到 CPP 膜镀铝加工面表面的添加剂降低了镀铝层在 CPP 基材上的附着力，从而使得镀铝层更容易发生转移。

9. 常见的镀铝层转移现象的原因

①“镀铝层全转移”：胶层与镀铝层的粘接力大于镀铝层在基材上的附着力；复合膜中存在过大的“机械应力”；复合膜中存在过大的“热收缩应力”；CPP 基材中的添加剂含量较高，并已经迁移到了镀铝加工面表面。

②“镀铝层分离”：镀铝层的厚度过厚；镀铝层内部结构松散。

③“镀铝层在特定油墨处不转移”：该处油墨层微观表面平整度良好，吸收的胶量较少。涂胶量总体较大；复合单元的温度、压力充足。

④“镀铝层间断性转移”：涂胶的均匀性不良。

⑤“镀铝层局部转移”（印刷品复合制品）：“表观涂胶量不足”——微观平整度不良的油墨层吸收了较多的涂胶量，使得能够透过镀铝层针孔的胶量减少；复合辊温度 / 压力不均匀或复合膜卷不同部位的收卷压力不均匀。

10. 样品的检查步骤、分析思路

对于复合膜样品上存在镀铝层转移问题的原因，建议按如下的步骤进行检查与分析：

①在复合膜上用刀子划一个线长约 150mm 的“×”形，确认复合薄膜的卷曲方向及卷曲直径；

②分别沿复合薄膜的纵向和横向裁取样膜，将其手工剥离开，检查 / 确认镀铝层分裂 / 转移的情况，及其与特定油墨层的对应关系；

③分别沿复合薄膜的纵向和横向裁取样膜，用拉力机测量其剥离力，并关注剥离力值与镀铝层转移情况的对应关系；

④对于外观上不存在卷曲现象，但存在镀铝层转移问题的包含 VMPET 膜的三层复合的样品，可将其内层基材（CPP 或 CPE）完全剥离下来，然后观察余下的复合薄膜是否存在卷曲现象及其方向与程度；

⑤对于两层的包含 VMCPP 或 VMCPE 的复合薄膜，可用“达因笔”或“达因液”检查剥下来的 CPE 或 CPP 基材的表面润湿张力值。

11. 分析思路

不管复合薄膜内是否存在“机械应力”和 / 或“热收缩应力”，如果剥离力值符合客户的特定要求，尽管存在“镀铝层转移”现象，仍可认为该复合制品为正常 / 合格品，只是镀铝层在镀铝基材上的附着力小于胶层与镀铝层的粘接力而已。某些客户认为：只要镀铝层发生了转移，就表明该复合制品为不合格品。这种认知是片面的，或者可以说是错误的。

如果下游客户“强烈建议”剥离力值须符合要求也不希望出现镀铝层转移（部分或全部）的情况，其对策如下所示。

①提高镀铝层在镀铝基材上的附着力，具体方法如下：

（a）采购“增强镀铝膜”（可能会增加材料成本）；

（b）选用镀铝层较薄的镀铝膜（可能会牺牲阻隔性）。

②降低胶层与镀铝层或印刷基材间的粘接力：

（a）通过实验，选用内聚力较弱的胶黏剂；

（b）选用镀铝层复合面的表面润湿张力值较低的镀铝膜；

（c）选用表面润湿张力值较低的印刷薄膜（基材面及油墨面）。

③减少或消除复合膜内的内应力：

（a）在采购复合基材时，注意选择在特定的热处理条件下的热收缩率相同或相近的基材，以期减少“热收缩应力”；

（b）在制袋加工过程中，应注意使用尽可能低的热合温度，以期减少相应的“热收缩应力”。

如果两层的含 VMCPP 或 VMCPE 的复合薄膜内不存在“机械应力”和 / 或“热收缩应力”，但镀铝层存在完全转移或大部分转移的现象，而且剥离力值低于客户的特定要求时，应重点检查剥离下来的 CPP 或 CPE 基材的表面润湿张力值。一般情况下，“助剂析出”导致的表面润湿张力值下降，继而镀铝层的附着力下降，应是此类问题的根源。

如果复合薄膜内存在明显的“机械应力”和 / 或“热收缩应力”，而且镀铝层发生转移时的剥离力值低于客户的特定要求时，可将问题的原因主要归结为“机械应力”和 / 或“热收缩应力”综合作用的结果。

如果继而发现剥离下来的 PET 膜（三层结构中）的镀铝面的表面润湿张力低于 48mN/m，或者剥离下来的 CPP 或 CPE 基材（两层结构中）的表面润湿张力值低于 36mN/m，则可认为相应的镀铝层转移现象还与镀铝基材的表面润湿张力值偏低或降低有关。（注：“偏低”系指镀铝加工前镀铝基材的表面润湿张力值就比较低；“降低”系指镀铝加工完成后，由于基材内的添加剂向基材表面迁移，导致镀铝基材镀铝面的表面润湿张力值下降。）

十五、胶水不干

“胶水不干”是胶黏剂应用过程中客户经常会反映的一个被归于胶黏剂本身的“质量”问题。

1.“胶水不干”现象的表现形式

在复合制品完成了熟化过程后所发现的“胶水不干”现象通常有以下几种情况。

（1）两层的复合制品

①胶层整体不干（有墨处及无墨处）；

②有墨处的胶层表现为整体不干；

③无墨处的胶层表现为整体不干；

④与个别颜色的墨层相对应的胶层表现为局部不干；

⑤条状分布的胶水不干现象；

⑥一部分膜卷表现为胶层整体不干，另一部分膜卷表现为胶层已完全固化。

（2）多层的复合制品

①全部的胶层都表现为整体不干；

②其中某一层的胶层表现为整体不干；

③仅在表层有墨处的胶层表现为局部不干；

④仅在表层与个别颜色的墨层相对应的胶层表现为局部不干；

⑤仅在表层无墨处的胶层表现为局部不干；

⑥ PA 或 Al 作为中间层的多层复合制品中，PA 或 Al 两侧的胶层中的其中一层胶层表现为整体不干；

⑦ PA 或 Al 作为中间层的多层复合制品中，PA 或 Al 两侧的胶层均表现为整体不干；

⑧在其中任意一层间的条状分布的胶水不干现象。

2. 查找“胶水不干”原因的步骤

在处理“胶水不干”的问题时，应按照以下步骤进行数据搜集与分析。

①在什么条件 / 状况下发现的“胶水不干”现象。

②“胶水不干”现象属于上述哪种情况？

③有“胶水不干”现象复合的制品已经历过的熟化条件。

④“胶水不干”的程度（“二次黏性”的数值，参见“法一分析篇一胶水不干事宜一胶层是否已完全固化的判定方法”）。

⑤将有“胶水不干”现象的样品剥开并放置在开放性环境下一段时间后，胶层黏性的经时变化结果。

⑥将有“胶水不干”现象的样品重新置入熟化室或电热箱一段时间后，胶层黏性的经时变化结果。

⑦熟化室内温度的均匀性。

⑧熟化室内实际温度与温控仪示值的差异。

⑨特定墨色油墨的稀释剂配方。

⑩无溶剂干法复合机混胶机上干燥器的配备状况。

⑪无溶剂干法复合机混胶机上干燥剂的应用状况。

⑫印刷、复合生产车间的环境状况。

⑬乙酸乙酯溶剂的质量状况。

⑭对易吸湿基材的保护 / 保存状况。

在获取了充分的信息后，可参照“法一应用篇一胶水不干事宜”的相关分类进行分析。

3.“胶水不干”与其他外观不良现象的关联性

参见“常见问题篇一应用后的问题一制袋加工后一胶水不干”项。

十六、卷芯皱褶

卷芯皱褶是图 6-76-1 所示的状态，又被称作“活褶”。当从这样的膜卷上裁下一片薄膜后，图 6-76 所示的皱褶状态依然会存在于复合薄膜上，且在后期的冷 / 热加工过程中均不会消失。具有此类“活褶”的复合薄膜通常会被作为废料处理。

因此类现象多存在于复合膜卷的卷芯部位，如图 6-76-1 所示，故此得名。但此类现象绝不仅限于卷芯部位。如果从复合膜卷的端面去看，具有“卷芯皱褶”或“活褶”问题的复合膜卷的端面分别如图 6-76-2 至 6-76-8 所示。

图 6-76-2 ～图 6-76-8 的膜卷端面状态又被称为“放射线状”。或者可以说，只要是在端面上有“放射线状”的膜卷，其内部通常会有程度不等的“卷芯皱褶”或“活褶”问题！

形成卷芯皱褶或“放射线状”的基本原因是膜卷外侧的膜卷张力大于内侧的膜卷张力。而导致这一结果的原因又有以下几种：纸芯因脱水而收缩；纸芯因受压而收缩；起始收卷张力小，后期收卷张力逐渐加大；第一或第二基材换卷后，收卷张力突然加大；复合膜在熟化过程中发生了热收缩；膜卷在流转过程中受到了磕碰。

图 6-76　卷芯皱褶现象

1. “卷芯皱褶”

图 6-76-3 和图 6-76-7 所示的状态可称为“真正的卷芯皱褶”。因为这两种程度不同的卷芯皱褶是真的发生在靠近卷芯的部位！如果将图 6-76-3 的膜卷打开，复合膜的表面状态将如图 6-76-1 所示；如果将图 6-76-7 的膜卷打开，复合膜的表面状态将会优于图 6-76-1 所示的

状态。

形成这种状态的原因可能有以下几个：

①起始的收卷张力设定值偏小；

②收卷机张力控制系统中的纸芯外径设定值大于实际的纸芯外径值，造成收卷的初始阶段的实际收卷张力小于设定值，并造成初始阶段的收卷硬度相对偏小；

③收卷机接触辊的压力偏小。

对策

①适当加大起始收卷张力设定值；

②使收卷机张力控制系统中的纸芯外径设定值小于或等于实际的纸芯外径值；

③适当调高收卷机接触辊的压力。

2.“卷中皱褶”

图 6-76-4 和图 6-76-8 所示的状态可称为“卷中皱褶”，因为这两种状态都没有发生在靠近卷芯的部位。形成上述两种状态的基本原因是在收卷的过程中，收卷张力发生了某种突然的增大的变化。

图 6-76-8 显示的膜卷端面的外圈的颜色明显不同于内圈，这表明在颜色发生变化的界面上是曾经的停机换料的时点。在换料之前，起始的收卷张力并不低，随后的收卷张力是处在较大比率的衰减过程中；在换料后的收卷过程中，可能是由于新的复合膜的宽度比较大或其他原因，收卷张力或接触辊压力有了明显的提高，所以使得其内圈相对“松软的”膜卷产生了如图所示的“放射线状”。如果将图 6-76-8 的膜卷打开，可能在靠近接料点附近的薄膜会有较大幅度的波纹状，越靠近卷芯部位，波纹状会逐渐减轻甚至消失。

图 6-76-4 显示的膜卷端面的颜色并无明显的变化，但膜卷的松紧程度有明显的变化。这表明在过程中没有发生过停机接料的事件。但不能排除在过程中有过多次的停机或人为的调整收卷张力的行为。

对策

收卷过程中调整张力时需慎重，每次调整幅度不宜过大。

3.“渐变的放射线”

图 6-76-5 和图 6-76-6 所示的状态可称为“渐变的放射线”，在这类膜卷的端面上，放射线呈现某种有规律变化的花纹。造成图 6-76-5 和图 6-76-6 所示的状态的原因可能是在完成了收卷加工之后，纸芯的直径发生了某种程度的缩小。纸芯直径缩小后，靠近纸芯部位的膜卷的硬度就相对变软了，在膜卷的收卷压力作用下就逐渐形成了图示的状态。

造成纸芯直径缩小的原因可能是：

①纸芯初始的含水率比较高，在干燥环境下的存储过程中逐渐脱水而变小；

②纸芯的加工用纸的密度比较小，在收卷过程中或收卷完成后，纸张被逐渐压紧而直径变小；

③纸芯的刚性不足（如壁厚较薄），在收卷过程中或收卷完成后，纸芯发生局部塌陷而使

其表观直径变小。

4.“局部的放射线”

图 6–76–2 所示的状态可称为“局部的放射线”。如果将此类膜卷打开，在与“局部的放射线”相对应的部位也能看到图 6–76–1 所示的状态。造成此类现象的原因是：在流转 / 运输过程中，复合膜卷遭遇了严重的磕碰或倾覆。

十七、熟化时间过长

“熟化时间过长”是客户投诉中经常使用的一个词语。“熟化时间过长”的另一种表述方式是“胶水不干”！关于胶黏剂的合理的熟化时间，各个胶黏剂的供应商会有各自的说明 [参见“机—熟化室（箱）的设计与评价”]。

对于客户所投诉的“熟化时间过长”可以有不同的理解。

一种是客户应用了供应商要求的熟化时间，但熟化后的复合制品上的胶层仍然未达到完全固化的状态（胶水不干），或者在后工序（如制袋）或下游客户的应用过程中出现了不希望看到的结果，需要进一步延长熟化时间才能达到预期的结果（以下简称 A 类）。另一种是客户希望在明显短于供应商所要求的熟化时间内完成熟化处理过程，同时希望此类缩短了熟化时间的复合制品能够适应后加工的条件，并要求供应商承担相应的风险（以下简称 B 类）。因此，对于客户“熟化时间过长”的投诉，首先要明确客户投诉的真正含义。

图 6–71 是某个牌号的胶黏剂的反应完成率与熟化时间的关系曲线，任何一种胶黏剂都会有一个类似的关系曲线，只是达到某个反应完成率所需要的时间会有所不同。大量的经验表明：胶水的反应完成率与最终的剥离力没有线性关系！影响剥离力的因素有很多；胶水不干的程度或者说胶层的黏性与剥离力的大小之间并没有某种线性关系，与后加工的结果之间也没有必然的联系。

绝大多数客户及下游客户更多地是关心包装制品的应用结果。当应用结果良好时，客户及下游客户通常不会去关心包装制品的胶层是否有黏性或存在胶水不干现象。当应用结果不好或出现了不希望出现的现象或问题时，大多数客户或下游客户都会首先去检查复合制品的胶层是否有黏性或存在胶水不干现象。如果确认了复合制品的胶层有黏性或存在胶水不干现象，客户或下游客户就会自然地将不希望出现的现象或问题与复合制品的胶层有黏性或存在胶水不干现象联系起来。

因此，对于上述 B 类的客户投诉或要求，首先应建议客户进行小批量的试验，以确认在客户所要求或实施的熟化条件下复合制品的剥离力的测试结果、胶层的黏性、复合制品的其他力学指标（如拉伸断裂应力、断裂标称应变、热合强度、起封温度等）及实施包装与后处理的结果，其次应收集该客户以前加工的同类产品的正常品样品及其加工、应用条件，检测上述的各项指标，特别是剥离力与胶层的黏性这两项指标。

对于上述 A 类的客户投诉，首先要查清客户提出“熟化时间过长”投诉的背景，即客户遇到了哪种不希望看到的、可能与“胶水不干”有关联或客户认为有关联的现象或问题。其次要获得该客户本次生产的“有问题”的复合制品的样品。再次，还要设法获得该客户以前生产的或竞争客户生产的“没有问题”的复合制品的样品。必要时，还应搜集与客户的“有问题”

的产品的生产时间相对应的胶黏剂的供应、应用、库存数量及生产设备状况、生产工艺条件与后处理加工条件等信息。

在此基础上，应当对收集到的正常的和“有问题”的复合制品的样品进行检测，检测项目包括但不限于剥离力、胶层黏性、热收缩率、热合强度、起封温度、拉伸断裂应力、断裂标称应变、拉伸弹性模量等。其中剥离力与胶层黏性是必检项。

然后，将检测数据与客户反映的不良现象结合起来进行综合分析，以查找真正的原因。必要时，应在客户的现场进行验证实验，以确认分析结果的正确性。

与客户A类投诉相关的不良现象通常有：剥离力差、宽刀封口制品的表面皱褶、封口卷曲、热合强度差、水煮后的袋体表面皱褶或局部分层等。

十八、胶水不能过夜

“胶水不能过夜”通常是指已留存过夜的余胶（或剩胶）发生黏度增高、混浊甚至果冻化的现象。“胶水不能过夜”的投诉通常来自一些中小型复合软包装加工企业。这些企业的特点通常只上白班，因此，都会遇到“在下班前尚未用完的、已经配好的胶水如何处理的问题”。通常，这些企业都会选择将余胶留存到第二天的生产过程中继续使用。

此外，这些中小企业为了缩短交货周期，通常会要求胶黏剂的供应商提供所谓快干型的胶黏剂，即主剂和固化剂的反应速率相对比较快的胶黏剂。

一般情况下，当胶黏剂的主剂与固化剂配合到一起后，两个组分间的化学交联反应即已经开始了，随着化学反应的不断进行，反应生成物的分子量会不断增大，从宏观角度讲，胶水的黏度会逐渐上升；当分子量增加到一定程度时，反应生成物已经不能溶解于乙酸乙酯溶剂中了，就会成为不溶物，宏观上就表现为胶水在逐渐变混浊、不透明；当分子量进一步增加后，由于还有大量的溶剂存在，反应产物就会成为果冻状的弹性体。

对于快干型的溶剂型干法复合胶黏剂，在50多摄氏度的熟化温度下，其反应完成率可能在20多个小时就会达到比较高的比例，即使在室温条件下，其发生化学反应的速率也会比常规的胶黏剂快一些。因此，如果对余胶不做任何处理就试图将其留存到第二天，那么，出现客户所反映的“胶水不能过夜”或“果冻状”其实是一种非常正常的结果。

以现有的技术水平，胶黏剂的供应商可以做得到加快或降低胶黏剂的反应速率，但这种加快或降低是与胶黏剂在室温条件和高温条件下的反应速率同步进行的。目前还达不到使混配好的胶黏剂仅在高温条件下发生化学反应而在室温条件下不发生化学反应的水平。

从化学反应机理角度讲，在常压条件下，化学反应速率决定于反应物的浓度和反应体系的温度，即反应物的浓度越高、化学反应的速率就越快，反应体系的温度越高、化学反应的速率就越快。对于软包装用的胶黏剂，反应物的浓度即指胶水工作液的固含量。固含量越低即表示反应物的浓度越低。

因此，在一部分胶黏剂供应商的使用说明书中会有如下的文字：“剩余胶液：剩余胶液原则上不能使用。若残液量过多，稀释后密闭保存于阴凉处，次日作业作为稀释剂，陆续少量掺入新配制的胶液中，并且避免用于带铝箔的复合制品。如出现白浊化、半透明或者增稠现象，不可继续使用。”

在此处，“稀释”即是要求在余胶中加入溶剂以降低反应物的浓度，“保存于阴凉处”即是要求降低反应体系的温度。

现在，有一部分软包装企业采取了将余胶置入冷藏柜的方式过夜，这可以说是一种有益的尝试。

第七章　应用后的问题

一、分切加工后

1.“窜卷”（竹笋状）

参见“应用中的问题—‘窜卷’现象”。

2. 卷芯皱褶

参见“应用中的问题—卷芯皱褶”。

3. 镀铝层腐蚀

关于镀铝层的耐腐蚀性，可参见“法—应用篇—铝箔与镀铝层的耐腐蚀性”。

分切后的包装制品的镀铝层腐蚀现象通常可见于用水性胶加工的复合膜（尚未被用于包装内装物）在存储条件下出现局部的镀铝层被腐蚀的现象。此类产品的镀铝层腐蚀现象一般以“无规则的点状腐蚀”的状态存在。在复合膜的有油墨的区域表现为黑点或暗斑，在无油墨区域的镀铝层上表现为可透光的亮点（图7-1左侧浅颜色区域为白色油墨区域，右侧深颜色区域为无油墨覆盖的纯镀铝层区域，拍摄时底部衬有白纸）。

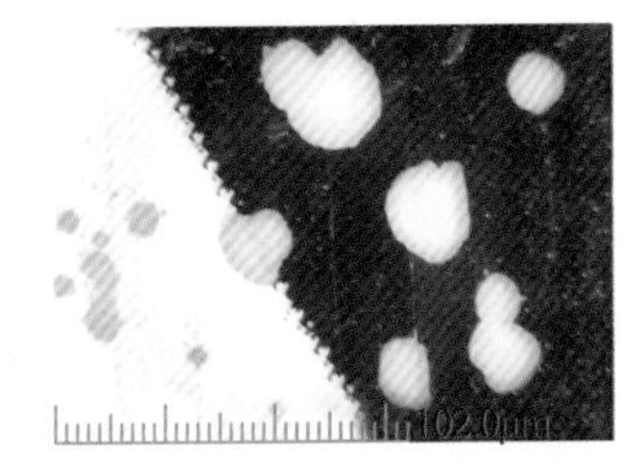

图7-1　已被腐蚀的镀铝层

造成此现象的原因是复合过程中的干燥不良，即胶层中的水分未充分挥发。

对策

使用平滑辊，使水性胶分布更均匀；提高烘干箱风量；提高烘干箱风温；降低复合机速度。

4.“粘边”

“粘边”是指分切好的膜卷的两个端面上用手触摸时有黏黏的感觉，将此类膜卷用于后加工（制袋或自动灌装）时，开卷过程不顺畅，有异常声响。

造成此类现象的原因是复合薄膜中的胶层存在严重的胶水不干现象，在分切后的膜卷压力作用下，胶层向外渗出的结果。

此类的胶水不干现象通常表现为整体性的胶水不干，即有墨、无墨处的胶层都存在胶水不干现象，或者多层复合制品中的某一层存在整体性的胶水不干现象，参见“法—分析篇—胶水不干事宜”。

对策

①确认胶水不干的原因，参见“法—分析篇—胶水不干事宜—各种与“胶水不干”现象相关的因素”；

②根据确定的导致胶水不干的原因采取相应的对策。

二、制袋加工后

1. 封口翘曲

“封口翘曲”是指如图 7-2 所示的在宽刀封口处呈现出的斜向的卷曲状态。

图 7-2　有皱褶、翘曲的封口

图 7-2 左图所示的包装袋是一个 PA/CPP 结构的三边封耐水煮包装袋，产品为纵出，上封口为宽刀封口。在袋子的黄色箭头指示处（宽刀封口的内缘）的波纹状显示出该包装袋在宽刀封口处发生了明显的热收缩，在绿色箭头指示处的纵向细小皱褶显示出其中的 CPP 比 PA 有更大程度的横向热收缩。对宽刀封口处进行剥离力检查时，发生分离的界面为油墨层之间（在剥离面的两侧都有黑、红、黄色油墨层，参见图 7-2 右图）。在制袋加工刚刚完成的瞬间，黄色箭头所指示的波纹状就会显现出来，而绿色箭头所指示的细小皱褶和宽刀封口处的封口翘曲现象则会在放置一段时间后才显现出来。

图 7-3　翘曲的袋子

图 7-3 显示的是另一类封口翘曲现象。

此类封口翘曲现象的特点是：在封口边的内缘处并没有如图 7-2 左图黄色箭头所示的明显的“波纹状”；袋子的整体呈现出扭曲的不平整状态。

封口翘曲现象的原因：热合条件过于强烈（俗称温度过高），导致 PA、CPP 发生了强烈的热收缩，参见“料—基材的热收缩率”；在过于强烈的热合条件下，PA 膜的弓形效应明显，参见“料—基材的热收缩率—弓形效应”。

封口处纵向皱褶的原因：在客户的热合条件下，CPP 的横向收缩率大于 PA 的横向收缩率。

对策

①通过检测该复合膜的热合曲线，选取合适的热合条件（参见“法—应用篇—热合曲线”）。

②如果制袋机的上、下热合刀都处在加热状态，则应适当降低上刀（或朝向翘曲方向的热合刀）的温度。

③采购 PA 基材时，选取弓形效应较小的 PA 膜。

2. 封口卷曲

“封口卷曲”现象是指图 7-4 所示的状态。图 7-4 左图中是三边封复合膜袋，排版方向为横出。制袋加工时，袋子的两个纵封边是由制袋机的横封刀热合而成的。从结果来看，袋子的两个纵封边均呈现出明显的封口卷曲现象，而横封边保持了平直的状态。图 7-4 右图所示的复合制品也是三边封袋，为 2 列纵出，即在复合薄膜的横向上排列着两个印刷图案，且袋子的纵向为复合薄膜的运行方向。制袋加工时，袋子的两个纵封边是由制袋机的两个纵封刀分别热合而成的。从结果来看，袋子的一个纵封边呈现出明显的封口卷曲现象，而另一个纵封边和横封边均保持了平直的状态。

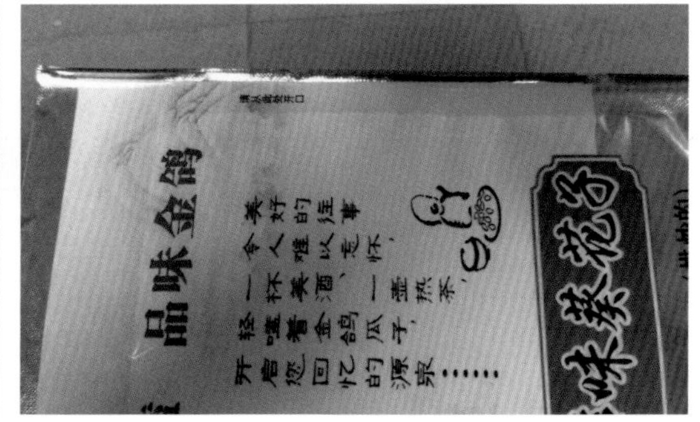

图 7-4　封口卷曲现象

另据提供图 7-4 右图所示样品的客户反映：因为该制品为 2 列纵出，制袋时使用的纵封刀为三个：中间的一个热封刀②为 20mm 宽，左右两侧的两个热封刀①和③为 10mm 宽，如图 7-5 所示。由左右两侧的 10mm 宽的两个热封刀所加工的封口的外观无异常现象，由中间的 20mm 宽的热封刀所加工的封口则呈现出如图 7-4 右图所示的封口卷曲状态。

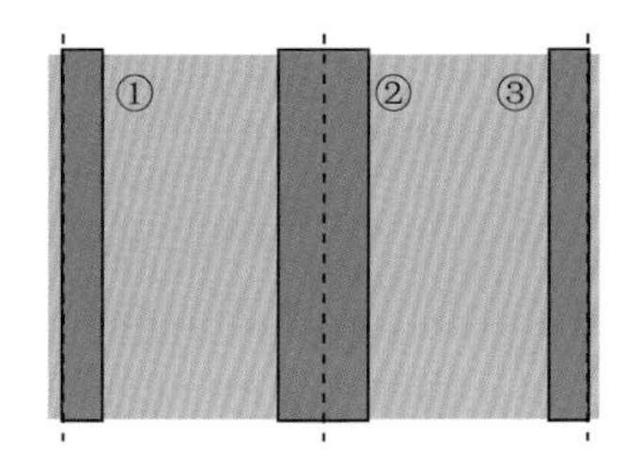

图 7-5　纵封刀排列图

“封口卷曲”的现象在袋子刚下机时并不会显现，而是在袋子充分冷却后才会逐步显现出来。

综合以上的现象，导致“封口卷曲”的原因应当是：在特定的制袋加工速度条件下，热合刀②的压力（压强）不足，操作工为了获得一定程度的热合强度而提高了热合刀②的温度。由于纵封刀仅为上刀单面加热，袋子的上表面受热程度较高，下表面受热程度较低，在较高的纵封刀温度的作用下，袋子上表面的复合薄膜发生了较大程度的热收缩，从而在冷却过程中形成了“封口（向上）卷曲”的现象。

对于图 7-4 左图所示的横排袋子的“封口卷曲”现象，其原因应当是：对袋子的上、下表面分别加热的几个横封刀间存在较大的温度差异，制袋成品会向其中受热程度较大的一侧显示出“封口卷曲”现象。

综上所述，发生封口卷曲的原因是复合膜袋单侧受热程度过高（热封刀的压力偏小、温度偏高）。

对策

适当增加热封刀的压力，适当降低热封刀的温度。

行业中，有人认为导致“封口卷曲”现象的原因是胶水耐热性不够或胶水不干。其理由是存在“封口卷曲”现象的袋子上发现了胶水不干的现象；将尚未完成制袋加工的复合膜重新置入熟化室内熟化处理若干小时后再进行制袋加工，“封口卷曲”现象没有重现。

需要指出的是：所谓耐热性不够或胶水不干，对于复合膜来说是一个“整体性”的影响因素，如果真的会在“封口卷曲”现象上体现，应当是在袋子的纵、横封口上都有相同程度的体现，而不会只是体现在袋子的某个封口上！换句话说，如果“封口卷曲”现象没有同时出现在全部的纵、横封口上，或程度不同地出现了，恰恰说明是制袋加工工艺条件间的差异所导致的。

对于“经再次熟化、再次制袋后没有出现封口卷曲”的说法，应该认为客户只是关注了再次熟化这一过程，而没有关注再次制袋时工艺条件的变化。

3. 热合强度差

对于在制袋加工后、交货给下游客户前这一阶段所说的热合强度差问题（或投诉）需要区别对待。在日常的客户技术咨询或质量投诉中，“热合强度差”一般意味着实际测得的“热合强度”值尚未达到其目标要求，或者对包装袋进行特定条件下的耐压、跌落、耐热、耐老化实验时，结果不能令客户满意，或者客户在对包装袋进行水煮或蒸煮处理试验时，包装袋发生了破袋、渗漏等问题。

(1) 热合强度差问题的分类

“热合强度差”的质量投诉也可分为两类：A 类是具有可比较的目标值的；B 类是没有可比较的目标值的。

“具有可比较的目标值”是指客户有明确的热合强度目标数值，而所加工出来的某个（批）复合制品的热合强度值未达到其目标值。

“没有可比较的目标值”是指客户本身对特定的复合制品的热合强度指标没有明确的目标数值，客户是以复合制品是否容易被撕开或者其下游客户认为复合制品的封口强度是否符合其感官要求，或在实际应用过程中是否发生了所不期望的局部分层等现象来评价复合膜袋的热合强度。

提出 A 类投诉的客户都是具有拉力机等基础的质量检测设备的，提出 B 类投诉的客户中大部分是没有相关质量检测设备的。

(2) 热合强度的限定值

复合薄膜的剥离力值与其热合强度值有一定的关系，但不是正比的关系。不同结构的复合薄膜可获得的最大的热合强度值是有限度的，不是随意的。

在相同的热合工艺条件下，复合膜袋的纵向封口强度与横向封口强度的数据会有一些差别，通常是横向封口强度的数据会大一些，因为热封层基材在制膜过程中会有较大的纵向拉伸比。

对于任一结构的复合制品都可利用其相应的热合曲线（参见“法一应用篇一热合曲线），获知在特定的制袋加工工艺条件下可得到的热合强度的最大值。

热封层基材的构成及物性指标（1% 正割模量、拉伸断裂应力、熔程、热收缩率等）对可获得的最大热合强度值有明显的影响。

(3) 理想的剥离力与封口分离状态

理想的封口分离状态应当是图 3-14 所示的“封口剥离”或“热合层剥离”的状态，理想的剥离力数值应当是在保持“热合层剥离”的状态下的可达到的最高值！

在上述的数值与状态下，首先，只是复合薄膜的热合层树脂发生了部分熔合，此时的复合膜袋外观应当是最为平整的。其次，当针对此种复合膜袋进行耐压或跌落试验时，在受压或受冲击的过程中，复合膜袋的封口可以通过部分或少量发生“封口剥离”以吸收复合膜所承受的张力或冲击力，从而减少或消除发生破袋的概率。

① A 类投诉的分析流程

对于客户的 A 类投诉：

（a）要搞清楚客户所提供的目标 / 实测热合强度值相对复合膜袋是横封口的热合强度，还是纵封口的热合强度；客户的横封口与纵封口相对于复合薄膜是复合薄膜的纵向还是横向。

现有的基材中，纵向和横向的拉伸断裂应力是不一样的，因此，所得到的复合薄膜的纵向和横向的拉伸断裂应力也是不一样的。对于相应的复合膜袋而言，可达到的最高的热合强度的数值也是不一样的。

（b）要搞清楚客户所投诉的复合膜袋目前的纵、横向剥离力的状态和封口分离状态。以及客户与之相比较的由客户自己以前生产的或其他竞争客户提供的并被认为热合强度比较好的同类复合制品的剥离力数据以及封口分离状态。因为剥离力与热合强度及封口分离状态之间有一定的关联性。

（c）应设法搞清楚相关的复合膜的热合标准曲线，包括客户自认为目前有问题的复合膜、客户自己以前生产的或其他竞争客户提供的，并被认为热合强度比较好的同类复合膜。

通过上述步骤，应当可以对导致热合强度差的原因做出大致的判断。

热合强度差的问题既可以从加工工艺找原因，也可以从基材的物性方面找原因，因此，获取相关的热合标准曲线是一个非常重要的步骤。

② B 类投诉的分析流程

对于客户的 B 类投诉：

（a）应当搞清楚客户得出“热合强度差”这一结论所基于的现象或事实。

（b）要设法获得一定数量的、客户所称的“不良品”的和可用作参照物的相同或相似的“正常品”的包装袋的样品。

（c）应充分了解客户加工出与“不良品”同批的产品时所使用的设备条件、工艺条件、基

材 / 原料的来源及其状况。

（d）对获得的“不良品”“正常品”样品检测包括热合标准曲线、剥离力、拉伸断裂应力等力学指标，并与行业内的常规指标进行对比，以确认客户的“热合强度差”这一结论的正确性或合理性。

（e）根据客户提供的后处理或试验条件处理所获得的样品或进行同类试验，观察能否再现客户所述的与“热合强度差”相关的“不良现象”。

通过上述步骤，应当可以对导致“热合强度差”的原因做出大致的判断。

(4) 另类的“封口强度”

在复合膜袋的加工中，热合封口有两种基本形式，即“对接”和“搭接”。“对接”就是复合薄膜的热封层相互之间热合在一起所形成的封口，如图 7-6 所示。“搭接”就是复合薄膜的表层与热封层相互热合在一起所形成的封口，如图 7-7 所示。

形成“搭接”封口的前提条件是复合薄膜的表层（印刷层）基材与热封层基材具有相近的可热封性。采用“搭接”形式制作成的复合膜袋通常是使用中心封（背封）制袋机加工而成的。

图 7-8 是“搭接”封口的两种基本形式。用来加工“搭接”封口的复合膜袋的复合薄膜的结构通常有以下几种：CPE/PA/CPE、CPE/VMPET/CPE、CPE/Al/PA/CPE、HSOPP/CPP、HSOPP/VMPET/CPE、HSOPP/PA/CPP（HSOPP 表示“可热封的双向拉伸聚丙烯薄膜）。

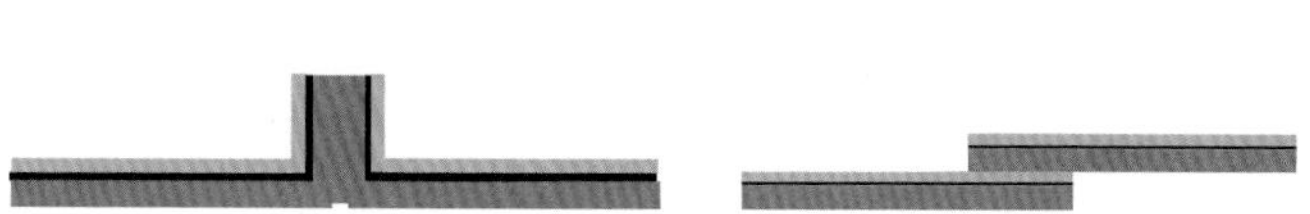

图 7-6 “对接”的封口　　图 7-7 “搭接”的封口

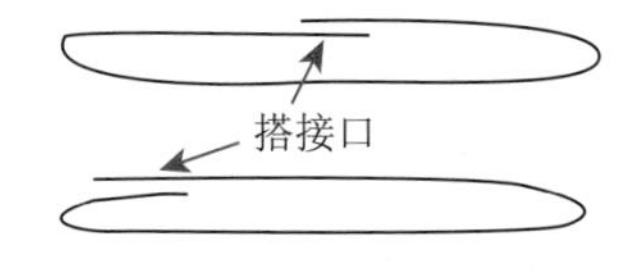

图 7-8 “搭接”封口的两种基本形式

可热封的 BOPP 膜分为单面可热封的和双面可热封的两类，在复合薄膜加工中常用的是单面可热封的 BOPP 膜。据悉，在单面可热封的 OPP 膜结构中，热封层的厚度一般为 1μm 左右，采用“对接”方式进行热合处理后，其热合强度仅可达到 2.8N/15mm。GB 12026—2000《热封型双向拉伸聚丙烯薄膜》对此类薄膜的热合强度的要求是不小于 2N/15mm。

图 7-9 是一个采用了“搭接”封口的背封袋，封口的宽度大约为 4mm。其结构为 HSOPP^{18}/VMPET^{12}/PE^{40}。复合薄膜的总厚度为 76μm。图 7-10 为“搭接”封口的细节。

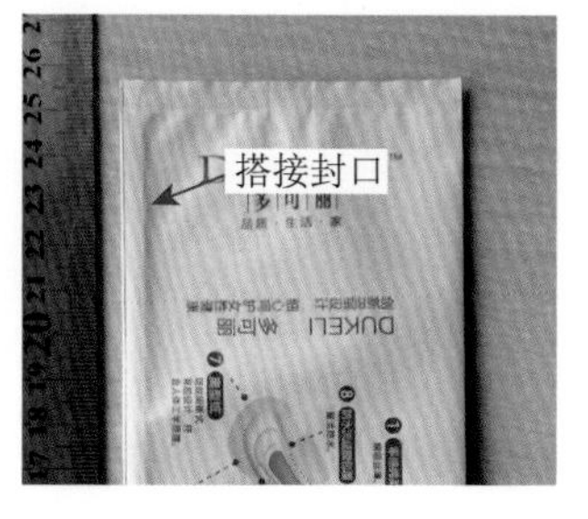

图 7-9 “搭接”封口样品

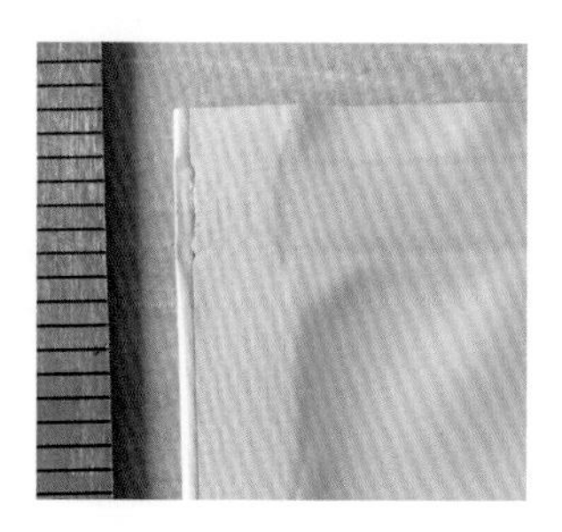

图 7-10 “搭接”封口细节

将该样品的“搭接”封口沿着封口的纵向裁下（见图 7-11），参照测量剥离力的方式对“搭接”封口处的剥离力（封口强度，相似于“对接”方式的强度）进行检查，结果为 1.32 ～ 1.37 N/15mm（4mm 宽度），将此数据折算到 15mm 的宽度时，数值为 4.95 ～ 5.14 N/15mm。大约 5N/15mm 的热合强度数值对于常规的热合强度而言是一个很小的数值。对于以“对接”方式加工的复合膜袋，这个数值通常被认为是“起（启）封强度”（参见“法一应用篇一热合曲线”）。

将该样品的“搭接”封口沿着封口的横向裁下（见图 7-12），参照测量拉伸断裂应力的方式对“搭接”形式的封口可承受的拉力进行检查，检查结果为 96 ～ 101 N/15mm，而且不是“搭接”形式的封口被拉开，而是复合薄膜发生了断裂！

图 7-11 “对接”的封口强度　　　　图 7-12 “搭接”的封口强度

(5) *剥离力与剪切力*

剪切力是两个彼此平行、方向相反的力。剪应力是应力的一种，定义为单位面积上所承受的力，且力的方向与受力面的法线方向正交。剪切强度表示胶黏剂在受切线方向的应力时单位面积上的最大断裂负荷。根据受力方式可分为拉伸剪切强度、压缩剪切强度、扭转剪切强度、弯曲剪切强度等几种，其中拉伸剪切强度最常用。

热合强度与复合膜袋的封口宽度无关，剪切力则与封口宽度有关！在拉伸试验中，搭接的封口处的复合膜承受的是拉伸剪切力。而在滚轮热封过程中，封口处的复合膜承受的是压缩剪切力和弯曲剪切力。

上述数据及现象表明：以搭接方式形成的封口处的剥离力不一定很大，但由于在其中存在着一个很大的剪切力，所以，尽管封口的宽度不大，但仍然可以承受很大的拉力。

以水性丙烯酸胶黏剂加工的 OPP/VMCPP 复合制品在下机后的数小时后即可进行分切加工、以溶剂型或无溶剂型聚氨酯胶黏剂加工的复合制品在熟化 10 多个小时后（尚未经受充分的熟化）即可进行分切加工的理由就是复合膜间的剪切力已大到足以阻止复合薄膜在分切加工的过程中发生胶层间的滑动错位而形成肉眼可见的局部分层或隧道现象。

以溶剂型聚氨酯胶黏剂加工的含有铝箔的复合薄膜在经历了滚轮热封处理后，在部分滚花压痕处形成“白斑”或局部分层现象的理由是经历了剧烈形变的复合薄膜中各层基材的回弹率不同而在层间产生了巨大的剪切力！

> 从上述描述中可以得到这样一个结论：对于复合膜袋，热合强度值其实并不是十分重要的数据，而如何合理地设计袋形，使复合膜袋的各个封口在后处理过程中均匀受力才是更重要的！

4.“粘刀”

“粘刀”是指在制袋加工过程中有黏性的物质显现在制袋成品的封口外缘处，并且有部分有黏性的物质黏附在热封刀和 / 或切刀上。它一方面产生异常声响；另一方面对复合膜的顺畅运行产生某种程度的影响。此外，还会在后续的复合膜袋的封口上产生不期望出现的、无规则的凹痕。

曾有人认为造成此种现象的原因是胶水层的耐热性不够，在热压的过程中被从复合膜层间挤出来了！需要强调的是：已经固化的胶层在常规的制袋工艺条件下是不会熔化的。

其实，造成此种现象的原因是热合条件过于强烈，使得热封层基材（不仅仅是热合层）被熔化并从复合膜袋的纵封边被挤出来了；在另一种情况下，则是表层的基材（如 OPP）发生较大的热收缩的结果。如图 7-13 中黄色箭头所指示部分。

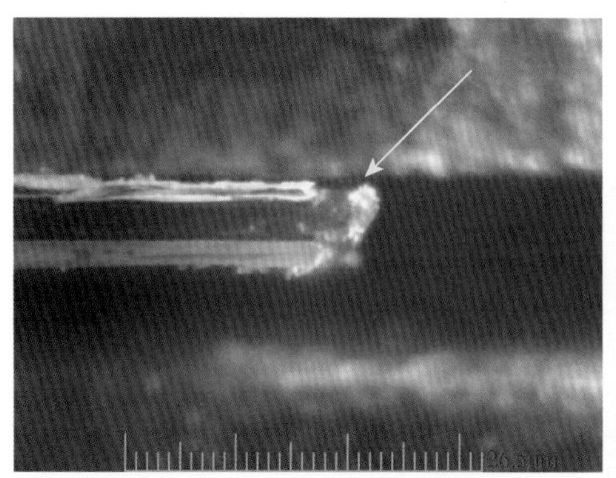

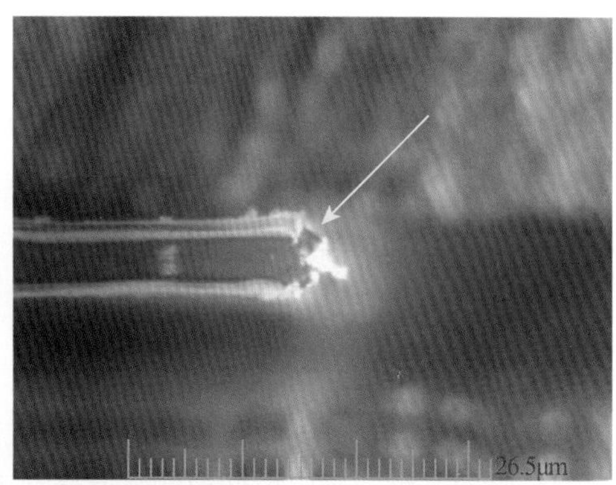

图 7-13　形成“粘刀”现象的原因

形成“粘刀”现象的原因是热合条件过于强烈（温度过高、压力过大、时间过长），使热封层基材被熔化并从复合膜袋边缘被挤出。

对策

调整热合条件（降低热合温度、降低冷却水温度或加工其流量，或降低制袋加工速度）。

5. 根切

“根切”是指图 7-14 所示的“在测量或检查复合膜袋的热合强度的过程中，复合薄膜在封口边的内缘处整齐地发生断裂”的一种封口分离状态。参见“法一应用篇—热合曲线—热合强度的几种表现形式”。图 7-15 为与上述“根切”状态所对应的应力 - 应变曲线。

图 7-14 “根切”现象

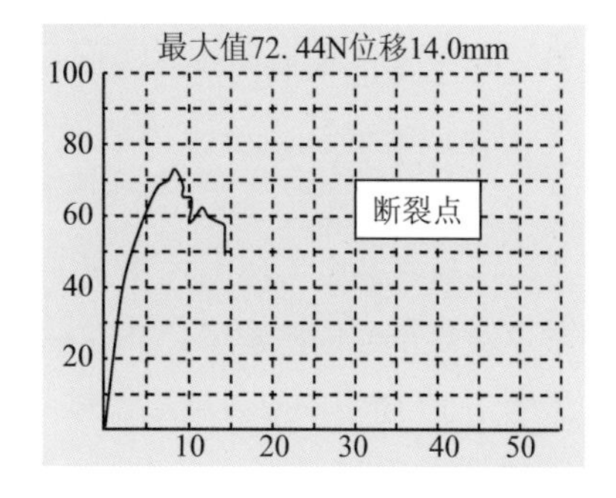

图 7-15　相应的热合强度曲线

该样品为 OPP/VMPET/PE 结构的榨菜包装薄膜。图 7-15 的数据显示：应力（热合强度）的最大值为 72.44N/15mm，拉伸过程中夹头位移为 14mm。

该曲线数据显示：应力值为 0 ～ 40N/15mm 是该复合薄膜的弹性变形阶段，应力值为

40 ～ 68N/15mm 为该复合薄膜的塑性变形阶段，在这两个阶段中，复合薄膜被拉伸并延长了约 9mm，在随后的约 1s 的时间内（约有 5mm 的应变量），应力－应变曲线先上升后下降，并在应力值降到约 57N/15mm 时，复合薄膜发生了完全的断裂。

根据经验，当复合膜袋显现出“根切”现象时，测得的热合强度值往往比较高。因此，有些企业会以是否有“根切”现象作为评价热合强度是否达标或评价制袋工艺条件是否合适的一种标志。

从图 7-16 所示的多种结构复合薄膜的热合曲线来看，BOPA15/ 乳白 PE102 结构的复合膜的热合强度值都在 40N/15mm 以上，BOPP18/ 乳白 PE51 结构复合膜的热合强度值都在 20N/15mm 以下，这说明热合强度值与复合薄膜的总厚度有关，更与热封层基材的厚度有关。或者可以说，热封层的厚度越厚，则可能获得的热合强度值越大。

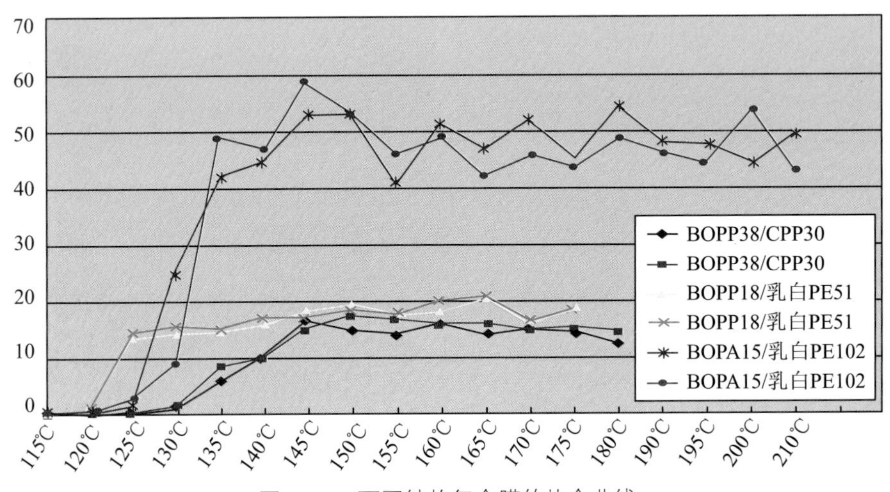

图 7-16　不同结构复合膜的热合曲线

热合强度还与热封层基材的本性有关。从图 7-16 中可以看到：BOPP38/CPP30 结构复合膜的热合强度与 BOPP18/ 乳白 PE51 结构复合膜的热合强度是相当的。即在相同厚度的条件下，含有 CPP 的复合薄膜的热合强度会高于含有 CPE 的复合薄膜的热合强度。

因此，笔者认为产生“根切”现象的原因是：在相应的热合条件下，被热合部位的热封层基材部分或大部分被熔化了，同时在热合刀压力的作用下，被热合部位的热封层材料被从被热合部位挤走了，并在被热合部位的两侧形成了类似于图 7-17 所示的热封层局部较厚的状态。

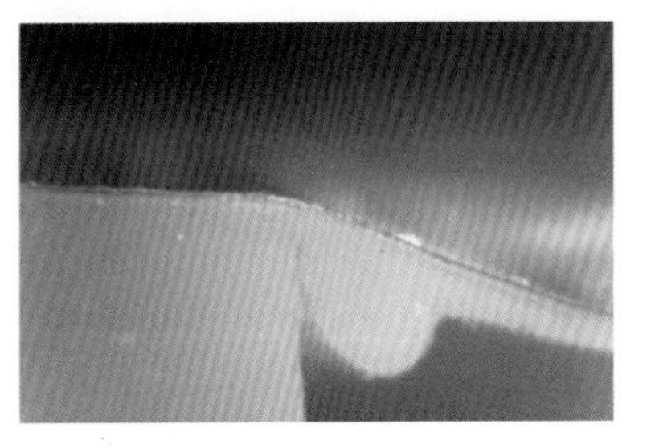
图 7-17　被挤出的热封层材料

根据图 7-16 的显示结果，“热封层的厚度越厚，则可能获得的热合强度值越大”。在测量上述复合膜袋的热合强度值时，首先被测量到的部位是与真正被热合处理过的部位相邻的且热封层材料较厚的部位，因此就能获得一个较高的热合强度测量值。当该热封层材料较厚的部位被完全拉开后，其次被测量到的是真正被热合处理过的且热封层已经变薄了的部位时，就会因施加在该处的拉伸断裂应力大于该处的复合薄膜的拉伸断裂应力而出现复合薄膜被拉断的所谓“根切”现象！

换句话说，过于强烈的热合条件会使复合膜袋的封口的内缘处成为复合膜的拉伸断裂应力值的最低点。

存在“根切”现象的复合膜袋往往会显示出较大的脆性，特别是在跌落试验中，很容易出现因“根切”而破袋的现象。因此，有些企业又会将“根切”现象作为复合膜袋制袋工艺条件不合格的一种标志。有“根切”现象的复合膜袋往往还会伴随着袋体外观不平整（翘边）等不良现象。

综上所述，形成“根切”的原因是热合条件过于强烈（温度过高、压力过大、时间过长）。

对策

降低热合强度评价值；调整热合条件（降低温度）；调整热合强度的检查方法。

为了避免或减少“根切”现象，首要的措施应当是降低或调整对特定结构的复合膜袋热合强度的目标值或评价值！其次需要调整热合强度的感官检查方法。

如前所述，并不是所有的复合薄膜都可以达到相同的热合强度值，也就是说，不能期望通过调整热合条件使 BOPP38/CPP30 结构复合膜的热合强度达到与 BOPA15/ 乳白 PE102 结构复合膜的热合强度相同的结果。即便是相同结构的复合薄膜，由于热封层基材的供应商或其内部结构的差异，也有可能达不到相同的热合强度。所以，“降低或调整对特定结构的复合膜袋热合强度的目标值或评价值”，就是要合理地利用特定结构的复合膜袋的热合标准曲线，并根据测得的热合标准曲线的结果确定合理的热合强度目标值或评价值。换句话说，不能用同一个热合强度值去衡量、评价所有不同结构的复合膜袋的热合强度，而应事先对每一个不同结构的复合薄膜测量其热合标准曲线，了解其性能，选取合理的热合强度目标值或评价值。

关于热合曲线的解读与应用，可参见“法—应用类—热合曲线”。

图 7-16 所显示的实际上就是几种不同结构的复合薄膜的热合曲线。

根据实践经验，在热合曲线的整个温度区间中，随着温度的升高，封口分离的状态将分别为：热合层剥离、热封层分离 / 复合膜撕裂、薄膜分层 / 内层断裂、根切。

关于合理的热合强度目标值或评价值，笔者认为应当在相应结构的复合薄膜的热合曲线的“高温不敏感区域”的初始阶段的 30℃的温度区间，如图 7-18 中双红线（BOPP18/ 乳白 PE51）、双黄线（BOPP38/CPP30）、双蓝线（BOPA15/ 乳白 PE102）所限定的范围内，确定一个热合强度的限值区间（最大值 / 最小值），尽管这个数值可能不是该热合曲线上的最大值。

在热合曲线的“高温不敏感区域”的初始阶段，正常情况下，是复合薄膜的热封层基材中的热合层间发生熔化与熔合，此时，可以获得一定数值的热合强度，既不会出现“根切”现象，同时复合膜袋的外观也会比较平整。如果制袋加工的温度超出了上述的温度区间，虽然可获得相对高一些的热合强度数值，但袋子的外观会因基材间的“热收缩率差异”的显现而变差。

建议在绘制特定复合薄膜的热合曲线时，应充分利用单点的热合强度曲线的数据（如图 7-19 所示），既要关注热合强度的数值变化，也要关注样品的封口分离状态，而不应只关注测量到的热合强度的最大值 / 最大值 / 最小值 / 平均值。建议在热合曲线的“高温不敏感区域”内测量、选取合适的热合强度值的过程中，选取与“热合层剥离”的封口分离状态所对应的热合强度值作为某个特定的复合薄膜预制袋的热合强度基准值或评价值。

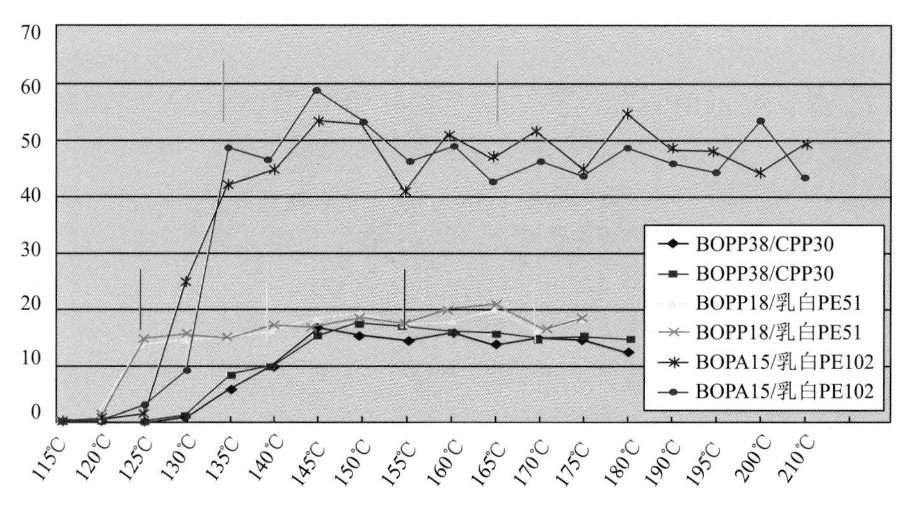

图 7-18　不同结构复合膜的热合强度限值区间

“热合层剥离”是指封口发生分离的界面是处在两个复合薄膜的热合面之间的状态，如图 7-20 所示。

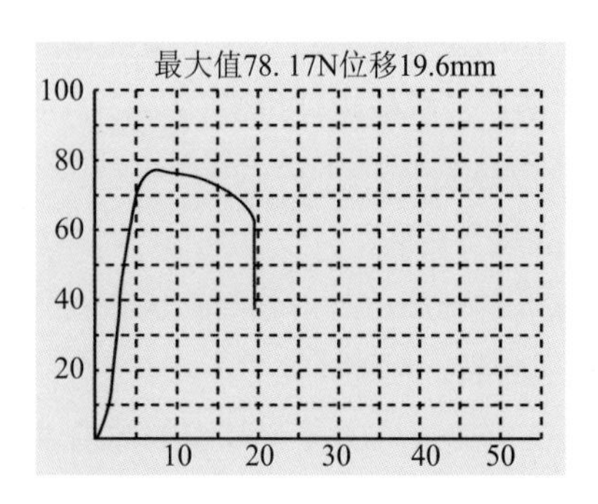

图 7-19　单点的热合强度曲线

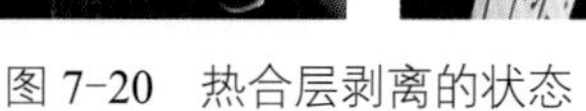

图 7-20　热合层剥离的状态

将经拉力机检查后确认其热合强度值在限值区间内，且封口分离状态为“热合层剥离”的复合膜预制袋交给制袋操作人员，用以体会其用刮板检查热合强度时的手感，并作为对此批产品热合强度检查的基准。同时根据检查结果随时调整制袋工艺条件。

关于复合膜预制袋的热合强度的现场检测方法，无论是国标、行标还是企标均无统一的规定。在制袋工序的现场，制袋操作工通常是手执刮板从袋内对封口的内缘进行刮擦，以经过刮擦的封口不发生分离或不发生大幅度的分离作为热合强度合格的判定条件。而且，有些企业采用的是竹质的刮板，有些企业采用的是不锈钢质的直尺，并无统一的要求。

由于每一个操作工或检查人员的精力、体力都不一样，因此，采用刮板的检查结果会出现因人、因时间的显著的误差。

建议所使用的刮板的宽度应不小于 25mm，厚度不限，以便于掌握；刮板的头部应为圆弧形，圆弧形的刃部应为厚度不超过 1mm 的弧形（非尖锐形），目的是使被检查过的复合膜袋的外观不致发生明显的塑性变形而形成废品或不良品。

需要强调的是：热合强度既然是可测量的，那么，在使用刮板检查热合强度时，只要运用的力气足够大，任何封口其实都是可以被打开的！

应当采用的方法是：在已知其热合强度值在限值区间内，且封口分离状态为“热合层剥离”的复合膜预制袋上探知使封口不发生分离或不发生大幅度的分离所需的力，然后使用与此相近的力去对其他的复合膜袋进行检查。

6. 开口性差

“开口性差”是对复合膜袋的开口性能的一种评价。开口性是指将已经加工好的三边封袋的开口边打开的难易程度。容易打开则谓之开口性好，不容易打开则谓之开口性差。

图 7-21 是一个存在开口性差问题的复合膜袋。图中蓝色箭头所指的部位是三边封袋已经被“搓开过”的部位，其颜色呈现为白色；图中黄色箭头所指的部位为三边封袋仍保持“粘连”状态的部位，其颜色为灰色。图中黄色箭头所指示的“白线”是制袋机收料台前的具有凹槽的橡胶牵引辊所留下的压痕，该“白线”表示复合膜袋的两片复合膜尚未被完全“粘连”在一起，而其他的灰色部位则表示两片复合膜已经被“粘连”在一起了。

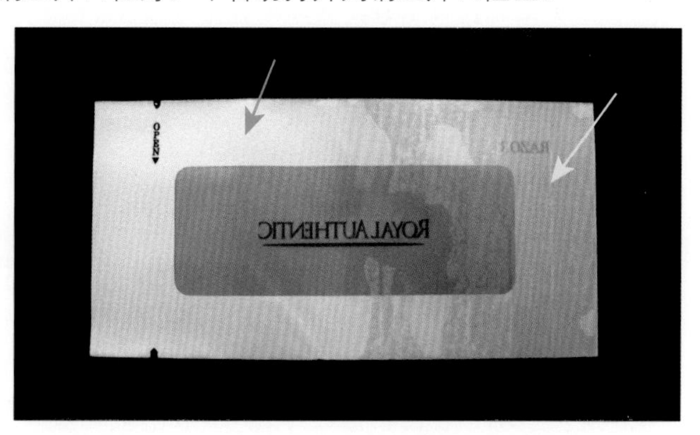

图 7-21　存在开口性差问题袋子的宏观表现

正是由于复合膜发生了“粘连”而使复合膜袋呈现出“开口性差”的问题。

使复合膜发生“粘连”的原因是：①极端光滑的薄膜表面，紧密接触而且几乎完全隔绝空气；②压力或温度（或两者）引起薄膜接触表面粘融（参见“法一分析篇一复合膜袋开口性的评价与改良”）。

对策

①在采购热封层基材时，要求供应商在热合层中加入适量的开口剂，提高基材表面的微观不平整度；

②在制袋加工前或过程中，在热合面表面喷洒玉米淀粉。

需要强调的是：依靠在热封层基材的热合层中加入大量的爽滑剂、降低其表面摩擦系数的方法只会加剧复合膜间的粘连程度，而改用硅酮母粒代替原来的爽滑剂、开口剂可能更有效（参见“法一分析篇一复合膜袋开口性的评价与改良一开口性的改良方法”）。

7. 袋子边缘处“露铝”

如果在已经完成制袋加工并已充分冷却的三边封袋的封口外缘处用放大镜仔细观察，可以看到如图 7-22 所示的状态。

图 7-22-2 中的黄色箭头指示处即为“露铝”现象。而在图 7-22-1 中则不存在“露铝”现象。图 7-22-1 和图 7-22-2 都是用数码放大镜在 40 倍的光学放大倍率下拍摄的，图中的刻度中的两条黄线的间距为 26.5μm。因此，图 7-22-2 所示的“露铝”现象中，铝层露出的尺度为 25 ～ 30μm。

图 7-22-3 和图 7-22-4 是从同一个采用“搭接”封口的复合膜袋上采用手机拍摄到的肉眼可见的“露铝”现象，其中最严重的部位处的“露铝”宽度达到了 0.4mm。

“露铝”现象有两种含义：一是表示在已完成制袋加工的复合膜袋的某个封口的外缘处，显现出的肉眼可见的表层的印刷膜的宽度小于或大于其内层的铝箔或镀铝膜的宽度。即封口外缘的微观状态为“凸起”或“凹陷”形。二是表示封口外缘的微观状态为“斜坡状”。

这种宽度或形态上的差异显然不是由于复合时所使用的基材的宽度有差异，而是与制袋加工工艺条件有着密切的关系。

图 7-22-1 和图 7-22-2 是从同一个三边封袋的纵封口和横封口上拍摄到的，这种“露铝”现象上的差异表示要么是纵、横热合刀的工艺条件有差异，要么是基材的纵、横向的热收缩率有差异。

“露铝”现象在含铝箔或 VMPET 膜的复合膜袋上易于观察到，在不含铝箔和 VMPET 膜的复合膜袋上实际上也客观存在（参见“料—基材的热收缩率”）。

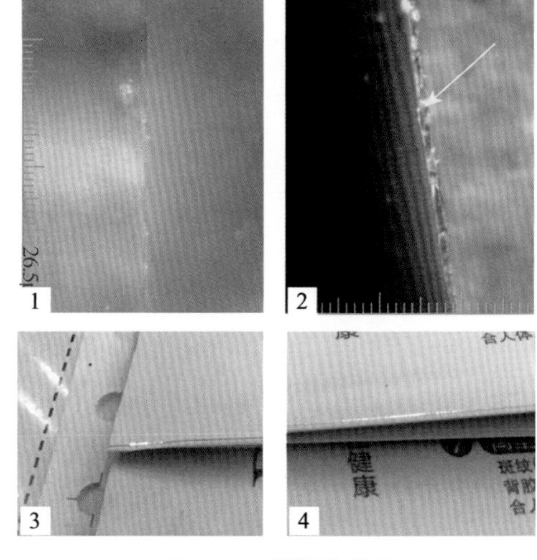

图 7-22　露铝的状态

构成复合薄膜的各个基材间的热收缩率的差异，反映在三边封袋的封口外缘处会有如图 7-23 和图 7-24 所示的多种组合。

图 7-23　多层复合膜的露铝形态

图 7-24　二层复合膜的露铝形态

封口外缘处的“露铝”现象在复合膜袋经受一些后处理时会显现出不期望出现的外观不良的现象。

8. 封口处的气泡

“封口处的气泡”有多种不同的表现形式。

（1）塑 / 塑、铝 / 塑复合膜封口处的气泡

①遗传的气泡

“遗传的气泡”是说封口处的气泡为复合膜上原本存在的肉眼可见的气泡的遗留物，如图7-25所示。“复合膜上原本存在的肉眼可见的气泡”通常是由基材受潮（如PA膜）或油墨干燥不良而残留的水分与胶水中的-NCO成分反应后产生的气泡。

对策

对于此类的封口气泡必须在前期的复合加工过程中对基材做防潮处理或充分的干燥，或者要选择平整度或厚薄均匀度良好的基材。

②残留溶剂导致的气泡

图7-26所示的宽刀封口处存在的气泡系由于残留溶剂量过多所导致的气泡。

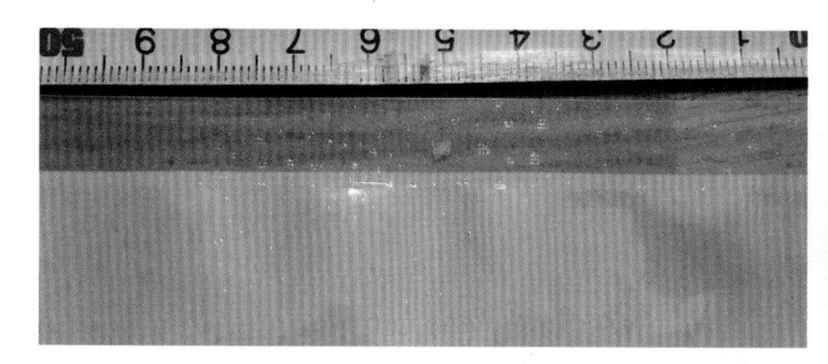

图7-25　遗传的气泡

图7-26　残留溶剂导致的气泡

此类气泡的特点是：从侧面观察时，气泡对应的部位均为凸起的状态；气泡在封口部位（受热处）均匀分布。

此类气泡是由于残留溶剂量过高（可能是印刷的残留溶剂，也可能是胶层中的残留溶剂），在热合刀的温度作用下受热膨胀而形成了凸起且均匀分布的气泡。

③热合压力不足的气泡

图7-27所示的气泡是采用10倍光学放大倍率的数码照相机在复合膜袋的封口处拍摄到的。

该气泡的特点是：从复合膜袋的侧面望去看不出凸起的气泡；无油墨的封口处的透明度不是很好；气泡的形状无规则；气泡的分布状态与聚四氟乙烯耐热布的花纹规格相关联。

原因

热合刀的温度较高，但压力不足。

对策

降低热合刀的温度，提高热合刀的压力！

④滚轮热合刀的气泡

图7-28是采用40倍的双筒刻度放大镜在采用滚轮热合刀加工的自动成型的塑 / 塑结构复合膜袋的封口处拍摄到的形状规则的气泡。

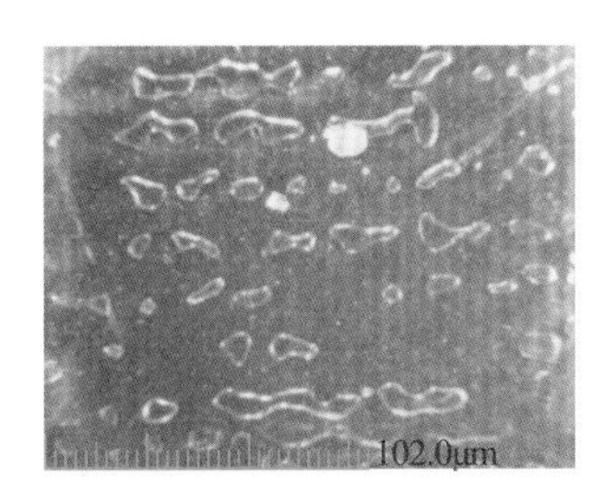

图 7-27　热合压力不足导致的气泡

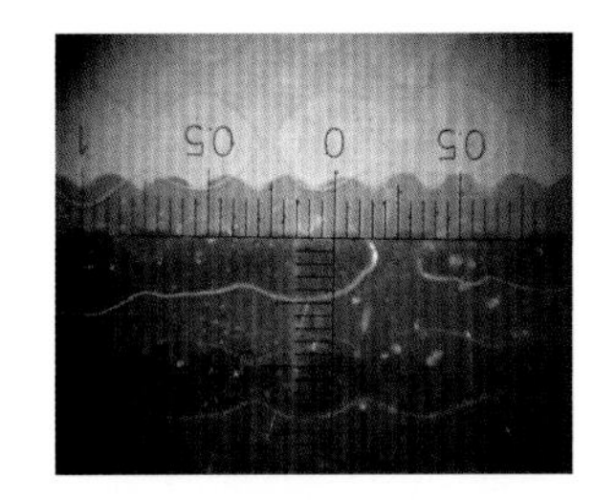

图 7-28　滚轮热合刀的气泡

形成此类气泡的原因是：由于滚轮上的滚花的设计特点，在两个滚轮相互啮合 / 热合的瞬间，在两层被相互热合的复合膜间事实上存在大量的、有规律地分布的、与滚花间的“凹陷处”相对应的无压力的区域（参见“法一应用篇一滚轮热封相关事宜一滚花的啮合度”），导致复合薄膜在此类局部区域未能被热合在一起。

对策

对于四棱锥形的滚花而言，此种状态是必然存在的，但会随着热合温度、压力的变化而有一定程度的变化。

采用合适形状的四棱台形的滚花，有可能消除此类气泡。

⑤胶水不干及残留溶剂过高的封口气泡

图 7-29 为“胶水不干及残留溶剂过高的封口气泡”的图片。该样品的结构应为 PET/Al/CPE（或 CPP）。其问题的表现为完成了制袋加工后在封口处显现出了肉眼可见的大小不等的气泡。

图 7-30 为其封口处气泡现象的局部放大图。图 7-31 中的图片显示的是封口处的气泡在放大镜下观察到的状态。

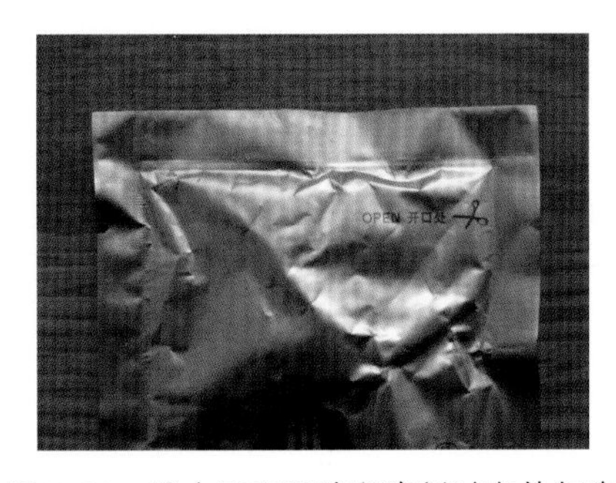

图 7-29　胶水不干及残留溶剂过高的气泡

图 7-30　封口气泡放大图

从图 7-31 中可以看到其中一个气泡的外形为圆形，且中心部位颜色较深，呈现一种类似“爆炸状”的形态。A 和 B 中的尺寸较大的气泡则是由两个如 C 中的圆形气泡“融合”而成的。从该气泡的形态来看，应当是复合膜中存在可汽化的物质，在热合刀的温度作用下发生汽化与膨胀；同时在热合刀的压力作用下，膨胀的气体只能在复合膜间沿横向向四周扩散。可能是由于进行制袋加工时，复合膜内的胶层的反应完成率比较低，胶层仍处于黏弹态，因此扩散过程中的气体使得复合膜间的胶层改变了形态。

对于复合薄膜而言，其层间可汽化、膨胀的物质通常有两种：一种是已进入胶层的水分与胶黏剂中的异氰酸酯基发生化学反应所生成的二氧化碳气体；另一种是胶层中数量过多的残留溶剂。

如果封口处气泡的原因是前者，那么在该样品的袋体中应该同时存在许多“凸起的”气泡，只是会比封口处的气泡小一些（因为未承受热合加工的高温）。

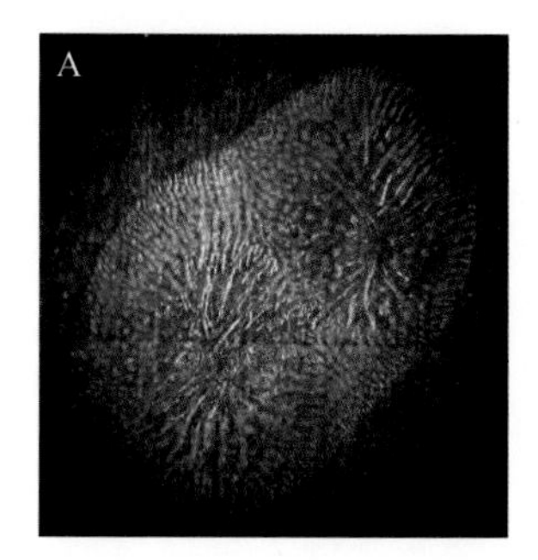

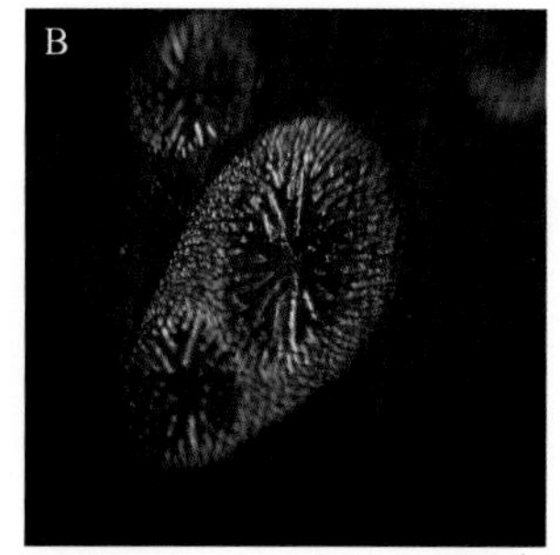

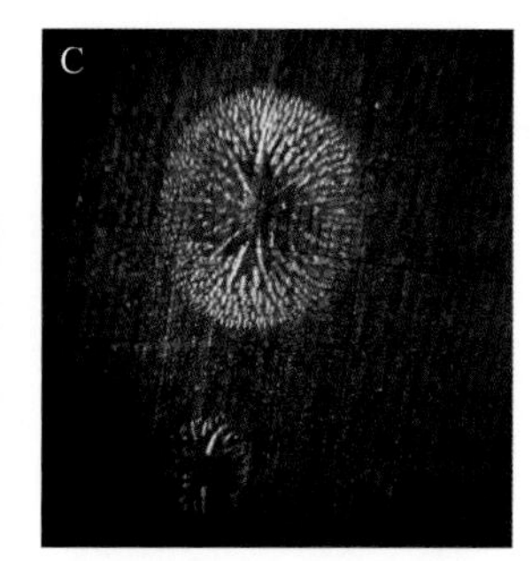

图 7-31　封口气泡显微图

但是从图 7-29 的状态来看，在袋体上并不存在“凸起的”气泡，因此，在封口处产生气泡的物质应当是复合薄膜中的残留溶剂。

因此，导致上述现象的原因应当是：复合薄膜膜中的胶层尚未完全固化，即存在胶水不干的现象（其原因参见“法一分析篇一胶水不干事宜”）复合薄膜中的残留溶剂量较高；热合温度较高；热合压力较大。

对策

（a）检查乙酸乙酯的含水率与纯度，尽量消除异氰酸酯被异常消耗的因素；

（b）检查调整熟化温度及时间，使熟化更充分。

(2) 塑 / 纸 / 塑复合膜封口处的气泡

塑 / 纸 / 塑结构的三层或多层复合膜在制袋加工过程中很容易有封口出现气泡现象。

此类封口气泡的表现是：在复合膜袋的被热合处离开热合刀的瞬间，在复合膜袋的封口处会出现肉眼可见的、凸起的大气泡，气泡的直径都以数毫米计，甚至可以厘米计。随着封口处的温度逐渐降低，气泡会渐渐瘪下去，但最终会在封口处留下曾经的气泡的痕迹。

原因

纸张的结构是疏松的，在纸纤维间存在大量的空气；纸张本身含有相当数量的水分，而且，其含水率还会随着环境温湿度的变化而变化（参见“料一基材的吸湿性”）。在热合刀的温度作用下，纤维间的空气以及纤维内的水分会受热汽化并膨胀，并在热合刀松开的情况下显现为凸起的大气泡。气泡的大小与热合刀的温度有着密切的关系。

对策

①加工塑 / 纸 / 塑结构的复合膜时，须选用熔点较低的热封层基材；

②加工塑 / 纸 / 塑结构的复合膜时，选用的纸张的含水率应尽可能低一些；

③在高温高湿季节进行复合加工前后，应对复合膜卷施加防潮包装，以减少环境对复合膜卷的加湿作用；

④应对热合刀的两个侧边进行倒圆角处理，以使受热膨胀的气体可以从封口的边缘处溢出；

⑤制袋加工时应采用较低的热合温度和较高的热合压力，以减小空气和水分受热膨胀的程度。

9. 封口处的表面皱褶

(1) *局部性封口皱褶*

图 7-32 是一个“局部性封口皱褶”的图片。图 7-32 为其整体的状态，图 7-33 为图 7-32 的局部放大图。

图 7-32　局部性封口皱褶

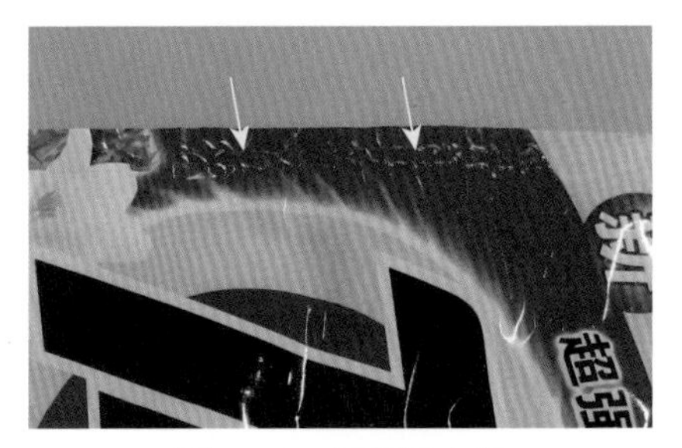

图 7-33　局部放大图

该复合膜袋为“纵出”袋，即袋子的纵向或高度方向为复合薄膜的运行方向。袋子的整体平整度不是很好，在封口的内缘处有波纹状。

该“局部性封口皱褶”的特点是：袋子的横封口（宽刀封口）处外观良好；袋子的纵封口按墨色可分为三段：黄色墨段、橘红色墨段、彩色墨段。黄色墨段和彩色墨段的封口外观良好，而橘红色墨段的封口处有方向不确定的皱褶，且部分皱褶已伸入袋体部分。

该皱褶的基本状态是内层（大多数情况下是 CPE）平直、表层“拱起”。

手动检查剥离力的结果显示，黄色墨段和彩色墨段的剥离力较高，橘红色墨段的剥离力较低，而且橘红色墨段的胶层有较明显的黏性。

原因

①在特定的制袋工艺温度条件下，构成该复合膜的基材间的热收缩率差异比较大。

②在该复合膜袋的特定热合工艺条件下，纵封口处的 CPE 基材在封口的纵向、横向方向上都发生了一定程度的比表层基材更大的热收缩。

③橘红色墨段的剥离力相对较小，不能抵抗两层基材间的热收缩率差异所产生的剪切力。

④导致橘红色墨段的剥离力相对较小的原因可能是：墨层的表面润湿张力较低；墨层的残留溶剂量较多；墨层中含有数量较多的含活性氢（如醇类）的物质，并使得与橘红色墨相对应的区域的胶层的反应完成率较低。

对策

①选购热收缩率差异较小的基材薄膜；

②调整印刷工艺条件，确保墨层已被充分地干燥；

③调整热合工艺条件，尽量使用较低的热合温度和较高的热合压力，以减少复合膜在热合过程中的热收缩率，提高复合膜袋的平整度。

(2) 与挂钉孔相关的皱褶

图 7-34 是拍摄于两个在宽刀封口处存在“封口皱褶”问题的复合膜袋。图 7-34 左图中的“封口皱褶”起源于其中的挂钉孔，右图中的“封口皱褶”起源于两个手提孔。

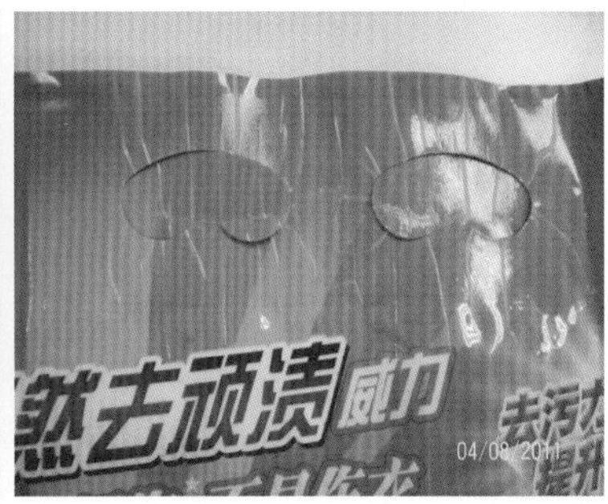

图 7-34　与挂钉孔相关的皱折

两个袋子上的“封口皱褶”的基本状态是内层平直、表层“拱起”。

对于如图 7-34 右图所示的复合膜袋，如果测量不同部位的宽度数值，可发现袋子上封口的宽刀封口处的横向宽度会比袋子下端（开口端）的宽度要小一些，有时甚至用肉眼即可观察到宽刀封口的两端的弧形的向内收缩的痕迹。

通常，在此类的复合膜袋的封口处的表面皱褶是在完成了在线的或离线的打孔操作并放置一段时间后才会逐渐显现的。

原因

①在特定的热合温度条件下，构成该复合膜的基材间的热收缩率差异比较大。

②热合条件过于强烈，使得复合膜的内外层同时发生了明显的热收缩，且内层的收缩率更大。两个基材之间存在热收缩率差异，因此，在复合膜间产生了热收缩应力。

③在打孔操作的扰动下，热收缩应力从挂钉孔或手提孔的边缘处显现出释放的痕迹，即内层平直、表层“拱起”的表面皱褶或隧道。

④复合膜间的剥离力不足以抵抗热收缩应力所产生的剪切力。

对策

①选择热收缩率比较小或相近的基材。

②选择合适的基材、油墨，调整复合、熟化工艺条件，使复合膜间的剥离力满足基本的要求，如不小于 1.5N/15mm。

③调整制袋工艺条件，如提高热合压力、降低热合温度，以减少基材的热收缩率，提高复合膜袋的平整度。

(3) 封口处的“纵向”“横向”皱褶

图 7-35 和图 7-36 显示的是两个三边封袋的不良品样品，其特点是在袋子的横封口和纵封口上同时存在着沿袋子的纵向或横向的“纵向皱褶”或“横向皱褶”。此类现象通常是在完成了复合膜袋的制袋加工的一段时间后才逐渐显现出来的。

图 7-35　封口处的纵向皱褶

图 7-36　封口处的横向皱褶

此类复合膜袋的一个共同特点是袋子的平整度都不是很好，在纵、横封口的内缘处都会有程度不同的波纹状。而且皱褶的形态都是“内层平直、外层拱起”。

原因

①在特定的温度条件下，构成该复合膜的基材间的热收缩率差异比较大。

②纵、横封刀的热合条件过于强烈，使得复合膜的内外层同时发生了明显的热收缩，且内层的收缩率更大。两个基材之间存在热收缩率差异，因此，在复合膜间产生了热收缩应力。

③复合膜间的剥离力不足以抵抗热收缩应力所产生的剪切力。

对策

①选择热收缩率较小且数值相近的基材。

②选择合适的基材、油墨，调整复合、熟化工艺条件，使复合膜间的剥离力满足基本的要求，如不小于 1.5N/15mm。

③调整纵、横封刀的制袋工艺条件，如提高热合压力、降低热合温度，以减少基材的热收缩率，提高复合膜袋的平整度。

(4) 袋体上的表面皱褶

图 7-37 中两张图所示的不良品一般为 PET/ 乳白 CPE 两层结构。

图 7-37　袋体上的表面皱褶

该类不良品的特点是：

①在宽刀封口处的表面皱褶的延伸方向是无规则的。

②袋体处的表面皱褶起源于宽刀封口处，并沿着袋子的纵向方向延伸。

③两个“纵封口”外观正常。

④该类复合膜袋为“横出”的三边封袋。

通常，在此类复合膜袋上的表面皱褶是在完成了打孔操作并放置一段时间后才会逐渐显现，而且，“表面皱褶”是起源于手提孔，然后逐渐扩展到袋体上的。

原因

①在特定的温度条件下，构成该复合膜的基材间的纵向热收缩率差异比较大。

②纵封刀的热合条件过于强烈，使得复合膜的内外层同时发生了明显的热收缩，且内层的收缩率更大。两个基材之间存在热收缩率差异，因此，在复合膜间产生了热收缩应力。

③复合膜间的剥离力不足以抵抗热收缩应力所产生的剪切力。

对策

①选择热收缩率数值较小且相近的基材。

②选择合适的基材、油墨，调整复合、熟化工艺条件，使复合膜间的剥离力满足基本的要求，如不小于 1.5N/15mm。

③调整纵封刀的制袋工艺条件，如提高的热合压力、降低纵封刀的热合温度，以减少基材

的热收缩率，提高复合膜袋的平整度。

(5) 与挂钉孔相关的隧道

图 7-38 所显示的是一个由客户提供的不良品样品。收到样品的时间是某年的 7 月。样品的结构为 PET/Al/PA/PE。内装物为蜜橘鲜果干。白墨印刷面积大于 95%。

刚收到该样品时，从样品的外观上看不出任何外观不良的问题。与提供样品的客户联系时，客户称：在袋子上洒些水，看看能发现什么现象！

图 7-38　洒上水后不久

将样品平放在朝阳的窗台上，洒上一些水后，从复合膜袋挂钉孔很快就显现出图 7-38 中黄色箭头所指示的、从挂钉孔处引发的隧道（或表面皱褶）。随着时间的延长，该“隧道”不断地自动延长（见图 7-39 ～图 7-42），在 30 天后，形成如图 7-37 所示的状态。

图 7-39　1 天后

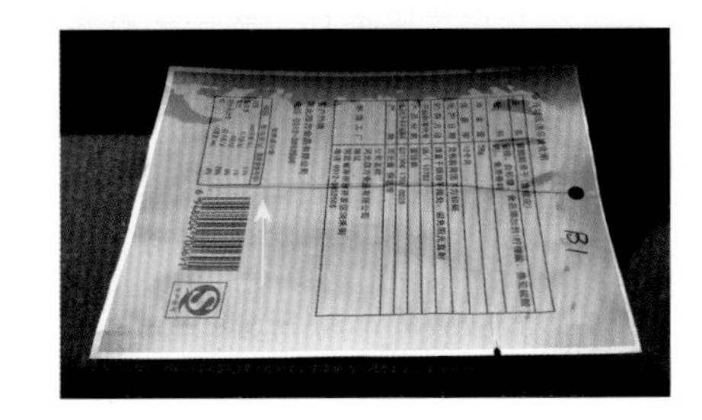

图 7-40　7 天后

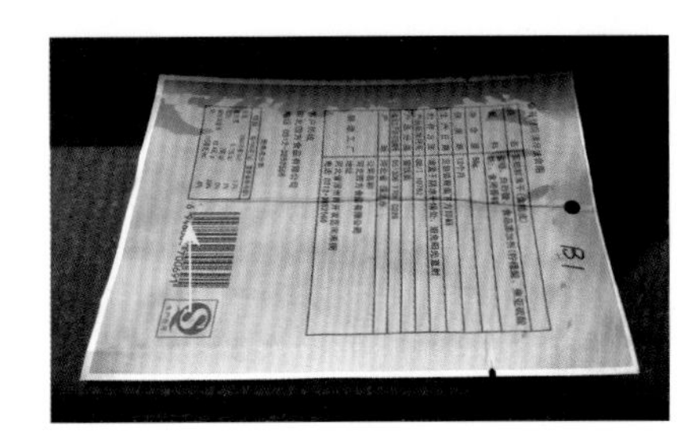

图 7-41　16 天后

图 7-42　30 天后

对该批样品的其他样袋的检查结果如下。

①剥离力：(a) 复合膜的纵向（袋子的横向）：2.75 ～ 4.16N/15mm；(b) 复合膜的横向（袋子的纵向）：3.70 ～ 4.62N/15mm。

②胶层的二次黏性(胶水不干状态)：(a)复合膜的纵向(袋子的横向)：1.00 ～ 2.61N/15mm；(b) 复合膜的横向（袋子的纵向）：0.54 ～ 1.78N/15mm。

③卷曲状态：纵向向内卷曲，卷曲直径 12mm；通过计算得知沿复合膜纵向的热收缩率差异约为 1.73%（参见“法一分析篇—复合膜的卷曲性与热收缩率的差异”）。

④拉伸断裂应力：(a) 复合膜的纵向（袋子的横向）：55.55N/15mm;（b）复合膜的横向（袋子的纵向）：45.17N/15mm。

⑤封口外缘的“露铝”状况（参见“应用后的问题—制袋加工后—袋子边缘处‘露铝’”）。

如图 7-43 和图 7-44 所示，完成的复合膜袋上，PET 膜相对地向外“伸出”了约 0.1mm，Al/PA/PE 层相对地共同向内“缩进”了约 0.1mm。而且，由于 PET 膜与铝箔间的相对“错位”，已在复合膜袋的封口外缘处形成了如图 7-43 中黄色箭头所指的局部分层现象。

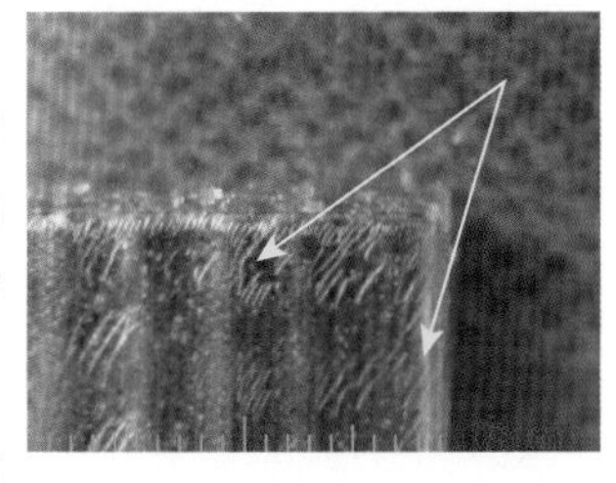

图 7-43　俯视图

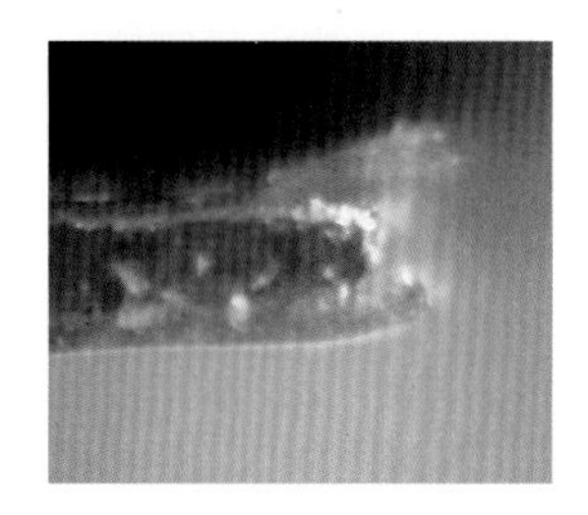

图 7-44　侧视图

综合以上的数据，可以得出如下的一些判断。

①纵横向的拉伸断裂应力均不大于 60N/15mm，表明该样品属于刚性较低、柔软性较好的复合膜。

②对于内装的干燥食品，表层的剥离力值属于中上水平。

③表层胶层的黏性显示存在胶水不干的现象，原因待查。

④复合膜沿纵向向内卷曲，内圈的卷曲直径为 12mm，显示在复合膜内有较大的内应力。该内应力有可能是复合时张力不匹配所致，也可能是基材间存在较大的热收缩率差异所致。

⑤图 7-44 显示的封口外缘的“露铝”状况表明：(a) Al/PA/PE 层间的剥离力大于 PET/Al 间的剥离力；(b) 当时的热合条件使得 PA/PE 发生了较强烈的热收缩，尽管铝箔是刚性的，由于 Al/PA 间较大的剥离力，铝箔还是与 PA/PE 层一起发生了收缩，并在 PET/Al 层间留下了较大的热收缩应力。

⑥在凉水“激冷”的诱导下，从挂钉孔处开始形成了逐渐扩展的“隧道”。

原因

①多种因素共同作用的结果，使得该复合膜的 PET/Al 间沿袋子的横向存在较大的内应力。

②热合条件过于强烈，使得复合膜的内外层同时发生了明显的热收缩，且内层的收缩率更大。两个基材之间存在热收缩率差异，因此，在复合膜袋的封口处产生了较大的热收缩应力。

③复合膜表层间的剥离力不足以抵抗内应力所产生的剪切力。

对策

①选择热收缩率较小且相近的基材。

②选择合适的油墨，调整复合、熟化工艺条件，使胶层充分固化。

③调整制袋工艺条件，如降低热合温度，以减少基材在热合过程中的热收缩率，减少复合膜内的热收缩应力。

小结

通过对上述五类“表面皱褶”的形成原因的分析，可以发现：尽管“表面皱褶”的表象或表现形式多种多样，但产生此类现象的原因却是基本上相同的。

①在特定的加工温度、压力条件下，构成该复合膜的基材间显现出（或隐藏着）较大的热收缩率差异。

②复合膜间的剥离力不足以抵抗热收缩应力所产生的剪切力。

但在这其中还隐含着两个最基本的共同原因：对高热合强度的过度追求；对基材的热收缩性质缺乏了解。

从对复合膜的热合曲线的分析来看（参见“法一应用篇一热合曲线”），在大多数情况下，在其他条件不变的前提下，热合强度值会随着温度的提高而上升！因此，为了避免下游客户对复合膜袋的封口强度提出异议，有相当一部分客户在制袋工序中都会使用尽可能高的热合温度。在笔者接触过的客户中，使用的最高的热合温度为 230℃。

在相当一部分复合软包装加工企业中，对复合膜袋的热合强度不是利用拉力机的检测数据进行管理的，而是操作人员手执一根竹签或钢板尺，用能否将封口“捅开”作为热合强度的判定标准，这也是热合温度过高的原因之一。

从对部分基材的热收缩率指标的统计数据来看（参见“料一基材的热收缩率”），在温度超过了其熔点之后，CPE 薄膜的纵向热收缩率会急剧上升，最高的可达 80% 的水平。而 PET 薄膜在 200℃的温度条件下的热收缩率仅为 7%。因此，在过于强烈的热合条件下，复合膜袋的层间就会产生很大的热收缩应力。

在完成制袋加工工序后，随着复合膜袋的逐渐冷却，层间的热收缩应力就会越来越大，如果复合膜的层间剥离力不能抵抗热收缩应力所产生的剪切力，就会形成上述的“内层平直、外层凸起”的表面皱褶；如果在此期间对复合膜袋进行打孔（撕裂口、挂钉孔、手提孔）作业，复合膜袋内部的热收缩应力就会围绕着这些孔释放出来。

因此，要想消除复合膜袋表面皱褶现象就应该从消除 / 减少复合膜内的机械应力和热收缩应力方面入手！

笔者在与客户的沟通当中，客户通常会将复合膜袋的表面皱褶现象的产生原因归结为“胶水不干”或“胶水耐热性差”，认为“胶水不干”就意味着剥离力差，“胶水耐热性差”就意味着在热合加工的瞬间剥离力会下降，而剥离力差导致了胶层不能“拉住”将要发生“错位”的基材，结果就形成了表面皱褶。

客观地讲，客户的上述表述事实上已经认可了特定的热合加工条件会造成复合膜基材间较大的热收缩率差异，继而产生基材间较大的热收缩应力这一现象，但他们更愿意通过 “胶水不干”或“胶层耐热性差”这种说法，将相应的“质量损失”转嫁出去。

在上述的案例当中，确实有复合薄膜存在着整体性的“胶水不干”现象，但有的“胶水不干”现象仅存在于某个特定颜色的油墨区域，有的不存在“胶水不干”现象。这就说明：封口处的表面皱褶与“胶水不干”现象之间没有必然的联系。

需要强调的是：“胶水不干”与“剥离力差”之间没有必然的联系。

实践中发现：某 PA/CPE 结构的复合制品的不同部位的剥离强度和“二次黏性”数值如表 7-1 所示。

表7-1　PA/CPE复合制品不同部位的剥离强度和“二次黏性”数值

部位	热封边油墨处	非封口油墨处	非封口无墨处
剥离强度（N/15mm）	5.625	7.54	10.319
二次黏性（N/15mm）	0.201	0.605	1.39

表中数据说明：“胶水不干（二次黏性值）”与“剥离力差”之间没有关系，甚至还表现为反比关系。

表 7-2 显示的是某 PA/CPE 结构的中心封型洗衣粉袋的宽刀封口处的“表面皱褶”现象与宽刀封口处的袋宽与非封口处的袋宽的相对收缩率的关系数据。

表7-2　“热收缩率”与表面皱褶的关系

类别	产品名称	袋宽A（mm）	上封口宽度B（mm）	收缩率（%）
有问题的产品	样品一	329.5	324	1.67
	样品二	312	307.5	1.44
	样品三	285	279.5	1.93
	样品四	280	276	1.43
正常产品	样品五	304	302.5	0.49
	样品六	349	346	0.86

表中的数据说明了以下问题。

①在中心封袋的上封口（宽刀封口）处和非封口处，袋子的实际宽度值是不一样的（见图 7-45）。非封口处的实际宽度值 A 受所使用的中心封袋成型板的宽度的影响；上封口（宽刀封口）处的实际宽度值 B 还要受热合条件的影响。一般来讲，热合条件越强烈则 B 值会越小。

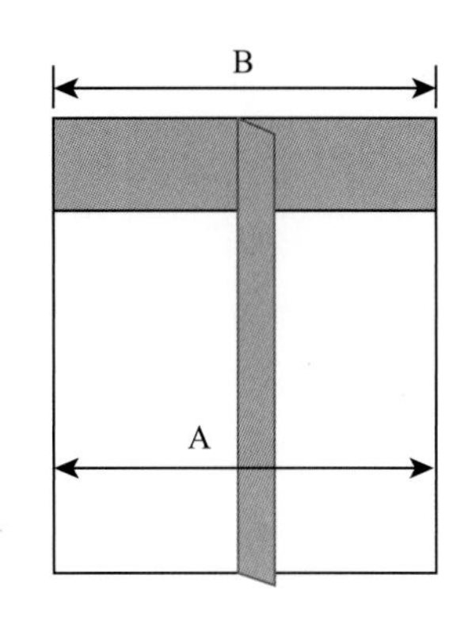

图 7-45　中心封袋不同位置的宽度

②上封口（宽刀封口）处的表面皱褶现象与上封口宽度的缩小值（收缩率）有关系。从表 7-2 中可以发现：正常品的“收缩率”值都小于 1%，而“有问题的产品”（封口处存在表面皱褶现象）的“收缩率”值都大于 1%。可以想见，“收缩率”值越大，则上封口处的表面皱褶现象就会越严重。

③在表 7-2 中，与“正常产品”相对应的两个“收缩率”数据表示 PA 与 CPE 薄膜共同收缩了相同的比例；而与“有问题的产品”相对应的“收缩率”数据表示的是 CPE 基材已经收缩了表中的数据，同时还有着更大的收缩倾向，只是由于 PA 基材有着相对较大的刚性，阻止了 CPE 基材继续收缩；而 PA 基材实际上的收缩率并未达到表中所列数据的程度，是由于显现出了“表面皱褶”而看似显现出了较大的收缩率。

10. 拉链袋拉链处的表面皱褶

如图 7-46 所示的在拉链袋袋体上的拉链处的表面皱褶（以下简称拉链袋体表面皱褶）是一种常见的不良现象。从外观来看，其中的拉链保持着平直的状态，而围绕着拉链的复合薄膜则呈现着大小不等的波纹状。

图 7-46　拉链处的表面皱褶

造成此类不良现象的原因有四个：在制袋过程中施加在拉链上的张力偏大；拉链本身的热收缩率过大；相关的热封刀的温度分布不均匀；热封刀的长度与袋长不匹配，在某个固定的区域少热压一次。

如果是制袋过程中施加在拉链上的张力偏大，其结果将会是在成品袋上沿着整个拉链的长度上显现出“均匀分布的波纹状”。

如果相关的热封刀的温度分布是均匀的，且拉链本身的热收缩率确实比较大，其结果也会是在成品袋上沿着整个拉链的长度上显现出“均匀分布的波纹状”。

对于上述的“均匀分布的波纹状”的原因，建议先检查热封刀的温度分布均匀性。如果能够排除温度分布差异的原因，则应该相应地调整拉链的张力或更换拉链，或降低加工温度（在保证热合强度的前提下）。

对于如图 7-46 所示的不良现象，即在同一个袋子上“不均匀分布的波纹状”现象，应当是“拉链的热收缩率过大”“热封刀温度分布不均匀”和“热封刀长度与袋长不匹配”三个原因的综合作用的结果。

对于上述不良现象，首先应检查 / 更换热封刀，确保在整个热封刀的长度上的温度分布的均匀性。其次需要调整热封刀的热压位置。

如果检查后确认热封刀的温度分布是不均匀的，则应先更换热封刀。如果更换了热封刀之后，“波纹状”由“不均匀分布”变成了“均匀分布”，则应相应地降低热封刀的温度。如果降温会导致热合不良，则应考虑更换为熔点较低的拉链，或改用熔点较高的热封层基材。

如果检查确认热封刀的温度分布是均匀的，且调整热压位置后，“表面皱褶”位置随之变化了，则应考虑更换为长度合适的热封刀（热封刀的长度更接近于袋长的正整数倍），或者更换为热收缩率较小的拉链。

11. 拉链袋端头的表面皱褶

(1)“横向活皱褶”

图 7-47 所示的“横向活皱褶”系出现在一个三层的 PET/VMPET/PE 结构的拉链袋的拉链端头上。从现象上看，该“横向活皱褶”或“局部分层”现象是存在于 PET/VMPET 层间，油墨层未发生转移，镀铝层也未发生转移。且皱褶的表现为“内层平直、外层拱起”。

此类情况通常在完成制袋加工过程后的数个小时或数天内可被发现。

此类情况通常发生于使用了电热点焊刀的制袋工艺，同时拉链的熔点低于热封层基材的熔点、点焊刀及横封刀的温度也比较高、橡胶垫板的硬度也比较大的情形。

造成此类现象的原因是在上述工艺条件的基础上，拉链被显著地“压薄”，并在袋子的纵封口处沿袋子的纵向“被扩展”（拉链的宽度变宽了）。由于拉链的“被扩展”是在拉链被熔融的前提下出现的，与之相对应的PET、VMPET也同时“被扩展”了，在制袋过程结束后，表层的PET膜较快地冷却了下来，呈现出一定的刚性，而熔融态的拉链树脂则是缓慢地冷却、收缩，同时带着热封层和VMPET层一起收缩，最终形成了如图7-47所示的状态。

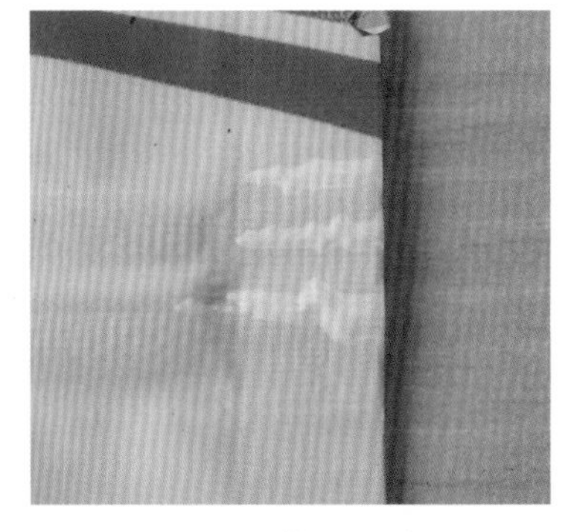

图7-47　横向活皱褶

对策

目标是尽量减少拉链“被扩展”的程度。改用较软的橡胶垫板；适当降低点焊刀和横封刀的温度；改用超声波点焊机。

(2)“横向死皱褶”

图7-48所示的“横向死皱褶”现象是出现在PET/VMPET/PE的三层复合膜拉链袋的拉链端头上的。此类现象通常在刚完成制袋工序时即可发现。

从现象上看，应当是在完成了拉链端头的“点焊”加工后即出现了印刷膜与VMPETE间的局部分层；而在PET/VMPET层间已发生局部分层的部分，油墨层未发生转移，镀铝层也未发生转移。在制袋机的横封刀处，横封刀将已经“凸起”的PET印刷膜又压了下去，从而形成了如图7-48所示的“横向死皱褶”。

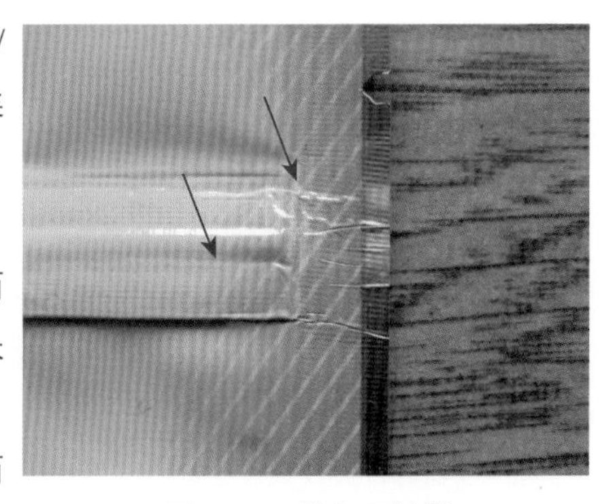

图7-48　横向死皱褶

此外，由于横封刀的边缘为90°的直角，在对袋子的纵封边实施热合的同时，在纵封边与拉链的交界处对拉链的尚处于凸起状态的边缘（电加热点焊器的尺寸偏小，对拉链的作用区域偏小所致）产生了“撕裂”的作用，从而造成了如图7-48中红色箭头指示处的局部分层现象。

此类不良现象通常发生于使用了电加热点焊器的制袋工艺，同时，电加热点焊器的温度比较高、橡胶垫板的硬度比较大的情形。

造成此类不良现象的原因有如下几点。

① PET/VMPET层间的剥离力较小。

②电加热点焊器的尺寸偏小，热压面积偏小。

③电加热点焊器的温度比较高。

④橡胶垫板的硬度比较大。

对策

提高PET/VMPET层间的剥离力；降低电加热点焊器的温度；增加电加热点焊器的面积；或者改用超声波焊接器；改用较软的橡胶垫板。

(3)“纵向活皱褶”

图 7-49 所示的“纵向活皱褶”现象出现在 PET/VMPET/PE 结构的拉链袋的拉链端头上。该现象显示在拉链端头处的复合膜的 PET/VMPET 层间存在局部的镀铝层转移现象。

此种现象通常发生于制袋加工后的数小时或数天内。

与“纵向活皱褶”现象相伴的通常有拉链处的袋宽小于其他部位的袋宽的现象。

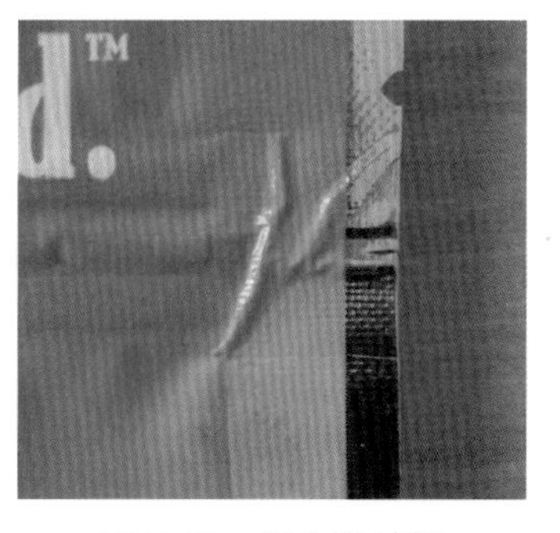

图 7-49 纵向活皱褶

此种现象的原因是拉链的机械应力过大（拉链的放卷张力大于复合薄膜的放卷张力），或者热收缩应力过大（在相应的热合条件下，拉链的热收缩率过大）。由于在冷却过程中，拉链沿着袋子的横向发生较大程度的收缩，使得镀铝基材与镀铝层之间产生了较大的内应力，使镀铝层发生转移，形成了表层的 PET 印刷膜沿袋子的横向向上凸起的状态。

通常与此类不良现象相伴的是在袋体的拉链上下两侧的复合薄膜呈现有规则或无规则的“波纹状”。

对策

调整拉链的放卷张力；改用热收缩率较小的拉链；适当降低焊接拉链的纵封刀的温度。

(4)“斜向活皱褶”

图 7-50 所示的“斜向活皱褶”现象出现在 PET/VMPET/PE 结构的拉链袋的拉链端头上。

从样品的外观来看，图示的局部分层发生于 PET/VMPET 层间。油墨层未发生转移，镀铝层也未发生转移。

此种现象通常发生于制袋加工后的数小时或数天内。

此种现象的原因是前述的“横向活皱褶”与“纵向活皱褶”的原因的综合作用的结果。

(5)“铝箔拉链袋的纵、横向皱褶”

图 7-51 所示的“铝箔拉链袋的纵、横向皱褶”现象出现在 PET/Al/CPE 结构的拉链袋的拉链端头上。图中的红色箭头指示的是沿着袋子的纵向分布的皱褶，黄色箭头指示的是沿着袋子的横向分布的皱褶。

图 7-50 斜向活皱褶

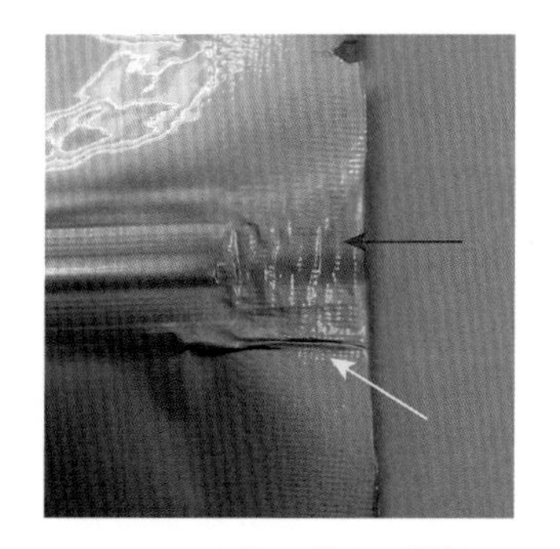

图 7-51 纵、横向活皱褶

从样品的外观来看，图示的局部分层发生于 Al/CPE 层间。与前面的几个不良样品不同的是：

该拉链袋的局部分层现象是发生在复合膜的内层间，而前面的几个拉链袋的局部分层现象是发生复合膜的外层间。

此种现象通常也是发生于制袋加工后的数小时或数天内。

此种现象的基本原因是前述的“横向活皱褶”与“纵向活皱褶”的原因的综合作用的结果。但不同之处在于该样品的局部分层是发生在 Al/CPE 层之间。

导致该现象的原因之一可能是客户在制袋加工过程中未使用超声波焊接器，而是使用了电热点焊器；原因之二是复合膜中的 CPE 的熔点低于拉链的熔点，在热合过程中，CPE 膜先于拉链被整体熔化、挤走，使得胶层失去了粘接对象。

对策

改用超声波点焊器；使 CPE 膜的熔点不低于拉链的熔点。

小结

如以 PET/VMPET/PE 结构的拉链袋为例，拉链袋端头表面皱褶或局部分层现象可以细分为前面所述“横向活皱褶”“横向死皱褶”“纵向活皱褶”“斜向活皱褶”四种；如根据局部分层现象所发生的层次进行分类，又可分为 PET/VMPET（表层）层间的局部分层和 VMPET/PE（内层）层间的局部分层两大类。

形成“表层间的局部分层”现象的主要原因如下：

①拉链在袋子的纵向方向上被过度地扩展后的热收缩应力；

②拉链在袋子的横向方向上存在较大的机械应力或热收缩应力；

形成“内层间的局部分层”现象的主要原因是：

①拉链的熔点高于或等于热封层的最高熔点；

②不适当的热合工艺条件（以电热点焊器完全替代超声波焊接器）。

在上述两个条件的综合作用下，在与拉链端头相对应的部位，复合薄膜中的热封层被全部或部分地被熔化 / 压薄 / 挤走了，复合薄膜中的胶层失去了粘接的对象；在袋子刚刚完成加工时，复合膜的 VMPET 层实际上是暂时性地与熔融态的拉链树脂黏附在一起。在袋子的冷却过程中，在存在于拉链袋端头处的热收缩应力和 / 或机械应力的作用下，就会逐渐显现出不同形式的局部分层现象。

上述的各种不良现象多发生于采用了电热点焊器的制袋工艺！

当拉链的熔点高于热封层的熔点时，为了使拉链充分塑化变形，操作工势必要使用较高的点焊器温度，而在这种加工温度下，复合膜热封层的树脂必然会先于拉链的塑化而塑化，并在点焊器的压力及形状不规则的拉链的支撑作用下被压薄 / 挤走。在此种情况下，就会发生袋子两面的拉链端头都显现出表面皱褶或局部分层的现象，而且无论怎样调整制袋工艺条件都不会有明显的改善。

当拉链的熔点低于热封层的熔点时，如果上（或下）点焊器的温度、压力明显高于下（或上）点焊器时，处于上（或下）表面的复合薄膜的热封层也会先于拉链的塑化而塑化，并在点焊器的压力及形状不规则的拉链的支撑作用下被压薄 / 挤走。在此种情况下，就会发生袋子上（或下）表面的拉链端头显现出表面皱褶或局部分层的现象。对于此种现象，通过调整上点和下点焊器的温度、压力（使之趋于平衡），不良现象可以缓解或消除。

当采用超声波焊接器时，也有可能发生拉链端头的表面皱褶或局部分层现象。

造成这种现象的原因如下：

①超声波焊接器的输出功率不足，未能使拉链发生充分的塑化变形，操作工为了弥补这种不足而使用了较高的横封刀温度 / 压力！

②超声波焊接器的输出功率充足，但施加在拉链上的压力不足，超声波焊接器输出的功率不能充分施加到拉链上，致使拉链未能发生充分的塑化变形，操作工为了弥补这种不足而使用了较高的横封刀温度 / 压力。

针对上述情况，可以分别调整超声波焊接器的输出功率或压力、横封刀的温度和压力，不良现象应当可以缓解或消除。

形成“横向死皱褶”的主要原因是：超声波焊接器或电热点焊器的温度、压力过高，造成了拉链的快速熔化与“纵向扩展”，在进入制袋机横封刀热合工位之前，熔化了的拉链已完成了某种程度的收缩，形成了表层薄膜的“凸起”状态；在其后的横封刀的作用下，“凸起”的薄膜被“压平”，从而形成了下机时即可见的“横向死皱褶”状态。

通过对多种拉链袋的熔点分析，发现某些外观良好的拉链袋中的拉链的熔点明显高于热封层基材的熔点，这说明如果正确地运用超声波焊接器，即使应用了熔点较高的拉链，也能获得外观良好的拉链袋。但需要强调的是，如果制袋机上只配备有电热点焊器，在加工拉链袋时就必须使用熔点相对较低的拉链，最好是拉链的熔点低于热封层基材中热合层基材的熔点。

12. 胶水不干

在相当一部分软包装材料加工企业中，“胶水不干”或复合制品中胶层的固化状态并未被作为一个常规的检查项目，在有些企业中，甚至连复合材料的剥离力指标都未被作为一个常规的检查项目。因此，很多的“胶水不干”的现象都是客户或下游客户在遇到了复合制品的其他一些不良现象时，才有意地对胶层的固化状态进行检查，并将查到的“胶水不干”现象认定为是导致在复合制品上出现的其他一些不良现象的“元凶”，进而将出现“胶水不干”的现象的原因归结为所使用的胶水存在“质量问题”。另外，通过剖析样品，发现某些外观良好的PET\VMPET\CPE 结构的拉链袋的 PET\VMPET 层间存在着手感剥离不小于 1N/15mm 的二次黏性，这说明对于这种结构的复合膜，即使是在表层间存在明显的“胶水不干”现象，如果制袋工艺条件合适，也是能够获得良好外观的拉链袋制品的。

> “胶水不干”现象是所使用的胶水尚未达到完全固化程度的一种表现，所以，“胶水不干”现象并不表示所使用的胶水存在“质量问题”。
>
> 对于某些特定的产品，如含镀铝膜的复合制品，业内人士还在通过降低 -NCO 成分的用量而有意地使胶层存在某种程度的“胶水不干”现象。
>
> 存在“胶水不干”现象并不表示层间的剥离力值低于要求值。存在“胶水不干”现象的复合制品的“二次黏性”值与其剥离强度值没有比例关系。

在一个两层的复合薄膜上，可能会有某些部位的胶层已完全固化而某些部位的胶层存在

“胶水不干”的现象；在一个多层的复合薄膜上，“胶水不干”现象的存在状态可能会更加复杂。关于“胶水不干”现象的原因可参见“法—分析篇—胶水不干事宜”项。

在制袋加工完成后，伴生有“胶水不干”现象的其他外观不良现象有以下几种：

①封口处的表面皱褶；

②袋体处的表面皱褶；

③从挂钉孔、撕裂口处引发的表面皱褶；

④拉链袋端头的表面皱褶；

⑤拉链袋拉链处的表面皱褶；

⑥滚轮热合制品的封口处局部分层。

关于“胶水不干”现象的分类及其原因请参见“常见问题篇—应用中的问题—胶水不干”项。

关于上述的伴生有“胶水不干”现象的其他不良现象的原因分析请参见“常见问题篇—制袋加工后”的各相关项。

> 但需要强调的是：“胶水不干”现象并不是导致上述不良现象显现的原因。尽管有些客户会反映：将在制袋加工过程中已显现出上述不良现象但尚未使用完毕的复合膜进行再次熟化处理，随后加工出来的制袋成品就未再显现上述的不良现象。
>
> 在上述情况下，建议关注再次熟化后的二次黏性值的变化、制袋加工工艺条件的变化、复合膜袋的成品几何尺寸的变化和封口外缘的“露铝”现象与各类不良外观现象间的关系。

当复合膜袋显现出某种外观不良现象时，为了查找原因，部分客户往往会刻意地去检查复合膜中是否存在“胶水不干”现象，但不会去检查“胶水不干”的程度，即“二次黏性”。如果复合膜袋未显示出外观不良时，大家都不会去关注复合膜中是否存在“胶水不干”的现象。

案例

某客户反馈使用笔者所在公司提供的某牌号胶黏剂后出现了“胶水不干”的现象，并导致下游客户使用该批复合制品后出现了复合膜袋封口处皱褶的外观不良问题。

在客户的生产现场，对客户所反馈的存在“胶水不干”现象的同批复合薄膜进行检查，将样品剥离开、合并剥离面后再剥开，手动再剥开时感觉有一定强度（黏性），即胶层并未完全固化。将样品挂到拉力机上检查其二次黏性，测量值为 0.6 ～ 0.8N/15mm。

向客户索要同一个产品的不同批次的且下游客户未反馈有外观不良现象的制品的样品。对获得的样品检查其二次黏性，结果为 1.2 ～ 1.5N/15mm。

对于胶黏剂，除了有意减少固化剂用量的场合（如镀铝膜复合），测得的二次黏性数值越高意味着胶层的反应完成率越低，即更为严重的“胶水不干”。

下游客户使用“胶水不干”现象比较严重的复合薄膜未出现包装制品的外观不良问题，而使用“胶水不干”现象比较轻微的复合薄膜却出现了包装制品的外观不良问题，这种结果至少说明下游客户所反馈的包装制品外观不良问题的原因与复合薄膜中是否存在“胶水不干”现象应当是无关的。

由于难以走访下游客户的生产现场，因此，无法对问题的原因进行进一步的调查研究。但该客户所反映的外观不良问题显然是由其他原因所导致的。

“胶水不干”与其他外观不良现象的关联性

在存在着外观不良现象的复合制品上发现了“胶水不干”现象，并试图将复合制品的外观不良现象归咎于“胶水不干”现象前，建议搜集以下的数据 / 信息。

①存在“胶水不干”现象的复合制品的纵、横向剥离强度和纵、横向二次黏性。

②本企业留存的以前交货的且未收到下游客户不良反馈的同类样品的纵、横向剥离强度和纵、横向二次黏性。

③下游客户处的没有外观不良现象的复合膜袋（本企业制品或竞争对手供应品）的纵、横向剥离强度和纵、横向二次黏性。

上述数据的检测工作最好利用客户方的检测设备并由客户方的人员实施。

对上述三组数据进行比较，很有可能会发现以下状况：

①存在“胶水不干”现象的复合制品的纵、横向剥离强度大于本企业留存的以前交货的且未收到下游客户不良反馈的样品和 / 或下游客户处的没有外观不良现象的复合膜袋（本企业制品或竞争对手供应品）样品的纵、横向剥离强度；

②存在“胶水不干”现象的复合制品的纵、横向二次黏性小于本企业留存的以前交货的且未收到下游客户不良反馈的样品和 / 或下游客户处的没有外观不良现象的复合膜袋（本企业制品或竞争对手供应品）样品的纵横向二次黏性。

如果确实发现了上述情况，就说明下游客户端所反馈出的外观不良现象与复合薄膜上存在的“胶水不干”现象完全没有关系。问题的原因应当是下游客户的应用加工工艺中存在某种异常的因素。

即便是发现了与上述情况完全相反的状况，也不能说下游客户端显现的外观不良现象一定是由于“胶水不干”所导致的，在此种情况下，应当调查下游客户端的加工工艺条件的变化情况以及本企业的“有问题的”和“没有问题的”复合薄膜在热收缩率（或卷曲性）、起封温度等指标上的变化情况。

13. 成品袋收不齐

“成品袋收不齐”现象是指在制袋机的收料台上、从切刀处切下的复合膜袋不能“自动地”码成一摞，而是“到处乱窜”的状态。造成此种现象的原因之一是复合膜袋的外表面间的摩擦系数较小，另一个可能的原因是复合膜袋的静电过大。

而导致“复合膜袋的外表面间的摩擦系数较小”的原因是复合膜中的热封层基材的热合面间在常温下的摩擦系数较小，即热封层基材中的酰胺类爽滑剂数量较多，在完成了复合加工后的卷绕状态下，已经析出到热合面表面的爽滑剂迁移到了复合膜的外表面上。

存在“成品袋收不齐”现象的复合膜袋通常也会存在“开口性差”的问题。

静电过大的原因是静电消除器未开启或工作不正常。

上述原因的确认方法如下。

①对比检查同批的印刷基材在印刷前和制袋前的外表面间摩擦副在常温下的摩擦系数。由于复合薄膜的热封层基材中的爽滑剂会迁移到印刷基材的外表面上，所以，印刷基材外表面在制袋前的摩擦系数会小于印刷前的摩擦系数。

②用静电检测器检查复合膜袋表面的静电电压值。

对策

①要求提供热封基材的企业在加工热封基材时须在配方中增加无机类开口剂的量，同时减少爽滑剂的添加量。

②加强对静电消除器的日常维护，使之工作正常。

14. 开口边卷曲

图 7-52 可以看作已完成制袋加工的复合膜袋的“开口边卷曲”现象的一个范例。图 7-52 显示的是复合膜袋的开口边向内（热封层一侧）卷曲的状态。而开口边向外（印刷膜一侧）卷曲的状态也是很常见的。复合膜袋的开口边卷曲是复合膜卷曲现象的延续（参见“常见问题篇—应用中的问题—复合膜卷曲”）。

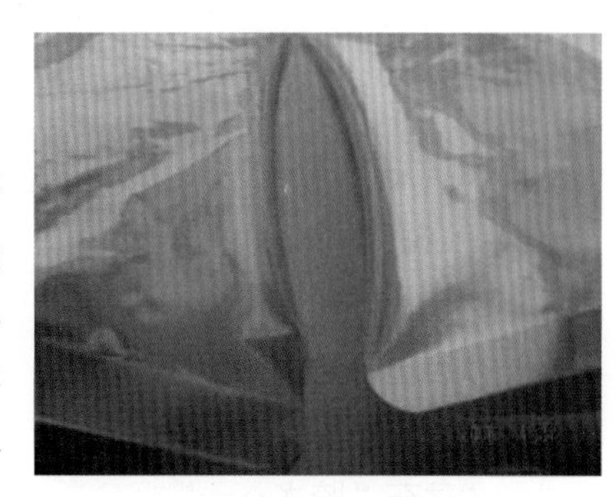

图 7-52　向内卷曲的开口边

对策

使下机时和熟化处理后的复合膜保持平整状态。

①控制复合加工时的张力与温度参数，使两个待复合的基材进入复合单元前的弹性变形率保持一致，即下机时的复合膜要保持平整的状态。

②采购复合基材时，关注复合基材的热收缩率指标，尽量使复合基材在熟化条件下的热收缩率保持一致，以使熟化后的复合膜保持平整状态。

③熟化室内各点的温度值的极差以及置于熟化室内的复合膜卷的上下表面的温度值的极差应控制在 ±1℃以内。

15. 封口边缘处局部分层

(1) 基本的现象与原因解析

图 7-53 所示的现象即所谓的“封口边缘处局部分层现象”（以下简称“封边处局部分层”）。

将 100 个一叠的包装袋立起来，从其侧面进行观察时，正常情况下都应是图 7-54 所示的状态。在某些时候，如果将已经立起来的包装袋轻微地斜置，并用手指在其侧边上沿着与封边相垂直的水平方向摩擦几下，有时会呈现出如图 7-53 所示的“反光线”或“亮线”，这些“反光线”或“亮线”实际上就是已经发生局部分层的部位。此种现象常见于含有镀铝膜或铝箔的三边封复合膜袋上。在一部分中心封袋上也偶然能够见到。

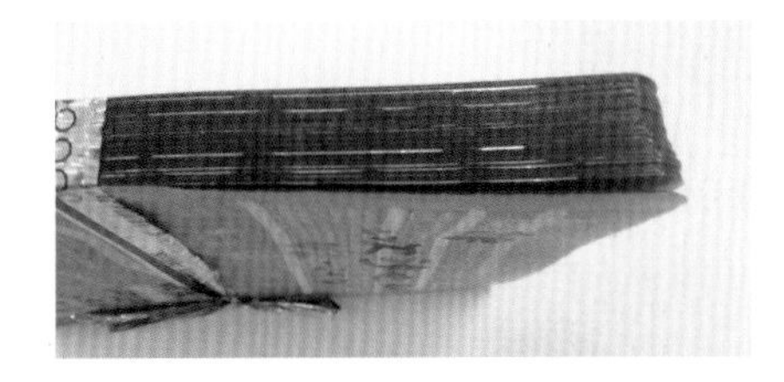

图 7-53　有局部分层现象的复合膜袋

图 7-54　外观正常的复合膜袋

图 7-55 是另外一组存在“封口处局部分层现象”的样品。它是将复合膜袋平铺在桌面上并用手摩擦封边（从右向左）后的状态。图 7-56 是存在类似现象的复合膜袋。

图 7-55　有局部分层现象的复合膜袋（一）

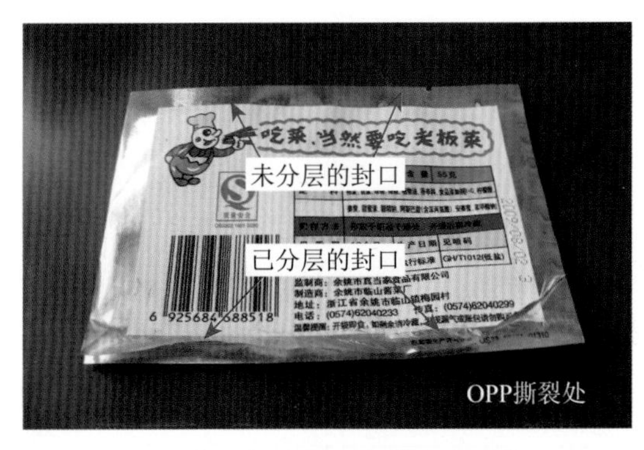

图 7-56　有局部分层现象的复合膜袋（二）

一部分的客户已经将上述的检查方法作为制袋工序中的一种常规的质量检查方法。其原因是：在下游客户使用分页 / 喷码机进行打码操作过程中，可能会出现如图 7-57 所示的不良现象。这种现象有时是偶尔发生的，有时是批量性地发生的。而对已出现如图 7-57 所示不良现象的同批的其他复合膜袋进行封边的刮擦试验时，有时可能会发现如图 7-53 和图 7-55 所示的不良现象。

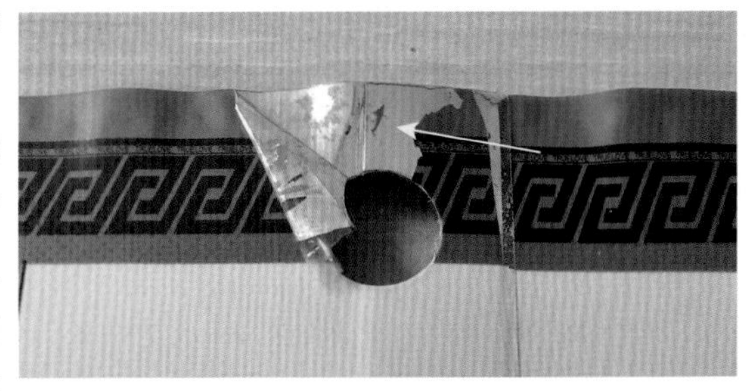

图 7-57　有局部分层现象的复合膜袋（三）

经过对多种同类不良样品的检查，发现此种“封口边缘处局部分层”现象主要出现在三层或多层的含铝箔和 / 或镀铝膜的复合膜袋上，且都是出现在袋子的横封刀热封口上。

部分软包装行业的人士将此种现象的原因归结为剥离力差或胶水不干。理由是将同批的尚未完成制袋的复合膜卷放入熟化室再次熟化后，再次进行制袋加工时就没有再出现同类现象。

但在实践中，经过对存在上述不良现象的复合膜袋的剥离力进行检查，可发现剥离力值其实并不差。

以笔者的理解，此种现象与制袋加工的条件有着某种密切的关系。与剥离力差或胶水不干事宜没有关系。

为此，笔者进行了以下的检查工作。

①将存在上述不良现象的复合膜袋平放于桌面上，用数码放大镜垂直观察复合膜袋的与制袋机横切刀相关的封口外缘的正反两面的状况（图 7-58 中黑色圆环部位，以下简称俯视图）。

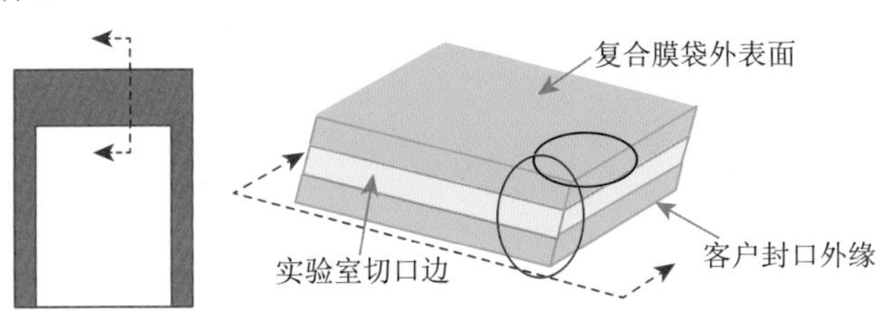

图 7-58　不良样品的裁剪与取景示意

②将复合膜袋的与制袋机横切刀相关的封边从某一处用刀片切开，用数码放大镜或台式显微镜从“实验室切口边”一侧观察其与“客户封口外缘”相交处的状况（图 7-58 中红色圆圈部位，以下简称侧视图）。

观察的结果如下。

图 7-59 和图 7-60 是在图 7-58 中的黑色圆环部位分别从袋子的同一个热封口的正反两面拍摄到的封口外缘的俯视图。图 7-59 显示袋子的切口边（客户封口外缘）是整齐的。图 7-60 显示袋子的切口边是“前后错位”的。对于图 7-60 所示的状态，暂且称为“露铝”。如果仅用图 7-60 进行判断，那么，封口的断面形态有可能是图 7-61 中的两种形态中的任意一个；如果将图 7-54 和图 7-55 结合起来进行判断，则封口的断面形状可能更接近于图 7-61 中的状态 2。

图 7-59　横封边的一侧状态

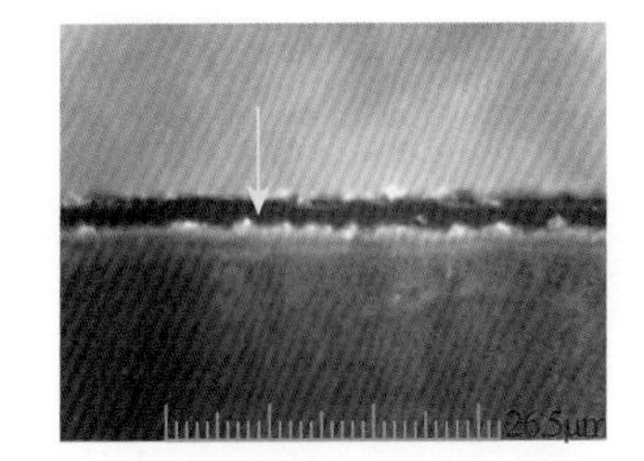

图 7-60　横封边另一侧的状态

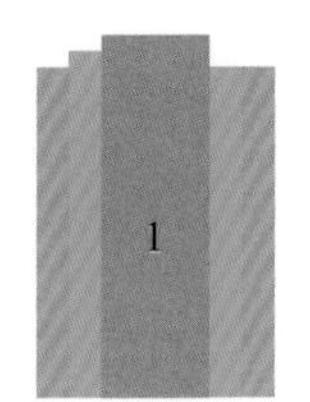

图 7-61　断面形态

利用拍摄到的俯视图可以对封口外缘处是否存在“露铝”现象做出直观的判断，但不能对是否存在“封边处分层”现象做出判断。

图 7-62 和图 7-63 是在图 7-58 的红色圆环部位分别从袋子的左右两侧的热封边的外缘处拍摄到的侧视图。

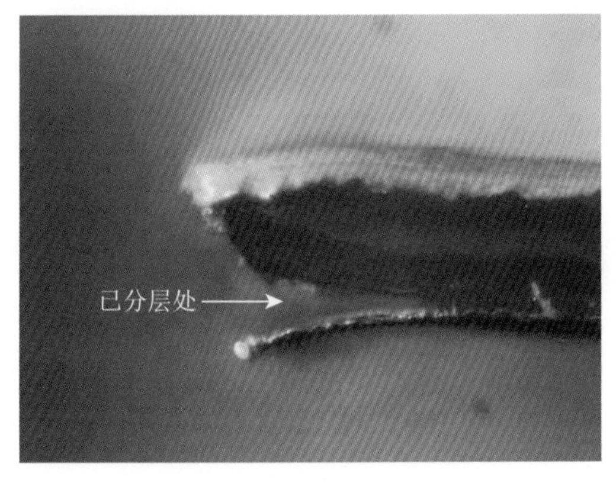

图 7-62　一个热封边的外缘

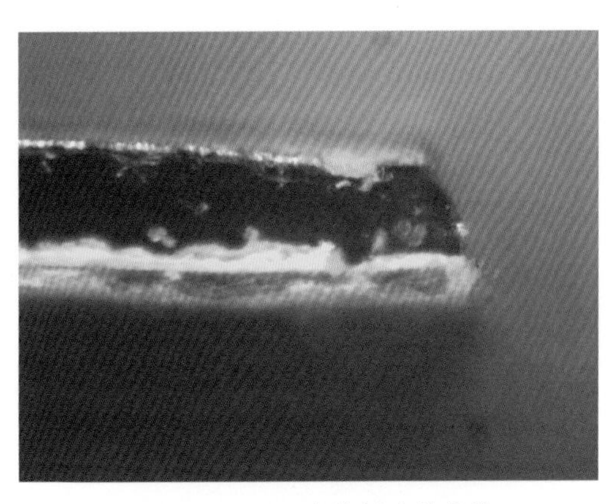

图 7-63　另一个热封边的外缘

图 7-62 显示其中一个热封边的外缘处存在着“封边处分层”现象，同时，热封边的外缘显示为一种向下的斜面。图 7-62 显示的另一个热封边的外缘处不存在“封边处分层”现象，但热封边的外缘显示为一种向上的斜面。（注：图 7-62 和图 7-63 是从一个“未经刮擦”的包装袋上拍摄到的。）

上述照片表明：经过制袋加工后，在复合膜袋的与制袋机横切刀相关的某一个热封边的外缘处就已经存在了“封边处局部分层”的现象。所以，才会在经过刮擦后显现出如图 7-53 所示的现象。

需要强调的是：在用手刮擦了之后，改变了既有的局部分层的薄膜的翘曲角度，使更多的光线能够反射入眼睛，才使得“封边处分层”现象显著地显现出来。而不是用手刮擦了后才使得封边外缘处的复合薄膜发生了局部分层的现象。

对前述复合膜袋进一步的检查结果表明：只有与图 7-63 相对应的热封边才存在“封边处局部分层”现象，而在其另一侧与图 7-62 相对应的热封边上则不存在“封边处局部分层”现象。

图 7-64 和图 7-65 是从另一个在两个侧封边上都存在“封边处局部分层”现象的复合膜袋上拍摄到的“侧视图”。照片显示：在完成了制袋加工后，该复合膜袋的两个侧封边上就已经存在着“封边处局部分层”现象（黄圈内）。

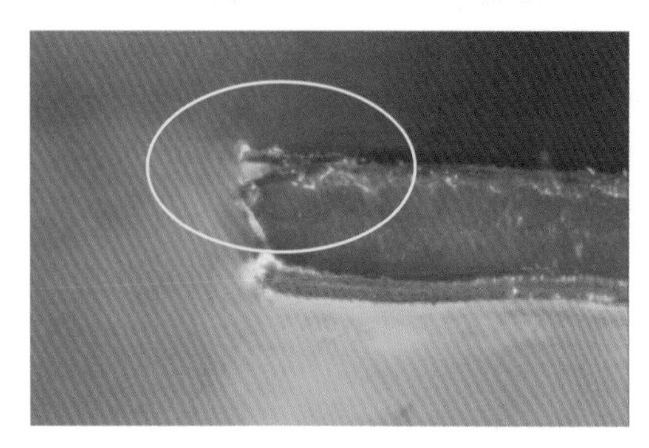

图 7-64　左侧封口，背面向上

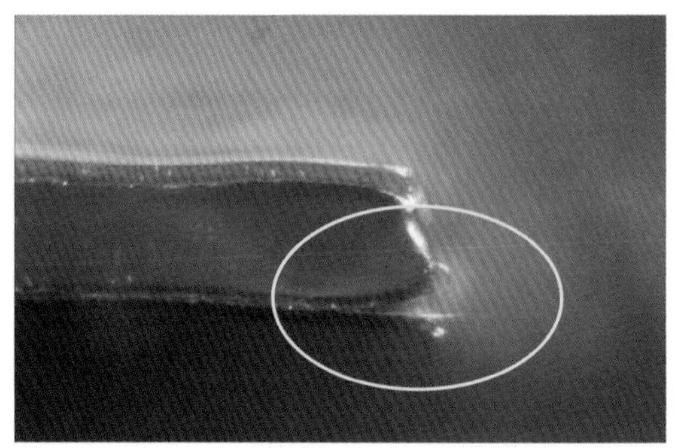

图 7-65　右侧封口，背面向上

图 7-66 和图 7-67 是从一个不存在“封边处局部分层”现象的复合膜袋的两个边封口处拍摄到的侧视图。

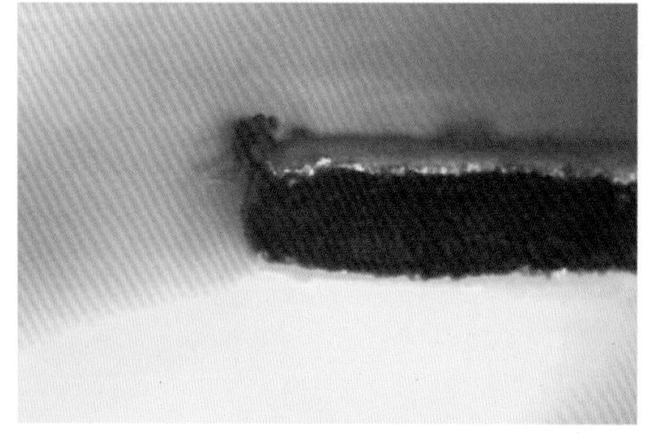

图 7-66　正常的侧视图（一）

图 7-67　正常的侧视图（二）

图 7-66 和图 7-67 显示，在完成了制袋加工后，该复合膜袋的两个侧封边上都不存在“封边处局部分层”现象，而且，另一个比较显著的差异是：两个边封口的切口外缘几乎都是垂直状态的（前面的四张图片的切口外缘都呈现比较明显的倾斜状态）。

图 7-68 和图 7-69 是从另一个三层结构的三边封预制袋的与纵封刀相关的封口外缘处拍摄到的照片。

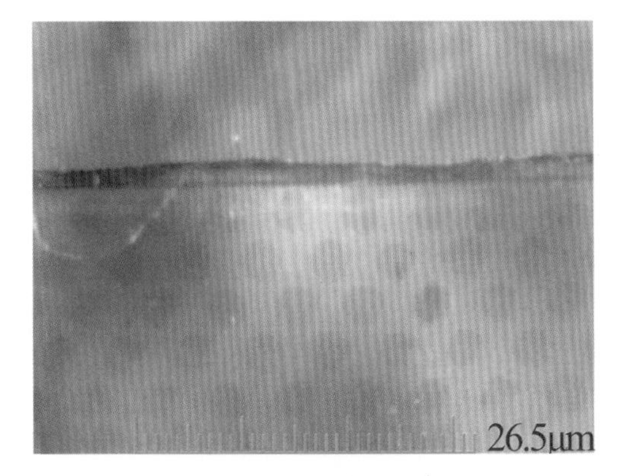

图 7-68 露铝状况 A

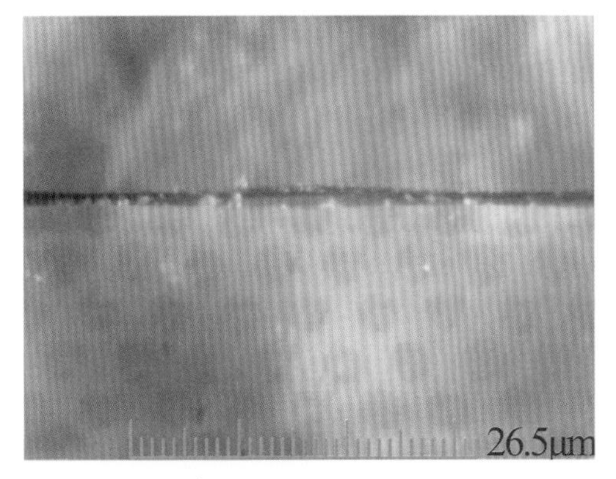

图 7-69 露铝状况 B

图 7-68 和图 7-69 显示，从同一封口外缘的两侧均可观察到“露铝”现象。这种现象表明该封口的断面应当是图 7-61-1 所表示的形态。

图 7-70 和图 7-71 是其两个与纵切刀相关的封口的侧视图。从图中可以清晰地看到其中的热封材料的外缘（黄色箭头所指示处）已明显地但不同程度地突出于封口处的表层基材的外缘（红色箭头指示处）。

这种现象表明：在复合膜袋被纵切刀划开时，封口处的热封层材料仍具有较高的温度和较大的蠕动性，在制袋机牵引辊的压力作用下，其中的热封层材料被从切口处压挤了出来，形成了现在所看到的形态。

图 7-70 和图 7-71 所显示的热封层材料被挤出的程度不同，表示在牵引辊上的压力均衡的前提下，两个不同的封口中的热封层材料的温度是不同的。

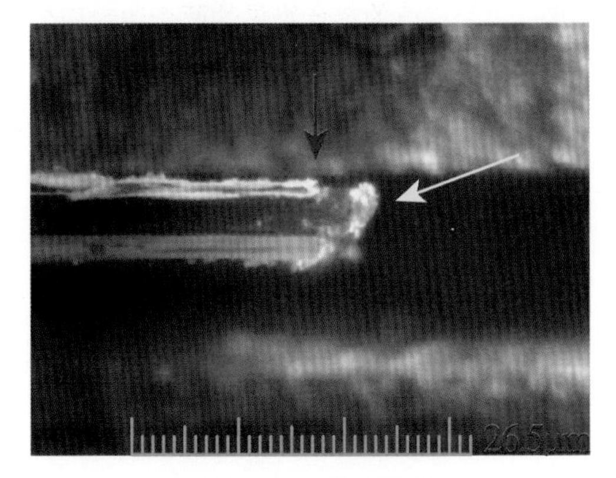

图 7-70 露铝状况 C

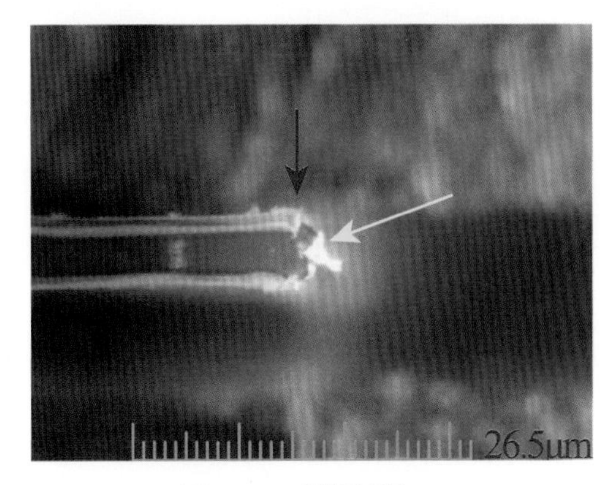

图 7-71 露铝状况 D

很显然，在与制袋机的纵切刀相关的封口上不会出现如图 7-62 ～图 7-65 所显示的“封口边缘处局部分层”的状态。

归纳起来，已经看到的“封口边缘处局部分层现象”（“封边处分层”）都是存在于横排三边封袋的侧封边上，或中心封袋的上封口或下封口处，更准确地说，是存在于制袋机的横切刀口上。

这就意味着：“封边处分层”现象与包括制袋机的横切刀在内的制袋工艺条件有着密切的关系。

从上面的照片可以发现这样一个规律：“封边处分层”的现象都会伴随着“露铝”现象或“倾斜的封口外缘”状态。

既然在制袋成品上存在着如图 7-66、图 7-67 所示的“垂直的封口外缘”状态，是否可以认为图 7-62 到图 7-65 所示的“倾斜的封口外缘”状态就不是制袋加工成品必然存在的正常状态?

在制袋机上，横切刀的配置一般是图 7-72 所示的状态。

如果图 7-66 和图 7-67 所示的“垂直的封口外缘”属于正常状态，那么，复合膜袋在被切断后的封口外缘状态就应当如图 7-72 中的红色线条所示。

关于造成“倾斜的封口外缘”或“露铝”状态的原因，笔者认为是在制袋加工过程中，横封刀的温度过高（对三边封袋而言，与客户所追求的高热合强度有关），或者纵封刀的温度过高（对中心封袋而言），同时相应的冷却刀的冷却能力不足，以致在横切刀切断复合膜袋的瞬间，复合膜袋中的热封层仍然处于“半流体”或某种程度的熔融状态，在横切刀的斜刃的挤压作用下，热封层可能发生了如图 7-73 或图 7-74 所示的形变。那么，在复合膜被切断的瞬间，如果复合膜的热封层的温度越高，那么，热封层的蠕动性就会越强，则所形成的切口的倾斜程度就会越大。

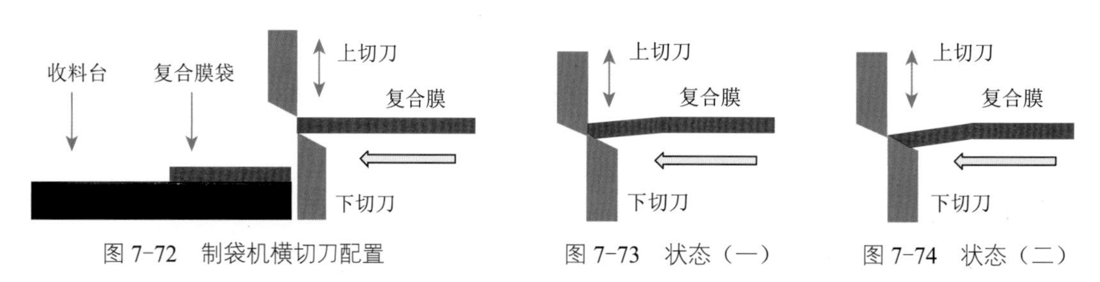

图 7-72　制袋机横切刀配置　　图 7-73　状态（一）　　图 7-74　状态（二）

很有可能是：在横切刀切断复合膜袋的瞬间，尚处于“半流体”或某种程度的熔融状态的热封层同时粘在了横切刀下刀的斜面和横切刀上刀的纵平面上（见图 7-73），之后，向上移动（复位）的横切刀上刀使得复合膜袋的热封层与上表面的次内层间发生了“撕裂”，从而形成了如图 7-64 所示的状态；

另外一种可能是：在横切刀切断复合膜袋的瞬间，尚处于“半流体”或某种程度的熔融状态的热封层粘在了横切刀下刀的斜面上（见图 7-74），在复合膜再次被推着向前移动时，热封层与下表面的次内层间发生了“撕裂”，从而形成了如图 7-62 所示的状态。

而且，与图 7-74 的状态所对应的热封层的温度应当是高于与图 7-73 的状态所对应的热封层的温度。

在图 7-60 的黄色箭头指示处，显示出复合膜袋的切口边并不是很光滑，这种现象很可能与横切刀的安装或磨损状况或热封层材料曾黏附在横切刀上有某种关联。

综合起来，“封边处分层”现象应当与“倾斜的封口外缘”或“露铝”状态和“不光滑的切口”状态有直接的关系。

“倾斜的封口外缘”状态应当与切袋的瞬间的复合膜中的热封层的温度有关，更确切地说应当与制袋机横封刀的温度 / 压力 / 热合时间以及冷却刀的温度 / 压力 / 冷却时间有关。

“不光滑的切口”状态则可能与横切刀的维护 / 保养以及黏附在横切刀组中两个刀片上的热封层材料的数量有关。

而造成热封层温度过高的根本原因是许多软包装企业的客户认为热封刀的温度越高则热合强度就会越高，于是过度加温，其结果是热封层基材中的热合层、中间层和复合层均被不同程度地熔化了。虽然是获得了相对较高的热合强度，但是伴随而来的问题是复合膜袋的外观由于基材间的热收缩率差异而变得不平整了，同时产生了“倾斜的封口外缘”状态及“封口边缘处局部分层现象”，以及其他与基材的热收缩相关的制品外观问题。

迄今为止所见到的存在“封口边缘处局部分层现象”的复合膜袋都是三层的含铝箔或镀铝膜的三边封或中心封型式的预制袋。

需要注意的是：存在“封口边缘处局部分层现象”的三边封预制袋都是“横出的”袋子！且都位于该类三边封袋的两个侧封边上。

使用滚轮热封自动包装机的下游客户有时也会反馈类似的现象；不过，那一类的“封口边缘处局部分层现象”的表现形式及成因均不同于本文所述的内容。

在三层的含铝箔的和含镀铝膜的复合膜预制袋上，“封口边缘处局部分层现象”的表现形式有所不同。在三层的含铝箔的复合膜预制袋上，“封口边缘处局部分层现象”通常存在于热封层与铝箔之间。在三层的含镀铝膜的复合膜预制袋上，“封口边缘处局部分层现象”通常存在于印刷膜与镀铝膜之间，且一般表现为镀铝层的转移。前一种“封边处分层”现象有可能在复合膜袋刚下机时就可以观察到；而后一种“封边处分层”现象有可能在复合膜袋充分冷却后才能观察得到。

对于含铝箔结构的复合膜预制袋，应当是横切刀的剪切力与熔融态的热封层树脂的综合作用使得 Al/ 热封层间发生了“封口边缘处局部分层现象”；对于含镀铝膜的三边封式、中心封式复合膜预制袋，可以认为是横切刀的剪切力、横封口中熔融状态的热封层树脂以及后期的冷却期间的热封层基材“挟持”着 VMPET 膜中的 PET 基材共同收缩，加大了 PET 基材与镀铝层间的内应力的结果；

对策

①软包装材料加工企业的对策：降低热合强度的目标值，调整热合强度的人工检查方法。在制袋加工过程中，使用尽可能低的热合温度和相对较大的热合压力，目的是仅使热封层薄膜

中的热合层（与热合面相邻的树脂层）发生熔化与熔合，以获得合理的热合强度，并使横切刀的切口外缘形成如图 7-66、图 7-67 所示的“垂直的状态”。在制袋加工过程中，尽量降低冷却刀的温度并提高其压力，以提高冷却效果，使热封层的温度更加接近于室温，以使横切刀的切口形成如图 7-66 和图 7-67 所示的“垂直的状态”。定期或不定期地对横切刀进行清理、保养、维护，使之保持清洁、锋利。

②下游客户的对策：降低分离压皮的压力；更改复合膜袋的进给方向。

③热封层基材供应商的对策：减少热合层的厚度及在热封层材料中的占比；增加复合层树脂和热合层树脂的熔点差。

(2) 取样与拍摄

复合膜袋封口边缘的“露铝”状态在完成制袋加工后的 5 ～ 10min，会随着热封层的冷却而定型。因此，从制袋机的收料工位取得复合膜袋后，即可着手进行“露铝”现象的检查。也可以采用水冷的方式进行快速冷却处理。

拍摄与横切刀相关的封口外缘的俯视图和侧视图，使用数码放大镜即可满足要求。作为常规性的观察，也可以使用 80 倍的刻度放大镜。拍摄与横切刀相关的封口外缘的俯视图时，将复合膜袋平放于桌面上，将数码放大镜置于复合膜袋的边缘处，先用 10× 档寻找目标和对焦，再调到 40× 档进行拍照。拍摄与横切刀相关的封口外缘的侧视图时，先用刀片从复合膜袋上裁下一块热封口，裁切时应从袋体上下刀，向封口的外缘处划开；将裁下的样膜用双面胶带粘贴在桌面的侧边上，注意将刀片的切口朝上，且切口应与桌面平齐；用数码放大镜的 10× 档寻找目标和对焦，再调到 40× 档进行拍照。

如果发现俯视图的状态如图 7-60 所示的切口不光滑及“露铝”状态，则应首先停机清理刀口上可能附着的热封层材料，其次应调整热封刀的温度、压力及冷却刀的温度、压力。调整的目标是使横切刀的切口形成如图 7-66、图 7-67 所示的“垂直的状态”，或者看不到“露铝”现象。

建议：横切刀切口是否为如图 7-66、图 7-67 所示的“垂直的状态”，或者能否看到“露铝”现象，可作为制袋工艺条件是否合适或合理的一个评价基准。

16. 从成品袋子表面可看到的划痕

某客户曾提供了多款三边封袋的不良品样品，其关注 / 咨询的问题是：在斜对着光线进行观察的条件下，在袋子的表面可看到许多有规律地分布的“闪光点”。该“闪光点”现象难以用照相机再现出来。在多款三边封复合膜袋中，其结构中有含镀铝膜的，也有含铝箔的。

通过检查，发现该“闪光点”现象均为沿着复合薄膜的横向呈现出来的。其中，有的袋子上只有一条宽约 1cm 的“闪光带”；有的袋子上却有多条“闪光带”，而有的袋子上，“闪光点”是在整个袋子表面均匀地分布着。

采用数码放大镜在 ×10 光学放大倍率下观察的结果如下。

图 7-75、图 7-78、图 7-79 是从含铝箔的袋子上拍摄到，因为可以从图中清晰地看到铝箔层的压延痕迹。图 7-76、图 7-77、图 7-80 是从含镀铝膜的袋子上拍摄到的，因为图中没有铝

箔层的压延痕迹。

根据图 7-75、图 7-76、图 7-77 可以判定出这是一种沿复合膜的横向分布的机械划痕，是复合膜中的某一个基材（印刷基材或铝箔或镀铝膜）在复合加工过程中与某一个导辊发生时间短暂的横向摩擦而产生的。

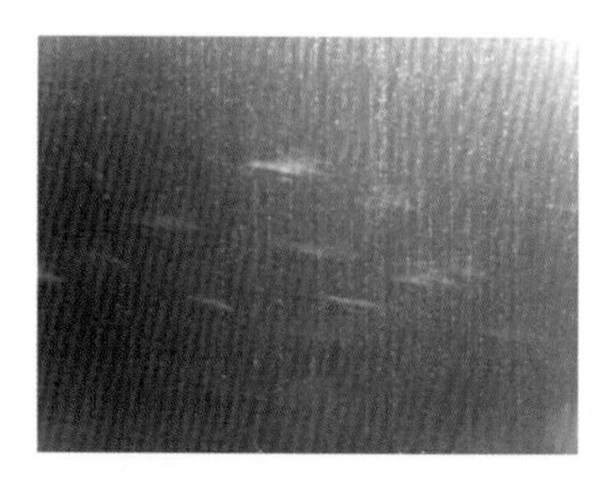

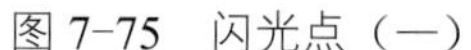
图 7-75　闪光点（一）

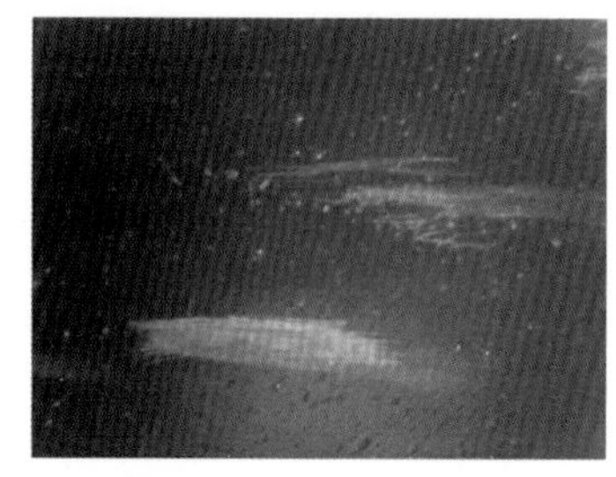

图 7-76　闪光点（二）

图 7-77　闪光点（三）

根据图 7-78、图 7-79、图 7-80 来看，该划痕呈现为“波浪状”，这显示该基材或复合膜在缓慢地向前移动过程中曾与某支会左右快速移动的导辊发生过接触。

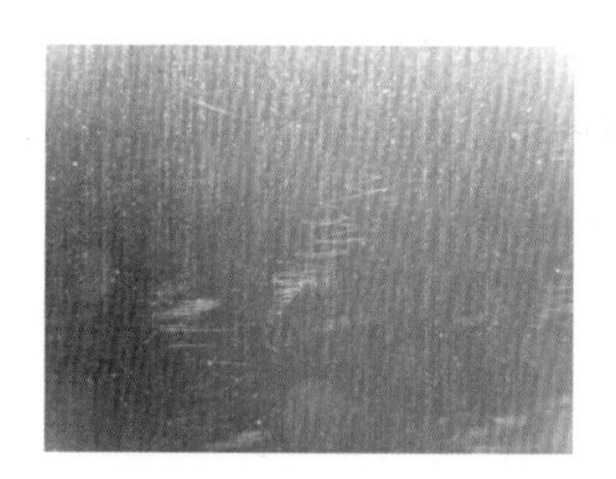

图 7-78　闪光点（四）

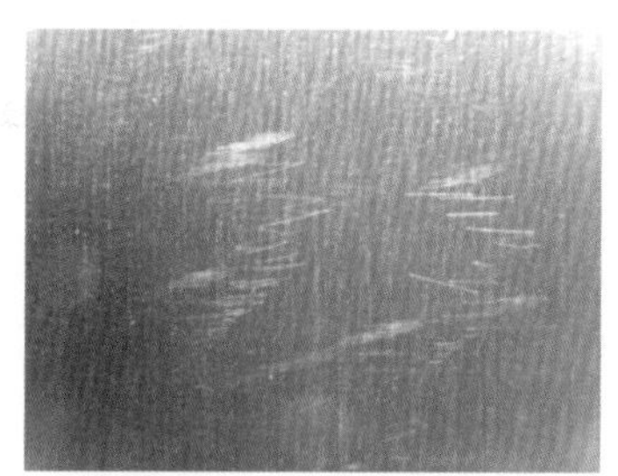

图 7-79　闪光点（五）

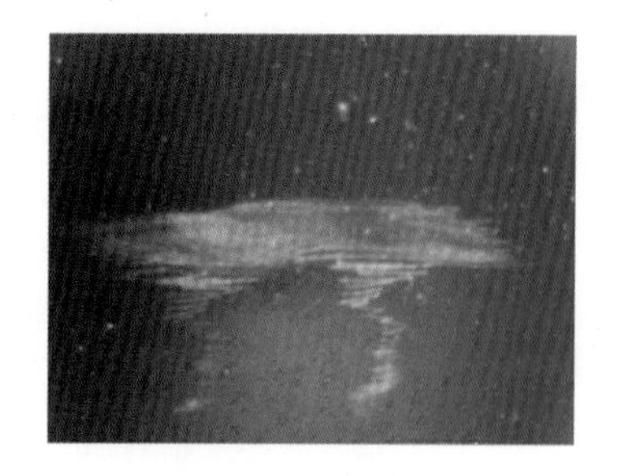

图 7-80　闪光点（六）

在整个复合材料的印刷 / 复合 / 分切 / 制袋的流程中，具有上述特征的导辊只有复合机和分切机的放卷机上的 EPC（边位控制器）上的导辊。

接下来需要判断的是：所看到的划痕是存在于复合薄膜的哪一个基材的表面上。

将该复合膜袋上存在“闪光点”的部位在墙面及桌布上反复摩擦后，发现“闪光点”可以被消除。这表明所看到的“闪光点”是存在于袋子的印刷基材的外表面上的。

综合以上分析可以判断：“闪光点”现象是复合膜的第一基材（印刷膜）的外表面与复合机的第一放卷机和 / 或分切机的 EPC 机构中的某支能够与复合膜的外表面相互接触的导辊间发生的摩擦所导致的。

导致这一现象的必要条件之一是：在复合机和 / 或分切机的运行过程中，由于某种原因，EPC 机构发生了高频率的纠偏（左右移动）动作；另一个必要条件是：导辊上黏附着可使得印刷基材的表面被划伤的硬物。

对策

适时清理所有的导辊；调整 EPC 装置的传感器，使 EPC 的运行相对平稳。

17. 热合压力事宜

(1) 压力设置原理

在常用的中心封制袋机和三边封制袋机上，热合压力的设置与调整机构是一致的。图7-81为横封刀的压力设置 / 调整系统，图7-82为纵封刀的压力设置 / 调整系统。

在图7-81所示的横封刀的压力设置 / 调整系统中，调整压力的要点是：在横封刀压紧复合薄膜的前提条件下，横封刀横梁支撑件1与横封刀横梁2之间要存在1～1.5mm的间隙。将3压力调整螺栓向下调整（压紧弹簧）时，横封刀压力将会相应上升，反之则会减小。

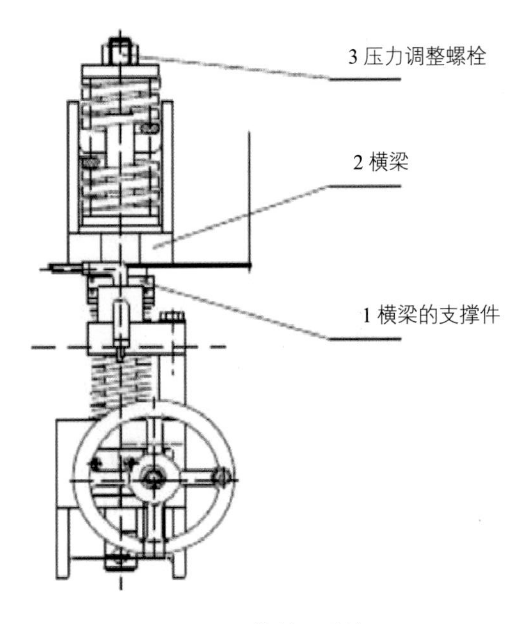

图7-81　横封刀系统

在图7-82中，当纵封刀压紧复合薄膜时，纵封刀锁紧螺母与纵封刀横梁上表面之间出现1～1.5mm的间隙（B是施加压力的必要条件），将压力调整螺栓向下调整时将会压紧弹簧并增加纵封刀施加给复合薄膜的压力，反之则会减小（A值越小，表示压力越大；A值越大，表示压力越小）。

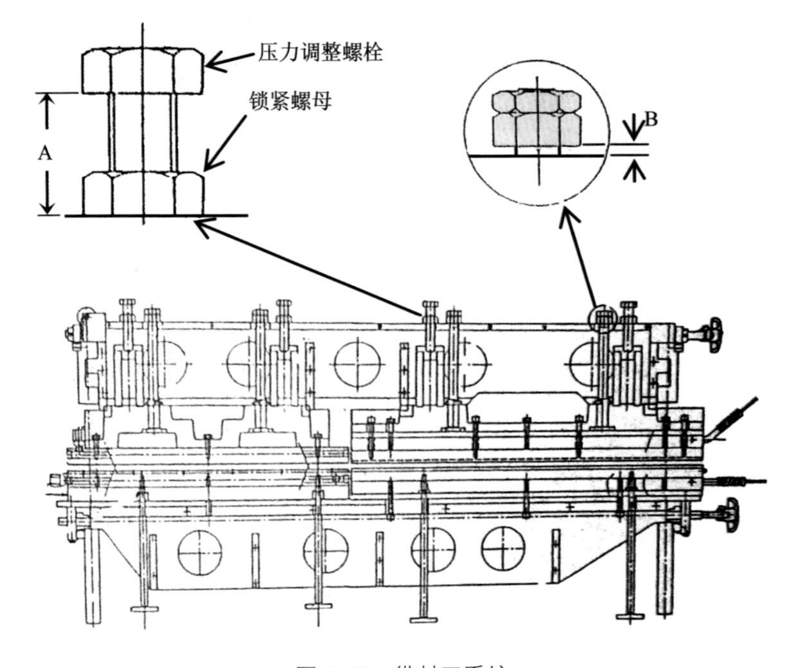

图7-82　纵封刀系统

(2) 弹簧与压力

弹簧常数：以K表示，其物理含义为当弹簧被压缩时，每压缩1mm的距离时所需要的外力或向外输出的弹力kgf/mm（压力）。

计算弹簧常数的公式（单位：kgf/mm）：

$$K=(G\times d^4)/(8\times Dm^3\times Nc)$$

式中　G——线材的拉伸弹性模量，琴钢丝 G=8000，不锈钢丝 G=7300，磷青铜线 G=4500，黄铜线 G=3500；

D——线材直径；

Dm——弹簧中径；

Nc——有效圈数。

假定某中心封制袋机的横封刀的弹簧中径 Dm 为 50mm，有效圈数 Nc=6 圈，线径 D=8mm，材质为不锈钢，则其弹簧常数 K 为：

$$K=(7300\times 8^4)/(8\times 50^3\times 6)=4.98\ \text{kgf/mm}$$

如果该弹簧被预先压紧了 5mm，则横封刀上的两个弹簧在横封刀被压紧在复合薄膜上，且支撑件与横梁的间隙为 1mm 时，施加在复合薄膜上的总压力将为 4.98×5×2×1=49.8kgf；如果间隙为 1.5mm 时，则总压力将为 4.98×5×2×1.5=74.7kgf。

如果横封刀的长度为 350mm，宽度为 10mm，则作用在横封刀上的压强为 49.8×(74.7)÷35÷1 ≈ 1.42×(2.13) kgf/cm^2=0.145×(0.213) MPa。

如果此时将横封刀的宽度改为 20mm，则压强将降为 0.71×(0.107) kgf/cm^2。

如果需要在横封刀的宽度为 20mm 时仍保持 0.145MPa 的压强值，则需要将相应的弹簧再下压 5mm。

(3) 应用上的注意点

①及时调整热合刀的压力

制袋加工时的三个主要工艺参数为温度、速度（时间）和压力。此处的压力是指由弹簧施加在热合刀单位面积上的压力，即压强，也就是热合刀作用在复合薄膜上的压强。

如果对热合强度（kgf/15mm）的要求是一定的，那么，在制袋速度（时间）固定的前提下，如提高了压力则可以降低温度，反之，若降低了压力则需要提高温度。

对于三边封制袋机，如果在横向排列两个纵出的袋子，且成品的封口宽度均为 10mm 的情况下，通常位于两个外侧的热合刀是 10mm 宽的，而位于中间的热合刀则需要一个 20mm 宽的。

如果拟使三个热合刀的压力（压强）是相同的，就需要将中间的热合刀的弹簧向下压紧的程度比两侧的多一倍，且支撑件与横梁的间隙是相同的。在这种情况下，在三个热合刀的温度相同的条件下，三个封口的热合强度将会是一样的。否则，中间的热合刀的压强将只会是两侧的一半，所得到的热合强度也会相应降低。

如果实施的是宽刀（50 ～ 60mm）热封，且又未及时调整弹簧的压紧程度，那么宽刀下的压强将是相应的 10mm 宽热合刀下压强的 1/5 ～ 1/6。在此情况下，为了得到较好的热合强度，就需要较大幅度地提高热合温度。当热合温度上升到一定程度时，由于复合薄膜具有的热收缩特性，将会使完成的复合膜袋的外观发生明显的劣化。

②关注支撑件与横梁的间隙

在热合刀下压的瞬间，如果支撑件与横梁间出现了 1 ～ 1.5 mm 的间隙，表示相应的弹簧正在发挥作用。在热合刀下压的瞬间，如果支撑件与横梁间没有出现间隙，则无论压力调整螺栓压下的程度有多大，弹簧的弹力都无法施加给热合刀。

在部分加工企业，制袋机在运转的过程中，锁紧螺母与横梁间并未出现间隙。这表明由热合刀施加给复合薄膜的压力并不是来自相应的弹簧，而是来自电机，而这种来自电机的压力大小是未知的且不可控的。

③弹簧的参数

弹簧及其常用参数如图 7-83 所示。

同一台制袋机的纵封刀和横封刀上所配备的弹簧的参数是不一样的。不同的企业所加工的同规格的制袋机的纵封刀和横封刀上所配备的弹簧的参数也是不一样的。因此，企业的技术 / 制袋主管有必要事先对相应的制袋机上的弹簧的参数进行了解，以便使所有的制袋机都能在相同的工艺压力（压强）条件下工作。

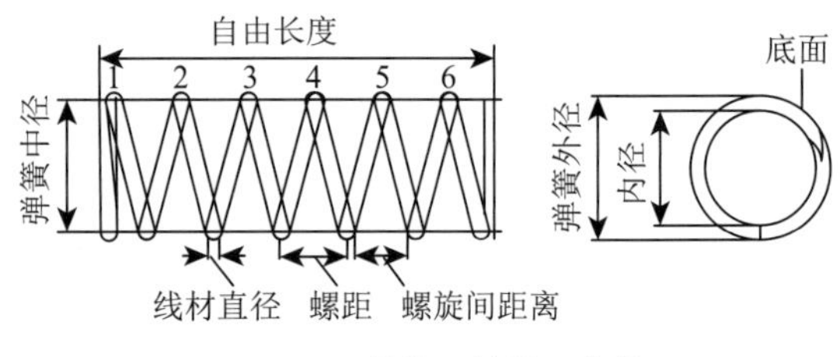

图 7-83　弹簧及其常用参数

18. 压力的测量方法

热合刀施加在复合薄膜上的压力（压强）的测量方法有以下两种：富士感压纸（富士感压纸 FUJI FILM Prescale）和 FlexiForce 薄膜压力传感器（Tekscan® FlexiForce® Sensors）。

FlexiForce 薄膜压力传感器是将压力转换为电信号，并利用个人计算机以数字方式进行显示。如图 7-84 所示。富士感压纸则是利用了压力与颜色浓淡之间的变换关系，用专用的扫描仪（色差计）测量颜色的深浅来间接地读取压力数据。如图 7-85 所示。这两种工具的详情可利用相应的关键词在网络上搜索。

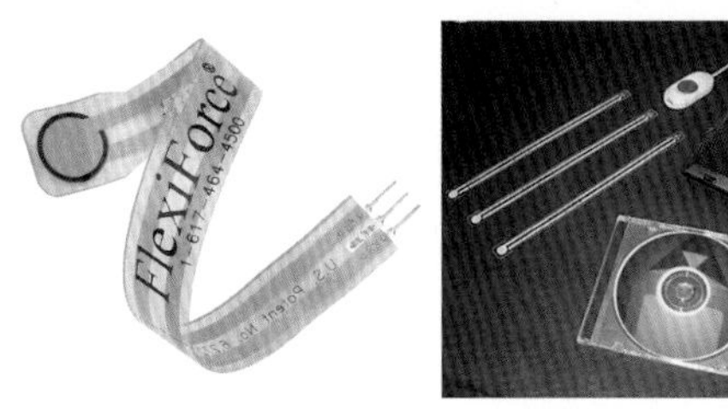

图 7-84　FlexiForce 薄膜压力传感器及其应用系统

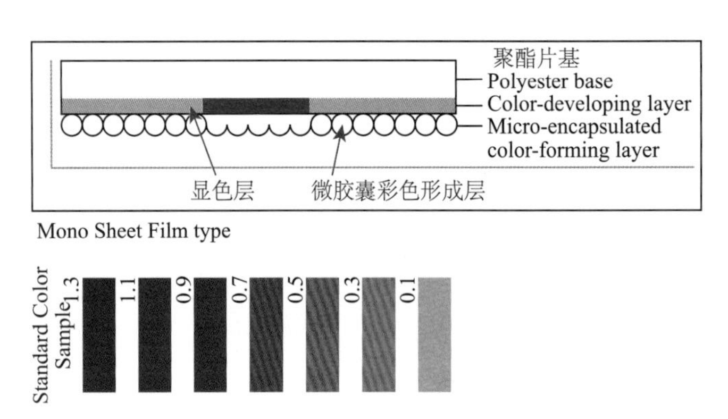

图 7-85　富士感压纸及其应用系统

上述两种工具除了检测热合刀的压力之外，也可以用于检测复合辊的压力、涂胶辊的压力等。

三、切片产品

1. 纸 / 塑复合制品的卷曲事宜

纸张本身的含水率比较高（参见“料—基材的吸湿性”），当环境的湿度比较高时，纸张会从环境中吸收水分，提高自身的含水率，同时主要地沿纸张的横向发生膨胀；当环境的湿度比较低时，纸张会向环境中释放水分，降低自身的含水率，同时主要地沿纸张的横向发生收缩。纸张的这一特性也会显现在纸 / 塑复合制品中，特别是在两层的纸 / 塑复合制品中，如复印纸的包装纸中，其结构为 OPP/ 纸。

在两层的 OPP/ 纸复合制品中，不管其复合加工采用的是挤出复合工艺还是干法复合工艺，不管用的是水性胶还是溶剂型或无溶剂型胶，当环境的湿度升高时，纸张会从环境中吸收水分，提高自身的含水率，同时主要地沿纸张的横向发生膨胀，于是复合薄膜就会以复合薄膜的纵向为轴向 OPP 膜一侧发生卷曲（外卷）；当环境的湿度降低时，纸张会向环境中释放水分，降低自身的含水率，同时主要地沿纸张的横向发生收缩，于是复合薄膜就会以复合薄膜的纵向为轴向纸张一侧发生卷曲（内卷）。卷曲的程度取决于纸 / 塑复合膜暴露在空气中的时间长短、纸张本身的含水率与空气湿度的差异的大小。

因此，如果要想使企业所加工的纸 / 塑复合膜在下游客户的应用过程中不出现卷曲问题，首先，要充分了解下游客户的生产环境的温度、湿度条件，以及在下游客户的生产环境条件下纸张的平衡含水率数据。其次，要知道自己所采购的卷筒纸的含水率指标。再次，要对自己的生产 / 仓储环境的温湿度状况及变化规律有充分的了解。最后，要对复合加工工序对纸张含水率变化的影响程度有充分的了解。在掌握了上述信息的前提下，对进货的卷筒纸和加工完成的复合制品实施必要的防潮 / 保湿包装处理，必要时对复合制品进行加湿处理。

2. 塑 / 塑复合制品的卷曲事宜

有一部分塑 / 塑复合制品是以单片状的形式被应用的，如招贴画、瓶标，此类产品要求复合制品在被应用的过程中始终保持平整的状态。

在图 7-86 中，其中的 9 张片状的样品（瓶标）都是从同一张复合膜上沿横向依序裁切下来的。从图片所显示的状态来看，所有的片状产品都沿着复合薄膜的纵向（片状产品的长度方向为复合膜的纵向）呈现出某种程度的向内卷曲的状态。

图 7-86　不同位置上的片状产品的卷曲状态（一）

在图 7-86 中，最左侧和最右侧的两片复合薄膜的卷曲程度最小，可以认为这种卷曲的程度是由于复合薄膜中残留的机械应力所导致的。而图 7-86 中其他的片状复合薄膜的卷曲状态可以认为是机械应力与热收缩应力共同作用的结果。

上述现象表明，在同一个基材的膜卷宽度方向上，基材的沿纵向方向的热收缩率是各不相同的。

在图 7-87 中，最右侧的一片复合薄膜已处于几乎完美的平整状态，也就是说，在这片复合薄膜中已不存在机械应力，或者说在复合加工的张力匹配方面已达到了一个最佳的状态；但在其余的片状复合薄膜上仍然存在着不同程度的轻微的卷曲，而且卷曲的方向是沿着复合膜的对角线方向向复合膜的内侧的轻微卷曲。

图 7-87　不同位置上的片状产品的卷曲状态（二）

这种形态的卷曲的原因是基材的热收缩应力。这种热收缩应力是源于基材薄膜生产过程中所存在的“弓形效应”（参见“料—基材的热收缩率—弓形效应”）。“弓形效应”是双向拉伸薄膜（如 BOPP、BOPET、BOPA）的生产过程中的一种客观存在，无法完全消除。要生产出完全平整的复合膜，可能需要在采购时要求供应商提供从 4m 或 6m 宽的原膜膜卷的中间部位所裁切下来的薄膜，因为只有此处的薄膜的“弓形效应”最小。

3. 纸 / 塑、无纺布复合制品的剥离力事宜

图 7-88 ～图 7-90 分别是在 40 倍的光学放大倍率下用数码放大镜拍摄到的纺织品、牛皮纸和无纺布的表面状态。与薄膜类基材相比，上述基材的微观平整度是很差的。

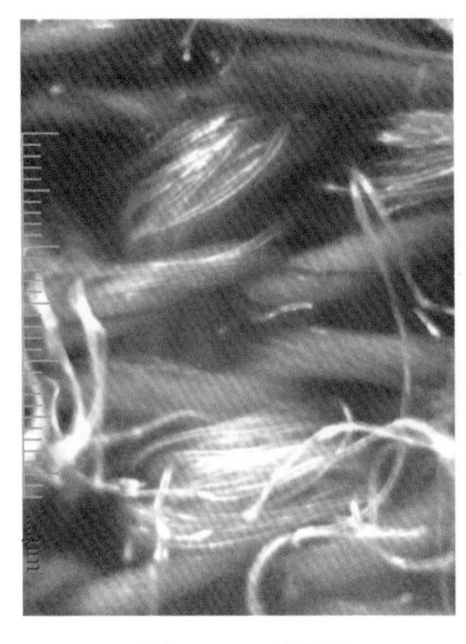

图 7-88　纺织品

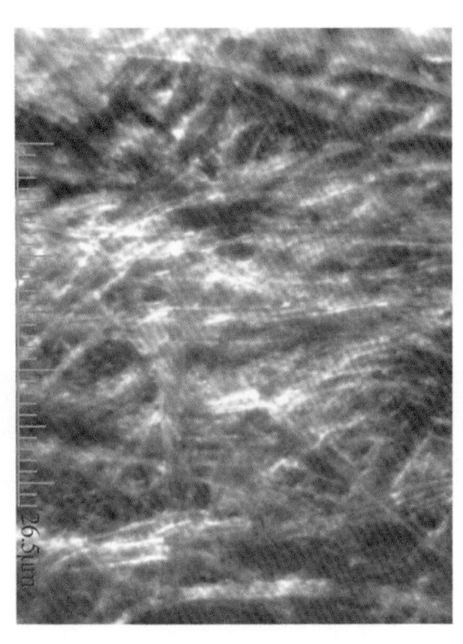

图 7-89　牛皮纸

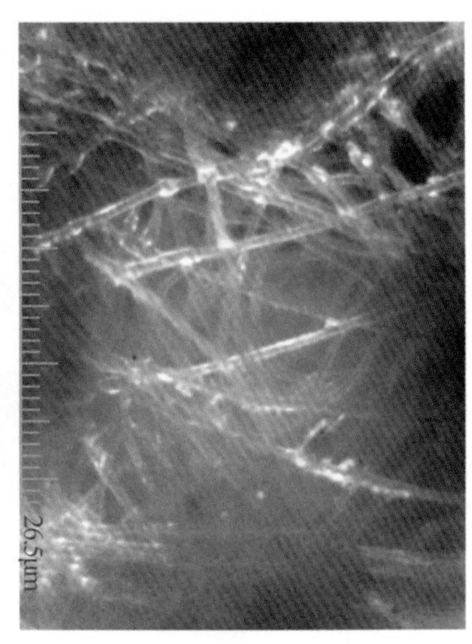

图 7-90　无纺布

对于纸张，无论其原料是木浆还是草浆，其主体成分都是纤维素。纤维素是多羟基的高分子物质，属于极性较强的物质，在进行复合加工前不需要进行电晕处理。但是，由于纸张表面的平整度较差，因此，要想得到外观上无气泡 / 白点的纸 / 塑复合制品，就需要有足够的涂胶量以覆盖纸张上的凹陷处。根据纸张质量的不同，涂胶干量一般需要在 3 ～ 6g/m^2。

在对纸 / 塑复合制品进行剥离力检查时，可能会发现在某些剥离下来的塑料薄膜上粘满了纸张的纤维，而在另外一些样品上，剥离下来的塑料薄膜上只是部分地黏附着一些纸张的纤维。这说明前一类样品在复合过程中的涂胶量是充分的，胶层与纸张的表面处于完全接触的状态，而后一类样品的涂胶量是不足的或复合压力不足，胶层与纸张表面处于点接触的状态。

对于纸 / 塑复合制品，薄膜与纸张间的剥离力主要取决于纸张的纤维间的结合力。与胶层和纸张表面纤维间的粘接力无关。因此，一种常见的现象是：经过剥离后，在薄膜上粘满了纸张的纤维，但测得的剥离力数值并不能满足需求。

生产无纺布用的纤维主要有丙纶（PP）、涤纶（PET）。此外，还有锦纶（PA）、粘胶纤维、腈纶、乙纶（HDPE）、氯纶（PVC）。目前应用量较大的是丙纶（PP）。聚丙烯（PP）是非极性物质，属于难粘的材料。

在对薄膜状态的 PP（OPP、CPP）进行复合加工前，需要对其进行电晕处理，提高其表面的润湿张力。而对于无纺布状态的 PP 纤维，由于其结构疏松、可黏附的有效面积较小，电晕处理并不能达到应有的效果。要想提高无纺布与薄膜间的剥离力，就必须使无纺布的纤维能够“被掩埋”到胶层中，如图 7-91 所示。

图 7-91 “被掩埋”的纤维

如果无纺布的纤维能够“被掩埋”到胶层里。例如，胶层能够“没过”纤维直径的 50% 以上，那么，在进行剥离试验的过程中，真正发生分离的就会是无纺布纤维间的“粘接点”（见图 7-91），在薄膜上就能够看到许多的无纺布纤维，同时显现出较大的剥离力数值。

如果无纺布的纤维未能“被掩埋”到胶层里，如只有 40% 以下的表面积与胶层相接触，那么，在进行剥离试验的过程中，真正发生分离的就会是无纺布纤维与胶层间的接触面；由于无纺布未曾接受电晕处理，因此，就会得到较小的剥离力数值，同时，在薄膜上可以清楚地看到胶层的痕迹，因为胶层上会留下无纺布纤维的“印痕”。

纤维粗细的计量

在纺织业中，纤维的粗细通常不是用纤维的直径来表征，而是采用“定长制”和“定重制”两种方式进行表征。

定长制

①旦数：9000 米（m）长纱线重多少克，即为多少旦（den）。一般用于化纤长丝和蚕丝的细度。

②特克斯：1000 米（m）长纱线重多少克，即为多少特克斯（tex）。是我国的法定计量单位。

定重制

①公制支数：1000 克（g）有多少个 1000 米（m），即为多少公支（Nm）。

②英制支数（棉纱线、棉型化纤）：1 磅（1b）纱有多少个 840 码（yd），即为多少英支（Neb）。

③英制支数（亚麻纱）：1 磅（1b）纱多少个 300 码（yd），即为多少英支（NeL）。

④英制支数（精梳毛纱）：1 磅（1b）纱有多少个 560 码（yd），即为多少英支（NeK）。

［1 磅（1b）= 0.4536 公斤（kg）= 7000 格林（gr）= 16 盎司（oz）

1 码（yd）=0.9144 米（m）= 36 英寸（in）=3 英尺（ft）］

4. 复膜铁制品的局部分层问题

图 7-92 和图 7-93 是复膜铁制品中常见的两类局部分层问题。“复膜铁”制品，是指将 PET 膜与金属板材利用溶剂型的干法复合胶黏剂贴合到一起的复合制品。复膜铁制品在复合加工的初期，也是将片状的金属板材或卷材与 PET 膜的卷材进行平面的复合加工。复合加工后的复膜铁制品将会根据需要加工成各种异形形状，如瓦楞状或桶盖。

图 7-92　折叠处局部分层

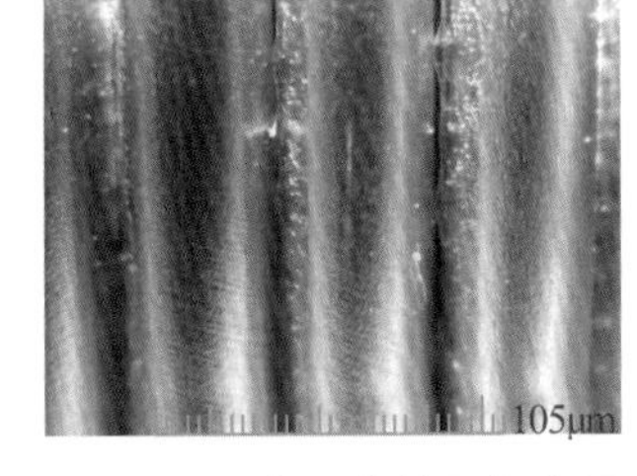

图 7-93　弯口外缘局部分层

在完成了各种异形加工后，在异形加工品的边、角处有时会出现如图 7-94 所示的 PET 膜的局部分层的现象。图 7-95 所示为呈现“不良状态 2”的实物。

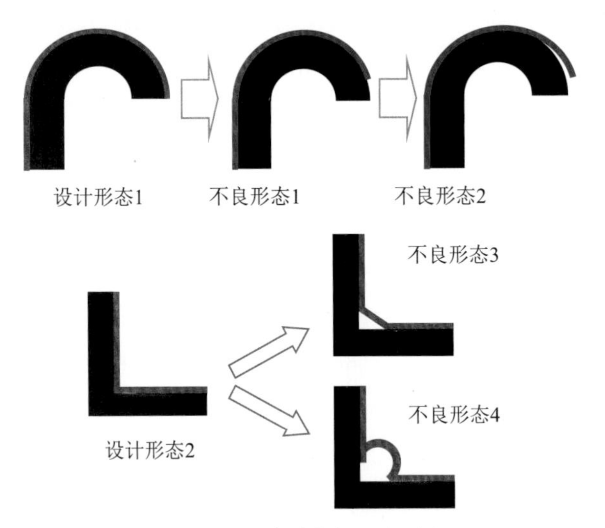

图 7-94　设计形态与不良形态

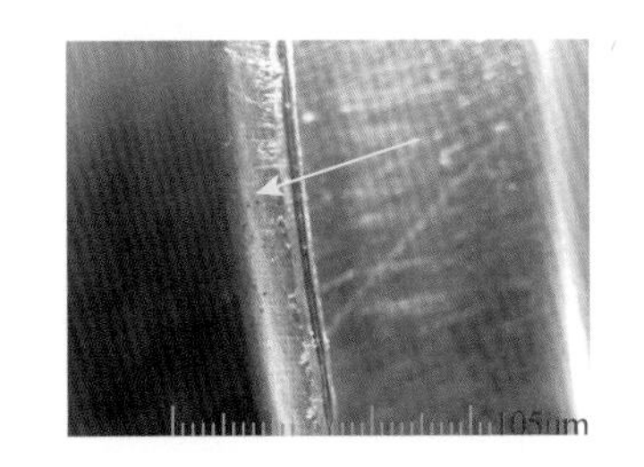

图 7-95　呈现“不良形态 2”的实物

导致上述不良现象发生的原因可能有以下几种：薄膜与金属板材间的剥离力不足；PET 薄膜的刚性过大；复膜铁后加工过程中的温度过高以及 PET 膜在加工温度下的热收缩率过大。

导致剥离力不足的原因可能有以下几种：胶水流平结果不良；如图 7-96 所示，其子原因可参见“料—胶水的流平性—导致‘胶水流平结果’不好的其他因素”；PET 薄膜的表面润湿张力不足；金属板材的表面润湿张力不足。

（注：复膜铁加工中，金属板材的表面润湿张力须能通过刷水试验，即不小于 72mN/m。PET 薄膜的表面润湿张力须不小于 52mN/m。）

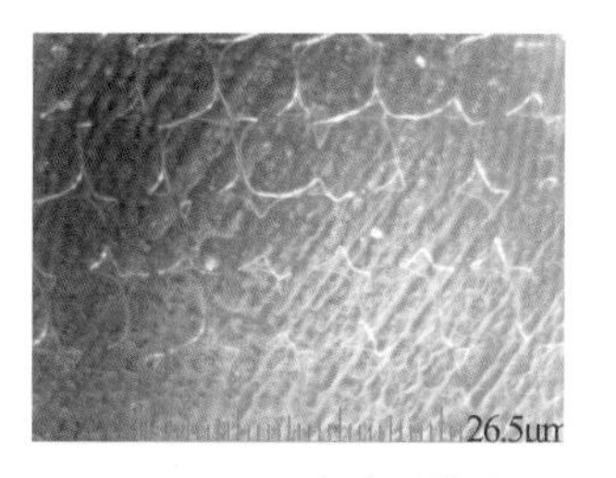

图 7-96　不良涂胶状态

PET 薄膜刚性过大的表现是：拉伸弹性模量的指标较高，拉伸断裂应力的指标较大，断裂标称应变的指标较小。参见“料—拉伸断裂应力、拉伸弹性模量、断裂标称应变”。

复膜铁后加工过程中的温度过高的结果是导致 PET 薄膜发生较大比例的热收缩，进而产生较大的塑性变形和内应力。参见“料—基材的热收缩率”。

对策

对于复膜铁制品，建议选用拉伸弹性模量的指标较低、拉伸断裂应力的指标较低、断裂标称应变指标较大的 PET 薄膜。另外，加工中的温度应尽可能低一些，以期减少 PET 膜在过程中的热收缩的幅度。

此外，在复合加工前必须对金属板材进行除油处理，使其表面润湿张力能够通过刷水试验。

5. 镀铝转移制品

(1) 边缘不光滑

“边缘不光滑”问题是局部镀铝（激光）转移制品的常见问题之一。如图 7-97 所示。造成此类问题的原因是涂胶辊选择不当和胶水黏度控制不当。

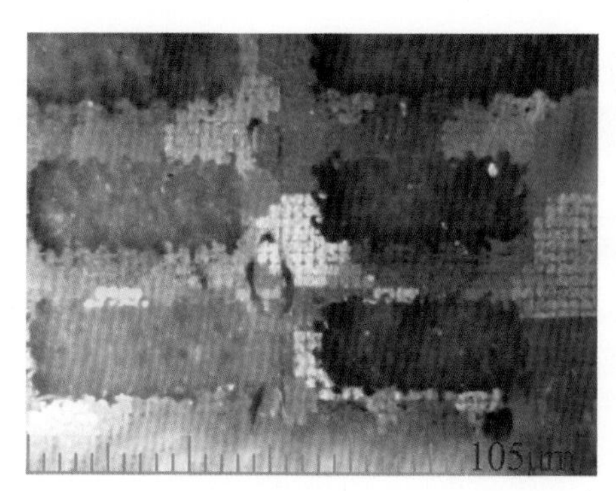

图 7-97　边缘不光滑

在局部镀铝（激光）转移制品的加工过程中，在涂胶时不能使用平滑辊。因此，胶水的流平结果就要依靠涂胶辊的设计 / 加工参数、胶水的黏度、复合加工速度和刮刀应用工艺的合理搭配。

局部镀铝（激光）转移的涂胶辊在原理上与印刷用的凹印线条版是一样的。

“线条版”是指印版上的图案均为文字与无层次的线条，其特点是在雕刻加工时都是按照“实地版”（网点值采用的是特定条件下的最大值）来雕刻的。由于电子雕刻制版采用的是菱形的网穴形状，那么，由多个菱形所构成的直线的边缘在放大镜下必然是如图 7-98 右图中的红色箭头所指示的“波浪形”。由于涂胶辊设计 / 制作上本身所存在的缺陷，局部镀铝（激光）转移的结果也必然是相似的。

图 7-98 左图中红色箭头所指示的“流泪”现象是也是凹版印刷中的常见现象，该结果与

刮刀的应用条件与油墨的黏度控制结果有密切的关系。如果在做局部镀铝（激光）转移加工过程中，涂胶的结果也是这样的，那么，镀铝（激光）转移也会以相似的结果呈现出来。

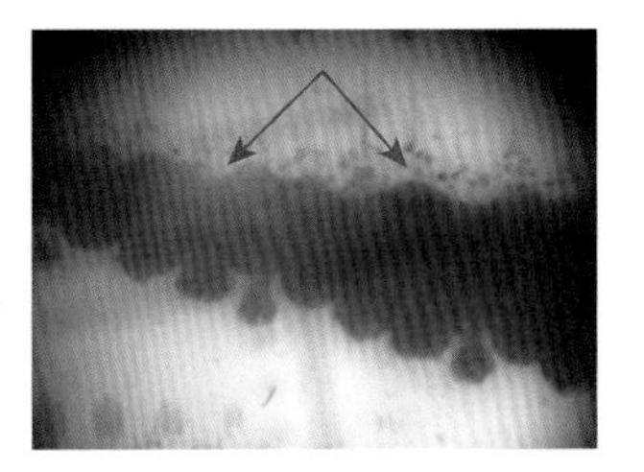
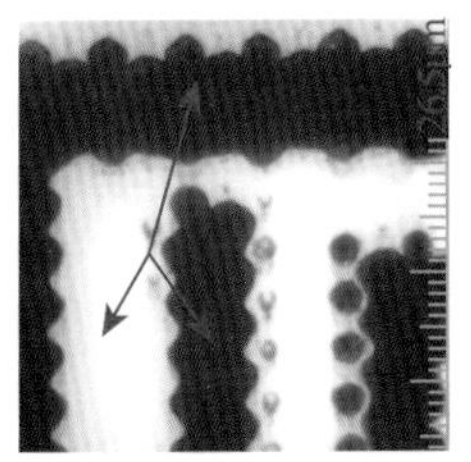
图 7-98 油墨流平状态

作为应对的方法，从涂胶辊的设计加工角度讲，一种是改用网角（网线与印版轴线的夹角）为 0° 的矩形网穴（激光曝光 + 化学腐蚀法加工），并且要对边角处的网穴形状进行刻意的修正。另外一种是仍然采用电子雕刻法加工，但网线数需尽可能地高一些，如 100lpc 或 120lpc，以尽量减少边缘处的“波浪形”起伏的幅度。此外，网穴的网墙宽度在技术条件许可的情况下应尽量减小，以便使胶水的流平结果能够达到最佳状态。

从复合加工的角度讲，胶水的黏度要确保始终控制在合理的范围内，刮刀的应用条件要以不出现前述的“流泪”状态为宜，复合加工的速度要以胶水能够充分、自主流平为目标。

(2) 镀铝层局部转移性差

在镀铝（激光）转移制品中，“镀铝层局部转移性差”现象的表现是：镀铝（激光）基材与转移基材相互分离后，已转移到转移基材上的镀铝（激光）层呈现出的表面不平整、有星星点点的反光点的状态（见图 7-99）。在放大镜下，上述的“反光点”显现为部分地与转移基材相脱离，但又未完全脱离转移基材的镀铝（激光）层。

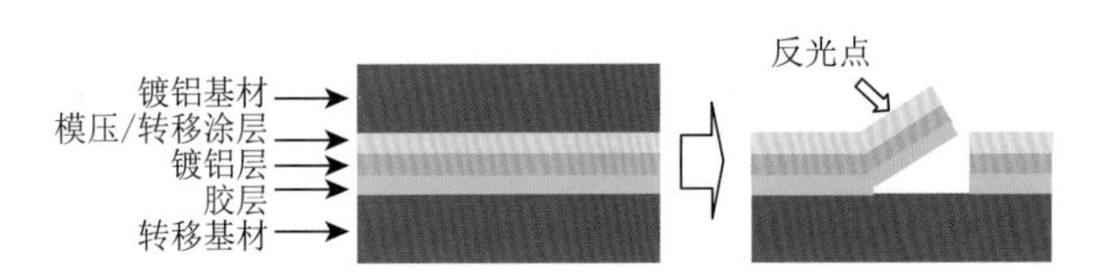

图 7-99 镀铝层局部转移性差

造成这种状况的原因一般是形成反光点部分的镀铝层下的“表观涂胶量”不足，镀铝层与转移基材间未形成有效粘接。在揭除镀铝基材的过程中，模压 / 转移涂层与镀铝基材间的附着力大于胶层与转移基材间的粘接力。因此，镀铝层被部分地“掀起来”，但由于胶层的作用，该部分只能被“掀起来”，而不能被“掀走”。

造成“表观涂胶量”不足的原因可能有以下几种：一是涂胶辊局部堵塞，导致实际的上胶量不足；二是胶水的流平结果不良，显现出局部涂胶量不足；三是转移基材的微观平整度较差（如纸张），所涂的胶层厚度不足以覆盖转移基材的凹陷点；四是有灰尘或异物附着在胶层上，影响了胶层与转移基材的有效粘接作用。

对策

①清理涂胶辊。

②根据可能导致流平结果不良的原因，进行相应的调整（参见“料—胶水的流平性”）。

③根据转移基材的表面微观状态，适当增加涂胶干量。

④整理环境卫生状况，清洗 / 更换复合机进风口的过滤器。

四、耐压试验中

耐压试验可分“重物压力试验”与“充气压力试验”两类。关于复合薄膜的耐压性能的评价事宜，可以参见“法一分析篇一复合膜的耐压性评价方法”。

由于包装物在物流过程中有可能经受各种恶劣的运输、装卸条件，一旦发生破袋现象，发生破损的包装袋会对其他的包装物造成污染，从而形成质量损失。所以，各食品厂在包装物出厂前都会进行与破袋事宜相关的模拟试验。耐压试验只是其中的一项。

在耐压试验中，包装袋有可能出现以下几种情况：从包装袋的封口处出现破袋现象；从包装袋的非封口（袋体）处出现破袋现象；在包装袋的封口的边缘处，复合膜显现局部分层现象；包装袋未出现破袋现象，但存在明显的塑性形变。

关于耐压试验的条件，在各个与包装制品相关的标准中都可以见到重物压力试验的相关规定，但没有充气压力试验条件的规定。

因此，复合软包装材料的加工企业在与下游客户商讨包装制品的验收条件时，一定要注意下游客户对验收条件的规定，以及所规定条件的合理性。

1. 重物压力试验中的破袋或变形现象

从可见到的资料来看，在重物压力试验中，国家标准所要求的耐压负荷最大的也未超过600N（60kg）。参见“法一分析篇一复合膜的耐压性评价方法一复合膜的重物压力试验”。

但在实践中，一些客户实际采用的是图 7-100 所示的气压施压或机械施压的方式进行耐压试验。在该试验装置的底部置有一个家庭用的体重计，目的是可以随时根据需要调整所施加的压力。

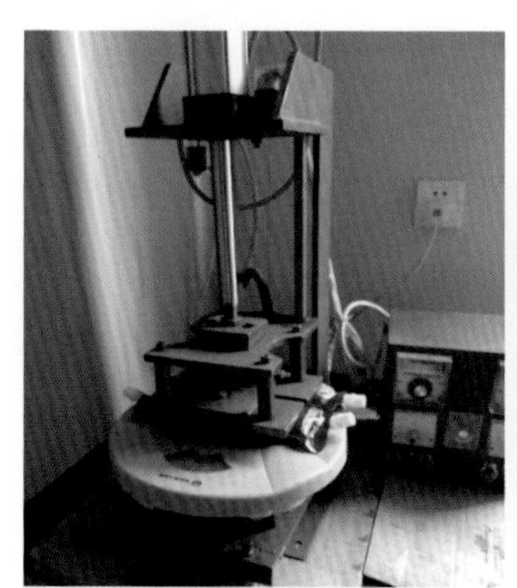
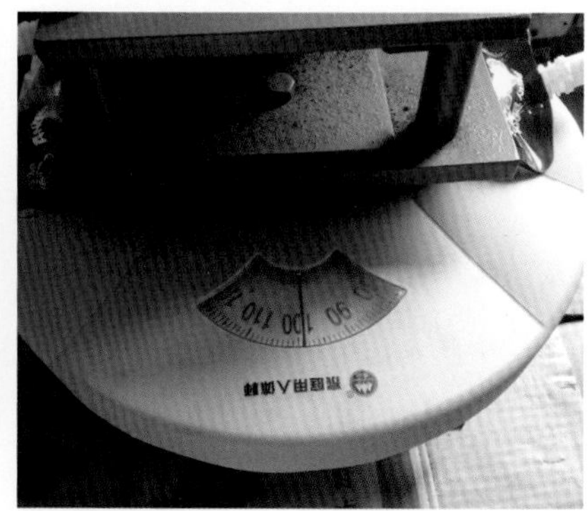

图 7-100　耐压试验设备

因此，笔者常听到有些客户反映：使用某款胶黏剂所加工的某种复合膜袋不能够承受80kgf 或 120kgf 的压力。

需要注意的是：在一定的压力条件下，复合膜袋中的复合膜实际所承受的张力或拉力（以N/15mm 计）与复合膜袋中充入的水量有着密切的关系。充入的水量越多，则复合膜会承受越大的张力或拉力。

如果复合膜袋所承受的张力或拉力低于复合膜袋的拉伸屈服应力（参见“料—拉伸弹性模量与正割模量”），则在耐压试验完成后，复合膜袋会恢复其初始状态；如果复合膜袋所承受的张力或拉力大于复合膜的拉伸屈服应力，但小于复合膜的拉伸断裂应力，则在耐压试验完成后，复合膜袋会发生某种程度的永久变形；如果复合膜袋所承受的张力或拉力大于复合膜袋的拉伸断裂应力或热合强度，则在耐压试验过程中，复合膜袋就会从某个局部发生形态各异的破袋现象。

对策

①确认客户的测试条件（分摊到每个复合膜袋上的“重物”压力、温度 / 湿度环境）；

②确认复合膜袋的外形尺寸、充入的水或液体的数量以及充入水或液体之后复合膜袋的外形尺寸，并据此计算出在该耐压试验中复合膜可能会承受的张力（N/15mm）；

③检测客户所加工的复合膜袋在室温条件下的纵横向拉伸断裂应力值（N/15mm）、热合强度值与剥离力值。

如果计算出的“在该耐压试验中复合膜袋可能会承受的张力”的数值大于“所加工的复合膜袋在室温条件下的纵横向的拉伸屈服应力值、拉伸断裂应力值、热合强度值”，其原因可能是：

①本次耐压试验中所施加的压力比以往多了一些；

②“充入的水或液体的数量”比以往的试验多了一些；

③“所加工的复合膜在室温条件下的纵横向的拉伸屈服应力值、拉伸断裂应力值、热合强度值”比以往提供的或其他供应商提供的低了一些。

图 7-101 所示的饮料袋是某企业加工的，其各部位的尺寸如下。

图 7-101 饮料袋及其尺寸

说明：袋长 a：180mm，袋宽 b：80mm，边封宽度 c：8mm，插边宽度 d：40mm，袋长 w（灌装后完全被撑起部位的长度）：110mm，弓形高度 h：15mm，复合膜厚度：0.12mm。

当袋子灌满后平放着接受耐压试验时，其与下平面或压板的接触面积为：$S=w(b-2c)=110\times(80-2\times8)=7040\text{mm}^2=70.4\text{cm}^2$。

假定袋子受压后，袋子的高度为 38mm，袋子的两个插边向外凸起并与边封口平齐，则弧形的插边所对应的圆形的直径为：$D_1=[(d/2)^2+c^2]/c=[(38\div2)^2+8^2]/8=(361+64)/8=53.1$mm。

那么，在上述条件下，弧线 L 所对应的圆形的直径为：

$$D_2=[(b/2)^2+h^2]/h=[(80\div2)^2+15^2]/15=(1600+225)/15=121.7\text{mm}$$

根据式 $T=15P(D+t)/4$，就可以计算出在不同的重物压力下，位于插边处和上弧线 L 处的复合薄膜所承受的拉伸断裂应力，详见表 7-3。

对于与重物及底板相接触的部位的复合薄膜，其在水平方向（纵横向）上所承受的张力的计算方法为：

$$T=P/(2\times15S_i)=P/30S_i$$

式中 T——复合薄膜在某个水平方向上所承受的张力，N/15mm；

P——重物施加给复合膜袋中液体的压强，MPa；

S_i——复合膜袋中的液体在水平方向上的两个纵剖面的面积，mm^2；

15——转换系数，又表示 15mm 的宽度，无量纲；

2——转换系数，又表示上、下两片复合薄膜，即作用在某个纵剖面上的力需要由上、下两片复合薄膜共同承受。

计算结果详见表 7-3。

表7-3 重物与复合薄膜承受的拉伸断裂应力

重物（W）	受压面积S（cm^2）	厚度（mm）	压强（MPa）	拉伸断裂应力（N/15mm）			
				插边处D_1	上弧线处D_2	袋体横向	袋体纵向
	70.4	0.12		53.1	121.7		
40			0.057	11.3	26.0	7.9	5.8
60			0.085	17.0	38.9	11.9	8.6
80			0.114	22.7	51.9	15.8	11.5
100			0.142	28.3	64.9	19.8	14.4
120			0.170	34.0	77.9	23.8	17.3

需要注意的是，对于本案例，在试验过程中，袋子中灌注的液体的量越多，则 P 值会越大，插边处承受的拉伸应力就会越大，而上弧线处承受的拉伸应力就会越小。

2. 充气压力试验中的破袋现象

(1) 气柱袋的破袋现象

图 7-102 显示的是名为“缓冲充气袋”的一类复合膜袋，在行业中称为“气柱袋”。

在企业的质量管控体系中，此类气柱袋通常要经受“普通压力测试”“过压力测试”“高温压力测试”三重测试。

“普通压力测试”的条件一般为室温及 0.06 ～ 0.08MPa 的充气压力。“过压力测试”条件一般为室温及在“普通压力”基础上的 0.2 ～ 0.3MPa 的过压力。“高温检测”条件是 60℃与“普通压力”或过压力。

图 7-103 为检测后破裂了的缓冲充气带。

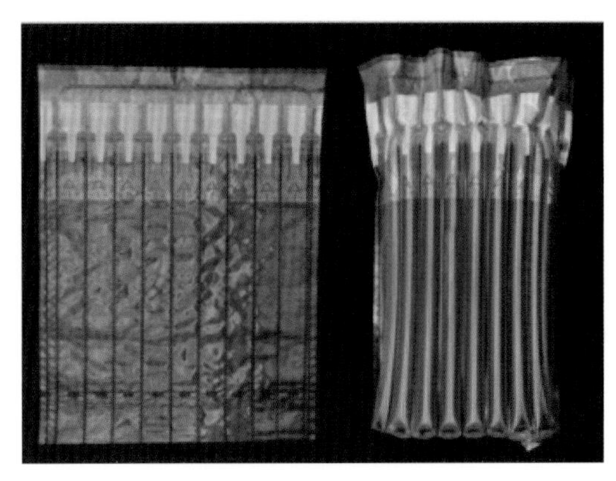

图 7-102 缓冲充气袋

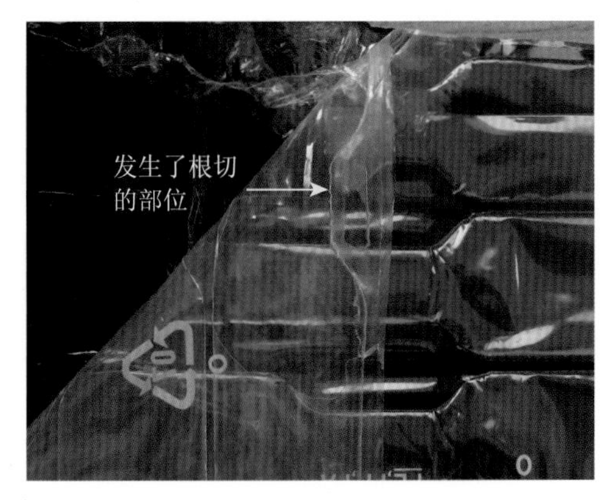

图 7-103 破裂了的缓冲充气袋

检测的时间一般为 12h 或 24h，目标是在检测过程中不出现漏气或破袋现象。

但笔者在与客户的接触过程中，发现有些客户实际使用的“过压力测试条件”为 0.7 ～ 0.8MPa、60℃ /90%RH。

目前看到的气柱袋的结构为 $PA^{15}/CPE^{30\sim60}$。充气后，气柱的直径为 15 ～ 60mm。

根据表 2-1 的资料（参见“料一拉伸断裂应力”），BOPA 的拉伸断裂应力数据为 65 ～ 347MPa，CPE 的拉伸断裂应力为 12 ～ 26MPa。据此，可推算出 BOPA 的拉伸断裂应力为 14.6 ～ 78.1N/15mm，CPE 的拉伸断裂应力为 5.4 ～ 23.4N/15mm。一般来讲，可以认为复合膜的拉伸断裂应力是基材的拉伸断裂应力之和。

根据公式 $T = 15P(D + t) / 4$（参见“法一分析篇一复合膜的耐压性评价方法一重物压力和拉力的转换”），可以推算出不同结构、不同直径的气柱袋中的复合膜能够承受的张力（拉伸断裂应力）。

从表 7-4 的数据来看，首先，同一个结构的复合膜袋，由于使用的基材的基本物性的差异，复合膜的拉伸断裂应力数据会有巨大的差异。其次，对于不同直径的气柱袋，在相同的充气压力下，气柱袋的直径越大，复合膜所承受的张力（拉伸应力）也就越大。当由充气压力所形成的张力超出了复合膜所能承受的张力（拉伸断裂应力或热合强度）时，气柱袋就会发生破裂。而这种破裂通常会表现为气柱袋封口处的“根切”现象（参见“法一应用篇一热合强度的几种表现形式”）。

表7-4 气压-直径-拉伸断裂应力

结构		PA15/PE30			PA15/PE60		
厚度（μm）		48			78		
拉伸断裂应力（N/15mm）		20～90			25～101		
直径（mm）		15	30	60	15	30	60
充气压力（MPa）	0.06	3.4	6.8	13.5	3.4	6.8	13.5
	0.3	16.9	33.8	67.6	17.0	33.8	67.6
	0.7	39.5	78.9	157.6	39.6	79.0	157.7

需要强调的是：PA 膜的一个基本特性是在受潮（吸湿）后其拉伸断裂应力会发生明显的衰减。因此，某个气柱袋经充气后，在室内环境下未发生“破袋”“漏气”现象，而在 60℃ /90%RH 的环境下发生了“破袋”“漏气”现象其实就是 PA 膜受潮后拉伸断裂应力发生衰减的结果。

对于客户的关于气柱袋在压力测试过程中出现“破袋”“漏气”现象的投诉，一般的对策如下。

①确认客户的测试条件（充气压力、温度 / 湿度环境）；

②确认气柱袋的结构与气柱袋充气后的实际直径值，并据此计算出复合膜可能会承受的张力（N/15mm）；

③检测客户加工的复合膜在室温和恒温恒湿箱环境下的纵横向拉伸断裂应力值（N/15mm）、热合强度值与剥离力值。

通过计算和 / 或收集上述数据，则能够对所出现的破袋问题的原因或趋势做出大致的判断。

另一个需要关注的问题是 PA 薄膜吸湿后的强度衰减。由多个软包装加工企业对其所使用的 PA 基材实施水浸前后的拉伸断裂应力的测试结果表明，有些 PA 膜经过水浸后，其拉伸断裂应力值会有明显的衰减，而有些 PA 膜经过水浸后，其拉伸断裂应力的衰减幅度并不大。

因此，对于生产气柱袋或 PA/RCPP 结构的蒸煮袋的软包装企业而言，在采购 PA 基材时，必须关注其受潮或水浸后的强度衰减。

(2) 吸嘴袋的破袋现象

在与复合软包装材料相关的国家标准中并没有复合膜袋的充气压力试验方法和标准。但在实践中，有些客户也会对吸嘴袋进行充气压力试验。试验中使用的气压在 0.1 ～ 0.5MPa。在充气压力试验中，复合膜有时会出现程度不等的复合薄膜塑性变形、封口处的部分撕裂或全部撕裂、复合膜断裂等现象。而这一类的塑性变形、封口撕裂现象通常会集中在吸嘴与袋体的衔接处、自立袋的袋体与袋底衔接处。

图 7-104　饮料袋及其尺寸

如果以图 7-104 的复合膜袋为例，假定在充气压力作用下，袋子的正、背面各自凸起了 20mm，那么，弧线 L_2 和 L_3 所对应的直径将分别为：

$$D3=\{[(b-2c)/2]^2+20^2\}/20=\{[(80-2\times8)\div2]^2+20^2\}/20=71.2mm$$

$$D4=[(w/2)^2+20^2]/20=[(110\div2)^2+20^2]/20=171.3mm$$

从表 7-5 中可以发现：在充气压力的作用下，对一个复合膜袋而言，由于其膨胀后各部分形态的差异，在不同位置及方向上，复合膜所承受的张力（拉伸应力）是有着极大差异的。

表7-5　气压压强与复合膜承受的拉伸应力

厚度（mm）	气压压强 P（MPa）	拉伸应力（N/15mm）			
		插边处D_1	上弧线处D_2	L_2处D_3	L_3处D_4
0.12		53.1	121.7	71.2	171.3
	0.050	10.0	22.8	13.4	32.1
	0.100	20.0	45.7	26.7	64.3
	0.200	39.9	91.4	53.5	128.6
	0.300	59.9	137.0	80.2	192.8
	0.400	79.8	182.7	107.0	257.1
	0.500	99.8	228.4	133.7	321.4

从数据上来看，当复合膜袋受气压膨胀起来后，在复合膜袋上的任意一点，如果该点在某个方向上所对应的弧线的半径越大，则该点在某个方向上所承受的张力（拉伸应力）就会越大。

由于任何一种复合薄膜所能承受的拉伸应力都是有限度的，所以，为了在充气压力试验中能够承受更大气压而不发生复合薄膜断裂的情况，就需要复合薄膜具有较大的变形能力，以便在较大的气压作用下发生膨胀变形，从而形成半径较小的弧线。也就是说，复合薄膜需要具有较大的断裂标称应变。

如果将表 7-3 与表 7-5 对比来看，可以知道单纯依靠重物的质量所能形成的复合膜袋内部的压强是一个比较小的数值，或者说充气压力试验是一种比重物压力试验更为严酷的试验方法。

五、跌落实验中

破袋

关于复合膜袋的跌落性能，GB/T 21302—2007《包装用复合膜、袋通则》的规定如表 7-6 所示。

表7-6　复合膜袋的跌落性能

袋与内容物总质量（g）	跌落高度（mm）	要求
＜100	800	不破袋
100～400	500	
＞400	300	

试验方法为：试验面为光滑、坚硬的水平面（如水泥地面）。袋内填充实际内容物或约二分之一容量的水，试样数量为 5 个。按表 7-6 的规定将袋由水平方向和垂直方向各自由落下一次，目视是否破裂。

而在实际应用中，客户以及下游客户对跌落试验的条件通常大大高于国标的要求，有些客户是要求将袋子抛起到某一高度，有些客户则是要求从 n 层楼的高度自由落下。

因此，在讨论复合膜袋的跌落性能时，首先需要明确约定的或合理的试验条件。其次，在处理下游客户关于复合膜袋的跌落性能的投诉时，要先确认按照相关国标的要求进行试验时，跌落性能是否达标。

在跌落试验中，复合膜袋发生破裂的部位有三种可能：一是发生在复合膜袋的封口上，即在封口处的热封层间发生了分离；二是在复合膜袋封口的内缘处发生了“根切”现象；三是在复合膜袋的袋体（非封口）处发生了破裂。

不管是发生了上述的哪种破袋现象，都表示内装物在跌落试验中所形成的冲击力大于复合膜袋的相应技术指标，如拉伸断裂应力或热合强度。

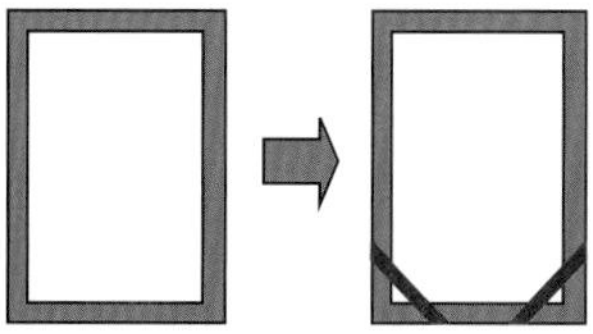

提高复合膜袋的跌落性能的方法有以下几种。

①改变袋形设计或封口的设计，使“冲击力”得以分散，如图 7-105 中的红色的斜封口所示；

图 7-105　改善耐跌落性能的方法

②调整制袋加工工艺条件，消除或减少复合膜袋在封口处发生“根切”现象的程度或可能性；

③在采购原材料时，选购拉伸断裂应力较高的基材；

④在采购原材料时，选购断裂标称应变较大的基材；

⑤在采购原材料时，选购拉伸弹性模量较小的基材。

作为临时性的补救措施，笔者更倾向于上述的第 1 种方法。而作为根本性的处理方法，笔者则倾向于上述的第 4、5 种方法。

上述的“断裂标称应变较大的基材”是指非热封性的基材，即复合膜的表层与中间层的基材。这样做的结果是复合膜的柔软度上升，挺度下降，在跌落试验中，内装物所形成的冲击力会更多地被复合膜的弹性变形所吸收，从而大大降低了破袋现象的发生率。

反映在复合膜的技术指标上，它会显示为拉伸断裂应力降低、断裂标称应变提高（参见“法一分析篇一复合制品的挺度或柔软度”）。

如果下游客户对跌落性能很在意的话，建议在应用环境温度条件下复合膜的断裂标称应变指标应不小于 100%。

六、自动成型 / 灌装后

1. 异味

在复合膜、袋被下游客户投入应用的前后，时常会听到一些关于“异味”的投诉。此类投诉通常会发生于以下三个阶段：

①有些客户反映的是将装有复合膜、袋的包装箱打开后就能够嗅到从箱中散发出的不希望嗅到的味道；

②有些客户反映的是在复合膜袋中充入空气、在电热箱中放置一段时间后，将袋子剪开口、放到鼻下作嗅觉检查时，可嗅到不希望嗅到的味道或以前未曾嗅到的味道；

③有些客户是在复合膜袋中充填 / 灌装了内装物（食品）后的一段时间后，在对包装食品进行例行的味觉 / 嗅觉检查时，发觉食品的味道或嗅味发生了变化。

关于复合膜袋的异味事宜处理，参见“法一分析篇一复合制品的异味（异嗅）”。

2. 镀铝层被腐蚀

在自动成型 / 灌装后所出现的镀铝层被腐蚀现象主要有以下两种：

①在热灌装的过程中显现出的镀铝层被腐蚀的现象；

②充填 / 灌装后的包装物在存储过程中显现出的镀铝层被腐蚀的现象。

(1) 热灌装时的镀铝层腐蚀现象

图 7-106 和图 7-107 显示的是一个在热灌装时显现的镀铝层被腐蚀现象的案例。该复合膜袋为番茄酱的包装袋。其复合膜的结构为 PE20/ VMPET12/PE60，制袋时还要在其内部加一个由高阻隔性 PE 膜构成的内袋。

图 7-106 为曾经灌装番茄酱的复合膜袋在反射光条件下的照片，图 7-107 为同一个袋子在透射光条件下的照片，图中的黄色箭头指示的为该复合膜袋上镀铝层已被腐蚀的部位及其程度。图 7-108 是从该样品的背面拍摄的照片，图中的红色圆圈所圈定的位置显示该处的镀铝层已经成片地被腐蚀了（为了易于观察，在袋内衬了一张纸质彩页）；图中的黄色圆圈所圈定的位置显示该处的镀铝层呈现大面积的点状腐蚀。

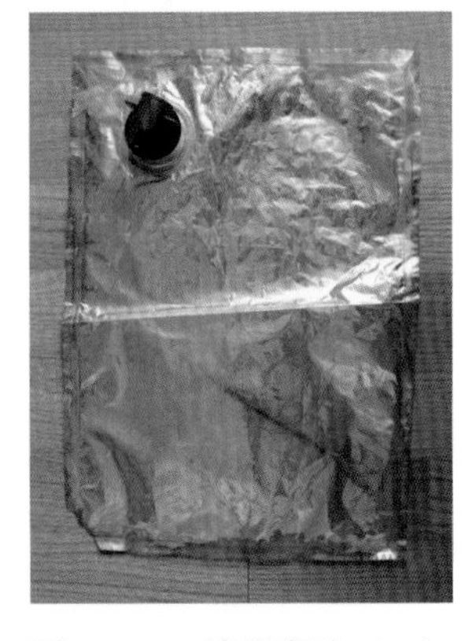

图 7-106 镀铝腐蚀（一）

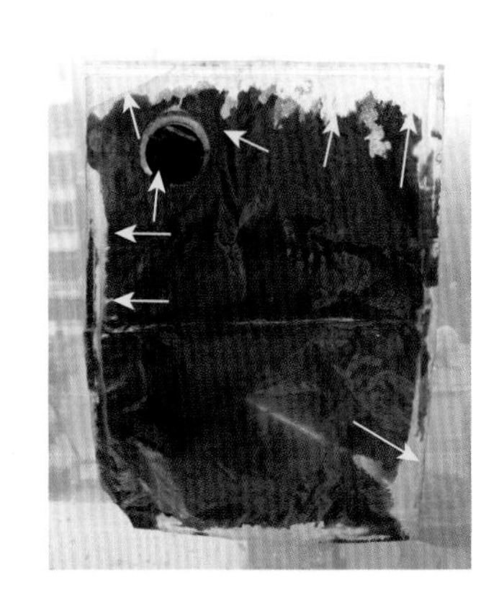

图 7-107 细节（一）

图 7-108 细节（二）

据客户介绍，在番茄酱的灌装过程中，在袋子的阀口的根部就已经显示出镀铝层被腐蚀的现象；而其余部分的镀铝腐蚀现象是在内装物的冷却过程中逐步显现出来的。在袋子的背面红色圆圈处，此处在灌装过程中是袋子的底部，也是接触热的番茄酱的时间相对较长的一部分，所以，镀铝层的腐蚀状态相对比较严重。

原因

内装物中存在具有渗透性和腐蚀性的物质；内衬袋（膜）的阻隔性不足。

对策

提高内衬袋的阻隔性。

(2) *存储过程中显现的镀铝层整体腐蚀现象*

图 7-109 是一个在存储过程中显现的镀铝层被腐蚀现象的案例。在该案例中，粉状的调味料被装在三层的含 VMPET 的复合膜袋中，4 ～ 6 个调料袋被装在一个 CPP 膜的袋中。在经过一段时间的存储后，出现了图 7-109 所示的镀铝层被腐蚀的现象。

从图 7-109 中可以发现：镀铝层被腐蚀的现象仅发生于与袋内的调味料相对应的部位，而在袋子的封口部位则不存在镀铝层被腐蚀的现象。

上述现象表明：造成此现象的原因是内装的调味料中存在某种具有渗透性和腐蚀性的成分，并且透过了复合膜袋的热封层和 PET 层，与镀铝层相接触，将镀铝层腐蚀掉了。

对策

通过试验选择阻隔性更高的热封层基材。

(3) *存储过程中显现的镀铝层点状腐蚀现象*

图 7-110 是存储过程中显现的镀铝层点状腐蚀现象的案例。该包装袋在水煮消毒过程中并未出现任何不良现象。但在经过一段时间的存储后，显现出了图 7-111 所示的不良状态。

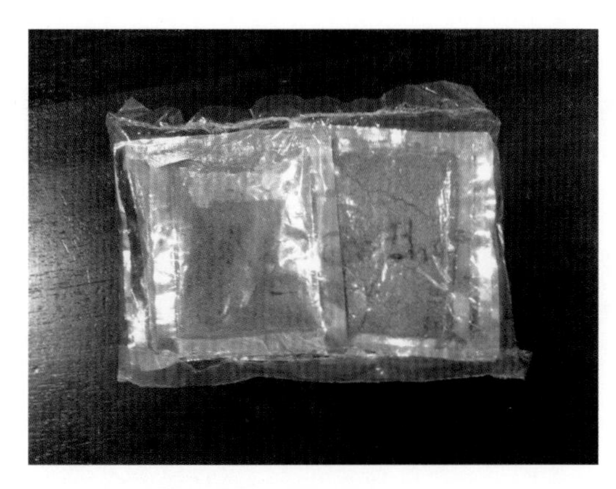

图 7-109　镀铝腐蚀（二）

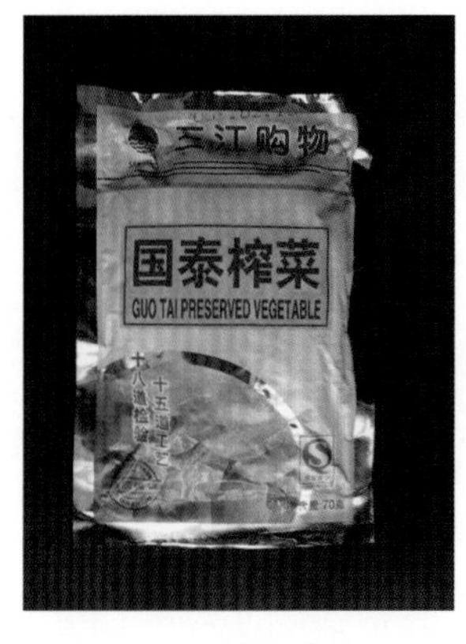

图 7-110　镀铝腐蚀（三）

从图 7-111 可以发现：在印刷品的黄墨和红墨处可看到大量的密集的黑点，在印刷品的纯白墨处和白墨 / 红墨叠加处可看到大量的密集的白点。而在复合膜袋的封口处则未发现相似的异常现象。

将该样袋剖开，去除掉内装的榨菜并将其洗净后，贴在玻璃窗上，利用窗外的透射光拍摄到了图 7-112 所示的照片。从图 7-112 中可以发现：在与印刷品的黄墨、红墨相对应的部位可看到大量的密集的透光点，在纯白墨的部位以及袋子的封口部位则看不到透光点。

上述现象表明：袋子上的黑点、白点集中出现在袋子的非封口区域，说明黑点、白点的成因与内装物中的某些渗透性的成分有关；在图 7-111 的黄墨、红墨相对应的部位所能看到的黑点是由于与黑点相对应部位的镀铝层发生了点状的腐蚀现象；在图 7-111 的纯白墨区域所能看到的白点处的镀铝层并未发生点状腐蚀现象。

此类榨菜包装袋的结构通常为 OPP(PET)/VMPET/PE，按常理，在有油墨的区域内白墨层应是满铺的。因此，当内装物中的某些渗透性成分穿透过 PET/PE 层后，首先会接触到镀铝层，然后才会依次接触到白墨层、黄墨层、红墨层。如果内装物中某些渗透性成分本身对镀铝层具有腐蚀性，那么就会在袋子的非封口（袋体）区域整体形成点状甚至片状的镀铝腐蚀现象。

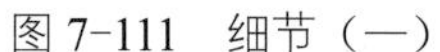

图 7-111　细节（一）

图 7-112　细节（二）

因此，对该样品所显现的不良现象的原因的合理解释如下：

①内装物中的某些渗透性成分本身对镀铝层并不具有腐蚀性；

②镀铝层上存在着许多可供渗透性物质穿透的针孔；

③已透过镀铝层上的针孔并与纯白墨或白墨 + 红墨叠加区域的白墨层相接触的渗透性物质聚集在了镀铝层与白墨层之间，形成了肉眼可见的白点；

④已透过镀铝层上的针孔以及白墨层并与黄墨层相接触的渗透性物质与黄墨层中的某些物质发生了化学反应，生成了对镀铝层具有腐蚀性的物质，进而对镀铝层产生腐蚀作用，形成了镀铝层点状腐蚀的现象。

对策

①选用阻隔性更高的 CPE 薄膜，阻止内装物中渗透性物质的渗透或延缓其渗透速率；

②提高镀铝层的厚度，减少针孔的数量；

③更换黄墨。

3. 铝层被腐蚀

图 7-113 是一个 OPP/Al/CPE 结构的面膜包装袋样品。该样品的问题是，在充填了面膜并存储一段时间后，打开包装袋，从热封层一侧去观察，可看到图 7-114 所示的状态。

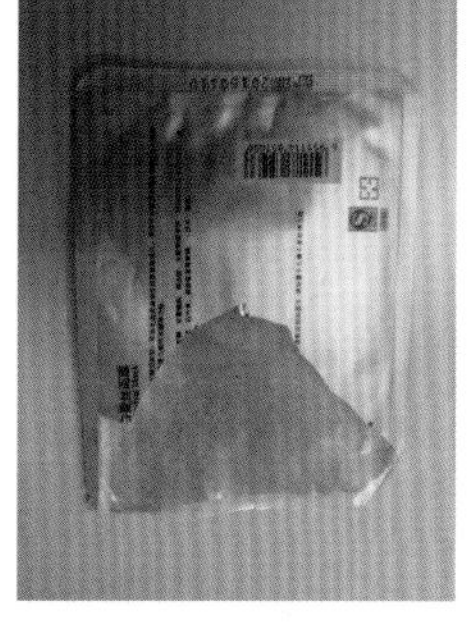

图 7-113　铝层腐蚀样品

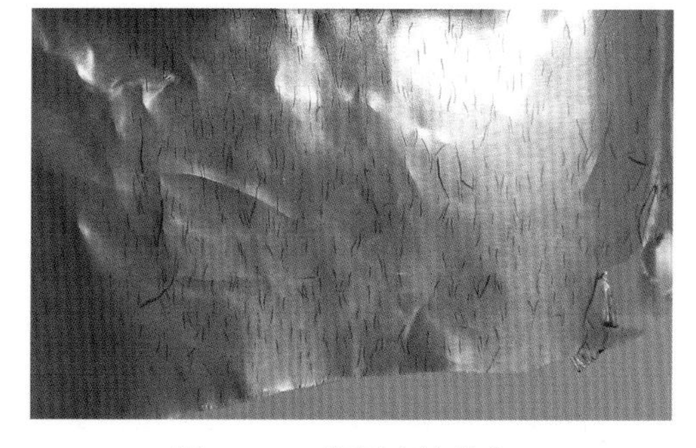

图 7-114　铝层腐蚀状态

生产该复合膜袋的客户反映：使用的是同一款胶水，但以前生产的复合膜袋未显现图 7-114 所示的状态。胶水供应商的反映是：同期使用同一款胶水的其他客户所生产的同类复合膜袋并未显现图 7-114 所示的状态。

利用数码放大镜从复合膜的热封层一侧进行观察，得到了图 7-115 所示的影像。将复合膜上的 CPE 膜剥除，利用数码放大镜从复合膜的铝箔侧进行观察，得到了图 7-116 所示的影像。

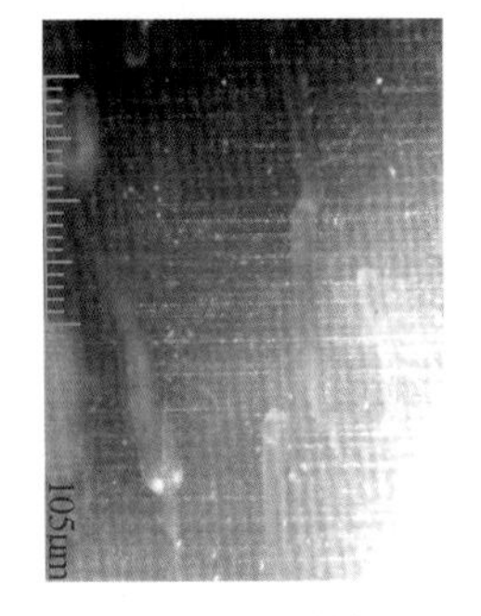

图 7-115　微观状态（一）

图 7-116　微观状态（二）

目前市场上销售的面膜中，绝大多数是以聚乙烯或聚丙烯基的无纺布为载体，加入滋润、保护皮肤的液体营养成分而构成的。

而图 7-114 中呈一定的方向性且形状无规则的腐蚀痕迹表明其与无纺布的形态及营养液中有渗透性同时有腐蚀性的成分有关。

原因

①营养液中存在有渗透性同时有腐蚀性的成分；

②复合薄膜中的 CPE 基材的阻隔性不足，未能在规定的保质期内阻止营养液中的渗透性/腐蚀性成分与铝箔的接触。

对策

①与下游客户协商调整营养液成分。

②提高 CPE 薄膜的阻隔性。

（a）增加 CPE 膜的厚度；

（b）改用 PA 共挤膜、EVOH 共挤膜等高阻隔性的基材薄膜。

4. 封口处局部分层

“封口处局部分层”现象实际上是在实施了灌装/封口或自动包装（包含真空处理）后、水煮/蒸煮处理前的过程中发生在包装袋的封口处的多种复合膜层间分离现象的归类性的说法。

在这一类的质量投诉或反馈中，实际上包括“漏气”“漏液”、滚轮热封制品中的“封口处白点”“封口处黑斑”“已被完全破坏的封口”、灌装/封口后在封口处显现的“表面皱褶”等不良现象。

具体的现象及分析处理方法可参见相关的章节。

因为“封口处局部分层”现象这一说法的内涵过于宽泛，所以在实际操作中，需要对这一说法的实际内涵进行深入的调查，在可能的情况下，应当索取具有客户所投诉现象的包装袋的实物，以便真实、客观地了解客户所投诉的不良现象，然后才能有的放矢地进行分析、处理。

5. “漏液”

内装物为流体（如饮料）、酱料等的生产企业，在完成了产品的灌装/封口操作后，通常会对包装制品进行耐压试验或跌落试验。如果在耐压试验或跌落试验中出现“漏液”现象，即内装的液体或酱料渗透或泄漏出包装袋，下游客户就会向复合膜袋的供应商提出质量投诉，而复合膜袋的供应商，即复合软包装材料的生产企业，就会向其原料的供应商，包括胶黏剂生产企业提出相关的质量投诉。

所谓“漏液”现象是多种同类现象的综合性或简约性的描述，其中包括以下几种现象：

①在压力或冲击力的作用下，内装物从复合膜袋封口处的两个热封层间被挤出复合膜袋；

②在压力或冲击力的作用下，复合膜在封口内缘处发生了热封层的断裂、热封层与外层或次外层基材间发生局部分层，内装物进入了封口区域或从存在局部分层的部位被挤出复合膜袋；

③在压力或冲击力的作用下，复合膜在封口内缘处发生了“根切”（参见“法一应用篇一热合曲线一热合强度的几种表现形式”），内装物从发生“根切”处被挤出了复合膜袋。

原因

①图 7-117 是上述第一种“漏液”现象的表现形式之一。造成此种现象的原因通常是复合膜的热封层基材的“夹杂物热封性”差。

②图 7-118 是上述第二种“漏液”现象的表现形式之一。

图 7-117 “漏液”现象（一）

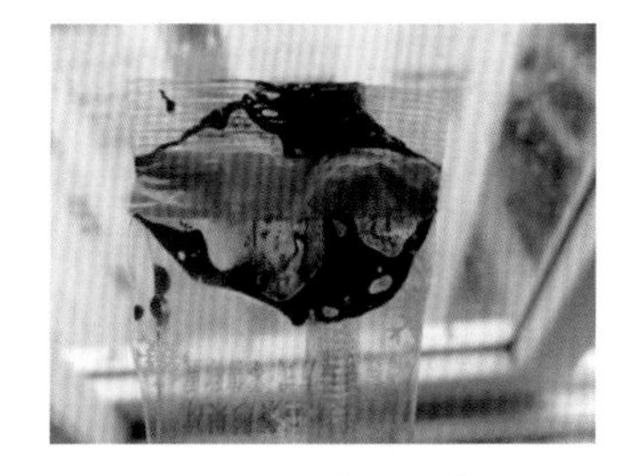

图 7-118 “漏液”现象（二）

图中的深红色液体为添加了红色染料的水溶液，或可称为示踪剂，是为了检查封口分离状态而加入的。

造成此种现象的原因有多种，可能是耐压试验中的压力过大，超过了复合膜袋的热合强度；可能是热合时的温度 / 压力 / 时间过于强烈，使得热封层基材被挤压得较薄；可能是复合薄膜的层间剥离力较低。而造成复合薄膜的层间剥离力较低的原因有可能是基材的表面润湿张力不足；涂胶量低或涂胶量不均匀；CPE 基材中的爽滑剂析出导致的剥离力衰减。

③图 7-119 是上述第三种“漏液”现象的表现形式之一。

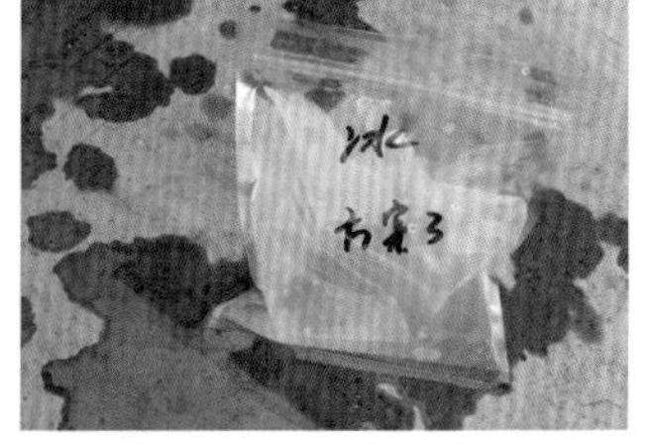

图 7-119 “漏液”现象（三）

从现象上看，在耐压试验或跌落试验中是袋子发生了破袋，而破袋的原因是某个封口处发生了“根切”现象，而此种情况下显现的“根切”现象的原因是耐压或跌落试验条件过于苛刻，对封口的冲击力超出预期；热合条件过于强烈，使得封口处的热封层基材变形比较剧烈；复合膜的柔软性不足，不能分担试验条件所形成的压力或冲击力。

对策

①事先了解下游客户的耐压试验或跌落试验的条件，并根据条件的要求推算对复合包装的相关物理指标的要求（参见“法—分析篇—复合膜的耐压性评价方法”）；

②评价下游客户的试验条件的合理性与可行性，必要时与下游客户协商调整相关试验条件；

③事先了解下游客户的内装物的性质、状态与常规热合条件，以及竞争供应商所提供复合薄膜的热合性能及其他力学指标；

④在充分了解上述各项信息的前提下进行复合薄膜的选材与加工，夹杂物热封性是必须考虑的因素之一；

⑤如果所提供的复合薄膜的热合性能与竞争供应商有明显区别，须向下游客户提出合理、可行的热合条件的建议；

⑥除了剥离力指标外，拉伸弹性模量、拉伸断裂应力和断裂标称应变也是应当考虑、检查的项目；

⑦对于关注低温条件下的跌落试验结果的下游客户，复合薄膜的断裂标称应变指标不应小于100%。

小词典：夹杂物热封性

“夹杂物热封性”是对复合薄膜中的热封基材的一个评价指标，系指在包装物的热封面上沾有灰尘、油腻、杂物或包装内容物的情况下，是否能够获得良好的热合强度和密封性能的一种性能。

表7-7是几种常用热封塑料薄膜的热封特性。

表7-7　几种常用热封塑料薄膜的热封特性

塑料薄膜＼性能	热封强度	低温热封性	热黏性	夹杂物热封性	与异种聚合物热封性
LDPE（MFR低）	优秀	优良	优秀	良	差
LDPE（MFR高）	优	优	优	良	差
LLDPE（吹胀法）	优秀	差	优秀	优秀	差
MDPE	优秀	差	优	良	差
HDPE	优秀	差	优秀	良	差
EVA（VA 3%）	优	优	良好	良好	差
EVA（VA 5%）	优	优秀	良	优	差
EVA（VA 8%）	良	优秀	差	优	良
EVA（VA＞12%）	良	优秀	差	优秀	优秀
CPP	优秀	差	优秀	良	差
PET（流延法）	优秀	差	优秀	优	差
离子型聚合物	优秀	优秀	优秀	优秀	差
EAA	优	优秀	优秀	优秀	差

资料来源：《塑料软包装材料的热封、热封效果及影响因素》，韩永生，天津科技大学包装与印刷工程学院。

6. 漏气

“漏气”问题常见于真空包装和充气包装。

真空包装，也称减压包装，是将包装容器内的空气全部抽出后密封，维持袋内处于高度减压状态，空气稀少相当于低氧效果，使微生物没有生存条件，以达到果品新鲜、无病腐发生的目的。

充气包装，是在包装袋内填充一定比例的惰性气体的包装方法。与真空包装相似，通过破坏微生物赖以生存的繁殖条件，减少包装内部的含氧量及充入一定数量的惰性气体来减缓包装食品的生物生化变质。常用的气体为氮气或二氧化碳气体。

对于真空包装，漏气的表现为复合膜袋没有与内装物紧密地贴合在一起，内装物在复合膜袋内能够任意滑动。对于充气包装，漏气表现为袋内的微正压丧失，袋子的外形呈现松软、无规则的形状，而不是充气初期的“圆鼓鼓”的状态。

出现漏气的原因：复合薄膜的阻气性（气体阻隔性）不足；复合膜袋的封口的密封性不足；复合膜袋上存在由于各种原因而形成的针孔或破口。

由于复合膜袋的阻气性不足而导致的漏气通常会在充填 / 封口加工后的数周内显现出来，而由于封口的密封性不足和袋体上的针孔或破口而导致的漏气会在数分钟或数小时内显现出来。

复合薄膜的阻气性可以使用图 7-120 所示的气体透过率测定仪进行检测（参见“料—基材的阻隔性”）。复合膜袋的密封性可以使用图 7-121 所示的密封试验仪进行检测。

图 7-122 显示的是被检测的复合膜袋在密封试验仪中已经膨胀起来的状态。

密封试验仪的试验原理是创造一个负压环境，使复合膜袋在试验仪的水中膨胀起来，如果复合膜袋的封口密封性不良，或者袋体上有针孔或破口，就会在相应的部位出现不断上升的气泡。

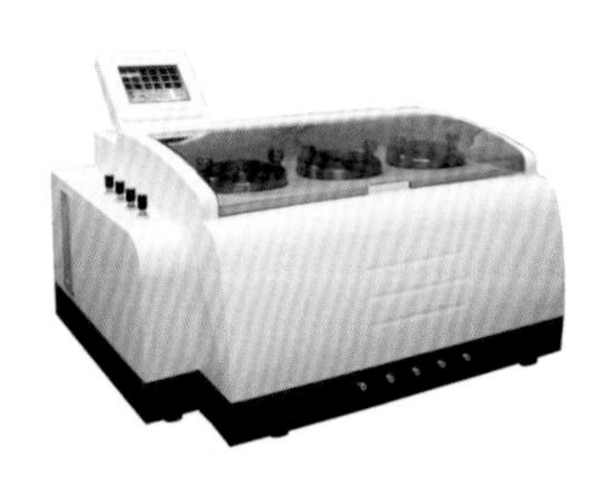
图 7-120　气体透过率测定仪

图 7-121　密封试验仪

图 7-122　密封试验仪中的包装袋

案例一

某企业生产 PA[15]/CPE[100]（LDPE20%/LLDPE80%）的复合膜袋用于冷冻海鲜产品的真空包装后出现漏气现象。经调查，下游客户的应用条件为：充填、抽真空、封口、88 ～ 92℃水煮消毒杀菌、10℃凉水冷却、-35℃冷冻、立式装箱、40 英尺冷柜出口。漏气现象出现在冷冻后与装箱之间的时间段内。

经过对存在漏气现象的包装制品进行仔细检查，在包装制品上发现了肉眼不易察觉的“针孔”。用放大镜检查发现：“针孔”处的复合薄膜呈现“由内向外”的翻卷状态。

对形成“针孔”原因的判定：在产品流转过程中，内装物中的冰晶或其他尖锐 / 坚硬的物

质与传送带 / 包装箱等相碰撞 / 摩擦后而形成。

案例二

某企业生产的 PET[12]/PA[15]/RCPP[80] 的蒸煮袋用于真空包装的鲜玉米棒，下游客户在存储 / 出货阶段发现包装制品出现了漏气的现象。

经调查，下游客户的存储条件为：热处理后的包装制品被从地窖口倒入地窖，在地窖内工作的操作工用铁锹进行转移 / 堆堆处理；在出货时，操作工用铁锹将包装制品铲入流转筐内，向地窖外传递。

对漏气现象原因的判定：野蛮操作导致复合膜袋出现“由外向内”的破损。

案例三

某食品加工企业投诉所使用的真空包装袋存在漏气现象。

现场调查结果：该食品厂的真空包装工位与检查 / 装箱工位之间有一个约两米宽的台面，包装工从真空包装机中取出包装制品后采用“滑抛”的方式将包装制品传递到检查 / 装箱工处。而该台面并不是很光滑，在此传递过程中就会不时地出现少量的存在漏气现象的包装制品。

对漏气现象原因的判定：不光滑的真空包装制品表面与不光滑的台面相互摩擦而使复合膜袋表面出现“由外向内”的破口。

对策

①根据下游客户的保质期的要求以及加工过程的特点，考虑复合薄膜的阻气性、耐穿刺性，选择合适结构与厚度的复合基材；

②与下游客户协商，调整内装物的配方以及后处理工艺，以减少内源性和外源性的机械损伤的可能性。

小辞典：漏气与胀包

胀包：胀包是指包装制品的复合膜袋外形完好，其体积相对于刚完成抽真空操作时有所膨胀或已呈现为有一定内压的“圆鼓鼓”的形态，内装物在袋内可自由滑动；在密封试验仪中，无气泡从复合膜袋中逸出。

导致胀包现象的原因通常是内装物已发生腐败并产生气体。

漏气：对于真空包装而言，“漏气”现象表现为复合膜袋没有与内装物紧密地贴合在一起，内装物在复合膜袋内能够任意滑动。对于充气包装而言，“漏气”现象表现为袋内的微正压已丧失，袋子的外形呈现松软、无规则的形状。

对于已经存在“漏气”现象的包装制品，如果在密封试验仪中，有气泡从复合膜袋中逸出的现象，说明复合膜袋可能存在封口密封性不良或者复合膜袋被“扎破”了。如果在密封试验仪中，没有气泡从复合膜袋中逸出的现象，说明复合膜袋可能存在阻气性不良的问题（属于加工前选材不当）。

7. 铝箔层被撕裂

在灌装后 / 热处理前所发生的“铝箔层被撕裂”现象通常发生在真空包装袋上。其主要表现是用肉眼可以观察到复合薄膜中的铝箔层已经发生了龟裂或撕裂。

此类现象通常发生在含铝箔的真空包装制品上，而且更多地发生在形状不规则的带骨肉制品的包装制品上，以及质地较硬且见棱见角的内装物的包装制品上。

造成此类现象的原因一是内装物的形态；二是所使用的抽真空机的真空度比较高；三是所使用的包装材料的拉伸弹性模量比较低、断裂标称应变比较大，在抽真空的过程中相对容易被拉伸变形。

根据上述对问题原因的分析，解决问题的途径有以下三个：从内装物的形态着手，尽量使其形态规整，且不带棱角；在抽真空处理时，在可能的情况下适当缩短抽真空的时间；在加工相关的包材前，选购拉伸弹性模量（不是拉伸断裂应力）值相对较大和断裂标称应变相对较小的基材。

从上述的分析可以看出，要解决“铝箔层被撕裂”的问题，实际上更多地需要下游客户的配合，只有供需双方通力合作，才能有效地使包材的应用过程更加顺畅。

而选用高拉伸弹性模量的基材在理论上确实是解决该类问题的一个有效措施，但对于绝大多数中小规模的软包装企业而言，由于其对某一类的基材的采购量相对较小，在选购基材的过程中实际上不具有相应的话语权，因此真正实施起来是有困难的。

8. 剥离力衰减

笔者在与客户的接触中，“剥离力衰减”也是一个词意宽泛的质量投诉用语。它可以是对某批复合薄膜剥离力数值发生了变化的客观描述，也可以是在灌装 / 封口时及其之后的耐压试验中的复合膜袋破裂、复合薄膜局部分层（包括封口处与袋体处）、复合薄膜的表面皱褶等现象的代名词。

在某些批次 / 结构的复合薄膜中，剥离力衰减是一种客观事实。其表现是在完成了内装物的灌装 / 封口处理后所测量到的复合薄膜的剥离力明显小于其出厂时的数值。

导致复合薄膜的剥离力发生衰减的主要原因有两类：一是助剂析出；二是热收缩率差异。具体的分析判断方法可参见前面相关的章节。

客户在质量投诉中所使用的“剥离力衰减”一词是对特定质量问题原因的一种判断，也是对相关质量损失责任的认定。

在处理相关的质量投诉时，需要首先搞清楚客户投诉的真实内涵，为达到此目的，索取 / 获得与客户的投诉相关的、具有客户投诉的不良现象的样品与正常品是处理问题的第一步，然后才能了解客户拟反映问题的真相，对客户所做出的判断的真伪做出判断。在此基础上，需要进一步了解客户所反馈的问题发生或产生的条件或背景，并应对客户所提供的结果或数据的合理性进行判断，必要时，应当在客户的生产 / 试验现场进行再调查，以收集更多或更真实的数据，为后期的分析、判断提供依据。

9. 爽滑性差

所谓“爽滑性差”是指复合膜卷在自动包装机上行走困难，使自动包装工序难以顺畅实施的状态。

图 7-123 是“爽滑性差”的一种表现形式。图中的红色箭头所指示的复合膜袋纵封口上的斜纹显示，兼具热合与牵引功能的热封滚轮在向下牵引复合膜卷时遇到了某种阻力。图 7-124

是一个正常的包装膜袋（不存在“爽滑性差”的问题）。最严重的“爽滑性差”问题的表现形式是复合膜在自动包装机上被拉断（完全走不动）。

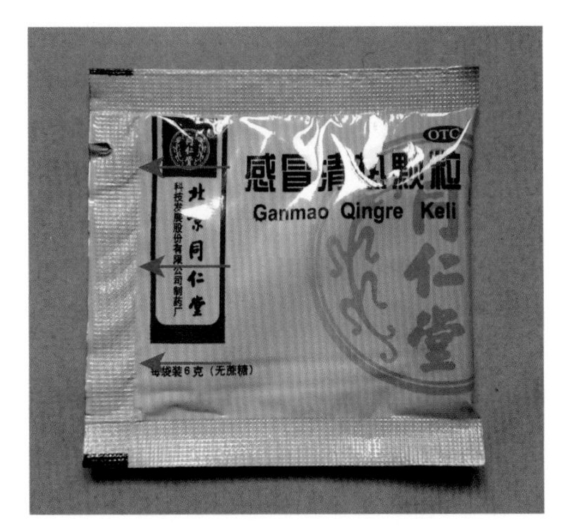

图 7-123　纵封口处的皱褶

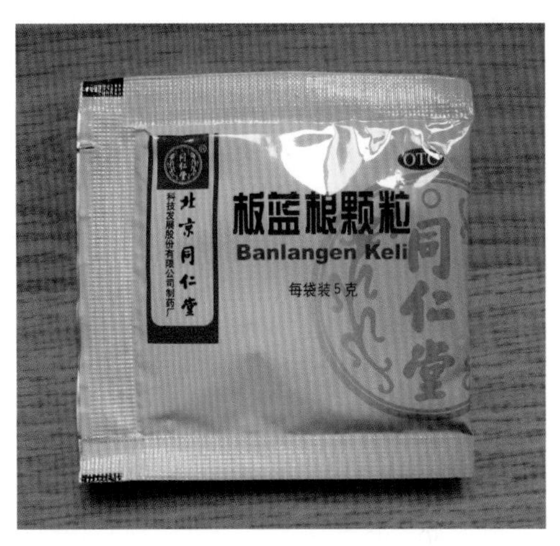

图 7-124　外形正常的袋子

一些软包装企业标榜自己生产的复合膜卷的爽滑性好，理由是其生产的复合膜卷的热合层间在常温条件下的摩擦系数可以低于 0.1。但在实践当中，有一部分复合膜卷尽管其热合层间摩擦副在常温条件下的摩擦系数已经低于 0.1，在装上自动包装机后仍然会出现“爽滑性差”的问题，严重的也是被拉断。问题在于低摩擦系数≠爽滑性好（参见“料—摩擦系数与爽滑性”）。

原因

析出到热封层材料表面的酰胺类或酯类爽滑剂与黏附在自动包装机的不锈钢制的成型器表面的已经受热（摩擦热）软化的爽滑剂间发生了粘连，造成复合膜卷的热合面与热的不锈钢成型器间的这一摩擦副摩擦系数过大。

对策

①采用复合薄膜的热合面 / 加热的钢板这一摩擦副的摩擦系数值作为复合膜爽滑性的评价指标；

②在采购热封层基材（CPP、CPE）时，要求供应商适当减少酰胺类或酯类爽滑剂的量，适当增加开口剂的量；

③或者在采购热封层基材（CPP、CPE）时，要求供应商采用硅酮母粒类的爽滑 / 开口剂；

④建议应用自动包装机的下游客户将不锈钢制的成型器的表面作“打毛”处理，或提高其表面粗糙度，以降低复合薄膜与成型器间的接触面积，最终减少摩擦力。

10. 喷码附着力差

所谓“喷码附着力差”是指复合膜袋在被充填内装物之前在打码机上用喷墨机印上的编码很容易被擦除的现象。

造成此现象的原因是多方面的。首先，需要确认所使用的油墨是否适用于所加工的基材；

其次，要检查所加工的基材表面润湿张力是否符合相应的要求。

如同在凹版印刷中那样，对于不同的印刷基材，如 BOPP、PET、PA、PVC、PE、纸张、铝箔等，需要使用不同型号的油墨，否则，就不能得到良好的印刷效果与附着力。对于喷墨印刷而言，复合膜袋的表层基材也有可能是 BOPP、PET、PA、PVC、PE、纸张、铝箔等，因此，也需要配备与之相应的喷墨用油墨。

基材的表面润湿张力状态是需要关注的重点。在印刷、复合加工工艺中，对于基材的表面润湿张力的常规要求是：PA、PET 薄膜不小于 50mN/m，PP、PE 薄膜不小于 40mN/m。

而对于打码的喷墨工艺而言，处于复合膜袋外侧的 BOPP、BOPET、BOPA 的外表面本身都是未经过电晕处理的，其表面润湿张力在正常条件下应当是其本体值，即未经过电晕处理的聚丙烯薄膜（BOPP、CPP、IPP）的表面润湿张力应为 29 ～ 31mN/m，未经过电晕处理的聚酯薄膜（BOPET）的表面润湿张力应为 41 ～ 44mN/m，未经过电晕处理的聚酰胺薄膜（BOPA）的表面润湿张力应为 33 ～ 46mN/m。

然而，在复合加工中必须使用的热封性基材 CPP 和 CPE 中通常会添加相当数量的助剂，如爽滑剂、抗静电剂等，这些助剂都必须迁移到 CPP、CPE 基材的表面后才能发挥其作用。而在复合薄膜完成了复合加工后的卷绕状态下（熟化、分切），在卷绕压力的作用下，某一圈的复合薄膜的内（外）表面会与另一圈复合薄膜的外（内）表面紧密接触，已经迁移到 CPP、CPE 热合面上的助剂就会部分迁移到复合薄膜的外表面（BOPP、BOPET、BOPA）上去。

已经迁移到复合薄膜外表面的助剂就像是黏附在玻璃窗上的灰尘，在油墨被喷到粘有助剂的复合薄膜外表面后，当用手擦拭墨迹时，相应部位的助剂连同油墨会被一起擦除，轻则使墨迹模糊，重则使墨迹消失。

助剂迁移状态的检查方法

①摩擦系数法

爽滑剂的作用是降低基材的表面摩擦系数（膜 / 膜，常温），因此，迁移到复合薄膜外表面的爽滑剂也会使其表面摩擦系数发生相应的降低。摩擦系数降低的程度与发生迁移的爽滑剂数量正相关。此方法适用于所有的印刷基材。

②表面润湿张力法

常用的爽滑剂的表面润湿张力为 29 ～ 31mN/m，迁移到复合薄膜外表面的爽滑剂会相应地降低其表面润湿张力。表面润湿张力降低的程度与发生迁移的爽滑剂数量正相关。此法适用于 BOPET 和 BOPA 基材。

对策

①在采购 CPP、CPE 基材时，可要求供应商适当减少爽滑剂的添加量，适当增加开口剂的数量。目的是减少可能发生迁移的爽滑剂的数量。

②在采购 CPP、CPE 基材时，可要求供应商采用硅酮母粒类的爽滑 / 开口剂，彻底消除爽滑剂的迁移现象。

③用蘸有乙酸乙酯溶剂的软布擦拭复合膜袋的外表面，以清除黏附的助剂。

11. 冷成型铝局部分层

图 7-125 表示的是已经存在局部分层现象的冷成型铝制品。图示样品的结构为 $PA^{20}/Al^{60}/PA^{15}/PVC^{55}$。图中的红色箭头所指示的部位即为客户所投诉的冷成型后的“局部分层现象”。

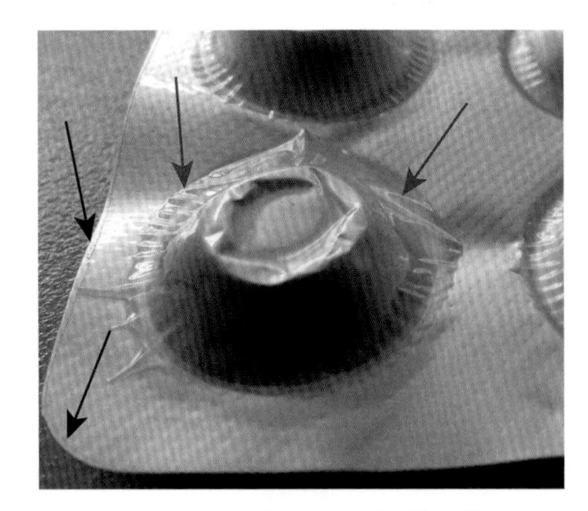

图 7-125 有问题的冷成型铝制品

（1）产品的质量标准

关于冷成型铝复合制品的质量标准，在 YBB 2027—2012《聚酰胺 / 铝 / 聚氯乙烯冷冲压成型固体药用复合硬片》中，对制品的外观、鉴别、物理性能、氯乙烯单体、溶出物试验和微生物限度等项指标做出了规定。其中的物理性能指标中，包括水蒸气透过量、氧气透过量、剥离强度和热合强度四项指标。其中关于剥离强度的规定为：“取本品适量，照剥离强度测定法（YBB 6031—2012）测定。PA/Al 层间剥离强度不得低于 8.0N/15mm；Al/PVC 层间剥离强度不得低于 7.0N/15mm（若复合层不能剥离或复合层断裂时，其剥离强度为合格）。”

在互联网上查得的某企业的同类产品的质量标准中，增设了“拉伸性能”和“撕裂性能”两项指标。其中关于“拉伸性能”的规定为：“按 YBB 0011—2003 有关规定进行，试验速度（空载）100mm/min±10mm/min。采用长条形试样，宽度 15mm，总长度 150mm，标距 60mm。纵横向拉伸断裂应力均不低于 100MPa，断裂标称应变不低于 50%。”

从互联网上查得的由江阴宝柏包装有限公司邓吨英撰写的《谈药品包装用冷成型铝的合理结构》一文中，对 $PA^{25}/Al^{60}/PVC^{100}$ 结构的复合制品进行 MAD（多轴延伸性能）测试的结果显示，上述复合制品的断裂标称应变可以达到 100% 的水平。

（2）杯突试验中复合材料的延伸率

在“杯突实验”中，经实验，12μm 厚的软质纯铝箔发生裂痕时可“突起”的高度约为 3mm，而相应的含铝箔的复合薄膜制品可“突起”的高度有时可达到 13mm。

杯突试验是用来衡量材料的耐深冲性能的试验方法，按照国家标准 GB/T 4156—2007《金属材料 薄板和薄带埃里克森杯突试验》，“试验采用端部为球形的冲头，将夹紧的试样压入压模内，直至出现穿透裂缝为止，所测量的杯突深度即为试验结果”。这种试验通常是在杯突试验机上进行的。试样在做过杯突试验后就像只冲压成的杯子（不过是只破裂的杯子）。

杯突试验也是评价金属薄板成型性的试验方法（又称埃里克森试验或埃氏杯突试验），是薄板成型性试验中最古老、最普及的一种。试验时，用球头凸模把周边被凹模与压边圈压住的金属薄板顶入凹模，形成半球鼓包直至鼓包顶部出现裂纹。

如图 7-126 所示，该试验使用直径 20mm 的硬钢球或半球凸模 1，将金属板料 4 压入内径 27mm、圆角半径 0.75mm 的凹模 2，板料边缘在凹模和压边圈 3 之间被压紧。为防止边缘金属向凹模内流动，板料尺寸应足够大。试验时，金属板料被凸模顶成半球鼓包。取鼓包顶部产生颈缩或有裂纹出现时的凸模压入深度作为试验指标，称为杯突值，以 mm 为单位。决定试验指标的依据是最大载荷。当不能确定最大载荷时，可以采用可见（透光）裂纹发生时凸模的压入深度作为指标。

对于冷成型铝制品而言，可以利用凹模直径（27mm）和压入深度（3 ～ 13mm）求出复合材料在成型过程中的伸长率。

根据弓形的相关公式，可以求出与相应的压入深度所对应的圆的半径及圆弧角，进而求出弧长与材料的伸长率（见图 7-127）。

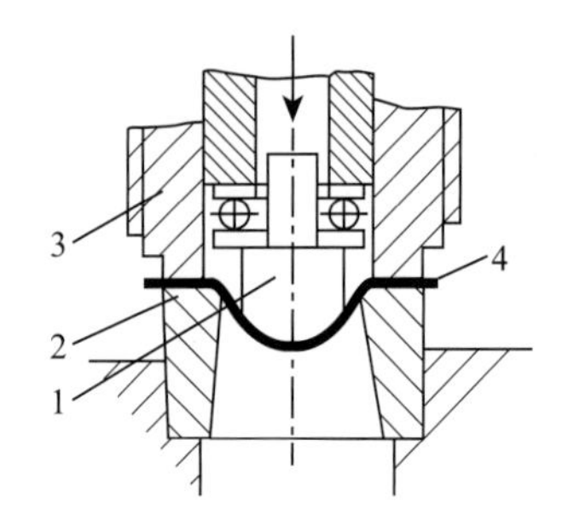

图 7-126 杯突试验

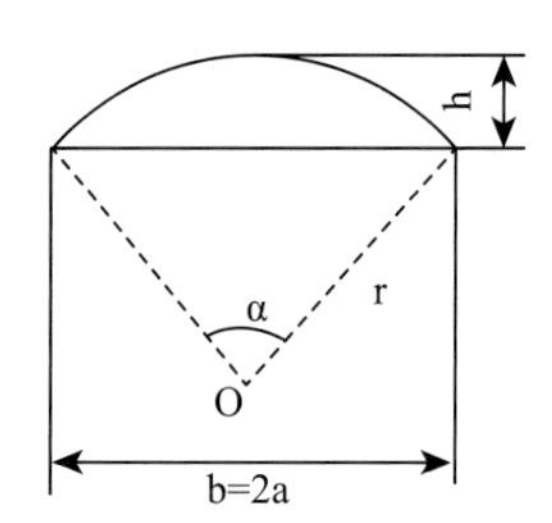

图 7-127 伸长率计算

因为，凹模直径 $b = 2a = 2r\sin(\alpha/2)$，

所以，$a = r\sin(\alpha/2)$，

$\sin(\alpha/2) = a / r$

其中，$r = (a^2 + h^2) / 2h$

故 $\sin(\alpha/2) = a / r = 2ah / (a^2 + h^2)$

表 7-8 表示了在不同的冲压深度下，冷成型铝复合材料的伸长率。

表7-8 不同的冲压深度与复合材料的伸长率

h	b	r	sin(α/2)	α	L	100(L-b)/b
3	27	31.9	0.4235	50.12	27.88	3.26%
5	27	20.7	0.6514	81.29	29.41	8.91%
7.5	27	15.9	0.8491	116.22	32.25	19.45%
10	27	14.1	0.9566	146.12	35.99	33.29%
12.5	27	13.5	0.9970	171.19	40.46	49.83%

上述计算结果表明：在冷冲压成型的过程中，复合材料会发生明显的塑性变形。且冲压深度越大，塑性变形率就会越大。

(3) 导致局部分层现象的原因

在图 7-125 中，黑色箭头所指示的部位可以看到明显的表层的 PA 膜“短于”铝箔的现象。这种现象说明：经过冷冲压处理后，已经被伸长的 PA 膜在发生“回弹”，而且在被冷冲压处理过的部位的 PA 膜的“回弹力”被传导到复合材料的边缘处，使得 PA 膜与边缘处的铝箔发生了“错位”。

上述现象表明：加工该批冷成型铝制品时所使用的 PA 膜在某个方向上具有较大的拉伸断裂应力和较小的断裂标称应变。

根据笔者的调查记录，在市场上销售过的 PA 膜中，其拉伸断裂应力、断裂标称应变和拉伸弹性模量的指标值如表 7-9 所示。

表7-9 PA膜的物性标准值与调查值

项目	标准值	调查值
拉伸断裂应力（MPa）	≥180纵横	107～347
断裂标称应变（%）	≤180纵横	纵22～210，横21～135
拉伸弹性模量（MPa）	—	1190～4100

图 7-128 表示了三个复合薄膜的应力 - 应变曲线。图中的三个材料具有相同的拉伸弹性模量、相同的拉伸断裂应力和不同的断裂标称应变（$L_1 < L_2 < L_3$）。

在冷冲压成型过程中，如果三个材料发生了相同比率的应变（如图中粉红色竖线所示），当外力撤掉时，三个材料都会发生一定程度的回弹，并同时向外释放相应的回弹力（$T_1 > T_2 > T_3$）。

在冷成型铝复合制品中使用的是 40 ～ 60μm 厚的铝箔（在常规的食品包装用铝 / 塑复合制品中，铝箔的厚度一般是 6.5 ～ 9μm），经过冷冲压处理后，已经发生塑性变形的铝箔层不会回弹，而表层的 PA 膜则一定会发生回弹（参见“法一分析篇一剪切力试验与基材回弹性试验”）。在 PA 膜发生回弹时，回弹的幅度与所释放出来的应力的大小就与所使用的 PA 膜的拉伸断裂应力和断裂标称应变有着密切的关系。

如图 7-128 所示，PA 膜本身的拉伸断裂应力越大、断裂标称应变越小，则 PA 膜在回弹时所释放出来的应力就越大。其结果就是显示出图 7-129 中的黑色箭头所指示的“局部分层”的状态。

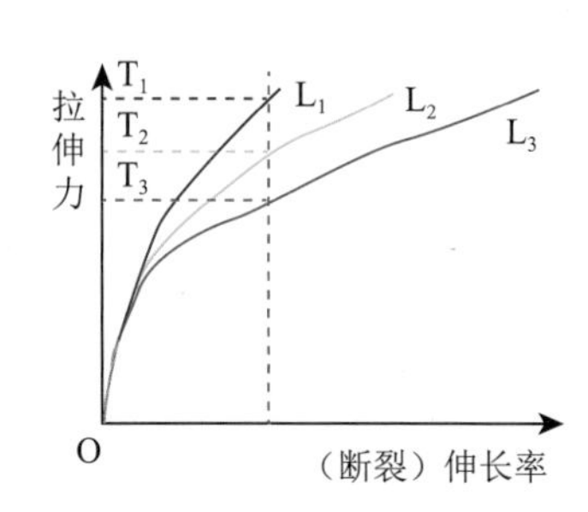

图 7-128　应力 - 应变曲线

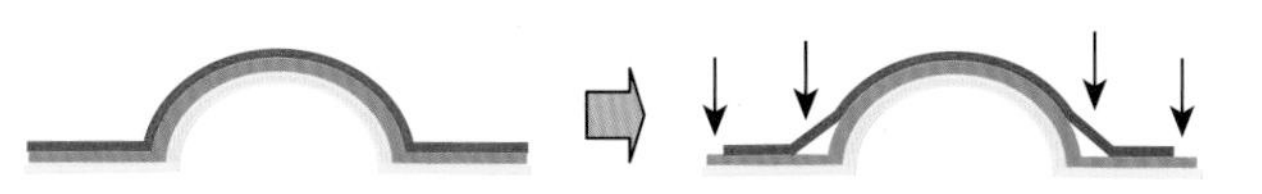
图 7-129　PA 膜的回弹性与局部分层现象

对策

①在采购 OPA 膜时，应选择拉伸弹性模量和拉伸断裂应力指标尽可能较小、断裂标称应变指标尽可能大的 OPA 薄膜；

②加工好的冷成型铝复合薄膜的断裂标称应变指标应尽可能大于 100%。

12. 滚轮热封包装制品上的各种不良现象

随着自动包装机应用范围的不断扩大，与滚轮热封这一包装形式相关的质量投诉也越来越多。

笔者综合多个自动包装机的使用说明，以及日常生产中接触到的客户投诉，在滚轮热封包装制品上经常出现的问题有：“爽滑性差”或“拉不动”；“封口不紧密”或“漏气”；“封口效果不好”。

(1) “爽滑性差”或“拉不动”

“爽滑性差”是下游客户对包材应用性能的一种评价，而“拉不动”则是对包材的应用状态的一种客观描述。目前，在行业中普遍要求用于自动包装机的包材的热合面间的摩擦副在常温下的摩擦系数须不大于0.15。为了达成这一目标，软包装材料加工企业经常会与供应商发生“摩擦”。

客观地讲，摩擦系数低 ≠ 爽滑性好（参见“法—分析篇—摩擦系数与爽滑性”）。

类似于“包材的热合面间的摩擦副在常温下的摩擦系数不大于0.1，但在自动包装机上的表现就是“拉不动”这类的反馈并不鲜见。

其原因是已经析出到复合薄膜的热合面的爽滑剂接触到自动包装机上在长期、高速运转条件下表面温度已达到50℃或60℃的不锈钢成型器时发生了受热软化，与先期析出并黏附在成型器表面的爽滑剂层间产生了黏附作用。因此，建议采用复合薄膜的热合面与50℃或60℃的钢板间这一摩擦副的静摩擦系数来评价复合薄膜的爽滑性。目标值可以定为0.3 ～ 0.6。

另外，建议向CPP或CPE膜的供应商提出要求，使用硅酮母粒替代酰胺类的爽滑剂和二氧化硅开口剂。在此条件下，复合薄膜的热合面与50℃或60℃的钢板间这一摩擦副的静摩擦系数的目标值可以限定为0.1 ～ 0.3。

(2) “封口不紧密”或“漏气”

“封口不紧密”或“漏气”可以认为是对同一类问题的不同表述形式。“封口不紧密”是下游客户对包材应用结果的一种评价，而“漏气”则是对包材的应用结果的一种客观描述。

造成“漏气”现象的原因可能是：

①热合条件不充分，复合膜的热封层未被充分熔合在一起（俗称“虚封”）；

②两个热封滚轮上的滚花的啮合度不良（参见“法—应用篇—滚轮热封相关事宜—滚花的啮合度”）；

③复合薄膜的热封层的夹杂物热封性差，且封口处不可避免地黏附内装物或其部分成分；

④热合条件过于强烈，封口处的热封层材料已被破坏 / 挤走。

(3) “封口效果不好”

“封口效果不好”这一投诉用词通常是相关的管理人员对包装制品外观的一种综合性评价。与之相关的现象可以有很多种，但很难用量化的指标进行检测。

(4) 常见的不良现象

①封口处的白点

“封口处的白点”是含铝箔结构的滚轮热封包装制品中最常见的不良现象，如图7-131和图7-132所示（为图7-130的局部）。

图 7-133 是将图 7-130 表面的印刷膜剥去后拍摄到的滚花压痕的照片。从图 7-133 中可以发现：经过滚轮热封处理后，铝箔层发生了明显的塑性变形，但是未发生破裂现象。从该滚花压痕的平坦的底部形状可以看出，加工该复合制品的滚轮上的滚花的形状应当是四棱台形的。

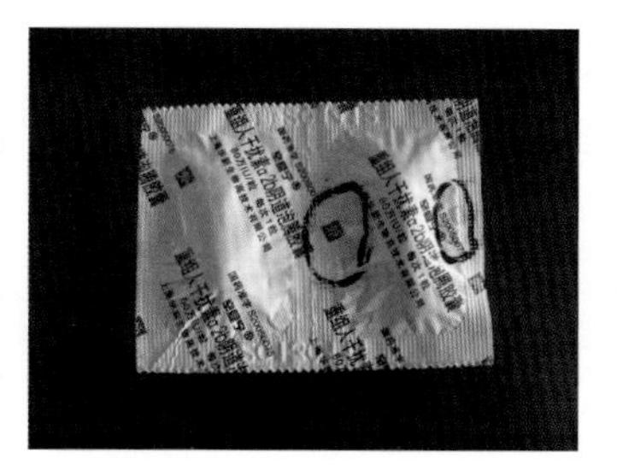
图 7-130　不良样品（一）

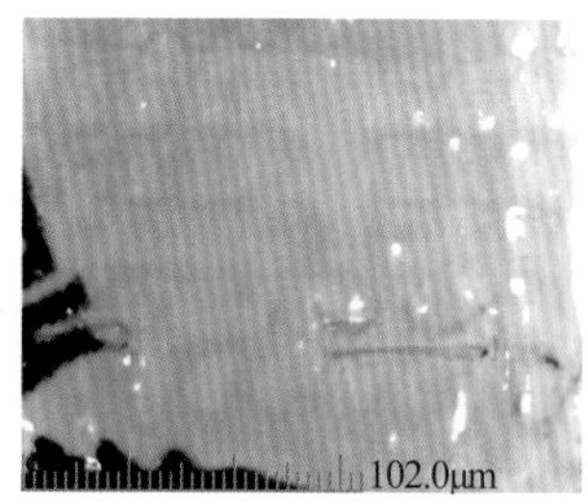

图 7-131　封口处白点（一）

从图 7-131 和图 7-132 中可以看到：复合薄膜表层的 PET 薄膜呈现紧绷且略向下凹陷的状态。图中呈网格状的颜色较深的部位表示在该处 PET 印刷膜与铝箔之间还是粘接在一起的，图中的一个个矩形的颜色较浅的白斑表示在该处 PET 印刷膜与铝箔已发生了分离。

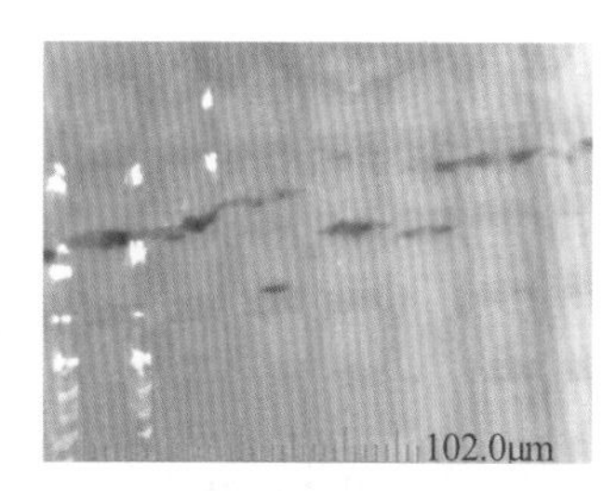

图 7-132　封口处白点（二）

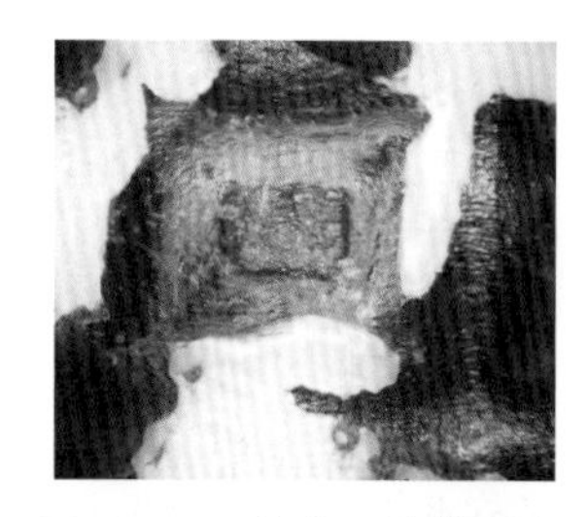
图 7-133　单个“滚花压痕”

原因

（a）热封层的熔点相对偏低（造成复合膜的变形率大）；

（b）PET 膜的拉伸弹性模量较高、拉伸断裂应力较高、断裂标称应变较小；

（c）热封滚轮上的滚花的底角角度偏大，且滚花的绝对高度较高；

（d）热合温度 / 压力偏高（导致复合薄膜的变形率过大）。

对策

目标是减少复合膜在过程中的变形率。

（a）采购 / 使用拉伸弹性模量较低、拉伸断裂应力较低、断裂标称应变较大的 PET 膜；

（b）采购 / 使用熔点相对较高的热封层基材；

（c）使用较低的热合温度 / 压力；

（d）更换热封滚轮，使滚花的底角加大，或使滚花的绝对高度降低；

（e）用钢锉处理现有的滚轮，使滚花的绝对高度降低。

②封口处的黑斑

“封口处的黑斑”也是一种常见的不良现象。如图 7-135 所示（为图 7-134 的局部）。图中的黑斑表示在每一个滚花压痕处，其中的铝箔层已发生破裂。图 7-136 是从其中一个滚花压痕的底部拍摄到的铝箔层上的破裂口。

原因

热封层的熔点相对偏低；热封滚轮上的滚花的底角角度偏大；热合温度 / 压力偏高导致复合薄膜的变形率过大。

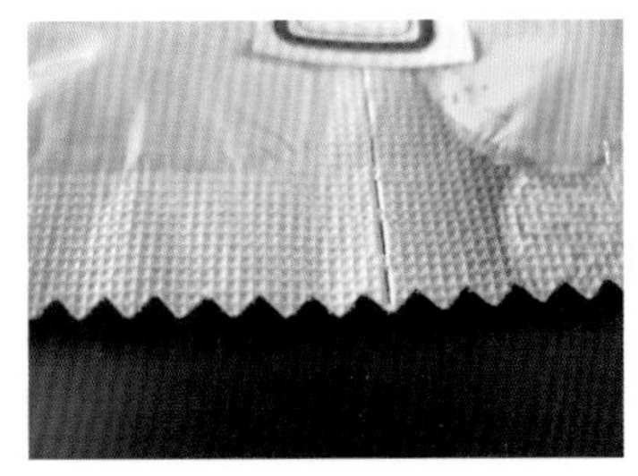
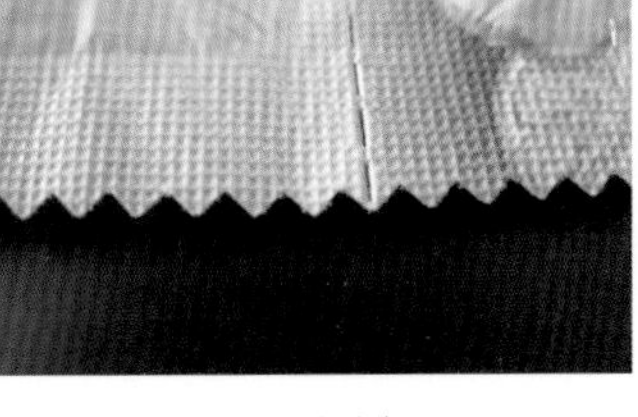

图 7-134　不良样品（二）

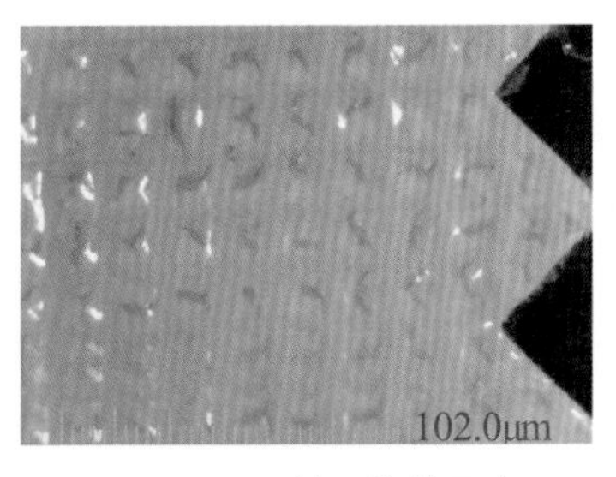

图 7-135　封口处的黑斑

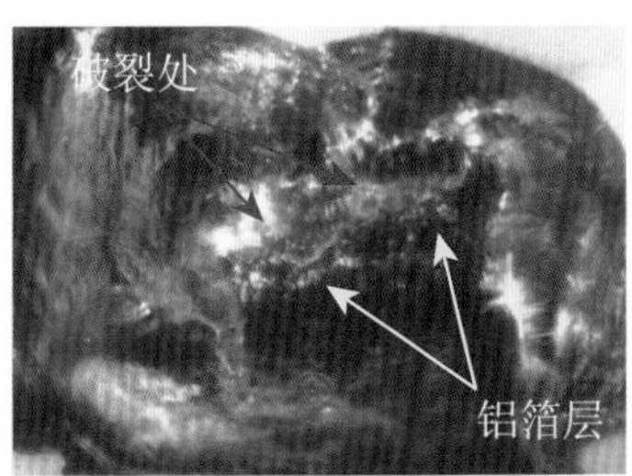

图 7-136　铝箔层的破裂口

对策

目标是减少复合膜在过程中的变形率。

（a）采购 / 使用拉伸弹性模量较低、拉伸断裂应力较低、断裂标称应变较大的 PET 膜；

（b）采购 / 使用熔点相对较高的热封层基材；

（c）使用较低的热合温度 / 压力；

（d）更换热封滚轮，使滚花的底角加大，或使滚花的绝对高度降低；

（e）用钢锉处理现有的滚轮，使滚花的绝对高度降低。

③封口处的条形黑斑

图 7-137 所示为存在封口处条形黑斑现象的样品。图 7-138 和图 7-139 是其细节处的局部放大图。图 7-140 中的白色箭头和黄色箭头分别指示的是经过热合处理前后复合薄膜局部的厚度变化情况。

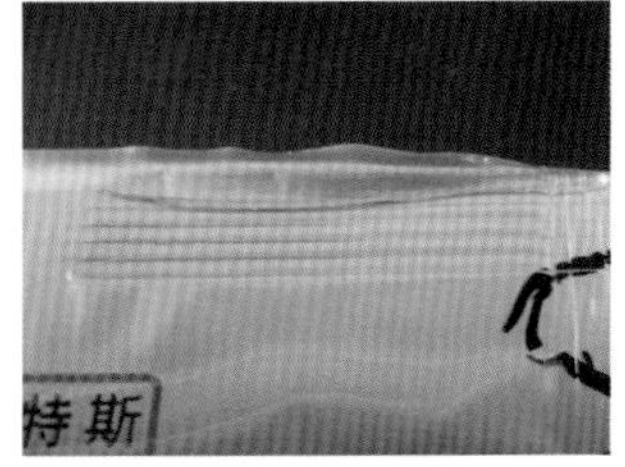
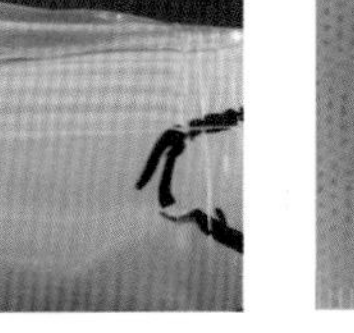

图 7-137　不良样品（三）

图 7-138　封口处的条形黑斑（一）

从图 7-140 所示的复合薄膜的相对厚度变化及其他一些辅助的照片可知，与黄色箭头相对应部位的铝箔层已被类似于图 7-141 所示的直纹滚花所压断。

图 7-137 ～图 7-140 所示的现象出现在某客户的投诉中，其投诉的理由是：在同一台自动包装机上，使用 B 供应商提供的包装膜所加工出来的制品外观良好，而换上 A 供应商所提供的包装膜所加工出来的制品就显示出前面图片显示的状态。客户认为这是胶黏剂耐热性不足所导致的。

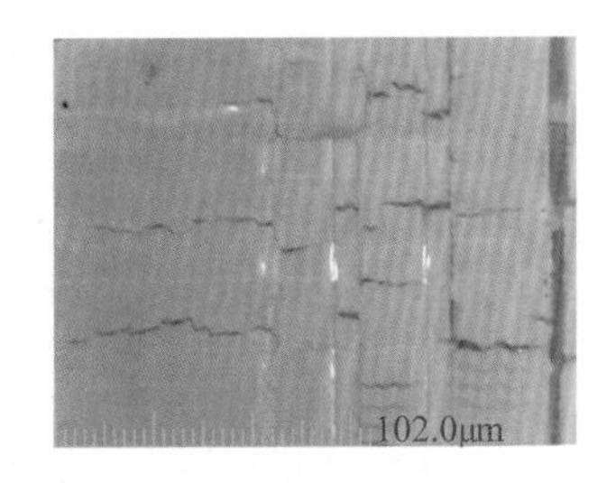

图 7-139　封口处的条形黑斑（二）

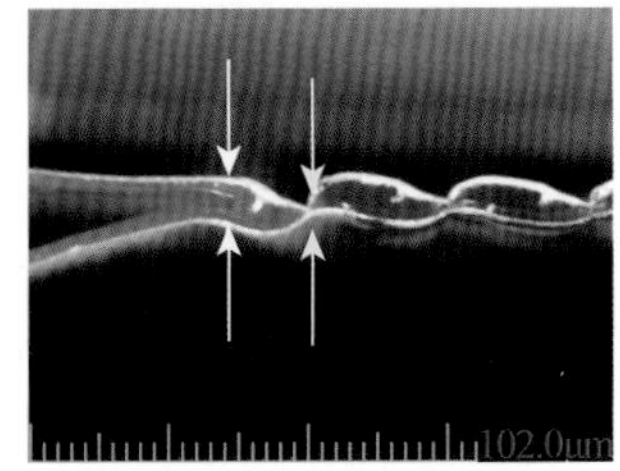

图 7-140　不良封口剖面图

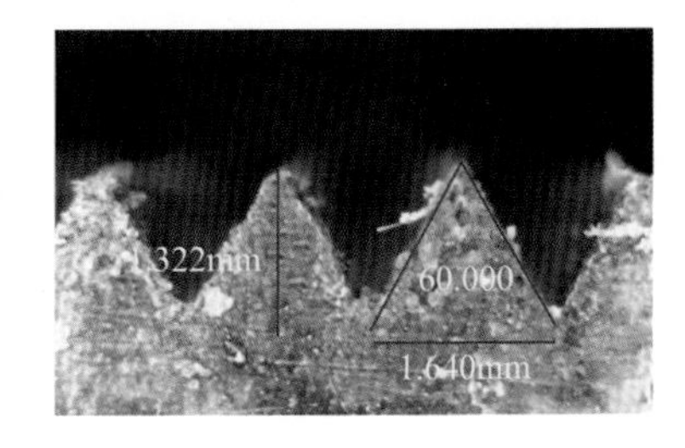

图 7-141　直纹滚花的侧视图

在相同的自动包装机工艺条件下出现的上述情况表示该客户所提供的复合薄膜的热封层

的熔点显著低于其前面的供应商所提供的复合薄膜的热封层的熔点。在相同的热合工艺条件下，该客户所提供的包材发生了相对较大的形变，其中的铝箔层因不能适应过大的变形率而发生了断裂，呈现如图所示的条形黑斑。

原因

热封层的熔点相对偏低；热合温度 / 压力相对偏高。

对策

改用熔点相对较高的热封层；适当降低热合温度 / 压力。

④“透光的封口”

图 7-142 是一个存在“透光的封口”现象的样品。将该样品放置在窗台上，借助窗外的光线，可以看到该样品的封口上密布着均匀的透光点，如图 7-143 所示。在放大镜下，借助反射光和透射光可分别得到图 7-144 和图 7-145。

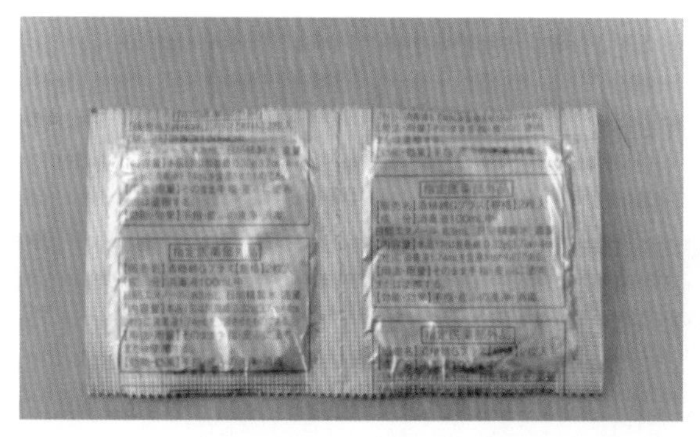

图 7-142　不良样品（四）

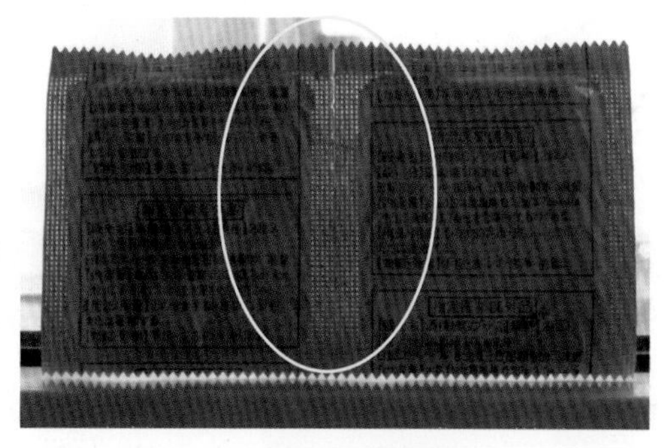

图 7-143　透光照

照片显示：封口处凹陷部位的铝箔层已被“碾碎”了。形成这种结果的原因是：

（a）所使用的热封滚轮上的滚花形状为底角较大的四棱台形，如▲形，而不是▲形；

图 7-144　显微照片（一）

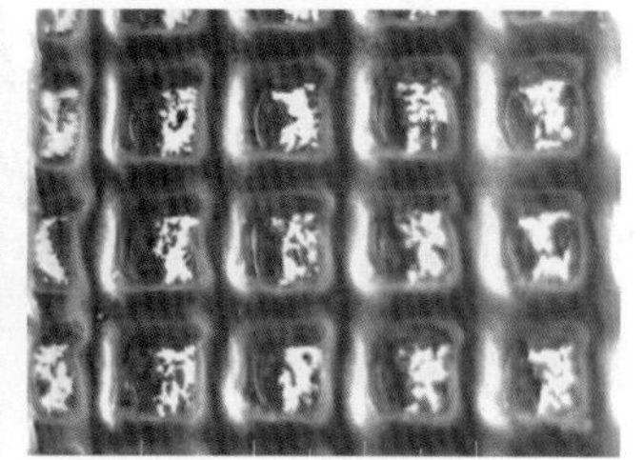

图 7-145　显微照片（二）

（b）滚花的啮合方式为“尖顶相对”（参见“法一应用篇一滚轮热封相关事宜一滚花的啮合度”）；

（c）热合条件过于强烈（温度较高、压力较大、时间较长），或由于热封层材料的熔点较低，使得四棱台形滚花挤压过的部位的热封层被挤压得很薄，铝箔层亦被“碾碎”；

（d）表层印刷膜的热变形性较好（断裂标称应变较大、拉伸断裂应力较小），尽管在滚花压痕处的表层印刷膜已与铝箔完全分离，但仍能保持较好的滚花压痕外形。

对策

（a）降低热合条件（降温或降压，在保持相同的加工速率的前提下）；

（b）选用熔点相对较高的热封层的复合薄膜；

（c）调整滚花的啮合方式为“尖顶错合”；

（d）用钢锉处理现有的滚轮，使滚花的绝对高度降低。

⑤已被完全破坏的封口

图 7-146 是一个具有“已被完全破坏的封口”现象的滚轮热封制品。客户最初的反馈是：该样品经过滚轮热封处理后，在边角处存在“局部自动分层”的现象，如图 7-147 所示。进一步的检查发现：在袋子的封口处存在图 7-148 和图 7-150 左图所示的贯穿多个滚花压痕的黑色条痕。该条痕显示封口处的铝箔层已被“拉断”。图 7-150 右图显示的是将表层的 PET 印刷膜揭除后的铝箔层的压痕状态，从图片的红色箭头指示处可清楚地看到铝箔层被“拉断”的痕迹。该现象表明该样品的热合条件使得封口处的复合薄膜出现了沿着滚轮横向的延展力。

更进一步的检查发现：分层现象不只是出现在边角处，而是在某个边封口上整体存在。如图 7-149 所示。图 7-149 中的黄色箭头所指示的复合膜卷和复合膜袋是从不良样品的某一边封口处轻易就能插入的。图 7-149 的现象表明：作用于该封口的热合条件不仅使 PET 印刷膜与铝箔间发生了近乎整体性的分离，还将热封层基材从封口的内缘处整体 “切断”了。一部分客户通常将上述现象解释为所使用的胶黏剂的耐热性不足，理由是油墨层并未发生转移，复合薄膜的分离应当是发生在了 PET 印刷膜与铝箔之间。

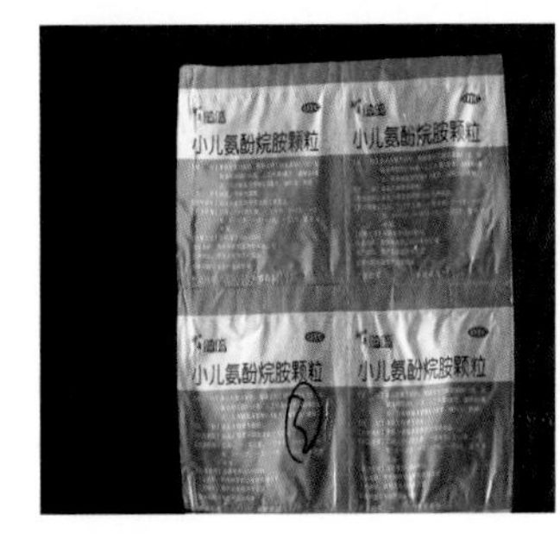

图 7-146　不良样品（五）

图 7-147　已发生分层的边角

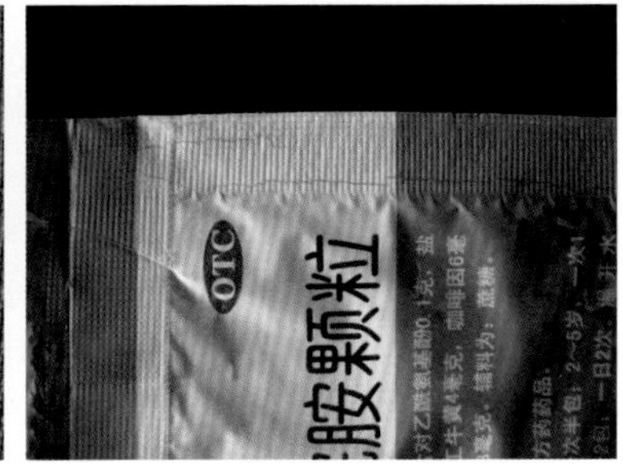

图 7-148　封口处条痕

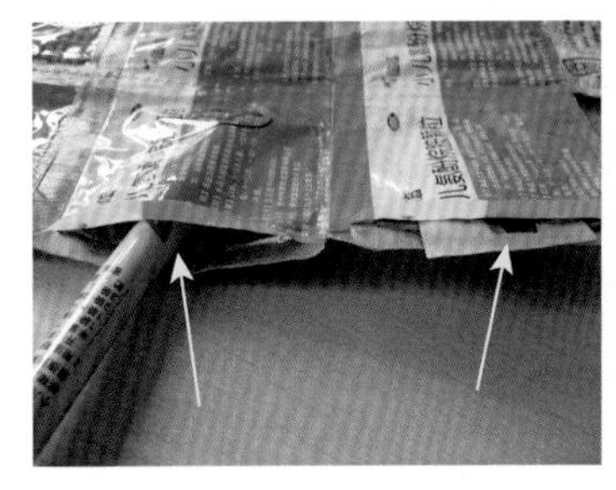

图 7-149 “开放的”封口

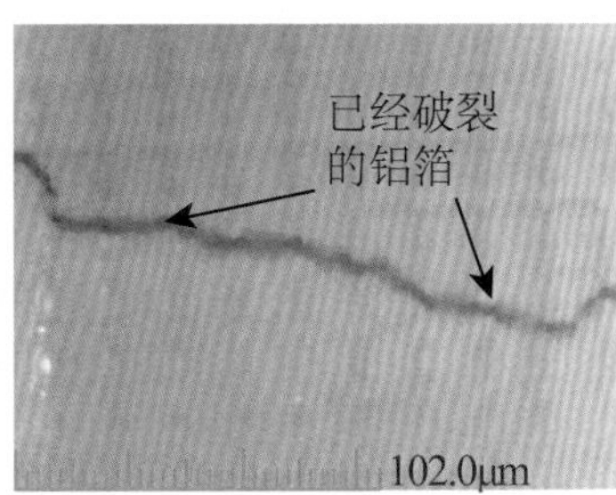

图 7-150　已经破裂的铝箔

原因

热封层的熔点相对偏低；热合温度 / 压力相对偏高。

对策

改用熔点相对较高的热封层；降低热合温度 / 压力。

(5) 与滚轮热封制品相关的质量问题的分析处理思路

①软包装企业在处理滚轮热封制品相关的质量问题时的常规做法

在下游客户（食品厂、药厂等）提出了与滚轮热封制品相关的质量投诉后，相关的软包装企业通常习惯于首先去检查确认胶水层是否已完全固化。如果发现胶水层未完全固化，就会直接认定为由于胶水未充分固化而导致了下游客户的投诉；如果发现胶水层已经完全固化，则会以胶水耐热性差为理由向胶水供应商提出投诉，通常的说法是胶水供应商的产品质量不稳定，本批提供的部分胶水的耐热性差，等等。

首先，胶水层未完全固化这一现象并不会直接导致滚轮热封制品的分层问题，这一现象已在大量的应用于滚轮热封的镀铝膜复合制品上得到了验证；其次，绝大多数的软包装企业加工滚轮热封制品时所使用的胶水是其他企业已经成功应用过的，而且，目前在市场上供应胶水的都是一些规模较大的企业，其生产胶水的批量少则以数吨计，多则以数十吨计，所谓的“本批提供的部分胶水的耐热性差”的说法很值得怀疑。

根据“法—应用篇—滚轮热封相关事宜”和本节“滚轮热封包装制品上的各种不良现象”的相关论述，在滚轮热封包装制品上所显现的各种不良现象其实更多地是与软包装企业所使用的基材的物性指标的变化以及下游客户的应用工艺条件的变化相关的。

②需调查的项目、内容

在分析此类问题时，需要明确以下几项事宜：

(a) 对于被投诉的软包装企业而言，提出投诉的下游企业（食品厂、药厂等）是属于竞争性的客户还是老客户。

(b) 提出投诉的下游企业所投诉的问题或现象是发生在单列式的自动包装机上还是多列式的自动包装机上。

(c) 提出投诉的下游企业所投诉的问题或现象是发生在其新购置的自动包装机上还是已应用多年的老设备上。如果问题是出现在已应用多年的老设备上，那么，该设备上发生了哪些方面的条件变化？

(d) 必须设法获得存在下游客户所投诉的“质量问题”的不良样品以及下游客户认可的正常产品的样品。

对于用于滚轮热封包装加工的大多数的三层结构的复合薄膜，被投诉的“质量问题”通常可分为两大类：一类是与外层基材相关的“质量问题”，如“封口处的白点”“封口处的黑斑”；另一类是与内层基材相关的“质量问题”，如“封口处的条形黑斑”“透光的封口”和“已被完全破坏的封口”。

③在单列式自动包装机上的问题与应对方法

如果提出质量投诉的下游客户是相关软包装企业的竞争性客户（该软包装企业正在争取使该下游客户成为自己的长期客户），则相关软包装企业应首先检查确认自己所提供的包材与其他软包装企业所提供的包材在物性方面存在哪些差异。

需要检查确认的物性指标包括：厚度、纵横向的剥离力、拉伸断裂应力、断裂标称应变和热收缩率、热合曲线（起封温度、不同温度下的热合强度及分离状态）、热合面及外表面与热的不锈钢板间的摩擦系数等。

如果经检查确认自己本批所提供的包材与竞争对手提供的包材在上述物性方面存在较明显的差异，则应根据检查结果进行相应的调整（其实，此项工作应在计划向下游客户提供包材前着手进行，即应事先了解竞争对手正在提供的包材的基本物性指标，并将其作为自己选材的依据及生产过程中的质量控制点）。

如果检查结果确认与竞争对手提供的包材没有明显的差异，则应考虑如何与下游客户协商通过调整自动包装机的相关工艺参数或更换到另一台自动包装机进行实验以使本批的包材得以消化。

如果提出质量投诉的下游客户是相关软包装企业的老客户，则相关软包装企业应首先检查确认自己本批所提供的包材与前次（批）提供的包材在物性方面存在哪些差异。检查项目同上。其次要关注该下游客户所提出的质量问题的现象是发生在旧的自动包装机上还是新购置的自动包装机上。

如果经检查确认自己本批所提供的包材与前次（批）提供的包材在上述物性方面存在较明显的差异，则应考虑如何与下游客户协商通过调整自动包装机的相关工艺参数或更换到另一台自动包装机进行实验以使本批的包材得以消化。

在自动包装机的相关工艺参数不变的前提下，包材的物性指标的变化与相关的"质量问题"的关系如下：

（a）如果复合薄膜的起封温度高于前批的或竞争对手的包材，那么会出现前述的"封口不牢"或"漏气"的问题；应对的方法是相应地提高热封滚轮的温度及压力或降低速度；

（b）如果复合薄膜的起封温度低于前批的或竞争对手的包材，那么会出现前述的"封口处的条形黑斑""透光的封口"和"已被完全破坏的封口"等问题；应对的方法是相应地降低热封滚轮的温度及压力或提高速度；

（c）相对于前批的或竞争对手的包材，如果复合薄膜的拉伸断裂应力较大，同时断裂标称应变较小，则容易出现"封口处的白点""封口处的黑斑"等问题；应对的方法是降低压力或温度或提高速度。

如果经检查确认自己本批所提供的包材与前次（批）提供的包材在上述物性方面不存在差异，或只有较小的差异，则应从下游客户的设备或加工工艺条件方面查找原因。

下游客户的设备或加工工艺条件的变化有可能发生在以下几个方面：

（a）对于旧的自动包装机：热电偶故障，导致热封滚轮的实际温度高于或低于温控仪的示值；热封滚轮间的压力由于某种原因被提高了；下游客户新近更换了热封滚轮；自动包装机的运行速度由于某种原因被降低了。

（b）对于新购置的自动包装机：热封滚轮的滚花形状明显有别于旧设备的；温控仪设置不当，导致热封滚轮的实际温度的波动范围较大；热封滚轮间的压力由于某种原因（如汽缸直径加大了）而高于旧设备。

下游客户的滚轮的滚花形状的变化状况可以在搜集到的不良品与正常品上通过对比观察而得到。如果确认滚花的形状为四棱锥形的，建议采用锉刀锉的方式将其修改为四棱台形的。

自动包装机的温度、压力、速度参数的实际状况则需要到下游客户的生产现场进行检测才能获得。对于滚轮温度的偏差或波动事宜，可尝试通过更换热电偶的方式进行检修。对于滚轮间的压力，建议通过检查气压表的示值 / 汽缸的直径或手动转轮的螺纹数量的方法进行确认。

在下游客户的生产现场将同批的包材安装在不同的自动包装机上进行对比实验是查找原因的一种重要且有效的手段。

④在多列式自动包装机上的问题与应对方法

在多列式自动包装机加工的制品上，除了会出现与单列式自动包装机加工的制品相同的常见质量问题外，其问题的表现形式还会有以下特殊之处：

（a）前述的质量问题会随机出现在多个热封滚轮中的任何一个热封滚轮所加工出来的制品上；

（b）随着时间的推移，前述的质量问题会在不同的热封滚轮间发生转换。

在分析 / 处理与多列自动包装机相关的客户投诉前，应首先对多列自动包装机有一个初步的了解。

图 7-151 和图 7-152 分别是多列四边封自动包装机和多列背封 / 三边封自动包装机的外形。使用多列四边封自动包装机可加工的袋形为图 7-153 中的“四边封袋”；使用多列背封 / 三边封自动包装机可加工的袋形为图 7-153 中的“三边封袋”“背封袋”和“三角包袋”。

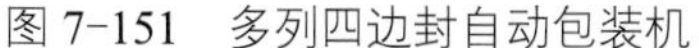

图 7-151　多列四边封自动包装机

图 7-152　多列背封 / 三边封自动包装机

在多列四边封自动包装机上，实施纵向热封功能的是图 7-154 所示的“纵热封 / 牵引滚轮”，实施横向热封功能的是图中所示的“横热封滚轮”。“纵热封 / 牵引滚轮”和“横热封滚轮”上的滚轮与滚花是在一支厚壁不锈钢管上加工出来的，其位置是固定不变的。在不锈钢管内部装配有一套电加热管。

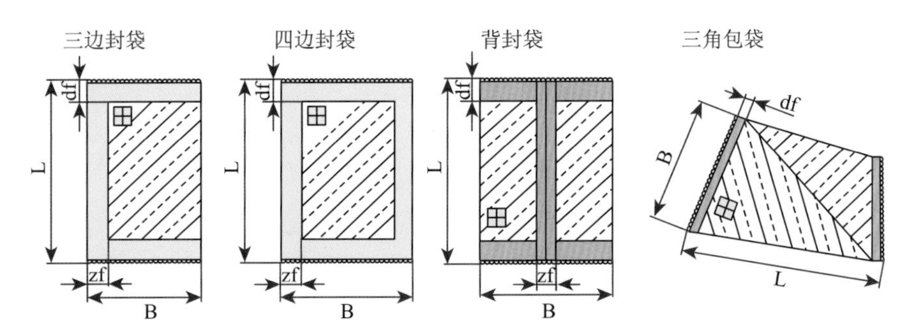

图 7-153　自动包装机可加工的袋型

“纵热封 / 牵引滚轮”在对复合薄膜进行纵向热合的同时，兼具向下牵引复合薄膜的作用。“横热封滚轮”仅用于对复合薄膜实施横向的热合。

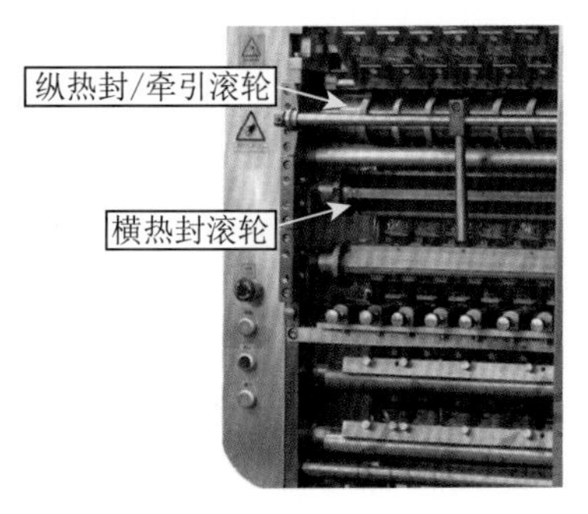

图 7-154　多列四边封机的热合方式

在多列背封 / 三边封自动包装机上，对复合薄膜实施纵向热合的机构有图 7-155、图 7-156 所示的两种基本形式。

在图 7-155 中，真正实施纵向热合功能的是条形的纵热封刀，滚轮在这种系统中的作用只是向下牵引复合膜袋，并未被加热。在图 7-156 中，“热封 / 牵引滚轮”中装配了电加热器，它既有热合复合薄膜的功能，也具有向下牵引复合薄膜的功能。

图 7-155、图 7-156 取自单列背封自动包装机，但其基本构造与多列背封自动包装机是相同的。

在多列背封 / 三边封自动包装机上，与每一列的热合工位相对应都会有一组或者为 A 或者为 B 的热合系统。在多列四边封自动包装机上，“纵热封 / 牵引滚轮”上通常只配备一套或两套温控仪；在多列背封 / 三边封自动包装机上，会为每一组“纵热封刀”或“热封 / 牵引滚轮”配备一套温控仪。

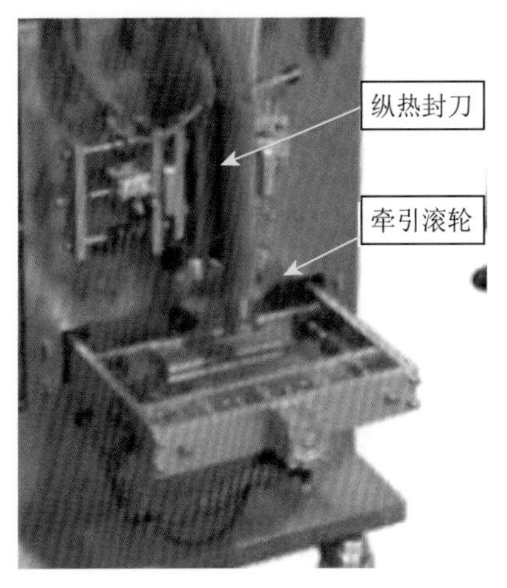

图 7-155　多列背封 / 三边封机的热合方式 A

图 7-156　多列背封 / 三边封机的热合方式 B

由于多种原因的综合作用，在多列自动包装机上的每一个热合单元（热封滚轮或条形热封刀)的实际表面温度都有可能是有差别的。对于多列四边封自动包装机上的“纵热封/牵引滚轮”，这种实际表面温度的差异有可能是电加热器的加工方面的问题造成的，也可能是装配方面的问题造成的。同时，这种温度上的差异还会带来每一组热封滚轮间的压力的差异。对于多列背封/三边封自动包装机上的“纵热封刀”或“热封/牵引滚轮”，这种实际表面温度的差异有可能是每一个温控仪的调整/设置方面的问题造成的，也可能是热电偶的性能问题造成的。

因此，如果得知所谓的与滚轮热封相关的质量问题是出现在多列自动包装机上的，则应按照以下的思路进行工作：

（a）下游客户所投诉的质量问题的表现是什么？

（b）下游客户所投诉的质量问题是显现在多列包装制品的每一列上还是其中的某一列上？

（c）如果问题是出现在每一列上，那么问题的表现及其程度是否一致？

（d）如果问题是出现在某一列上，那么问题是固定出现在某一列上还是会随着时间而发生变化？

如果问题是出现在每一列上，且问题的表现及其程度是一致的，那么，首先可以认为下游客户的设备/工艺条件是均衡/稳定的，作为软包装企业，对内应安排检查本批所提供的包材的物性指标与前批或竞争对手提供的包材是否存在差异，对外应建议/要求下游客户适当调整多列自动包装机的温度、速度，以观察问题的现象是否会发生相应的变化或好转。

如果问题是出现在某一列上，且问题会随着时间在不同的列之间发生变化，则可以认为下游客户的设备/工艺条件是不均衡/不稳定的，作为软包装企业，此时不需要对内安排检查本批包材的物性指标，而是需要对下游客户的多列自动包装机的每一组热封滚轮或条形热封刀的实际表面温度与温控仪示值的差异进行逐个检查确认。

通常会发现不同的热封滚轮(刀)的表面温度的实测值之间会有一定程度的差异，且有问题的包装制品是出自表面实测温度相对较高的热封滚轮（刀）。

如果上述问题是出现在多列背封/三边封自动包装机上，可建议/要求下游客户调整相应的温控仪的温度设置值，目的是使各个热合单元的温度实测值相同或相近；或者建议/要求下游客户更换示值误差较大的热合单元的热电偶，以使温度控制系统恢复正常。

如果上述问题是出现在多列四边封自动包装机上，可建议/要求下游客户调整温度的设定值，力争寻求一个可使全部的包装制品都处在可接受范围内的工艺条件；或者用锉刀将与有问题的纵封口相对应的热封滚轮上的滚花锉平一些，以降低该处的压力，减少或消除问题；或者建议/要求下游客户更换“热封/牵引滚轮”，或者改用另外一台多列自动包装机，以观察同样的问题是否会重复出现。

滚轮热封包装制品应用结果的稳定性是软包装企业、下游客户以及上游的材料供应商之间相互合作的结果，切忌下游客户一提出投诉就认为是包材有问题，进而认为是加工包材所用的原材料之一有问题。

在此过程中，首先，明确所加工的包材应具有的合格的物性指标是一项非常重要的基础工作，它是分析/处理问题的基点。其次，要对下游客户的加工条件与加工设备的状态做到心中有数，这样才能在分析问题的原因时做到有理有据。

在对滚轮热封制品的加工工艺条件做判断时，采用刻度放大镜或数码放大镜测量不同的热合封口的压痕宽度及状态（结合包材的热合曲线数据），发现其差异，这是一个重要的步骤。

如果使用红外温度仪测量热合刀（滚轮）的表面温度，因为测量时的红外温度仪与被测物体的距离和角度都会对测量结果产生影响，故应注意动作的一致性。

13. 冷冻后表层薄膜“撕裂”

图 7-157 显示的是一个经冷冻处理后的盖膜发生了表层薄膜被“撕裂”的现象。图 7-158 显示的是该样品的聚乙烯制的底托或浅盘。

图 7-159 左图是该样品盖膜的局部放大图。图片显示盖膜的表面呈现出不规则的“被撕裂”状态。图 7-159 右图是该样品盖膜在放大镜下的状态。

图 7-157　样品的正面

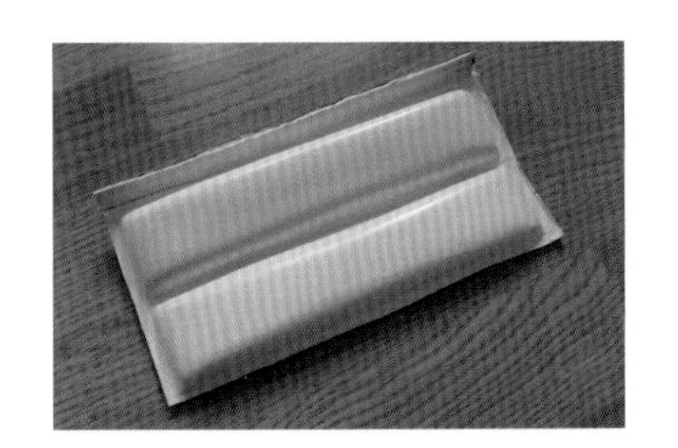

图 7-158　样品的背面

该盖膜的结构为 PET/ 油墨 /VMPET/PET。经检查，该盖膜的 PET/ 油墨 /VMPET 层已经“被撕裂”，而 PE 层保持完好。

原因

在冷冻条件下，PET 薄膜显示出了比 PE（注塑的底托和热封层）更大的收缩率，并且由该收缩特性所释放出来的应力大于 PET 膜的拉伸断裂应力。

对策

选择在同样的冷冻条件下收缩率较小的 PET 膜或其他种类的基材薄膜。

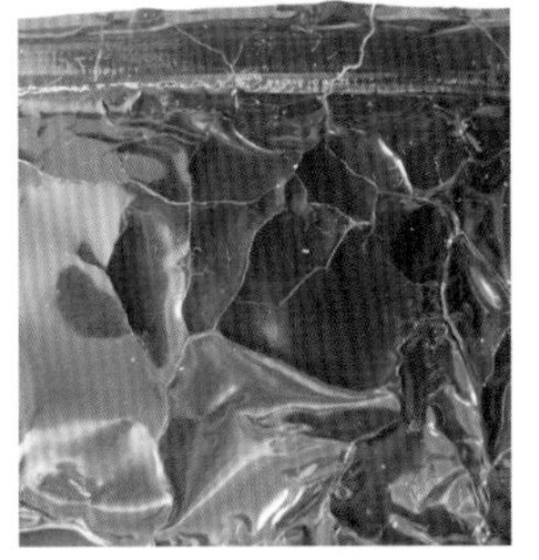

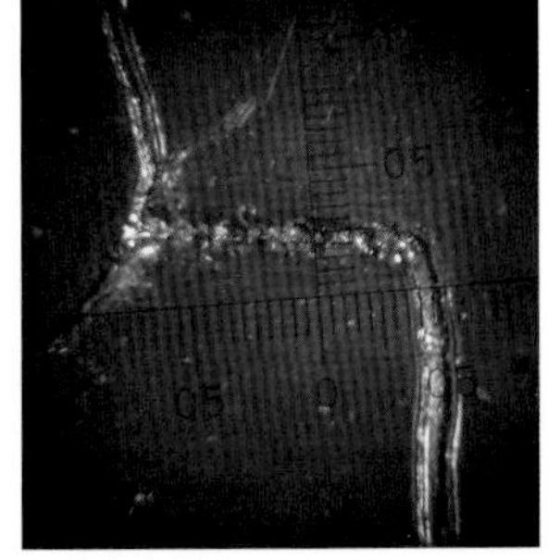

图 7-159　样品的局部

七、水煮处理后

1. 镀铝层被腐蚀

对于含 VMPET 的耐水煮袋，经过水煮处理后所显现出的镀铝层被腐蚀的现象已知有以下几种形态：

①与特定的油墨印刷图案相对应的部位的镀铝层显现出被腐蚀的现象；

②在三边封包装袋的封口处显现出“由外及内”的镀铝层被腐蚀的现象；

③在没有油墨层覆盖的三边封包装袋的封口处以及袋体上显现出的整体性的镀铝层被腐蚀的现象；

④仅在袋体上与内装物接触过的部位的镀铝层显现出点状的镀铝层被腐蚀的现象；

⑤仅在袋体上与内装物接触过的部位的镀铝层显现出片状的镀铝层被腐蚀的现象。

以下尝试对上述不同的镀铝腐蚀现象的原因进行分析。

(1) 特定位置的镀铝腐蚀现象

图 7-160 是“特定位置的镀铝腐蚀现象”的一个案例。该样品的结构为：正面，PET/PET/CPP；背面，PET/VMPET /CPP。

在图 7-160 中，左面的样袋为复合膜袋的正面，右面的样袋为复合膜袋的背面。经过水煮处理后，仅在与样袋背面左上角的专绿色的“口水族”商标相对应的部位出现镀铝层被腐蚀的现象。这种特定位置的镀铝腐蚀现象可以从该样袋的正面一侧的右上角处被观察到。

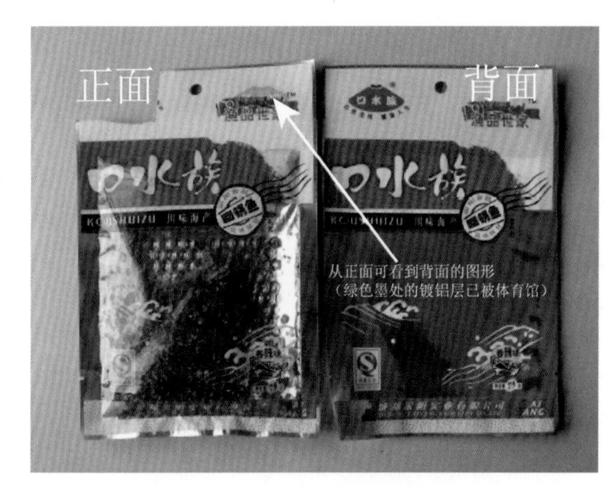

图 7-160　特定位置镀铝腐蚀现象

据客户反映，经过与油墨厂探讨，认定此现象的原因是所使用的专绿色油墨存在某种腐蚀性。

对策

更换专绿色油墨。

(2) 封口处的“由外及内”的镀铝腐蚀现象

图 7-161 是“封口处的‘由外及内’的镀铝腐蚀现象”的一个案例。图示样品的结构为 OPP/VMPET/CPE。该样袋为横出的三边封袋。经过水煮处理后，该样袋的上封口和下封口处显现出了“封口处的‘由外及内’的镀铝腐蚀现象”。

图 7-161 右图上部为样袋上封口处的镀铝腐蚀状态；图 7-161 右图下部为样袋的下封口处的镀铝腐蚀状态。从右边的两张图片中可以看出镀铝层被腐蚀的状态是从袋子的封口外缘处开始产生，然后逐步向封口内部扩展开的。但是在右侧两张照片的黄色圆圈处可以看到，虽然此处也属于袋子的上、下封口边，但是未发生镀铝层被腐蚀的现象，且此部分的宽度与袋子的纵封口相当。同时，在样袋的两个纵封口处则未显示镀铝腐蚀的现象。

造成上述的镀铝腐蚀现象的原因是在制袋机的纵向切刀的切割过程中，胶层及热封层未能发生充分的形变，以将镀铝层的端面保护起来。因此，在水煮处理过程中，热水能够与裸露的镀铝层的端面相接触，使之被腐蚀，并使这种腐蚀作用沿着已经发生腐蚀的缝隙处继续向内部扩展。而制袋机的横向切刀在横封刀的热合条件的配合下则能够使热合层发生充分的变形，将镀铝层的端面保护起来，使之在水煮处理过程中不与热水发生直接的接触，从而不会被腐蚀。

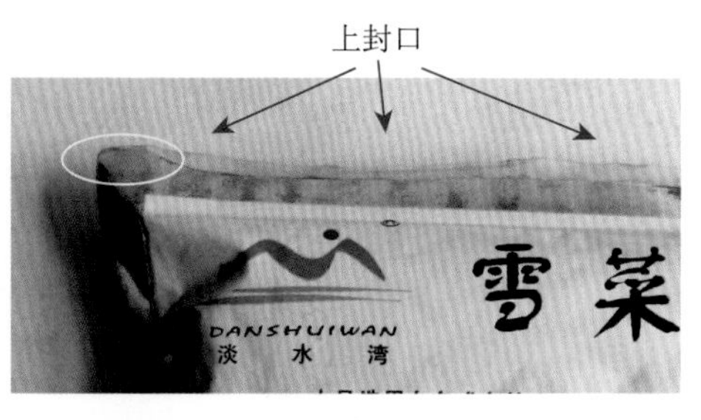

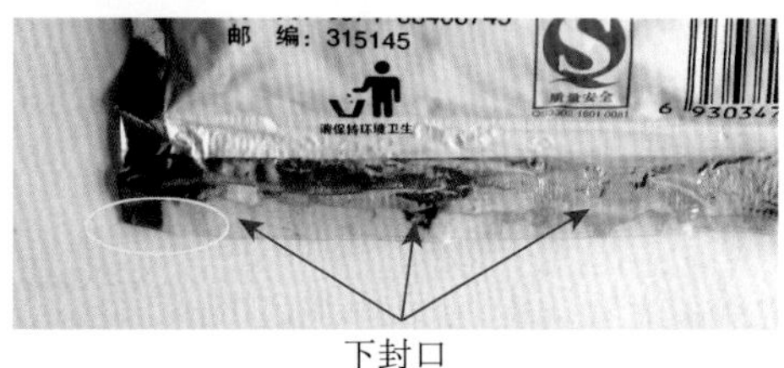

图 7-161 局部腐蚀现象

使胶层在制袋加工过程中发生充分的形变以保护镀铝层的端面的前提条件是：经过熟化处理后的胶层需要保持比较柔软的状态或者保持某种程度的黏性。而达到这一目标的方式有三种：一是选择经充分熟化后胶层仍能保持比较柔软状态的胶黏剂，即所谓的镀铝专用胶；二是调整熟化条件，如降低熟化温度或缩短熟化时间；三是降低固化剂的用量。

使热封层在制袋加工过程中发生充分的形变以保护镀铝层的端面的前提条件是：使复合膜袋的热封层在完成纵横向的切割处理前保持适度的黏弹性。而达到这一目标的方式有两种：一是通过调整热合条件使三层共挤加工的热封层基材的热合层和中间层发生熔化（其特征是检测热合强度时的封口分离状态为“先是热封层分离，后是复合膜撕裂”，参见图 3-13，“法一应用篇一热合曲线一热合强度的几种表现形式”）；二是降低制袋时的冷却条件，方法可以是降低冷却水的温度或减少冷却水的流量。

(3) 无墨处的镀铝腐蚀现象

图 7-162 显示的是一个 OPP/VMPET/CPE 结构的复合薄膜经过水煮处理后所显现的“无墨处的镀铝腐蚀现象”。此类产品中各基材的厚度通常是 18 ～ 20μm 厚的 OPP 膜，12μm 厚的 VMPET 膜，50 ～ 60μm 厚的 CPE 膜。在该复合膜被整体置于沸水中的条件下，镀铝层与沸水的距离分别为：$OPP^{18\sim20}$+ 墨层 + 胶层（厚度通常为 4 ～ 6μm）和 PET^{12}+ 胶层 +$CPE^{50\sim60}$。

图 7-162 局部腐蚀现象

根据“法一应用篇一铝箔与镀铝层的耐腐蚀性”中的相关论述，镀铝层在接触到热水后会形成被腐蚀的结果，此时就应考虑热水是从哪个方向接触到镀铝层的。从 CPE 一侧看，它的路径相对比较长，而且如果热水真的是从 CPE 一侧进入并接触到镀铝层的话，那么，应该出现的现象显然是镀铝层整体性被腐蚀，而不是仅在无油墨的区域出现镀铝层被腐蚀的现象。因此，热水应当是从 OPP 一侧进入并对镀铝层产生了腐蚀作用。

在这个结论的基础上，对于图 7-162 的“无墨处的镀铝腐蚀现象”的原因就容易得出合理的解释了。

对镀铝层产生了腐蚀现象的热水是从 OPP 一侧进入的，在无墨处，热水需要行走的路径是 OPP+ 胶层，在有墨处，热水需要行走的路径是 OPP+ 墨层 + 胶层。前者的路径较短，因此，镀铝层的腐蚀现象会先在无墨处的镀铝层处显现。后者的路径较长，需要经历更长的时间才会显现出镀铝层腐蚀的现象。

问题的原因解释清楚，相应的对策也就产生了：适当地延长热水需要行走的路径。具体的方法有以下几种：选购厚度较厚的 OPP 薄膜；增加涂胶量（胶层的厚度）；在 OPP 膜或 VMPET 膜上施加一定厚度的保护涂层。

(4) 与内装物无关的点状镀铝腐蚀现象

图 7-163 是“与内装物无关的点状镀铝腐蚀现象”的一个范例。该样品的结构应是 OPP/ 油墨 / 局部 VMPET/CPE 或 OPP/ 油墨 / 局部转移镀铝 /CPE。

图 7-163 是在反射光条件下样品的正面照，图 7-164 是在透射光条件下样品的正面照。从图 7-164 中的宽刀封口处可看到许多透光点，这些透光点就是镀铝层经过水煮处理后被局部腐蚀后所形成的。对比图 7-165 和图 7-166 可以发现：无墨处的透光点明显大于有墨处的透光点。

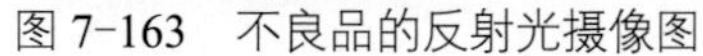

图 7-163　不良品的反射光摄像图

图 7-164　不良品的透射光图

由于出现透光点的部位是袋子的宽刀封口处，所以，对镀铝层形成腐蚀作用的水分一定是透过了复合膜袋表层的 OPP+ 油墨层后而接触到镀铝层的。而且，透光点形成的部位与油墨层没有对应关系，因此可以说，该样品的镀铝层被局部腐蚀的现象与所使用的油墨无关。此外，图 7-164 中的透光点主要集中在无墨处和白墨处，在红墨（黄 + 品红）和绿墨（黄 + 青）处没有透光点。这种现象表明：在特定的水煮条件下（温度 + 时间），热水能够透过 OPP/ 胶层和 OPP/ 白墨 / 胶层而与镀铝层接触，而不能透过 OPP/（黄 + 红 + 白）/ 胶层或 OPP/（黄 + 青 + 白）/ 胶层而与镀铝层相接触。

在同一个样品上，无墨处的透光点（图 7-166）大于白墨处的透光点（图 7-165）这一现象表明：OPP/ 胶层的水蒸气透过量（WVT）大于 OPP/ 白墨 / 胶层的水蒸气透过量（WVT）。因为镀铝层被腐蚀的现象的严重程度一定是与水蒸气的透过量相关的，透过的量越多，镀铝层被腐蚀的就会越严重。极端情况下，就是镀铝层整体消失。

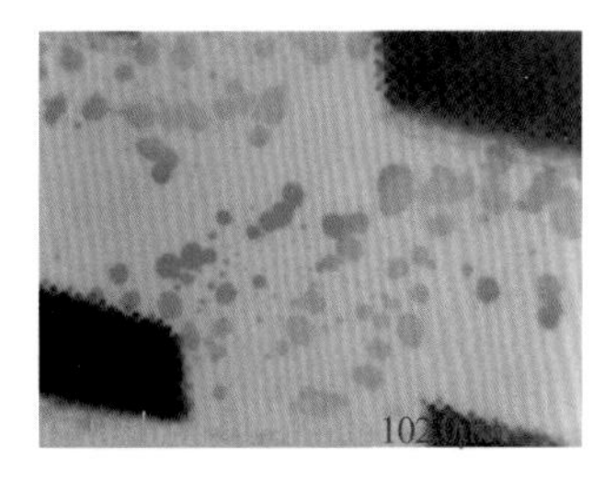

图 7-165　油墨处的透光点

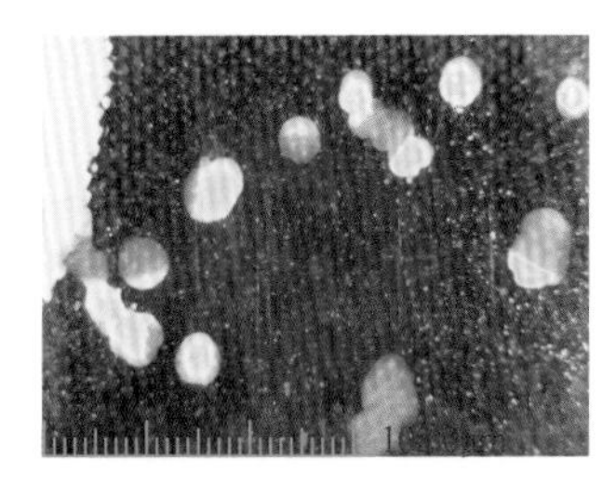

图 7-166　无墨处的透光点

对策

选购厚度较厚的 OPP 薄膜；增加涂胶量（胶层的厚度）；在 OPP 膜或 VMPET 膜上施加一定厚度的保护涂层。

(5) 与内装物相关的片状镀铝腐蚀现象

图 7-167 是“与内装物相关的片状镀铝腐蚀现象”的一个范例。该样品的结构应为 OPP/VMPET/CPE。该样品与图 7-161 所示的样品是同一个客户的不同批次的不良样品。与图 7-161 所不同的是：在图 7-167 的样品的上、下封口处并不存在“由外及内”的镀铝腐蚀现象，但是存在“与内装物相关的片状镀铝腐蚀现象”。

从产品的外观来看，封口处的镀铝层保持完好，袋子背面的袋体处与内装物相关的局部的白墨区域颜色较深，俗称“发黑”。将袋子从背面剪开，清除内装物并洗净后的状态如图 7-168 所示。图 7-168 中的两个红色圆圈标示的区域中（包装袋的背面）的颜色较浅，显示出该处的镀铝层已完全消失，其余部分（主要是袋子的正面）的镀铝层也明显“减薄”（透明度上升）了。

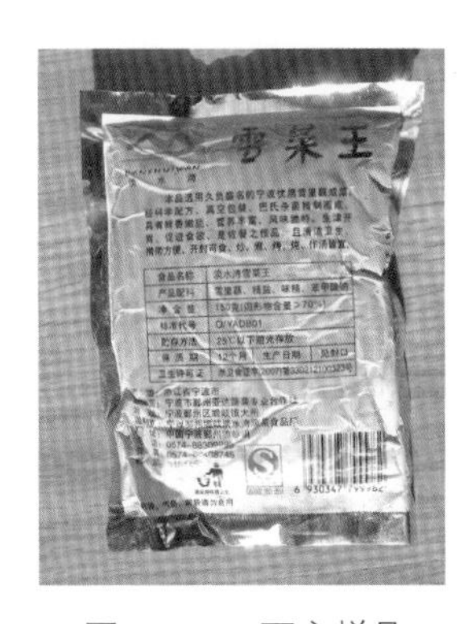

图 7-167　不良样品

图 7-168　片状镀铝腐蚀现象

上述现象表明：该不良样品袋在存储或展售期间是处于袋子的背面向下的状态，而且，内装物的成分中含有具有迁移性和腐蚀性的成分。因此，袋内的具有迁移性和腐蚀性的成分主要是向袋子的背面一侧迁移，并且在经历了足够长的存储时间后，逐渐将袋子背面的镀铝层腐蚀掉了。从另一个角度讲，该样品中的 PET/ 胶 /CPE 层的阻隔性在下游客户所要求的保质期内不足以阻止内装物的渗透。

对策

①与下游客户协商，调整内装物的配料成分，降低 / 减少内装物的渗透性；

②提高复合薄膜的阻隔性：增加基材薄膜的厚度；提高基材薄膜的阻隔性（如改用 PA 共挤膜、EVOH 共挤膜等）。

2. 铝层被腐蚀

图 7-169 是从一个盖材复合薄膜的边缘处拍摄到的影像。该样品的结构为 PET/Al/CPE。据客户反映：将盖膜热合在塑料瓶上进行水煮处理后，在盖膜上边缘处出现了 PET/Al 层间的分层现象。

图 7-169 为将存在分层现象的盖膜表面的 PET 膜剥掉后，从铝箔一侧拍摄的影像。从图片上可以看到：“已被腐蚀的铝箔层”的宽度为 0.2 ～ 0.5 mm。

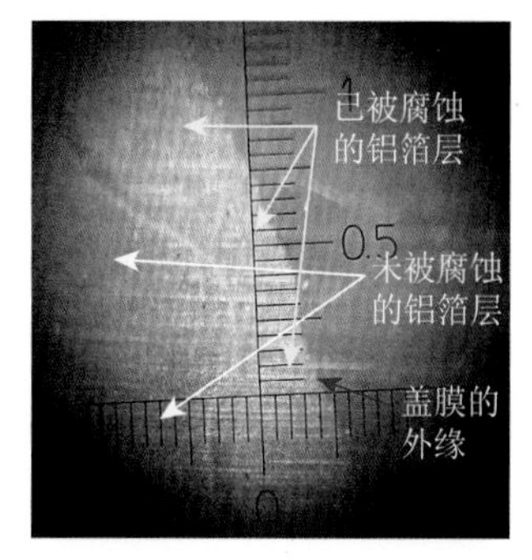

图 7-169　已被腐蚀的铝箔层

从上述现象可以得知：经过水煮处理后所显现的分层现象并不是由于胶层“不耐热”而未能粘住铝箔层，而是由于铝箔层被腐蚀而使胶层失去了黏合的对象。铝是两性金属，在热水中可以发生被腐蚀的现象（参见“法一应用篇—铝箔与镀铝层的耐腐蚀性”）。因此，在加工耐水煮的复合薄膜时，就应考虑对铝箔的端面进行保护。

盖膜的加工过程是：复合→熟化→冷却→冲压成型。因此，对铝箔端面实施保护的“任务”是由胶黏剂层在冲压成型过程中发生变形而完成的。如图 7-170 所示。而从图 7-169 的状态来看，铝箔层并不是图 7-171 所示的“平推式”地被腐蚀，而是图 7-172 所示的“阶梯式”地被腐蚀。因此，形成图 7-169 所示状态的原因应当是在盖膜的冲压成型过程中胶层的变形不充分，未能将铝箔的端面完整地保护起来。

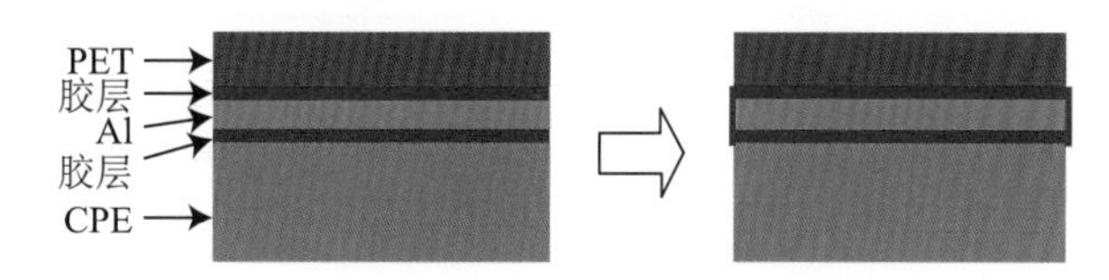

图 7-170　胶层的变形状态

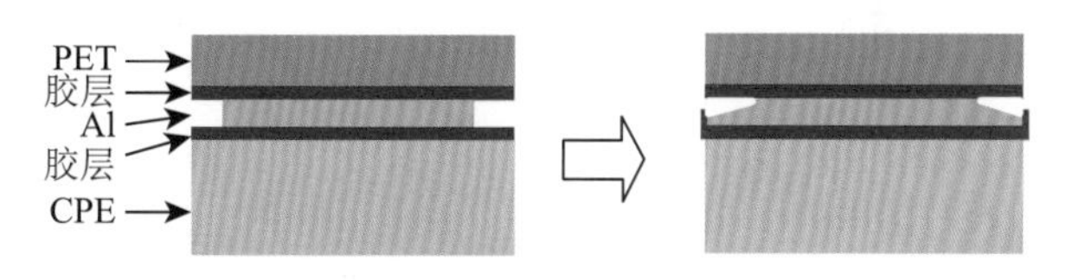

图 7-171　“平推式”腐蚀　　图 7-172　“阶梯式”腐蚀

其子原因可能是：

① PET/Al 层间的涂胶量相对较小；

② PET/Al 层间的胶层相对较硬：固化剂的用量相对较多；消耗固化剂的异常因素相对较少；熟化时间相对较长；

③水煮处理时间过长。

对策

①适当增加涂胶干量；

②将三层复合膜一次性完成复合加工；

③在冲压成型加工前适当减少熟化时间；

④合理地应用水煮处理时间。

3. 破袋

“破袋”问题通常是指在热处理过程中复合膜袋自己（非手动干预的结果）发生破裂的现象。水煮袋的破袋问题不太常见，但也偶尔能够见到。

常规来讲，复合膜袋在热处理过程中发生破裂现象的基本原因是内装物中的水分受热膨胀后对封闭的复合膜袋产生的压力所形成的对复合膜的张力（拉力）超出了复合膜所能承受的张力（拉力，拉伸断裂应力），复合膜局部被拉断。

但是，根据“稀溶液的依数性”理论（参见“法一分析篇—稀溶液的依数性与‘破袋’现象”），在常规的水煮条件下（水温不高于100℃），复合膜袋中的食品所包含的水分因盐分等的存在尚未达到其沸点，因此，复合膜袋不太可能出现膨胀的现象，除非在食品配方中含有较大比例的低沸点物质。

因此，如果真的有客户反馈耐水煮包装袋在水煮处理过程中出现了破袋问题，只能说明客户所使用的热处理温度超过了100℃。

表7-10 饱和蒸气温度与压力对照

压力（MPa）	0.10	0.20	0.30	0.40	0.50
温度（℃）	99.634	120.240	133.556	143.642	151.867

资料来源：百度文库。

这里可能会有两种情况：一种是下游客户使用的设备是蒸煮锅，但是热处理温度为100℃～120℃（或者说下游客户采购的是耐水煮袋，但将其作为耐蒸煮袋使用）；另一种是客户使用的是水煮处理设备，但是客户将高温蒸气直接通入了水中（未经过换热器），在热处理的过程中，只有靠近蒸气管道出口处的少量耐水煮袋显现出了破袋现象。

对策

①建议下游客户检查/调整热处理温度；

②根据客户的实际热处理条件选择合适（拉伸断裂应力较高、断裂标称应变较大）的基材。

4. 开口边卷曲

开口边卷曲现象是耐水煮、耐蒸煮包装袋应用过程中常见的问题。其现象为：复合膜袋经过热处理后，其开口边由相对平整的状态变成程度不同的卷曲状态。

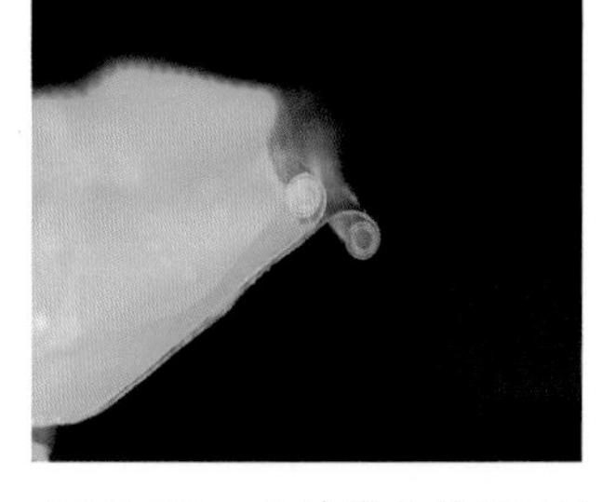

图7-173 向外卷曲的开口边

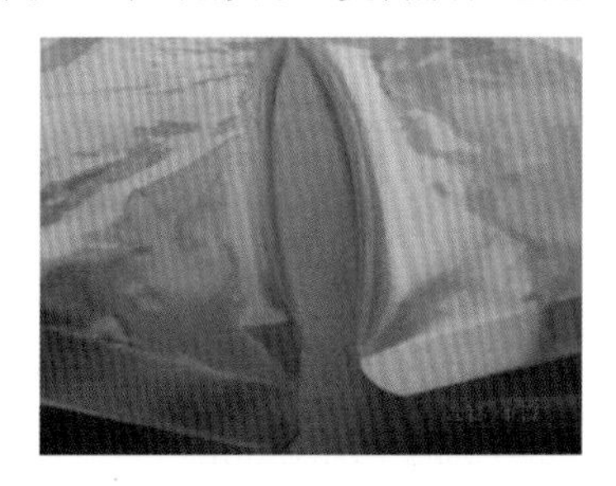

图7-174 向内卷曲的开口边

图7-173所示为开口边向外卷曲的状态，图7-174所示为开口边向内卷曲的状态。产生这种现象的原因是复合膜中的各层基材之间在不同热处理温度下存在

着的“热收缩率差异”（参见“法一分析篇—复合膜的卷曲性与热收缩率的差异”）。卷曲的方向及程度与基材间存在的热收缩率差异的数值成正比。

消除该不良现象的根本方法是在选购基材时，应要求拟应用的基材在特定的热处理条件下具有相同或相近的热收缩率。

部分地缓解该现象的方法有：

①将待复合加工的基材置入熟化室或高温环境下，使之预先发生一部分热收缩；

②如已知前一批复合薄膜经熟化后的卷曲方向与程度，且加工后一批复合薄膜所使用的基材（供应商与批号）是相同的，那么，可在复合加工过程中通过调控张力使下机的复合制品向相反的方向产生程度相近的卷曲（相应的不良后果是剥离力会有所下降）。

如果两个基材的热收缩率是相同的，那么，经过热处理后，包装袋的几何尺寸会相应缩小，但开口边不会发生卷曲。

5. 镀铝层转移

图 7-175 是客户所反映的经水煮处理后显现的镀铝层转移现象的一个案例。据客户的反馈：该产品的结构为 OPP/VMPET/CPE，是一个耐水煮复合膜袋。该产品在出厂时，OPP 与 VMPET 间的剥离力合格，剥离过程中镀铝层也不转移。但是，该复合膜袋经过水煮处理后，从袋子表面的袋体处、封口处可看到局部分层的现象。在对袋子进行剥离检查时，发现镀铝层完全转移，OPP 膜（包含镀铝层）可整体、完整地剥离下来，而且手感剥离力很小。

将水煮前后的两个复合膜袋剖开后，检查其卷曲状态，发现其卷曲方向均为沿着复合膜的纵向向内卷曲，而且经过水煮处理后的卷曲状态趋向更加严重（见图 7-176）。

图 7-175　水煮后的外观

图 7-176　水煮前后的卷曲状态

图 7-177、图 7-178 中的红色和蓝色箭头所指示的部位表示已将未经水煮处理的复合膜袋的部分 OPP 印刷膜剥开且其间的镀铝层未发生转移（红色箭头指示的是袋子的正面，蓝色箭头指示的是袋子的背面），将此状态下的袋子放在水中进行水煮处理后，镀铝层已经完全消失的状态。图中的黄色箭头所指示的部位表示的是同一个袋子在结束水煮处理并充分冷却后 OPP 印刷膜才被剥离开的部位上镀铝层仍保持完好的状态。

上述现象表明：加工该复合膜袋所使用的铝丝是正常的，在常规的水煮条件下该镀铝层是可以被热水所腐蚀的。

图 7-178 显示的是将一个已经过水煮处理的复合膜袋表面的 OPP 印刷膜（已存在镀铝层

转移现象）部分地剥离开后，对其进行再次的水煮处理（约5分钟），将再次水煮处理前尚未剥离开的OPP膜完全剥开后的状态。图中的红色箭头所指示的部位为再次水煮处理前已被剥开的OPP膜及随之转移且已经受了再次水煮处理的镀铝层，图中的黄色箭头所指示的部位为再次水煮处理并充分冷却后才被剥开的OPP膜所对应的未发生转移的镀铝层。

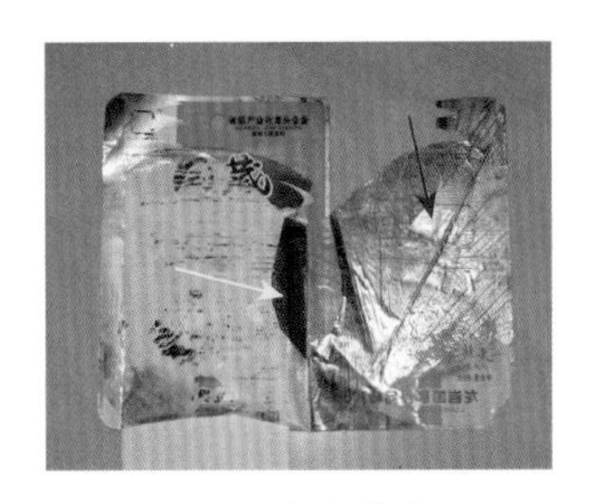
图7-177　水煮状态（一）

图7-178　水煮状态（二）

上述现象表明：经过第一次水煮处理后随OPP膜一起发生转移的镀铝层（红色箭头指示部位）在第二次水煮处理结束后并未显现出镀铝层消失的现象。

而能够形成此种现象的原因可能是在已经发生转移的镀铝层表面附着了从镀铝基材PET膜中析出的低分子物。这个低分子物层对经受短时水煮处理的镀铝层发挥了保护作用。

综合上述的现象与描述，导致客户所反馈的“水煮前镀铝层不转移、水煮后镀铝层易转移”现象的原因之一应当是：加工镀铝基材PET膜所使用的粒料内的低分子物含量过多，在水煮处理条件下，析出到PET基材表面的低分子物降低了镀铝层在PET基材上的附着力（内因）；导致上述现象的原因之二可能是在水煮条件下内层CPE膜的热收缩率偏大，且由于CPE膜与PET基材膜之间较大的剥离力，从而导致了PET镀铝基材与镀铝层之间产生了较大的应力（外因）。

对策

①更换镀铝用的PET基材；

②选购热收缩率较低的CPE薄膜；

③在复合过程中控制第一、二基材的张力，使下机的复合薄膜保持基本平整的状态。

上述原因的验证方法：将未经水煮处理的样品上的CPE层剥掉，仅对剩下的OPP/VMPET复合膜做5分钟的水煮处理。经过水煮处理的样品有可能不会立即显现出局部分层的现象；对样品作剥离处理，镀铝层有可能不转移，或者发生部分或全部转移，但剥离力会明显大于之前的数值或感觉。

6. 边角处局部分层

经过水煮处理后的复合膜袋在其边角处显现出的局部分层现象是客户经常反馈的一个问题。

图7-179和图7-180是水煮后的复合膜袋边缘处局部分层现象的典型。

图7-182和图7-183是水煮后的复合膜袋角落处局部分层现象的典型。

对于此类现象或问题，通常客户给出的结论是“胶水的耐热性不足”。

（1）水煮后的复合膜袋边缘处局部分层现象

在关于“水煮后的复合膜袋边缘处局部分层现象”的投诉中，大部分的产品结构为 PET/Al/CPE，或者其他的包含铝箔的复合薄膜；在关于“水煮后的复合膜袋角落处局部分层现象”的投诉中，大部分的产品结构为 OPP/VMPET/CPE。

从图 7-179 和图 7-180 中可以看到，客户所投诉或反馈的存在“边缘处局部分层”现象的部位明显地是在水煮处理过程中被“折叠”过的部位，而同一个袋子上没有折痕的部分就不存在局部分层的现象。这说明“边缘处局部分层”现象一定是与袋子的封口被折叠过有着某种联系。

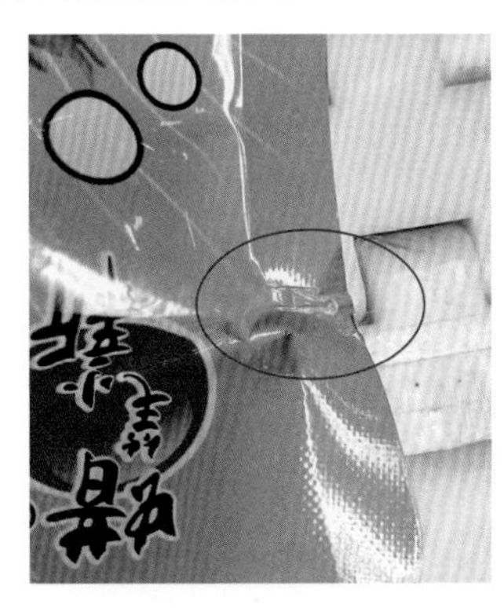

图 7-179　样品（一）

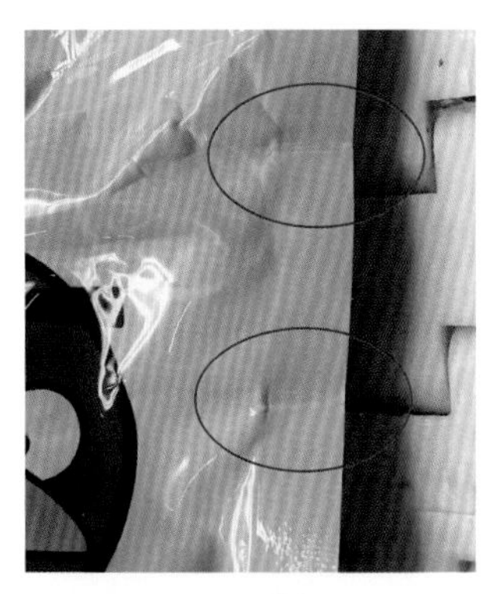

图 7-180　样品（二）

另外，图 7-180 存在“边缘处局部分层”现象的部位呈现出“发白”（颜色相对周围比较浅）的状态，这表示分层现象有可能是发生在表层 PET 印刷基材与中间层的铝箔之间；图 7-179 存在“边缘处局部分层”现象的部位未呈现出与图 7-180 的相同或相似的“发白”（颜色相对于周围比较浅）状态，这表示分层现象有可能是发生在中间层的铝箔与内层的 CPE 基材之间。

经过研究，导致上述现象的主要原因（内因，充分条件）是复合膜的外层基材的拉伸弹性模量和拉伸断裂应力过高、断裂标称应变过低（参见“法一分析篇—折叠试验”），次要原因（外因，必要条件）是复合膜袋在水煮处理过程中曾经“被折叠”。在上述的必要、充分条件都存在的条件下，局部分层现象有可能会发生在剥离力较低的某一层间。

对策

①采购、选用拉伸弹性模量 / 拉伸断裂应力较小、断裂标称应变较大的 PET 和 / 或 PA 基材；

②加工好的复合膜袋的断裂标称应变（纵横向）指标应不小于 100%；

③使复合膜的各层间的剥离强度在不小于 2N/15mm 的前提下尽可能大一些；

④在水煮处理过程中，尽量使复合膜袋不“被折叠”。

问题原因的验证方法

①测量拟使用复合基材的纵横向的拉伸弹性模量、拉伸断裂应力和断裂标称应变指标；

②选取同类型的“有问题”和“无问题”的耐水煮复合膜袋，分别测量其厚度及纵横向的拉伸弹性模量、拉伸断裂应力、断裂标称应变和纵横向剥离强度指标，并进行比较；

③对复合膜袋的封口做折叠试验，观察其被折叠后的分层状态及程度；

④选取同类型的“有问题”和“无问题”的耐水煮复合膜袋，折叠成图 7-181 所示的状态后，按照客户的加工条件进行水煮处理，水煮处理结束后，拆掉捆扎绳，检查折痕（红色箭头所指示）处的分层状态。

(2) 水煮后的角落处局部分层现象

图 7-182 和图 7-183 所示的存在“角落处局部分层现象”的部位显然是未曾“被折叠”过的部位。而且，从照片上可以明显看出“局部分层现象”发生在镀铝层与镀铝基材之间，即常说的镀铝转移现象。

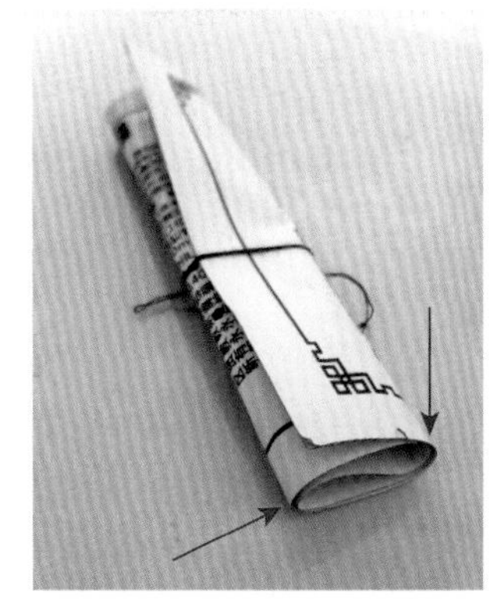

图 7-181　折叠水煮样品

图 7-182　样品（三）

图 7-183　样品（四）

此外，已经发生转移的镀铝层并未在水煮过程中“消失”或被腐蚀。如果参照“法一应用篇一铝箔与镀铝层的耐腐蚀性”中的相关论述，无论什么级别的镀铝薄膜，如果长时间浸泡在沸水中，镀铝层一定会被腐蚀掉。那么，对于图 7-182 和图 7-183 所示的“角落处局部分层现象”，就存在两种可能：一种是局部分层现象发生在水煮过程中；另一种是局部分层现象发生在水煮过程结束后。

如果局部分层现象是发生在水煮过程中，镀铝层发生了转移而又未被腐蚀掉，这表明所使用的 OPP 膜在水煮条件下存在着较大的热收缩率，同时，其中的 VMPET 膜存在较严重的低分子物析出问题（参见“常见问题篇一应用后的问题一水煮处理后一镀铝层转移”）。如果局部分层现象是发生在水煮过程结束后，这表明所使用的 OPP 膜在水煮处理后的冷却阶段才表现出较大的收缩率。

对策

①选用热收缩率值较小的 OPP 膜与 CPE 膜；

②在复合加工与熟化处理过程中，使复合膜保持平整状态；

③复合膜袋的热合强度不低于 13N/15mm 即可（GB/T 10004—2008），不要追求过高的数值。

问题原因的验证方法

取多个与有问题的复合膜袋同批的样品，分别测量其纵横向的尺寸，读数精确到 0.1mm，并标注在相应的袋子表面。留 1 ～ 2 个样品作为对比样，对其他的复合膜袋做 5 ～ 10min 的水煮处理。

对其中一个刚经历了水煮处理的袋子马上测量其纵横向的尺寸，读数精确到 0.1mm，并标注在相应的袋子表面。然后将其表面的 OPP 膜尽量完整地剥离下来，待充分冷却后再次测量其纵横向的尺寸，读数精确到 0.1mm，并标注在相应的袋子表面。计算 OPP 膜的热收缩率。

如果在剥离 OPP 膜时，镀铝层可随之完整或部分地转移，在测量完纵横向尺寸后，将其置入水浴中再次进行 3min 左右的水煮处理，观察镀铝层的消失状况。

对另一个已经历水煮处理且已充分冷却的袋子，将其三个热封边裁掉，在不受外力的情况下观察其卷曲的方向及程度；卷曲的程度用处于最内侧的一圈的复合膜卷的直径 mm 表示。

取一个未经水煮处理的对比样，将其三个热封边裁掉，在不受外力的情况下观察其卷曲的方向及程度。

7. 袋体处局部分层

图 7-184 是“袋体处局部分层现象”的一个范例。客户所反馈的问题是：该样品经水煮处理后，在袋体的有墨处会出现程度不等的表面皱褶或局部分层现象。询求原因。

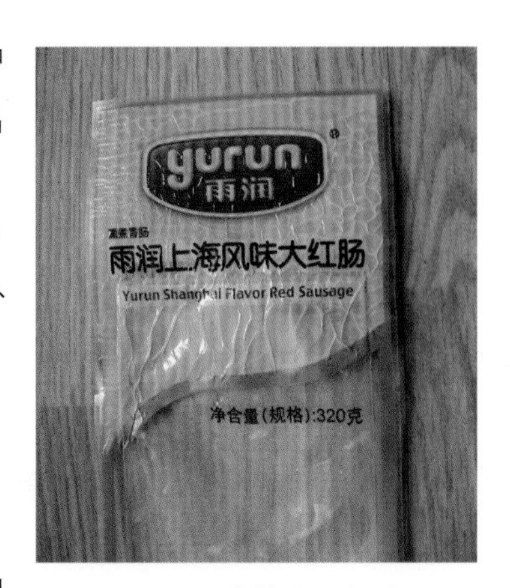

图 7-184　袋体处局部分层

该样品的结构为 PA^{15}/CPE^{80}。外形尺寸为 500mm×104mm。制袋加工时为“横出”。经过水煮处理后，袋子的外形尺寸为 494mm×102mm。

剥离强度与胶水固化状态（未经热处理样品）如下。

非封口部位：手感强度为 2N/15mm 左右，可完整剥离，内层的 CPE 薄膜无拉伸现象。剥离后，内层薄膜表面呈白色，用手使劲擦才能改变其透明度（此种现象表明是胶层发生了内聚破坏）。

封口部位：不可剥离，内层薄膜被拉伸。

在全部剥离面上，胶层无黏性，显示胶层已完全固化。用染色剂检查，显示胶层在印刷膜上。

图 7-185 是从样品袋的透明部位（无油墨处）拍摄到的。图 7-186 是从样品袋的边封口处的油墨与透明边的交界处拍摄到的。图 7-187 是从已剥开部位的 PA 印刷膜上拍摄到的。图 7-188 是从已剥开部位的与印刷油墨部位相对应的内层 CPE 薄膜上拍摄到的。

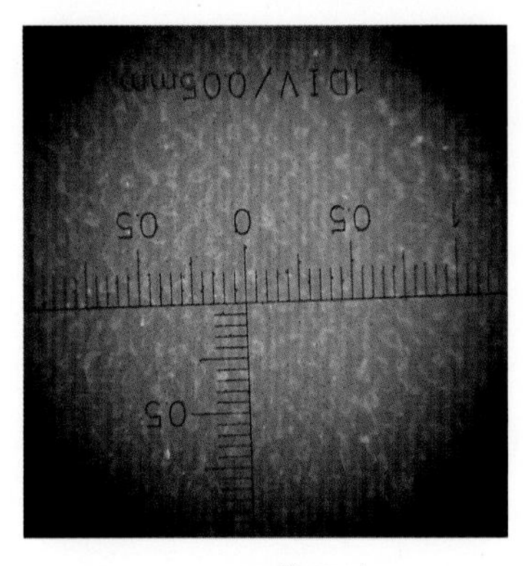

图 7-185　显微照片（一）

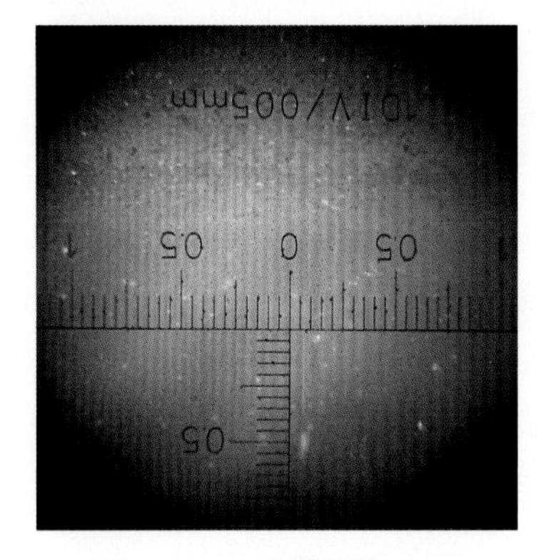

图 7-186　显微照片（二）

图 7-185 显示的是未曾剥开的复合膜的透明部位的胶水分布状态。照片上的深颜色处是有胶水的部位，浅颜色处是没有胶水的部位。图 7-187 和图 7-188 显示的是胶水层在两个基材薄

膜（PA 和 CPE）上的分布状态。照片上的浅颜色处是曾经涂上胶水的部位，而较深颜色的区域是没有涂上胶水的区域。

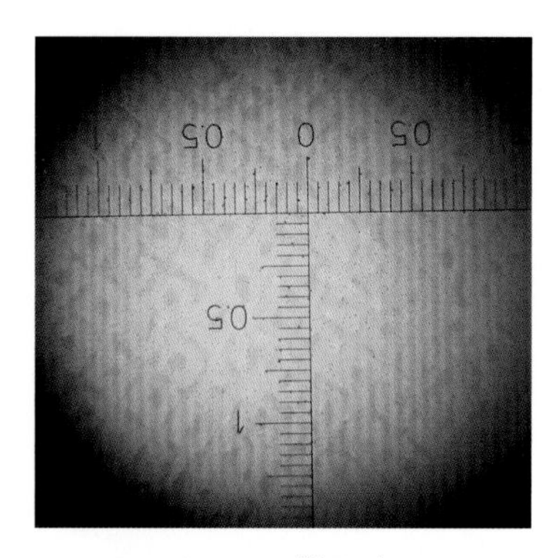

图 7-187　显微照片（三）

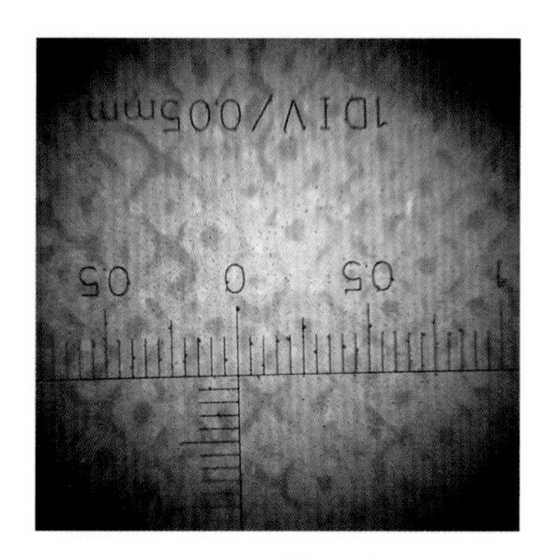

图 7-188　显微照片（四）

上述三张照片反映出在加工该产品时存在以下问题：复合工没有使用平滑辊；胶水的黏度比较高或加工速度很快或网墙宽度比较大（磨损严重？）；涂胶单元的压力比较小。

上述现象是比较典型的“网目状”故障。

图 7-186 上没有图 7-185、图 7-187、图 7-188 三张图片上的类似的“网目状”状态，说明制袋过程的温度及压力将“胶点”间的间隙消除了。这从另一个侧面反映了在制袋时胶水层并没有完全固化，仍具有一定的蠕动性。

由于胶水与薄膜的接触面积在有油墨处只有约 50%，在透明处有大约 60%，因此，非封口处的剥离强度明显小于封口处是很正常的。

水煮试验

从样品袋上裁取两片单膜及宽刀封口处（带一部分有油墨的区域），放入沸水中进行热处理。

刚裁下的单膜呈横向（复合薄膜）向外卷曲的状态，如图 7-189A 所示。放入沸水中的单膜迅速沿纵向（复合薄膜）向外卷成直径 3 ～ 4mm 的小卷，如图 7-189B 所示。

将单膜膜卷从热水中移到桌面上时，大约在 10 秒钟内，小膜卷迅速展开并转而向内沿纵向（复合薄膜）卷成约 6mm 的膜卷。如图 7-189C 所示。

在随后的一小时中，该膜卷又变成沿横向（复合薄膜）向外卷曲的直径约 5mm 的小膜卷，如图 7-189D 所示。

在水煮过程中，针对宽刀封口处（带一部分有油墨的区域）薄膜的观察发现：

①在非宽刀封口处，先是外层的 PA 薄膜严重收缩，导致两层薄膜分层，并呈现“PA 膜平直、PE 膜凸起”的状态，最终在充分冷却后形成的是“PE 膜平直、PA 膜凸起”的状态；

②在宽刀封口处，在开始出现皱褶时就呈现“PA 膜凸起”的状态。

实验过程中的卷曲状态的变化显示：

①开始水煮时，PA 与 CPE 间的收缩率差异为 4.9%；

②初期冷却过程中，CPE 与 PA 间的收缩率差异为 3.3%；

③冷却完成后，PA 与 CPE 间的收缩率差异为 3.9%。

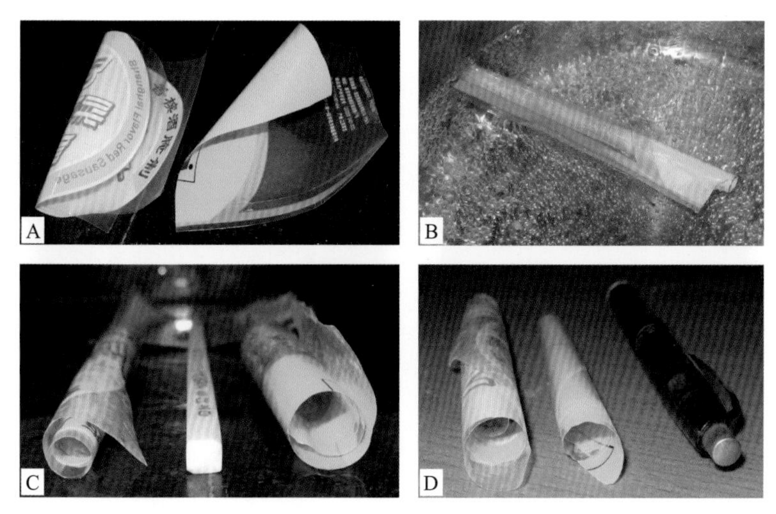

图 7-189 水煮前后的状态

综合以上信息，导致形成图 7-184 所示的“袋体处局部分层（表面皱褶）”现象的原因可能是：

①涂胶不均所导致的剥离强度低；

② PA 与 CPE 基材在水煮条件下的热收缩率过大；

③ PA 与 CPE 基材间的热收缩率差异过大。

对策

①选用在水煮条件下热收缩率较小或一致的 PA 和 CPE 基材；

②改善胶水涂布工艺，使胶水分布均匀：采取措施控制、稳定胶水的黏度；使用平滑辊；定期检查涂胶辊网穴状态，及时更新，使网墙宽度维持在较小的尺度上。

8. 剥离力衰减

某客户反馈所加工的 OPP/VMPET/CPE 结构的耐水煮复合膜袋，水煮处理前的 VMPET/CPE 层间的剥离强度不小于 3.5N/15mm，水煮处理后会衰减到 3N/15mm 以下，询问原因与处理方法。

该样品为“横出”袋。客户在测量其剥离力时，采用的是袋子的横向方向上的剥离力，也即复合薄膜的纵向方向上的剥离力。将其中的一个复合膜袋进行水煮处理及充分冷却后，与另一个未经受水煮处理的复合膜袋一起摆在桌面上，分别在两个袋子上划一个“×”形，其效果如图 7-190 所示。

将两个袋子的正面的袋体薄膜分别裁剪掉后，其效果如图 7-191 所示。

从图片中可以发现：未经过水煮处理的复合膜本身是呈现轻微的向内侧卷曲的状态；经受过水煮处理的复合膜则呈现较严重的向内侧卷曲的状态。

复合膜袋经受水煮处理后的剥离力发生衰减的原因是复合膜中的热封层基材发生了较大的热收缩，从而在 PET/CPE 层间产生了较大的剪切应力（参见“法一分析篇一剥离力的评价一复合膜的内应力与剥离力”）。

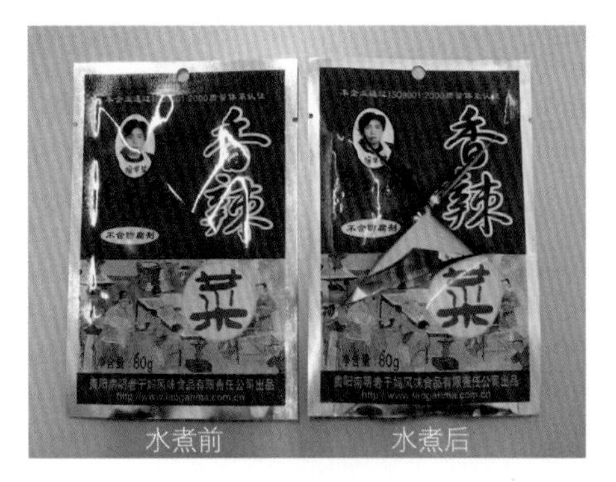

图 7-190　水煮前后正面照

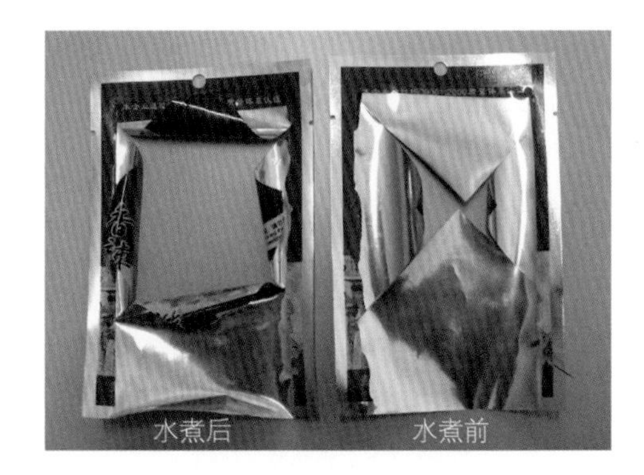

图 7-191　水煮前后剖面照

对策

选用水煮条件下的热收缩率数值较小的或与 PET 基材相近的 CPE 薄膜。建议采用在水煮条件下的纵向热收缩率不大于 1.5% 的 CPE 膜。

问题原因的验证方法

将复合加工时所使用的三种基材裁成 100mm×100mm 的正方形，在样品上标好纵、横方向及尺寸（读数精确到 0.1mm），然后将样品同时置入沸水中水煮处理 5 ～ 10min。

水煮处理完成后，将样品取出并充分冷却，测量其纵横向的尺寸。

计算各个基材的纵横向的热收缩率。

基材间在相同方向上的热收缩率差异以不大于 1% 为宜。

八、蒸煮处理后

1. 破袋

“破袋”，顾名思义，即复合膜袋发生了破裂现象，如图 7-192A 所示。破袋现象可以发生在复合膜袋的封口处，也可以发生在复合膜袋的袋体处。

图 7-192A 的破袋现象表明在蒸煮处理过程中，水杯中的内压大于蒸煮锅中的反压；图 7-192B 的破袋现象表明在蒸煮处理过程中，蒸煮锅中的反压大于水杯中的内压。

图 7-192　蒸煮处理后的“破袋”现象

［注：反压是指在蒸煮锅内、蒸煮袋外由操作工人为地施加的高于与蒸煮温度相对应的蒸汽压力（参见“法一应用篇一消毒与蒸煮杀菌的温度与压力”）的气压。］

所有的包装食品中都会含有一定量的水分，在一定的温度条件下，其中的水分会受热汽化，使复合膜袋膨胀起来，并在包装袋内形成某种程度的内压。

图 7-193 是某熟肉制品的贴体包装物受热前的状态，图 7-194 是其在微波炉中受热后的状态。图 7-195 显示该包装物在受热后已发生了明显的膨胀，这是熟肉制品中的水分受热汽化的结果。

笔者曾经尝试将装有少量大米的真空包装袋放入微波炉中进行加热，结果该真空包装也显现出了膨胀的状态。根据 GB 1354—2009《大米》的标准，（粳米）普通大米和优质大米无论哪个等级，其水分含量均不能超过 15.5%。

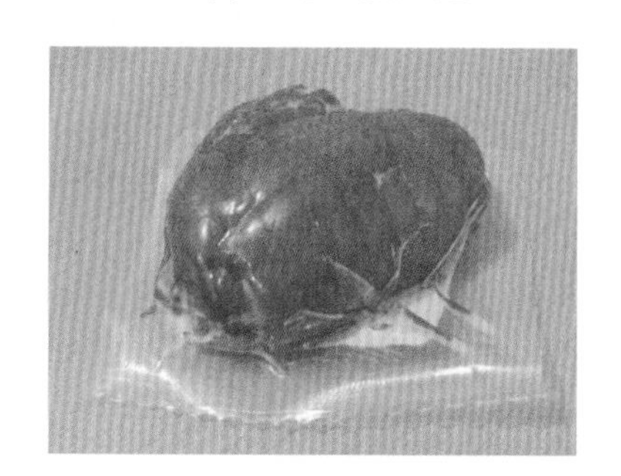

图 7-193　受热前状态

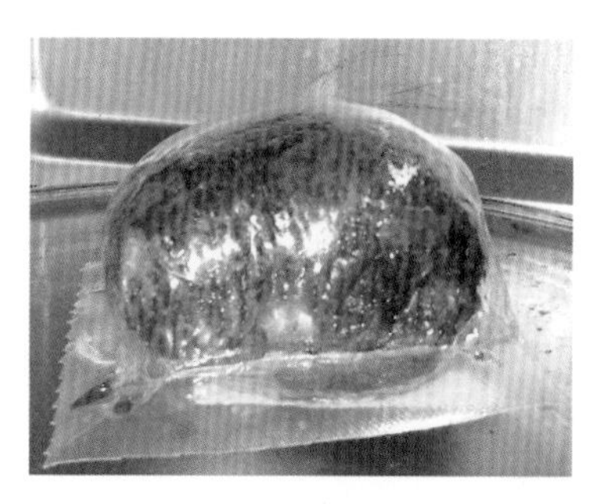

图 7-194　受热后状态

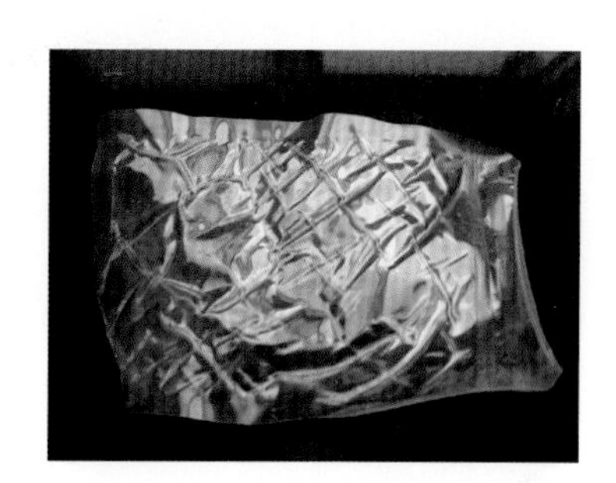

图 7-195　热处理后的包装袋

图 7-195 显示的是一个经受蒸煮处理后的透明蒸煮袋。在蒸煮处理时，袋内装有一定数量的水，拍摄照片之前，其中的水已被排出。照片显示该样品已发生了明显的塑性变形。该样品的状态表明在蒸煮处理过程中，复合膜袋发生过显著的膨胀，其中的水受热汽化膨胀时产生的压力所形成的对复合膜的张力已超过了该复合膜的拉伸屈服应力（参见“料—拉伸弹性模量”），复合薄膜已经发生了塑性变形，因此，在蒸煮过程结束后，温度与水（内装物）被去除后，就呈现出图 7-195 所示的状态。

如果在蒸煮过程中，复合膜袋内的压力进一步上升，由袋内的压力所形成的对复合膜的张力大于或等于在相应的温度条件下的复合薄膜的拉伸断裂应力或热合强度时（复合薄膜的拉伸断裂应力及热合强度在受热的条件下会发生一定程度的衰减），复合膜袋就会从相对薄弱的部位（封口处或袋体处）发生破裂。如图 7-192A 所示。

因此，蒸煮过程中发生“破袋”现象的原因如下。

①内因

（a）复合薄膜本身的拉伸弹性模量和抗拉伸断裂应力比较低；

（b）复合薄膜本身的断裂标称应变比较低；

（c）复合膜袋的热合强度较低；

（d）在热处理的条件下，复合薄膜的拉伸弹性模量和抗拉伸断裂应力发生了较大幅度的热衰减；

（e）在热处理的条件下，复合膜袋的热合强度发生了较大幅度的热衰减；

（f）复合薄膜中的某个基材在蒸煮条件下的热收缩率过大，因而出现在袋子的某个局部先显现出分层现象，然后在出现局部分层的部位显现出破袋现象。

②外因

（a）蒸煮锅内的温度过高，大大超过工艺温度设定值，从而导致包装袋内的水分或可挥发成分大量汽化，使袋内的压力过高；

（b）蒸煮锅内温度分布不均，局部温度过高，大大超过工艺温度设定值，从而导致锅内局部区域的包装袋内的水分或可挥发成分大量汽化，使袋内的压力过高；

（c）蒸煮处理过程中，蒸煮锅内未打反压或反压不足（见图 7-192A）或反压过大（见图 7-192B）；

（d）下游客户使用了非常规的杀菌设备，如常压微波杀菌机（参见“法—应用篇—消毒与灭菌—复合食品包装灭菌设备与工艺”）。

对策

①内因

（a）虽然前面分析了导致破袋现象的原因之一是“复合薄膜本身的拉伸弹性模量和抗拉伸断裂应力比较低”，但是不建议在提高复合薄膜的拉伸弹性模量和抗拉伸断裂应力指标上过多地下功夫，因为这会导致复合薄膜变硬、变脆，给制袋加工、充填 / 封口、运输 / 储藏等过程带来不利影响；

（b）建议更多地关注复合薄膜的耐高温介质性，如同 GB/T 10004—2008 中 5.4. 10 项所规定的：“使用温度为 80℃以上的产品经耐高温介质性试验后，应无分层、破损，袋内、外无明显变形，剥离力、拉断力、断裂标称应变和热合强度下降率应≤ 30%”。并以上述要求作为评价所采用的基材和加工工艺是否合适的判定条件。

②外因

（a）杜绝采用常压微波杀菌机处理常规的耐蒸煮包装制品的情况；

（b）在实验室试验及正常的蒸煮杀菌生产中关注反压工艺条件的应用情况（施加反压的时间点、反压的升压速率、反压的终值、反压的保持时间）。

对于不同的耐蒸煮包装制品，反压条件不是一成不变的，需要根据所处理的制品的特点进行摸索。但目标是明确的：使耐蒸煮包装制品经过蒸煮处理后既不会发生膨胀，也不会被“压缩”，即不出现图 7-192A 和图 7-192B 所示的状态。

2. 开口边卷曲

参见“应用后的问题—水煮处理后—开口边卷曲”项。

由于蒸煮处理的温度一般为 121℃或 135℃或更高，因此，同一种基材，如 PA 薄膜，会显现出在蒸煮条件下比在水煮条件下更大比例地收缩的现象。

图 7-196 所显示的是一个 PA/RCPP 结构的复合膜经过蒸煮处理后其开口边的卷曲状态。该状态表示经过蒸煮处理后，外层的 PA 膜显现出了比 RCPP 膜更大的热收缩率。假定该复

合膜的结构为 PA15/RCPP60，则其总厚度大约是 78μm。利用图测法可测得处于最内一圈的复合膜卷的直径约为 0.528mm。利用公式 $M = 200d / D_1$，就可以求得两层复合膜间的热收缩率差异。

$$M = 200d / D_1 = 200 \times 0.078 \div 0.528 = 29.5\%$$

上述计算结果表明：加工该样品所使用的 PA 膜在蒸煮条件下的热收缩率已超过 30%。

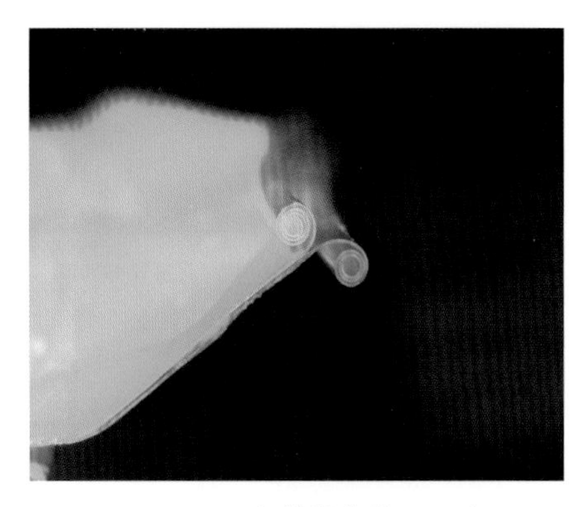

图 7-196　向外卷曲的开口边

对策

①在采购拟用于加工耐蒸煮（水煮）的复合膜袋的 PA 膜时，对 PA 膜的纵横向热收缩率指标提出要求；

②在入库时及投产前对所有的用于加工耐蒸煮包材的基材进行蒸煮条件下的热收缩率试验。

需要注意的是：在相关的国家标准中，仅对部分基材规定了在干热条件下的热收缩率指标（参见“料—基材的热收缩率”），但对于耐蒸煮包材而言，湿热（蒸煮）条件下的热收缩率指标才是更为重要的数据。

基本的目标应是：在蒸煮条件下，拟采用的基材薄膜应当具有相同或相近且较小的热收缩率。

3. 剥离力衰减

在讨论耐蒸煮复合膜袋的剥离力事宜时，务必要同时关注复合膜袋的纵向和横向（不是袋子的纵向 / 横向，而是加工复合薄膜时的纵向 / 横向）的剥离力值及其差异。

影响剥离力的因素很多，包括涂胶量、涂胶的均匀性、基材的表面润湿张力值、基材中的助剂或低分子物的析出、基材间的热收缩率差异、基材的阻隔性、胶水的耐介质性、内装物中某些物质的可迁移性及对基材与胶层的侵蚀性等。

在大多数情况下，复合膜袋在经受了蒸煮处理后的剥离力值会有所上升，其原因主要是前期的熟化条件不充分（熟化时间不足、温度偏低或熟化室内温度不均匀，或复合膜卷直径过大），胶层尚未得以充分交联固化。

在蒸煮处理前所发生的“剥离力衰减”的原因主要是基材中的助剂或低分子物析出的结果。在蒸煮处理后所发生的“剥离力衰减”的原因之一主要是基材间的热收缩率差异过大。而且，这种现象会主要体现在复合薄膜的纵向方向（不是袋子的纵向方向）上（参见“应用后的问题—水煮处理后—剥离力衰减”）。

在蒸煮处理后所发生的“剥离力衰减”的另一个重要原因是内装物中具有较强渗透性的低分子物迁移到了复合膜的某个胶层与基材的界面，降低了胶层与某基材间的粘接力，形成了“黏附破坏”。这也就是俗称的“耐介质性差”。

耐蒸煮复合膜袋的常用基材为 PET、PA、Al、RCPP、RCPE 等，但并不是市场上所销售的上述基材都可以被用于加工耐蒸煮的复合膜袋，除了基材的熔点（耐热性）指标外，基材的热收缩率指标是一个非常重要的隐含指标，也是一个常常被忽略的指标（参见“料—对耐水煮、耐蒸煮基材的特定要求”）。

在讨论耐蒸煮包装袋的剥离力衰减事宜的过程中， 一定要关注样品的界面分离状态，确认是发生了胶层的“内聚破坏”还是胶层与基材间的“黏附破坏”。

如果确认发生的是胶层的“内聚破坏”，那么就应从胶黏剂的选择及其应用方面查找原因；如果确认发生的是胶层与基材间的“黏附破坏”，那么就应从基材的物性及内装物的渗透、侵蚀性方面查找原因。

4. 袋体表面分层

“袋体表面分层”现象是指在三层或四层及以上的复合膜上，表层的基材与中间层（对三层的复合膜而言）或次外层（第二层，对四层及以上的复合膜而言）基材间在袋子的非封口处所发生的层间分离现象。

图 7-197 是具有“袋体表面分层”现象的不良样品的俯视图（图中的黑色标记线部位发生了“袋体表面分层”现象）。从袋子表面上呈现出“绷紧”状态的印刷基材可以判断出已经发生分层现象的面积大小。

图 7-199 是具有“袋体表面分层”现象的不良样品的侧视图。从黑色箭头所指示的部位的印刷基材的松弛状态可以判断出已经发生分层现象的部位。图 7-198 是将图 7-197 上已经发生分层的表面印刷基材部分剖开后的状态。从其中的红色箭头所指示的部位可清晰地看到两层基材间所发生的分离的状态。

该样品是 PA/Al/RCPP 结构的蒸煮袋。经过检查，该样品的“袋体表面分层”现象均发生在有油墨的区域，在没有油墨覆盖的袋体及封口处没有发生“袋体表面分层”现象，而且仍然具有较高的手感剥离力。

从图 7-198 中的红色箭头所指示处可以清晰地观察到：已经发生分层的印刷基材仍保持着平直、绷紧的状态，而次外层的铝箔则呈现明显地向下弯曲的状态。这种状态表明：该复合膜中表层的 PA 印刷基材在经受了高温蒸煮处理后发生了较大幅度的收缩。

造成上述“袋体表面分层”现象的原因是：在经历了高温蒸煮处理后，PA 基材与铝箔基材之间出现了过大的“热收缩率差异”。

图 7-197　袋体表面分层（一）

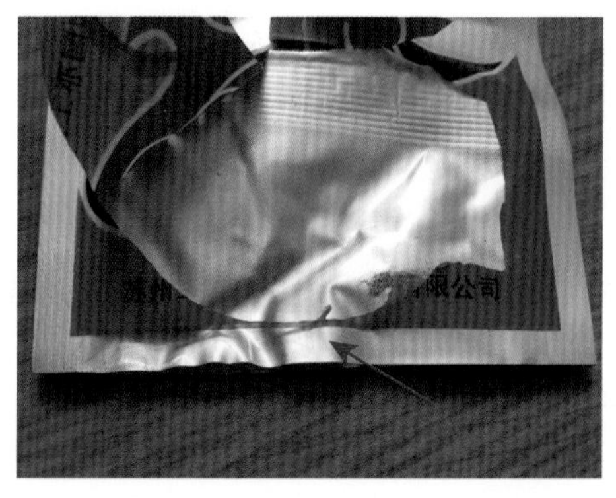

图 7-198　袋体表面分层（二）

图 7-199　袋体表面分层（三）

对策

选购在高温蒸煮条件下纵横向热收缩率不大于 1.5% 的 PA 基材。（参见“料—对耐水煮、耐蒸煮基材的特定要求”。）

5. 袋体内层分层

“袋体内层分层”现象是指在三层或四层及以上的复合膜上，内层的（热封层）基材与中间层（对三层的复合膜而言）或次内层基材间在袋子的非封口处所发生的层间分离现象。

图 7-200 中的两张图片分别是从同一个袋子的正反面拍摄的。在两张照片的靠近袋子下端的“不平整的袋子外观”处，显示该样品已经出现了“袋体内层分层”现象。

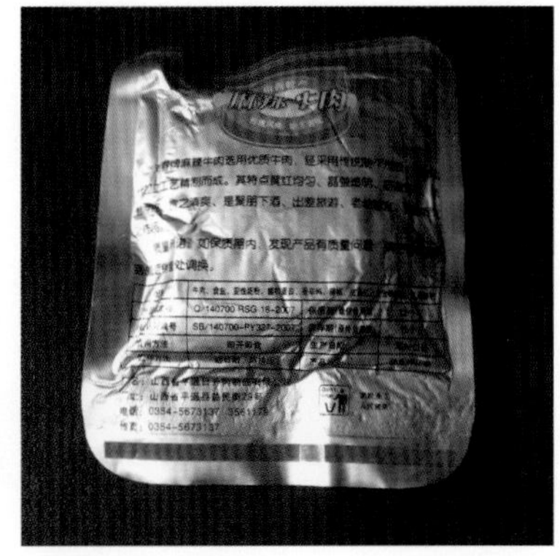

图 7-200　已发生袋体内层分层现象的蒸煮袋

图 7-201 显示的是已被剪开的，且已清除内装物的袋子。从照片中可以看到袋子的热封层（RCPP）基材的颜色已发生了明显的变化。

图 7-202 是将热封层（RCPP）基材从铝箔上剥下来后的状态。从照片上看，铝箔上可隐约看到黄颜色的斑点，而热封层基材则已整体变为黄色。

热封层基材变黄的现象表明在该蒸煮袋的内装物中含有某种呈现黄色的具有强渗透性的成分，它能够使 RCPP 膜染色，也能够穿透 RCPP 膜。而且，在将 RCPP 基材从铝箔上剥离开的过程中，可以清楚地看到在 RCPP 基材与铝箔之间存在着数量可观的黄色的油渍。

在该样品上，袋子的封口部位并不存在“内层分层”现象，所能看到的“袋体内层分层”

现象都存在于非封口部位，即与袋内的内装物相接触的部位。

图 7-201　剪开的袋子

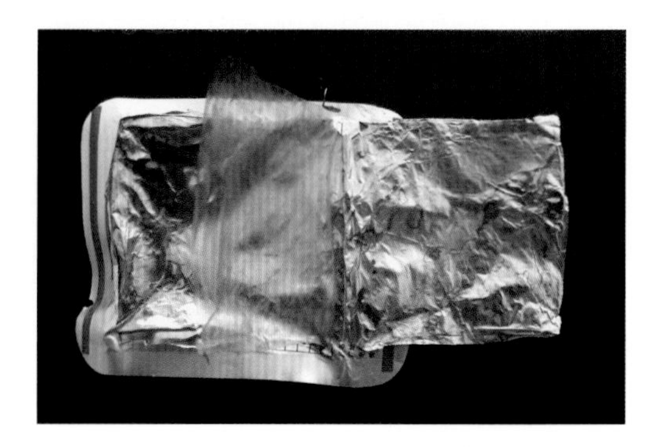

图 7-202　剥开内层后的状态

很显然，正是由于强渗透性的油渍物渗透过了 RCPP 膜并积存于铝箔与 RCPP 膜之间，导致了所看到的“袋体内层分层”现象（黏附破坏）。

另外，据提供该样品的客户反映：该客户为使用该蒸煮袋的下游客户提供了多个品种（内装物）的耐蒸煮袋，只有这个品种（麻辣味的）出现了“袋体内层分层”现象。

关于导致此类问题的原因，从不同的角度可以有不同的说法或判断：

①客户所选用的胶黏剂的“耐介质性”不足；

②客户所选用的内层热封基材对特定的内装物的阻隔性不足；

③下游客户的内装物中存在渗透性极强的低分子物。

对策

①与供应商协商提供“耐介质性”更强的胶黏剂；

②与供应商协商提供阻隔性更好的热封层基材；

③与下游客户协商调整内装物的配方。

6. 边角处局部分层

(1) 局部性的分层现象

图 7-203 是存在“边角处局部分层”现象的蒸煮袋的一种。在图 7-203 中存在着两种局部分层的现象：一种是图中黄色箭头所指示的存在于袋子的两侧的热合边上的肉眼可见的表层基材向上凸起的表面皱褶；另一种是图中蓝色箭头所指示的存在于袋子的两个底角处的表层基材凹凸不平的状态。

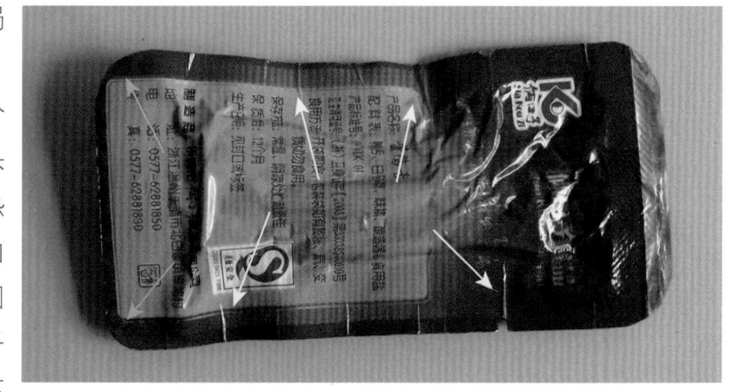

图 7-203　存在“边角处局部分层”现象的蒸煮袋

图 7-204 显示的是将上图中的袋子的两个底角处的表层基材（PET 膜）揭开后所能看到

的状态。该复合制品的结构为 PET/Al/RCPP。

揭开表层的 PET 膜之后所看到的是其下部的铝箔的表面状态。铝箔的表面颜色通常是有光泽的银灰色，在图 7-204 所示的拍摄环境下，因正常的铝箔表面的光泽度较高，故显示为深灰色。在图中红色箭头所指示的部位，铝箔部分表面的颜色已经变成浅灰色，而且其形态是从袋子的边缘向封口的内部逐渐伸展。

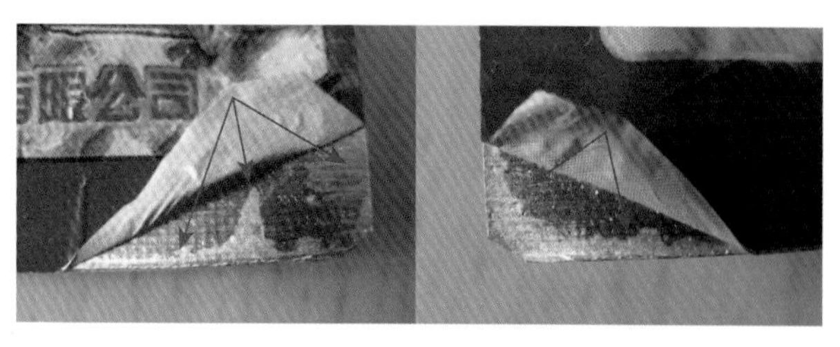

图 7-204　边角处的铝箔被腐蚀的现象

这种现象表明：在对该包装袋进行蒸煮处理的过程中，在温度及水分的作用下，铝箔层的表面被腐蚀了，胶层与铝箔的粘接界面上的铝箔面被破坏了，所以导致了 PET 与铝箔的分离。由于铝箔本身在热和水的条件下很容易被腐蚀（参见“法一应用篇一铝箔与镀铝层的耐腐蚀性”），因此，如果在蒸煮袋的成型过程中，胶层厚度不足（涂胶量不足）、胶层未能发生充分的变形以覆盖铝箔的端面，以及蒸煮的时间过长，都会发生从袋子的边缘处开始的铝箔层端面被腐蚀的情况，并最终导致宏观上的边角处局部分层现象（“常见问题篇一应用后的问题一水煮处理后－铝层被腐蚀”）。

原因

涂胶量不足；蒸煮处理时间过长。

对策

适当增加涂胶量；合理地应用蒸煮时间。

而存在于上述不良样品中的“热合边处的表层基材向上凸起的表面皱褶”现象的原因（参见“常见问题篇一应用后的问题一制袋加工后一封口处的表面皱褶”）则应当是：PET/Al 层间的剥离力相对较小；在蒸煮处理过程中，RCPP 基材在袋子的纵向方向上显现出了过大的热收缩率。

对策

提高 PET/Al 层间的剥离力；或选购在蒸煮条件下热收缩率较小的 RCPP 基材。

(2) 整体性的分层现象

图 7-205 中的复合薄膜的结构为 PA/RCPP，其内装物为带骨肉。

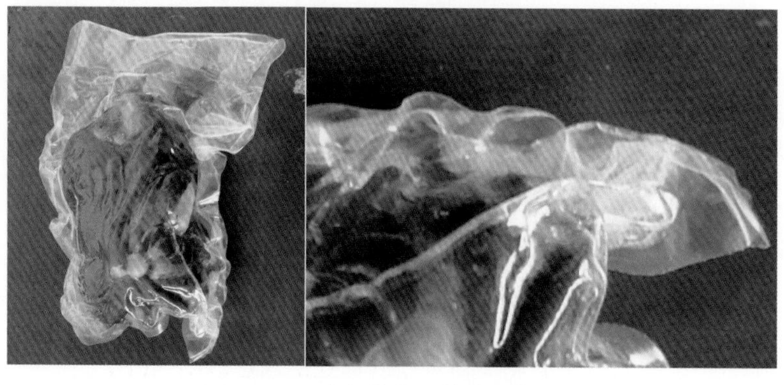

图 7-205　边角处分层的透明蒸煮袋

如图 7-205 右图所示，该不良样品所显示的问题是在袋子两侧的封边处出现了明显的 PA 与 RCPP 间的分离现象，而在袋子底边的封口处则没有分层现象。如果仔细观察，可以发现：在存在分层现象的部位，PA 膜呈现出向复合膜的外侧卷曲的状态；如果用手将 PA 膜“抚平”并使之靠近 RCPP 膜，可以发现 PA 膜比 RCPP 膜短了一截。另外，如果将此类不良样品袋剖开，取出内装物，并将袋子在桌面上平铺以测量其纵横向的尺寸时，会发现经过蒸煮处理后的袋子的几何尺寸与未经蒸煮处理的袋子的几何尺寸相比，明显缩小了。而且，如果对未发生分层现象的部位进行剥离力检测时，会发现其剥离力值均大于相关国标所要求的 3.5N/15mm 的力值。

造成此种现象的原因是：加工该蒸煮袋所使用的 PA 和 RCPP 基材在蒸煮处理的温度条件下，在袋子的某个方向（在本例中是在袋子的横向方向）上显现出了过大的热收缩率差异。

对策

选购在蒸煮条件下的热收缩率值小于 1.5% 的 PA 膜，或者热收缩率值虽大于 1.5%，但与 RCPP 膜的热收缩率值相同或相近的 PA、RCPP 膜，或者要求 PA 膜与 RCPP 膜的热收缩率差异值不大于 0.5%。

7. 铝箔层“撕裂”

图 7-206 和图 7-207 是同一个经过蒸煮处理的包装袋的正反面。图 7-206 显示的是袋子的一个外表面呈现正常的状态，图 7-207 显示的是袋子的另一个外表面上袋体处与内装物相对应的部位的复合薄膜中的铝箔层呈现出的“凹凸不平”的状态。图 7-208 为图 7-207 的局部放大图。图 7-208 中的黄色箭头所指示的部位的铝箔层并未出现类似的“凹凸不平”的状态。

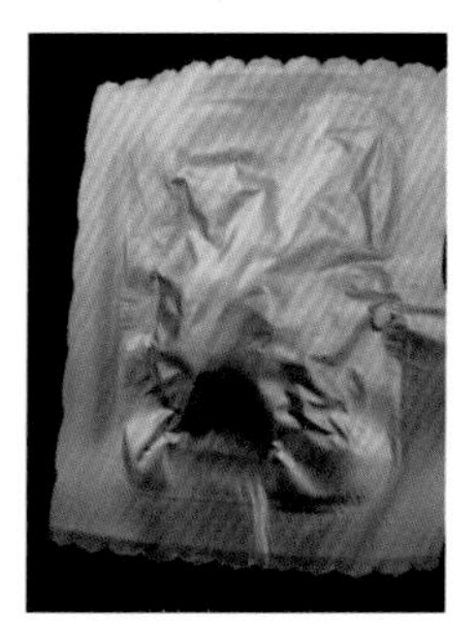

图 7-206 袋子的正常面

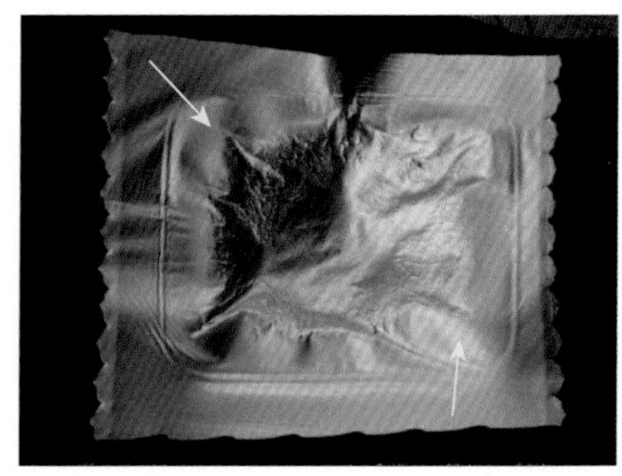

图 7-207 袋子的存在铝箔层撕裂现象的一面

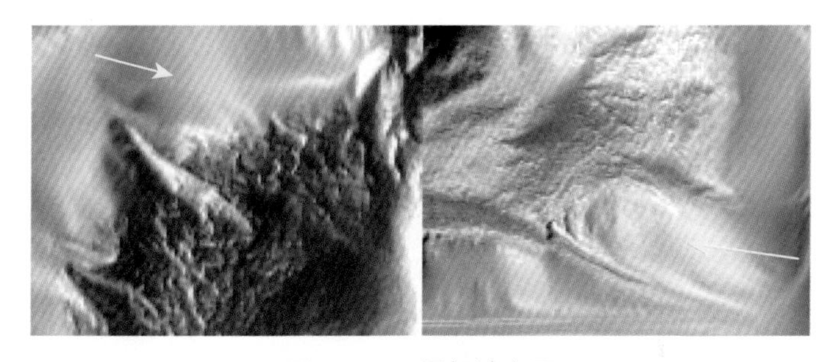

图 7-208 局部放大图

对于上述的不良外观，样品的提供者并未说明其显现的阶段，只是说这是一个已经过蒸煮处理的装有内装物的袋子。

如果上述的不良现象是出现在蒸煮处理之前，说明出现该现象的原因是在抽真空处理的过程中袋体的部分表面受到了超出其弹性变形范围的应力，而导致产生这种过大的应力的原因可能是内装物的形状不够规整。

因此，图中的黄色箭头所指示部位的铝箔层所呈现的外观平整的状态表明：该部分的复合膜在抽真空的过程中没有承受过超出其弹性变形范围的应力，因为此部分的复合膜未接触到内装物。

如果上述的不良现象是出现在蒸煮处理之后，说明出现该现象的原因是在高温蒸煮处理的过程中袋体的部分表面受到了超出其弹性变形范围的应力，而导致产生这种过大的应力的原因可能是蒸煮的温度过高和 / 或蒸煮锅内的反压不足。如果能够确认在图中的黄色箭头所指示的部位的两个热封层已经熔合到一起了，一种可能是所使用的热封层基材的熔点低于常规的蒸煮温度；另一种可能是所使用的蒸煮温度高于规范的蒸煮温度以及热封层基材的熔点。

> 对于图 7-207 所示的不良现象，在分析原因时，建议首先检查确认图中黄色箭头所指示部分的复合薄膜的热封层间是否已经发生了粘连或熔合。如果未发生粘连或熔合，建议从内装物的形态及抽真空处理条件方面查找原因；如果已经发生粘连或熔合，建议从蒸煮处理的工艺条件方面查找原因。

对策

①对于热封层未发生粘连或熔合的上述现象：调整内装物的形态；或降低真空包装机的真空度；或缩短真空包装机抽真空处理的时间。

②对于热封层发生了粘连或熔合的上述现象：正确设置与控制蒸煮处理温度；合理设置与控制蒸煮锅的反压。

图 7-209 ～图 7-213 是另一个类似的表面不良现象的样品的状态。

图 7-210 是图 7-209 中红色箭头所指示部位的放大图。图 7-212 和图 7-213 分别是图 7-211 中黄色和红色箭头所指示部位的放大图。

对于图 7-209 所示的包装袋，客户反馈的问题点之一是在图 7-210 所示的位置上出现了许多沿袋子的纵向分布的浅色条痕，使包装呈现出不良的外观。而同样的问题在该袋子的正面（“棒棒娃”LOGO 一面）并未出现。

图 7-212 和图 7-213 是从袋子的内侧进行观察的结果，图片显示复合膜当中的铝箔层已显现出程度不等的裂痕，而且在袋子已发生明显塑性变形的（红色箭头指示的）部位，铝箔层的裂痕更严重一些。

图 7-209　不良品的正反面

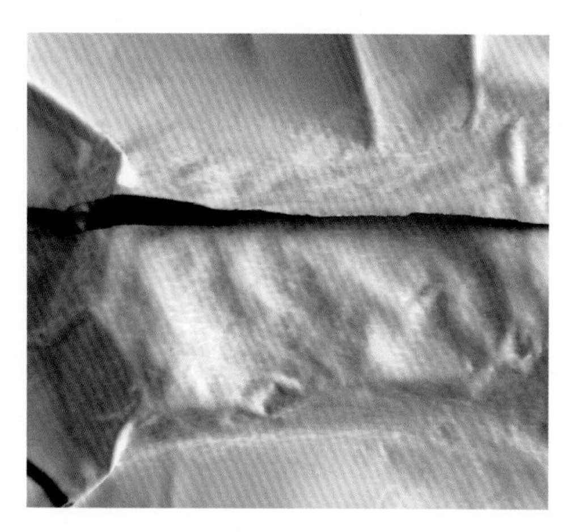

图 7-210　不良现象的细节

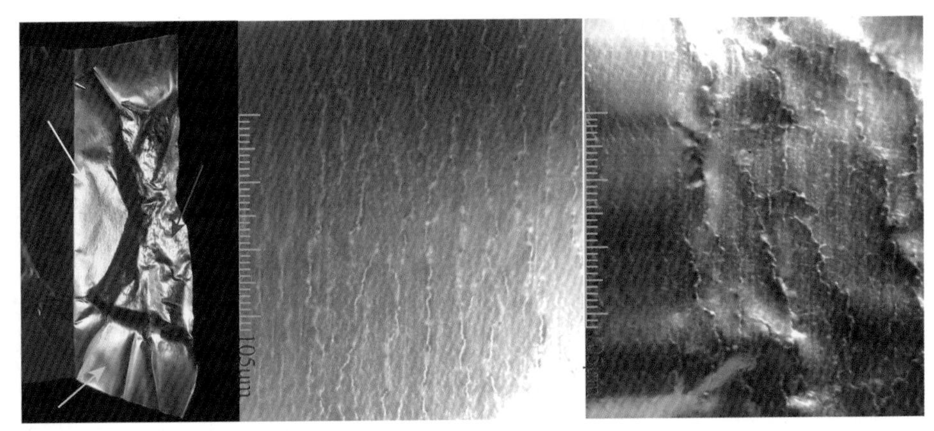

图 7-211　不良品的内侧　　图 7-212　黄色箭头处状态　　图 7-213　红色箭头处状态

据客户反馈：该包装袋的底面（没有“棒棒娃”LOGO 的一面）在充填内装物前要进行冲压处理，冲压深度约为 10mm。

从图 7-211 来看，在包装袋的热封层没有与内装物直接接触的部位，如图中黄色、绿色箭头所指示的部位，热封层之间并未发生粘连或熔合，而且，在图中绿色箭头所指示部位也未显现出与图中黄色箭头所指示部位相同或相似的裂痕，那么可以认为实际的蒸煮温度低于热封层基材的熔点，或实际的蒸煮温度没有过高于设定的温度值，如 121℃，而且在蒸煮处理过程中反压控制良好，没有出现袋子过度膨胀的过程。

因此可以认为：上述照片所显示的条状白斑或铝箔层的裂痕是在充填内装物前的冲压过程中以及充填内装物后的抽真空过程中产生的。

原因

冲压处理所引发的复合材料的变形和充填内装物 / 抽真空处理过程所引发的复合材料的变形已超出了复合材料的弹性变形范围，进入了塑性变形范围；在塑性变形的过程中，铝箔层发生了如图所示的裂痕。

对策

减少内装物的厚度、减少冲压深度；或降低真空包装机的真空度；或缩短真空包装机抽真空处理的时间；或选用弹性变形率较大的铝箔。

8. 蒸煮袋表面的气泡

(1) 铝塑复合膜表面的气泡

图 7-214 左图和右图是分别从两个含铝箔的蒸煮袋上拍摄到的。该类气泡的特点是：在蒸煮前，袋子的外观是良好的；经过蒸煮处理后，在袋子的表面出现了分布不均、大小不等的肉眼可见的、凸起的气泡。在个别的案例中，袋子在经受了 121℃、30min 的蒸煮处理后，外观仍保持了良好的状态，而在继续经受 135℃、30min 的蒸煮处理后，袋子的表面出现了分布不均、大小不等的肉眼可见的、凸起的气泡。而有的案例中，袋子在经受了 121℃、30min 的蒸煮处理后，袋子的表面出现了分布不均、大小不等的肉眼可见的、凸起的气泡。当温度降到 118℃时，同一批的袋子上则没有再出现凸起的气泡。

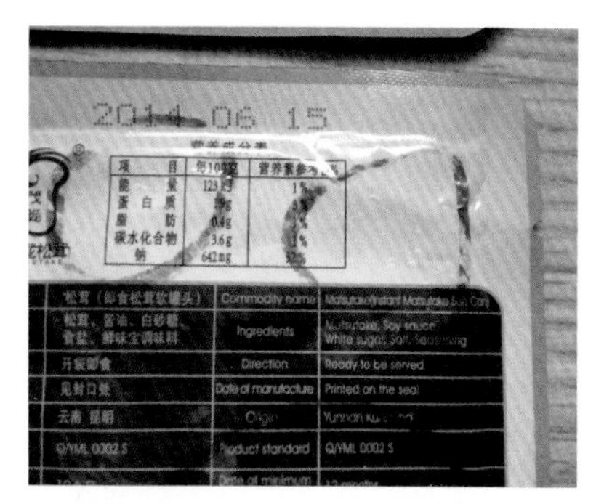

图 7-214　蒸煮后的气泡

图 7-215 和图 7-216 是分别从图 7-214 左图上拍摄到的气泡外观和将表层印刷膜剖开后的外观图。

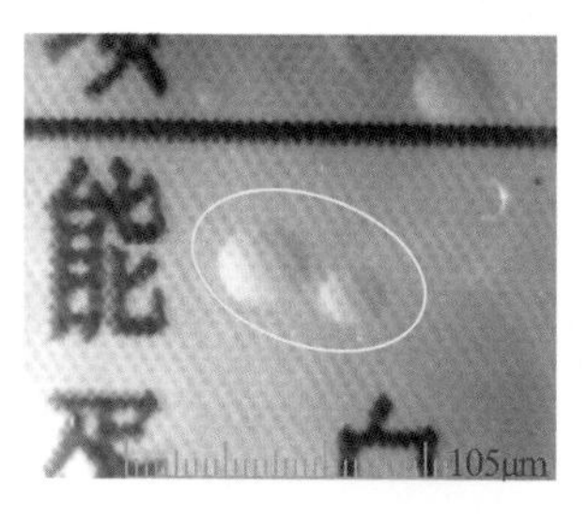

图 7-215　气泡的外观

从图 7-215 右图和图 7-216 右图上表层印刷膜已被剖开部位的铝箔上可以清晰地看到图中黄色箭头所指示的、其颜色比铝箔稍浅的点状或环状的白斑。在图 7-217 中可以清晰地看到蒸煮处理后出现的气泡的内部所呈现出的淡黄色的痕迹。这些白斑或淡黄色的痕迹应当是存在于表层印刷膜与铝箔间的“受热后可汽化物质”在受热汽化后留下的痕迹。这些“受热后可汽化物质”应当是存在于铝箔表面上的未被清除干净的铝箔轧制油。

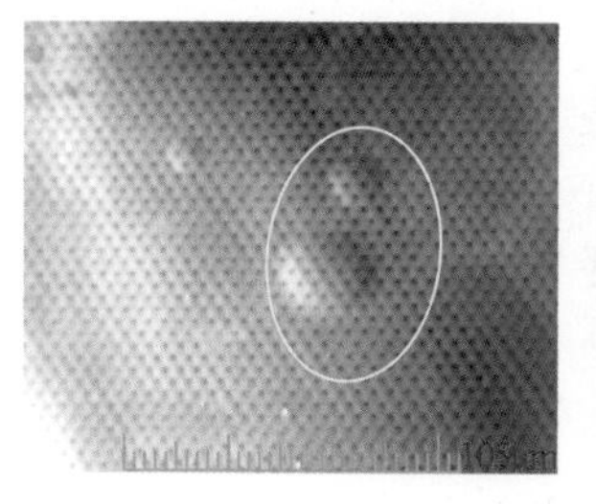

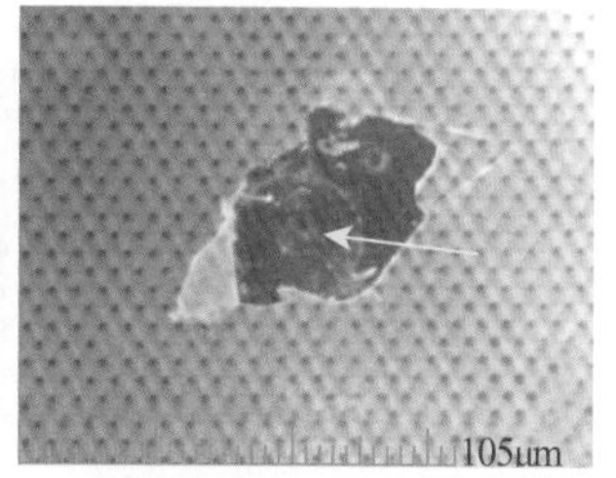

图 7-216　印刷膜剖开后的外观

铝箔轧制油是铝箔的轧制过程中必须使用的辅助材料。而在铝箔的轧制过程结束后，存在于铝箔表面的轧制油又需要在后期的热处理过程中尽可能彻底地挥发掉。而轧制油挥发掉的真实程度（除油度）可以通过黏附性试验和检查其表面润湿张力的方式进行确认，参见“料—铝箔的除油度”。

图 7-217　呈淡黄色的气泡

一般来讲，含铝箔的蒸煮袋的表面在经受了高温蒸煮后所显现出气泡的原因之一应当是在表层的基材（PET 或 PA）与铝箔之间存在可受热膨胀的空气或受热后可汽化的物质，如残留溶剂和铝箔轧制油，受热后膨胀 / 汽化，将印刷膜顶起所形成的。

由残留的轧制油所导致的蒸煮处理后的气泡一般会比较大，而由残留溶剂或复合加工后的“白点”或“气泡”所导致的蒸煮处理后的气泡一般会比较小。

原因

在复合膜层间存在可受热膨胀的空气或受热后可汽化的物质，如残留的溶剂和铝箔轧制油。

对策

①增强印刷、复合工序的干燥条件，尽量降低印刷品、复合制品的残留溶剂水平；

②加强对铝箔除油度的检查，尽量不使用除油度较低的铝箔；

③在复合工序中，对铝箔进行在线电晕处理，以减少或消除残留轧制油的不良影响；

④在复合工序中，正确使用平滑辊，确保胶层的均匀分布；

⑤控制复合单元的温度、压力，尽量减少复合制品中的气泡；

⑥应向蒸煮袋的下游用户建议尽量合理使用蒸煮温度及反压条件。

(2) 塑 / 塑复合膜表面的气泡

图 7-218 所示的复合产品的结构为 PA/RCPP。其表层为 PA/RCPP 的印刷 / 复合膜，内层为 PA/RCPP 的光膜。印刷图案为多色正、反版印刷，含大面积的金墨、银墨。图 7-219 为其表层膜的正面图像，图 7-220 为其表层膜的背面图像。

图 7-218 为客户所咨询的经过 121℃、30min 蒸煮后显现出有气泡问题的袋子。袋子由上下两片膜构成。底片为 PA/RCPP 光膜，上片为 PA/RCPP 印刷膜。为真空包装。底片的光膜经过热成型处理，呈凹陷状，用于盛放蛋制品；上片为印刷的盖膜。

图 7-218　不良的蒸煮袋

图 7-219　复合膜正面

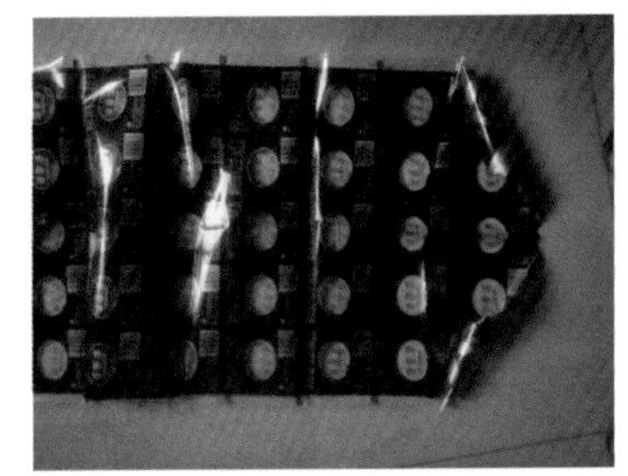

图 7-220　复合膜背面

直观地观察，底片膜的外观状态良好，没有肉眼可见的气泡。有印刷的盖膜则存在大量的气泡。气泡主要分布在金色环状图案所圈定的透明区域内，但在其中间部位气泡又很少（不是没有）。

在图 7-221 所示的金色环状图案的外缘的黑墨区域内也有少量的气泡。在其他的与黑色油墨相对应的部位则没有气泡。

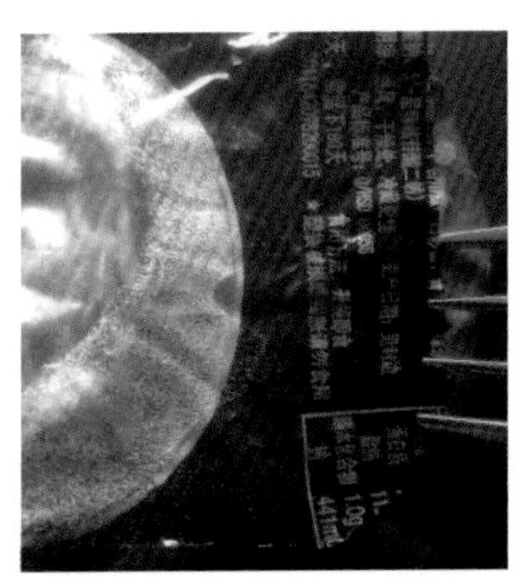

图 7-221　气泡的分布

图 7-222 中的三张图片显示的是在盖膜的透明部位的不同区域的气泡的状态。图 7-223 中的两张图片分别摄于金色环线处及黑墨处。

图 7-222 蒸煮后不同部位的气泡形态（一）

一般来讲，经过蒸煮处理后，在塑 / 塑结构蒸煮袋的袋体上可看到的气泡是由于在包装袋的复合过程中，复合膜的层间存在肉眼不可见的气泡，气泡中的气体在蒸煮的高温条件下发生膨胀而形成了肉眼可见的气泡。

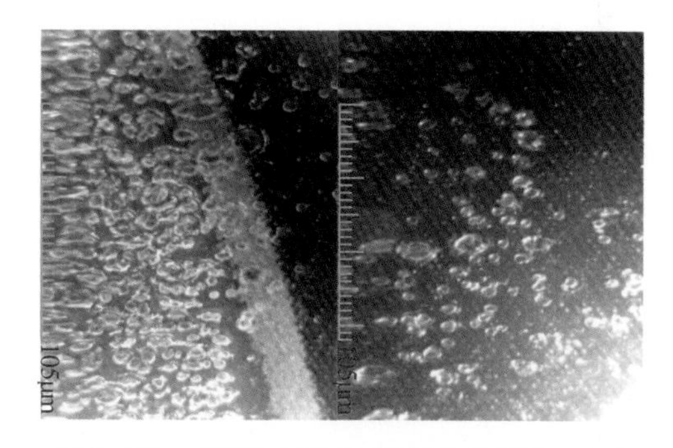

图 7-223 蒸煮后不同部位的气泡形态（二）

对同批的未经蒸煮处理的复合膜样品的外观状态进行检查的结果如下：

在未经蒸煮处理的复合膜样品的金色环状图案的内缘处可看到图 7-224 所示的条形的小气泡；在黑墨区域（但不是全部）也能看到形状如图 7-225 所示的条形气泡。

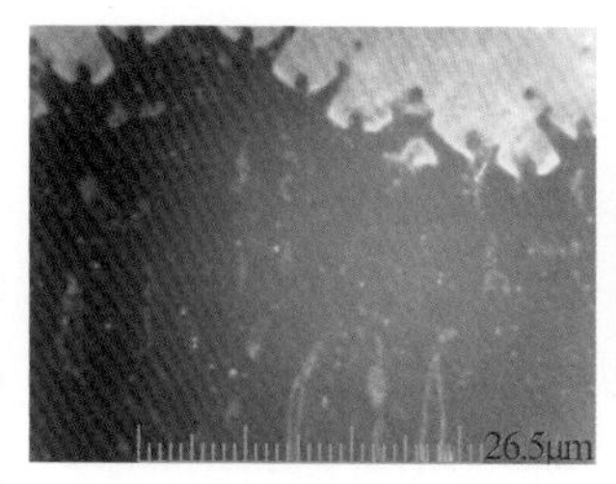

图 7-224 蒸煮前复合膜中的气泡

上面四张照片显示，在未经蒸煮处理的复合膜上确实存在形状各异的肉眼不可见的气泡。这就可以解释经过高温蒸煮处理后在透明区域和部分黑墨区域会有肉眼可见的气泡产生的现象了。

需要解释的另一个问题是：为什么在透明区域的中间部位的气泡比较少？

由于客户未提供更多的蒸煮条件，如复合包装制品的码放方式，有可能是在蒸煮时，该“透明区域的中间部位”是包装袋与蒸煮用托盘的接触面，在蒸煮处理过程中，蒸煮袋的此处受热相对比较少的缘故。

还有一个需要解释的问题是：为什么在 PA/RCPP 光膜上没有气泡？

对经过蒸煮处理的包装袋的 PA/RCPP 光膜部分（没有肉眼可见的气泡）进行检查后得到图 7-226 所示的图片。

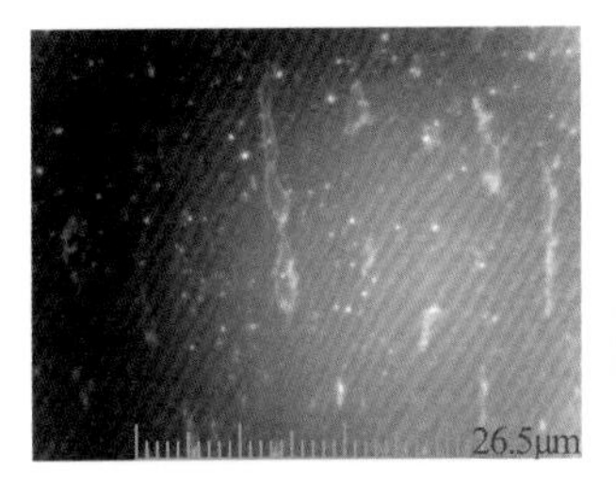

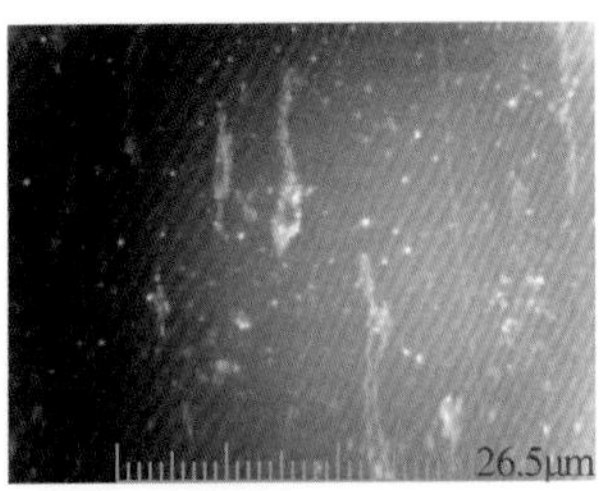

图 7-225　蒸煮前复合膜中的气泡（一）

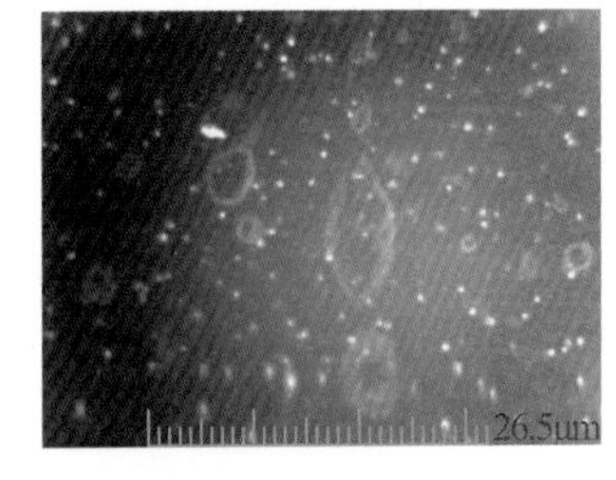

图 7-226　蒸煮前复合膜中的气泡（二）

图片显示在构成底托的 PA/RCPP 光膜内也存在着气泡，只是气泡很小，肉眼难以察觉。而且，气泡的形态也有所不同。

同一个结构的复合膜为什么会有这样的差别？

为此，对已经过蒸煮处理的包装袋的 PA/RCPP 光膜（底托）和未经蒸煮处理的 PA/RCPP 印刷复合膜分别进行了手工剥离力检查。检查结果如下：

经过蒸煮处理的包装袋的 PA/RCPP 光膜（底托）难以被剥离开。未经蒸煮处理的 PA/RCPP 印刷 / 复合膜可完整地剥离开。手感的剥离力大约在 1N/15mm；在有墨处，剥离发生在油墨层内，是金 / 银墨发生了“内聚破坏”；在无墨处，剥离应是发生在胶层与 RCPP 的界面上，即胶层是附着在 PA 膜上的。

根据 GB/T 10004—2008 的相关要求，半蒸煮级的 PA/RCPP 复合膜的层间剥离力应不小于 3.5N/15mm。而上述样品为何在无墨处的剥离力会那么低？

用达因笔对剥离面的无墨处两侧进行检查的结果是，表面润湿张力为 34 ～ 36 达因 / 厘米（有墨处的表面润湿张力不小于 50 达因 / 厘米）。

用达因笔检查 PA/RCPP 印刷 / 复合膜的 PA 表面的结果，表面润湿张力为 46 ～ 48 达因 / 厘米。

一种可能是：客户加工此产品时使用的 PA 膜是双面电晕处理的，是 RCPP 膜的析出物使得熟化后的胶层表面的表面润湿张力下降得如此明显。另一种可能是：客户加工此产品时使用的 PA 膜是单面电晕处理的，印刷时用错了电晕面，也存在 RCPP 膜的析出物问题。

从复合制品的涂胶状态来看，客户是使用了平滑辊的，因为胶层的分布状态总体还是比较均匀的。但从前面的复合膜层间的条形气泡的状态来看，应当是 PA 膜的表面润湿张力较低（涂胶面为 PA 膜的非电晕处理面），即使是在平滑辊的帮助下，胶层也未能充分覆盖载胶膜的表面而形成了条形气泡。

PA 膜出厂时，其电晕面的表面润湿张力不会小于 50 达因 / 厘米，一般会为 52 ～ 54 达因 / 厘米。经过复合加工后降到了 46 ～ 48 达因 / 厘米，正好说明所使用的 RCPP 存在爽滑剂析出的情况。

结论

①客户所遇到的蒸煮后在袋体表面显现肉眼可见的气泡的原因是：

（a）在复合膜层间存在条形气泡（必要条件）；

（b）该复合膜的层间剥离力比较小（充分条件）；

（c）在蒸煮条件下，印刷 / 复合膜中的条形气泡中的气体受热膨胀，而较低的层间剥离力为小气泡膨胀为大气泡提供了充分条件。光膜复合中也存在小气泡，受热后也要膨胀，但较大的剥离力限制了气泡的膨胀幅度。

②形成条形气泡的原因是：

（a）载胶膜的表面润湿张力较低，即使在平滑辊的帮助下，胶水工作液也难以充分覆盖其表面；

（b）涂胶量不足。

③载胶膜表面润湿张力较低的原因：可能是使用了 PA 膜的非电晕处理面。

④层间剥离力较小的可能原因：

（a）使用了 PA 膜的非电晕处理面；

（b）RCPP 膜的爽滑剂析出；

（c）金 / 银墨的内聚力较低；

（d）涂胶量不足。

对策

①选择合适的油墨，使蒸煮袋表层的剥离力满足相关标准的要求；

②在印前加工的准备工作中，须逐卷检查确认基材的表面润湿张力是否符合要求；

③应向 RCPP 膜的供应商提出要求，尽量少用爽滑剂；

④在复合工序中，正确地使用平滑辊，确保胶层的均匀分布；

⑤控制复合单元的温度、压力，尽量减少复合制品中的气泡；

⑥应向蒸煮袋的下游用户建议尽量合理使用蒸煮反压条件。

小结

蒸煮处理后在蒸煮袋表面显现肉眼可见的气泡的原因：

①复合膜间存在可受热膨胀的、肉眼不可见的小气泡；

②含铝箔的蒸煮袋中，铝箔的除油度不足，铝箔上存在可受热汽化的铝箔轧制油；

③复合膜层间的剥离力未满足相关标准的要求；

④蒸煮锅的反压不足，为气泡的膨胀和轧制油的汽化提供了外因。

九、高温热合处理后

在非封口处显现的气泡

某客户提供了一个图 7-227 左图所示的“经高温热合处理后，在非封口处显现的气泡”的不良样品。该产品为一个喷墨打印机的墨盒，它由一个聚丙烯的注塑

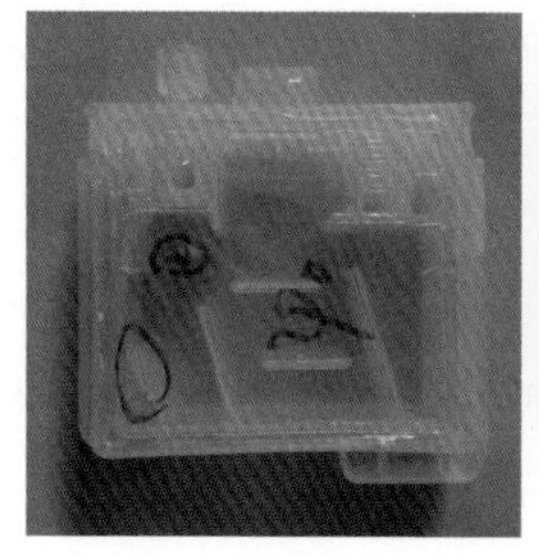

图 7-227　不良样品图片

件和一张复合膜的侧边封盖材组合而成。

复合膜的结构为 PET/PA/CPP。

据客户反馈，墨盒加工厂的热合温度条件为 250 ～ 290℃，热合时间与热合压力条件不详。

客户所要咨询的问题是：在将复合膜热合到墨盒的过程中，当温度为 290℃时，复合膜与墨盒间的热合状态（强度）符合下游客户的要求，但在复合膜的非热合区域无规则地出现了图 7-227 右图所示的肉眼可见的气泡。如果将热合温度适度降低，则显现出来的气泡的数量会减少，其尺寸会缩小。

当温度降至 250℃时，在复合膜的非热合区域未再显现出肉眼可见的气泡。另据客户反馈，将该复合膜剥开后，发现小气泡是存在于 PA/CPP 的层间。

图 7-228 是该不良样品的斜视图。在该图的黄色箭头所指示的 A 区域是有气泡显现的区域，在由红色箭头所指示的 B 区域则是没有气泡显现的区域。A 区域复合膜的透明度比较差，且呈现出平直 / 绷紧的状态。B 区域复合膜的透明度比较好，且呈现出松弛 / 有波浪形皱纹的状态。

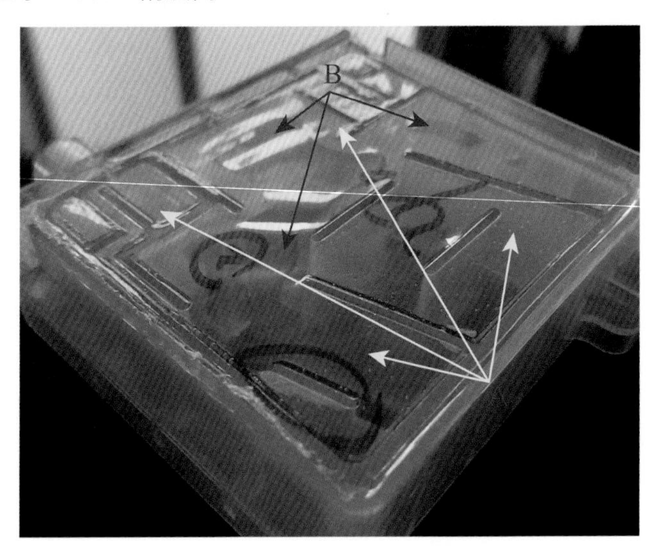

图 7-228　不良样品的斜视图

一般来讲，该结构的复合膜的透明度应当是图 7-228 中 B 区域所示的状态，而且其平整度也应是比较好的。所以，A 区域的透明度较差的状态显然是受热过度的结果。而且，与 B 区域的不平整状态相比，A 区域的平直 / 绷紧的状态显然是该区域的复合膜受热后发生了较大幅度的热收缩的结果（与热合模板的设计形状有关，参见“料—基材的热收缩率”）。

图 7-229 的两张图片分别是在 10 倍和 40 倍的光学放大倍率下的气泡的状态。从该复合膜的透明度的状态来看，客户在进行复合加工时曾经使用了平滑辊。

从图 7-229 右图中可以发现，在两个直径大约为 130μm 的小气泡的中心处都有一个直径是 3 ～ 5μm 的“小白点”。这个“小白点”应当是基材中的开口剂之类的物质，很有可能是存在于 PA 膜中的开口剂。

图 7-230 是该样品中的某个气泡的剖面图。图中由黄色箭头所指示的“黑洞”即是在高温条件下所形成的气泡。从图中可以看出该气泡确实是存在于 PA/CPP 层间的。

综合以上的信息，可以做出如下判断：

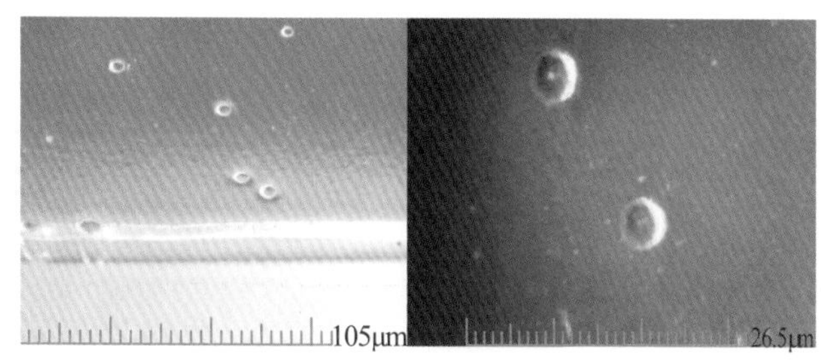

图 7-229　气泡的显微状态

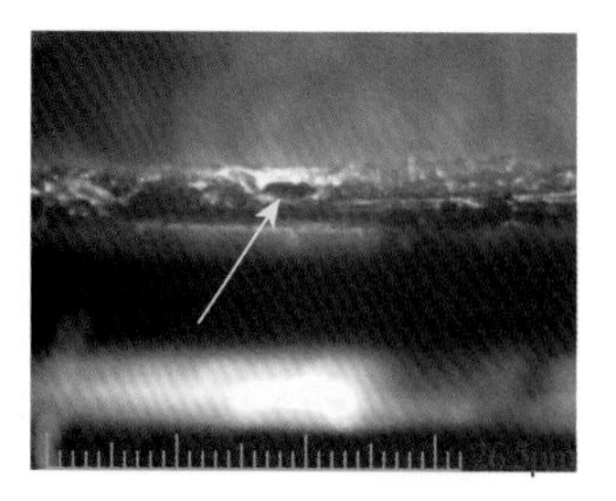

图 7-230　气泡的剖面图

上图所示气泡的原因：

①在该三层的复合膜当中的 PA/CPP 层间存在肉眼难以观察到的、以开口剂为核心的微小气泡；

② PA/CPP 层间的残留溶剂量较大；

③热合条件过于强烈，使得微小气泡或残留的溶剂受热膨胀为肉眼可见的气泡；

④热合条件过于强烈的原因可能是 PP 注塑件的熔点明显高于所使用的 CPP 膜。

对策

①下游客户端：在可能的条件下，降低所使用的 PP 粒料的熔点；在可能的条件下，降低热合温度。

②包材加工企业端：在可能的条件下，选用热合层的熔点与注塑件的 PP 粒料的熔点相接近的 CPP 膜；调整复合工艺条件，如增加复合压力和复合辊的温度，尽量使复合膜中不存在微小气泡；提高烘干箱的温度或降低复合加工速度以减少复合薄膜中的残留溶剂量；对熟化后的复合薄膜采用“灼烧法”检查其中是否存在微小气泡以及微小气泡存在于哪一个层间。

十、市场流通中的问题

1. 漏气

市场流通过程中的“漏气”现象可分为两大类：一类是原本的抽真空包装制品失去了原有的真空度，可称为“失真空性漏气”；另一类是原本的充气包装失去了原有的充气压力，可称为“失压性漏气”。

上述的两类“漏气”现象又可分别细化为“内源性漏气”和“外源性漏气”。

“失真空性漏气”中的“内源性漏气”可分为两种。一种是指内装物中产生了气体，使包装袋鼓了起来，从而丧失了由于抽真空而形成的规整的外形。此种状态常见于熟肉制品的真空包装制品（参见“常见问题篇—市场流通中的问题—胀包”）。另一种是复合薄膜的阻气性不足，在长期的存储过程中，外界的空气或湿气透过复合薄膜进入了包装袋内。

“失真空性漏气”中的“外源性漏气”是指包装袋上存在允许外界空气进入包装袋内的“通道”，从而导致包装袋原有的真空度逐渐丧失。如图 7-231 所示。图中左侧的包装袋为常规的经过抽真空处理的大米袋，图中右侧的包装袋为同批的存在“外源性漏气”现象的大米袋。

形成“通道”的原因有以下几种。

①制袋加工过程中，由于某种原因造成“封口不严”：热合条件不充分，导致封口不牢；封口处的夹杂物影响了封口的密封性，如图 7-232 所示；热合条件不充分，导致在袋子的四层 / 两层交界处留下缝隙，见图 7-233 ～图 7-235；滚轮热封刀的啮合度不良（参见“法一应用篇—滚轮热封相关事宜—滚花的啮合度”）。

图 7-231 正常的与失真空的袋子

图 7-232 封口处的夹杂物

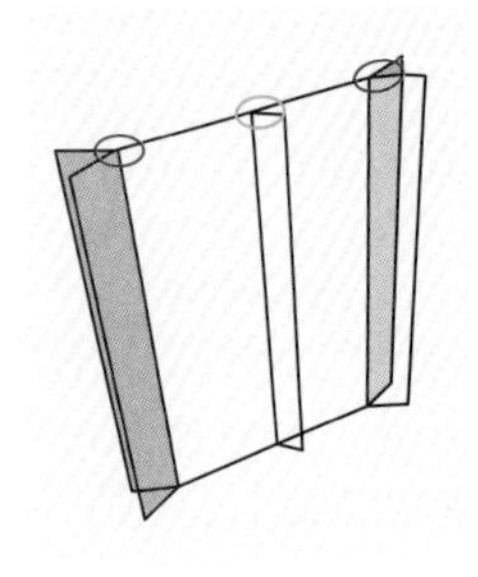

图 7-233 风琴中封袋

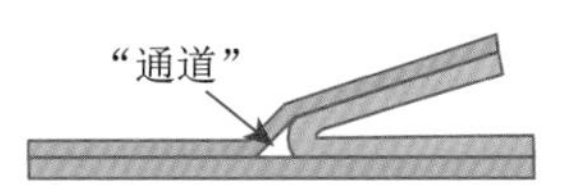

图 7-234 中封口处的通道

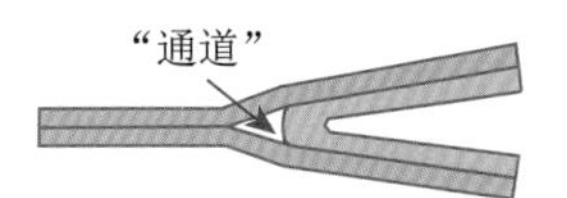

图 7-235 折边处的通道

②流通、存储过程中，包装袋被袋内或外界的某种尖锐物戳破。

“失压性漏气”中的“内源性漏气”是指复合薄膜的阻气性不足，在长期的存储过程中，充填在包装袋内的气体（氮气或二氧化碳气体）透过复合薄膜逸出了包装袋；“失压性漏气”中的“外源性漏气”是指包装袋上存在允许内部的气体逸出包装袋的“通道”，从而导致包装袋原有的压力逐渐丧失。

形成“通道”的原因有：制袋加工过程中，由于某种原因造成“封口不严”；流通、存储过程中，包装袋被袋内或外界的某种尖锐物戳破，如图 7-236 和图 7-237 所示。

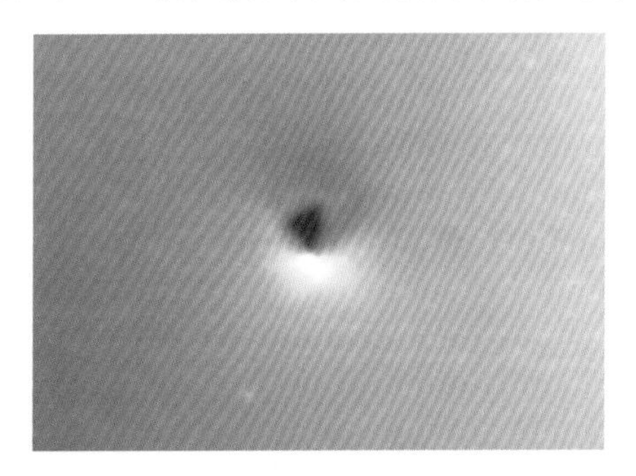

图 7-236 由外向内的破口

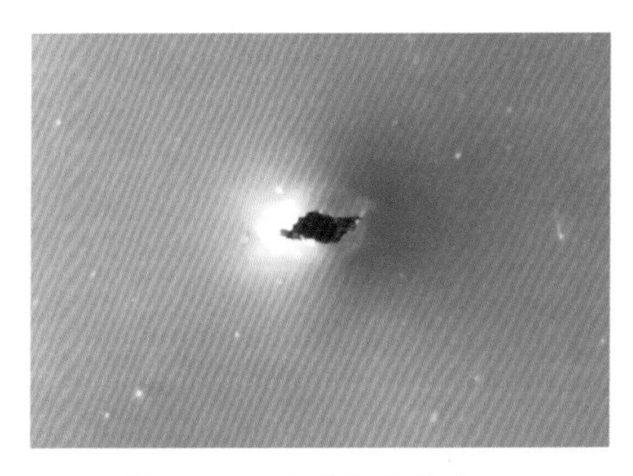

图 7-237 由内向外的破口

“漏气”问题还可以包括另外几种现象：

①长期存储后，内装物受潮（特指干燥食品、物品）；

②长期存储后，内装物失重（特指对水分含量有要求的物品）；

③长期存储后，内装物变色（特指对氧气敏感的肉制品等）。

对于此类的关于“漏气”的“质量投诉”，首先要做的事情是检查确认包装袋上是否存在“允许气体进出的通道”，具体的操作方法可使用图 7-121 所示的密封试验仪。

其工作原理是：将待测试的包装袋置入密封仪的罐体内，在罐内注入一定数量的水，扣好上盖，对罐体进行抽真空操作。如果包装袋上存在“允许气体进出的通道”，则能够观察到气泡连续不断地从包装袋的某个特定位置冒出；如果包装袋上不存在“允许气体进出的通道”，则包装袋会随着真空度的提高而逐渐膨胀起来。

如果发现“允许气体进出的通道”是存在于袋体（非封口处）上，则应结合用放大镜观察到的“破口”的形态（由内向外或由外向内），从包装、储运、内装物的物理形态以及复合薄膜的选材方面查找原因及对策；如果发现“允许气体进出的通道”是存在于袋子封口处，则应从制袋加工的设备及工艺条件方面查找原因及对策；如果确认包装袋上不存在“允许气体进出的通道”，则应从复合薄膜的选材（透气性或透湿性）方面查找原因及对策。

2. 胀包

图 7-239 是一个存在“胀包现象”的范例。“胀包现象”是指采用了真空包装形式的包装食品袋，在包装袋无破损（包装袋上不存在允许外界空气进入包装袋内的“通道”）的前提条件下，包装袋失去了其原有的“真空度”，内装物在包装袋内呈现游离状态；在比较严重的情况下，包装袋内会存在一定的压力，呈现出类似于一个充气枕头的状态。

图 7-238 和图 7-239 中的复合膜袋都是适用于水煮处理的、PA/CPP（CPE）结构的真空包装袋。图 7-238 是经过了水煮处理且外观正常的真空包装袋，图 7-239 则是在市场上流通了一段时间且出现了“胀包现象”的包装袋。

图 7-238　正常的袋子

图 7-239　胀包的袋子

经检查，该包装袋并不存在“破包”或“漏气”问题。因此，该样品的“胀包现象”的原因显然是内装物已经腐败并已产生气体。

在包装食品中，水煮消毒和蒸煮灭菌的包装食品都会出现类似胀包现象。

水煮处理只是一个消毒的过程，水煮消毒的方法只能够杀死、消除或抑制部分微生物，使之在短期内不发生危害，但并不能清除或杀灭所有微生物（如芽孢等）。因此，残存在包装内容物中的未被杀灭的微生物在适宜的条件下（特别是在夏季）仍然会繁殖，并最终导致包装食品的腐败（参见“法一应用篇一消毒与灭菌”）。

蒸煮灭菌是一个杀菌的过程，它能够杀灭物体表面和孔隙内所有的微生物（包括病原体、非病原体的繁殖体和芽孢）。如果杀菌的结果是良好的，则相应的包装食品在 1 ～ 2 年的常温保存条件下都不会发生胀包现象。如果蒸煮杀菌时的温度不够高或时间不够长或被处理的包装食品的厚度过大，结果使得被处理的包装食品的中心部位未能达到设计的蒸煮温度或者虽然能够达到设计的蒸煮温度但不能保持足够长的时间，那么，其中的微生物就不能被全部杀灭，在适宜的条件下（特别是在夏季）仍然会繁殖，并最终导致包装食品的腐败。

如果在已经腐败的包装食品中存在可以产气的细菌或微生物，则它们释放出的气体会逐渐使真空包装食品呈现出不同程度的“胀包现象”。

有些客户或下游客户会说：是所提供的包装材料的阻气性能不足，外界的气体透过包装材料进入了包装袋内部而导致了“胀包”。这是一种非理性的说法。

一般来讲，气体只会从气压高的部位向气压低的部位迁移，而不会反其道而行之，所发生的“胀包”现象恰恰说明所使用的包装材料具有良好的阻气性。

对策

①调整消毒 / 灭菌工艺条件（提高温度或延长时间）；

②调整（减小）内装物的几何尺寸；

③降低存储 / 流通环节的环境温度。

3. 内装物“变质”

内装物“变质”是指经过一段时期的市场流通后，当消费者打开包装袋准备享用袋内食品时所发现的内装物已经“变味”“变质”的状态。

食品的腐败变质是一个复杂的生物化学反应过程，涉及食品内酶的作用、污染微生物的生长和代谢，但主要是污染微生物的作用。从腐败变质对食品感官品质的影响来看，食品腐败变质的类型主要有以下几种。

①变黏：腐败变质食品变黏主要是由于细菌生长代谢形成的多糖所致，常发生在以碳水化合物为主的食品中。常见的使食品变黏的微生物有：产碱杆菌、粪产碱杆菌、无色杆菌属、乳酸杆菌、明串珠菌等，少数酵母也会使食品腐败变黏。

②变酸：食品变酸常发生在以碳水化合物为主的食品和乳制品中。食品变酸主要是由于腐败微生物生长代谢产气所致，主要的微生物包括：醋酸菌属、丙酸杆菌属、假单胞菌属、微球菌属和乳酸杆菌属等；少数霉菌，如根霉菌也会利用碳水化合物产气，从而造成食品腐败变质。

③变臭：食物变臭主要是由于细菌分解以蛋白质为主的食品产生有机胺、氨气、硫醇和粪

臭素等所致。常见的可分解蛋白质的细菌有：梭状芽孢杆菌属、变形杆菌属、芽孢杆菌属等。

④哈喇味：哈喇味是脂肪变质产生的。食物中的脂肪通常容易被氧化，产生一系列的化学反应，氧化后的油脂有怪味，也就是酸败的产物。常见的肥肉由白色变黄就属于这类反应，食用油储存不当或储存时间过长也容易发生这类变质，产生哈喇味。

作为包装食品，比较典型的已经发生腐败变质的现象是前述的“胀包”，但在更多的情况下，已经发生腐败变质的包装食品并不伴随“胀包”现象，而是打开包装袋后才能感知到的变黏、变酸、变臭、哈喇味等自认为本不应存在或显现的味道或状态。

上述不良现象，对于经过水煮处理的包装食品，是存储时间过长以及存储的环境温度过高所致；对于经过蒸煮处理的包装食品，则是灭菌不彻底所致。

而导致出现“灭菌不彻底”这一结果的原因是多方面的。一种可能是灭菌处理设备的温度参数未达标，如未达到 121℃；二是灭菌处理的时间不足，如未达到需要的 30min 或 40min；三是内装物（食品）的外形不规整或厚度过大，在规定的处理温度和时间的条件下，内装物的中心处的温度未达到 121℃，或虽然温度值达到了，但未保持足够的时间。

对策

①调整消毒 / 灭菌工艺条件（提高温度或延长时间）；

②调整（减小）内装物的几何尺寸；

③降低存储 / 流通环节的环境温度。

4. 封口处的表面皱褶

图 7-240 是“宽刀封口处表面皱褶”的一个案例，图 7-241 是其局部放大后的状态。此类包装制品一般是 PA/CPE（CPP）结构，并且都需要经过水煮处理，显然，该包装袋在充填内装物前，宽刀封口处并未显现出表面皱褶，否则，下游客户就不会继续投入使用。

图 7-240　宽刀封口处表面皱褶

图 7-241　表面皱褶局部放大图

在该包装制品的两个纵封口上及袋体上（虽然同样经过了水煮处理）都没有显现出表面皱褶的不良现象。

从图 7-241 中可以看出：表面皱褶的状态是“内层平直、表层凸起”。这表明在该包装制品的存储过程中，在宽刀封口处的内层（热封层）基材发生相对较大的收缩，而使得表层基材形成了向上凸起的状态。

一般来讲，复合膜袋表面皱褶是以下两个子原因共同作用的结果：

①复合膜内的基材间存在明显的热收缩率差异；

②复合膜的基材间的剥离力不足以抵抗基材间的热收缩率差异所导致的剪切力。

从本案例以及“制袋加工后一封口处的表面皱褶”的诸案例中可以得到如下启示：在不同的热合加工条件下，不同类别的热封性基材的热收缩的特性会以不同的时长表现出来。

对策

①选购热收缩率相同或相近的基材；

②适当降低热合加工的“火候”（提高热合压力、降低热合温度或缩短热合时间）。

5. 袋体处的表面皱褶

(1) 与热封基材收缩过大相关联的表面皱褶

图 7-242 和图 7-243 为某客户提供的不良样品及对比用的“正常样品”。该样品的结构为 PA/CPE，尺寸为 149mm×124mm，袋形为非常规的三边封袋（双开口边），如图 7-244 所示。

图 7-243 中的上图为存在客户反馈的不良现象（表面皱褶）的样品，下图为客户留存的同批生产的、未装过内装物的 / 没有表面皱褶现象的正常样品。表面皱褶的状态为 CPE 膜“平直”、PA 膜“凸起”。

综合客户反馈的情况，留存的复合膜袋样品在库中存放了 3 ～ 4 个月之后其外观没有不良的变化；充填了内装物的复合膜袋（为含有海水的液体，成分不详）在经历了 3 ～ 4 个月的存储后则出现了表面皱褶。

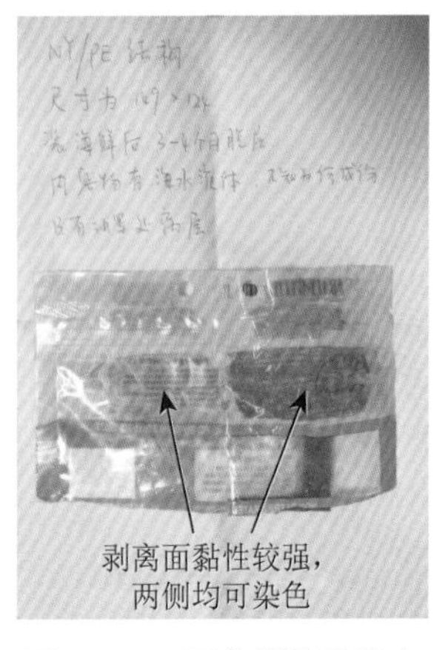

图 7-242 不良样品及状态

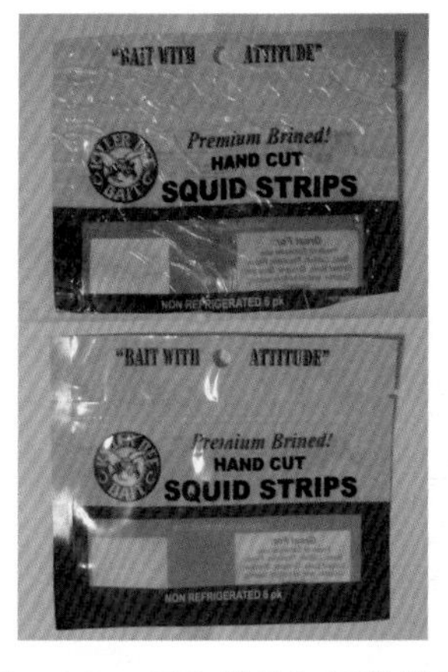

图 7-243 不良样品与正常样品

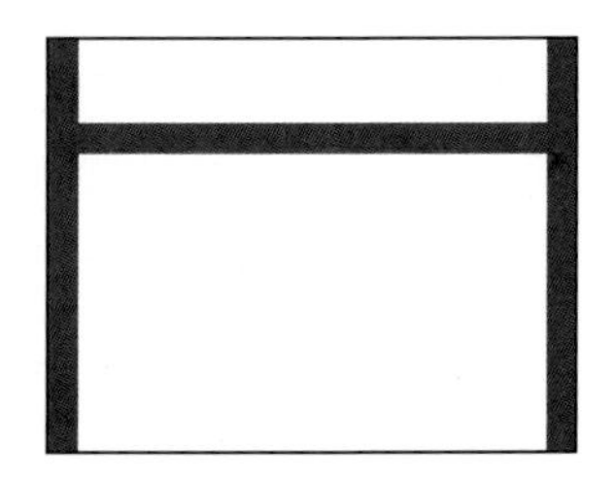

图 7-244 非常规三边封袋

将客户提供的存在表面皱褶现象的复合膜剥开，发现膜间的胶层显示出较强的黏性，用蓝色的常温显色剂刷涂后，在剥离面的两侧都有染色的痕迹存在，这表示是胶层发生了内聚破坏。如图 7-242 所示。将客户提供的不存在表面皱褶现象的复合膜剥开，发现膜间的胶层也显示出较强的黏性，而且已经剥开的 PA 膜和 CPE 膜自身可以对粘在一起，如图 7-245 所示。

将上述两个已经剥离开的样品在室内环境下放置数个小时后，剥离面的黏性全部消失。

上述现象，即“复合薄膜的剥离面有黏性、剥离面的两侧均有未完全固化的胶层、暴露在空气中一段时间后剥离面的黏性消失”，表示该复合薄膜中的胶层在数个月的时间内都不能完全固化的原因是：配胶时使用固化剂的数量过多。而在充填了内装物后才显现出的表面皱褶现象的原因是：在充填的内装物及相应（未知）的储存环境的作用下，复合薄膜的内层 CPE 薄膜发生了某种程度的收缩。

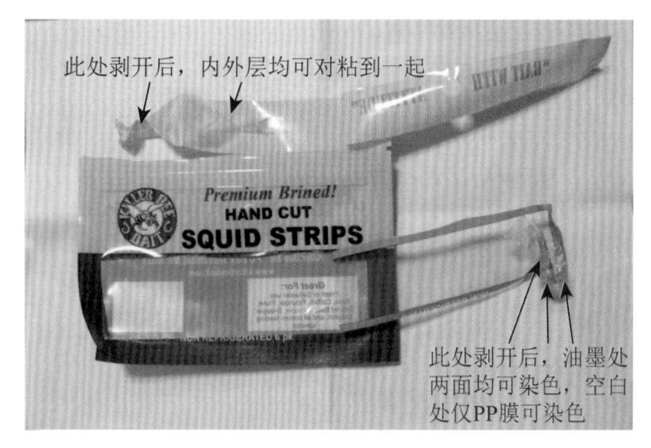

图 7-245 “正常样品”检查结果

因此，导致该样品的表面皱褶现象的内因是：CPE 膜具有较大的热收缩性；复合膜的层间剥离力较低（固化剂用量过多导致了胶层未能充分固化是其原因之一）。导致该样品的表面皱褶现象的外因是：在充填的内装物和存储环境的作用下，复合薄膜中的 CPE 基材发生了明显的热收缩。

对策

①采购 / 选用热收缩率较小的 CPE 基材；

②根据原料、环境等条件，合理调整胶黏剂主剂 / 固化剂的配比，使胶层在常规的熟化条件下能够充分固化。

（2）与 PA 膜收缩过大相关联的表面皱褶

图 7-246 表示的是一个 PA/CPP 结构的耐水煮包装的袋体处表面皱褶的案例。该样品已经过充填 / 水煮处理，且经过了一段时间的储存（内装物已被取出，样品已被洗净）。从外观来看，该样品上的袋体处的表面皱褶属于表层（PA）膜平直、内层（CPP）膜凸起的状态。

图 7-247 为同批的复合膜袋样品刚刚结束水煮处理后的状态。从图片上看，刚经历了水煮处理后的复合膜袋的表面的平整度很差，这表明复合膜存在着明显的不规则的热收缩。但并未严重到形成图 7-246 所示的表面皱褶的程度。

图 7-246 袋体处的表面皱褶

图 7-247 刚水煮完的状态

图 7-248 显示的是一个未经充填 / 水煮 / 存储处理的复合膜袋与另一个经历了充填 / 水煮 / 存储处理的复合膜袋叠放在一起的状态。图中右侧的绿线表示两个袋子的右侧是对齐的，左侧的黄线表示未经充填 / 水煮 / 存储处理的复合膜袋的左侧边缘线，左侧的红线表示经历了充填 / 水煮 / 存储处理的复合膜袋的左侧边缘线。图片显示两个样品袋子的宽度相差了大约一个边封口的宽度。

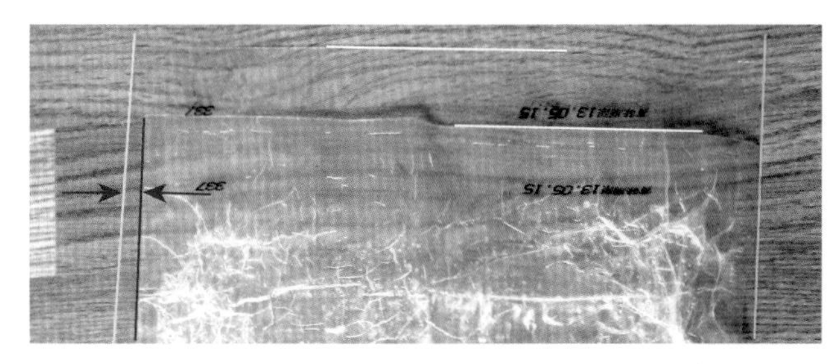

图 7-248 “正常品”与“不良品”叠放在一起的效果

综上所述，导致该样品表面皱褶现象的内因是：所使用的 PA 膜在袋子的横向方向上具有较大的热收缩性，而 CPP 膜具有相对较小的热收缩性；复合膜的层间剥离力相对较低，不足以抵抗复合膜层间的热收缩率差异所导致的剪切力。

导致该样品表面皱褶现象的外因是：在热处理条件、充填的内装物和存储环境的综合作用下，复合薄膜中的 PA 基材发生了进一步的热收缩；复合薄膜中的 CPP 基材受内装物的影响发生了“溶胀”。

对策

采购 / 选用热收缩率较小的 PA 基材；采取措施，以期进一步提高复合薄膜层间的剥离强度；与下游客户协商，调整内装物的配方，以期减少对 CPP 基材的“溶胀”作用。

6. 镀铝层被腐蚀

包装制品在市场流通过程中所显现出来的“镀铝层被腐蚀”现象大都是受内装物中迁移出来的对复合膜的镀铝层有腐蚀作用的某些成分的影响，实际的“镀铝层被腐蚀”现象发生的时间及程度与内装物中有腐蚀作用的某些成分的含量、存储的温度 / 压力条件以及复合薄膜的内层的阻隔性有关（参见“水煮处理后—镀铝层被腐蚀—与内装物相关的片状镀铝腐蚀现象”和“自动成型 / 灌装后—镀铝层被腐蚀—存储过程中显现的镀铝层整体腐蚀现象”及“存储过程中显现的镀铝层点状腐蚀现象”）。

包装制品在市场流通过程中所显现出来的“镀铝层被腐蚀”现象与复合薄膜的表层印刷膜没有关系，由于所使用的绝大多数的 VMPET 膜是 12μm 厚的，其阻隔性是相对固定的，因此，与 VMPET 膜也没有关系。上述的“镀铝层被腐蚀”现象主要与 VMPET 膜之下的单层或多层的内层薄膜及胶层的综合的阻隔性有关。

目前作为内层使用的基材主要为 CPP、CPE、多层共挤的 PA/PE、多层共挤的 EVOH/PE、PA/CPE 复合膜等。由于其厚度及结构的差异，其阻隔性会有明显的差异。

有些客户可能会反映：我使用的基材都是一样的，但以前加工的产品没问题，现在加工的产品就出现了“镀铝层被腐蚀”现象。

在这种情况下，就需要对基材的阻隔性能进行对比检查，如果检查结果显示现在所使用的基材与之前所使用的基材的阻隔性是相同或相近的，那么就应从“客户的内装物的配方是否发生变化了”的角度去查找原因。

阻隔性的评价

需要强调的是，此时的阻隔性评价的对象应当是复合膜中作为内层使用的单层的基材或多层的复合膜，由于难以明确是内装物中何种成分产生的腐蚀作用，因此，可以用上述材料的氧气透过量作为评价指标（常用的氧气透过量单位是 $cm^3/(m^2 \cdot 24h \cdot 0.1\ MPa)$，GB/T 1038—2000《塑料薄膜和薄片气体透过性试验方法 压差法》，GB/T 19789—2005《包装材料塑料薄膜和薄片氧气透过性试验 库仑计检测法》）。

根据相关资料，各种塑料薄膜（25μm 厚）的气体透过量的数据如表 7-11 所示。

复合薄膜的气体透过量将会小于其中的气体透过量最小的基材，复合薄膜的气体透过量的倒数约等于各个基材的气体透过量的倒数之和。因此，不能用复合薄膜的气体透过量数据评价其中的热封层的气体阻隔性。

表7-11　各种塑料薄膜（25μm厚）的气体透过量

气体透过量	ASTM	单位	LDPE	PA	PET	OPP	CPP	PVDC	PVC
O_2	D1434	$cm^3/m^2/24h$, 23℃, 0%RH, 1atm	3900～13000	30～110	52～130	2400	1300～6400	8～26	77～7500
CO_2			7700～77000	150～390	180～390	8400	7700～21000	52～150	770～55000

例如：对于 PA^{25}/CPE^{25} 结构的复合薄膜，其中 PA 的氧气透过量为 30 ～ $110cm^3/m^2/24h$、23℃、0%RH、1atm，LDPE 的氧气透过量为 3900 ～ $13000cm^3/m^2/24h$、23℃、0%RH、1atm，而复合薄膜的氧气透过量会略小于 30 ～ $110cm^3/m^2/24h$、23℃、0%RH、1atm 的数值。

7. 热封层留在杯体上

(1) 现象

所谓“热封层留在杯体上”的现象，用一些客户的话来说就是在将盖材从杯体上揭开时，盖材发生了分层现象。其表现为，在揭开盖材时，盖材的表层的一层或数层基材被揭掉了，而盖材的热封层的整体或一部分仍然留在杯体上。如图 7-249 所示。

(2) 客户对原因的判断

对于上述现象，客户通常会将原因归结为复合膜热封层与次内层间的剥离力不够大，进而将原因归结为所使用的胶黏剂的耐热性不足。

在生产实践中，有些客户不是利用实测的剥离力数据来对复合薄膜的剥离力状态进行分析，而是采用复合薄膜的撕裂状态来对其剥离力状态进行判断。具体地说，如果在撕裂的过程中，复合薄膜的撕裂状态很清晰、完整，如图 7-250 的左图所示，客户就认为该复合薄膜的剥离力较强或符合使用要求；如果在撕裂的过程中，内层的热封层没有随着外层基材的撕裂而同步被撕裂，如图 7-250 的右图所示，该复合薄膜样品的剥离力则会被认为不符合使用要求。

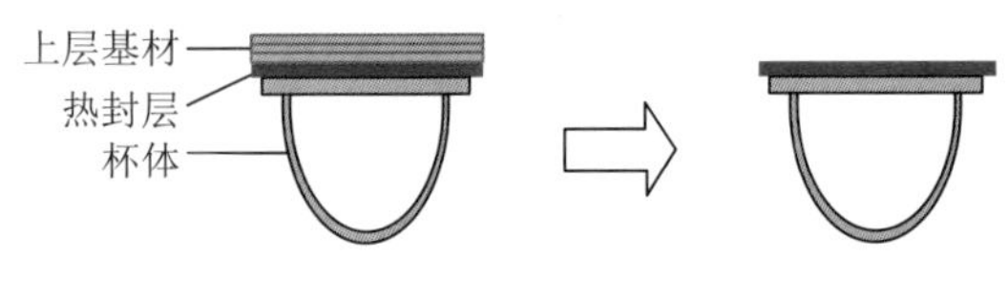

图 7-249 “热封层留在杯体上”现象示意

图 7-250 复合膜的耐撕裂性检查

(3) 对原因进行分析的思路

使用盖材的包装制品一般有果冻、酸奶、果酱、黄油、饮料、快餐等。盖材的应用方式有“易揭式”与“穿刺式”两大类。

所谓“易揭式”，就是消费者在使用该包装制品时，需要揭开盖材，然后直接或间接地享用内装物，如碗装方便面、果冻等。

所谓“穿刺式”，就是消费者在使用该包装制品时，不必揭开盖材，而是用吸管戳穿盖材，通过吸管享用内装物，如杯装水等。

在盖材的应用过程中，通常会有四个检验指标：不漏率、易剥性、膜分层、平整度。

不漏率：已封装盖材的包装制品经过水煮消毒过程及储运过程未发生破漏的制品的比例。

易剥性：揭开盖材的难易程度（剥离力的大小）。

膜分层：在揭开盖材时，发生“热封层留在杯体上”现象的制品的比例。

平整度：经过水煮消毒、冷却处理后，盖材保持平整状态的程度。

其中的“膜分层”即为本节所述的“热封层留在杯体上”的现象。

(4) “易剥性”与“膜分层”

对于盖材包装制品，“易剥性”与“膜分层”是两个相互关联的事项。

“膜分层”反映的是复合薄膜的热封层与次内层间的剥离强度值与热封层与杯体间热合强度值的相对大小，“易剥性”反映了盖材与杯体之间的热合强度绝对值的大小。“易剥性”既是热封基材的一种特性，又是热合加工条件的一种反映。

以果冻的盖材包装制品为例，常规的果冻包装的杯体的主体材料为聚丙烯 PP 树脂，但掺入了一定数量的聚乙烯 PE 树脂；常规的果冻包装的盖材复合薄膜的结构为 PET/VMPET/CPE/SPE，其中的 SPE 是可以与 PP/PE 共混树脂的杯体热合在一起并获得一定热合强度的特殊的聚乙烯共混树脂。

如果盖材与杯体间的热合强度较大，其结果就可能是“易剥性”较差；当热合强度进一步加大后，就容易发生“膜分层”；如果盖材与杯体间的热合强度较小，其结果可能就是“易剥性”较好，而且不发生“膜分层”现象。

那么，接下来的问题就是：如何检查盖材与杯体间的热合强度值？合理的剥离强度值和热合强度值应当是多少？

(5) 如何检查盖材与杯体间的热合强度

在 GB 19883—2005《果冻》标准中没有对盖材与杯体间的热合强度值做出规定，也没有规定相应的检查方法。在其他的相关标准中也未能查到针对盖材与杯体间热合强度的检查方法与目标值。

济南兰光公司在互联网上发表的《果冻杯封口盖膜的开启力的验证方法》中规定的试验步骤如下：

①将待测样品装在果冻杯开启装置的杯座中，利用真空发生器将果冻杯与杯座间的空间抽为真空，利用大气压力将果冻杯固定；②将果冻封口膜开启处固定在 XLW 智能电子拉力试验机的夹具上；③启动发动机使的夹具以 300mm/min 的速度匀速上升，将封口膜撕开。④记录最大的力值为开启力，剥离过程中的平均值为封口撕开力。

其试验结果为：

三个果冻杯最大开启力值分别是：46.60N、58.12N、66.92N；封口撕开力分别是 7.25N、8.12N、16.31N。

内蒙古伊利实业集团有限公司的张雅君等人在互联网上发表的《塑杯包装封口盖膜揭开力的测试方法》中对样品处理的规定如下：

①将所购样品用剪刀将杯底剪去（见图 7-251），倒出内容物后用清水冲洗干净，沥干；②按图虚线剪开空杯（见图 7-252），虚线间的夹角为 30°，杯身一侧的平分线与盖膜对角线垂直，剪开后的夹持端是以平分线为对称轴的轴对称图形，裁剪过程保持盖膜与杯体的封合完整。

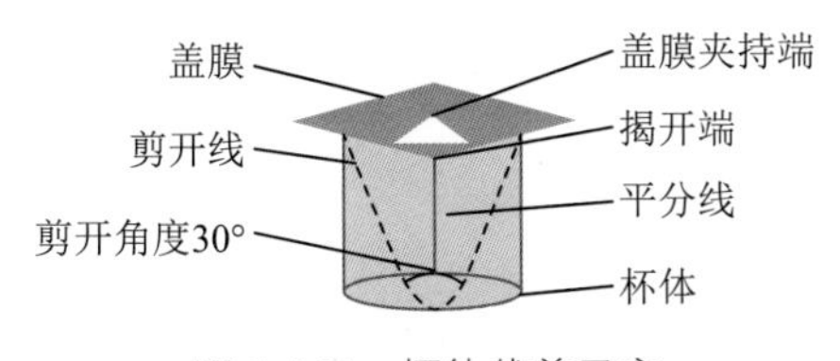

图 7-251 杯体裁剪示意

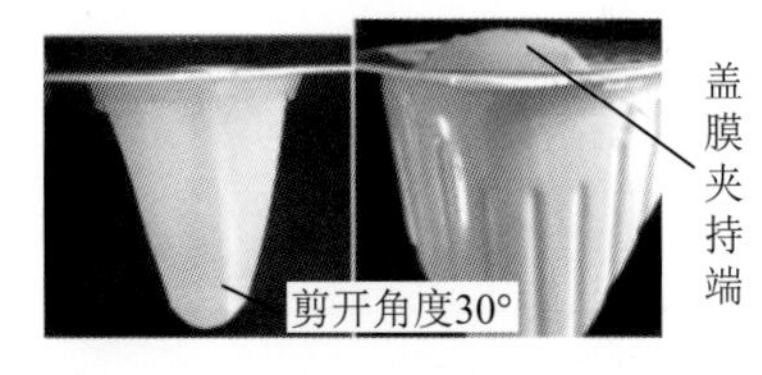

图 7-252 杯体裁剪实物

样品的测试方法的规定为：上夹具夹持图中盖膜夹持端，下夹具夹持剪去部分杯体后剩余的部分，盖膜与杯口平面呈 90°±10° 夹角，测试速度为 300mm/min，盖膜刚好与杯体分开时的力值为初始揭开力，中间过程为持续揭开力。

测试的结果如表 7-12 所示。

表7-12 样品揭开性能测试结果

样品编号	初始揭开力（10个样品均值）（N）	持续揭开力均值（10个样品均值）（N）
1	3.43	14.84
2	4.49	16.77
3	8.18	21.28

续表

样品编号	初始揭开力（10个样品均值）（N）	持续揭开力均值（10个样品均值）（N）
4	8.68	20.95
5	13.34	50.82
6	29.59	64.47
7	3.88	20.56
8	6.37	76.37
9	5.48	16.83
10	7.78	20.18

李维正、汪伟平等在互联网上发表的《新型易撕膜（壹撕乐）在果冻盖膜上的应用》一文中对测试方法的规定为：在果冻剥离机（自制）上测试，角度为 45°，测试速度为 250mm/min，取开始剥离时的最大力为起剥力，中间剥离段的平均值为撕剥力。

其测试结果如表 7-13 所示。

表7-13　PET/PET/壹撕乐-P10与PET/PET/PE//EVA起剥力和撕剥力比较

果冻膜厂家	撕剥力（N）（10个样品平均值）	起剥力（N）（10个样品平均值）
PET/PET/壹撕乐-P10	3.613	12.013
样品1（PET/PET/PE//EVA）	5.501	23.385
样品2（PET/PET/PE//EVA）	4.679	18.153
样品3（PET/PET/PE//EVA）	5.729	23.233
样品4（PET/PET/PE//EVA）	9.728	31.495

从上述表述来看，各个企业所采用的样品制备、夹持方法有所不同，测试的速度也有所不同。不同的夹持方法对测试结果的影响还需通过进一步的对比试验才能确定。

此外，各企业对“盖膜刚好与杯体分开时的力值”和“剥离过程中的平均值”分别给予了不同的名称。对此，建议采用兰光公司的提法，即开启力和封口撕开力。

(6) 开启力与封口撕开力的合理数值范围

从上述的表述中可以看到，各家公司对不同样品的实测数据分别为：开启力为 3.4 ～ 66.9N，封口撕开力为 7.2 ～ 76.3N。实验测得的力值的范围很宽泛。

需要指出的是：上述各家公司在提供开启力和撕开力时均未标注所检查样品的有效封口宽度数据和以 N/15mm 为单位的封口强度。因此，难以对各方所提供的数据进行比较。

从市场上可搜集到的盖膜包装制品来看，热合封口的有效宽度一般为 2 ～ 5mm（图 7-253 中的 C）。

在开启该盖材时，通常是从杯子的一角沿着杯子的对角线（45°）撕开的，真正承受撕裂力的有效宽度B的数值应是1.414C。因为，在撕开盖材时是杯沿上的两个热合边同时在受力，所以，真正在被撕开的有效封口宽度值应是2B=2.828C。

从图7-253的线段A来看，在揭开盖材的过程中，线段A的长度并不是固定不变的，而是有一个从小到大的变化过程。在图示的封口形状条件下，线段A的最大值是B值的3～4倍。因此，对于图7-253所示的圆弧形封口，开启力大于封口撕开力是正常的。而对于图7-254所示的直角形封口，开启力的最大值应当就是封口撕开力。对于图7-255所示的圆形封口，在图示的1、2、3、4的不同位置上，因为实际被撕开的封口的有效宽度值明显是由大变小的，所以，相应的封口撕开力也是由大变小的。在盖材揭开一半时（线段4的位置处），真正被撕开的有效封口宽度值就是2C。

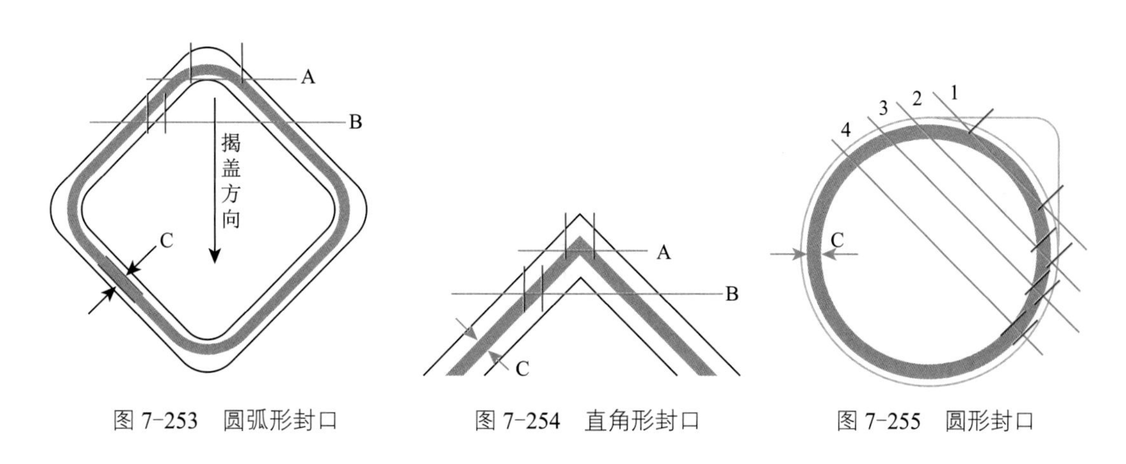

图7-253　圆弧形封口　　图7-254　直角形封口　　图7-255　圆形封口

关于封口撕开力的合理数值范围，因笔者见到的果冻包装的封口宽度以4mm的居多，而杯装酸奶的封口宽度以2mm的居多，那么，依据上面的描述，“真正在被撕开的有效封口宽度值应是2B=2.828C”，如果根据李维正、汪伟平等人针对果冻包装的实验结果，撕剥力（封口撕开力）为3.613N，可以推算出封口撕开力应为15×（3.613÷2.828÷4）= 4.79N/15mm。如果依据伊利集团张雅君等人针对酸奶包装的实验结果，持续揭开力（封口撕开力）的数值为14.84～76.37N，那么，可以推算出封口撕开力为55.6～286.4N/15mm（286.4N/15mm这个数值是一个不太合理的数值，有可能被测量的样品的实际封口宽度明显大于2mm）。

GB/T 28118-2—2011《食品包装用塑料与铝箔复合膜、袋》中对热合强度的要求是≥10N/15mm，GB/T 10004—2008《包装用复合膜、袋 干法复合、挤出复合》中对热合强度的要求是≥13N/15mm。

如以≥13N/15mm的数值作为针对果冻、酸奶盖材的热合强度的下限，那么，对于封口宽度为4mm的果冻包装，封口撕开力的下限值应为13×4×2.828÷15=9.8N；对于封口宽度为2mm的酸奶包装，封口撕开力的下限值应为13×2×2÷15=3.5N。而开启力的大小则与杯体的形状及封口的形状有直接的关系。

参考文献：

[1] 济南蓝光机电技术有限公司 . 果冻杯封口盖膜的开启力的验证方法 . 中国教育装备采购网，http://www.caigou.com.cn/news/2017112881.shtml.

[2] 张雅君，王兴，宋利君 . 塑杯包装封口盖膜揭开力的测试方法 . 包装与食品机械，2014 年第 32 卷第 6 期 .

[3] 李维正，汪伟平等 . 新型易撕膜（壹撕乐）在果冻盖膜上的应用 . 塑料包装，2013 年第 23 卷第 3 期 .

③

「第三篇」 关键质量控制指标及小词典

一、关键质量控制指标

在复合软包装材料的加工及应用的各工序、阶段，应关注以下关键质量控制项目及其指标。

<table>
<tr><th>项目</th><th>指标</th></tr>
<tr><td colspan="2">印刷工序</td></tr>
<tr><td>基材表面润湿张力</td><td>OPP≥42mN/m，PET、PA≥50mN/m</td></tr>
<tr><td>油墨黏度</td><td>初始测量值±1秒</td></tr>
<tr><td>套印精度</td><td><table>
<tr><td rowspan="2">套印部位</td><td colspan="2">极　限　偏　差</td></tr>
<tr><td>实地印刷</td><td>网纹印刷</td></tr>
<tr><td>主要部位</td><td>≤0.5</td><td>≤0.3</td></tr>
<tr><td>次要部位</td><td>≤0.8</td><td>≤0.6</td></tr>
</table></td></tr>
<tr><td>色差</td><td><table>
<tr><td>指标名称</td><td>单 位</td><td>符 号</td><td colspan="2">指　标　值</td></tr>
<tr><td>同色密度偏差</td><td>—</td><td>Ds</td><td colspan="2">≤0.06</td></tr>
<tr><td rowspan="2">同批同色色差</td><td rowspan="2">CIE L*a*b*</td><td rowspan="2">△E</td><td>L*＞50.00</td><td>l*≤50.00</td></tr>
<tr><td>≤6.00</td><td>≤5.00</td></tr>
</table></td></tr>
<tr><td>周向（纵向）单元长度</td><td>印版设计周向单元长度−(−1‰～−2‰)（mm）</td></tr>
<tr><td>残留溶剂量</td><td>≤5mg/m²</td></tr>
<tr><td colspan="2">复合工序</td></tr>
<tr><td>基材表面润湿张力</td><td>CPP、CPE≥40mN/m，Al≥72mN/m</td></tr>
<tr><td>中间层基材表面润湿张力</td><td>处于中间层的基材宜经双面电晕处理</td></tr>
<tr><td>基材的热收缩率</td><td>≤2%</td></tr>
<tr><td>基材间热收缩率差异</td><td>≤1%</td></tr>
<tr><td>载胶膜烘箱出口温度</td><td>≥50℃</td></tr>
<tr><td>复合单元线压力</td><td>≥1000kgf/m</td></tr>
<tr><td>复合辊温度</td><td>≥50℃，并应随复合速度的上升而适当增加</td></tr>
<tr><td>递胶辊线压力</td><td>≤60kgf/m（无溶剂型干法复合）</td></tr>
<tr><td>胶水工作液黏度</td><td>初始测量值±1秒（溶剂型干法复合）</td></tr>
<tr><td>胶水温度</td><td>≥40℃（无溶剂型干法复合）</td></tr>
<tr><td>复合膜收卷硬度</td><td>≥90HS</td></tr>
<tr><td>平滑辊</td><td>逆向旋转，尽可能较高的转速</td></tr>
<tr><td>周向（纵向）单元长度</td><td>印版设计周向单元长度−(0～−2‰)（mm）</td></tr>
<tr><td>复合成品卷曲高度</td><td>≤10mm</td></tr>
</table>

续表

项目	指标
熟化工序	
室内温度极差	≤1℃
膜卷上下表面温度极差	≤1℃
复合成品卷曲高度	≤10mm
静摩擦系数	≤0.4（膜/钢板50℃）
残留溶剂量	≤5mg/m^2
制袋工序	
热合标准曲线	同一下游客户的同一产品的热合标准曲线数据应相同或相近
粘刀现象	无
“露铝”现象	无
热合刀架间隙	1～2mm
拉链的热收缩率	≤1.5%（100℃煮沸5min）
拉链袋	复合膜热合层的熔点应不低于拉链的熔点
吸嘴袋	复合膜热合层的熔点应高于吸嘴的熔点
耐冷冻包装	
断裂标称应变	≥80%，在相应的低温条件下
耐水煮包装	
断裂标称应变	≥100%
耐蒸煮包装	
反压控制	应根据内装物形态与含水量施加不同的反压
热收缩率	各基材的热收缩率宜小于2%，基材间的热收缩率差异宜小于0.5%（不包括铝箔）
滚轮热封制品	
滚轮上的滚花形态	宜为正四棱台形，高度=(0.6～0.7mm)底宽
热合标准曲线	同一下游客户的同一产品的热合标准曲线数据应相同或相近
热合温度	温度值应为相应热合工艺曲线的“高温不敏感段”的初始段值。多列包装机上的各个滚轮的表面温度应相同或相近
复膜铁制品	
拉伸弹性模量	PET膜的拉伸弹性模量值宜小于4000MPa
断裂标称应变	PET膜的断裂标称应变值宜大于100%
热收缩率	PET膜的热收缩率宜不大于2%（200℃，2min）
冷成型铝/热带铝制品	
拉伸弹性模量	PA膜的拉伸弹性模量值宜小于2000MPa
热收缩率	PA膜的热收缩率宜小于2%（热合温度条件下）
断裂标称应变	复合膜的断裂标称应变宜大于100%

二、小词典

词条	英译	词义
DSC示差扫描量热	Differential scanning calorimetry	一种热分析方法，它是在程序控制温度下，测量输入试样和参比物的功率差与温度的关系。可以测定多种热力学和动力学参数，如比热容、反应热、转变热、相图、反应速率、结晶速率、高聚物结晶度、样品纯度等
N，N '-乙撑双硬脂酰胺	N, N'- ethylene bis amide	该化合物为一硬而脆的白色高熔点蜡，其工业品呈略带黄色的细小颗粒，无毒，对人体无副作用，常温下不溶于大多数溶剂，对酸碱和水介质稳定，能溶于热的氯化烃类和芳香烃类溶剂，其粉状物滑腻感较强， 80℃以上对水具有可湿性。在包装行业可用作爽滑剂
W•F油墨转移理论	W•F Ink transfer theory	由美国人沃尔克（W. C. Walke）和费茨科（J. W. Fetsko）于1955年提出的油墨转移方程，可解释和分析油墨转移过程中的许多现象
氨基	Amino	有机化学中的基本碱基，由一个氮原子和两个氢原子组成，化学式-NH_2。氨基是一个活性大、易被氧化的基团
凹版涂胶辊	Gravure coating roll	一种将液态胶水从胶槽转移到载胶膜上的圆辊形工具。承载胶水的部分（网穴）低于辊的表面
巴氏消毒	Pasteurization	由法国生物学家路易•巴斯德（Louis Pasteur）于1862年发明的消毒方法。该方法主要用于牛奶上，杀灭牛奶里含有的病菌
白点	White spot	在复合制品的表面的白墨或浅色油墨部分，用肉眼可观察到的斑点，其颜色比周围的白墨更白，或比周围的浅色油墨更浅
版容积	Volume on cylinder	在一支涂胶辊上可容纳的流（液）体物质（胶水或油墨）的体积或重量
半径中值	Mid-value of Radius	对一个有一定厚度的物体（薄膜或复合薄膜），以其中心面为起始点所测量到的半径值
包覆辊系统	The covered roll system	电晕处理机中的一种电极系统
包角	Wrap Angle	载胶膜与平滑辊相接触的弧形长度所对应的平滑辊的圆心角
饱和吸水率	Water absorption rate	吸水率是表示物体在正常大气压下吸水程度的物理量。饱和吸水率是最大程度的吸收量
保湿剂	Moisturizing agent	在不断变化的大气环境中，使包材的含水率得以保持相对稳定的化学物质
保鲜	Keep fresh	含义为保持蔬菜、水果、肉类等易腐食物的新鲜程度
保香性	Retention of fragrance	复合薄膜性质的一个评价指标，含义是使包装袋的内装物所特有的香气不易逸出的性能

续表

词条	英译	词义
杯突试验	Cupping test, Erichsen test	杯突试验（又叫压陷试验），是指评价漆膜涂层或复膜铁或冷成型铝包材在标准条件下使之逐渐变形后，其抗开裂或与金属底材分离的性能的试验
被粘材料破坏	Material damage	在复合材料的剥离过程中，如果破坏/分离发生在被粘接的基材内部时，表明胶层与被粘材料间的粘接强度大于被粘材料本身的强度，称为被粘材料破坏
边角处局部分层	Partial delamination at the edge of the corner	在包装袋的热封边及其外缘或某个角处所发生的复合薄膜层间分离的状态
变频电机	Converter Motor	变频电机是指在标准环境条件下，以100%额定负载在10%～100%额定速度范围内连续运行，温升不会超过该电机标定容许值的电机
变形	Deformation	物理学名词。物体受外力作用而产生的体积或形状的改变
变形率	Deformation rate	物体受外力作用而产生的体积或形状的改变的结果相对于改变之前的数值的比率
变质	Deterioration	特指食品上所发生的在气味、形态方面的变化
表层	Surface layer	特指复合薄膜中远离内装物的那一层基材
表面光泽法	Surface gloss method	判断复合膜中胶层位置的一种方法
表面润湿张力	Surface wetting tension	用一组不同表面张力值的液体依次涂抹在固体（如薄膜）的表面，并根据已知表面张力值的液体在该固体表面的润湿状态来推断该固体的表面张力，并将用此法得到的固体表面的表面张力的推断值称为该固体的表面润湿张力
表面润湿张力的衰减	Attenuation of surface wetting tension	固体的表面润湿张力值受其他因素的影响而显现出的随时间的延长而逐渐降低的现象及其过程
表面润湿张力法	Surface wetting tension method	判断复合膜中胶层位置的一种方法
表面张力	Surface tension	液体表面任意相邻部分之间垂直于它们的单位长度分界线相互作用的拉力
表面张力测试液	Test solution of surface tension	用于测定固体的表面润湿张力值的溶液
表压强	gage pressure	简称表压，是指以当时当地大气压为起点计算（测量得到）的压强
病原菌	Nosophyte	可导致人体发生各种病变的细菌
玻璃纸	Regenerated Cellulose Film	一种以木浆、棉浆等天然纤维素为原料，经碱化、磺化、成型等化学过程处理后而制得的一种薄膜。它不仅柔韧性好而且是透明的，就像玻璃一样，故人们将其称为“玻璃纸”
剥离力	Peeling force	将复合薄膜中的两种基材从其粘接的界面间彼此分开的过程中所需施加的外力

续表

词条	英译	词义
剥离力曲线	Peel strength curve	拉力机记录到的复合薄膜的剥离力值随被剥离的界面位置变化的关系曲线
剥离力衰减	Attenuation of Peeling force	在某一批复合薄膜上可发现的在相同界面处的剥离力值随时间的延长而逐渐降低的现象
剥离强度	Peel strength	单位宽度的界面间的剥离力值。常用计量单位有N/15mm、N/英寸等
泊松比	Poisson's ratio	在纵向应变对法向应变关系曲线的起始线性部分内，垂直于拉伸方向上的两坐标轴之一的拉伸应变与拉伸方向的应变之比的负值，用无量纲的比值表示
不相容性	Incompatibility	相容性是指共混物各组分相互容纳、形成宏观均匀材料的能力。可按相容的程度划分为完全相容、部分相容和不相容。不相容性是指在部分相容体系中各组分相互容纳、形成宏观均匀材料的能力。塑料基材中的爽滑剂、抗静电剂等就是利用其与塑料的部分相容性使其在薄膜成型加工完成后从薄膜内部迁移到薄膜的表面上以发挥其降低基材的表面摩擦系数或电阻率的功能
残留溶剂	Solvent Retention	在使用溶剂型的油墨、胶水进行印刷/复合加工后，在油墨层或胶层中未被完全挥发的溶剂成分
测厚法	Thickness measurement method	判断复合膜中胶层位置的一种方法
插边袋	Edge inserting bag	又称风琴袋，复合膜袋加工型式的一种
超高压灭菌	Ultra high pressure sterilization	将食品密封于弹性容器或置于无菌压力系统中（常以水或其他流体介质作为传递压力的媒介物），在高静压（一般在100MPa以上）下处理一段时间，以达到灭菌保鲜的目的
超声波焊接装置	Ultrasonic welding device	在制袋机上用于加工拉链袋的一种配套装置
超声波灭菌	Ultrasonic sterilization	一种利用超声波的能量杀灭或破坏微生物的灭菌保鲜的方法
成型器	Former，Shaper	在自动包装（制袋）机上使平片的复合薄膜转变成筒状的装置
承胶辊	Metering Roll，Bearing Roll	在无溶剂型干法复合机上承载胶水的钢质辊
尺寸偏差	Dimensional deviation	已加工完成的复合膜、袋的几何尺寸与其设计尺寸的差异值
齿轮泵	Gear pump	是依靠泵缸与啮合齿轮间所形成的工作容积变化和移动来输送液体或使之增压的回转泵
充气压力试验	Charging pressure test	向复合膜袋内充入一定压力值的压缩空气以检查其耐压性能的一种试验方法
臭氧	Ozone	臭氧（O_3）又称为超氧，是氧气（O_2）的同素异形体。在常温下它是一种有特殊臭味的淡蓝色气体。在实施电晕处理的过程中会产生臭氧

续表

词条	英译	词义
初粘力	Initial adhesion force，Initial bonding strength	在完成复合加工后的短期内检查得到的剥离力值
除湿器	Dehumidifier	在无溶剂型干法复合机的自动混胶机中用利用吸附法以消除进入储胶罐的空气中的水分的器具
磁力灭菌	Magnetic sterilization	一种利用磁场强度以在常温条件下进行灭菌处理的方法
粗糙度	Roughness	机械学名词。指被加工表面上具有的较小间距和峰谷所组成的微观几何形状特征
窜卷	Telescoping	常见外观加工质量问题之一。其特征是膜卷的端面有较大程度的“里出外进”状态
脆化	Embrittlement	系指复合膜袋丧失了柔韧性的一种状态。其实质是复合膜袋经过后处理后，弹性模量降低了、断裂伸长率变小了
搭接封口	Lap seal	复合膜袋封口的一种型式。其特点是复合膜的表层与内层粘接在一起形成了复合膜袋的封口
达因笔	Dyn pen	表面润湿张力测试笔的别名
达因水	Dyn solution	表面润湿张力测试液的别名
大肠杆菌	Bacillus coli	一种普通的原核生物，是人和动物肠道中的正常栖居菌。兼性厌氧菌。属于革兰氏阴性细菌。大肠菌群数常作为饮水和食物的卫生学标准
袋体表面分层	Pouch surface stratification	指发生在多层复合膜袋的表层与次表层间的层间分离现象
袋体内层分层	Pouch Inner layer stratification	指发生在多层复合膜袋的内层与次内层间的层间分离现象
单列式自动包装机	Single row automatic packing machine	每一次只能加工出一个包装制品的自动包装机
弹性变形	Elastic deformation	材料在外力作用下产生变形，当外力取消后，材料变形即可消失并能完全恢复原来形状的性质称为弹性。这种可恢复的变形称为弹性变形
弹性模量	Young’s modulus，Elastic modulus	又称为杨氏模量，是描述物质弹性的一个物理量。材料在弹性变形阶段，其应力和应变成正比例关系（符合胡克定律），其比例系数称为弹性模量。其单位为MPa
刀线	Doctor line	在凹版印刷品上显现的与刮刀相关的线状印迹
底胶	Primer	在挤出复合加工中，将过程中涂布在第一基材上的、用以提高熔融的树脂与第一基材间的粘接力的胶黏剂称为底胶
递胶辊	Transfer Roll	设置在无溶剂型干法复合机上的一支表面上涂覆有橡胶层的且可以横向移动的辊，其作用是将钢制的承胶辊上的胶水传递到钢制的涂胶辊上

续表

词条	英译	词义
电晕处理	Corona treatment	一种可提高基材表面润湿张力的设备与工艺
电晕处理击穿	Puncture	指电晕处理的一种不良结果，其表现为基材上出现了微小的孔洞或基材的未被电晕处理的一面的表面润湿张力值也有所提高的现象
电晕处理机	Corona treater，corona Processor	对基材进行表面处理以提高其表面润湿张力值的设备
电子雕刻刀	STYLUS	用于在金属辊的铜层上实施雕刻功能的刀具
电子雕刻机	Electronic engraver	采用了电子控制系统的雕刻设备
雕刻刀角度	Angle of Stylus	雕刻刀刃部的角度
跌落试验	Drop test	将包装制品在模拟不同的棱、角、面于不同的高度跌落于地面时的情况，从而了解产品受损情况及评估产品包装组件在跌落时所能承受的坠落高度及耐冲击强度
动摩擦力	Kinetic friction force	当两物体接触面间相对滑动时，沿接触面切线方向的约束力称为动摩擦力。其大小与两物体间的正压力成正比
动摩擦系数	Coefficient of kinetic friction	是彼此接触的物体做相对运动时摩擦力和正压力之间的比值
镀铬	Chrome Plating	一种表面处理工艺。目的是提高被处理表面的装饰性和耐磨性
镀铝薄膜	Metalized film	已被实施表面镀铝处理的薄膜的通称。镀铝膜既有塑料薄膜的特性，又具有金属的特性。薄膜表面镀铝的作用是遮光、防紫外线照射，同时提高其阻隔性能
镀铝层腐蚀	Corrosion of metalized layer	在某种条件下，镀铝薄膜上的镀铝层部分或全部消失的现象
镀铝层转移	Transfer of metalized layer	含镀铝薄膜的复合薄膜中，其中的镀铝层部分或全部地离开镀铝基材、迁移到相邻的复合基材上的现象
镀铝加工	Vacuum matallizing	在高真空条件下，以电阻、高频或电子束加热使铝丝熔融汽化、沉积在薄膜基材的表面以形成镀铝薄膜的加工过程
镀铝膜	Metalized film	同“镀铝薄膜”
断裂标称应变	Nominal tensile strain at break	旧称断裂伸长率，为试样屈服后断裂时与断裂拉伸应力相对应的拉伸标称应变。用无量纲的比值或百分数表示
断裂强度	Tensile stress at break	试样断裂时的拉伸应力
断裂伸长率	Tensile strain at break	试样未发生屈服而断裂时与断裂应力相对应的拉伸应变，用无量纲的比值或百分数表示
多列式自动包装机	Multi row automatic packaging machine	在一个行程中可同时加工多个包装制品的机械设备
二次流平性	Secondary leveling	在膜卷的熟化过程中，胶层在温度压力作用下的趋于流平的性能

续表

词条	英译	词义
二次黏性	Secondary sticky	将复合薄膜剥开，将已剥开的部分贴合回原位，再次将其剥开时所感知/测量到的剥离力值
二次污染	Secondary pollution	复合膜卷在储运期间从环境空气中吸收到的有机溶剂的蒸气
二氧化硅	Silicon dioxide	一种化学物质，化学式为SiO_2，常温下为固体，不溶于水。不溶于酸，但溶于氢氟酸及热浓磷酸，能和熔融碱类起作用。其粉体在包装行业中常用作开口剂
繁殖	Reproduction	指生物为延续种族所进行的产生后代的生理过程，即生物产生新的个体的过程
反相体系	Inverse system	在包装行业，由含-NCO端基的分子构成的主剂和含-OH端基的分子构成的固化剂的胶黏剂体系被称作反相体系
反压	Counter pressure	在高温蒸煮锅内，通过充气方式施加给蒸煮锅的高于与相应的蒸煮温度相对应的蒸气压力的压力
反应完成率	Reaction completion rate	在双组分聚氨酯胶黏剂体系中，已被消耗掉的端基为-OH的分子的数量与初始的端基为-OH的分子的数量的比值
范德华力	Van Edward force	又称分子间作用力，是存在于中性分子或原子之间的一种弱碱性的电性吸引力。可以分为三种作用力：诱导力、色散力和取向力
防潮	Moisture-proof	阻止环境空气中的湿气进入复合薄膜中易吸湿的基材或包装制品的内装物中
防腐	Antisepsis	同“保鲜”
放大镜	Magnifier	用来观察物体微小细节的简单目视光学器件，是焦距比眼的明视距离小得多的会聚透镜
放卷张力	Unwinding tension	施加在基材或复合薄膜上的使之保持一定的张紧程度、在运行过程中不会左右摆动的作用力
放射线	Radioactive lines	显现在膜卷的两个端面上从卷芯到卷表的发散式的线形
分辨力	Resolving power, Resolution power	动物或人对于两个或多个同时或相继呈现的刺激物的强度、性质和方位等差异的感知，并做出不同反应的能力
分层	Delamination	显现在复合薄膜的任意两个基材间的任一部位的基材间没有剥离力的状态
分段电极	Segmented electrode	电晕处理机中的一种电极系统
分离	Separation	分离，意为分开、离开、隔离、分别。既可用于人物感情之间，也可用于物物之间的隔离。在包装行业意为使复合薄膜的两个基材间彼此分开的过程或已经分开的状态
分子间作用力	Intermolecular Force	只存在于分子与分子之间或惰性气体原子间的作用力，又称范德华力
分子量	Molecular weight	组成分子的所有原子的原子量的总和

续表

词条	英译	词义
风温	Temperature of wind	指溶剂型干法复合机中烘干箱所吹出的热风的温度值
封闭式刮刀	Doctor camber	一种刮刀型式
封口边缘处局部分层	Partial delamination at the edge of the seal	仅在复合膜袋的热合封口的外缘处显现的复合膜间部分发生分离的状态
封口处的白点	White spot at the seal	在复合膜袋的热合封口上用肉眼可以分辨的其颜色比相邻的其他部位稍浅的斑点
封口处的黑斑	Black spot at seal	在复合膜袋的热合封口上用肉眼可以分辨的其颜色比相邻的其他部位稍深且发黑的斑点
封口处的气泡	Bubble at the seal	在复合膜袋的热合封口上用肉眼可以分辨的泡形物
封口处的条形黑斑	Strip black spot at the seal	在复合膜袋的热合封口上用肉眼可以分辨的颜色发黑的长条形痕迹
封口处的皱褶	Creases at the seal	显现在复合膜袋的封口处的薄膜表面凹凸不平的状态
封口分离状态	Seal separation state	复合膜袋的封口在外力作用下发生分离后的状态
封口卷曲	Seal curl	复合膜袋的封口沿着其长度方向呈现出的有规律的弧形弯曲状态
封口翘曲	Seal warp	复合膜袋的封口呈现的无规律性的弧形弯曲状态
封口撕开力	Seal tearing force	将盖材从杯体上持续揭开的过程中所用的力的平均值
辐照灭菌	Irradiation sterilization	利用X、β、γ射线或加速电子射线（最常见的是钴^{60}和铯^{137}的γ射线）对食品的穿透力以达到杀死食品中微生物和虫害的一种冷灭菌消毒方法
腐蚀	Corrosion	是指（包括金属和非金属）在周围介质（水、空气、酸、碱、盐、溶剂等）作用下产生损耗与破坏的过程
附着力	Adhesive force	附着力是两种不同物质接触部分的相互吸引力。只有当两种物质的分子十分接近时才显现出来。两种固体一般不能密切接触，它们之间的附着力不能发生作用；液体与固体能密切接触，它们之间的附着力能发生作用
复合单元	Nip unit，Lamination unit	给两层基材加热、施压，使之贴合到一起的工位
复合钢辊	Steel nip roll	复合单元中用于给被复合的基材加热、施压，使之贴合到一起的表面镀铬的钢质辊
复合辊	Nip roll	复合钢辊与复合胶辊的统称，有两辊式和三辊式之分
复合机	Laminator	用于给被复合的基材涂胶、加热、施压，使之贴合到一起的机械设备
复合胶辊	Nip rubber roll	复合单元中用于给被复合的基材施压，使之贴合到一起的表面包覆有一层硬质橡胶的钢质辊

续表

词条	英译	词义
复合膜	Laminated film	已完成复合加工的多层基材的集合体
复合膜袋	Laminated bag	利用复合膜加工而成的容器
复合温度	Nip temperature	在复合钢辊表面测量到温度
复合压力	Nip pressure，Lamination pressure	复合辊间的压力或施加在被复合基材上的压力。以表压MPa、kgf/cm^2、bar或线压力kgf/m表示
盖·吕萨克定律	Guy Rusak's law	以法国人盖·吕萨克的名字命名的气体热膨胀定律
盖材	Cover material，Lid，Lidding film	用于容器的密闭或密封的多层复合薄膜
干法复合	Dry lamination	两层基材贴合到一起的瞬间，其间的胶层中已几乎没有溶剂/稀释剂的加工方式
干法复合机	Dry laminator	采用干法复合工艺实施复合加工的机械设备
干燥不良	Inadequate drying	在溶剂型干法复合工艺中，指胶层中的溶剂成分尚未被充分去除的状态
干燥剂	Desiccant	干燥剂是指能除去潮湿物质中水分的物质，常分为两类：化学干燥剂，如硫酸钙和氯化钙等，通过与水结合生成水合物进行干燥；物理干燥剂，如硅胶与活性氧化铝等，通过物理吸附水进行干燥
干燥能力	Drying capacity	对溶剂型干法复合机而言，是指在单位时间内可去除胶层中的溶剂成分的总量。或者是在残留溶剂水平符合要求的前提下，可达到的最高的复合加工速度
刚性	Rigidity	坚硬不易变形的性质
高位胶桶	High position glue barrel	在溶剂型干法复合工艺中，指放置的位置高于胶槽、在阀门的控制下可使其中的胶水自流进入胶槽的装置
高温蒸煮灭菌	Retort	利用高压蒸气灭菌锅进行灭菌，对密闭容器采用高压饱和水蒸气进行加热能获得较高的温度，通常在1.05kg/cm^2的压力下，温度达到121.3℃，维持15～30min，可杀死包括细菌芽孢在内的所有微生物
高压电场脉冲灭菌	Pulse sterilization by high voltage electric field	高压电场脉冲灭菌是将食品置于两个电极间产生的瞬间高压电场中，由于高压电脉冲能破坏细菌的细胞膜，改变其通透性，从而杀死细胞
隔膜泵	Diaphragm pump	隔膜泵是容积泵中较为特殊的一种。它是依靠一个隔膜片的来回鼓动改变工作室容积从而吸入和排出液体
根切	Undercut	在测量或检查复合膜袋的热合强度的过程中，或在耐压试验或跌落试验中，复合薄膜在封口边的内缘处发生整齐断裂的一种封口分离状态
工作浓度	Working concentration	在溶剂型干法复合工艺中，指配好的胶水工作液中的聚氨酯胶黏剂主剂、固化剂分子的有效含量，又称固含量

续表

词条	英译	词义
弓形效应	Arch effect	在双向拉伸薄膜的生产过程中，由于设备、工艺等条件的限制，双向拉伸薄膜的不同部位所承受的拉伸变形的方向与比例有所不同，在将该双向拉伸薄膜应用于复合加工及后期的热处理的过程中所显现出来的、沿着该双向拉伸薄膜的两个对角线方向呈现出不同的收缩率（原本是矩形的薄膜经过加工处理后变成了菱形）的特性
功率密度	Watt density	在单位时间内，施加在被处理基材的单位面积上的电功率
共混	Blend	将两种或两种以上的树脂材料均匀地混在一起，然后通过一台挤出机挤出成型的薄膜加工工艺
共挤	Coextrusion	将相同的或不同的树脂材料通过两台或两台以上的挤出机以及同一个模头挤出成型的薄膜加工工艺
鼓风机	Fan	是依靠输入的机械能，提高气体压力并排送气体的机械，它是一种从动的流体机械
固含量	Solid contenet	在溶剂型干法复合工艺中，指配好的胶水工作液中的聚氨酯胶黏剂主剂、固化剂分子的有效含量
固化	Curing，Cure	胶黏剂通过化学反应（聚合、交联）获得并提高胶接强度等性能的过程
固化剂	Curing agent，Hardener	直接参与化学反应使胶黏剂发生固化的物质。在双组分聚氨酯胶黏剂的A、B两个组分中，数量相对较少的组分通常被称为固化剂
固化剂被异常消耗	Abnormal consumption of curing agent	对于正相体系的双组分聚氨酯胶黏剂而言，固化剂是含-NCO端基的组分，-NCO很容易与空气、溶剂、基材、油墨层中的活性氢发生化学反应而导致固化剂的有效数量不足。在配胶时，如未充分考虑上述因素中的活性氢的影响，而采用通常的配比调配胶黏剂，会导致熟化后胶水不干的现象
固化剂不足	Inadequate curing agent	导致胶水不干现象的原因之一。固化剂不足的原因可以是配胶时的绝对量不足，也可以是因固化剂被异常消耗而相对不足
固化剂过量	Overdose curing agent	导致胶水不干现象的原因之一。是指配胶时的固化剂的用量大大超出正常比例的现象
刮刀	Doctor	正向凹版涂布系统中的组件之一。用于刮除凹版涂胶辊表面的多余的胶水工作液
刮刀的角度	Angle of doctor	刮刀与涂胶辊相接触时，刮刀的平面与涂胶辊接触点处的法线间的夹角
光通量	Transmission flux	指人眼所能感觉到的辐射功率，它等于单位时间内某一波段的辐射能量和该波段的相对视见率的乘积
光学显微镜	Optical microscope	是利用光学原理，把人眼所不能分辨的微小物体放大成像，以供人们提取微细结构信息的光学仪器

续表

词条	英译	词义
硅酮母粒	Silicone masterbatch	以聚硅氧烷、二氧化硅微粉、聚烯烃树脂等构成的白色颗粒状物，在塑料薄膜加工中可用作爽滑剂、开口剂，可有效提高产品的加工性能和改善表面物理性能
滚花	Knurl	滚花是在金属制品外表滚压花纹的机械工艺，也是对金属制品外表加工的结果。按花纹可分为直纹和网纹。采用滚花工艺加工的涂胶辊通常称为压花辊，所加工的自动包装机用的热封用轮形工具称为热封滚轮
滚轮热封	Roller heat sealing	采用热封滚轮进行的热合加工方式称为滚轮热封
过热蒸气灭菌	Superheated steam sterilization	也称干热灭菌。是采用高温过热蒸气来灭菌，即利用温度为130℃～160 ℃的过热蒸气喷射于需灭菌的物品上，数秒钟即可完成灭菌操作
烘干箱	Dryer	配置在溶剂型干法复合机的涂胶单元与复合单元之间、用于将涂在载胶膜上的胶层中的溶剂成分去除掉的机械装置。由给、排风机，烘干箱体，导辊，同步驱动装置，温度控制系统等构成
烘箱（或通道）张力	Dryer or Bridge tension	在溶剂型干法复合机或无溶剂型干法复合机的涂胶单元与复合单元之间、施加在载胶膜上的张力。在溶剂型干法复合机上称为烘箱张力，在无溶剂型干法复合机上称为通道（桥）张力
红外温度仪	Infrared thermometer	一种非接触式温度测量工具
胡克定律	Hooke’s law	用17世纪英国物理学家罗伯特·胡克的名字命名的力学弹性理论中的一条基本定律，表述为：固体材料受力之后，材料中的应力与应变（单位变形量）之间成线性关系
划痕	Scratch	显现在包装材料的油墨层中或表面的类似于机械划伤的痕迹
环氧基	Epoxy group	具有-CH(O)CH-结构的官能基
缓冲包装	Cushioning packaging	缓冲包装又称防震包装，是指为减缓内装物受到冲击和振动，保护其免受损坏所采取的一定防护措施的包装
挥发	Volatilization	一种物理变化，是物质分子的自由散发、自由移动，不受温度的影响，它可以是液体，也可以是固体。挥发一般是指有机物，如酒精、汽油、樟脑精等
挥发速度	Volatilization rate	在软包装行业是指有机溶剂由液体转变为气体的速率
回弹性	Resilience	导致物体形变的外力撤除后，物体迅速恢复其原来形状的能力。通常用应变的试样在应力除去后快速恢复时的输出能与使试样应变时的输入能之比值来量度
回风管	Return duct	在溶剂型干法复合机的烘干箱系统中，设置在同一烘干箱单元的排风管道与进风管道之间，或后一组烘干箱单元的排风管与前一组烘干箱单元间的风管，目的是减少热量的损耗

续表

词条	英译	词义
回收料	Recycled material	被重复利用的材料。在软包装行业，指制膜时被重复利用的切边料和印刷/复合时被使用的曾被用作镀铝转移基材的PET、OPP膜。此类镀铝转移基材被涂布过镀铝转移涂层，因此很容易出现墨层附着力差、复合膜剥离力差等问题
混合破坏	Mixed failure	在软包装行业，是指复合薄膜被剥离开时的界面破坏的形式之一，它是胶黏剂的内聚破坏、黏附破坏与被粘材料破坏的混合体
活泼氢	Active hydrogen	指有机物分子里官能团中所含的氢，如水H_2O、羟基-OH、氨基-NH_3、羧基-CO_2H、酰胺基-$CONH_2$等中的氢
货架寿命	Shelf life	又称保质期，或称包装有效期，它是对商品流通期内质量功效的保证与承诺
机械理论	Mechanical theory	胶黏剂粘接理论中的一种对粘接机理进行分析的理论。机械理论认为，胶黏剂必须渗入被粘物表面的空隙内，并排除其界面上吸附的空气，才能产生粘接作用
机械镶嵌	Mechanical Setting	机械理论中对粘接机理的一种分析方法
基材	Substrate	加工复合包装薄膜用的膜状基础材料的统称
基材的熔点	The melting point of the substrate	熔点是固体将其物态由固态转变（熔化）为液态的温度。基材的熔点是不同类别的基材由固态转变（熔化）为液态的温度
基材已受潮	Substrate has been affected with damp	受潮是一种自然现象，指空气中的水分黏附于物体表面或通过物体表面的孔隙进入物体内部。在软包装行业中，是指复合加工用的基材的实际含水率已明显大于其出厂时的含水率，其外观已呈现出因受潮而不平整的状态，或下机时的复合材料的外观光滑，经熟化处理后在复合材料的表面呈现出众多的大小不等且逐渐增大的气泡的现象
激光雕刻法	Laser etching	涂胶辊的一种加工方法。采用激光直接烧蚀金属辊的表面以形成所需形状的网穴
激光腐蚀法	Laser exposure / Chemical corrosion	涂胶辊的一种加工方法。采用激光烧蚀金属辊表面的感光涂层以形成无接口的蒙版，然后用化学溶液或电化学方法进行腐蚀加工以在金属辊表面形成所需形状的网穴
极性基团	Polar group	极性基团是指正负电荷中心不重合的基团，基团的极性可以用偶极矩来表征。电晕处理的过程就是在PP、PE等非极性表面产生出一些极性基团以提高其表面润湿张力
挤出复合	Extrusion lamination	复合加工的一种方式。它是将熔融的PE或PP树脂作为胶黏剂使两种基材贴合到一起的加工方式
挤出涂布	Extrusion coating	复合加工的一种方式。它是将熔融的PE或PP树脂作为胶黏剂和热封层涂在某种非热封性基材上，构成两层的复合材料的加工方式
计量辊	Metering roll，Dosing roll	在无溶剂型干法复合机上，具有承载胶水和控制胶水基础转移量功能的钢质辊

续表

词条	英译	词义
加湿	Humidification	用人工方法提高生产环境或包装材料内绝对湿度的方法和过程
夹杂物热封性	Heat sealing of inclusions	是对于复合薄膜中的热合层材料而言，在其封口处夹有内装物（油剂、粉剂等）的条件下仍可获得理想的热合强度的性能
甲酰胺	Formamide	调配表面润湿张力测试液的组分之一。甲酰胺本身的表面张力值为59.13mN/m
间隙	Gap	是指两个事物之间的空间或时间的距离。在软包装行业，常说的间隙是指无溶剂型干法复合机的承胶辊、计量辊间的距离。此外，复合薄膜中白点的成因事实上是由于复合膜内夹有空气，使两层基材间存在微小的距离、对光线产生了折射、散射
剪切力	Shear force	材料力学的定义为："剪切"是在一对相距很近、大小相同、指向相反的横向外力（垂直于作用面的力）的作用下，材料的横截面沿该外力作用方向发生的相对错动变形现象。能够使材料产生剪切变形的力称为剪力或剪切力。发生剪切变形的截面称为剪切面。在胶黏剂的作用下，复合薄膜的层间会存在很大的抗剪切的能力。因此，对未经充分熟化处理的复合薄膜可以进行分切加工而不会出现层间分离的现象
交联反应	Cross linking reaction	是指两个或者更多的分子（一般为线型分子）相互键合交联成网络结构的较稳定分子（体型分子）的反应。这种反应使线型或轻度支链型的大分子转变成三维网状结构，以此提高强度、耐热性、耐磨性、耐溶剂性等性能
胶钉	Plastic nail	机械理论中的名词。指液态的胶黏剂渗入被粘物表面的凹坑，固化后所形成的类似钉子状的体型分子
胶钩	Plastic hook	机械理论中的名词。指液态的胶黏剂渗入被粘物表面的凹坑，固化后所形成的类似钩子状的体型分子
胶水	Glue	软包装行业对各类液态胶黏剂的通称或俗称
胶水不干	Glue does not dry	软包装行业中对胶黏剂尚未完全固化，存在二次黏性状态的通俗描述用语
胶水的转移率	The transfer rate of glue	指转移到载胶膜上的胶黏剂的绝对数量与涂胶辊的版容量（g/m^2，干或湿）之比
胶水工作液	Working solution	在溶剂型干法复合工艺中，指已经稀释（调配）好的、具有一定的浓度和黏度、适于进行涂布加工的胶黏剂溶液
胶水循环系统	Glue circulation system	在溶剂型干法复合工艺中，用于维持胶盘的液位和胶水工作液黏度的装备
胶黏剂	Adhesive	通过物理或化学作用，能使被粘物结合在一起的材料
接触角	Contact angle	是指在气、液、固三相交点处所作的气-液界面的切线，此切线在液体一方的与固-液交界线之间的夹角θ，是润湿程度的量度

续表

词条	英译	词义
接触面积	Contactsurfacein	在滚轮热封制品中，是指两个热封滚轮相互啮合的状态下，其中的任意两个滚花相互接触到的有效面积。不同的滚花接触面积会产生不同的热封效果/结果
芥酸酰胺	Erucylamide	芥酸的衍生物，又称顺-13-二十二碳烯酸酰胺，主要用作各种塑料、树脂的抗黏剂和滑爽剂，挤塑薄膜的优良润滑剂和抗静电剂
界面	Interface	界面是指物质相与相的分界面。在软包装行业是指胶黏剂层表面与任一基材表面间的分界面
进给单元	Infeed unit	在软包装行业，是指将膜卷（待印刷的基材、待复合的载胶膜、待制袋加工的复合薄膜）连续打开、控制其张力，并引入下一工位（印刷单元、涂胶单元、成型工位）的装备
进给张力	In-feed tension	在进给单元与下一工位（印刷单元、涂胶单元、成型工位）间的、施加在基材上的张力
经验系数	Empirical coefficient	是指依照观察得到，没有理论根据的计算用系数。经验系数只需和实际资料符合，不需要理论的基础。它可以是一个固定值，也可以是一个数值范围
晶点	Gel	在软包装行业，是指塑料基材中存在的未被充分塑化的树脂的球状小颗粒，又称“鱼眼”
晶体	Crystalloid	在软包装行业，是指存在于复合薄膜上可看到的“白点”中间位置处的不规则形状的、有一定透明度的微小固化物质
径差	Diameter difference	在软包装行业，是指一组印刷用版辊之间存在的有规律的直径的差异。其目的是在印刷机组之间使印刷基材保持一个稳定的张力
静摩擦力	Static friction force	两个相互接触的物体，当其接触表面之间有相对滑动的趋势，但尚保持相对静止时，彼此作用着阻碍相对滑动的阻力
静摩擦系数	Coefficient of static friction	是指使摩擦副开始滑动所需要的切向力与法向载荷的比值
静态混胶器	Static mixer	其接口是卡口式或螺旋式，其管芯为不可旋转的螺旋状，当无溶剂胶水的两个组分流经过时，可被螺旋叶片多次切割、重组，以达到混合均匀的目的
局部分层	Partial delamination	在经过热处理或耐压、跌落等试验后，在复合膜袋的局部（封口处、袋体处）所显现的复合膜层间分离的状态
“橘皮状”	Orange peel	复合加工完成后，复合膜的表面所呈现的类似于橘子皮的凹凸不平的状态
聚氨酯	Polyurethane	在大分子主链中含有氨基甲酸酯基的聚合物称为聚氨基甲酸酯，简称聚氨酯。聚氨酯分为聚酯型聚氨酯和聚醚型聚氨酯两大类

续表

词条	英译	词义
聚丙烯	Polypropylene	聚丙烯，是由丙烯聚合而制得的一种热塑性树脂。按甲基排列位置分为等规聚丙烯（isotactic polypropylene）、无规聚丙烯（atactic polypropylene）和间规聚丙烯（syndiotactic polypropylene）三种
聚硅氧烷	Polysiloxane	聚硅氧烷，是一类以重复的Si–O键为主链，硅原子上直接连接有机基团的聚合物，其中，R代表有机基团，如甲基，苯基等；n为硅原子上连接的有机基团数目（1～3个）；m为聚合度（m不小于2）。聚硅氧烷在历史上曾被称为“硅酮”（Silicone），目前硅酮也会出现在某些场合，如商品目录中。在中国，习惯将硅烷单体和聚硅氧烷统称为有机硅化合物，并称聚硅氧烷液体为硅油，聚硅氧烷橡胶为硅橡胶，聚硅氧烷树脂为硅树脂
聚集	Gather	意为集合，凑在一起。此处指基材（如CPP或CPE）中的酰胺类爽滑剂从基材内部逐步地迁移到基材的表面并集聚到一起。在基材的热合面处，聚集的爽滑剂使得基材表面的摩擦系数逐渐下降，而在基材的复合面处，聚集的爽滑剂使得本基材与其他基材间的剥离力逐渐下降
聚氯乙烯	Polyvinyl chloride，PVC	是氯乙烯单体（Vinyl Chloride Monomer，VCM）在过氧化物、偶氮化合物等引发剂或在光、热作用下按自由基聚合反应机理聚合而成的聚合物
聚醚	Polyether	聚醚又称聚乙二醇醚，它是以环氧乙烷、环氧丙烷、环氧丁烷等为原料，在催化剂的作用下开环均聚或共聚制得的线型聚合物
聚酰胺	Polyamide	是指主链节含有极性酰胺基团（–CO–NH–）的高聚物。聚酰胺可由内酰胺开环聚合制得，也可由二元胺与二元酸缩聚得到
聚乙烯	Polyethylene	是乙烯经聚合制得的一种热塑性树脂。在工业上，也包括乙烯与少量α–烯烃的共聚物。聚乙烯依聚合方法、分子量高低、链结构之不同，分高密度聚乙烯、低密度聚乙烯及线性低密度聚乙烯
聚酯	Polyester	由多元醇和多元酸缩聚而得的聚合物的总称。主要指聚对苯二甲酸乙二酯（PET），习惯上也包括聚对苯二甲酸丁二酯（PBT）和聚芳酯等线型热塑性树脂
卷曲	Curling	在无外力的条件下，复合薄膜自动沿某一个轴向复合薄膜的某一个面的方向卷绕成筒状的趋势与状态
卷曲性	Crimpiness，curling	复合薄膜自动发生卷曲的趋势或人为将已发生的卷曲展平所需要的力度
卷曲直径	Curl diameter	在已经卷曲的复合薄膜的最内圈所测量到的直径值，或在有发生卷曲的趋势的复合薄膜上推测出来的卷曲直径值
卷绕压力	Wind pressure	在已经卷取的膜卷上，处于外侧的基材对于处于内侧的基材的压力。或可以用膜卷硬度的数据进行表征

续表

词条	英译	词义
卷芯皱褶	Crease near to core	又称“卷芯皱”，是指从膜卷的两个端面观察时存在于膜卷的靠近卷芯部位的波浪纹现象。将该处的薄膜展开后，在无外力的条件下，其外观为沿薄膜的横向在薄膜的整个幅面上都存在的波浪纹
卷中皱褶	Crease in the middle of wound reel	是指从膜卷的两个端面观察时存在于膜卷的半径长度的中间部位的波浪纹现象
绝对湿度	Absolute humidity	在标准状态下，每立方米湿空气中所含水蒸气的质量，即水蒸气密度，单位为g/m^3
绝对压力	Absolute pressure	绝对压力是指直接作用于容器或物体表面的压力，即物体承受的实际压力，其零点为绝对真空
开卷	Unwinding	将膜卷打开/展开的动作、过程
开口边卷曲	Curl of open edge	已加工好的复合膜袋上未封合的用于充填内装物的口称作“开口”。开口边卷曲是指存在于该“开口”处的复合膜向热封层一侧或向表层膜一侧卷绕成筒状的趋势与状态
开口剂	Opening agent，Antiblocking agent	又称抗粘连剂。用于降低薄膜间的粘连力与摩擦力的塑料加工助剂
开口性	Opening property	将复合膜袋的开口边打开时所需施加的力。所需的力越小则认为开口性越好
开启力	Opening force	在将盖膜从杯（盘、瓶）上揭开的初始阶段所需施加的力
抗介质性	Anti medium property	在软包装行业是指所使用的胶黏剂抵抗内装物中的高渗透性低分子物的影响而维持复合膜层间剥离力稳定的性质
克拉伯龙方程	Clapeyron equation	以法国物理学家克拉伯龙命名的该方程描述的是单物质在一阶相变相平衡时物理量的变化方程。即定量分析单物质在摩尔数相同时物质体积（V）、温度（T）、压强（P）的关系
空气除湿装置	Air dehumidification Device	以空气为处理对象的、降低其绝对湿度的机械装置
扩散理论	Diffusion theory	胶黏剂粘接理论中的一种对粘接机理进行分析的理论。扩散理论认为，粘接是通过胶黏剂与被粘物界面上分子扩散产生的
拉力	Pulling force	使物体延伸的力称“拉力”或“张力”
拉力试验机	Tensile tester	以材料所能承受的拉力为试验对象的机械/电子设备
拉链	ZIPPER	是依靠连续排列的链牙（啮合体），使物品并合或分离的连接件
拉链袋	Zipper bag	在开口处装配有拉链的复合膜袋
拉链翼	Zipper wing	位于啮合体的两侧、用于与复合膜的热封层熔合、将啮合体固定在复合膜袋上的树脂薄片

续表

词条	英译	词义
拉伸标称应变	Nominal tensile strain	旧称延伸率Elongation，是两夹具之间距离（夹具间距）单位原始长度的增量，用无量纲的比值或百分数表示
拉伸弹性模量	Modulus of elasticity in tension	应力σ_2与σ_1的差值与对应的应变ε_2与ε_1的差值的比值，以MPa为单位
拉伸断裂应力	Tensile stress at break	在拉伸试验中，试样断裂时所承受的拉伸应力
拉伸强度	Tensile Strength	在拉伸试验过程中，试样承受的最大拉伸应力，以MPa为单位
拉伸屈服应力	Yield stress，Tensile stress at yield	出现应力不增加而应变增加时的最初应力，以MPa为单位
冷成型铝	Cold form blister foils, Cold form aluminum, Form pack, Alu-Alu blister foil	又称“冷冲压成型铝”、冷成型复合铝硬片。主要是PA/Al/PVC结构的、用于加工以冷冲压的方式成型的泡罩包装用底膜的含铝箔复合材料
冷冻后的薄膜撕裂	Teared film after freezing	在某个经过冷冻储藏的盖膜包装上显现的三层复合盖膜中的表层及次表层发生的无规则的龟裂现象
冷却条件	Cooling condition	在软包装行业，冷却条件包含四要素：冷却水的温度、冷却水的流量、冷却刀（辊）与复合薄膜间的压力、冷却刀（辊）与复合薄膜接触的时间
连体四棱锥形	Connected rectangular pyramid	用电子雕刻技术所加工的网穴的特有型式，其特点是在涂胶辊的圆周方向上，四棱锥形的网穴之间有一条相互连通的通沟
量角器	Protractor	在软包装行业，用于测量刮刀角度的专用器具
临界表面张力	Critical surface tension	表征固体表面润湿性质的特征量或经验参数。在对低能表面的润湿研究中，W.A.齐斯曼等人发现，同系物的液体在固体表面上的接触角随液体表面张力降低而变小。以其$\cos\theta$对液体表面张力作图,可得一直线,将此直线延长到$\cos\theta=1$处,其对应的液体表面张力值即为此固体的临界表面张力，也称临界润湿张力，以γc来表示。凡是液体的表面张力大于γc者，该液体不能在此固体表面自行铺展；只有表面张力小于γc的液体才能在表面上铺展。因此，γc值越高，能够在其表面上展开的液体就越多；γc越低，则能够在其表面上展开的液体就越少
流动性	Fluidity	一种连续的、无定型的物质，其分子自由地相互运动，并有形成容器形状的倾向。在软包装行业，胶水工作液的流动性的衡量尺度是其黏度，即从某特定型号的黏度杯中流光所需的时间
流平结果	Levelling result	胶水自主或被动流平后的胶层表面平整度的结果。胶水流平结果的评价指标是复合薄膜的透明度
流平性	Levelling property	胶水在载胶膜表面自主流动，覆盖其凹陷处，形成表面平整的胶层的能力。胶水的流平性是胶水工作液的润湿性与流动性的综合体现

续表

词条	英译	词义
漏气	Air leak	指复合膜袋丧失了密封性的状态。对于真空包装，是指其失去了真空度，呈现出松松垮垮的状态；对于充气包装，是指其失去了充气后的充盈的状态
漏液	Liquid leakage	指复合膜袋中的液态内装物从袋内泄漏出来的状态
露点	Dew point	在气象学中是指在固定气压之下，空气中所含的气态水达到饱和而凝结成液态水所需要降至的温度
露铝	Exposured aluminum	用肉眼正视复合膜袋，在袋子的被切刀切过的封口（中心封袋的上封口、三边封袋的三个封口）外缘处可看到的“闪光的铝箔层”或颜色稍浅的状态
螺线杆电极	Threaded rod electrodes	电晕处理机中的一种电极系统
铝箔	Aluminum foil	用铝合金轧制而成的厚度小于0.2mm的薄片
铝箔层被撕裂	The aluminum foil layer is torn	通常发生在含铝箔的真空包装袋及耐蒸煮包装袋上的没有漏气、漏液现象，但铝箔层的外观上有许多无规则的裂痕的状态
铝箔的除油度	Degreasing degree of aluminum foil	附着在铝箔表面的轧制油被清除的程度。可以铝箔的表面润湿张力和铝箔的黏附性为指标进行评价
铝层腐蚀	Corrosion of aluminum layer	在已经过水煮、蒸煮处理的含铝箔的盖膜、复合膜袋的边缘处可看到的、与复合膜在边缘处局部分层现象相伴的铝箔层失去其金属光泽的现象
码垛	Stacking	将多个复合膜袋叠放在一起
脉冲强光灭菌	Pulsed light sterilization	脉冲强光灭菌技术是采用强烈白光闪照的方法进行灭菌，该技术由于只处理食品的表面，从而对食品的风味和营养成分影响很小，可用于延长以透明材料包装的食品及新鲜食品的货架期
茂金属薄膜	Metallocene film	指使用茂金属为聚合催化剂所生产出来的聚烯烃树脂为原料所加工的复合用基材薄膜
霉斑	Mildew	生活当中所说的“霉斑”是大量细菌的聚集体。某些客户所说的显现在复合膜袋特定区域的“霉斑”是指在充填了深颜色内装物的复合膜袋表面的某些浅颜色区域的密集出现的“白点”
棉浆	Cotton pulp	棉浆是造纸用纸浆的一种。利用纺织工业下脚废棉和棉短绒等为原料，用烧碱法制得
灭菌	Sterilization	采用强烈的理化因素使任何物体内外部的一切微生物永远丧失其生长繁殖能力的措施，称为灭菌
明视距离	Distance of distinct vision	明视距离就是在合适的照明条件下，眼睛最方便、最习惯的工作距离。最适合正常人眼观察近处较小物体的距离，约25cm。这时人眼的调节功能不太紧张，可以长时间观察而不易疲劳

续表

词条	英译	词义
膜卷的硬度	Hardness of laminate web	硬度，物理学专业术语，材料局部抵抗硬物压入其表面的能力称为硬度。“膜卷的硬度”是指用手指关节敲击卷绕好的复合材料的膜卷时所感觉到的力度或疼痛的程度，或者是用橡胶硬度计对膜卷表面进行测量所获得的数据
摩擦副	Friction pair	两个既直接接触又产生相对摩擦运动的物体所构成的体系
摩擦力	Friction force	阻碍物体相对运动（或相对运动趋势）的力叫作摩擦力。摩擦力的方向与物体相对运动（或相对运动趋势）的方向相反。摩擦力分为静摩擦力、滚动摩擦力、滑动摩擦力三种
摩擦系数	Friction coefficient	摩擦系数是指两表面间的摩擦力和作用在其一表面上的垂直力之比值。它和表面的粗糙度有关，而和接触面积的大小无关。依运动的性质，它可分为动摩擦系数和静摩擦系数
磨损	Abrasion	指摩擦体接触表面的材料在相对运动中由于机械作用，间或伴有化学作用而产生的不断损耗的现象。对于涂胶辊，是指网墙变宽（网穴变浅）的结果
木浆	Wood pulp	以木材为原料制成的造纸用纸浆
耐热性	Heat resistance	在软包装行业，是指使用特定的胶黏剂所加工的复合薄膜的剥离力在经受了水煮、蒸煮处理后，其剥离力不会有明显下降的特性
耐水煮	Boiling resistant	在软包装行业，指复合膜袋的能够经受水煮处理而不会出现剥离力的明显下降及破袋现象的能力或特性
耐压性能	Pressure performance	复合膜袋抵抗外来压力而不出现袋体变形或破袋现象的能力
耐油性	Oil resistivity	复合膜袋抵抗内装物中的油脂成分向外渗透的能力和长期包装高油脂成分的内装物而不出现明显的剥离力下降现象的能力
内层	Inner layer	在软包装行业，指复合材料中与内装物直接接触的那一层基材
内聚力	Cohesive force	是在同种物质内部相邻各部分之间的相互吸引力，这种相互吸引力是同种物质分子之间存在分子力的表现
内聚破坏	Cohesive failure，Cohesion failure	胶层内部发生的目视可见的破坏现象
内应力	Internal stress	是指当外部荷载去掉以后，仍残存在物体内部的应力。它是由于材料内部宏观或微观的组织发生了不均匀的体积变化而产生的。没有外力存在时，弹性物体内所保存的应力叫内应力，它的特点是在物体内形成一个平衡的力系，即遵守静力学条件，按性质和范围大小可分为宏观应力、微观应力和超微观应力；按引起原因可分为热应力和组织应力；按存在时间可分为瞬时应力和残余应力；按作用方向可分为纵向应力和横向应力
内装物	Internal loading	充填、封装在复合膜袋内的物质

续表

词条	英译	词义
逆向旋转	Reverse rotation	在软包装行业，主要指平滑辊的旋转方向与载胶膜的运行方向相反的状态
黏度	Viscosity	黏度又称黏滞系数，是量度流体黏滞性大小的物理量。单位：Pa·s。其大小与物质的组成有关，质点间相互作用力越大，黏度越大。组成不变时，固体和液体的黏度随温度的上升而降低（气体与此相反）
黏性检查法	Viscous inspection method	在已被剥开的复合薄膜的界面上，检查、确认胶层位置的方法之一
啮合度	Engagement degree	在软包装行业中，指运行中的自动包装机的两个热封滚轮上的四棱锥形或四棱台形滚花相互咬合的状态
啮合体	Joggle	在软包装行业，指拉链的公链与母链上相互咬合部分的结合体
牛皮纸	Kraft Paper	采用硫酸盐针叶木浆为原料，经打浆，在长网造纸机上抄造而成。通常呈黄褐色。定量80～120g/m^2。由于这种纸的颜色为黄褐色，纸质坚韧，很像牛皮，所以人们把它叫作牛皮纸
排风机	Exhaust fan	安装在烘干箱的出口处、用于将烘干箱内已有较多有机溶剂蒸气的热空气排出烘干箱的风机
排风口	Air outlet	指装于烘干箱的废气出口处、用于与排风机相连接且配备有风量调节阀门的机械装置
抛光	Polishing	指利用机械、化学或电化学的作用，使工件表面粗糙度降低，以获得光亮、平整表面的加工方法
泡罩包装	Blister packaging	泡罩包装是将产品封合在由透明塑料薄片或冷成型铝形成的泡罩与盖膜（用纸板、塑料薄膜或薄片、铝箔或它们的复合材料制成）之间的一种包装方法
喷淋式杀菌锅	Spraying sterilazation pot	指采用喷淋器喷洒热水的方式向包装制品提供灭菌用热量的蒸煮锅
喷码	Spray code	“喷码”是一个动词而非名词，其特指喷码机喷印信息码的过程，如在产品包装上喷印生产日期、条形码、二维码及流水码等，都可称为喷码
喷码附着力	Spray code adhesion	指喷印的信息码在包装物表面黏附的牢度或不易被擦除的程度
平衡含水率	Equilibrium moisture content	指基材在一定的空气状态（温度、相对湿度）下最后达到的吸湿程度或稳定的含水率
平滑辊	Smoothing bar	应用在溶剂型干法复合机的涂胶单元处的、可迫使采用凹版涂胶辊涂在载胶膜上的微观上凹凸不平的胶水层趋于光滑、平整的机械装置
破袋	Broken bag	指已发生意外的破损、开裂现象的复合膜袋
起封温度	Starting seal temperature	指在特定的热合压力、热合时间条件下，获得了复合膜间的热合强度为5N/15mm时所使用的热合温度

续表

词条	英译	词义
起皱	Wrinkle	指复合膜/袋的表面整体性的或局部性的不光滑、凹凸不平的一种状态。又可细分为两种状态：一是伴随有复合膜间局部分层的现象；二是未伴随有复合膜间局部分层的现象
气动阀闭合不严	Pneumatic valve close lax	发生在无溶剂型干法复合机自动混胶机系统的一种故障。其结果是在完成加工的复合膜上会显现出无规则的条形分布的胶水不干现象
气泡	Bubble	用肉眼或放大镜/显微镜可以在复合膜/袋的表面观察到的凸起于复合膜/袋表面的，或曾经凸起过的泡状物。其中一部分体量较小的且位于浅颜色区域的气泡有时亦被称作白点
气相色谱仪	Gas chromatograph	在软包装行业，指一种对复合薄膜中残留的有机溶剂成分进行定量分析的仪器
气压表	Barometer	以弹性元件为敏感元件，测量并指示高于环境压力的仪表
气柱袋	Gas column bag	又称缓冲气柱袋、充气袋、气泡柱袋、柱状充气袋，可提供全面性包覆的气柱式缓冲保护，将产品运输损失率降至最低
迁移	Migrate，Migration	在软包装行业，指塑料基材中的某些组分从基材内部转移到基材的表面或从基材的表面转移到基材内部或转移到与其接触的其他基材上的现象
羟基	Hydroxyl	是由一个氢原子和一个氧原子组成的一价原子团（-OH），是一种常见的极性基团。又称氢氧基，羟基主要有醇羟基、酚羟基等
翘曲	Warpage	在软包装行业，指存在于复合膜袋上的表面扭曲、不平整的一种状态
氢键力	Hydrogen Bond	氢原子与电负性大的原子X以共价键结合，若与电负性大、半径小的原子Y接近，在X与Y之间以氢为媒介，生成X-H…Y形式的一种特殊的分子间或分子内相互作用，称为氢键。氢键是比范德华力稍强的作用力。固化后的胶黏剂分子与被粘物表面的极性分子间有机会形成氢键，从而获得较大的剥离力
氢焰检测器	Hydrogen flame detector	气相色谱仪中可配备的多种检测器之一。利用有机物在氢火焰的作用下化学电离而形成离子流，借测定离子流强度进行检测。该检测器灵敏度高、线性范围宽、操作条件宽、噪声小、死体积小，是有机化合物检测常用的检测器
屈服拉伸应变	Tensile strain at yield	在屈服应力时的拉伸应变，用无量纲的比值或百分数表示
全水循环式杀菌锅	Full water cycle sterilazation pot	指采用与蒸煮锅体容积相近数量的热水将全部待灭菌包装浸泡起来并循环保温的方式进行灭菌的蒸煮锅
染色剂	Dyeing agent	在软包装行业，是指含有可使固化后的聚氨酯胶黏剂的胶层显色的染料的液体
染色剂法	Dye method	在已被剥开的复合薄膜的界面上，检查、确认胶层位置的方法之一
热剥离试验	Hot peeling test	在高于室温的某个温度条件下，对复合材料进行的T形剥离试验

续表

词条	英译	词义
热带铝	Tropical blister foil, Tropical blister aluminum	又称“热带型泡罩铝”“铝塑铝”，英文直译为“适用于热带地区的泡罩铝箔”。其药包制品主要由铝/塑盖膜、PVC吸塑片材和热带铝三部分组成
热封层	Heat seal layer	复合软包装材料中处于最内侧的、通过热压的方式可使片状的复合薄膜成为筒状的可热合的基材
热封层留在杯体上	The heat seal layer left on the cup	在将盖膜从杯（盘、瓶）上揭除时，复合加工而成的盖膜中的热封层与盖膜的其他基材相分离，部分地或全部地留在了杯（盘、瓶）沿上的状态
热封滚轮	Heat sealing roller	一种轮形的热合器具
热封性	Heat sealablity	在常规的或指定的热合条件下可以熔化、熔合在一起，并获得所需的热合强度的性能
热合标准曲线	Standard heat sealing curve	以1s的热合时间、0.2MPa的刀压、80℃的底刀温度和根据需要而变动的上刀温度为标准热合条件进行热合试验而得到的某复合材料的热合曲线
热合层	Heat sealing layer	在多层（如三层共挤）的热封性基材（CPP或CPE）中，未经电晕处理、具有较低的熔点且与热合面相邻的功能层
热合刀	Heat sealing bar	用于给待热合的材料施加温度、压力的器具
热合工艺曲线	Processing heat sealing curve	以最接近实际的热合条件，如估算出的热合时间（如0.2s）、0.2MPa或估算出的刀压（如0.4MPa）、80℃的底刀温度和根据需要而变动的上刀温度进行的热合试验而得到的某复合材料的热合曲线
热合强度	Heat sealing strength	在热合强度曲线上可读取到的最大值，或用简易的拉力机可测量到的热合强度的最大值，单位为N/15mm
热合强度曲线	Heat sealing strength curve	热合强度曲线是用拉力试验机测量某特定复合制品的封口（热合）强度时所得到的曲线。热合强度曲线表示的是与复合材料的热封口的形变（封口的剥离或材料的延伸）所对应的拉力值与热合强度的关系曲线
热合曲线	Heat sealing curve	利用拉力试验机和热封试验机对一组试验用样条在不同的热合条件下进行热合和热合强度的测量，并汇集每个样条的最高的或平均的热合强度值后所绘出的热合温度与热合强度的关系曲线
热合时间	Heat sealing time	热合刀具压在待热合的复合材料上的时间
热合条件	Heat sealing condition	热合条件包含三个基材要素：热合时间、热合温度和热合压力
热合温度	Heat sealing temperature	进行热合处理时的热合刀具的温控仪的设定温度值或热合刀具的表面温度
热合压力	Heat sealing pressure	进行热合处理时，热合刀具施加在复合薄膜上的压力，可以用表压数值表示，也可以用计算出的刀具间的压强值表示

续表

词条	英译	词义
热力学温度	Thermodynamic temperature	热力学温度，又称开尔文温标、绝对温标，简称开氏温标，是国际单位制七个基本物理量之一，单位为开尔文，简称开，符号为K。热力学温度T与人们惯用的摄氏温度t的关系是：T(K)=273.15+t(℃)
热蠕变	Thermal creep	又称高温蠕变，是指在温度T≥(0.3～0.5)t（t为熔点，T为温度）及远低于其屈服强度的应力下，材料随加载时间的延长缓慢地产生塑性变形的现象
热蠕变试验	Thermal creep test	测定金属材料在长时间的恒温和恒应力作用下，发生缓慢的塑性变形现象的一种材料机械性能试验。通常的蠕变试验是在单向拉伸条件下进行的
热收缩率	Thermal shrinkage rate	在经受热处理前后，材料的几何尺寸的变化率（%）
热收缩率差异	Thermal shrinkage difference	在经受热处理前后，复合薄膜中的两个或多个基材间的几何尺寸的变化率的差异（%）
热衰减	Thermal decay	在经受热处理前后，材料的物性指标，如拉伸断裂应力、拉伸屈服应力等，发生变化的现象
容器效应	Tank effect	在塑料加工行业，指高分子材料对低分子添加剂的相容性与温度、压力的关联性。一般来讲，温度升高、压力增大则相容性上升（高分子材料内可容纳的低分子添加剂的绝对数量上升），温度降低、压力减小则相容性下降
溶剂汽化热	Solvent vaporization heat	溶剂汽化时所需要的热量。有两种度量方式：一种是溶剂的温度达到其沸点时，单位数量的溶剂完全汽化所需要的热量ΔHv；另一种是在25℃的温度条件下，单位数量的溶剂完全汽化所需要的热量ΔHs
溶剂型干法复合机	Solvent base dry Lamination	使用溶剂型胶黏剂进行干法复合加工的机械设备
溶剂型胶水	Solvent base adhesive	以挥发性有机溶剂为主体分散介质的胶黏剂
溶解度参数	Solubility parameter	是衡量液体材料相溶性的一项物理常数。其物理意义是材料内聚能密度的平方根
溶墨现象	Ink dissolution	发生在复合加工工序的一种不良现象。其表现是：（1）局部区域的油墨层消失；（2）局部区域的油墨网点形状被破坏；（3）局部区域的油墨层发生位移
熔程	Melting scope	指物质的熔点并不是一个点，而是一个温度区间，称为熔程区间。两限分别称为初熔温度和终熔温度。初熔温度即物质开始熔解的温度，终熔温度即物质完全熔解的温度
熔点	The melting point of the substrate	固体物质从固态到液态的转变温度
熔合	Fusion	两个热封性基材熔化、冷却后合为一体的现象

续表

词条	英译	词义
熔化	Melt	是指对物质进行加热，使物质从固态变成液态的过程
熔融	Melting，Fusion	是指温度升高时，分子的热运动的动能增大，导致结晶破坏，物质由晶相转变为液相的过程。是一种熔化过程中的固液共存状态
柔量	Compliance	物体承受单位载荷时的变形程度。对一个完善的弹性材料来说，它是拉伸弹性模量的倒数
柔软度	Softness	复合薄膜的挺度或柔软度是人手通过触摸、揉捏而产生的一种主观感受，同时受生理和心理因素的影响。它是复合薄膜固有的机械、物理性能作用于人的感官所产生的综合效应。建议采用拉伸弹性模量和断裂标称应变两项指标及“悬垂法”试验进行评价
蠕变	Creep	固体材料在保持应力不变的条件下，应变随时间延长而增加的现象
润湿性	Wettability	指一种液体在一种固体表面铺展的能力或倾向性
散射	Scattering	光线通过含有开口剂等无机粒子的薄膜时，部分光线向多方面改变方向的现象
山嵛酸酰胺	Behenamide	一种可用作爽滑剂的有机物
闪点	Flash point	是在规定的试验条件下，使用某种点火源造成液体汽化而着火的最低温度
商业无菌	Commercial sterility	指不含危害公共健康的致病菌和毒素；不含任何在产品储存、运输及销售期间能繁殖的微生物
蛇行	Serpentuate	在软包装行业，“蛇行”用以形容被加工的基材以类似蛇类行走的“S”形态在加工机械上左右摆动的状态
渗漏	Leakage	指液态或粉状固态产品由于包装材料或封口品质等原因，造成产品在流通过程中从包装容器中渗出、泄漏的现象
湿法复合	Wet lamination	两层基材贴合到一起的瞬间，其间的胶层中仍含有大量溶剂/稀释剂的加工方式
湿法复合机	Wet laminator	采用湿法复合工艺进行复合加工的机械设备
湿气固化	Moisture cure	通过与空气中的水分或者被粘物表面所吸附的水分发生化学反应而进行的交联、固化过程
实际热合时间	Actual heat sealing time	热合刀具压在待热合的复合材料上的有效时间。它是完成一个热合的行程所需的平均时间与热合刀具完成上下移动所需时间的差值
使用寿命	Service life	在软包装行业，是指新加工的涂胶辊从投入应用开始，至其实际涂胶量已降低到足以影响复合制品外观而被停止应用为止的时间或累计加工过的复合制品的延长米数
嗜氧菌	Aerobic bacteria	在有氧气的条件下代谢速率会更快的一类细菌
收卷	Rewinding	将片状的基材卷绕成卷筒状的过程

续表

词条	英译	词义
收卷机	Rewinder	实施卷绕过程的机械设备
收卷张力	Rewinding tension	在实施卷绕的过程中施加在被卷绕物上的拉力
受潮	Dampen	受潮是一种自然现象，指空气中的水分黏附于物体表面或通过物体表面的孔隙进入物体内部
输出张力	Out-feed tension	在软包装行业，指施加在位于印刷机的最后一个印刷单元与输出单元之间的被印物上的拉力
熟化不充分	Inadequate aging	指实际熟化的时间符合设计要求而熟化室的温度低于设计要求的状态，或者熟化室内的温度值符合要求，而实际的熟化时间短于设计要求的状态，或者实际的熟化时间和熟化室内的温度值均不符合要求的状态
熟化时间	Aging time	对于常温熟化条件而言，指复合加工完成后至开始实施下一加工工序为止的有效时间；对于高温熟化条件而言，指在熟化室内停留的有效时间
熟化时间不足	Inadequate aging time	指实际的熟化时间短于计划的熟化时间的状态
熟化室	Aging Room	用于给复合膜卷提供存储空间或支架，提供准确、稳定和均匀的温度环境的房屋或箱体
熟化室的温度偏低	Lower aging room temperature	指熟化室内的温度低于设计/计划的温度的状态。又可分为三种子状态：（1）温控仪的实际设定温度值低于计划值；（2）温控仪的测量值低于其设定值；（3）熟化室内的实测温度值低于温控仪的设定值和测量值
熟化室内温度不均匀	Uneven temperature in aging room	指在熟化室内的各个区域所测量到的温度值之间有明显的差异的状态
双向拉伸薄膜	Biaxially stretched film	对塑料片材实施强制性的纵横向延伸所获得的纵横向力学指标都得到明显提高的薄膜材料
爽滑剂	Slipping agent	可降低塑料材料的表面摩擦系数的加工助剂
爽滑性	Slipping performance	可在自动包装机、自动制袋机等具有滑动摩擦阻力的机械上平稳地、无阻滞地运行的特性
水分含量	Moisture content	基材中水分的质量与基材质量之比的百分数的方式表示
水溶性胶	Water based adhesive	以水为溶剂或分散介质的胶黏剂
水煮	Boiling	将包装制品浸泡在热水或沸水中加热、消毒的过程
撕裂	Tearing	指撕开，扯裂。用手或其他外力使薄片状的东西裂开或者离开附着处。多指过程，也可以是结果
四棱台形	Four squaretable	即底面与顶面均为四边形，侧面都是等腰梯形的一种空间封闭图形
四棱锥形	Rectangular pyramid	是指由四个三角形和一个四边形构成的空间封闭图形

续表

词条	英译	词义
塑性变形	Plastic deformation	物质（包括流体及固体）在一定的条件下，在外力的作用下产生形变，当施加的外力撤除或消失后该物体不能恢复原状的一种物理现象
隧道	Tunnel	对一种复合不良现象的比喻性描述，通常是指复合膜卷的表面数层的复合薄膜的两层基材中和/或复合膜袋表面的“一层平直、一层拱起”所形成的类似于隧道样的贯通性孔洞
羧基	Carboxyl	是有机化学中的基本化学基，由一个碳原子、两个氧原子和一个氢原子组成，化学式-COOH
碳-氢键	Carbon hydrogen bond	碳原子和氢原子通过共用电子对产生的强烈的相互作用力
羰基	Carbonyl group	是由碳和氧两种原子通过双键连接而成的有机官能团-(C=O)-
陶瓷辊	Ceramics roller，Anilox	在软包装行业，是指凹版涂胶辊的一种。陶瓷辊的加工是在铁基辊表面喷涂陶瓷层，经表面研磨处理后，用激光在其表面烧蚀出所需形状的网穴，即成为可以使用的涂胶辊。陶瓷辊的使用寿命比较长
添加剂	Additives	指分散在塑料分子结构中，不会严重影响塑料的分子结构，而能改善其性质或降低成本的化学物质。添加剂的加入，能促使塑料改进基材的加工性、物理性、化学性等功能和增加基材的物理、化学特性
条状分布	Strip distribution	指无溶剂型干法复合工艺所加工的复合材料中所特有的一种剥离力差及胶水不干现象的分布状态。该现象的特点是：在熟化后的复合材料上存在着条状分布的剥离力差及胶水不干现象，“条状”的宽度在数毫米到数厘米之间，“条状”的长度在数厘米到数十厘米之间，且“条状”的延伸方向均为基材的运行方向
挺度	Stiffness	在软包装行业，是对复合薄膜的刚性的另一种描述。复合软包装材料相对比较柔软，因此，不能用纸张的挺度试验方法进行测试
通沟宽度	Width of tunel	指使用电子雕刻法加工的连体四棱锥形网穴间的通沟的宽度的测量值，以微米表示
通沟深度	Depth of tunel	指使用电子雕刻法加工的连体四棱锥形网穴间的通沟的深度的推算值，以微米表示。通沟的深度与通沟的宽度及所使用的雕刻刀的角度有关
铜版纸	Art paper	又称涂布印刷纸，是以原纸涂布白色涂料制成的高级印刷纸。主要用于印刷高级书刊的封面和插图、彩色画片、各种精美的商品广告、样本、商品包装、商标等
透光的封口	Translucent seal	发生在含铝箔的复合薄膜的滚轮热封制品中的一种不良现象，指在封口处存在的透光现象
透明度	Transparency	在软包装行业，透明度是指薄膜基材或复合薄膜可透过可见光的能力或程度。透明度指标是以GB/T 2410《透明塑料透光率和雾度的测定》所规定的透光率和雾度两项数据来表示
透气性	Gas permeability	透气性是指气体对薄膜、涂层、织物等高分子材料的渗透性，是聚合物重要的物理性能之一。在软包装行业又称为阻气性

续表

词条	英译	词义
涂胶单元	Coating unit	在复合加工机械中，指用于将胶黏剂转移到载胶膜上的工位
涂胶干量	Dry coating weight，Spread	不含溶剂或分散介质的胶黏剂在单位面积载胶膜上的分布数量
涂胶辊	Coating roll	涂胶单元中用于计量、转移胶黏剂的铁基辊。可分为光辊和凹版辊两大类
涂胶辊堵塞	Blocking of coating roll	指凹版涂胶辊的网穴被已经固化了的胶黏剂部分或全部填充的状态
涂胶量	Dry coating weight，Spread	指已经转移到载胶基材上的胶黏剂绝对数量，通常以g/m^2为计量单位。又可分为涂胶干量和涂胶湿量
涂胶湿量	Wet coating weight，Spread	包含溶剂或分散介质的胶黏剂在单位面积载胶膜上的分布数量
涂胶压辊	Gluing impression roll	在涂胶单元中，位于涂胶辊上方的将载胶基材压紧在涂胶辊表面以帮助实现胶黏剂向载胶基材转移过程的表面包覆有橡胶层的铁基辊
退火处理	Annealing treatment	是指将材料（如铝箔）暴露于高温一段时间后，再慢慢冷却的热处理制程。主要目的是释放应力、增加材料延展性和韧性、产生特殊显微结构等
网点值	Dot value	指用电子雕刻工艺所加工的网穴在涂胶辊的轴向上的长度值。单位为微米
网角	Screen angle	指一组网穴的特定位置的连线与涂胶辊的轴线间的夹角
网目状	Mesh state	指在复合薄膜的表面所显现出来的与加工该复合薄膜时所使用的涂胶辊上的网穴及其分布状态相一致的表面状态
网墙	Cell wall	凹版涂胶辊中分隔网穴并承受刮墨刀压力的基体
网纹滚花	Hatching knurling	滚花的型式之一
网线数	Mesh count，Screen line number	在印刷行业，网线数是指印刷品在每厘米的长度内网点的数量；在涂胶辊的加工中，网线数是指在每厘米的长度内网穴的数量。其表示单位为lpc。如果以英制的英寸为长度单位，则表示为lpi
网穴	Cell	在凹版辊上，具有特定的形状、尺寸、深度及分布特点的凹坑
网穴容积	Volume of cell	指单个特定形状的凹版网穴的体积
网穴深度	Depth of cell	指单个特定形状的凹版网穴的深度值。单位为微米
网穴周向底角角度	Circumferential angle of cell bottom corner	采用电子雕刻工艺加工的凹版网穴特有的参数，指在印刷版或涂胶辊上顺着圆周方向观察所能看到的“倒棱锥形”网穴的尖顶部分的夹角。在数值上，它应当等于所使用的雕刻刀的刀尖部分的角度
网穴纵向长度	Circumferential length of cell	沿着凹版辊的圆周方向所测得的网穴的长度值，单位为微米

续表

词条	英译	词义
网状结构	Net structure	在胶黏剂的应用中，指原本为直线形的主剂和固化剂小分子经过交联反应后所形成的从平面上看类似渔网的形态的大分子结构
微波灭菌	Microwave sterilization	微波能使物质中的水分子振动、摩擦而发热，使微生物受热致死以起到灭菌作用
微观表面平整度	Microcosmic flatness	在软包装行业，是指基材本身、印刷加工后和涂胶加工后的基材表面上具有的较小间距和微小峰谷所组成的微观几何形状特征
微生物	Microbe	个体难以用肉眼直接观察的一切微小生物
未加入固化剂	Curing agent did not used	在软包装行业，指在“已经调配好”的胶水工作液中由于某种原因实际上没有将固化剂加入其中的状态。它是造成复合薄膜批量性的胶水不干现象的原因之一
温度传感器	Thermo sensor	是指能感受温度并转换成可用输出信号的传感器
温度极差	Temperature difference	在软包装行业，指同一个熟化室内不同位置处的最高温度测量值与最低温度测量值的差值
无纺布	Nonwoven fabrics	又称不织布，是由定向的或随机的纤维构成。因具有布的外观和某些性能而称其为布。无纺布是一种非织造布，它是直接利用高聚物切片、短纤维或长丝将纤维通过气流或机械成网，然后经过水刺、针刺或热轧加固，最后经过后整理形成的无编织的布料
无溶剂胶	Solventless adhesive	不含溶剂的呈液状、糊状、固态的胶黏剂
无溶剂型干法复合机	Solventless dry laminator	使用无溶剂胶进行干法复合加工的机械设备
无芽胞细菌	Non spore forming bacteria	芽孢：某些细菌在一定的环境条件下，能在菌体内部形成一个圆形或卵圆形小体，是细菌的休眠方式，称为内芽孢，简称芽孢。产生芽孢的细菌都是革兰阳性菌。繁殖体：与芽孢相比，未形成芽孢而具有繁殖能力的菌体称为繁殖体。无芽胞细菌：没有能力形成芽孢的细菌，如乳杆菌属、双歧杆菌属
雾度	Haze	是偏离入射光 2.5° 角以上的透射光强占总透射光强的百分数。是透明或半透明材料光学透明性的重要参数。雾度越大意味着薄膜光泽以及透明度尤其成像度越低
吸附理论	Adsorption theory	胶黏剂粘接理论中的一种对粘接机理进行分析的理论。吸附理论认为，粘接是两种材料间分子接触后，产生界面力引起的。粘接力的主要来源是分子间的作用力，包括氢键力和范德华力
吸湿	Moisture absorption	基材从空气中吸收水分或湿气的过程或结果
吸湿性	Hygroscopicity	基材从空气中吸收水分或湿气的能力或性质
吸嘴袋	Suction bag	配备（焊接）有吸嘴的复合膜袋
析湿	Dehumidifying	基材向相对干燥的环境空气释放本身所含有的水分或湿气的过程或结果

续表

词条	英译	词义
稀溶液的依数性	Colligative properties of dilute solutions	稀溶液具有共同的性质规律，如溶液的蒸气压下降、沸点升高、凝固点下降等，它们与溶质的本性无关，由溶质粒子数目的多少决定，因此被称为稀溶液的依数性
细菌	Bacteria	是生物的主要类群之一，属于细菌域。也是所有生物中数量最多的一类，据估计，其总数约有5×10^{30}个。细菌的形状相当多样，主要有球状、杆状，以及螺旋状
细菌繁殖体	Vegetative form of bacteria	未形成芽孢而具有繁殖能力的菌体称为繁殖体
酰胺基	Amido	是有机化学中的一种极性基团，分子式为-CNH_2。是在受控气氛条件下进行电晕处理而可能在基材的表面产生的极性基团
酰亚胺基	Imide	是有机化学中的一种极性基团，分子式为-C_2O_2NH。是在受控气氛条件下进行电晕处理而可能在基材的表面产生的极性基团
显微镜	Microscope	显微镜是由一个透镜或几个透镜的组合构成的一种光学仪器。主要用于放大微小物体使人的肉眼所能看到的仪器
显微摄影	Micro photography	借助显微镜拍摄“肉眼直接看不到的东西”的技术及其结果
线接触	Line contact	两个物体相互接触的面积远小于其本身面积的一种相互接触状态，如涂胶辊与涂胶压辊间的相互接触、复合钢辊与复合胶辊间的相互接触、收卷机上的接触辊与膜卷间的相互接触
线压力	Linear nip pressure	在两个以线接触方式相互接触的物体间存在的压力，如复合钢辊与复合胶辊间的压力
相对湿度	Relative humidity	指空气中水汽压与相同温度下饱和水汽压的百分比。或湿空气的绝对湿度与相同温度下可能达到的最大绝对湿度之比。也可表示为湿空气中水蒸气分压力与相同温度下水的饱和压力之比
相对真空度	Relative vacuum	是指被测对象的压力与测量地点大气压的差值。用普通真空表测量。在没有真空的状态下（常压时），表的初始值为0。当测量真空时，它的值介于0到-101.325kPa（一般用负数表示）之间
消毒	Disinfect	消毒是指将传播媒介上的病原微生物清除或杀灭，使其达到无公害的要求，并非杀死所有的微生物，包括芽孢
消耗固化剂的因素异常减少	Decrease abnormally of factors consuming curing agent	对于胶黏剂中的含-NCO成分而言，多种含活性氢的外因都会与-NCO成分发生化学反应而使配好的胶水工作液中的有效-NCO成分减少，而最终导致-NCO成分不足的胶水不干的现象。因此，为了应对这一现象，在配胶时，都需要适当增加-NCO组分的数量。但在某些季节，如秋冬季，或某些时间，如一天当中的午后，环境空气的相对湿度会比较小，而此时如按常规的比例去调配胶水工作液，则会由于-NCO成分被实际消耗的数量减少而导致诸如镀铝层转移或-NCO成分过多的胶水不干现象

续表

词条	英译	词义
斜压式	Baroclinic compression	在复合加工机械上，是指汽缸施加作用力的矢量线与复合钢辊和复合胶辊的圆心的两点的连线不在一条直线上的施压方式
压痕	Indentation	在软包装行业，是指用热封滚轮在复合膜袋上碾压过后在其上留下的痕迹
压力	Compressive stress, pressure	物理学上的压力，是指发生在两个物体的接触表面的作用力，或者是气体对于固体和液体表面的垂直作用力，或者是液体对于固体表面的垂直作用力。在力学和多数工程学科中，习惯上，“压力”一词与物理学中的压强同义
压力的测量方法	Measuring method of pressure	借助其他工具实测两个物体间相互作用力的方法。常用的有感压纸和薄膜压力传感器两种方式
压强	Intensity of pressure	物体所受的压力与受力面积之比叫作压强，压强的计算公式是：p=F/S，压强的单位是帕斯卡，符号是Pa
压缩模量	Modulus of compression	物体在受三轴压缩时应力与应变的比值。实验上可由应力-应变曲线起始段的斜率确定。径向同性材料的压缩模量值常与其杨氏模量值近似相等
压印胶辊	Impression rubber rollor	在分组式轮转凹印机中，位于凹印版辊的上方的一个在其表面包裹有一定硬度的橡胶层的铁质坯辊，其作用是将承印物压贴在凹印版辊的表面，帮助将凹印版辊的网穴中的油墨转移到承印物上
芽孢	Endospore	又称内生孢子，是细菌休眠体。产芽孢细菌在营养条件缺乏时，在细胞内形成圆形或椭圆形的芽孢休眠体。芽孢含水量极低，抗逆性强，能经受高温、紫外线，电离辐射以及多种化学物质灭杀等。在适宜的条件下可以重新转变成营养态细胞
厌氧菌	Anaerobic bacteria	是一类在无氧条件下比在有氧环境中生长好，而不能在空气（18%氧气）和（或）10%二氧化碳浓度下的固体培养基表面生长的细菌
氧化	Oxidize	狭义的氧化为氧元素与其他物质元素发生的化学反应，也是一种重要的化工单元过程。广义的氧化，是指物质失电子（氧化数升高）的过程
氧化膜	Oxidation film	金属钝化理论认为，钝化是由于表面生成覆盖性良好的致密的钝化膜。大多数钝化膜是由金属氧化物组成的，故称氧化膜
乙二醇乙醚	Glycol ether	调配表面润湿张力测试液的组分之一。乙二醇乙醚本身的表面张力值为30.59mN/m
异味	Peculiar smell	不正常的气味，不同的味道
异物	Foreign matter	混入原料或产品里的除对象物品以外的物质
易剥性	Easy to peel	指制品具有相对较低的热合强度，可相对容易地从原有的热合面间将封口打开

续表

词条	英译	词义
印版	Printing forme	为复制图文，用于把呈色剂/色料（如油墨）转移至承印物上的模拟图像载体。通常分为凹版、凸版、平版和孔版四类
印版纵向设计尺寸	Circumferential design dimension of plate	加工塑料薄膜用轮转凹印版辊过程中，为弥补塑料薄膜的拉伸变形所导致的印刷成品的周向长度缩小而特意将印刷品的周向尺寸加大后得到的印版圆周长度值
应力-应变曲线	Stress-strain curve	对试样所受的应力与相应应变所作的坐标曲线图。它能形象地表示出应力与应变的对应关系
硬脂酸酰胺	Stearic acid amide	一种可用作爽滑剂的有机物
永久变形	Permanent deformation	载荷卸除后不能够恢复的变形。试片消除所受应力后，停放一定时间，其变形尺寸与原来尺寸的百分比
油墨附着力	Ink adhesion	承印物上的油墨层承受揉搓试验、刮擦试验、胶带测试而不发生脱落、转移的能力
油墨拖尾	Ink trailing	凹版印刷品上的一种不良现象，其表现为在正常的任何一种墨色的印刷网点的某一侧的外缘的有规则的（与相应的印刷网点外形相仿的）墨色较浅的印迹。干法复合制品上的一种不良现象，其表现为在正常的印刷油墨色块（通常是最后一色）的某一侧的外缘的无规则的墨色较浅的墨迹
油墨转移方程	Ink transfer equation	分析研究油墨在印刷过程中从印版向承印物转移的规律的数学公式
油酸酰胺	Oleic acid amide	一种可用作爽滑剂的有机物
有效热合时间	Effective heat sealing time	在自动包装机、自动制袋机上，热合刀具与被热合材料实际发生接触、实施热合处理的时间
原桶胶水	Original resin & hardener	在软包装企业的仓库或生产车间中尚未开封的桶（罐）装胶黏剂
远红外线灭菌	Far infrared sterilization	食品中的很多成分及微生物在3～10μm的远红外区有强烈的吸收，因此，可以利用远红外线的热效应进行灭菌
载胶膜出口温度	Temperature of carrier film at exit	指在溶剂型干法复合机的烘干箱的载胶膜出口处所测量到的载胶膜的表面温度
轧制	Rolling	将金属坯料通过一对旋转轧辊的间隙，因受轧辊的压力压缩使材料的截面减小、长度增加的加工方法
轧制油	Rolling oils	轧制过程中使用的具有冷却润滑功能的油脂
粘边	Sticky edge	发生在已加工过的复合膜卷的再次开卷（第二次复合或分切或制袋）过程中的膜卷边缘处相互粘连的现象。轻则会增加开卷的阻力，重则会导致复合薄膜的撕裂
黏弹态	Viscoelastic state	高分子聚合物的同时具有固体弹性和流体黏性的状态

续表

词条	英译	词义
粘刀	Sticking on bar	在分切或制袋或自动充填加工中显现的有异物（未固化的胶黏剂或热塑性物质）黏附在切刀和/或热合刀具表面的现象
黏附破坏	Adhesion failure	胶黏剂与被粘物界面处发生目视可见的破坏现象
黏附性	Adhesiveness	黏附性又称黏合性或黏着性，是指两个或两个以上物体接触时发生相互结合的力
粘接力	Bond strength	指胶黏剂与被粘物的界面上分子间的结合力
粘连	Blocking	塑料薄膜接触层之间的一种黏着现象
粘连力	Blocking force	用一根直径为6.35mm的铝棒，以125mm/min的速度沿其轴线的垂直方向匀速运动，使粘连着的两层塑料薄膜彼此逐渐分开。以分开每单位宽度粘连表面所需平均力表示粘连力，单位以N/mm表示
粘连性	Blocking	两片塑料薄膜相互接触时，薄膜的接触层之间趋于发生相互粘连的趋势或能力
胀包	Pack up	指包装食品在存储/流通过程中内部产生压力，自动膨胀起来，成为一个类似球体形状的状态
折叠试验	Folding test	又可称为折痕试验，是一种针对已加工成袋的复合材料的拉伸弹性模量、拉伸断裂应力、断裂标称应变的简易、快速的检查方法
折痕	Crease	对复合膜袋进行折叠处理后在复合薄膜上留下的痕迹
折痕试验	Crease test	见“折叠试验”
针孔	Pin hole	在软包装行业，指铝箔上存在着的贯穿性的微小孔洞
真空包装	Vacuum packing	在软包装行业，指利用真空包装机进行过排除袋内气体的操作的包装制品
真空泵	Vacuum pump	指利用机械、物理、化学或物理化学的方法对被抽容器进行抽气而获得一定真空度的器件或设备
真空度	Vacuum degree	气体稀薄程度，通常用（真空度高）和（真空度低）来表示。真空度高表示真空度“好”的意思，真空度低表示真空度“差”的意思
蒸气压	Vapor pressure	一定外界条件下，液体中的液态分子会蒸发为气态分子，同时气态分子也会撞击液面回归液态。这是单组分系统发生的两相变化，一定时间后，即可达到平衡。平衡时，气态分子含量达到最大值，这些气态分子撞击液体所能产生的压强，简称蒸气压
蒸煮	Retort	在软包装行业，指利用蒸煮锅（121℃、30min或135℃、15min）对包装食品进行灭菌处理的过程
蒸煮袋	Retort pouch	在软包装行业，指能够耐受蒸煮处理过程而不破损的复合膜袋
蒸煮袋表面的气泡	Bubbles on the surface of Retort pouch	指显现在经过蒸煮处理的复合膜袋表面的呈泡状分布的局部分层现象

续表

词条	英译	词义
正割模量	Secant modulus	是由应力-应变曲线上的指定点向原点引一直线，该直线的斜率
直观观察法	Visual observation method	在已被剥开的复合薄膜的界面上，检查、确认胶层位置的方法之一
直纹滚花	Straight knurling	滚花的型式之一
直线型金属棒电极	Straight metal bar electrode	电晕处理机中的一种电极系统
直压式	Direct compression	在复合机上，是指汽缸施加作用力的矢量线与复合钢辊和复合胶辊的圆心的两点的连线在一条直线上的施压方式
重物压力试验	Heavy pressure test	包装材料耐压性能试验方法之一
周向（纵向）单元长度	Unit length，Repeat length	在轮转凹版印刷中，指在承印物上测量到的、在承印物的运行方向上的两个相邻的（目视检查套印精度用）十字线之间的距离。同“纵向版面尺寸”
皱褶	Wrinkling	在软包装行业，对存在于复合膜/袋表面的多种不光滑、不平整的状态的称谓
竹笋状	Telescoping	在软包装行业，是对复合膜卷的端面不平整性的比喻性描述
主剂	Main agent	在软包装行业，是对双组分胶黏剂中的占比较大的组分的俗称。占比较小的组分俗称固化剂
助剂	Auxiliary	又称“添加剂”。系指研发、生产和应用工艺中所用的辅助原料
助剂析出	Additives precipitation	在软包装行业，泛指只有从基材的内部迁移到基材的表面才能发挥其作用的助剂迁移过程或结果，特指酰胺类爽滑剂的迁移过程或结果
柱塞泵	Plunger pump	依靠柱塞在缸体中往复运动，使密封工作容腔的容积发生变化来实现吸油、压油的机械设备
转速比	Speed ratio	在无溶剂型干法复合机的涂胶单元中，指计量辊、递胶辊、涂胶辊相互之间以线速度为单位的转速的比值，通常用转速较慢的辊的转速占转速较快的辊的转速的百分比表示。或者用某个辊的以线速度为单位的转速占复合机运行线速度的百分比表示
转移率	Transfer rate	在软包装行业，指实际涂在载胶膜上的以g/m^2为计量单位的胶水工作液的重量与版容量的百分比值
转移涂层	Transfer coating	又称离型层。是用于降低被转移功能层（如镀铝层）在其上的附着力，使之容易完整地发生转移的功能性涂层
自动包装机	Automatic packaging machine	可自动完成复合膜袋的成型、内装物的计量与灌装、封口作业的机械设备
自动混胶机	Auto mixer	可自动完成胶黏剂的混合与输送作业的机械设备
自动黏度控制器	Auto viscosity controller	可对流体物料（油墨、胶黏剂）的黏度自动进行监测与调控的机械设备

续表

词条	英译	词义
自立袋	Standing bag，Doypack	是指一种底部有水平支撑结构的软包装袋，不倚靠任何支撑以及无论开袋与否均可自行站立
自由能	Free energy	自由能是指在某一个热力学过程中，系统减少的内能中可以转化为对外做功的部分，它衡量的是：在一个特定的热力学过程中，系统可对外输出的“有用能量”
自主流平段	Self leveling zone	在溶剂型干法复合的涂胶单元与烘干箱入口间的载胶膜路径。在此区间，载胶膜是由下向上行走，因此，载胶膜上的胶水溶液可以依靠自身的流动性和重力作用、润湿作用趋于覆盖载胶膜的整体（与涂胶辊的网墙对应的无胶部位）及实现相对平整的分布状态
纵向版面尺寸	Longitudinal layout size	在轮转凹版印刷中，指在承印物上测量到的、在承印物的运行方向上的两个相邻的（目视检查套印精度用）十字线之间的距离
阻隔性	Barrier property	材料的阻隔性，即材料针对特定渗透对象由其一侧渗透通过到达另一侧的阻隔性能。常见渗透对象包括气体、水蒸气、液体、有机物等
阻气性	Gas barrier property	材料对无机气体（如氧气、氮气、二氧化碳气体等）的阻隔性能
阻湿性	Moisture barrier property	材料对水蒸气的阻隔性能
组合式刮刀	Combined doctor	由刀片、背刀和特制刀铗构成，主要用于正向凹版涂布系统
作用力	Acting force	两物体间通过不同的形式发生相互作用，如吸引、相对运动、形变等而产生的力

后　记

忙碌了数载，终于到了可以罢笔的日子。

再过几日，就到了可以正式退休的日子。

罢笔，退休。

这本书，可以说给我多年的职业生涯画上了一个还算圆满的句号。也算是给自己的一个奖励吧！

胶黏剂只是复合软包装材料加工中必需的多种原料之一。

在复合软包装材料的加工、应用过程中，总会遇到这样或那样的问题。作为原料的供应商，当从下游的软包装材料加工企业得到关于这样或那样的问题（俗称质量投诉）的反馈时，就会同时面对另外两个问题：原因与责任。

原因：导致所投诉的问题产生的原因是什么？以后如何避免？

责任：下游企业的与所投诉的问题相关的财产损失要由谁（哪个供应商）来承担？如何承担？

中国的复合软包装行业兴起于20世纪70年代，形成规模则是20世纪90年代的事情。

关于复合软包装材料的加工技术是随着大规模的引进设备一起来到中国的，而更多的相关知识与Know-How则是由从业者们从有限的书刊杂志搜集得来、从生产实践中摸索出来的。

“剥离力低”或“剥离力差”或“剥离力衰减”是复合软包装材料的加工、应用中常见的质量问题。每当这些问题出现时，相关的软包装材料加工企业都会很自然地将相关的胶黏剂供应商视为“第一责任人”，要求供应商赔偿相应的财产损失。

根据GB/T 16997《胶黏剂 主要破坏类型的表示法》的相关规定，胶接件（已完成胶接的组合件）的破坏类型有“黏附破坏”（胶黏剂和被粘物界面处发生目视可见的破坏现象）和“内聚破坏”（胶黏剂或被粘物发生目视可见的破坏现象）两类，破坏方式有“非胶接处基材破坏”“胶接处基材内聚破坏”“基材分层破坏”“胶黏剂内聚破坏”“黏附破坏”“剥离方式的黏附和内聚破坏”六种。

根据笔者的观察，在上述的质量投诉中，剥离过程中的破坏方式大多为“胶接处基材内聚破坏”“基材分层破坏”“黏附破坏”三种。这三种破坏方式的“肇事者”其实不是所使用的胶黏剂，而是所使用的基材的内聚力较低或表面润湿张力不足。

事实上，“胶黏剂内聚破坏”的现象通常可在剥离力值较高的复合制品上见到。

为此，笔者在本书中提出了：在分析“剥离力低”或“剥离力差”或“剥离力衰减”等问题的原因时，须首先检查确认在已经剥离开的复合薄膜样品上，胶层在剥离面的哪一侧？如果在剥离面的两侧都有胶层，可以认为是胶层的内聚力不足所致（更详细的原因有待继续分析）；

如果胶层集中在剥离面的某一侧，则可以认为是没有胶层附着的另一侧的基材导致了问题的发生（更详细的原因仍待继续分析）。并提供了相应的检查方法及改进意见。

写作本书的目的是向从事复合软包装材料行业的人们提供一些本人认为比较客观的同时相对容易达成的常见质量问题的分析方法，以便在较短的时间内分析、确认所遇到的质量问题的原因，及时采取相应的措施，以使后续的生产过程可以持续、稳妥地进行。

在一部分软包装材料加工企业人员的心目中，“使用了你提供的胶黏剂所加工的复合制品出现了质量问题”=“你提供的胶黏剂存在质量问题”。

这个等式显然是不成立的。

根据全面质量管理的理论，影响产品质量的五大因素是“人、机、料、法、环”，任何一个环节的失误都可能是所显现的问题的原因。如果武断地将问题的原因归咎于胶黏剂，显然是有失偏颇的。这对查找真正的原因、切实避免其再次发生没有任何帮助。

本书侧重于从机、料、法、环四个方面对涉及的常见质量问题的原因进行分析。

对其中的一部分案例给出了得出结论前的分析过程与步骤，对另一部分案例则直接根据经验给出了结论。

复合用基材的某些物性指标（如拉伸弹性模量、断裂标称应变、热收缩率、摩擦系数、表面润湿张力等）会对复合制品显现某一类的“质量问题”产生直接的影响。因此，本书中用了很大篇幅介绍了相关的知识。希望借此引起相关从业人员对复合用基材的关注。

复合机与熟化室的管理、应用与某些常见的“质量问题”也有着不可忽视的、直接的关系。

本书虽是笔者多年经验的归纳，但由于能力、精力所限，难免挂一漏万，也可能存在理论方面的错误认知。聊望抛砖引玉、引同人警醒，共同探讨解决、消除常见“质量问题”之正确途径，以为中华民族实现伟大复兴的中国梦奉献一己之力。

2018 年 3 月 18 日于北京

C600智能型无溶剂复合机

C600 Intelligent Solventless Laminator

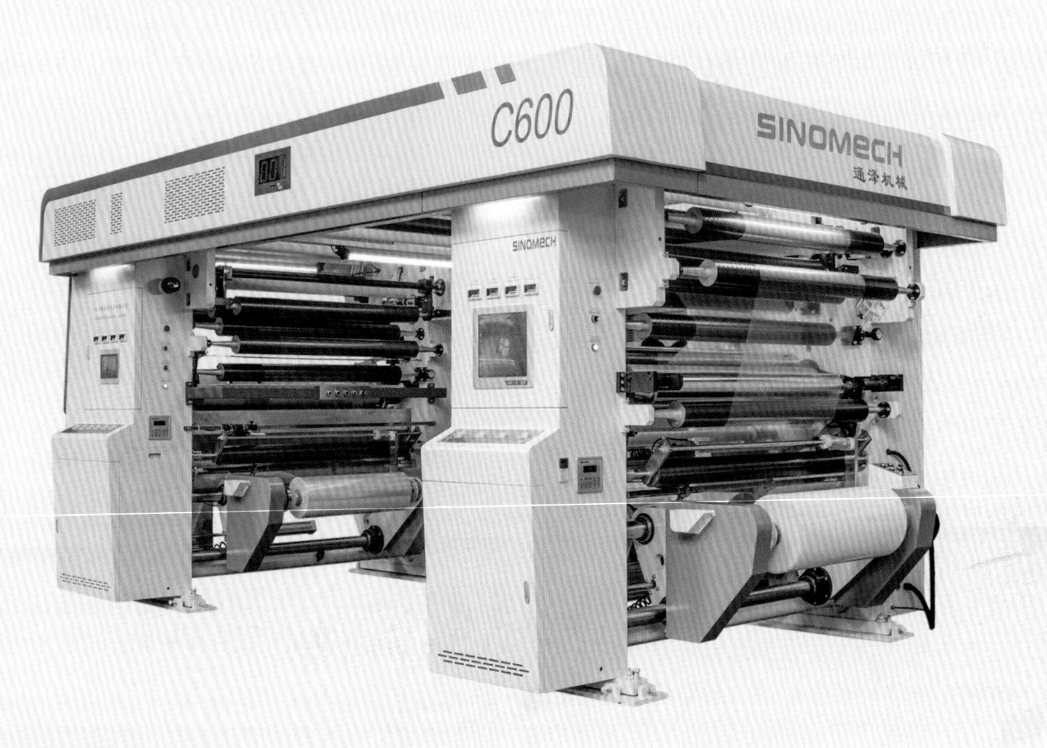

主要技术参数 Main Technical Data

最高复合速度 Max Laminating Speed	600M/min
最大料带宽度 Max Web Width	1050/1300mm
最大放卷直径 Max Unwinding Diameter	800mm
最大收卷直径 Max Rewinding Diameter	1000mm
芯管内径 Core I.D.	3" & 6"
装料方式 Reel Fixing	无轴锥顶 Shaftless
电晕机 Corona Treater	选择项 Optional
混胶系统 Mixing Unit	SM1-40 标准型混胶机 SM1-40 StandardMixer

产品特点:

- 适用范围：各种薄膜、镀铝膜、铝箔（有适用范围）等。
- 张力控制方式：浮辊、小位移传感器（伺服电机控制）。
- 涂布单元控制：伺服电机。
- 整线作业指令一体式触摸屏操作：主机、混胶机、模温机
  等均可在主触摸屏集中控制。
- 整线数字化控制平台：所有控制指令（包括张力、压力等
  全部是数字化输入、传输和显示。
- 工艺基础数据库为在线工艺管理提供数据支撑。
- 远程运维系统。

文化发展出版社
Cultural Development Press

服务教育发展需求，紧跟行业发展趋势